民國建築工程期刊匯編

MINGUO JIANZHU GONGCHENG QIKAN HUIBIAN

33

《民國建築工程期刊匯編》編寫組 編

廣西師范大學出版社
GUANGXI NORMAL UNIVERSITY PRESS
·桂林·

第三十三册目録

工程譯報

16299

工程譯報

第二卷 第三期

中華民國二十年七月

中華郵政局特准掛號認爲新聞紙類

啓　　事

本報以介紹各國工程名著及新聞爲宗旨，對於我國目前市政建設上之疑難問題，尤竭力探討，盡量在本報披露，以資研究。惟同人因職務關係，時間與精力俱甚有限，深望國內外同志樂予贊助。倘蒙投寄譯稿，以光篇幅，曷勝歡迎。

投稿簡章

(一) 本報以每期出版前一月爲集稿期。

(一) 投寄之稿以譯著爲限，或全譯，或摘要介紹而附加意見，文體文言白話均可，內容以關於市政工程・土木・建築等項，及於吾國今日各種建設尤切要者最爲歡迎。

(一) 若係自撰之稿，經編輯部認爲確有價值者，亦得附刊。

(一) 投寄之稿，須繕寫清楚，并加標點符號。能依本報稿紙格式(縱三十行，橫兩欄各十五字)者尤佳，如投稿人先將擬譯之原文寄閱，經本報編輯部認可後，當將本報稿紙寄奉，以便謄寫。

(一) 本報編輯部對於投寄稿件有修改文字之權，但以不變更原文內容爲限，其不願修改者應先聲明。

(一) 譯報刊載後當酌贈本報，其有長篇譯著，經本報編輯部認爲極有價值者，得酌贈酬金多寡由編輯部臨時定之。

(一) 投寄之稿件，無論登載與否，概不寄還，如需寄還者，請先聲明，并附寄郵票。

(一) 稿件投函須寫明「上海南市毛家弄工務局工程譯報編輯部收」。

工 程 譯 報

第二卷第三期目錄

(中華民國二十年七月)

工程譯報

第二卷第四期要目預告

橋梁建築之動力學的問題

(原文載 Stahlbau 1930, Heft 26)

德國 Prof. Dr.-Ing. H. Kulka 原著

胡　樹　楫　譯

此篇係著者於德國鋼鐵建築業聯合會25週年紀念在柏林工科大學之演講辭，雖爲通俗性質之文字，頗饒科學的趣味，對於工程師與非工程師均有一讀之價值，爰爲介紹於此。除篇中專門名詞擇要附列原文外，其原文名稱與英文迥異者，並盡量將後者並列，以便讀者。　　譯者附誌

德國鋼鐵建築業聯合會之宗旨，不僅在經濟上之聯合，以促進各個會員之經濟的利益，亦恆以輔助鞏固本業在科學上的基礎爲最高尙的義務，蓋深知必如是始可使各會員在國內國外有競爭能力也。

以前本聯合會對於鋼鐵建築之研究工作，大都在靜力學的問題方面。近來動力學的問題對於橋梁建築之重要，已經證明，故將來此項問題，亦在本聯合會研究工作之範圍內。

以橋梁建築爲靜力學的問題，爲多少含有隨意性質之「抽象觀念」(Abstraktion)，與實際情形殊不符合，不過爲計算橋梁者之簡便起見而成立耳。此種抽象觀念與實際情形之比較，最好以照片與電影之比較爲喻，蓋橋梁在載重之下，非屬靜止之物體而爲活動之有機體。此種事實，在常人對於橋梁建築爲門外漢者，於列車疾駛於橋梁上時覺察所得，有時或比習於靜力計算之橋梁設計家爲多。

橋梁建築之動力學的問題分爲兩大組，其一關係橋梁之結構，其他爲材料問題。鐵路列車駛過橋梁之情形，於橋梁建築學成立之初，已引起學者之注意，而將橋梁動力學與橋梁靜力學至少等量齊觀，物理學者 Stokes 氏距今已90年之著作，其一例也。

卽在道路橋梁，亦早已發生動力學的問題，因前此有人迭經察覺，載重以等長之「間斷時距」(Intervall)施於橋梁時，橋梁之各部分發生振動之烈，足使門外漢與專家均抱疑慮。例如 Delandres 氏曾經試驗證明，載重僅4½公噸之馬車，以某種進行「節程」(Rhythmus)駛過某橋時，可使其對於橋梁之作用與93公噸之靜止載重相等。以前有學者多人對此問題作理論

上的研究，是爲物理學上最繁難之部分。研究之結果，證明理論之推闡，必須以若干「前提」爲根據，而各該「前提」不必完全正確，然若將若干認爲不重要之「前提」忽視，又足使結果與實際不符。組成一種理論固以避繁就簡之「假定」爲要，然由理論推得之結果，如不能逐步與實際情形比較，則此種理論終不能致用。因理論方面異常困難，故有試將動力作用分析爲若干部分，逐一加以研究，然後綜合之其結果者，參閱 "Dr.—Ing. Bleich, Theorie und Berechnung der eisernen Brükken" (1924) 及 "Prof. Dr. Hort, Stossbeanspruchungen und Schwingungen der Hauptträger statisch bestimmter Eisenbahnbrücken" (1928)。

試將橋梁視爲彈性的物體而施以力，使其發生應力，再將所施之力驟然除去，則「位置能力」(一譯位勢，potenzielle Energie) 與「運動能力」(一譯動勢，kinetische energie) 交換作用。此時橋梁發生振動(顫動)，如無摩擦阻力及其他原因存在，並將振動至「無窮久」。只因有摩擦阻力等之存在，故振動狀態旋卽告終，恰似皮球擲於地面時，躍起之高度逐漸減小，而終於靜止。上述之振動方式謂之「自由振動」(freie Schwingung 按英文爲 free Vibration)，實際上在橋梁可稱絕不實現，因橋梁之震動輙因多數「衝動」(Impulse 一譯瞬力或瞬動)所誘致，此種「衝動」之一部分爲「規則的」，一部分爲「不規則的」，如不平衡的振動重量，離心力，車軌對接之不完善，車輛之震盪等，故橋梁之振動形式爲另一種，卽所謂「強制振動」(erzwungene Schwingungen, 按英文爲 forced vibration)。對於徹底探討此種複雜現象——卽用計算方式察驗此種現象對於橋梁之整個的作用，——之嘗試至今尙未成功，至多僅能根據簡單的假定，返求與實地情形——尤其各個影響——符合耳。

在實地上有時「強制振動」誘致「共振」(Resonanz)，卽「衝動」與「自由振動」成一定比例，使振動作用特別加大。

數理上研究此種「振動」之結果，指示：在無窮大之時間內，雖「衝動」甚小，亦足使「振動」增加至無窮大，而建築物必至破壞。在鐵路橋梁含有「共振」之「振動」尙不多見，在道路橋梁則發生較多，而在道路橋梁之各部分，於特別重載之車輛駛過時，受有規律的(有節拍的)「衝動」者爲尤甚。

某種吊橋因「彎垂度」(Durchbiegung

按英文作 deflection）甚大，易陷於「共振」之狀態，故對於此種橋梁，有特定規則，禁止多數人衆按步合拍以通過者。至於鐵路橋梁所以較少發生「共振」之故，似因各種「衝動」之量不甚懸殊，故有互相抵消之作用耳。

對於橋梁之「自由振動」之研究，現已有甚大之進步。研究之法，先用相當方法使橋梁發生「自由振動」，然後量計其「週期」（Periode）。瑞士橋梁工程師 Bühler 已定出簡單合用之公式，可藉以求得橋梁「自由振動時間」之相當可靠數値。

對於「構架」（Fachwerk, 按英文爲 Truss）之自由振動，亦已有種種理論精深之著名著作，如 Reissner 與 Pohlhausen 兩氏及上文所引 Bleich 氏之著作是。

構架之振動方式，雖在專門界亦每不明瞭，振動之「頻度」(Frequenz)，——卽每秒鐘內振動之次數，——知者尤少。

就「自由振動」而論，例如 100 公尺之橋，每秒鐘約 2 次，20 公尺之橋約 20 次。但近今有在橋梁之各部分（構架之各部分）用特別精密之器械，測得每秒鐘振動之次數在 100 以上者，因此引起深切之理論的研究。

德國國家鐵路(Deutsche Reichsbahn）鑒於上述種種對於橋梁建築之重要，且知理論上之探討，必以實地測驗爲輔助，爰於 1927 年懸賞徵求「振動測驗器」(Schwingungsmesser)及「應力測驗器」(Spannungsmesser）之構造。徵求之結果，雖不甚滿意，因應徵之器具無一與所懸之條件符合者，然試用之結果，對於研究上大有稗益，蓋吾人因此得一趨向目標之新途徑也。由徵求而得之最大教訓，爲：機械的測計器具，因其各部分之「質量惰性」（Massenträgheit 按英文「質量」亦爲 mass,「惰性」爲 Inertia）對於高速之振動，可謂絕不能作可靠之測計。各種應徵器具構造之原則，大都在量計一定「測驗長度」——多數假定爲 200 公釐——之「伸展率」，以决定該部分之應力；試思200公釐測驗線段之伸縮長度僅與1/10公釐相當，則知測計器具本身之振動，以及關節部分之活動等，均足貽測計結果以重大差誤。故 Tereday-Palmer 氏之器具等將各種槓桿(Hebel, 按英文作 lever）盡量避免，並用——無質量的——光線，自測驗綫段投射於感光靈敏之活動影片上，以求「振動」之大小與「頻度」，是爲測驗方法之一種進步。試用各種應徵器具之結果，促起應徵者之注意，將其所製之器具盡量改良，——然因各項器具之活動部

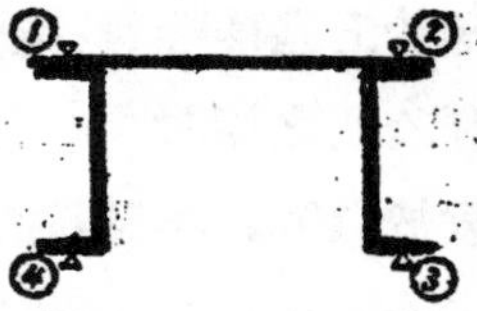

器具號數	靜力的應力	動力的應力×	衝擊率
1	320	405	1.27
2	295	483	1.22
3	346	610	1.76
4	220	428	1.94

×機關車速度[illegible]公里/小時

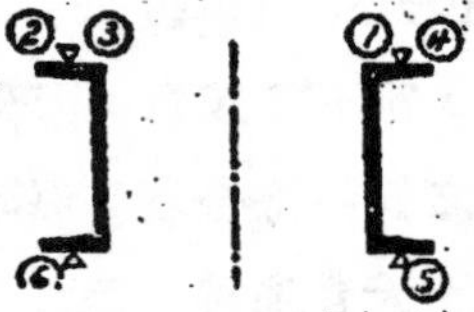

	靜力的應力	動力的應力	衝擊率
1	193	220	1.08
2	167	203	1.22
3	167	201	1.20
4	190	224	1.18
5	309	375	1.25
6	232	250	1.30

第一圖　34公尺跨度構架橋某構桿用Telemeter測得之應力

分，終不免受本身質量之影響，自不能達到完全準確之目的。瑞士之 Mayer 氏器具，自經發明者檢定其各部分之振動次數與方式，以與待測之振動比較後，已可對相當高速之振動作可靠之測驗矣（按原附圖二，從略）。

如上所述，除利用機械的器具外，兼用電力的器具測驗，為異常重大之進步。美國人在後一方面，已有所謂 Telemeter 之貢獻，其原則在利用重疊儲放之炭片所有「傳電阻力」隨壓力而變易之特性，由電流之變化，而推定應力之大小。

德國「國家鐵路」參照此種 Telemeter 製成一種器具，對於上述機械的測計器具之弱點，似可完全避免。

第一圖示用此種電力測計器所得結果之一斑。圖中標出之各點，係在同一剖面內，其應力亦係同時測得者，試一加審察，則知測得之各數值與理論上相差甚遠。就理論上而言，圖中所示剖面之各點，應有相同之應力，但據實測結果，則在一處為290公斤/平方公分（按，表中無此數疑有誤），他一處為610公斤/平方公分。此種情形幾令人對於靜力的計算有不值一錢之感想。若將誘致上項應力之外力加大，至吾人計算時所假定之數，則測得各點之應力，必多超過許可之限制，或竟達可使該建築物破壞之程度者。然實際上建築物並不致破壞，不但使用橋梁者可以無慮，計算橋梁者亦可以放心。惟實在應力與橋梁狀況之矛盾情形，則為將來研究上最重要之問題耳。

在他方面，則瑞士「聯合鐵路」(Schweizer Bundesbahnen)自多年以來，

16308

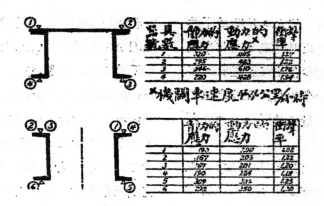

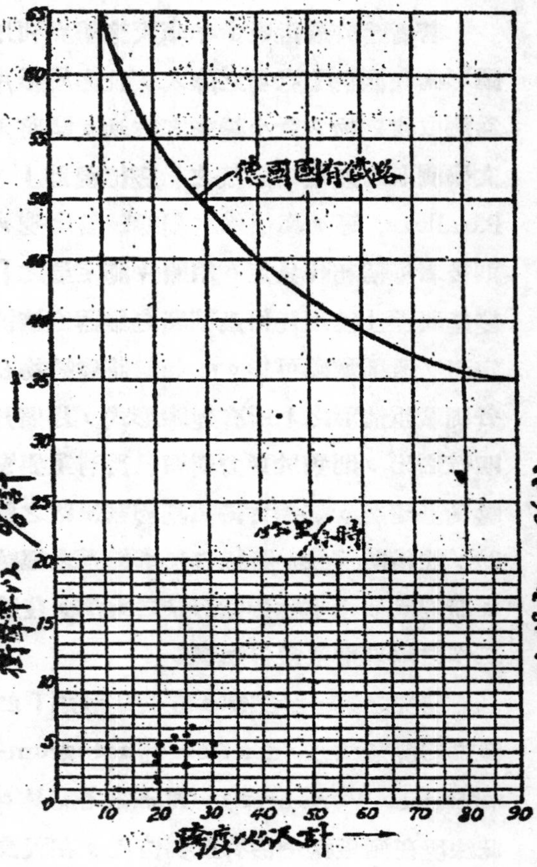

第二圖

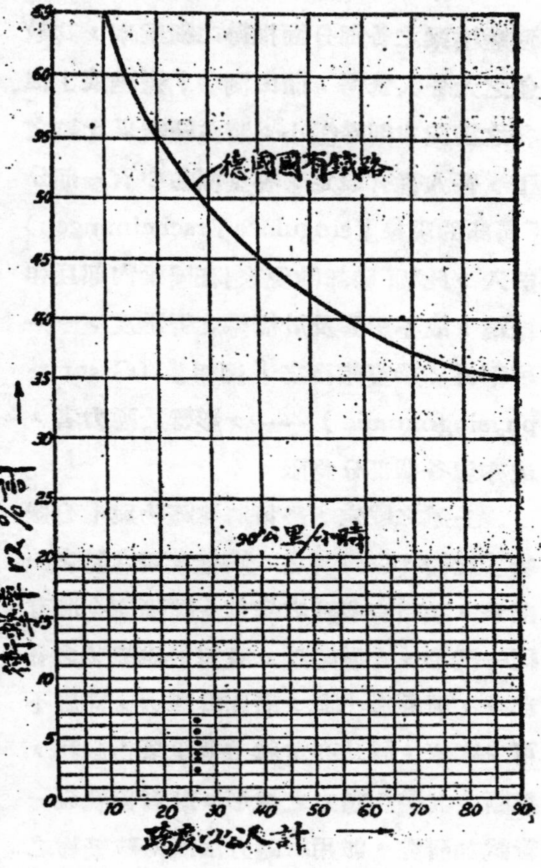

第三圖

瑞士方面實測之衝擊率及其與德國國有鐵路規定數之比較

橋梁測計於列車以實地行駛速度通過時之「彎垂度」。第二，第三兩圖（圖中粗點）示在兩種行車速度之下，橋梁受動力（活儎）之「彎垂度」超過受相等靜力（死儎）之「彎垂度」——卽列車在同一地段上靜止時橋梁之彎垂度——之百分率。此種百分率又名「衝擊率」(Stosswerte，按英文爲 Impact coefficient)。圖中上面畫出之曲綫，示德國國家鐵路據以計算橋梁之「衝擊率」。觀此可知，德國國家鐵路所用之「衝擊率」，遠在由實地測驗動力的「彎垂度」而推定者之上。故前述由

測驗橋梁之各部分而推得之衝擊率，其數値之大令人驚愕，而由測驗「彎垂度」推得之衝擊率則殊微小。將兩種結果比較之下，吾人惟有假定，零星測驗中有一部分「局部的現象」(singuläre Erscheinungen) 計入，此種「局部的現象」在橋梁內部互相抵消，故不影響及於橋梁之彎垂度，——可稱爲橋梁變態後之「總相」(Gesamtphysiogonomie)——，影響於應力者，或亦以各個部分爲限。

上述之假定，最好將建築物與「有機物」比較，以說明之。設有人就人體之一部分，驗得有劇烈之病狀，遂斷定全體有同一情形，自屬錯誤。故對於建築物之各部分，雖極微小者，研究其應力，固屬不可少之舉，同時亦當就整個建築物觀察，以斷定其發生應力之情形。著者嘗就後一着試加研究，卽用試驗方法測得建築物之「變態」(Deformation)，再由測得之「變態」，推定建築物內部之應力。蓋就理論上而言，建築物一定之變態情形，與一定之發生應力情形相當，由已知之變態，可求得未知之應力，是爲正確無庇之定則，且經 Pohlhausen 氏，Bleich 氏等在理論上證明者也。至於測計建築物變態之法，以利用攝影術爲最宜，因其能於極短之時間內留取建築物變態之形象也。

著者鑒於最近數十年來天文學界利用攝影術在測量上成功之偉大，故亦用影片爲測取建築物之微小變態之方法。試將天文學測取之數值，如星之「變位視差」(Parallaxe) 等，與橋梁之變態數值比較，則後者可稱相疏易定。用照片測定星之「變態視差」較用任何最精密之儀器直接測定者，遠稱準確可靠。故如能將建築物在各種載重情形之下所有變態形式，用照片明確攝出，則對於應力問題已得有重要實驗的基礎矣。著者曾得德國國家鐵路之贊助，並借助 Zeiss 廠製造光學儀器之經驗，研究攝取建築物變態形狀之方法，茲將工作之結果附帶報告如下：

研究之第一步工作，在設法利用「凸像攝影測量法」(das stereophotogrammetrische Verfahren)，爲研究之工具。此法現在測量術中佔有重要位置，在天文學上亦復如是，惟或非一般工程師所共曉，茲略加說明於後。

用「攝影測量器」從數「測量基點」攝取測量對象之影片一張或一組（第四圖）。「攝影測量器」爲一種精製之攝影鏡箱，備有附件，藉以確定其對於地面上他點之位置者。攝得之影片各不相同，其「位標」(Koordinaten) 互異。由位標之差異數値，及

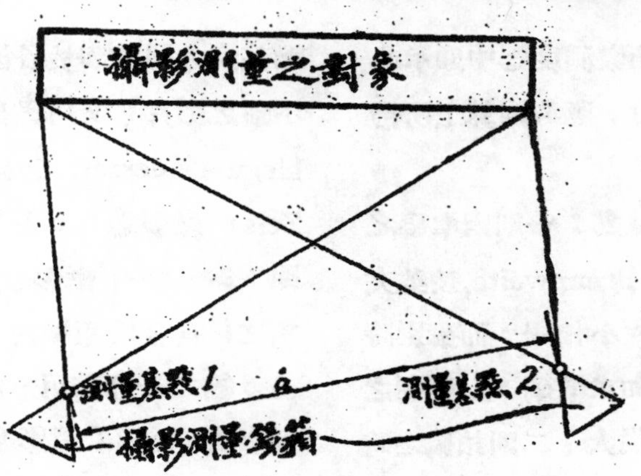

第　四　圖

測點之距離(a)，可推算對象之「空間位標」。由顯現凸象之照片推算位標之法，係用一種儀器，名「凸像測度器」(Stereo-Komparator)者，將兩照片用一種光學器具觀察，則各點之「空間標位」可就所附之量尺讀取。設兩照片上之各點，除一點外，皆有相同之位標，則各點在「凸像測度器」中不能顯現凸像，其位標不同之一點則反是，而於器內之位標軸綫，經校準後立可決定位標差異之尺寸。吾人之肉眼，對於鑑定凸像之作用，甚爲靈敏，雖照片上之位標差異尺寸小至百分之一公簽以下，亦可辦出。上述方法，在天文學界用以辦別行星。在不同時間內攝取之兩照片中，恆星常有相同之位標（因其距地之遠幾爲無窮），行星則因自動而反是，故在「凸像顯現器」中顯示凸像，以自別於各恆星。又此法亦可用以推算各行星相對的移動。

凸像測度器現已改良至極完善之地步，天文學界所用者極稱準確，地面測量所用者則附有從凸像製成圖樣之自動器具(參閱 Zeiss, Planegraph und Aerokartograph von Heyde-Hugershoff)。

著者將上述原理應用於橋梁時，係將橋梁之各「節點」(結合點Knotenpunkte 按英文爲 Joints) 特別標示明顯，然後於列車通過橋上時，從一定地點於短期內連續拍取照片若干張。攝出之橋梁照片，雖係從同一地點納光，然因橋梁全體之彎垂及各「節點」之移動，不相符合，故有相

對的移動之各點，在凸像測度器中顯示凸像，而測得之移動尺寸，應與圖算上所得之結果無異。

但此法尚有兩種缺點：一則因準碻之程度與「焦點距離」(Brennweite,按英文爲 focal distance)之大小相關，而攝影時收光之角度頗大，故如求準碻，則所用之玻片與攝影鏡箱必須從大；二則拍攝之時距無一定標準。

著者與 Zeiss 廠共同研究數年之後，始發明一種方法，使收光角度小而焦點距離甚大，同時對於各節點可自動攝取連續不斷之影片（所用器具名 Brückendurchbiegungsmesser, System Kulkazeiss, 由 Zeiss 廠製造）。所用器具之構造如第五圖，爲一種「攝影遠鏡」，應用時置於橋之縱向任何距離內不受橋梁牽動之一點上。橋之各節點用一定方法（見下文）標示明顯。因「攝影遠鏡」不置於橋前，而置於近橋中綫之方向內，故收光角度甚小。攝影時用軟片以代玻片，用「鐘錶機」徐徐轉動之，故攝收之各點，其靜止不

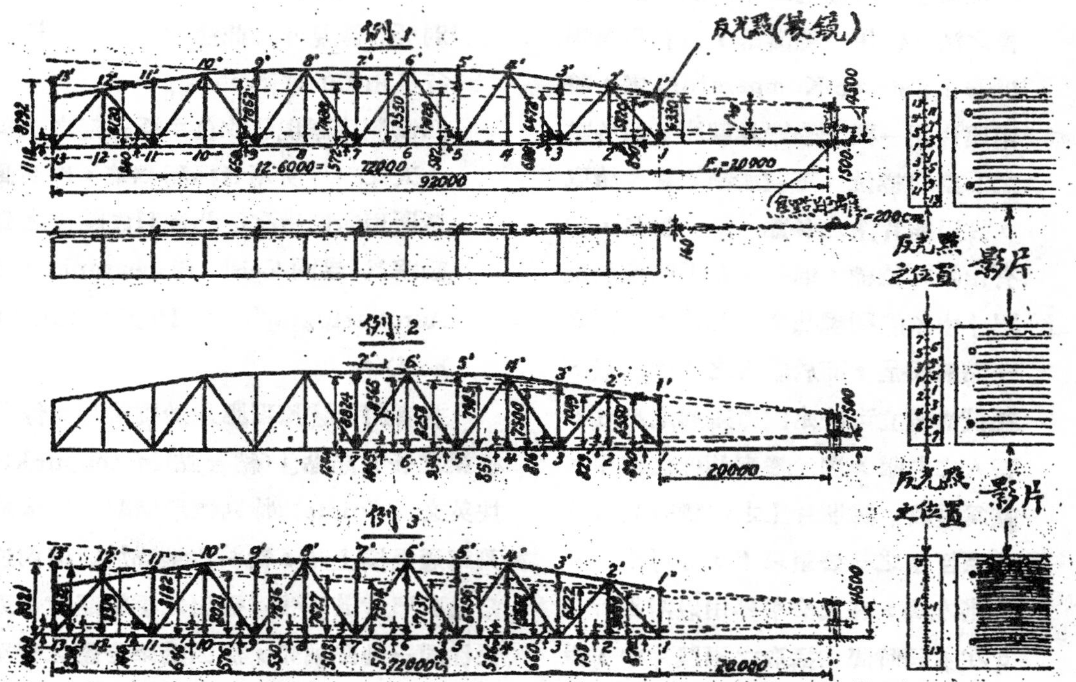

第五圖　攝影測量橋梁「彎垂度」之佈置(彎垂度均根據反光點 1 計算)

第五圖附表　各節點彎垂度測驗之確準程度

節數	距離(公尺數)	核鏡	聚光鏡距離 E(公尺)	縮小比例	彎垂度(公分)	影片中尺寸(公釐)
1	20	20 高	20	1:10	1	1.00
1'	23	20 〃	25	1:11.6	1	0.87
2	26	20 〃	25	1:13	1	0.77
2'	29	20 〃	30	1:14.5	1	0.69
3	32	20 〃	30	1:16	1	0.63
3'	35	20 〃	35	1:17.5	1	0.57
4	38	20 〃	40	1:19	1	0.53
4'	41	20 〃	40	1:20.5	1	0.49
5	44	30 〃	45	1:22	1	0.45
5'	47	30 〃	45	1:23.5	1	0.42
6	50	30 〃	50	1:25	1	0.40
6'	53	30 〃	55	1:26.5	1	0.38
7	56	30 〃	55	1:28	1	0.36
7'	59	30 〃	60	1:29.5	1	0.34
8	62	30 〃	60	1:31	1	0.32
8'	65	30 〃	65	1:32.5	1	0.30
9	68	30 〃	70	1:34	1	0.29
9'	71	30 〃	70	1:35.5	1	0.28
10	74	40 〃	75	1:37	1	0.27
10'	77	40 〃	75	1:38.5	1	0.26
11	80	40 〃	80	1:40	1	0.25
11'	83	40 〃	85	1:41.5	1	0.24
12	86	40 〃	85	1:43	1	0.23
12'	89	40 〃	90	1:44.5	1	0.22
13	92	40 〃	90	1:46	1	0.22
13'	95	40 〃	95	1:47.5	1	0.21

動者，在影片中現直綫，其經振動者則成「波浪線」。因各節點同時攝入影片，故影片內線條之數與節點之數相當。各線在同一垂直線上之點，示各節點在同一剎那間所在之地位，故就全體而言，亦卽指示在此剎那間橋梁之變態情形（參閱第六圖）。至於量計變態之尺寸，可用「凸像測度器」，或用特製之測量器。量得之結果，可藉以推算橋梁各部分在各種載重情形之下之應力。

未經從事攝影測量或用前述方法從事天文測量之工程師，或以爲此種方法

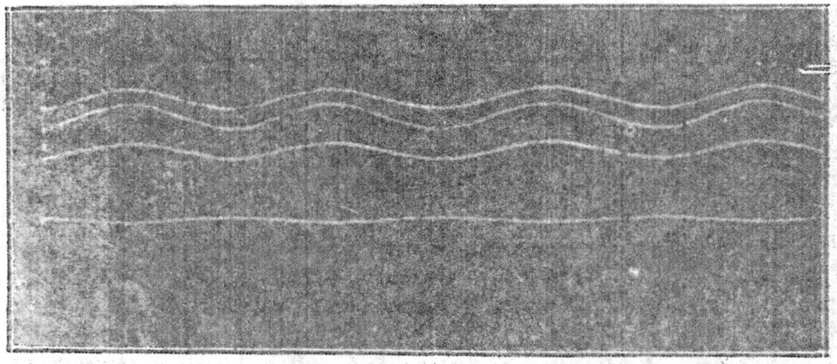

第六圖　影片上顯現各節點振動之形狀

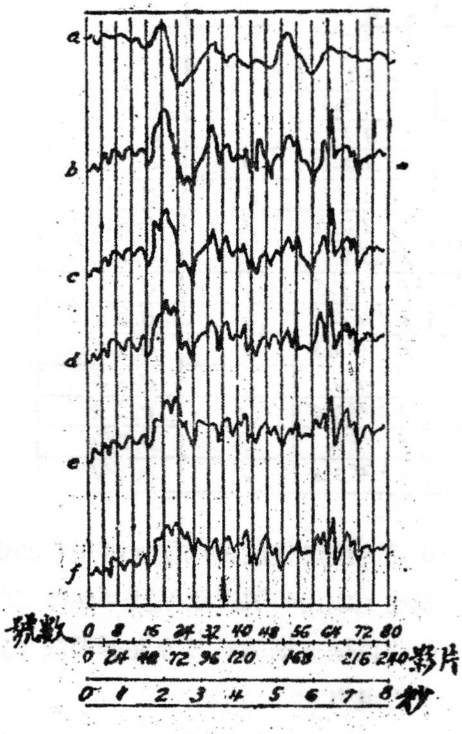

第七圖

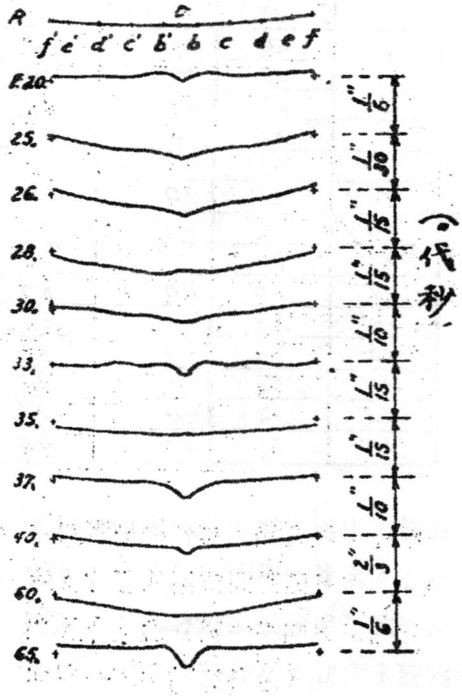

第八圖

某鋼索吊橋之振動測驗

未必能達到需要之準確程度。茲爲舉例以說明之。

著者嘗與 Kress 氏用尋常拍製電影之器具攝取某鋼索吊橋之振動形狀。該器本不合於攝影測量之用，其焦點距離與上述儀器之比約爲 1：40，故其準確程度亦至多爲上述儀器之$\frac{1}{40}$，然由攝出之微小影片仍可用「測度器」將橋梁之振動情形測出，如第七圖所示者。於此可見雖甚小之振動亦可用不甚準確之儀器測出。

橋梁節點之標明，係用 Zeiss 廠製成之「三體棱鏡」(Tripelprismen)，固繫於各節點之上，其特色在將光綫之由光源投射於其上者純依原投射方向反射。至光源則置於「攝影遠鏡」附近，在「視軸綫」(Optische Achse, 按英文爲 optical axis)之上。故現今之辦法，不在攝取橋梁本身之像，而在攝取放光各點之影。（原註：近來著者並能將橋梁之「旁移度」與其「彎垂度」同時測計。）

第九圖示所用「三體棱鏡」之一種。

由各節點之振動影片而測得之移動尺寸，先將其折算與「測點」關係之數，然後用公式

$$\frac{d^2v}{d^2x}=-\frac{M}{EI}$$

（譯者案，y爲縱位標，即各點之彎垂度，x爲橫位標，即各點與定點之距離，M爲彎冪，E 爲彈性率，I 爲惰性率。）

反求「板梁」橋之彎冪或「構架梁」橋之彎冪與其各肢桿之「應力」（原註：參閱本人將次在"Stahlbau"雜誌發表之論著）。所應注意者，即動力之平衡條件與靜力之平衡條件有別；如第十圖，上面示某節

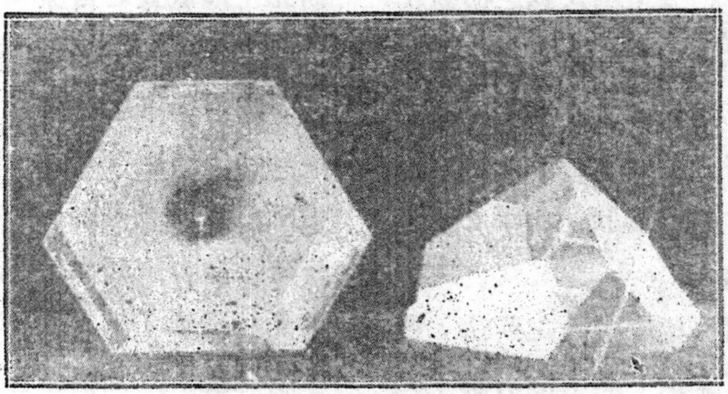

第九圖　三體棱鏡

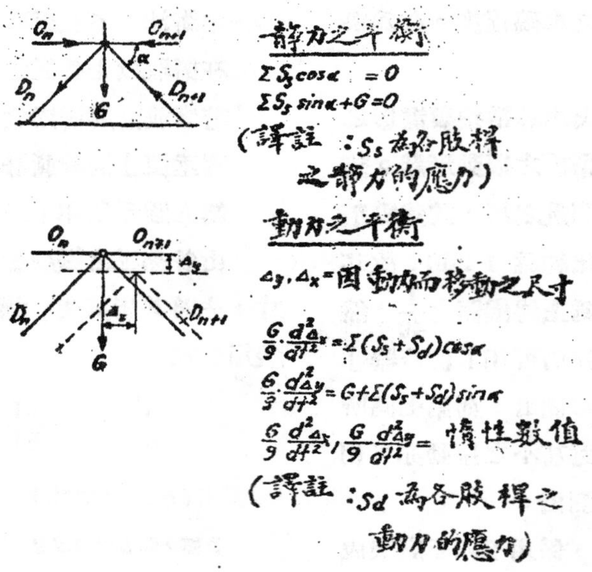

第　十　圖

點之靜力的平衡條件、下圖示同節點之動力的平衡條件，即除靜力外，須加計由「加速」(Beschleuningung, 按英文爲 Acceration) 而來之相當數值。

第八圖示前述鋼索吊橋六點之振動狀態。第九圖示全橋在各期間內之「彎垂線」（彈性綫），其中最上一綫示該橋未變態時之形狀，以下各綫示重物落下時橋之變態形狀，相距之時間有短至$\frac{1}{30}$秒者。

總上所述，實測橋梁應力之辦法，可分爲兩種，一用可靠之「應力測計器」，繫於橋梁之各部分，由測得之伸縮尺寸，推算各部分之應力，一即觀察全橋之變態，以推算各部分之應力。用前一法測得之數值，大於用後一法所測得者甚多。解釋此種矛盾情形，著者認爲實地測驗及理論研究上最重要之目標。

自著者觀之，關於橋梁之各部分（肢桿）除由全部變態誘致之應力外，尚有局部之應力發生，其數值往往甚大，又由靜力的計算所得之數值似僅可與由全部變態算得之應力比較。上述局部應力或係由「彎曲的振動」與「扭轉(Torsion)的振動」所誘致，一如構架節點之發生「副應力」(Nebenspannungen;按英文爲 Second-

16316

dary stresses）對於結構之全體並無重大影響，故吾人可揣度，局部應力與構架內之「副應力」或有一部分相同之性質。以前規定橋梁建築之衝擊率，係根據局部應力測驗而來，但局部應力之變換甚速（因振動「頻度」往往在 100 Hertz 以上，已如前述）故吾人可發生「計算時是否恆有依據此種甚大衝擊率之必要」之疑問。例如對於「壓撓力」（Knickkräfte）亦照此種衝擊率增加計算，似即爲過分之舉措。同樣，吾人可揣測Grüning 氏詳晰證明「在力學上不定的結構內之力，從應力較大之區段移向應力較小之區段」之作用，在構架之各部分內亦當發生。如第十一圖材料

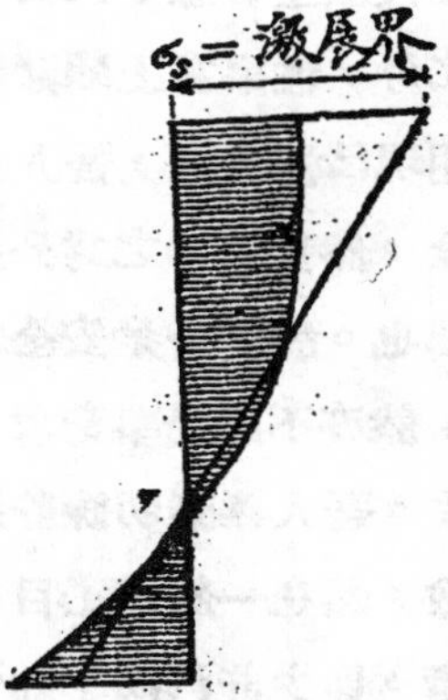

第十一圖　超過激展界時應力之調劑

之應力超過「激展界」（Streckgrenze, 按英文爲 yield point）時，則應力不復適用比例增進之定律，按直線增進，而依圖中畫橫線之面積變化，並以達「激展界」爲最大限度；因超過「激展界」而驟然發生之較大「伸展度」（Dehnung，按英文爲 elongation），使受力較強之部分傳播力量於受力較弱之部分，此種現象可稱爲「材料之自助」（Selbsthilfe des Materials）。

就全部建築物施行之試驗，與就其零星部分施行之試驗同一重要。建築物各部分之應力測驗，固應與全體撓垂度之測驗同時進行，建築物各部分之「堅度」（Festigkeit；按英文爲 strength 一譯「強度」）測驗，亦必須與全體之堅度測驗比較。

瑞士工程師首創新法，就全橋之振動，探討試驗所就各建築部分所不能獲得之智識，其指導之功績，實至偉大。

德國國家鐵路近製成一種機器，以測驗整個橋梁爲目的，即藉以誘致橋梁振動，直至破壞爲止。此種機器爲 Losenhausen氏所計劃，可藉比較微小之「質量」使宏大之橋梁發生劇烈振動。詳見 "Der Stahlbau" 1929, S, 61。（編者按，關於此種「誘振機」可參閱本期雜俎欄之「德國國家鐵路之橋梁檢驗車」篇。）

16317

關於貯蓄汽油與柴油之市政規定

(原文載 "The American city," Vol. XLIV, No. 1 and 2)

Robert S. Moulton 氏著

蕭慶雲譯

Moulton氏爲 Technical Secrtary, National Fire Protection Association。是篇另見於該會之季刊，關於貯蓄油類之著論，以此篇爲最詳而適於實用。 譯者附誌

第一篇

一般人民咸了解汽油及其他引火油類之危險，然大都不明事實，因之圖謀公共安全，其著重處有時反失其當。須知一升之汽油置儲廚房內以淨手套，其危險反過於安置得當之若干萬桶汽油；蓋貯油之大池，其構造須經專家之監督，且有種種避火之設備，而彼在廚下用油之婦女，則不知汽油與空氣和合後易於引火而有爆發之危險也。

汽油及其他引火油類固爲危險物，然未嘗無法以保障之。經多年之經驗，貯運引火油類之方法日見進步，火險漸見減少，公衆安全之保護亦漸有把握。本篇之作期引起一般人民對於本問題之明白了解，使不僅注意於多量汽油及柴油之貯存，且知在他種特別情形之下，着火之危險有更甚於此者。

他種流質，如以太及火酒之類，其易於引起火險不下於汽油，故亦應受同樣之取締。本篇所論之原則適用於各種易於引火之流質；惟普通以汽油爲量最多，故所論大都指汽油而言。

油爲公衆之必需品

如專從火險上着想，汽油與柴油直應擯諸城市之外，惟事實上頗難辦到。此種油類之應用現已極普遍，吾人無論若何顧慮公衆安全，然對於油之爲公衆必需品終不能不承認也。故謀公衆安全之方法固應力求完備，然亦不必過事苛求，使人民受無謂之損失。吾人雖應明瞭貯運多量引火油類之危險，然在一般人心目中往往過事張皇，其實，卽少許汽油，如使一無經驗之人管理之，其危險有時反較大。

與油池爲鄰

與油池爲鄰，甚不雅觀，故在住宅區內建造油池，住戶殆無不反對者。作者不

欲爲油池作辯護，謂吾人不應注重美觀，然吾人果注重美觀，則反對油池時亦應以此爲理由。雖然，以不美觀爲反對油池之理由，在法律上不能成立，而從火險上措辭，則易受認可，故在法院公開審判時，反對油池者恆持火險爲理由，而究其實，則彼輩對於火險不但莫明眞相，且亦未必如此關懷也。彼輩反對之理由不在火險，不過以此爲口實耳。

反對油池以火險爲根據，有時殊不合理。近見某地居民數百人簽名反對油池之修築，夷考其實，則該處原已有油池數具，各可容油三萬餘公升，均在一木屋內，且其抽油乃用氣壓而不用唧筒，此種佈置實含有重大危險性，新式油池之裝置，決不如此簡陋，該項舊油池之存在，已有二十年之久，當地居民並無出而反對者。此次油公司機將舊油池改築爲全鋼構造者，如果實行，火險本可減少，乃此項舉措竟遭反對焉。

如不論美觀或臭味，而論火患，則與油池爲鄰自有一種危險。惟新式油公司火險甚少，大火則更罕見，若謂附近財產恐受池魚之殃，則與草房爲鄰，其危險或且過之。

引火流質之分類

引火流質在自某溫度起，能發出多量蒸氣，致有引火之危險，此溫度謂之「燃點」(flash point)，可以一種規定器具測計之。汽油之燃點爲華氏零度 (0°F)，煤油之燃點爲華氏 100 度(100° F.)，潤油之燃點爲華氏 300 度(300° F.)以上。燃點爲引火流質特性之一，此外則有「揮發性」(Volatility)，「爆炸範圍」(explosive range)，「蒸氣燃度」(Vopor ignition temperature)；惟燃點之應用最爲方便，故常用以比較各種油類引火危險之程度。

燃點愈低則引火之危險愈高。凡一種流質之燃點，在平常空氣溫度以下者，則吾人對於運用該流質時，應特別注意。引火流質之市政規定，應有一定最高燃點，在此點以上者可稱爲不引火之流質，美國保火險會 (National Fire Protection Association) 決定此點爲華氏187度(187° F.)；其所擬之規則，不過適用於在此燃點以下之流質。

關於火險之量與質之分析

凡火災發生之危險程度，須視下列二點而定：一爲火險發生之可能性，其另一爲火險發生後燒燃之可能範圍。引火流質發生火險之可能性，首視該流質之特性與運用之方法而定；此外導火源之存在與否，當事人之經驗何如，亦關重要。至於所

貯存質量之多寡，則與引火之可能性無甚關係，如導火有源，則百升與千升之油，其易於着火正無異也。

但火發以後，其危險自視該流質之多寡而定。如油池被燒而破裂，以致汽油外溢，則二千升與二十萬升汽油燃燒之危險程度，其不同有若天壤。如油池不破裂，則火焰祇限於池內；其焚燒之速度，當視其面積之大小與空氣之供給而定；縱池內油量雖多，不過焚燒之時間延長，未必能爲大害也。在此種情形之下，往往有大火焚燒數日之久，至池內之油燒完爲止。

如一油區內所貯之油日見增加，則該池着火之危險亦將與之俱加，然此種增加不能視爲直接比例。假定所貯之油增加百分之一百（100%），則火險或不過增加百分之十(10%)。故市政當局對於建築油池之取締，不應專注意其所貯油量之多寡，而應注意該油池之構造與其運用之方法若何。

屋內與屋外貯油之比較

在屋內貯蓄引火之流質，其危險自較在屋外爲大。因在屋內貯蓄，不但該屋有着火之危險，且引火油氣勢必積聚於屋中而伏火險之機。如在屋外，則風吹四散，此種油氣不至積聚，故在屋內貯蓄，非有人工之空氣流通設備不可，而貯運之方法亦須特別注意。因之關於屋內貯油之市政規定亦須較嚴。

油漆等物亦含有引火流質，惟在封固之罐內時，不致發生油氣。故凡營此種商業者，如五金店之屬，不必加以任何取締。惟製造油漆及調和油漆之處，則有引火之危險，應作例外看待。

油池之適宜地位

貯油之油池等應離開住宅區；此層應於分區時規定之。如專從火險及擇鄰上着想，則油池等之位置應遠離城市而在郊外之空曠處，并宜與水陸道路及鐵道不相接近。然依同樣理由，除油池以外，尚有他種危險物件，亦應受同樣取締者，今均可在城市內見之，故實際上此層恐難做到。雖然，油池等不應位置於城市中之最繁榮部分固不待言；最好位置於郊外之工業區內；以期與各建築物不相接觸，且於運輸方面亦甚經濟。普通市政規則爲：油池等不許在商業中心地點建築，或：油池須建築於地下，使與公衆安全不相妨礙。

油池與鄰近財產之距離

油池與鄰近財產須距離幾許，方能使鄰近財產不受無謂之火災，此項問題，非參攷本地情形，一時殊難回答。凡油池之建造，圍牆之設備（以阻止油於火燒時外溢），地勢之高低，及其他情形，均與本

16320

問題有密切之關係。美國火險防止會之「引火流質規則」(Flamable Liquids Ordinance of the National Fire Protection Associatian)，關於此點祇言其大略，其詳章則由各地市政當局定之。玆將上項規則對於地面上油池之容量與位置之規定如下：

第四十七章：　凡油池貯蓄第一，第二，第三種油質者，無論其在零售站，批發處，商埠終點，或其他貯油處，該油池與鄰近財產之距離，不得比第一表內所規定者較小。如該油池所貯爲生煤油，則應將第一表內規定距離之增加一倍。在特別情形之下，市政當局得酌量地勢之高下，鄰近財產之性質，油池之建造與所貯油類之性質；火險之保險，救火局之設備，將表內規定距離之增加之。凡油池容量在五萬加侖以上者，其距離之遠近，亦須酌量上述情形而規定之。

第一表　地面上油池與鄰近財產之最小距離

油池容量(加侖)	最小距離(呎)
C——12000	10
12001——24000	15
24001——30000	20
30001——50000	25

生油均含有水分，如生油着火，則該水分或忽沸騰外溢，而火險乃更大。故生油實較汽油或其他曾經提煉之煤油更爲危險。因之貯生油之池其去鄰近財產之距離亦應較大，而其救火之設備亦應較爲完備。貯生油之地往往祇於鍊油廠內見之。

地下與地上油貯之比較

汽油及柴油如貯存於地面下之池內，實無火險可言。此種油池埋在地面下 0.6—0.9公尺深，上部用混凝土板蓋好，車輛往來不受影響，火險亦可完全免去。雖有少數地下油池曾經爆裂，然此皆爲例外。地下油池既可免火險，故在城市之繁榮處皆用之；家庭內如須貯油應用，亦應埋於地下，不應置諸地室內。

地下油池，在貯蓄方面固無危險，然運輸時之危險仍存在。此種油池須從送油車將油裝入，用時又須取出，在裝取之時，偶一不慎，則油汽外溢而火險以起。雖然，此種危險乃發生於當事人之不慎與管理之不良善，與油池容量之大小固無關係也。

地下油池不宜離地室或地坑太近，否則如油池有漏洞，則油往該處下流，不得謂之安全。如油池之位置在地室或地坑之下，則對於該池之大小不必加以限制。如在地室或地坑之上，則該池之大小應視距離地室之遠近而加以相當限制。如將油池置諸地室之下，亦無大危險，惟附近不得

有比油池更低之地室，而池中通氣之管，須不在該地室之內。

雖然，地下貯油固爲最安穩之方法，然祇限於少量之貯蓄。如油量過多，則機械之設備過繁，在經濟上未爲合算，故多用地上貯油以代之。地面上貯油，如建築得當，地位相宜，且有圍牆環繞池之四週，以防油質外溢，亦甚安全，據以往之經驗，地上油池之火險亦不多見。

全鋼不透氣之油池

木料雖爲建築上必需之物，然不宜用於建造油池之任何部分。一般人之心理，對於油池皆表示懷疑，大半因從前用木料建造油池有以致之。近來油池完全用木造成者久已絕跡；其以鋼料爲池身，而以木料爲池頂者，則於近十年內方不再見。油池之以木料爲頂者甚爲危險，其因此而發生之火災，實佔油池火災之大半。

今日新式之油池，皆全部用鋼料造成，不漏油亦不透氣，池中備有相當洩氣之設備，以調劑池中蒸氣之壓力。此種油池，雖經大火，亦不致受大損傷。倘火發於池外，則池內之油被蒸沸，蒸氣由洩氣管口外溢，即在管口焚燒亦不爲大害，故往往經火燒之後，池內仍有三分之二之油存在。然油池如建築不完善，且在特別情形之下，即全鋼油池亦不免發生大火，然此實爲例外。

地面上油池之建築，除上述數點之外（即全鋼池身，不透氣建築，須與鄰近財產分開及池外之圍牆），尙須注意洩氣之設備，各油池相互之距離，貨房及裝油器械。

貯油處在河道及港口附近

如油池在河道及港口之附近，則一旦如池破油溢，流入水中，勢必使火災立刻遍佈，而水面一切船隻與岸邊一切財產必遭池魚之殃，此誠一大問題也。如不得已而出此，則油池亦應位置於水之下流，或逆風之處，使風勢不得將水面之油吹向船隻羣集之岸邊。至於油池不應建造於易引火之碼頭上，則更不待言矣。

在水邊之油池最好圍以長堤，使油質不致流入水中，則火險可免。凡油管延長至碼頭邊與油船相接，則裝卸時應特別注意，使油不致漏出，藉以減少火險。

如油質流入水中，無論該油之易於引火與否，均有發火之危險，因岸邊之木樁及碼頭下部之材料、一經油質塗染後，非常易於着火也。故美國政府禁止排洩油質於航行之水道內。

第二篇

在一般人之心理中，恆有一種謬見，

以爲汽油具有爆炸之性質。其實汽油爲流質時决無爆炸之危險；惟汽油蒸發後，其蒸氣與空氣和合成一相當之比例時，方能爆炸。此理極平凡，吾人日常所見汽車之機器，卽本此理而構造。一般人昧於此理，故對貯蓄流質汽油於池內，抱無謂之恐慌，而對汽油之蒸氣反漠不關心。普通油池之內，汽油面上有氣質一層，惟此層氣質富於汽油之蒸汽而乏空氣，故不致爆炸。如該池內無油，則其內或有少許汽油蒸氣，一經空氣和合反有爆炸之危險。有數次火災發生於船上，其原因卽爲修理船上油池，雖將池內汽油排去，而蒸氣仍留在池內，致生爆炸。近來對於清除油池非常注意，其法先得池內洗淨，再加入水蒸氣將油氣排出，又須將池內空氣加以試驗後，方可進行修理之功作。

如油池外之熱度增加，則池內之壓力亦增加，有如蒸汽鍋然。故油池須有洩氣之設備，以免爆炸，亦有如蒸汽鍋然。然此種爆炸並非汽油爆炸，不過因池內壓力太大，致將油池炸壞，此種現像，不但汽油，卽水或他種流質，如封裝於池內，同時增加外面熱度，亦必炸裂。油池洩氣之設備正爲此也。

油氣較空氣爲重，如屋內空氣流通之設備不大完善，則油氣必下沉，或竟踰閾穿隙，漂流至他處，故油氣往往燃炸於距貯油處甚遠之地。對於此層吾人不可因油甚少而忽視之，其火險暗伏，至爲可危。此種油氣或聚集於屋中地板低處，因其在低處，故吾人卽行走於屋中，亦不能藉嗅官覺察，然而一經引燃，卽有焚燒或爆炸之危險。

在平常溫度之下，煤油不致發生油氣，故用煤油不如用汽油之危險。惟溫度高至華氏一百度(100°E)時，則煤油之燃點已屆，其發生危險之油氣，正與汽油相同。

熟用養成玩忽

火險之作，往往由於管理汽油及其他引火油質之人習於油性，因而忽視之，不加以相當防備。此誠爲致火之一重要原因，然亦未嘗不可挽救。凡較大之油公司，對於防火規則之執行非常嚴厲，其有在廠內吸煙者定予開除。

有人謂着火之紙煙不能引燒汽油，且能當面證明，在油廠吸煙並不致引起火患，斯語誠確。在平常情形之下，紙煙不致引燒汽油，惟燒紅之煙頭與汽油及空氣之和合體相接觸後，方能着火。雖然，如在油廠吸煙，或能吸至一千枝並無火險，如吃至一千零一枝時萬一着火，則吸煙者之性命休矣。故禁止吸煙之規定在油廠內須嚴格遵守之。

靜電之引火

將貓皮磨擦，能生火星，或在乾燥之冬日，走過地毯以開啓門窗，則在手與門窗把手之間亦時發生火星；此種火星，謂之靜電發光。靜電發光能引起火險，往往汽油發火無法解釋者，其原因皆基於此。靜電之發生，由於不傳電之物質磨擦；液體之流動亦能生電。如將汽油從一油桶傾諸池內，則在桶與池之間，時或發生火星，而將油氣燃着。欲免去此種火星，須使桶池之間，有金屬之接觸，則靜電無從積聚矣。故加油於汽車內之油桶時，應將引油橡皮管口之鐵嘴插入桶內；使與桶有金屬之接觸。在貯運引火油類地方，無論何種物件，其有積聚靜電之可能者，均須使與地下有金屬之接觸，以免發生火星；此種規定實不可少。如空氣之濕度甚高，則靜電不易積聚；故在乾洗作及用油甚多之工廠中，常用人工提高空氣濕度，以免火險。

他種引火原因

他種引火原因，如吸煙，燃燈及燒火等等，皆顯而易見，凡有常識者類能知之，惟電燈及發電機之能引火，則知者殊鮮。普通發電機轉動時，恆有少數火星發生；此種火星，在平常機器間內毫無妨礙，惟在引火油氣之前則甚危險。故在油廠內應用一種特製之發電機，此種電機之規定亦常有之，而美國電則 (National Electrical Code) 有一章專論此點。

在家中乾洗

凡汽油一經蒸發，與空氣和合，則引火之危險最大，故在家中用汽油洗淨物件，至爲可危。當衣物被浸洗，汽油蒸氣四向發散，則最小之火星 (如爐中之引火或磨擦衣服而生之火星) 亦足以燃着之。婦女之因此而死者，已不知幾百人，故用汽油在家中乾洗應在禁止之列。今有一種不引火之油可作乾洗之用，則汽油之當禁止更顯然矣。

其以乾洗爲業者，皆知汽油之危險，故有相當之準備。乾洗時將衣物置諸機器中，務使與空氣不相接觸，而其所用之油質亦爲不引火之油，以之洗淨衣物，其效與汽油相同。

引火油質之工業應用

工廠之用引火油質者甚多，惟用量或有不同。凡工廠中所用之汽油，煤油，火酒，及各種特別溶解液體，皆可作爲引火油質看待；其危險之程度，則視所用油之性質及其使用之方法而異；如用時油氣外溢，其爲危險自不待言。欲解决此問題，須待火險工程專家之研究，本篇以限於篇幅不及詳論。在特別情形之下，此種工廠

應不准在城市附近設立；惟就普通情形而論，工廠中如有相當消防設備，則公衆安全已有相當保障矣。

油質提鍊廠

提鍊油質須經過極危險之手續，故油質提鍊廠應設於城市之外或危險工業區域內。廠中提鍊油時，油質須經過高壓力及高熱度，蓋提油時非用火力不可也。在此高壓力下之汽油或其他油質，其與火爐相隔不過一層鋼殼或管壁，無論何處破裂，則油必入爐中。如當事人甚有經驗，則火險自可減少；且一經火災，則全廠不能復用，故油廠爲私人企業計，亦多在消防上充分注意。然無論如何，油質提鍊廠終爲危險物，爲公衆安全計，不得不驅之於城市外或置諸危險工業區域內。

裝油站

在住宅區內設裝油站，往往爲民衆所反對。雖然，此種油站，如油池安埋在地下，抽油機設置得當，房屋及各項裝置大半爲防火材料，則其引火之危險甚少。在汽油裝卸時，當事人如不留心，固有火險之可能、然以作者之眼光觀之，一區內如有一管理得當之新式油站，該區之火險未必增加幾何。現今油站固亦有佈置不適當，管理不得法者，然此爲例外，應依市政府之火險規則加以取締。

曲柄箱內所貯排洩之油(Crankcase drainages)

曲柄箱內所貯用過之油，大都含有汽油，其汽油之多寡，則視天氣及汽車內機器之情形而定。故用此種油時應注意及之，尤不宜用以燃燈，因其所含汽油或致引起火險也。

處置曲柄箱內之油至爲困難，最好由各賣油站將此種油集中於一處，然後設法處置之，不可將其遺棄於各油站，使之用作燈油或私自傾諸陰溝。集中之法，由市政府收集者有之，由大公司收集出售者有之。現有機器可將此種油製清，使能再作潤油之用。

汽車公司及乾洗作等處，對於處置廢棄油質常感困難。棄諸陰溝內固甚容易，然恐引起火險，城市陰溝之因此而爆炸者已不止一處。如汽車公司已有陰溝之設備，則應規定一油阱，使油與汙水分開，不致流入溝內。

運汽油貨車

賣油站之汽油乃由貨車送去。此種貨車經過街道，如有意外事，則汽油外溢，勢將引起火險。故此種貨車之結構，須有特別規定，以免意外（參觀美國火險防止會關於此事之册本）。事實上不能禁止此種貨車駛行於街道上，因汽油之供給爲市

民所必需，而用貨車運輸，或為最平穩之方法也。

運汽油火車

運汽油或其他引火油質之火車，其對於鐵路引火之危險，正與運油貨車之於街道同。此種火車之製造，在美國須經鐵道會所指定之委員會之精密考察，然無論其製造如何周到，亦終有發生火患之可能。汽油由火車分配至他車時亦甚危險，故此種轉運手續，不應在城市之繁華區域內行之，然亦不能完全禁止之也。火車所裝之油較貨車為多，而其危險則相同。

油管

汽油及他種油質之運輸，往往經過長管，從油田直達城市內，再從城市內分銷於他處。油管經過田野之間，自無甚火險可言，然當其經過城市街道時，則危險立見。據以往經驗，油管發火之事甚少，吾人對此經驗不多，不能有所討論。油管在街道中，或因掘路而受損傷，或因車輛來往之震動而破裂，故管身須堅固，而深埋於地下，賴路面為之保護，則火患可減少。如不幸油管破裂，汽油因壓力外出，溢流街中，侵入地下，且旁流至房屋內之地窖中，則其為害更烈矣。汽油可比諸煤氣，煤氣管有時破裂，致煤氣外溢，發生火災；惟煤氣上升，可藉風力吹散，而汽油則侵入地下，無法除去，斯為不同耳。

汽油與油爐

舊式之煤油爐曾引起不少火險，人都皆因將油爐置諸引火物件附近，或因用油太多，致煤油外溢被燃，或因爐不潔淨，致將旁物燃燒。此種火皆因傳燃而起，並非爆炸，雖甚危險，然非市政規例所能及。救濟之法，惟有注重教育及加意稽查耳。

汽油爐甚為方便，然較煤氣爐，電爐，煤爐更為危險。如用美國保險商試驗所(Underwriter's Laboratories)所註册之爐，且依美國火險防止會之規例安置之，則火險可以減少，然需用之汽油將如何貯用，方能免火，則實際上頗難解決。

燒油之設備

油燈初行之時，火警當局對之頗為懷疑；但保險商所許可之油燈，且依美國保火險會之規例而安置者，已沿用甚久，且成績甚佳。市政當局須訂定關於油燈之規則，對於自製及未經批准之油燈加以取締。

救火

凡汽油及其他油質所致之火災，不能用水救滅，須用他種方法。有特製滅火器，用炭酸氣（二氧化炭 Corbon dioxide，此氣不助火燒，因而使火熄滅），四氯化炭(Carbon tetrachloride，一種特別流質，

16326

，於汽油着火甚小時用之），泡沫（foam，一種與皂沫相同之棕色流質，用時以之浮於油上，將空氣隔開，而火自滅）。此泡沫爲一種化學品與水相合而成之物，用時可以置諸滅火器中，此器輕便易於攜帶，或用橡皮管將該沫撒佈於油上。美國各大城之救火隊，普通均備有造沫之機器及化學品，以作汽油火警時消防之用。各大油公司亦往往有此種泡沫之設備，任何油池着火時均可用之。有時市政府規定各油公司須有此種泡沫之設備，然須視當地情形而定。著者頗以爲如油公司有泡沫之設備，則其與鄰近財產之距離不妨稍稍減少。

水雖不救汽油之火，然在特別情形之下，用自動機將水潑灑，實爲救火之最好方法。此法曾在汽車行及飛機場加以實地試驗，成績甚佳。當汽油焚燒時，水或不能立時使之熄滅，然水能使屋宇中之熱度不增高，故火不能爲害。用水能阻止油池之熱度增高，故油池不致破裂，因之油不致外流而增加火險。工廠中有用自動潑水機以制火者，其收效亦甚著。

美國火險防止會之規則

美國火險防止會，曾依照其原定方針，對於火險之各方面，加以詳密之研究，幷發表各種條例，以備公家採納，作爲市政規定之根據，凡對於本問題有興趣者，均可索閱。此種條例乃由專門委員會討論而成；至於各委員會之組織，則保火險公司，油公司，其他有關係之公司，救火會及市政府等均有代表。此種條例雖不能對於火險有絕對之保障，然爲一般社會所贊許，認爲可行，其優點在其於公衆安全有相當之保障，而對於公司亦不使受無謂之限制與負担。此種條例甚多，其重要者如下：

(1) Suggested Ordinance regulating the Use, Handling and Sale of Flamable Liquids and the Products thereof, including requirements for automobile gasoline service or filling stations, and appendix on rooms, cabinets, and outside horses for storage of flamable liquids

(2) Marine oil Terminals, Recommanded Good Practice

(3) Automobile Gasoline Tank Trucks, Recommanded Good Practice

(4) Oil Burning Equipments, Regulations for Installation and Operation, with separate treatment of industrial and domestic equipments

16327

鋼筋混凝土圓形涵洞

W. S. Gray 氏原著

李學海譯

涵洞或溝管上載重之分佈情形，恆不一定，惟對於載重之分佈方式，若加以假定，則計算之結果足供計劃鋼筋佈置之一助。

涵洞兩旁之土對於涵洞發生之「被動壓力」(Passive pressure)，恆不足恃，雖所填之土經分層夯實，澆水滚壓時亦然，故普通以不計此種壓力爲佳。

涵洞大部埋設於新填之土堤中，故路面之載重，因鬆土之拱形分力作用甚微，大部分直接加於涵洞管之上。

溝管則多就原有泥土，開掘甚深且狹之構槽而埋入，其兩側恆爲堅實之舊土，上面所填新土結成蓋式。故路面之重載多藉拱形分力作用而達於兩旁之土層，直接加於溝管上者較小。

加於涵洞管之向上「反應力」(reaction)，恆視所用之建築方法而異，可分下列數種：

1.匀佈之向上反應力，

2.集中於一接觸線上之向上反應力，

3.匀佈於涵洞管與下面支承鞍座接觸之弧段(Segment)之反應力。

涵洞管內之鋼筋，是否應沿全周面均按照最大應力所需之量而一律佈置，抑應就各點隨應力之大小而增減，須視涵洞之大小，以及該項工程之輕重而定。普通小涵洞管內之鋼筋，則大部各點均同。

(甲)倘涵洞管所受之外力，可假定爲

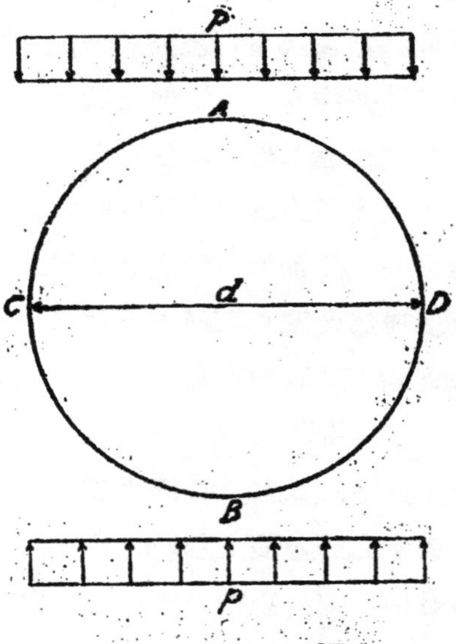

第一圖

上下兩面匀佈之壓力 p，又設 d 爲管之對徑(如第一圖)，則涵洞管內之彎冪爲：

A及B點　$M=+\frac{pd^2}{16}$

C及D點　$M=-\frac{pd^2}{16}$

同樣，涵洞管所受之外力，若爲左右兩面匀佈之壓力 p，則其彎冪爲：

A及B點　$M=-\frac{pd^2}{16}$

C及D點　$M=+\frac{pd^2}{16}$

故涵洞管所受之外力，若爲循直徑方向匀佈之壓力，則涵洞管內之彎冪爲零。

(乙)若涵洞管所受之外力，爲在垂直對徑兩端之集中力 P(如第二圖)，則管內之彎冪爲：

A及B點　$M=+0.159Pd$

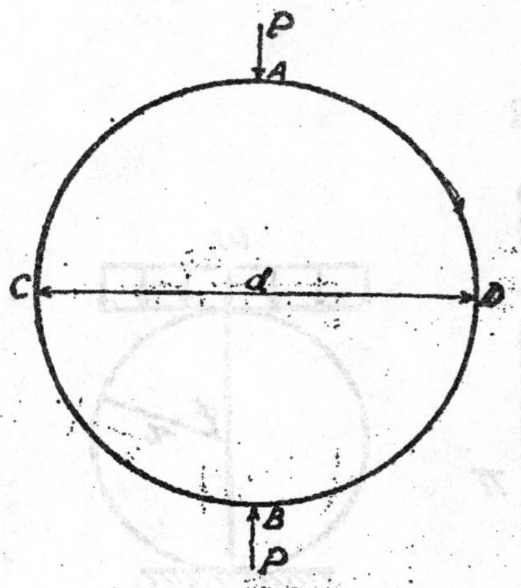

第　二　圖

C及D點　$M=-0.09Pd$

若有假定涵洞管底端係支承於一線者(line support)之必要，則在圓管任何斷面上之彎冪，推力(thrust)，剪力等之計算法，與求圓環體中之應力相似。假定管之頂點切開，而底點固定，則管之半部，便由所受之外力與頂點之彎冪，垂直推力(Normal thrust)及剪力(以上三者與整管內同點之內部應力相當）保持其平衡狀況。

應用 Castigliano 氏之「最小工作定律」(Principle of Least Work)，但略去垂直應力與應剪力之「內部工作」(Internal Work)不計，可求得頂點之彎冪。其他各點之彎冪，亦可依照關係圓拱之理論計算之。所須注意者，即直接應力(direct stresses)之內部工作雖可於計算頂點彎冪時略去不計，而於計算任何剖面之總應力時，則直接應力萬不可忽視也。

(丙)設 w＝涵洞管每平方公尺管面之本身重量(公斤)，則在管周上各點作用之彎冪(M)，推力(T)，剪力等，恆視該點(半徑)與垂直對徑所成之角度 ϕ 而定（如第三圖）。關於彎冪與推力之公式如下：

$$M=(1-\frac{\cos\phi}{2}-\phi\sin\phi)wr^2$$

$$T=(-\frac{\cos\phi}{2}+\phi\sin\phi)wr$$

16329

第三圖之曲線，示從$\phi=0$至$\phi=\pi$（即180°）之彎羃係數 $\left(1-\frac{\cos\phi}{2}-\phi\sin\phi\right)$，由是可知：

最大正彎羃＝$+1.5\,wr^2$

在$\phi=\pi$之處，

最大負彎羃＝$-0.64\,wr^2$

在$\phi=0.583\pi$之處。

（丁）若w_1＝涵洞管上面每平方公尺之勻佈儎重（公斤）（在頂點之水平切面上），則管周上各點之彎羃，可由第四圖所示曲

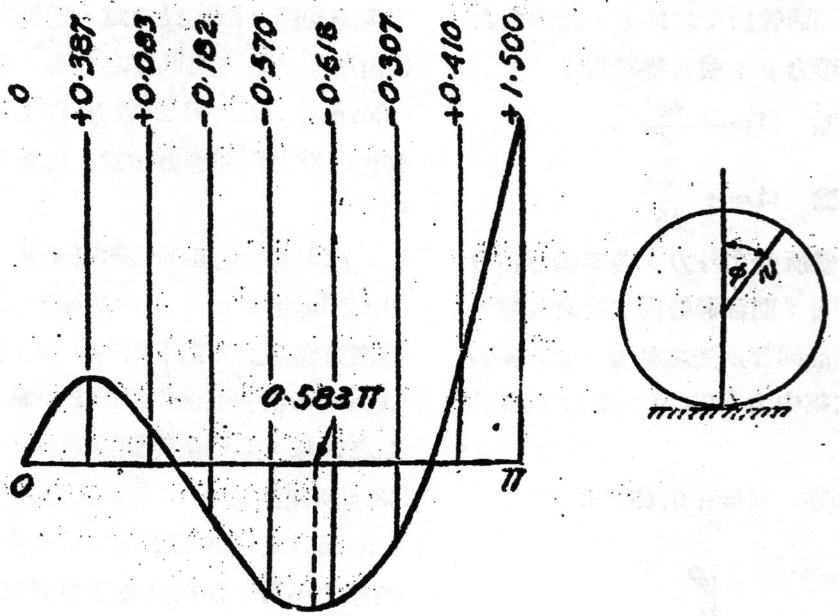

第 三 圖

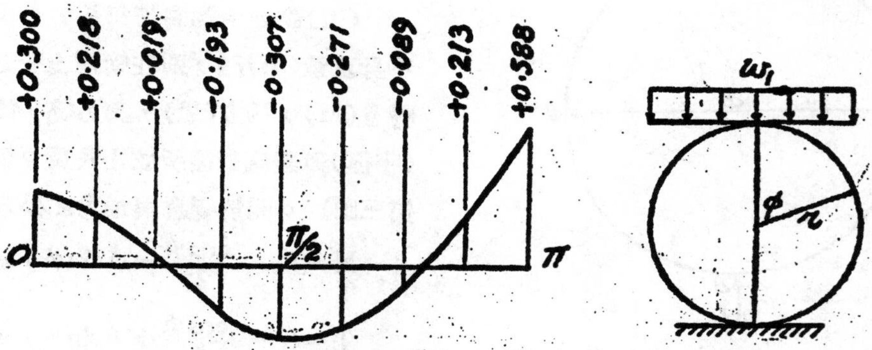

第 四 圖

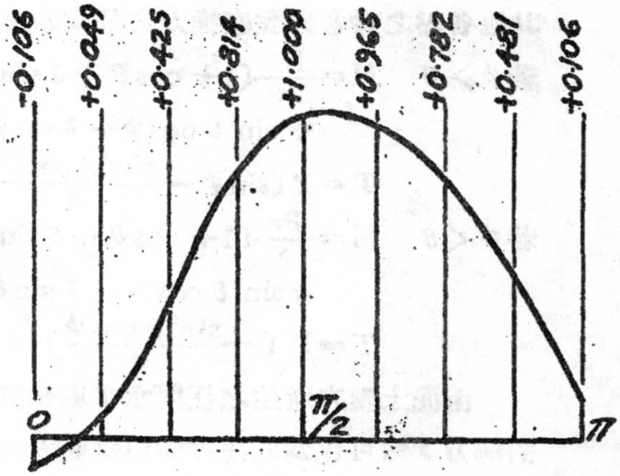

第　五　圖

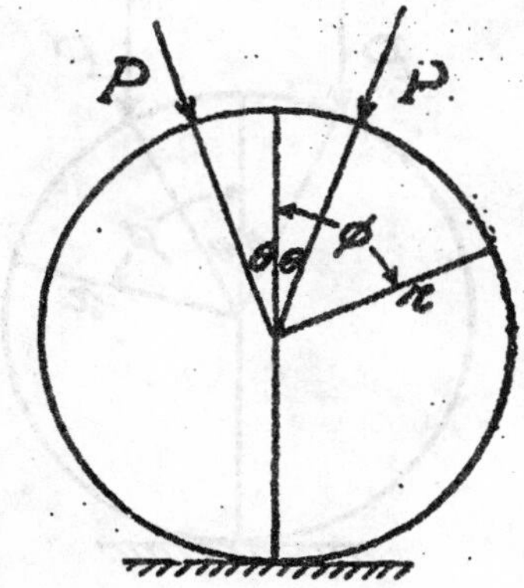

第　六　圖

線各點之縱座標與 w_1r^2 相乘而得。最大正彎冪＝$+0.588\ w_1r^2$，在管底，即 $\phi=\pi$ 之處。

由第四圖曲線與 w_1r^2 算得之彎冪，雖未包括管頂水平切面與管周間載重所發生之彎冪部分，惟管上填土若甚高時，則此項彎冪比較甚微，似可不計。

第五圖示管周各剖面之垂直推力係數之變化情形。計算此項垂直推力之數值時，以該曲線各點之縱坐標與 w_1r 相乘即得。

(戊)設管上有分列於「垂直對徑」兩旁而相對稱，且沿直徑方向作用之兩集中力 P(爲第六圖)，則管頂之彎冪爲：

$$M_0=\frac{Pr}{\pi}\left[1+\cos\theta-(\pi-\theta)\sin\theta\right]$$

(參看E. Massotte, "Calcul des Conduites Cylindriques enterées à vide," Le Génie Civil, Vol. 93, No. 15)

管頂之垂直推力爲：

$$T_0=\frac{P}{\pi}(\pi-\theta)\sin\theta$$

關於其他各點(其位置以角度 θ 定之)之彎冪(M)與垂直推力(T)之公式如下：

若 $\phi>\theta$　$M=\frac{Pr}{\pi}\left[1+\cos\theta-(\pi-\theta)\sin\theta\cos\theta\right]-Pr\sin(\phi-\theta)$

$$T=P\frac{\pi-\theta}{\pi}\sin\theta\cos\phi+P\sin(\phi-\theta)$$

若 $\phi<\theta$　$M=\frac{Pr}{\pi}\left[1+\cos\theta-(\pi-\theta)\sin\theta\cos\phi\right]$

$$T=P\frac{\pi-\theta}{\pi}\sin\theta\cos\phi$$

(己)設管上有對「垂直對徑」相對稱之兩垂直集中力P(如第七圖)，則管頂之彎冪爲：

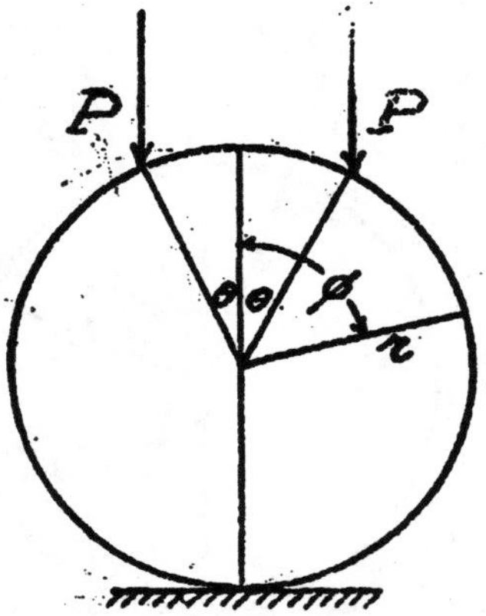

第 七 圖

$$M_0=\frac{Pr}{\pi}[1+\cos\theta+\sin^2\theta-(\pi-\theta)\sin\theta]$$

其他各點之彎冪與垂直推力之公式如下：

若 $\phi>\theta$ $$M=\frac{P}{\pi}[1+\cos\theta+\theta\sin\theta+\sin^2\theta\cos\phi-\pi\sin\phi]$$

$$T=P[\sin\phi-\frac{\sin^2\theta\cos\phi}{\pi}]$$

若 $\phi<\theta$ $$M=\frac{Pr}{\pi}[1+\cos\theta+\theta\sin\theta+\sin^2\theta\cos\phi-\pi\sin\theta]$$

$$T=P[-\frac{\sin^2\theta\cos\phi}{\pi}]$$

由泥土壓力所生之任何水平與垂直之對稱力，均可化爲直徑方向與垂直方向之對稱集中力各一雙，而用(戊)與(巳)項中諸公式以求涵洞管之彎冪與垂直推力。

國外工程雜訊(一)

莫斯科新建設

蘇俄中央執行委員會近決定使各管屬機關籌備三年建設計劃，使於三年之內完成五十萬人之新住屋。莫斯科蘇維埃並將撥款八千萬盧布左右，補充該項費用。此外並將建築機器麵包廠五所，醫院數所，洗衣所，幼稚園等。其餘之建築，爲中央車站及地下軌綱，決計照德國克雷美爾工程師之計劃，從事大規模之建造云。

蘇俄鐵路事業之發展

蘇俄自工業化以來，鐵道業務已有猛進之擴展。1913年之鐵道貨運爲132,000,000噸，1930年已增至330,000,000噸。鐵道客運在歐戰前一年爲185,000,000人，而在去年一年中已增至557,000,000人。在1930年中蘇俄國有鐵路計爲128,000,000公里。近經通過之計劃，注重以後各路之電化。1931年擬採辦之材料爲新機車1038輛，貨車47,000輛，路軌197,000噸，枕木22,000,000根云。

建築物與聲浪之關係

(原文載"The Architect & Building News," 10th. April, 1931)

Dr.A. H. Davies 氏著

(在惠明思德工校之演講稿)

倪慶穰譯

吾人研究聲學，當先明瞭聲音與空氣之作用。要而言之，聲音卽係空氣之激動。凡發聲之物體必起震顫，由是而激動周圍之空氣，使一陣濃厚，一陣稀薄，重重擴播，是謂聲浪。聲浪與光浪相似，當其進程中，凡由一物體而入於他物體，必起反射與透折之現象。故就大體而言，聲浪之定律與光浪之定律無異，惟聲浪之波長恆較所遇之物體爲大，故反射與透折之範圍亦廣。聲浪爲能力之一種，在密閉之空間能持久不滅，至逐漸被四壁所吸收或化爲熱量而後已。至於其被吸收之遲速，則視物體之表面狀態而殊。表面多孔隙者吸收甚速，反是則緩。如以大理石爲壁之敞廳中，聲浪恆往返投射，遂致發生回聲聒噪之現象，此聲浪吸收甚緩之故也。

聲浪可引集於一焦點上，一如光浪，惟反射物體須大致與聲浪之波長相適合，然一部分之聲浪仍不免透洩也。聲浪亦有互擾之現象，例如將兩發聲物體貼近放置，且兩者所發聲波相同，則四圍空間必有一處，於某一刹那間，全不聞聲，蓋一波之峯，適值他波之谷，以致相抵消也。又必有一處於某一剎那間，聲浪倍高，蓋兩波之峯適相遇，是謂「共鳴」。聲浪互擾之現象，不特發生於兩發聲物體之間，卽一發聲物體置於反射聲浪之牆壁前，亦有此種現象，蓋反射之聲浪與原發之聲浪亦能互擾也。

__廳廈中之聲浪__　良好聲浪之要素有五：(一)須不覺有回聲，(二)聲音洪亮，勻達室內之諸隅，(三)須無過長之顫響，卽每一聲浪發出後，須不與續發之聲浪混亂，(四)音樂之高低聲浪，悠揚延頓之程度須力求相等，(五)四壁應爲充分「隔音體」，以免室外雜聲竄入。此外廳廈之大小，尤須適合其用途。備奏樂用之巨廳不宜用於演說，蓋樂聲與人聲不同也。按諸實驗，一人於空地上，高聲朗誦，請晰可聽之距離，約達前方27公尺(90呎)，兩邊23公尺(75呎)，而後方僅9公尺(30呎)。

聲浪由某處折迴，重達聽衆之耳時，

若較由發聲處直接送達時遲至$\frac{1}{15}$秒，則聽衆之耳官卽覺有回聲之擾亂。按聲浪於$\frac{1}{15}$秒間之行程爲 22.67公尺(75呎)，故大廳之有回聲聒噪者，必因講台發出聲浪遇物折回達於聽座之行程，較由講台直接送達聽座之行程長逾 22.67公尺。如有弧形壁面，攝集聲浪於焦點，則回聲之現象尤爲顯著。如天花板作圓筒形，則一切聲浪將攝集於廳之中部，殊屬不佳，惟平面天花板可無此弊，若再於其邊緣稍作斜形，則室中聲音尤能匀佈得宜。由此觀之，凡一切曲面幾皆不利於聽覺，如半圓穹形之天花板，其半徑等於室高時，聲浪完全反射於發聲處；其半經爲室高之二倍時，則聲浪往還投射，回聲紛沓；必待半經大於室高之二倍以上，始可免回身之聒噪，而與平頂同一功效也。苟發聲處可置於廳堂之一端，則可於該處兩邊築斜角壁面，使聲浪盡向前方反射，以助長聲音之洪亮。苟於發聲處後面築拋物線弧面壁，則反射之聲浪，盡向前方平行射出，匀佈於室中，固亦良佳，惟同時台下一切聲浪，亦將收集於發聲之處，是爲美中不足之處，故不如斜角平面壁之適用。大廳之牆面，應用吸音之材料構成，使減少顫響至適當程度；又廳之形狀不可多弧面，否則雖廣用吸音材料亦難收效。天花板尤須妥爲設計，使不致發生回聲。萬一築成後發覺有可厭之回聲，則補救之法，可將其表面築成凹方格鑲板(Coffered Ceilling)，蓋凹格較平面能稍減直接之回聲也。但此法僅宜於不得已時用之，未可恃爲設計之要素也。

講臺上如有放音器，其位置宜高，以免近座受聒噪，亦可稍減回聲。又成簇之喇叭放音器，不如將各喇叭分散佈置爲佳。

顫響　廳廈不僅以無回聲及能保持洪亮之聲浪爲能事，且須無過分之顫響。所謂顫響者，卽聲浪發出後，往返投射，延久而不滅也。關於具有此種弊病之廳廈，有謂可用鋼索張懸於天花板下以糾正之者，但此說不盡可信，蓋某地巨廳曾用去若干公里長之鋼索而仍未見效也。或用電流擴音機，則較有成效，然非根本對治顫響之方法，不過藉擴音器將聲音向聽衆放射，使極易接受，而顫響自減耳。

據實驗所得，顫響亦不可全無，否則發出之聲音將毫無生氣。惟過分顫響則殊可厭，一般教堂多有此弊。按教堂苟確以讀經講道爲主，其建築聲浪設計應與戲院或演說場相司，今乃不然，普通教堂類多高敞之屋頂，石砌之牆壁，固無怪顫響之過甚也。惟此於唱歌誦詩則屬適用，且民衆相安已久，幾成習慣，不可改矣。

16334

各種物質之吸音能力，各不相同。欲鑑定某種物質收音能力之強弱，端賴比較。開窗而放音，聲全外散，一如完全被此窗吸收也者，故定開啓之窗之吸音係數爲1。以此爲比較之標準，則磚，大理石，玻璃等之吸音係數爲0.01至0.03（因此種材料幾能將聲浪之全部反射）；木鑲板壁爲0.01至0.02；普通棉織板之吸音壁面爲0.2至0.3，其厚而多孔隙者且達0.4至0.7；木質地板爲0.03至0.08，如覆以地毯可達0.15，毯如甚厚，可達0.20，如毯下再鋪油毛氈，又可增至0.35；呢絨簾幔亦頗能吸收聲音，其係數在0.2以上，幔厚而成皺紋者可大至0.5云。

建築物聲浪美滿之要訣

(一)電影院　電影院之用途大抵與普通會場無異，惟顫響宜略較長，故設計者當限制其容積，勿使過巨。或謂每座僅2.8立方公尺(100立方呎)已足。英倫新建之「東輝電影院」每座計占容積4.3立方公尺(154立方呎)，而顫響之延長時間約爲：滿座時一秒，全空時二秒。有聲影片所放之音常含有顫響，故設計有聲電影院時，不可視同普通會堂，且同一電影院之觀客，往往時而擁擠，時而寥落，故院中宜多備富有吸音性之物體，聲浪乃可不受觀衆多寡之影響，例如座椅用軟褥皮套，足下鋪地毯，皆屬有益。有聲電影之放音多在台上向後壁放送，故後壁不可有反射或攝集之作用，是爲至要。如能用吸音材料舖於後壁牆尤佳。又電影院多位於鬧市中，故須注意隔絕外面市囂。至於院內雜聲，例如風扇，機器，變壓器等物所發出者，亦應設法消滅之，而用軟木，橡皮等爲之襯墊。

(二)廣播無線電放送室　就收音之立場而言，如用耳機收音，則放出之聲宜有顫響，音韻始清佳，否則將成「死音」，如用喇叭放聲器收音，則喇叭能生顫響，故原聲不宜再有顫響。此兩種收聽無線電之方法，所需要之聲浪，適相矛盾，故放送台必須兼籌并顧折衷從事。就今日趨勢觀之，放送之聲僅具些微顫響，聊以迎合用耳機之聽衆，例如賽佛山廣播室中，當完全將呢幔扯開時，顫響僅爲0.8秒，由此可增至1½秒，紐約之全美廣播無線電公司所有放送室亦非完全作成「死音」，不過天花板與四壁皆用適宜之吸音材料構成。

(三)會場及音樂廳　會議室應有吸音之能力，庶聲浪不致受人數多寡之影響。音樂廳宜有較長之顫響，則餘音繚繞，成績必佳。且赴音樂會者每多踴躍，故會場宜大。美國各地之音樂廳，其容積如下：

16335

備十件同奏之樂器者1400立方公尺(50000立方呎)，二十件者2800立方公尺(100000立方呎)，三十件者5700立方公尺(200000立方呎)，六十件者14200立方公尺(500000立方呎)，九十件者22700立方公尺(800000立方呎)。英國各地之音樂廳，則無此巨大之容積，例如備六十名樂隊之「皇后音樂廳」，其容積僅爲11300立方公尺(400000立方呎)。

靜室及隔絕囂聲之設備　醫院，公事房，音樂學校等，每有靜室之需要，然欲求完全寂靜，大非易事。蓋囂聲之來，難以防止。其自屋外來者，可由風筒，氣眼，門窗隙縫，或穿透薄牆而竄入；卽全無外間囂聲透入之處，室中之實體亦能傳遞屋內發出之聲，而於以鋼鐵爲架之建築物爲尤甚。故囂聲來源恆有出人意料者，非身臨其境，未能徵信。由是可見隔絕聲浪之難也。

大率欲隔絕空氣傳遞之聲浪，則牆壁應用充分隔音材料構造，一切管眼，風筒等之孔隙宜免除，門窗宜開向最幽靜之方面，尤須關閉嚴密，否則由隙縫中透入之聲，更覺清晰。些微隙縫，雖合門窗面積千分之一，其所放入之聲浪，每與門窗開啓時相同，故不可不愼也。聲浪來自通風筒者，其進行一如傳話之管筒，非彎曲轉角所能減殺，故重要之靜室，宜將各處之通風筒分別引接於一遠處之靜室，四壁蒙以吸音體面通風焉，美國國家心理學院有靜室，卽係如是設計；有時並須將通風筒封閉，以求完全寂靜。門窗之隔音能力，幾與其重量成正比例。小格鑲鉛花窗每較用全塊玻璃者爲能隔絕音響。又門窗應爲雙層式，每層各另備圍框，不相聯繫，其在雙層牆垣，則內外牆各築一框，成效尤佳。

國外工程雜訊(二)

推進式發動車將見諸實用

德國新發明之徐柏林式火車（按卽本報前述之推進式發動車）既試驗成功，該國鐵路當局已決定於本年九月初在柏林，漢堡間首先正式開駛。預定平均速度每小時170公里，兩城間二小時可達，每日上下行各開數班。

又蘇俄當道擬於西比利亞鐵路設備徐柏林式火車數輛，期將歐亞交通由九日縮至四十小時。

房屋隔音作用之計算

(原文載 Zentralblatt der Bauverwaltung 1931, Heft 2)

德國 Ernst Petzold 原著

胡樹楫節譯

城市中交通繁劇，人事複雜，市聲之煩擾，足妨礙吾人之衛生，故近代醫學界及建築界竭力研究房屋隔絕音響之方法。此篇就科學的基礎，論房屋隔音作用之計算方法，在建築學術上頗有價值。

譯者附誌

本篇所論之範圍以空氣傳播於建築物內之音響(下文簡稱「空氣音響」)為限。

「空氣音響」(Luftschall)與牆壁相遇時，普通僅一部分透過，故牆後之音響較牆前為弱，可以耳官約略辨別，或用「顯微音器」(Mikrophon)精密察出。音聲施於顯微音器之薄膜(Membran)上之壓力(Druck)，誘致電流變化，其變化量與音響之壓力成正比例，故欲辨音響之強弱，或直接測其壓力，或間接測驗電流之變化均可。設牆外(即發生音響之一邊)音響之壓力為P_a，牆內音響之壓力為P_i，則

$$d_p=\frac{P_i}{P_a}\cdots\cdots\cdots\cdots(1)$$

名曰「透音率」(relative Schalldurchlässigkeit)。

又有就音響之「能力」(Energie) A 而比較者(「能力」可按「壓力」之二乘方計算之)，即以

$$d_A=\frac{A_i}{A_a}\cdots\cdots\cdots\cdots(2)$$

為「透音率」(按下文所稱「音響能力透過率」指此)。

上述兩種「透音率」，其數值各不相同。例如測得$P_a=30$，$P_i=3.3$，則依(1)式：

$$d_p=\frac{3.3}{30}=0.11,$$

依(2)式：$$d_A=\frac{3.3^2}{30^2}=\frac{10.89}{900}=0.0121=0.11^2$$

德國建築界多根據音響之壓力，美國建築界多根據音響之能力，以定「透音率」(參閱 Zentralblatt der Bauverwaltung 1929, No. 39, S. 633 及 Journ. Acoust. Soc. of Am. 1930, No. 1, P. 139)

此外又有按(2)式之「反商」，即

$$d_R=\frac{A_a}{A_i}\cdots\cdots\cdots\cdots(3)$$

以評判牆壁透音之作用者(參閱 Kreüger, "Die Schalltechnik", 1928, No 2, S. 28)

。照上舉之例，得

$$d_R=\frac{900}{10.89}=82.7，$$

意謂牆外之音響能力爲牆內音響之82.7倍也。

上述各項數值，係指音響在物理學上之性質而言，讀者不可誤會，而謂吾人在牆內實際聽得之音響僅爲牆外音響之0.11倍等等。

音響對於吾人耳官之強弱與其「刺激」(Schallreiz)——即「壓力」或「能力」——之「對數」(Logarithmus)成正比例。(參閱 Petzold, Elementare Raumakustik, Berlin 1927, S. 9 ff.) 德國電話工程界向用「收壓」(Eingangsspannung)——與上文之P_a相當——與「發壓」(Ausgangsspannung)——與上文之P_i相當——之比率之「自然對數」(Natürlicher Logarithmus) 爲音響加強之比較標準。此項對數值即吾人耳官聽得音響之「高度」(Lautheit)，其單位謂之"Neper"。據此，則牆壁之隔音率——亦即「音響減低率」(Dämpfung)——爲

$$d_N=\ln\frac{P_a}{P_i}\cdots\cdots\cdots\cdots(4)$$

(按ln即自然對數之符號)。

故在上文所舉例中，牆壁之「音響減低率」爲

$$d_N=\ln\frac{30}{3.3}=2.206\ \text{"Neper"}$$

換言之，即無論何時，在牆內聽得之音響比牆外之音響低 2.206 "Neper"。譬如牆外聽得之音響高度爲 4 "Neper"，則牆內聽得之音響高度爲 1.794 "Neper"，即合前者之一半弱。

Kreüger 氏以$\frac{A_a}{A_i}$之普通對數(又名Brigg氏對數)爲比較音響高低之標準。此項標準單位在美國以"Bel"稱之，但普通則 0.1 Bel 爲單位，名曰"Decibel"(db)(參閱 E. E. Free, Practical Methods of Noise Measurement, Journ. Acoust Soc. 1930, No. 1, p. 180 ff)。故可分別列式爲下：

$$d_B=\log\frac{A_a}{A_i}\cdots\cdots\cdots\cdots(5)$$

$$d_{DB}=10.\log\frac{A_a}{A_i}\cdots\cdots\cdots\cdots(6)$$

依前所舉之例，$d_B=\log 82.7=1.917$ Bels, $d_{DB}=10\log 82.7=19.17$ db。

下列附表(一)示25種牆壁之「隔音率」，分別按照(1)——(6)式計算者。其應用方法，茲舉例說明爲下：

設街市囂聲之「高度」爲 5 "Neper"。透音之「牆壁」面積爲磚牆20平方公尺及單層玻璃窗 3 平方公尺。問自街市透入房內之音響，是否達招人厭煩之程度？

在未解答此問題以前，當先知囂聲透過牆壁後之減弱程度。牆壁之面積愈大，

附表(一)　各種牆壁每平方公尺之透音率及隔音率

項數	牆壁之種類	a	b	c	d	e	f	g
		厚度(公分)	$\frac{P_i}{P_a}$	$\frac{A_i}{A_a}$	$\frac{A_a}{A_i}$	$\ln\frac{P_a}{P_i}$ Neper	$10\log\frac{A_a}{A_i}$ Decibels	$\log\frac{A_a}{A_i}$ Bels
1	木板(松,紅樅),企口者	2.0	0.11	0.0121	82.7	2.206	19.17	1.917
2	鑲膠之木板 (Turinerholzplatte)	1.2	0.063	0.00397	252	3.760	24.01	2.401
3	磚牆(乾燥時)	12.0	0.001	0.000001	1000000	6.90	60.00	6.000
4	氈層,緊張者(Wolldecke, ausgespamt)	0.1	0.29	0.0841	11.9	1.237	10.76	1.076
5	軟木板(由研碎之軟木不加他種材料製成者)	5.0	0.0135	0.000182	5500	4.30	37.40	3.740
6	木板(同1項),兩邊糊紙	2.1	0.05	0.0025	400	2.992	26.02	2.602
7	木板(同1項),鑲1公分厚軟本板	3.0	0.10	0.01	100	2.3	20.0	2.000
8	同上,中夾紙層	3.1	0.03	0.0009	1100	3.502	30.46	3.046
9	木板(同1項)鑲0.4公釐厚鉛板	2.04	0.002	0.000004	250000	6.208	53.89	5.398
10	木板(同1項)鑲4公釐厚油布(Linoleum)	2.4	0.043	0.00185	540	3.142	27.32	2.732
11	純軟木板,中夾0.2公釐厚鉛板	1.0	0.0365	0.00133	750	3.307	28.75	2.875
12	軟木板(同5項) 兩邊糊紙	5.1	0.011	0.000121	8270	4.515	39.17	3.917
13	軟木板(同5項)鑲0.4公釐 鉛板	5.04	0.0021	0.0000044	227000	6.15	53.56	5.356
14	軟木板(同5項)及鑲膠之木板(同2項)	6.2	0.0085	0.000072	13900	4.76	41.93	4.193
15	雙層木板,各厚2公分,中間留5公分空縫	9.0	0.079	0.00624	160	2.53	22.04	2.204
16	雙層木板(同15項),空縫用軟木屑塡塞	9.0	0.06	0.0036	278	2.81	24.44	2.444
17	雙層木板(同15項),空縫用沙塡塞	9.0	0.014	0.000196	5100	4.26	37.08	3.708
18	多層半厚紙及瓦楞厚紙拼成之牆壁	2.0	0.01	0.0001	10000	4.60	40.00	4.000
19	同上	4.0	0.002	0.000004	250000	6.208	53.98	5.398

20	單層玻璃窗，如通常所用，閉合緊密者	——	0.023	0.000529	1890	3.77	32.76	3.276
21	同上，外面懸氈簾(Wolldecke)	——	0.013	0.000169	5920	4.34	37.72	3.772
22	雙層玻璃窗，如通常所用，閉合緊密者	——	0.0025	0.0000063	160000	5.98	52.04	5.204
23	同上，懸氈簾者	——	0.0018	0.0000032	310000	6.31	54.91	5.491
24	雙層玻璃窗，如通常所用，閉合不密者	——	0.152	0.0231	43.3	1.882	16.36	1.636
25	雙層玻璃窗，如通常所用，特別緊密者	——	0.0016	0.0000026	387000	6.43	55.88	5.588

則音響能力之透入愈多；設 d_r 爲某種「牆壁」每平方公尺之音響能力「透過率」，則該「牆壁」F_r 平方公尺之透過率爲 d_1F_1，同時第二種「牆壁」之音響能力透過率爲 d_2F_2，第三種爲 d_3F_3，故音響能力透過率之總數爲

$$D=d_1F_1+d_2F_2\cdots\cdots+d_nF_n=\sum dF \quad \cdots\cdots\cdots\cdots(7)$$

Vern O. Knudson氏曾經證明，音響能力透過牆壁後之「減低率」(Minderungszahl) M等於房間之「收音力」(Schall-Schluckung) S (參閱 Petzold,書名見前， S. 63)與音響能力「透過率」(Durchgang) D之比率 (參閱 Measurement and Calculation of Sound-Insulation, Journ Acoust. Soc. 1930, No. 1, P. 129 ff)，即

$$M=\frac{S}{D}\cdots\cdots\cdots\cdots(8)$$

設上例所指之房間，其總「收音率」S 爲 30「平方公尺單位」(此項單位名Sabine)，又由(7)式及附表(一)得

$$\therefore D=0.000001\times20+0.000529\times3$$
$$=0.00161，$$

故依(8)式得

$$M=\frac{30}{0.00161}=18600$$

如欲將M以Neper 計,則(8)式當化成

$$M=1.15\log\frac{S}{D}\cdots\cdots\cdots\cdots(9)$$

而在本例

$$M=1.15\log\frac{30}{0.00161}=4.912$$

"Neper"

故室中所聞之音響僅爲街市囂聲之 $\frac{0.088}{5}$ 倍，即約1/60，可稱絕無煩擾之虞。

又從 D=0.00161 可先以透音總面積23平方公尺除之，得平均音響能力透過率 $d_m=0.00007$，次求其平方根得平均音響壓力透過率 $d_m=0.00834$。

如欲將 Neper 數化成 Bels 數，以0.87乘之即得。按本例 M.=4.273 Bels或

16340

42.73 db。

除察驗已成房屋之隔音作用外，建築師計劃房屋時，對於隔音作用尤須預爲計算，此時須先從估計囂聲之「高度」着手。附表（二）係用「音叉測計法」（Stimmgabelmethode）測得數種地點之囂聲高度，可供從事此種計算者之參攷。

附表(二)

地　　點	囂聲之高度(以Neper計)
Berlin 之 Potsdam 廣場	8.75
Berlin, Friedrichstrasse 車站附近	8.05
Berlin, Friedrichstrasse 與Leipzigerstrasse路角	6.9
Dresden, Postplatz	8.1
Berlin, Vaterland 咖啡館內(停業時間)	7.5
Zittau市中心交通衙繁時	6.2
鐘聲,3gl.(?),在鐘樓近旁	5.9
某鋸木廠近旁	5.7

附表(二)內所列之數值，雖不能稱爲完全準確(因測驗之時間不同等)，要可充計算上之充分根據。例如某街道之平均「囂度」爲 6.5 Neper，交通加繁時，可達 7.5 Neper，今於此建築商業房屋，其中之辦事房間須避免街道及鄰接之寫字間之囂聲，設辦事房間之磚牆面積爲40平方公尺，雙層玻璃窗之總面積爲15平方公尺，又因設備簡單房間之收音力僅爲20"Sbinea"，則由附表(一)得音響能力之透過率

$$D=40\times0.000001+15\times0.0000063$$
$$=0.0001345$$

又由(9)式得音響之減低率

$$M=1.15\times\log\frac{20}{0.0001345}$$
$$=5.6895\ \text{Neper}$$

此項減低率雖不致使侵入之市囂達令人煩厭之地步，要略嫌不足。爲更求肅靜起見，可設法將該房間之「收音力」S加大，或將透音率減小，或兩法並用。如將「收音力」加大至 100 "Sabine"，——此着頗易辦到——，則 M 可增至6.216Neper，此時市囂在室內幾不可聞，雖市囂增高至 8 Neper再，亦屬無妨，倘同時於牆面另設襯層，並將雙層玻窗之縫隙特別封閉緊密，使音響能力之透過率減至 0.0000007，則 M=7.269 Neper；此時辦事房內完全無市囂侵入，卽將來交通加繁時，所聞之音響亦甚少。至於辦事室與寫字間之間，設以25公分厚，52.5平方公尺面積之磚牆 (d=0.000005)，及 2.5 平方公尺面積之簡單木門爲之分隔，又設寫字間內打字機等之囂聲爲 4.2Neper，房間之收音力爲50Sabine，則M=3.79 Neper，而寫字間內之囂聲對於辦事室幾完全被隔絕焉。

歷屆國際道路會議之議決案

(原文載"Strassenbau u. Strassenunterhaltung")

德國 Dr. Ing. Pflng 及 Schütte 述

江　鴻　譯

國際道路會之宗旨與組織，以及去年十月間在華盛頓舉行第六次會議經過，本報前經簡略報告。此篇歷舉該會自成立以來歷屆會議之議決案，雖屬明日黃花，然可作過去二十餘年來道路工程技術及道路交通之發展史觀，故爲介紹於此。

編者附誌

鐵路，內河航運及外海航運，均早於1885年舉行國際會議。獨國際道路會議，直至1908年方於巴黎首次舉行。法政府召集此次會議之前，曾派員參加 Taunus 地方之 Gorden-Bennett 賽跑會，以考察賽跑對於道路之影響，遂覺有聯合世界各國召集工程家及用路人，共同研究築路事業之需要。第一次會議結果，極形圓滿。當時以法國爲會議地點，亦最適宜，因法國道路之優美，久已著名，汽車交通發達亦早，且曾在 Riviera 地方作減塵之試驗也。

會後有國際道路會議永久會之組織，於是國際間交通事業之聯合，遂形完成。歷屆會議，凡關於各國之重要問題，均提出研究討論。最顯著之成績在改進造路方法。因汽車之進步迅速，道路之損壞愈易，使所有造路之法，不得不因之而日新月異，故今日各國之文化如何，視其道路便知。

此道路永久會之會員，自1908年起，每年必舉行一二次之集會，以討論或預備下屆會議之工作，並發行一種雜誌，由各國道路工程專家供給稿件。其通用文字爲英，德，法三種。

第二屆會議因世界博覽會之故，於1910年在比京 Bruxelles 舉行，其組織與巴黎之會同。每一問題均先由一主任委員將各個提案及意見歸併後，提出分組討論；討論之結果再由全體大會作最後之通過。巴黎之會僅分築路與養路以及交通與事業兩部。比京之會，因市內道路與市外道路之造法迥異故，乃將築路與養路之部分爲市內，市外兩部。本屆參與者亦甚多。

第三屆會議在倫敦舉行，亦有圓滿之結果。第四屆大會原擬1916年夏在德國

München 舉行，後因歐戰停開。

歐戰告終後，此永久會復於1919年繼續進行。德國因歐戰關係，須待其加入國際聯盟，並請求加入道路會議後，方准加入。原用之德文，於第四屆大會中改用西班牙文。該次會議係於1923年在西班牙 Sevilla 地方舉行者。

1926年第五屆大會在意國米蘭（Milano）舉行。因同時舉行國際道路展覽會故，意政府邀請德國參加。德國以未能恢復原有地位，未允出席，其後德國經恢復戰前之地位，乃於1928年重復出席於巴黎之永久會。

國際道路會議之經過，可作過去22年間道路工程技術及道路交通之發展史觀。故將歷屆之提案及其討論之結果，作簡單報告如下：

巴黎 1908

問題

I. 築路與養路

(1) 現代之道路；路基；路面之選擇；施工方法；造價；批評。

(2) 普通養路法；碎石路；砌築路（按：砌築路爲用木塊，石塊，磚塊等砌成之路）；各式道路。

(3) 道路損壞及塵土之防範；洒水及清道；柏油及他種物料之利用；技術方面及經濟方面之結果。

(4) 將來之道路；築路之方針；縱剖面及橫剖面；路面；彎道；各種障礙物；特別車道。

II. 交通與車業（共二十九件）

(5) 新式交通器具對於道路之影響；行車速度加於道路之損害；車重加於道路之損害；氣胎，硬胎，防止滑動(Gleitschutz)，放氣(Auspuff)及路身沉陷對於道路之影響。

(6) 道路對於車身之影響；車輛之損壞；車輛之震動。

(7) 交通號誌；里程標誌；方向距離，障礙物，危險地點等之標誌。

(8) 道路與汽車運輸，公用車輛；貨物運輸；電車。

巴黎之會，因經驗尚少，故對於各項問題並無肯定及圓滿之解答。彼時對於築路及造車技術上之決議，往往不能適應該項技術之發展，亦有一部分經下屆會議時修改者。惟此次會議對於減塵之方法，曾作精密之研究。對於含柏油與含油之乳狀液質與吸水性鹽類等，認爲僅於短期間有防塵之功効，應於例外時用之；對於澆鋪柏油認爲一種良好減塵方法，對於混合柏油則以當時未有充分試驗故未作的評。

該次會議最大之功績爲設立危險標誌之建議。計認爲應豎立危險標誌者凡四種地點，即叉道，彎道，鐵路及橫溝。復經1909年巴黎外交會議認爲應列入國際汽車

交通協定之內，其後1926年四月廿四日之國際汽車交通協定果將此種建議大致採用。

與會議同時舉行者為參觀巴黎市內外之道路，木塊製造廠，瀝青廠以及 Nizza 附近舉行之減塵試驗。

比京(Bruxelles) 1910

問 題

I. 築路與養路(共五十八件)

(甲)大城市外之道路

(1) 碎石路及砌築路；碎石路之粘合料；砌築路對於行車之分條使用；減塵及保固方法之進步。

(2) 碎石路之路基及排水設備；施工方法。

(3) 道路上敷設小軌道及電車道問題；其利弊所在；對於養路方法及費用之影響。

(乙)大城市內之道路

(4) 清道與灑水；其需要與利益；曾經應用之方法；造價；各種方法之比較。

(5) 路面種類之選擇。

(6) 築路施工法；燃燈及引水。

II. 交通與事業(共二十九件)

(7) 車輛之重量與速度對於藝術建築物(按指橋梁等而言)之作用。

(8) 道路上通行之車輛；馬車或汽車不甚妨害道路之條件。

(9) 公共交通事物之經營條件(電車除外)。同上之利弊，效率，經營費。

報 告 (共四十四件)

I. 築路與養路

(1) 滾路機以內燃機發動者之使用。

(2) 築路機械(蒸汽滾路機除外)；掃路機。

(3) 築路及養路之各種材料；必備之條件；關於驗收材料之經驗；確定之標準。

(4) 市內人行道之建築。

(5) 冰雪之清除。

II. 交通與事業

(6) 道路標誌及巴黎議決案之施行。

(7) 減少衝擊力之各式輪胎。

(8) 車輛重量及交通之數計。方法及效果。假定之各點。

此次會議，有過去數年間各地試驗之結果為參攷資料。該會認碎石路之黏合料之合式使用方法，應繼續研究。對於路面澆鋪柏油，確認為合用，但對於瀝青類或柏油類材料用以築路，究以冷澆或熱澆，用手工或機械，孰為合宜，認為尚須繼續攷核。又該次會議對於公路路基問題之研究甚為縝密，以為路床不實或及易壞者，尤應特別力求完善。

道路上鋪設軌道問題，本屆首次提出討論，其主張如下：清道工作主張由市政機關主管。石塊路應用於不畏喧嘩之區及不適於使用木塊或瀝青路面者。木塊路擊

響微小，又不光滑，故適合於交通繁盛及敷設軌道之路。搗築瀝青及澆舖瀝青當鋪於從優建築之道路，車輛交通不多，且載重不大，不敷電車軌道及坡度甚小者。水管，煤氣管，電纜等最好勿埋於車馬道下，而於兩邊人行道下各埋一條。接入房屋內。道路上任何工作，均須由築路機關監視並須於最短期間完竣。

該次會議依據彼時之汽車構造及道路情形，以為汽車行駛之速度，對於良好之新式橋梁等，不致發生比尋常計算方法所計及者較大之影響。對於公共汽車及載貨汽車主張應有一定之車軸車輪壓力及一定之最高速度。對於鐵輪上之有凹槽及凸條者，認為於路有害。

會畢旅行，參觀Lessines 及 Quenast地方之斑石(Porphyr)礦及Montfort地方之「沙石」(Sandstein)礦。同時舉行之展覽會中，則指示道路建築術之進展經過。

倫敦 1913

問題

I. 築路與養路

(通用於甲，乙兩項)

(1) 新式街道及公路之設計。

(2) 道路在橋梁及藝術建築物上之佈置。

(甲)市外道路

(3) 使用柏油及瀝青之碎石路之建築。

(乙)市內道路

(4) 木塊路。

II. 交通與事業

(通用於丙，丁兩項)

(5) 燈光之種類：(子)路上，(丑)車上。

(丙)交通與車輛

(6) 自1908年以來，道路損壞原因之觀察。

(7) 速行與緩行交通之管理。

(丁)管理，籌款及統計。

(8) 築路及養路之機關；中央機關及地方機關之權限。

(9) 築路及養路之經費；經費之籌措。

報告

I. 築路與養路

(通用於甲，乙兩項)

(1) 從第二屆會議以來，築路及養路機械改良之點。

(2) 碎石路建築材料之報告。

(甲)市外道路

(3) 碎石路用含水粘合料之建築法。

(4) 各種道路在技術上及經濟上之優點。

(乙)市內道路

(5) 通用各式石塊路之定名及其優點。

II. 交通與事業

(丙)交通與車輛

(6) 方向及距離標誌。

(7) 自第二屆會議以來，公共汽車客運之增進情形。

(丁)管理，籌款及統計

(8) 工程師及築路養路人員之性質。路工工頭之工餉及其工作效率。

(9) 築路及養路費用之統計。

(10)已經採用或經建議之各國築路及養路材料之名稱。

是時美國之交通事業進展極速；歐洲各國之汽車數目，亦有增加，因之倫敦會議所討論之問題亦加繁，且研研愈益精密。滅塵問題，不再加討論，因當時應用柏油與瀝青得法之道路，已無灰塵存在也。

市內新道路及新公路之設計，本屆初次提出討論。對於交通幹道穿過城市部分之不合用者，主張添築繞越道路以代之。對於道路之坡度，彎度及路面分劃（如電車軌道舖於路之中央，將速行車道與緩行車道分開等等）均訂有設計原則，並主張各地即着手計劃市外之幹道。對於橋梁及藝術建築物上路面之築法亦經詳加討論。

關於碎石路使用柏油與瀝青問題，主張組織一國際委員會，以便擬定統一的試驗原則及統一的專門名詞。又一致公認使用柏油與瀝青，在無論何種情形之下，可築成合用之路面。對於木塊路面又重加詳議。路燈及車燈問題，本屆首次提出研究；對於路燈主張光線須平勻而不眩目。鐵路柵欄當以白色與他色相間油漆，晚間並須設固定之燈。

對於自1908年以來考察道路毀壞原因之結果，議定由永久會擬定考察及試驗之規程。

交通管理方法，亦於本屆首次提出討論，主張對於汽車司機人加以嚴密而有系統的訓練，又教育兒童使知在道路上，當如何行動。

本屆會議對於築路機關組織之原則，至今仍屬適用，即：各國之築路機關應與該國之行政系統及人民之政治精神不相違背，故無從規定集權與分權之界限程度，惟築路機關須有相當規模與充分經費，俾得任用行政上，技術上及會計上之專門人員，則為一般公認之原則。

對於築路經費問題，主張幹道之維持費應由國家担任；除對於足以損害道路之車輛徵收特別捐外，應免除一切公路捐稅。對於發行築路公債認為可行，惟公債還本之時期，不當長於路面之壽命耳。

Sevilla 1923

問　題

I. 築路與養路

(1) 混凝土路

(2) 瀝青類道路。

(3) 各種路面之舖設軌道。

II.交通與事業

(4) 汽車交通之發展。

(5) 道路警章。

(6) 交通繁盛城市之交通管理。

此時美國及坎拿大之道路工程進步之大，爲世所共曉。因美國方面對於混凝土道路特爲重視，故該屆會議對此問題加以討論。議決案內列舉混凝土路之優點，並以修理工繁爲其唯一弱點，故建築時施工須異常審愼。對於混凝土之材料及混合比例，路床之處理，修理之方法，機械之應用，温度及水份影響之應付，定有各種原則，至於應設鋼筋與否，則暫不決定。對於瀝青類道路問題討論較少，認瀝青類混合品之製法及用法以及定性分析雖屬明瞭，但定量分析則不然，故應繼續試驗及規定試驗標準及驗收此種混合材料之方法。

各種路面舖設電車軌道問題，本屆會議又提出討論。對於何種路面最適於舖設電車軌道問題，認爲祇可就各地情形，視造價及維持費之多寡以決定之；舖設電車軌道之路面，固屬較易損壞，但電車又爲民衆所需要，故應研究兼顧並籌之最良方法。

本屆會議建議：促進公共汽車交通之發展，尤以鐵道不通之地區爲甚。對於汽車之製造，當力求輪胎，彈簧及制動設備無害於路面。對於道路之修築應注意第一屆會議規定關於道路之縱坡度，橫坡度，曲線彎度，以及方向，距離，危險，阻礙等標誌之議決案。

本屆會議建議：召集國際外交會議，以規定一般適用之交通管理規則。汽車之最大寬度普通應以2.5公尺爲限。又對於汽車之速度限制，及其與載重及輪胎之關係亦有所建議。又主張各種車輛之左行或右行，至少當全國一致。大城市中之交通管理規則，本屆議決，採納1921年巴黎國際會議之建議。其細則亦經本屆擬定。環行交通問題始於本屆會議討論及之。

米蘭(Milano) 1926

問　題

I. 築路與養路。

(1) 混凝土路（使用材料及築路方法之進步）。

(2) 瀝青類路面。粘合料應具之條件。

(3) 石炭柏油及瀝青類材料名稱與質料規定之統一。

II.交通與事業

(4) 交通之觀察及交通統計之國際均統一原則。

(5) 顧及交通上利益之城市擴展與改良，交通管

16347

理。

(6)汽車專用道路之需要時機及主管官署；籌款方法；使用捐；交通管理法。

因是時歐洲對於混凝土路亦經試築，故本屆又提出關於此種道路之問題。詳加討論之結果，認混凝土路上行駛橡皮輪胎之車輛，甚爲相宜，鐵輪車輛交通較繁之混凝土道路，則前此尙未有滿意之成績。對於混凝土路定有簡則。討論瀝青類路皮問題時，意見極不一致，亦僅決定工程簡則。對於確定驗收柏油及瀝青之標準規則問題，議決於巴黎組織委員會，規定各種築路材料及築路方法之名稱，及研究抽驗及檢查材料方法之統一問題。

對於數計車輛交通問題，本屆會議議決：組織一國際委員會，根據假定之原則以解決之。對於第五項問題，擬定簡則十七條，並主張召集國際外交會議，規定統一之道路交通標誌。對於建築汽車專用道路問題，因意大利方面竭力主張，認爲可行，英美兩國代表則立於反對之地位。

華盛頓(Washington)1930

譯者按，華盛頓第六屆道路會議情形，本報第二卷第一期已大致介紹，茲再將詳細議決案譯錄如下，俾閱者得窺全豹。

(I)築路與養路

第一問題　(甲)用水泥築路養路之經驗。(乙)用磚塊及他種砌築腦塊築路養路之經驗。

決　議

(甲)水泥

(1)用水泥築路，現已普遍，其優點甚多；在某種情形之下用速結水泥，尤形便利。

(2)水泥用於他種路面之水泥混凝土路基，或水泥混凝土路面及水泥粘結之碎石路面，成績均佳。

(3)水泥混凝土路面或路基，其上加蓋損蝕層，適用於繁重交通。

(4)鐵輪車輛交通繁多之道路，如用水泥混凝土建築路面，當分爲二層，上層混凝土內之石料須極堅硬。他種路面以混凝土爲路基者，此種情形亦屬適用。(原註：英文及西班牙文議決案內缺第二句，諒因脫漏之故)。

(5)若大多數車輛係用橡皮輪胎，則單層混凝土路面用以承受極繁之交通，極重之輪壓，成績亦佳。

(6)水泥粘結之碎石路，用以應付輕簡無害於普通碎石路之交通，已著成效。在洩水情形及地勢有害於水結碎石路之處，採用上述建築法，似尤適宜。損蝕層之於水泥粘結碎石路，似與水結碎石路有同

樣需要。

(7)在同等交通情形之下，混凝土路面及他種路面之混凝土路基，須於設計時使其載重能力與厚度相等。

(8)欲得優良之成績，當於混凝土路面之設計，施工及維持時有專門人員以監察之。

(9)路床宜求平勻堅固。

(10)路身之尺寸，須足以勝載預計之載重量。路邊加厚爲使混凝土路面成爲最經濟及最平衡者之適宜方法。

(11)縱橫縫通常多用之。其佈置視交通，路床，氣候及混凝土之收縮等情形而定。惟有若干已築成之混凝土道路並未預留縫隙而得良好成效者，故對於縫隙裂痕問題，當繼續研究。

(12)科學的規定混凝土之混合成分，及沙石料之重量比例，使近代施工方面得有最新之效果。

(13)施工方面大率使用機器，因費用較小而工作較佳也。混凝土道路之良否，大致視施工之良否，尤其混凝土料混合之勻否而定。

(14)對於混凝土表面之審愼處理，爲重要之一着。

(15)建築合式之混凝土路面，維持上頗爲簡單而需費少。維持工作尤以將伸縮縫隙及發生之裂痕立用適當材料填塞爲尤要。

(乙)磚塊路

於適當路基之上，豎舖磚塊，可適用於輕簡，適中或繁盛交通，視各國之情形而定。對於磚塊應起草交貨及試驗規則，提出下屆大會，以便規定標準。

(丙)橡皮塊路

橡皮塊用以舖路，尚屬少見。惟此種路面寂靜無聲，故在大城市中適用於某種區域之內。尚待試驗者有下列各點：

(1)以何種橡皮造路爲最適宜，

(2)橡皮塊之適當形式及其舖砌方法，

(3)適當接合劑之製造及用法，

(4)造價之減低。

第二問題　柏油，石油瀝青及他種瀝青造路之新法。

決議

(1)柏油及瀝青類用以改良一切道路，均屬相宜。其耐久之程度，視其質料，交通量，地勢及氣候而定。近年來此種材料澆舖路面之用途甚廣，而用冷瀝青者尤多。

使用柏油及瀝青之普通條件如下：

(甲)柏油或瀝青類之成分與分量應求適當。

(乙)石料之成分應佳，質料應堅。

(丙)維持得法。倘有優良之路基，則舖設柏油或瀝青路面時，維持工作可僅限於路面，不必涉及路基，故便利而費省。

(丁)確守一定之成分比例，並混合勻和，滾壓堅實。

(戊)計劃建築及修繕時，均須有精密之監察。

(己)滑度： 對於滑度之減少，須加以注意。下列辦法已得有良好結果：

(1)採用儘量摻和大粒石料之適當混合比例。

(2)在新澆之路面上壓入石屑(此項石屑可用粘結料調製或否)。

(3)横坡度減至最小，並於灣道上將外邊相當加高。

(4)在已成之路面上澆浦柏油或瀝青類蓋以粗硬之石屑而壓入之。

(2)本會對於築路養路上使用柏油及瀝青類之根本條件認為有研究之必要。對於下列各點尤應注意：

(甲)對於柏油與瀝青類及其與他種材料之混合料，所有成分及特性之研究，並將使用於土路之問題另加探討。

(乙)對於處理上述材料及其與礦物質之混合料之機器繼續研究改良。

(丙)研究各種情形，如氣候，土質，交通密度以及設計關係等對於道路耐久程度與效能之影響。

(丁)調查下列各項經濟問題：

(1)各種路面之運輸費，包括車輛之運用費及築路養路之費用在內。

(2)各種路面所需維持費與交通量之關係。

(3)為促進各方面之了解及互助起見，對於材料及其混合物之分類，施工之方法，道路之種類，在國際上亟應劃一，庶全世界有統一之名稱，以應用於科學界及實業界。

第三問題 殖民地及其他初發展區域之築路問題。

決議

(1)首應設立一種中央機關，予以法權，俾得成立主要道路系統計劃，及收用或保留需用之土地。

(2)自汽車製造完善以來，公路往往可促進新闢區域之發展，在昔日則非賴鐵道不可。

(3)公路比較鐵路之優點，在公路之建築與維持費用可視當時交通之繁簡而增減，因今日之汽車可駛行於艱險之道路，故僅需將地面略事整理，造成土路，已可通行；橋梁之建築，亦可以不能津渡之河流為限。如建築道路，可僅以能行車之路面為限，其跨越河流及山谷之橋梁，可視交通之發展情形，即運輸上收入之多寡而定工程之範圍。

(4)如將來交通之發展可以預料，應及時將需用之土地預先收用。

(5)在開始築路以前，確定路線佈置時，應使其可適應永久性質之道路網之需要。

(6)在人煙稀少之區域內，及經費不足以建築大宗道路時，最好取漸進辦法。於測定路線，挖填路床及建築路身時，須力求一切已施之工程，將來建築永久路身時可以利用。

(7)建築初步道路時，雖應力求節省經費，但須使可通行汽車。

(8)在洩水困難之處，應避免路坎。低矮路堤較為適宜。

(9)在交通輕簡之處，土路最稱經濟合用。為保持路床之完好，以待將來建築正式道路起見，應將車輛之載重及速度加以限制以免路床過分損壞。

(10)每一車軌之寬度應定為三公尺，重要道路初開闢時，最好即築成「雙軌」，否則至少路床應按雙軌佈置。橋梁之寬度亦按每軌寬三公尺或略寬計算。

(11)全路當一律避免陡坡及銳弧，不容有一二例外。

(12)在偏僻之地現已有試用機器以平築路床者。此種試驗應繼續進行。

(13)此外對於天然土壤（包括含有天然鹽類者在內）中粘土與沙之混合料應作有系統的試驗，以研究其性質，其目的在研究用粘土與沙築成路面磨蝕層之方法，俾不甚發達之區域以少數經費而得經濟的交通設備。

(II)交通與管理

第四問題　道路經費（築路養路及籌款之方法）

決　議

(1)汽車交通之發達，需要大宗款項之支出，以改築及加固已成之公路，俾得適應現時交通情形，同時又須增闢公路及維持已改良之公路。

為促進道路運輸之經濟與便利，（尤其在以前已藉公路為運輸工具之國家）以及開闢新區域起見，此種支出實屬正當。

(2)雖至今日，迄無一國之幹道網已達到適合於現代需要之完善地位。又一切

國家現均有改良次等道路及地方道路，以適應汽車交通之目標。故各國對於籌措道路經費問題，緩急雖各有不同，要此項問題，無不亟待解決。

(3)爲解決此項重大問題，及使新式運輸方法之利益早日實現起見，首當將若干年內之築路計劃與詳細預算擬定，至於因情形變更而需要之修正，則可待將來隨時辦理。

(4)爲籌款及管理之便利及規定改良之範圍與辦法起見，當就所有各公路，視交通佔優勢者之種類及其來源，目的，關係，盡量區分等級。通常區分等級之方法如下：

(甲)主要交通道路（包括在城內之部分）

(1)一等公路，大都爲國道，

(2)二等公路，如省道，縣道等，

(乙)地方地質之公路

(1)地方道路

(2)城市道路（除甲類所含者均屬之）

(丙)特種道路，如軍用道路，汽車專用道路。

(甲)項所列者爲主要交通路線，即榮集若干地方性質道路之交通，或城市之交通，或吸收二個以上地方區域間之多數內部或通過交通者。每一公路俱當確定其等級；此項職權應歸對行政分劃負責之官廳所有。

(5)在地廣人稀之國家，一方面對於經費既須加以限制，一方面又須顧及交通之需要，當先從建築聯絡鐵路與水道之次要或地方性質之道路着眼，以紓財力。日後交通發達，此種道路漸成重要通行幹道，則需要之改建費用，不難籌措矣。惟爲求將來之經濟起見，應於初次計劃時，即將將來幹道網之需要預爲顧及。

(6)爲求築路計劃與道路管理之完善起見，上級路政機關對於下級機關當有監督指導之權。中央機關對於下級機關以相當條件補助或撥借款項，爲督促下級機關於實現築路計劃時，以公共利益爲目的，及注意開拓荒僻地方之良好方法。

(7)有系統的維持一切已築道路，爲穩健的築路計劃中之重要部分。適宜之公路，如經按照其性質與交通量築成，其所需維持費必較不足以應付同一交通情形之公路爲小。所須注意者，即公路經改良後，交通量每增加甚速，故維持費之總額亦因而增加，故公路改良後維持費之總額，或至少高出未改良前通常維持費之數額，應取給於使用道路之捐稅。

(8)道路網之建築，改良及維持費用

，應視受益者直接上或間接上之受益額及負担能力比例分配之。因各國情形及制度不同，關於此點，無從規定一般適用之規則。但本諸近代之經驗，可得下列之結論：

(甲)因公路稗益於公衆，商業與財產，普通應以普通賦稅收入建築公路，及繼續施行之；至於數額之多寡，則當視築路之需要情形，收入總額，及國家預算中所列他項用途之數額而定。普通賦稅尤宜用於地方性質之道路（包括城市道路在內）之修築，因公衆可直接觀察判斷用途之適宜也。

(乙)兩邊房地業主及其他受益人（以在市內及其附郊者爲主）之負擔，應與因修築道路而增加之利益爲比例。

(丙)公路之使用捐稅（包括牌照稅及汽油稅在內），爲道路經費重大來源之一。但若此種捐稅達不合理之高額，或以農業爲主之國家（非工業國家），而征收過高之汽車材料進口稅，使車主負擔甚大則其結果可致收入減少，而公衆不得享受汽車交通發達之利益。因同樣緣由，公路使用捐稅之收入，只應用於道路之修築。爲求捐額之統一之起見，此項捐稅當依高級官廳之定章征收。又爲表明收支責任起見，支付款項統應以由征收捐稅機關監督爲原則，且此項捐稅只應用於公衆交通之公路（包括在城市內之部分）。

(9)若經費不足，不能立時完成交通經濟上所需要之道路網，且因有款投資，亟待改築公路，以期因交通發展而使使用捐稅增加時，則無論在何國，幾無不宜發行修築公路之公債或舉辦其他貸款。但發行公債等時，應以用於實際上確屬需要且經濟上確屬適宜之工程爲限，且關係之公路，須由健全機關管理，且其維持費須能由將來經常收入內籌得。公債之付息及還本，雖可指定以將來收入之使用捐稅劃充（據經驗，在交通發展良好之道路，此層可以辦到），亦須有完全之擔保。貸款淸償之年限，應勿長於所築道路之壽命，建設公路之需要，已滿足後，應停止舉行貸款，所有支出應由經常收入撥充。

第五問題　道路之運輸；道路運輸與他種運輸之關係及其互相適應方法；各個及全體間需要之顧及。

決議

(1)全世界重要與進步之各國，於近

16353

十年來，已將道路運輸確定爲運輸方法之一。現在各國之私人與官廳，正着手研究公路運輸與鐵道，水道，航空線運輸之互相適應方法。水陸空運輸之相互適應，應於可能範圍內，使各種運輸均最經濟與最合需要。關於此項問題，官廳應以法律上與財政上之調劑方法，使各種運輸事業之自然經濟不受妨礙。

(2)鐵道運輸及道路運輸之調劑爲最重要問題。

(3)各國汽車運輸發達之程度不同。汽車運輸愈發達，則該項運輸與鐵路運輸間之調劑問題愈亟待解決。解決之法，當以遠大眼光，根據經濟及科學，使民衆由各種運輸事業，得享受最大之利益。

(4)道路運輸與鐵道運輸，一部分互相補充，一部分漠不相關，兩者各有所長。故不可以施於此者加於彼，亦不能偏重一方面。

(5)對於此問題所當注意者，即公共汽車運輸事業，僅居全部長途汽車運輸中之一小部分，私人汽車則普通居其大部分，在經濟上足與鐵路之客運抗衡。在有此種情形之處，官廳應准許鐵道減少客車次數。在鐵路方面，自營汽車運輸，或由有關係之公司代營汽車運輸，以代無利可圖之列車之開行，頗屬適宜。

(6)所有公共汽車運輸事業，無論由何人辦理，均須由官廳監督。監察之地區宜廣，以確保車輛之准時開行，行車之效率，及公衆之安全，以及防止過分之競爭與過高之票價。

(7)有時鐵路爲公路奪去之運輸，可以公路爲鐵路輸集之運輸抵補。尤以山嶺之區，建築鐵路，異常昂貴，如以汽車代替鐵路，可發展運輸，促進工商業。

(8)研究道路運輸與鐵道運輸之切實合作之建議時，普通可採用下列三端之一種或一種以上之建議：

(甲)鉄路公司與公共客貨汽車公司之自動的合作。

(乙)鐵路公司兼辦汽車運輸事業，或以財力監督或參加汽車運輸事業之管理。

(丙)用法律手續，使雙方對於營業上之合作負有同意之義務。如遇不願時，則由政府強制執行。

(9)普通汽車，公共汽車及運貨汽車，對於交通上，已有新成績，其一部分有非鐵路所能辦到者。此種交通對於不滿一車（鐵路車輛）之貨物，甚爲有利，且自「運送存儲器」採用以來，大城市中各車站間之運輸問題，亦得以相當解決。察以前汽車運輸之情形，客運無論長途短途均

有，貨運則大都限於短途，故良好之公路，可誘致運貨汽車之交通，因此使鄉間之生產力增加，同時使鐵路之短途貨運減少，俾免無利可圖。

(10)公共運貨汽車大率因私家運貨汽車競爭之故，不能獲利，所佔公路上之交通，僅佔全部之極少數，故在鐵路方面，似不必懸為企業之目標。

(11)欲知各種汽車交通之實際情形及與他種運輸，藉汽車聚集運輸或為之補充者之關係，首應作交通調查（包括交通起終點之調查在內）。

(12)道路運輸事業，在財政上應當自立。除因開闢交通稀少之新地區外，不應接受政府或私人之津助。各車輛亦應能自任本身之開銷與捐稅。

(13)道路捐稅不當由汽車獨任，凡用路者，均應分擔，稅額亦不應過高，以免妨礙交通之發展。

(14)鐵道與汽車之合作（一部分已實現），為本世紀中要圖之一。研究此種問題時，尚須顧及航空交通之發展，而將飛機場及接通飛機場之道路預為佈置。

(15)為民衆旅行之便利計，公共汽車行車時刻表之變更，僅可於一定時期間施行，並應將普通車與區間車之行車時刻表一律公佈。

(16)本屆大會鑒於一九三〇年五月五日至十五日 Madrid 國際鐵路會議曾將各種運輸之互相適應問題（其論題為：鐵道與汽車運輸之競爭）正式討論，但本屆會議未能如 Madrid 會議所希望者，詳細討論，爰決議如下：關於道路，鐵道，水道，航空線等種種運輸之調劑問題，應會同各主管之國際會議研究，並由聯席會議推派全權代表，起草報告。

第六問題　城市及其附郊之交通管理，交通標誌。——公路適應市鎮新式交通需要之方法。

決議

(1)本屆會議大致尊重米蘭會議第五項問題之議決案。

(2)關於交通標誌及信號，本會認為有統一之需要，並主張維持形式與顏色並用之原則。

(甲)本會認一九二六年巴黎外交會議之建議（印入該會議特刊第五十七號）為達到上項目的之重要步驟。該會議主張：凡未採用其建議之國家，當於計劃號誌方式時，對於特刊內所列之原則，加以相當注意。以外本會又主張：由常務委員會與國際道路會議事務所組織國際委員會，研究普遍實

16355

行上述特刊內所列之原則。

（乙）本會又主張由上述國際委員會擬定交通號誌及其他設備與管理之統一標準。在未決定此項標準以前，紅色僅可用於阻止通行之信號。關於其他標誌，如指示道路上有障礙物等，紅色亦可用於警告號誌。

（3）本會承認對於交通過繁之城市部分釐訂交通之管理減輕規則，為日益困難之問題，且應由專門人員考察當地情形，會同關係之各方面，斟酌從事。在適當情形之下，下列各種管理方法，右認為適宜者：

（甲）規定停放車輛之地位或時間限制，或禁止之。

（乙）使各種車輛分道行駛，限制某種車輛，祇能行駛於某處。

（丙）在車道上標畫界綫，使各種車輛循一定路綫而進。

（丁）單程（單綫）交通制。

（戊）在有廣大站台及視綫廣闊之路口，採用環行交通制。

（己）路口轉灣及U字式轉灣之管理。

（庚）行人交通之管理。

（4）本會承認改造大城市內交通擁擠及房屋櫛比之道路，在事實上及經濟上均極困難，惟照本會之意見，採用下列變更方法，使道路得適應交通之需要，則道路擁擠情形，當可疏解不少：

（甲）如在經濟上認為可行，應將擁擠區域內之電車道移設於地下，或代以高速交通及他種妨礙交通甚少之運輸，使交通可增進，道路對於公衆交通之容納量可以擴大。

（乙）如於交通繁盛之道路，在路口或其他行人習於越過車道之處所，建築旱橋或地道，可使行人越過車道較易而免危險。在某種市區，此等設備之佈置宜密，庶行人均可不必由地面穿過車道。若交通不甚繁，無設備此種建築物之需要時，可於路口及其他行人習於穿越車道之處所，一律標畫路綫以代之。

（丙）為限制或禁止停車，同時又不致使公衆感受不便起見，當於離開道路之處，設置設備費廉而交通便利之停車場。本會之意見，應於市民新造或翻造房屋時，指定於背向道路之一面，劃出相當停車地位。

（丁）本會認交通之阻塞，與聯帶發生

之不幸事件，及金錢之損失，在相當情形之下，雖耗費巨款以建築分層之交叉道，或甚至建築高架及地下道路，亦屬值得。

（5）關於正在發展中之市區，或預備發展之市郊，本會主張應製定遠大之計劃，以期現在擁擠市區所感受之痛苦，不致再現於將來。

（6）本會認爲築路官應對於道路之美觀應相當注意，故築路官應應賦有職權，以保護道路之安全及其遊憩價值。

國外工程雜訊（三）

美國二十年內發展計劃

美國總統胡佛最近在印第亞那波立斯市之印第亞那州共和黨機關新聞協會之晚餐會演說，發表美國開發之二十年計畫，謂今後二十年間美國人口將增二十萬人。於此二十年間，將建築嶄新美麗之住宅，俾容納此項新人口，另建公共建築數千，增大鐵道之運輸能力，開發國道及運河，更發起二千五百萬馬力之電力工業，農產物亦謀增二成，廣建新公園，學校，大學，教會等，使新人口之生活愉快，又使各人之收入增大，減少勞動時間，依於科學的新發見與新發明之贊助，俾個人生活益臻快樂云。

英國鐵路電化計劃

英國鐵路電氣化問題，醞釀已久，距今十八個月前，政府始組織一委員會，審查此項問題，該委員會刻已草成審查報告書送呈政府，其內容爲贊成全國鐵路電氣化。目下英國單軌鐵路八萬二千公里中，祗有二千一百公里係電氣化，各鐵路公司所有機關車二萬三千輛中，祗一千五百輛係電氣化，如實施全部電氣化計劃，預算經費須四萬萬鎊，用工人六萬名，繼續工作，十五年可以完工，將來所用大量電力，擬請國會授權於電氣部，以略高於生產會之代價，直接供給於各鐵路公司，不由各電氣公司間接供給。此計劃之實施，不獨有利於鐵路本身，而依於電力工業之大擴張，一般電費將更低廉，并可利益一切工業。又據報告書中稱，一蒸汽機關車之壽命，罕有逾二十年者，而一電氣機關車則至少可達三十年云。

雜 俎

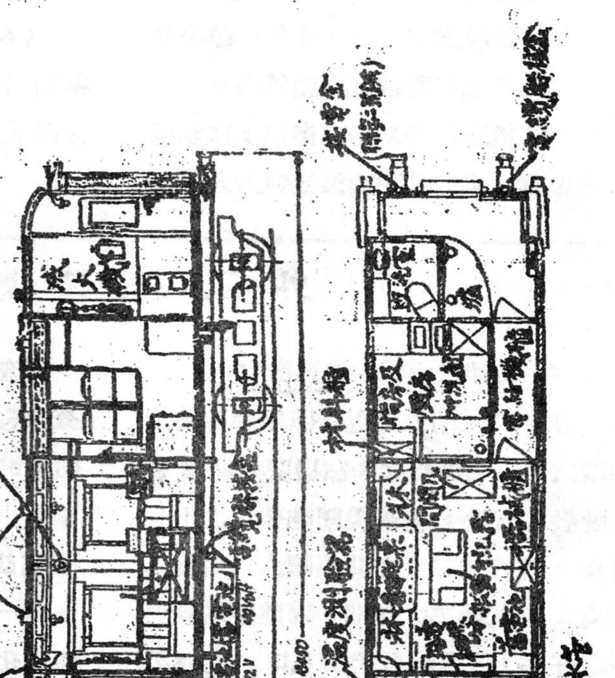

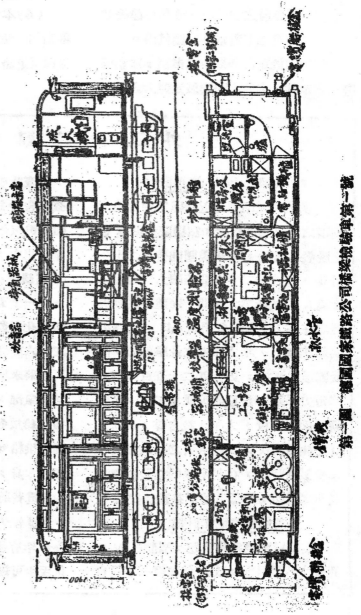

第一圖 德國國家鐵路公司橋梁檢驗車第一號

▲德國國家鐵路之橋梁檢驗車

(1)橋梁檢驗車之用途

德國「國家鐵路公司」以所建鐵路橋梁與道路橋梁約達87000座之多，將次建築之橋梁亦不在少數，爲求維持上之安全及建築上與修繕上之經濟起見，乃着手實地測驗橋梁之應力，以補計算方法之不足。該公司於1925年懸賞徵求測驗器具之設計(註一)，然當時應徵之器具，皆未能用以準確測驗動力之作用。其後測驗方法迭經改良，該公司乃採用最新式測驗器具，裝入特備之車輛，以便駛往各處，實地從事橋梁之測驗與檢查焉。

(2)橋梁檢驗車第一號

此車(第一圖)之用途以作靜力的與動力的測驗爲主要，係就四軸式舊飯車改造，中設工場，「振動自計器」(Oszillograph)室，暗房，器械電纜室等。

所備之「炭質遠測器」(Kohlenfernmesser, Fuess, Steglitz製)(註二)，可用

第二圖　炭質遠測器用以測驗應力時之佈置

第三圖　炭質遠測器一組用以測驗縱橫豎三方向之振動之情形

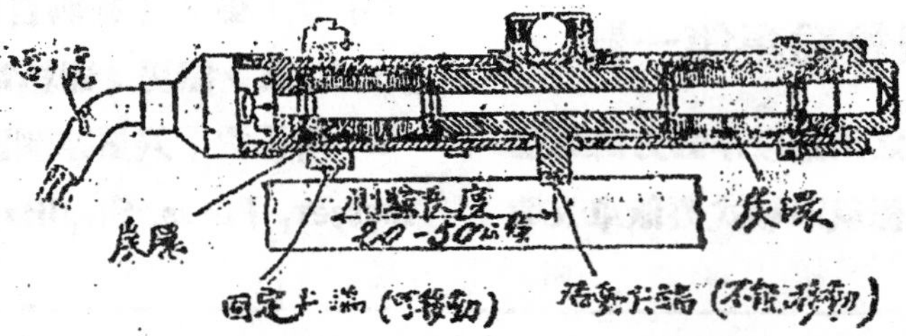

第四圖 炭質遠測器（重400公分）

以測驗應力(第二圖)，振動，加速（第三圖）及「彎垂度」之變化，係一種「低頻度測驗器」（Unterfrequenz-Apprate），卽所測驗之振動頻度較其本身振動頻度爲低者。其構造之大概，爲一筒形物（Gehäuse），外設固定之「尖端」(Messspitze)，內置小炭片(Siemens-Plania, Berlin製)擠成之炭環兩組，其間設活動之「尖端」（第四圖）。應力，振動，加速或彎垂度之變化，由活動尖端傳遞於炭條，使電壓發生變化，因炭質對於電流之阻力隨相互間之壓力而異也。發生變化之電流，由電纜導至車中之「振動自計器」(第五圖)。此時測驗車停於相當遠處，以免受橋梁振動之影響。電纜長約500公尺，可自車之

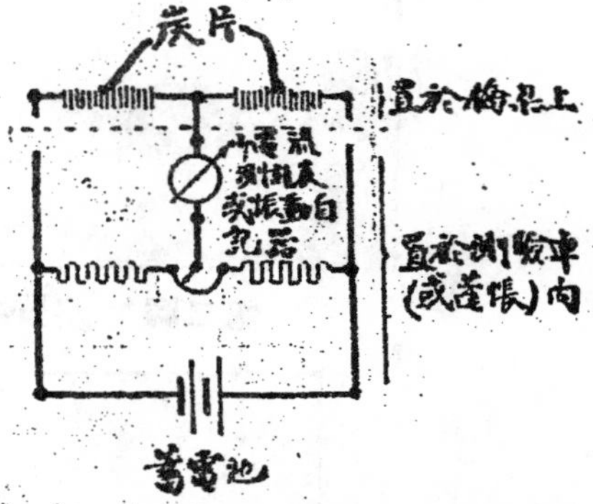

第五圖 炭質遠測器通電之佈置

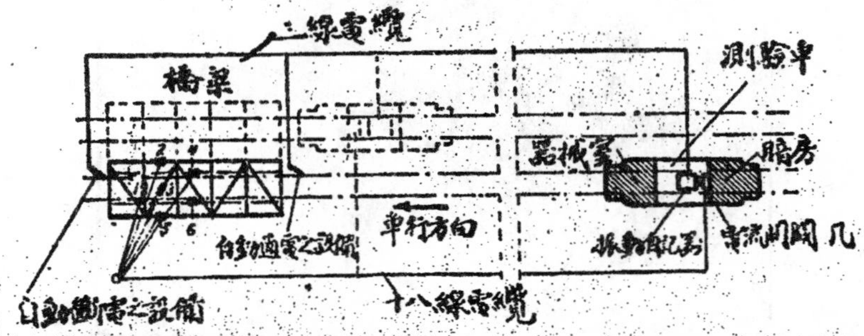

第六圖 炭質遠測器（圖中1—6）與振動自記器間之聯絡佈置

16360

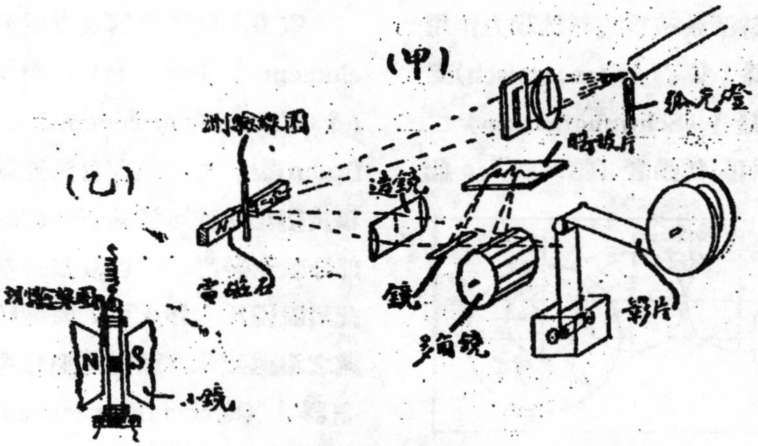

第七圖　振動自記器之原理

任一端，接通車中之「振動自計器」（第六圖）。

工場中設有電動之精密鏇床（Präzisionsdrehbank），鑽孔機（Bohrmaschine）磨平機（Schleifmaschine）各一具。

設「振動自計器」之室可使完全黑暗，以便攝影時隔絕不相宜之光線。「振動自計器」（Siemens und Halske, Berlin 製），如第七圖，為一種「鏡式電流表」（Spiegelgalvanometer），其主要部分為「測驗線圈」（Messchleife），張於兩「電磁石」（Elektromagnet）之間，并於線圈上繫0.5×0.5公厘之小鏡一具，承受燈光，反射於活動影片上。置於建築物上之「炭質遠測器」將應力，振動，加速，彎垂度之變化，折成電流之變化，使測驗線圈在電磁石之間發生振動，而借小鏡之反光攝入活動影片內。計「炭質遠測器」與「測驗線圈」各有六組，可同時聯結，故同時可測計建築物上六處之變態。

蓄電池凡三具，計 120 Volt 者（74 Ampére一小時）一具，24 Volt 者兩具（燃燈用蓄電池，各 222 Ampére 小時），由懸於車下之6馬力汽油發動機（DKW Erfenschlag, Chemnitz製）與聯帶之發電機供給電流。

工場內又設有可以伸出車外之「起重軌」（Kranbahn），附帶½公噸之「滾輪起重器」（Laufkatze），以便起卸「誘振機」（Erschütterungsmaschine, Spaéth Losenhausen, Düsseldorf 製）（註三）。「誘振機」之用途在予建築物以簡單的動

力作用，以代替活動載重複雜的動力作用，其主要部分為「偏心」(exzentrisch)支承之「振動質量」(Schwungmassen)二組，藉電力而對向轉動者（第八圖）。此

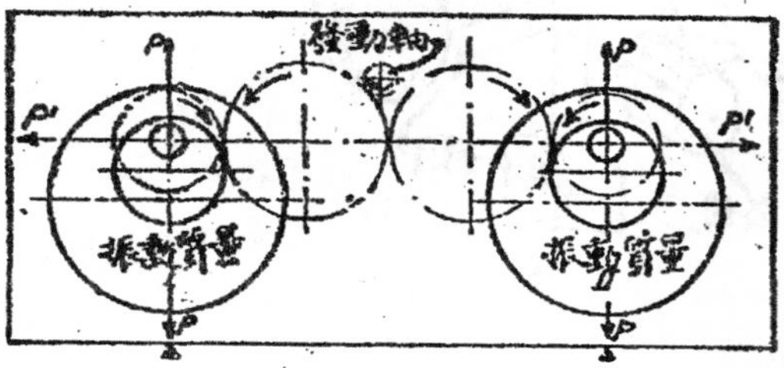

第八圖　誘振機之構造原則

兩組振動質量可發生任何大小及任何方向之力，及任何頻度（Frequenz）之旋轉率(Momente)，故可誘致建築物任何形式之振動，而因對稱之故，不合宜之「衝動」(Impulse)可自相抵銷。如使此項機械以不相同之速度加衝擊力於建築物，則建築物可在「共振狀態」(Resonanzlage)之下，發生「振幅」(Amplituden)鉅大之振動。另有特製之自記器具(Berliner Physikalische Werkstätten 製)，隨「電力發動機」(Elektromotor)之工作情形，自動記載「衝動之頻度」(Impulsfrequenz)。

車中之儲藏櫃，備儲藏各種靜力及動力測驗器，電力校準器，溫度測驗器，測風器等之用。

電力測驗溫度器〔熱電池(Thermoelemente) Pyrowerke 製，及抵抗電池(？Widerstandselemente, Hartmann & Braun 製〕可測驗因日光照射所致之微小溫度變化，亦可於施儀時察驗建築物之各部分孰先發熱，即孰為最薄弱之部分。此項設備凡六組，可同時測驗建築物上六處之溫度變化，藉電纜與車中之「六色自計器」(Sechsfarbenschreiber, Pyrowerke 製)聯絡，使其將溫度之變化隨時間之經過自動記出。

測驗靜力的應力，彎垂度及轉動角度之具，有 Okhuisen式「延展度測驗器」(Dehnungsmesser, Huggenberger, Zürich 製)，水平測量器(Nivelierinstrumente, Zeiss 製，用以測量靜力的彎垂度，可至 $\frac{1}{100}$ 公厘之精密），斜度測量器(Neigungsmesser, Stoppani, Bern 製，用以測量靜力的角度變化，其讀計之角度盤，每一單位分割合1.15秒)。

「校準機」(Eichbank, Fuess, Steglitz製)用以校準各種測驗器具，分活動與固定兩部分。校準測驗器具時，將其活動之尖端固結於校準機之活動部分上，固定之尖端固結於校準機之固定部分上，然後將校準機之活動部分推移，其單位為 $\frac{1}{2000}$ 公厘——藉顯微鏡以審核之——，以校準

測驗器具之單位分劃。

各種靜力的及動力的測驗器具，可測驗振動頻度至 300 Hertz（1Hertz＝1振動/秒）之多，振幅至$\frac{1}{2000}$公釐之小。設測驗長度爲20公分，彈性率(E)爲2,100,00公斤/平方公分，則$\frac{1}{2000}$公厘之振幅約與5公斤/平方公分之應力相當。故磚石或混凝土道路橋梁，承載疾駛之單一車輛時，亦不難用此種器具測計其應力。

「振動自計器」室及暗房內特設換氣機（Ventilatoren），使空氣新鮮，及熱水取暖管與容量2立方公尺之水箱（用以浸治影片）。另有「擴音機」使各房室之間及車內車外互通聲氣。

(3)橋梁檢驗車第二號

此車之用途，以用 Röntgen 光線（卽 X 光線）攝取鋼鐵鍛合與釘結部分（Schweiss- und Nietverbindungen）以及鋼筋混凝土建築之影片爲主要，係用四軸式舊車改造而成，其中設 Röntgen 器械室，臥室，繪圖室等。（第九圖）

Röntgen 光線之攝影可透過10公分厚鋼鐵層。〔直接用「透光玻片」(Leuchtschirm)觀察，固屬甚佳，但現今僅能透過鋼鐵層約3公分左右，參閱第十圖〕故可用以檢驗任何鋼鐵建築之鍛縫與

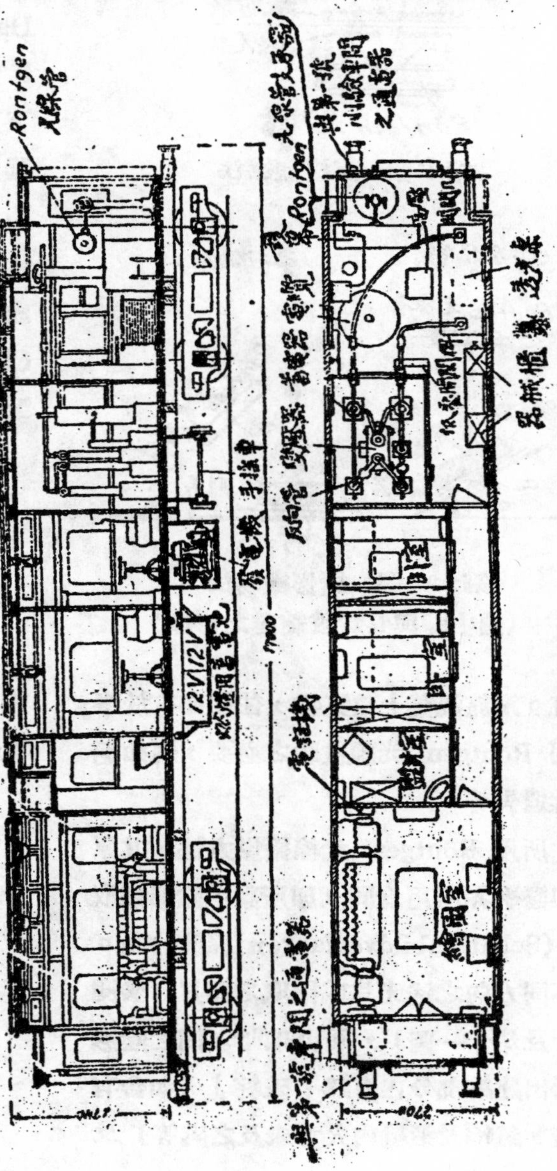

第九圖　德國國家鐵路公司之橋梁測驗車第二號

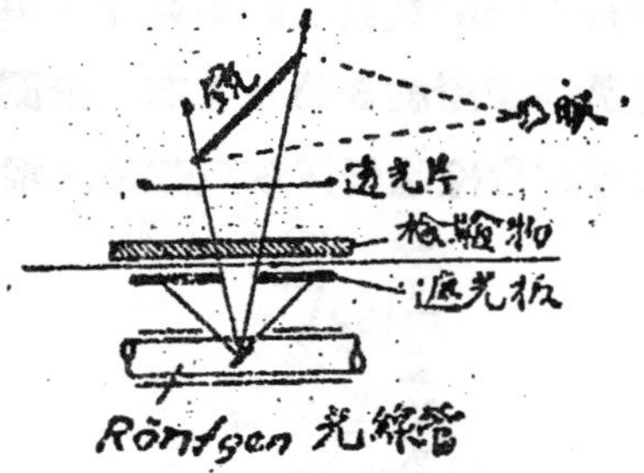

第十圖　直接觀察法

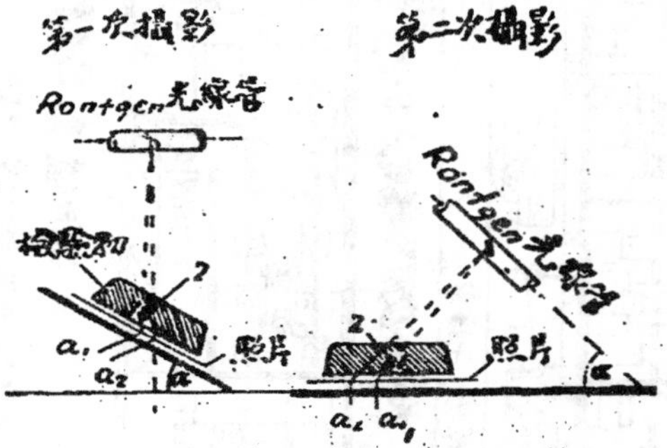

第十一圖　攝影檢驗法
(圖中a_1與a_2爲破綻處之影像)

帽釘。鋼筋混凝土建築物，往往亦有於事後用 Röntgen 光線檢驗之必要，例如遇圖樣遺失等。

所用 Röntgen 光線攝影方法，其原則與醫學界所用者同，即所謂「陰影攝取法」(Schattenbildverfahren)(註四)是。從不同方向之透光片或攝取之照片（參閱第十及第十一圖），可由明暗不同之陰影，察出建築部分內有無「破綻」（如含有碎渣，氣泡及鍛縫內火力未及之處等）及其所在之地位，以便將該部分更換或加以補救。

所用之 Röntgen 器械（R. Seifert, Hamburg 裝置）爲12馬力汽油發動機(D K W Erfenschlag, Chemnitz 製，懸於車下）與附帶之「交流式發電機」及「變壓器」(Transformator)，「蓄電器」(Kondensatoren)，「反向管」(Gleichrichterrohren)，「Röntgen 光線管」合組而成。如第十二圖，發電機所供給之交流電(220 Volt, 50 週期)可由變壓器增加電壓至125000 Volt, 而兩「反向管」與兩蓄電

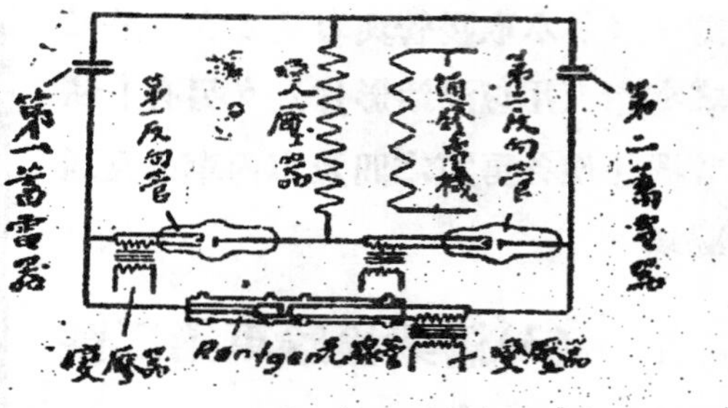

第十二圖　Röntgen 光線設備之電流線路

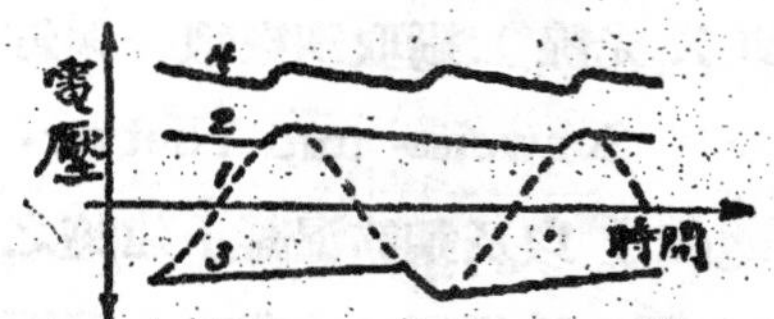

(1)變壓器之電壓
(2)及(3)蓄電器之電壓
(4)Röntgen 光線管之電壓
(2與3之和)

第十三圖　電壓之變化

左邊：檢驗之橋梁　中間：Röntgen 光線管　左邊：檢驗車第一號及第二號

第十四圖　用Röntgen 光線攝影檢驗某鍛結橋梁時之情形

器之聯絡（Greinach 氏聯絡法），不特使交流電變爲直流，且使電壓增加至250000 Volt，而流入 Röntgen 光線管內（參閱第十三圖）。

引高壓電流之電纜，包護周密，長約25公尺，可自車中通至車外檢驗處所（第十四圖）。此外尙有電力抽水機，用以加水於Röntgen 管，使勿過熱，以及檢驗桌等等。全部Röntgen 器械可以移出車外，以便改置於工場中，而應長期檢驗之需要。車下所懸之燃燈用蓄電池可供橋梁檢驗車第一號從事測驗時之應用，亦可由第一車號供給電流。

(4)結論

上述兩橋梁檢驗車，最重要之用途，在通盤（有系統的）研究鋼鐵，磚石，混凝土，鋼筋混凝土所構成之鐵路橋梁或道路橋梁對於動力之作用。以前各國對於「衝擊率」之規定，互有差異，現國際間已着手用測驗方法，重加考核，以求一致矣。（註五及六）

對於已有之舊橋，則用以檢驗其現狀，或加固前後之情形。對於鍛結之新橋（註七及八）或用鍛結方法加固之舊橋，則藉Röntgen 光線攝影，以察其施工之合式與否。

對於釘結與鍛結之試驗建築物（註九）或鋼鐵建築部分，則用以研究何種「做法」最爲適宜。

16365

對於工程規章，則用以複核關於「制動力」(Bremskräfte)，「旁移度」及「扭轉度」(Seiten- und Torsionschwankungen)(註十)，「橫聯結構」(Querverbände)之規定等。

橋梁建築範圍以外之測驗，如車軸(機關車，鐵路車輛，汽車)之「動力常數」(dynamische Konstante)以及對於橋梁之影響(註十一)。制動時車架及車軌之應力，機器座脚之應力(註十二)等，亦在試驗之中。(原文載"Bautechnik" 1931, Heft 1, Dr.—Ing R. Bernhard 氏著。原文尚載有照片數幅，此從略。)

(註一)參閱Hort und Hülsenkamp, Untersuchungen von Spannungs- und Schwingungsmessungen für Brücken. Bericht über die Ergebnisse des Wettbewerbs der Deutschen Reichisbahn Gesellschaft zur Erlangung eines Spannungs und Schwingungsmessers für dynamische Beanspruchung eiserner Brücken. Berlin 1928. Verlag der Verkehrswissenchaftlichen Lehrmittelgesellschaft m. b. H. bei der Deutschen Reichsbahn.

(註二) 參閱 R. Bernhard, Beitrag Zur Brückenmesstechnik. Neuere Messungen dynamischer Brückenbeanspruchungen. Stahlbau, 1928. Heft 13.

(註三)參閱 R. Bernhard und W. Spath, Fein dynamische Verfahren Zur Untersuchung der Beanspruchung von Bauwerken. Stahlbau, 1929, Heft 6.

(註四)參閱 Die Röntgentechnik in der Materialprüfung. Berichte von Behnken, Herr und Kantner. Leipzig 1930, Akademische Verlagsgesellschaft.

(註五) 參閱 Hort, Stossbeanspruchungen und Schwingungen der Hauptträger Statisch bestimmter Eisenbahnbrücken. Bautechn. 1928, Heft 3 u. 4.

(註六)參閱 Report of the Bridge Stress Committee. London 1928.

(註七)參閱 Schaper, Die erste Geschweisste Eisenbahnbrücke für Vollbahnbetrieb. Bautechnik, 1930. Heft 22.

(註八)參閱 R. Bernhard, Nuere Geschweisste Brücken. Z. d. V. d. I. 1930, Heft 55.

(註九)參閱 R. Bernhard, Dauerversuchs an Genieteten und Geschweissten Brücken. Z. d. V. d. I. 1929, Heft 47.

(註十)參閱 R. Bernhard, Über die Verwindungssteifigkeit von Zweigleisigen Eisenbahnfachwerkbrücken. Stahlbau 1930, Heft 8.

(註十一)參閱 R. Bernhard, Brücke und Fahrzeug, Bauing. 1930, Heft 28.

16366

（註十二）參閱R. Bernhard, Aus der Praxis der Maschinengründung, Z. d. V. d. I. 1930 Bd. 74, Heft 37.

▲泥土載重力之動力的試驗法

德國 Prof. Dr.-Ing. e. h. Hertwig 氏於1930年十二月間，於德國泥土力學研究會第四次集會時，演講泥土載重力之動力的試驗方法，茲介紹其概略如下（原文載Zentralblatt der Bauverwaltung 1931, Heft 2）。

近今工程界對於泥土載重力之試驗，漸捨棄靜力的方法，而改用動力的方法，其成績頗爲卓著。蓋動力的試驗較諸靜力的試驗所及之範圍可較偉大，所得之物理的數值較多；且實施時較輕而易舉。德國泥土力學研究會所用之試驗器具（誘振機）爲旋轉之重錘4具，共重30公斤，其旋轉軸可「離心」（exzentrisch）裝置，其「離心距離」（Exzentrizität, 一譯橢率）可在0—70 公厘之範圍內隨意擇用。因重錘離心旋轉，施衝擊力於泥土（地面），按「正弦線」（Sinuskurve）遞變，可達1000公斤之高額。試驗時測計機械之「工作率」（Leistung），重錘之旋轉次數，機械近旁泥土（地面）之振幅（用所謂"Vabograph"測計）及機械沉入泥土之尺寸。用裝入水銀之一種簡單器具，可察知此項機械作用所及之範圍。由上述前三種數值，已可定泥土之兩種常數，即「地床係數」（Bettungsziffer，按即單位壓力與彈性的沉陷尺寸之比率，亦即彈性的單位沉陷所需之單位壓力）與「殺振率」（Dämpfuug），但須假定此種機械之「質量」集中於一點，而振動於彈性物體之上耳。此種假定，在初步的，大致的測驗上，係屬無妨。由各種土質，如沙，如粘土（Lehm, 比較易鎔之粘土），如火泥（Ton, 難鎔之粘土），測得之「工作率曲線」（Leistungkurven）及「振幅曲線」（Amplitudenkurven），與「離心質量」之旋轉次數相關係者，與由理論上就彈性物體上之質點計算而得者頗相符合，且在各種土質有顯著之差別。機械沉陷之尺寸，與由靜力所誘致者之八十倍乃至百倍相等，由此可推算土質之密度（Dichte）。德國泥土力學研究會又於實驗室中從事測驗衝擊力誘致沙堆（四面受包圍者）內各部分之沉陷情形及沙質組合成分（關於粒徑者）與沉陷之關係；法將鋼製圓球（有一定之重量者）從一定高度放入一定粒徑組合之沙質（裝入箱桶者）內，然後由埋入沙內之「標誌」（Grundpegel）察驗沙內各部分之沉陷尺寸。此種比較簡

16367

單之試驗，所得結果，與由「誘振機」就地面實地試驗所得者相符。有若干點，吾人現尙未能明其所以，故將來尙須就種種土質多作試驗。

關於動力的泥土試驗方法在實地上之應用，可舉例說明之。地下鐵路往往使兩旁房屋蒙受損害，如用「誘振機」預爲察驗，則可推知其原因與補救之方法。建築物（無論爲機器脚座，抑爲道路等）之地基，亦當可用相當構造之誘振機預爲衝壓堅實，庶建築物落成後不致再有顯著之沉陷。對於打樁工作亦復如是。又有某處已成之土堤係根據由動力的試驗方法測得土質密度與穩定程度之大概而定其建築方式云。

▲鋼筋混凝土內箍鐵之佈置新法

"Annales des ponts et Chansséss" 雜誌第五期內載有 F. Dumas 氏之文字一篇，論混凝土內鋼筋及箍鐵與彎起鋼筋之佈置方式，甚饒趣味，茲爲摘述如下：

著者將混凝土內之鋼筋分爲主要及次要者兩種。主要鋼筋指設入剖面內受拉力部分之鋼條而言；垂直或斜置（45^0）之箍鐵以及彎起之鋼筋則屬於次要鋼筋。箍鐵所受之力，照尋常通用之方法，視垂直之箍鐵爲「構架」內之「垂直桿」，斜置之箍鐵（與斜彎之鋼筋）爲構架內之「斜帶」（斜聯桿），均根據剪力計算之。

計算箍鐵之距離，用下述圖解方法：在「彎羃圖」內，畫入「惰性率」I 之變化線及有效剖面面積之「靜力率」（statische Momente）S 之變化線，以便在任何處所可由此兩種數值及剪力 Q，決定鐵箍之距離：

$$e = \frac{BI}{QS},$$

內 B 爲每箍鐵所能承受之拉力。

照上法決定箍鐵之尺寸與距離後，再定箍鐵之方向。爲解決此項問題起見，先從研究各剖面內「主要應力」（Hauptspannungen，按英文作 principle stresses）之方向着手。因鋼筋混凝土之剖面非均勻一律之性質，而在抗拉區段內之混凝土須除去不計，故此區段內之「主要應力方向線」（Spannungslinien, Spannungstrajektoren）皆與「中和線」（Neutralliie）n 成 45^0 之角度。在「抗壓區段」內「主要應拉力方向錢」則具有通常之形狀，故受彎曲力之單梁（兩端活支之梁）內所有「次要鋼筋」在中和錢以下成 45^0，在中和線以上則其斜度漸陡。按尋常方式，在單梁內彎起以承受剪力之鋼筋，係循 45^0 之角度直上，然後折向支點，殊與「主要應力方

向線」之形勢不符，應自「中和線」起，漸與垂直線相近，方為合式。其在支點固定之梁，則又當別論，其在支點附近彎起之鋼筋屬於「主要鋼筋」之列，故僅在梁之中央部分之鋼筋可照上述方式彎起。

對於兼受彎曲力與壓力或拉力之建築部分，其情形彷此。

著者將上述之理論，應用於「帶拉條之拱弧」及工字剖面之「三角形結構」。在其所撰之文字中，對於帶拉條之拱弧論述尤詳(因法國人喜用此種結構)，將其支點應有之佈置盡量寫出，其式樣與以前所用者較為輕巧，用料較省，鋼筋之佈置尤為迥異。第一圖示鋼筋之新式佈置法，第二圖示舊式佈置法。

著者為證實其理論起見，述及 Mesnager 氏對於三角形玻璃體（其支點附近之應力分佈與拱弧相彷彿）之試驗。該須該驗所得之結果為主要應力方向線聚集於集中力作用之點(支點及施力點)，如第三圖。

因「主要應力方向線」之繪製手續頗繁，著者主張採用 Mesnager 氏論文中所舉之定律（Wilson 氏與 Delanghe 氏等對於主要應力方向線在集中力作用處之分佈亦有詳細之論述)。

著者所得之結論如下：

將鋼筋按「主要應力方向線」佈置，可增加鋼筋混凝土之抵抗力不少。又增加混凝土對於抗止發生裂紋之安全率，亦屬

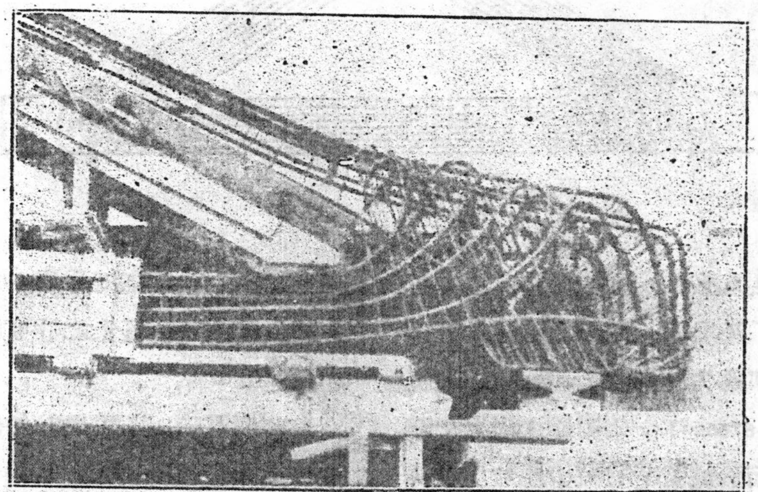

第　一　圖

16369

第 二 圖

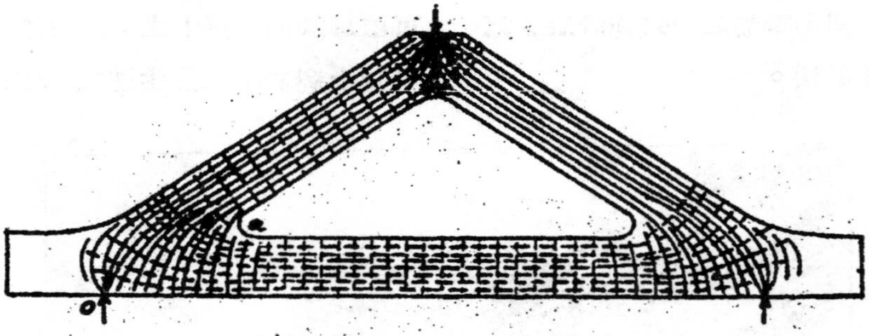

第 三 圖

同樣重要，法凡多種，如減低鋼料之許可應力；使用「激展界」較高之鋼料；予鋼筋以相當「初應力」(Vorspannung 按英文作 initial stress)，使周圍之混凝土發生應壓力，而於施儎時有減少應拉力之作用；將鋼筋自邊緣向內部移進，惟以混凝土與鋼筋之結合牢固爲度。如建築物之尺寸甚大，則將混凝土之許可應壓力加大，亦屬適宜。

著者又云，將更舉其他例證，另文發表，希望現今所用鋼筋佈置方法之種種錯誤，得以更正云。

（以上係就 F. l' Allemand 氏之譯述文字轉譯，原文載"Der Bauingenieur," 193, 1Heft 12/13）

▲德國Grossmehring地方Donau河上鋼筋混凝土橋

本橋於1930年八月間開放交通，為三孔式，中孔之跨度達61.5公尺，在尋常鋼筋混凝土實體「梁桁式」橋梁中可稱空前之尺寸（巴黎Gare de l'Est附近鋼筋混凝土梁桁式橋梁之跨度達76.8公尺，然為構架式橋梁，非「實體」橋梁，故當別論。）

第一圖至第五圖示該橋之外觀與剖面形狀。

建橋處之Donau河寬約104公尺，本橋之總長度則為145公尺，除中孔之跨度為61.5公尺，已如前述外，其兩邊孔之跨度均為42公尺。

中孔有懸支之梁一段，跨度為24.5公尺。採用此種佈置之原因如下：

（甲）因各礅座所在之地層性質不同（右邊之中礅及邊礅下面須打基樁，左邊各礅則直接築於堅硬「菱鐵岩」（Flinz）之上，故全橋須用「力學上確定」方法支承。

（乙）因設「關節」使梁身可分段灌填混凝土。

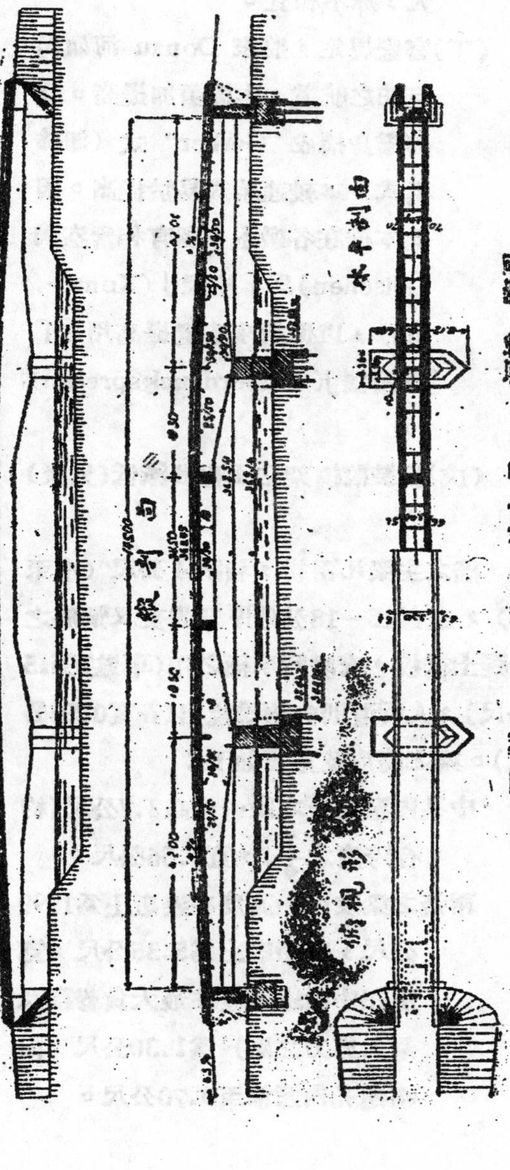

第一圖 德國Grossmehring 地方 Douan 河橋一覽圖

(丙)如將梁身構成連續不斷者，則活動支座之「旋轉輪」，不免發生「旋轉阻力」，使橋身之應力加大，殊不相宜。

(丁)官廳規定，將來 Donau 河如改巨船之航道，本橋須加提高。故將橋身構成"Gerber"式（即挑臂式），較連續式易於提高。因此本橋在各墩上，留有相當空洞(Nischen)與「挑架」(Konsolen)，以便將來安置提高用之「水壓機」(Wasserdruckspressl)。

(戊)使裝設模架之工程費減低(見後)。

橋之主梁凡兩排，相距 4 公尺（中至中），上舖15—18公分厚及設交义鋼筋之混凝土橋板，充駛行車輛之用(車道寬5.5公尺)，人行道則向兩邊挑出(各寬0.50公尺)。梁之高度及寬度如下：

中孔內懸支一之段……高2.7公尺(約合跨度之$\frac{1}{9}$)，寬0.56公尺。

兩邊之梁段……高度在邊墩上為1.99公尺，在中墩上為5.35公尺，寬度在中墩上（發生最大負彎冪及最大剪力之處）為1.30公尺，向兩邊孔內遞減至0.70公尺。

兩邊梁段之寬度，在應付剪力上，本可從小，但因梁身甚高，加以鋼筋密佈，故特為加寬，以便匀填混凝土，且為減小混凝土之應拉力起見，以闊亦屬適宜。

梁內鋼筋之佈置如第二，第三兩圖，玆就各部分略述如下：

中間懸支之梁

最大彎冪：628公噸×公尺

鋼　筋：38公釐徑圓鋼21根（分列3行）

兩邊之梁

最大彎冪：850公噸×公尺

鋼　筋：45公釐徑圓鋼22根

最大負彎冪：4160公噸×公尺（在中墩上）

鋼　筋：45公釐徑圓鋼51根（分列四行）

混凝土之最大應壓力為 60公斤/平方公分，鋼筋之最大應拉力為 1200公斤/平方公分。

各部分之全部剪力均以12公釐與16公釐之箍鐵及彎起之鋼筋承受之。懸支之兩梁，在支承處，以與挑梁等高之横梁聯絡之，以便沿全高傳遞剪力。

凡對於寬跨之鋼筋混凝土橋梁，須察驗其混凝土內發生之應拉力是否過大，以防混凝土發生裂紋。計算之法凡二：(一)

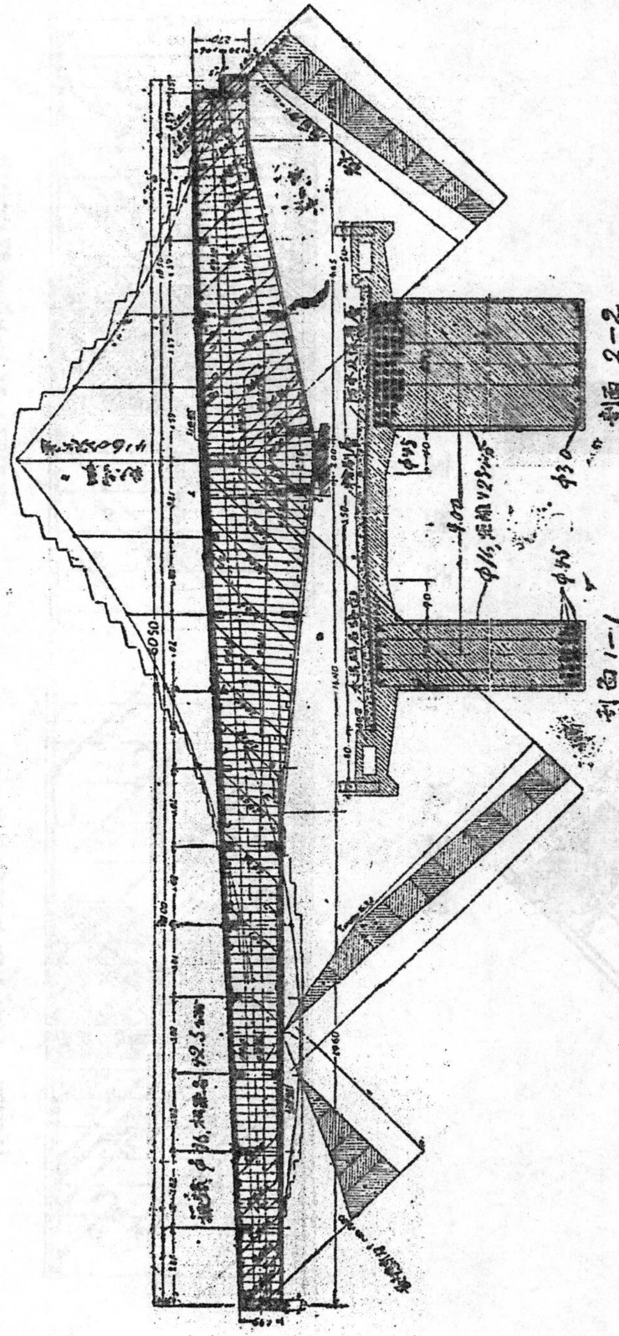

第二圖　兩邊之主梁

假定混凝土之彈性率，在壓力區內與拉力區內，係屬相同；(二)假定拉力區內混凝土之彈性率比在壓力區者相當減少（與實際相符）。照第一法，假定混凝土之彈性率一律為 140000公斤/平方分，算得本橋內混凝土之最大應拉力如下：

在懸支梁之中央

42公斤/平方公分

在懸支梁之支點

39公斤/平方公分

照第二法，假定混凝土在抗拉區內之彈性率為0.40×140000公斤/平方公分，算得本橋內混凝土之最大應拉力如下：

在懸支梁之中央

23公斤/平方公分

在懸支梁之支點

22公斤/平方公分

以上各數值，與已成之合式橋梁比較，尚屬適中，且因所用混凝土質料良好，自無妨礙。

邊梁在中墩上之支承，係繫定式(支點最大壓力達745公噸)，上下支承面間設1300公釐長，900公釐寬，30公釐厚之鉛板，在邊

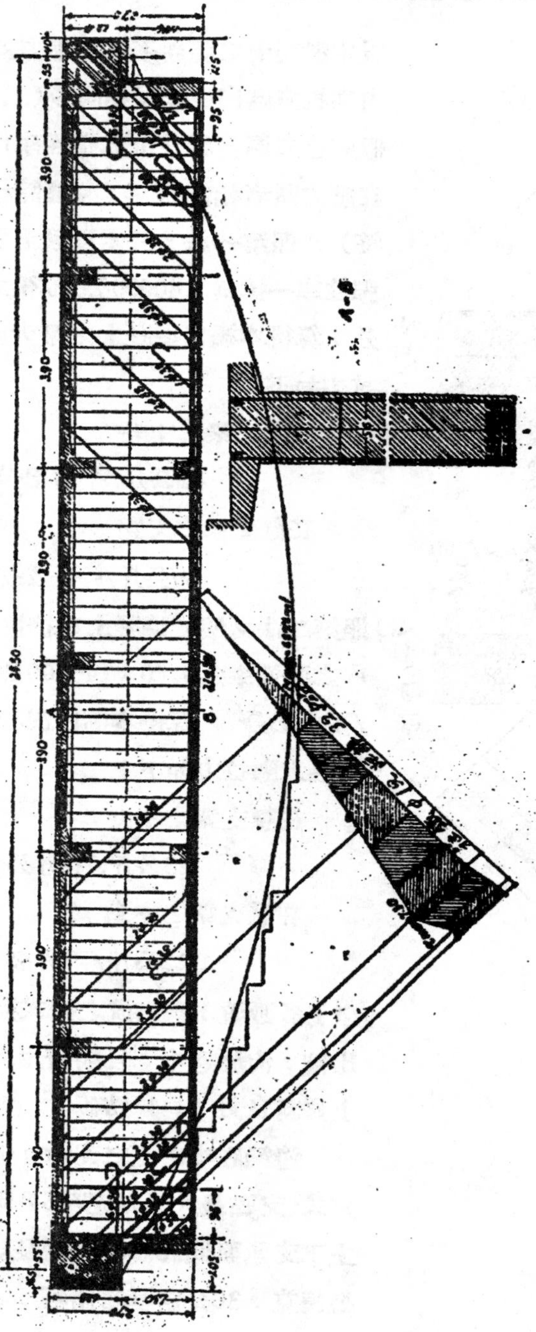

第三圖 中央之懸支梁

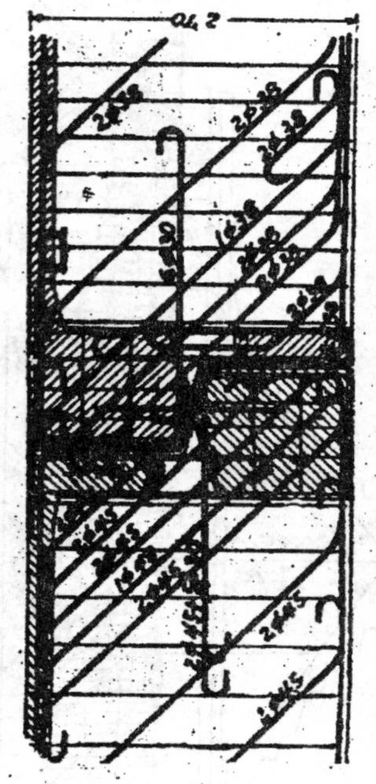

第四圖 懸支主梁之繫定支座

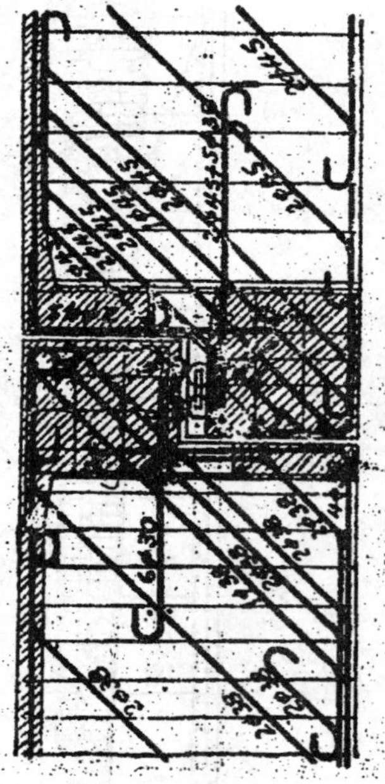

第五圖 懸支主梁之活動支座

16374

墩上之支承，係活動式，設鋼筋混凝土「擺動支座」，高0.90公尺寬，0.50公尺，其上下兩面亦敷鉛層。懸支梁之一邊，設緊定之「鉛板支座」，他一邊設活動之鋼質「轉輪」支座，兩者之佈置如第四第五兩圖。

所用之混凝土，係用天然沙礫料（先用篩分開為 0—7 公釐之沙及7—25公釐之礫，然後按 München 工業大學試驗所驗定之混合比例混合之）與水泥（每立方公尺製成之混凝土內含水泥 300公斤）和成，其28日後之抗壓堅度約達240公斤/平方公分。

橋墩之施工，係在鐵質板樁圍堰內照尋常方式從事，毋待贅述。

橋身施工時所用之「模殼架」如第六圖至第八圖。灌填混凝土之工作分兩期從事。先填築左孔上及挑出之部分，次將所用之模殼架拆除，移置於右邊，同時將中央懸支部分之模殼架搭成，從事第二期混凝土工作。如此，工作之時間不免較長，然大部分之模殼架可以兼用於兩處，殊為經濟，亦即本橋設計方式之優點。

第一期灌填混凝土工作，自邊墩自中墩，分層進行。每層灌填之高度，以需時2—3小時為度，庶續填上層時，下層雖已稍稍凝結，而未堅硬。

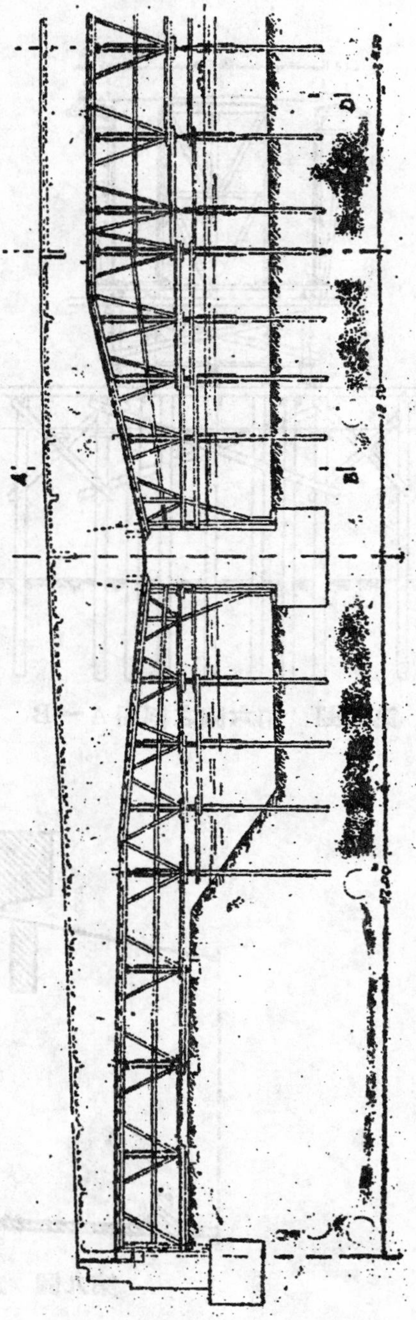

第六圖　模殼架

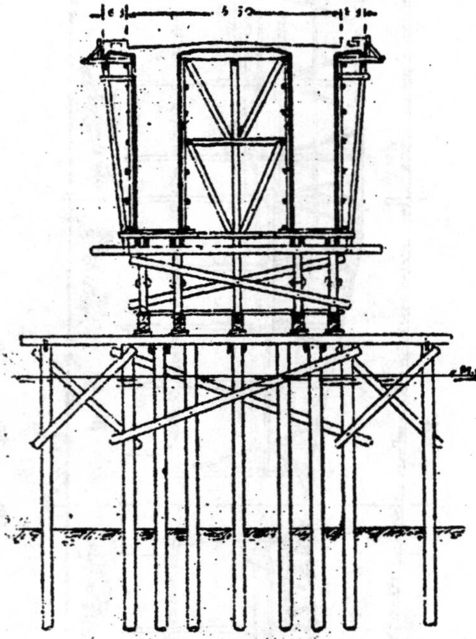

第七圖　第六圖之剖面A—B

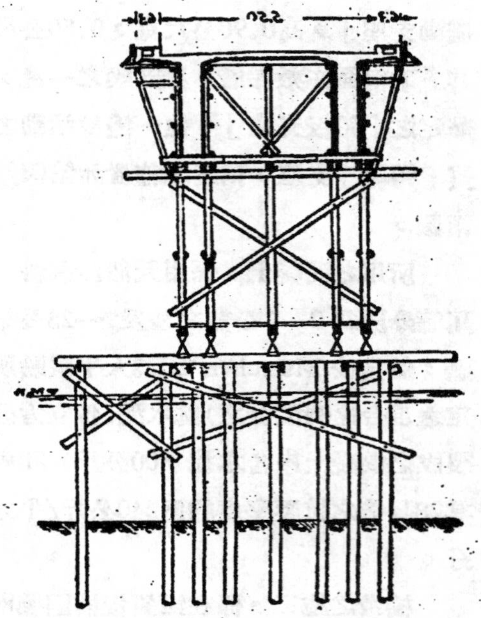

第八圖　第六圖之剖面D

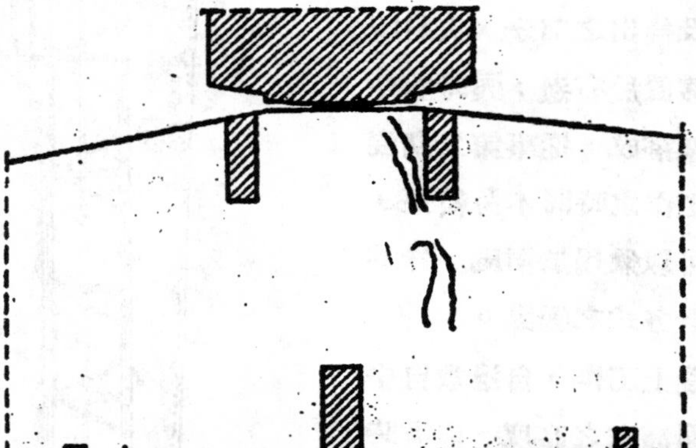

第九圖　左邊中墩上之梁身裂痕

第一期工程拆除模殼後，在中墩上發現裂縫四條，如第九圖，其最寬之處約2—3公釐。其發生之原因，係由灌塡混凝土之前，河水忽漲，將墩邊「模殼架樁」邊之泥土漸漸冲刷使架樁載重力減小，因而下沉(凡兩次)，同時墩上所塡之混凝土已達相當高度，且已開始凝固，故發生此項裂痕也。惟裂痕所在之處，適爲梁內之壓力區，故祇須將水泥用高壓塡入縫內已足。

第二期灌塡混凝土工作，與第一期相彷，惟於灌塡右邊中墩上之梁身時，先將「壓力區」內長約4公尺之一段暫不灌塡，留待其他部分塡完時，乃補足之，故右邊中墩上之梁身得免發生裂紋。

玆將關於本橋之若干數字，摘舉如下：

載重

汽輾(蒸汽滾路機)	16公噸
運貨汽車	9公噸
行人	450公斤/平方公尺

單位面積所用之平均混凝土量

全橋	1.15立方公尺
懸支之梁	0.70立方公尺

每立方公尺混凝土內之平均鋼筋重量

全橋	145公斤
懸支梁	139公斤

每公尺寬剖面之彎冪

懸支梁，	由死儎而來者	131公噸公尺
	由活儎而來者	62公噸公尺
	合計	193公噸公尺
支點彎冪，	由死儎而來者	1000公噸公尺
	由活儎而來者	280公噸公尺
	合計	1280公噸公尺

(摘譯Dr.—Ing. W. Nakonz 氏之報告，原文載"Zentralblatt der Bauverwaltung", 1931, Heft 8)

▲法國建築師André Lurçat氏之小住宅計劃

法國在新建築藝術上之現狀，最堪注目者，爲著名建築師大都不參預小住宅之建築問題，而惟富有者或素豐者之居屋是營，故小住宅之建築，恆落於一般碌碌無長者之手，因此，法之四鄰諸國，近年對於小住宅建築之經濟化與標準化雖有長足之進步，而法國則殊形落後。

自 Loucheur 氏有「於若干年內建築住宅三十萬所」之計劃以來，雖不乏著名建築師，向當局作有價値之建議，以期實施上之合理化，而免款項虛糜。然就現狀觀之，有價値之建議與計劃雖不少，而在法國，理性往往不敵多數人之成見，法政府亦似不欲作果決之規定，以免偏袒之嫌

疑，故技術上與經濟上實施之權，落於一般建築公司之手。各建築公司之本身，既無「新式的頭腦」，故不肯聘用新派之建築師，因此雖在首善之巴黎，建築新屋尚多為30年前之舊式，如附「角樓」(Eck-turm)與裝飾豐富之「窗框」等。至於近數十年來技術上進步之各點，以及社會的要求條件，似均不値設計者之一顧。鄉民之趨巴黎作工者既衆，該市人口之增加自速。在理，各市區團體(Kommunen)應負責籌備相當之住屋以容納之，乃各市區團體殊不作整個居住地有計劃的建設，而將此項供求情形，悉聽其自然，一任營利者之投機活動。初時由田間來之勞動界，慾望甚小，尚相安無事，其後勞動界之羣衆，漸感居住上之苦悶，遂起而要求衛生的，空氣流通的，人道的住所。據Lurça云，法國每年直接或間接因居住情形惡劣而致死亡者達二十萬人之多，其中在巴黎市外郊者居十二萬人，在巴黎市中心者居六萬人，而因患肺癆(肺結核)而死者居百分之九。蓋勞動界之大部分皆居住於簡陋之「棚屋」(Baracken)與不合衛生之出租房屋中，往往一家多口合居於一二毫無衛生設備之房間內。至於浴室之設備，雖在中人之家亦難辦到，遑論勞工。近今當局始漸察覺，與其耗費鉅款於醫院之設備，不如用以建築合於衛生之住宅焉。

André Lurçat 氏自多年以來，對於上述情形，即加以口誅筆伐，並對於小住宅建築，擬有種種有價値的計劃。試就其作品觀之，雖與他國同志之作品，不乏相同之點，然「居住上之形式」(Wohnform)仍保持法國民族之特性。若與 Le Corbusiers氏(亦法國著名建築師)之作品比較，則 Lurcat 較與德人之作品相近似，以其含南方色彩較少也。欲知 Lcurat 氏努力求社會居住幸福之情形，必須閱讀該氏所著之書籍與文字，尤須將該氏之作品與法國一般建築師之作品比較，便知其確為出類拔萃者矣。Lurcat 氏之作品甚多，本篇僅舉數例，自散立式小住宅起，至「高樓住宅」(Wohnturm)止(譯者按，原文所附諸圖中，茲為篇幅所限，僅照刊一部分)皆適於用簡單「廠製零件」構成，而為完全標準化者。氏之主張，在大城市則採用「合居式」之大住宅，在鄉間則採用「單家住宅」(包括聯立式或半分散式住宅在內)。近年來巴黎亦尚高大住宅之建築(尤其勞動界所用者)，Lurçat 氏則有「高樓住宅」之計劃，同時顧及城市設計上之各種要求。此項計劃在明瞭上述巴黎之情形者，自可予以同情，因其具有今日巴黎之不衛生房屋所缺乏之條件，即：空

氣，靜肅，交通便利，靠近工作場所，租金低廉，靠近公共建築（學校，幼稚園，浴堂，藥房，醫院等），高價土地之經濟的利用也。然 Lurcat氏所主張之純粹「高樓住宅城市」(Wohnturmstadt)，將見諸實現與否，則為一問題，目前則以尋常大住宅與高樓住宅混合建築，較有希望焉。

〔例一〕單家住宅適於大批起造者（第一圖）

為節省基礎工程費起見，將全屋建於柱上，下層(地面層)僅設走廊，扶梯間及火爐間，堆煤間。走廊與儲藏室及地窖相聯絡。上層設寬大之起居室，旁接餐室；又設工作室一間及臥室二間（設有壁橱及自來水洗盥盆），另有廚房與浴室(附廁所)與穿堂及起居室相通，佈置頗妙。屋頂為平台，可以登臨。

〔例二〕雙家住宅(第二圖)

每兩家之大門，互相對向，上層之樓面突出於其上。大門內為小穿堂，附設廁所(附蓮蓬浴具)與衣帽處。再進為寬大之起居室，旁通廚房及扶梯間。扶梯間之旁及其下面為儲藏室(地窖)。廚房通儲煤間。上層設臥室三間，可設六床。臥室內備壁橱及自來水盥盆，外通寬宏之洋台。

〔例三〕聯立式住宅(第三圖)

各宅之佈置與(例二)相似，惟規模較小。扶梯直通穿堂。廚房設於起居室之一隅，佈置頗佳。上層僅設臥室二間，可容三榻。廁所內亦設蓮蓬浴具。

〔例四〕兩聯排列式住宅，供兒女衆多之家用者(圖略)

各宅錯綜相間，每兩家由同一處出入(沿大街者除外)。各屋亦建於柱上，屋下設兒童遊戲場，地窖，儲藏室及晾衣間，屋內設起居室一大間，外室四間（分列於起居室等之兩邊共可設七床）及廚房，浴室(廁所附)與穿堂。每兩家之正門以橋相通，由露天扶梯上下。靠邊之屋進深較小，僅設臥室二間(可設三床或四床)。

〔例五〕Bagneux-Seine 地方之大住宅(圖略)

每層各兩家，每家設起居室，臥室，廚房，廁所，盥洗室各一間，尺寸頗大。有「敞樓」(Loggia)，與起居室及臥室相通。房屋之進深甚小，而寬度頗大。

16379

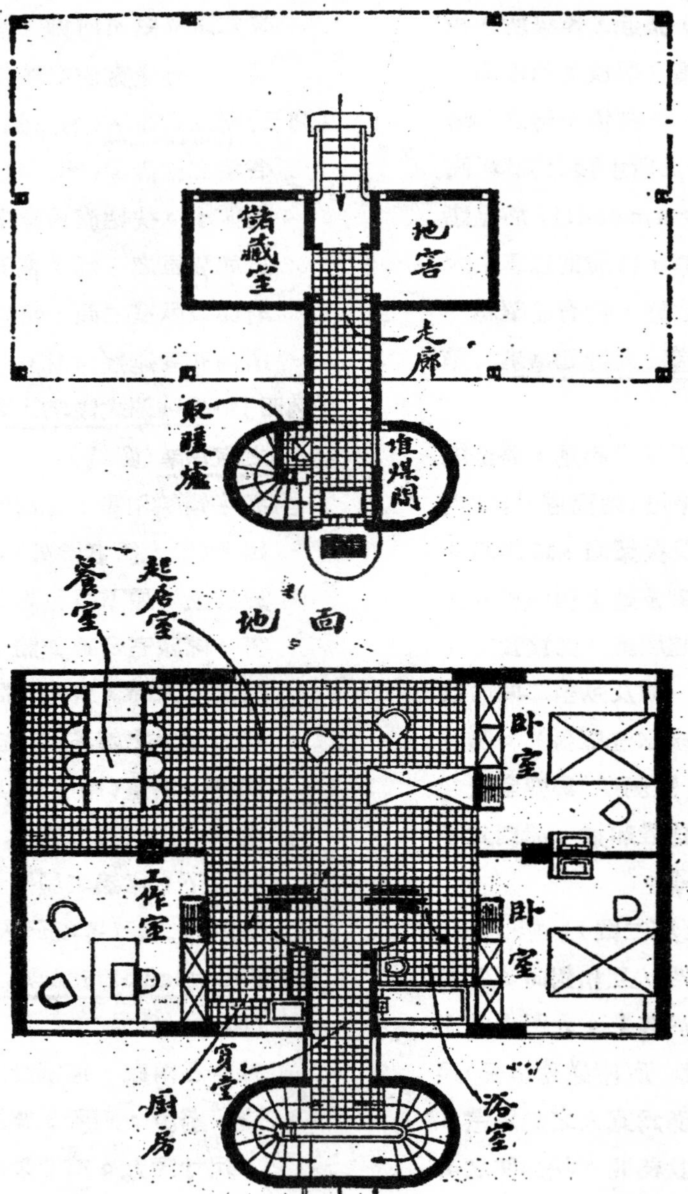

第一圖　單家住宅

平面圖

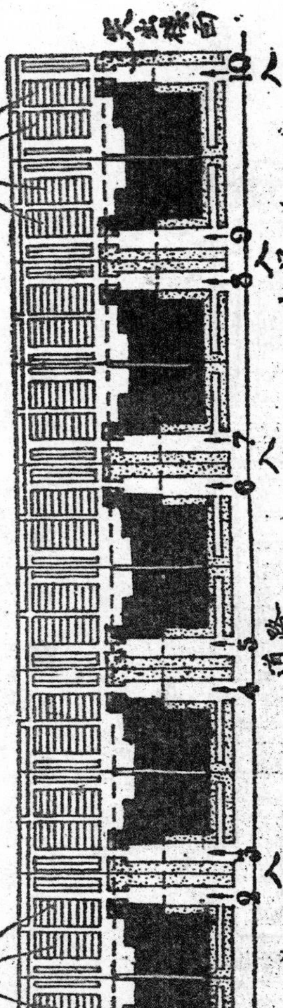

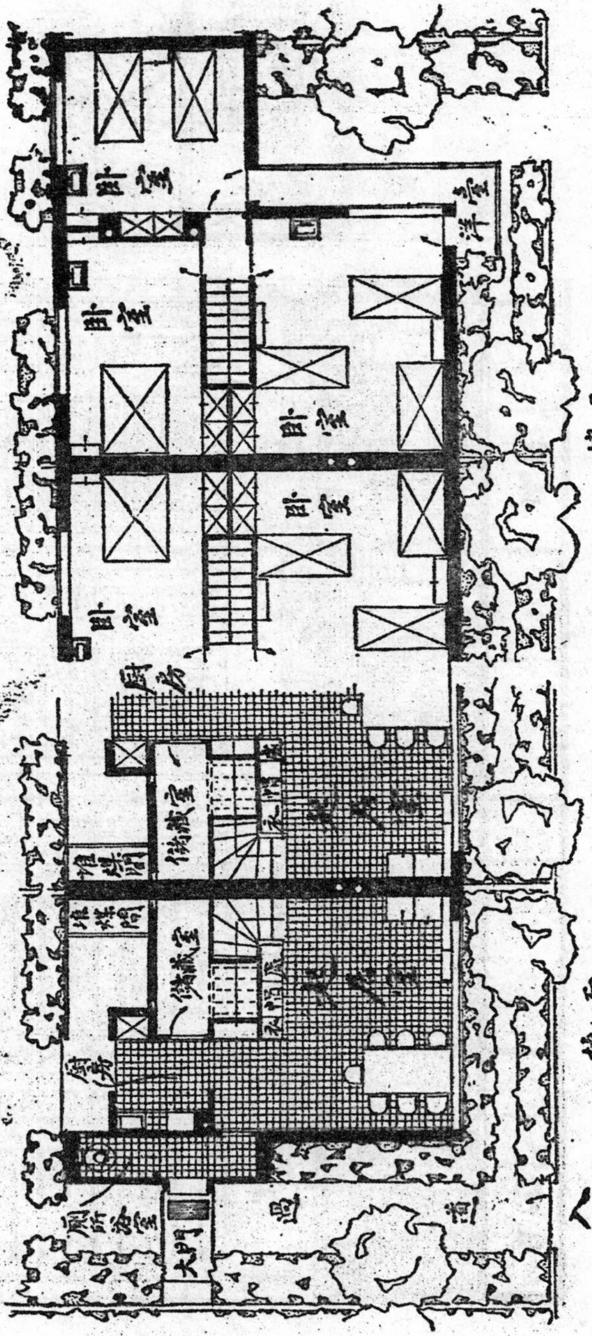

第二圖　雙家住宅

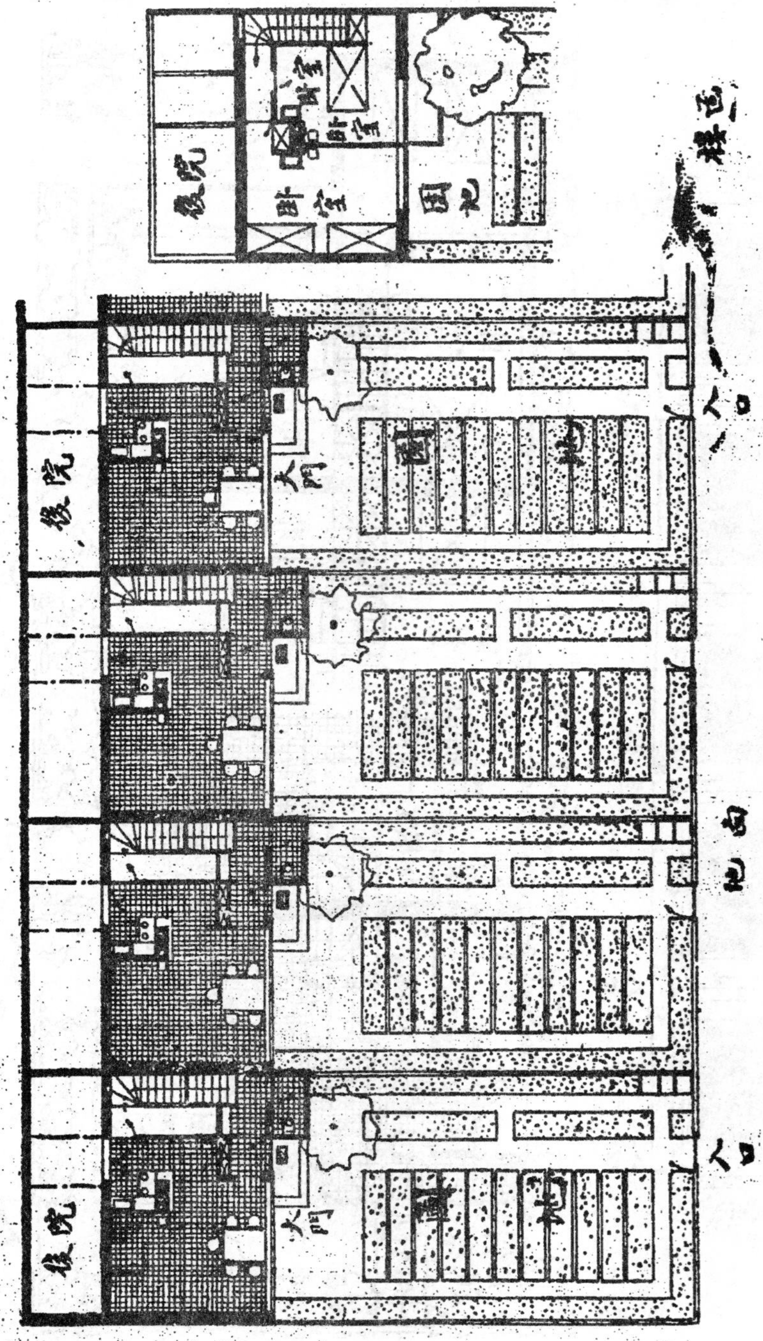

第三圖 聯立式住宅

16382

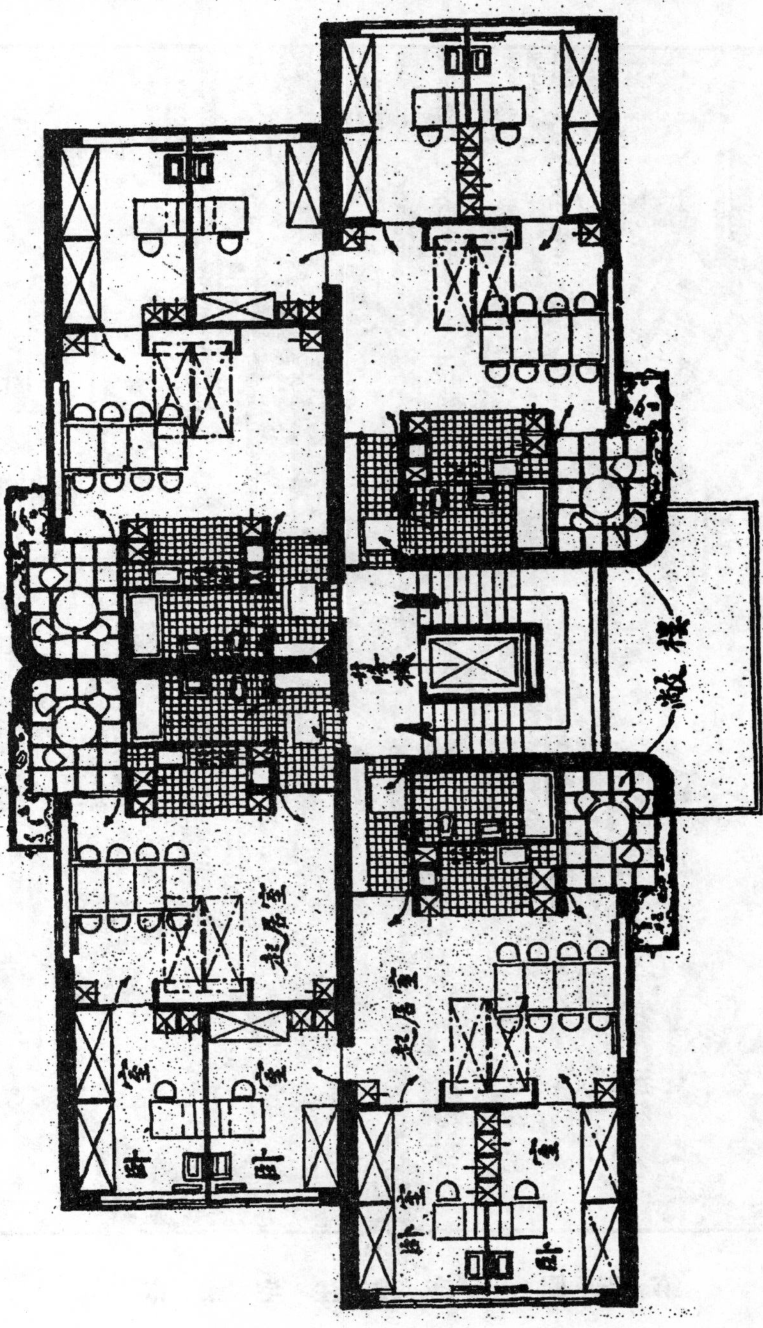

第四圖 高樓小住宅平面

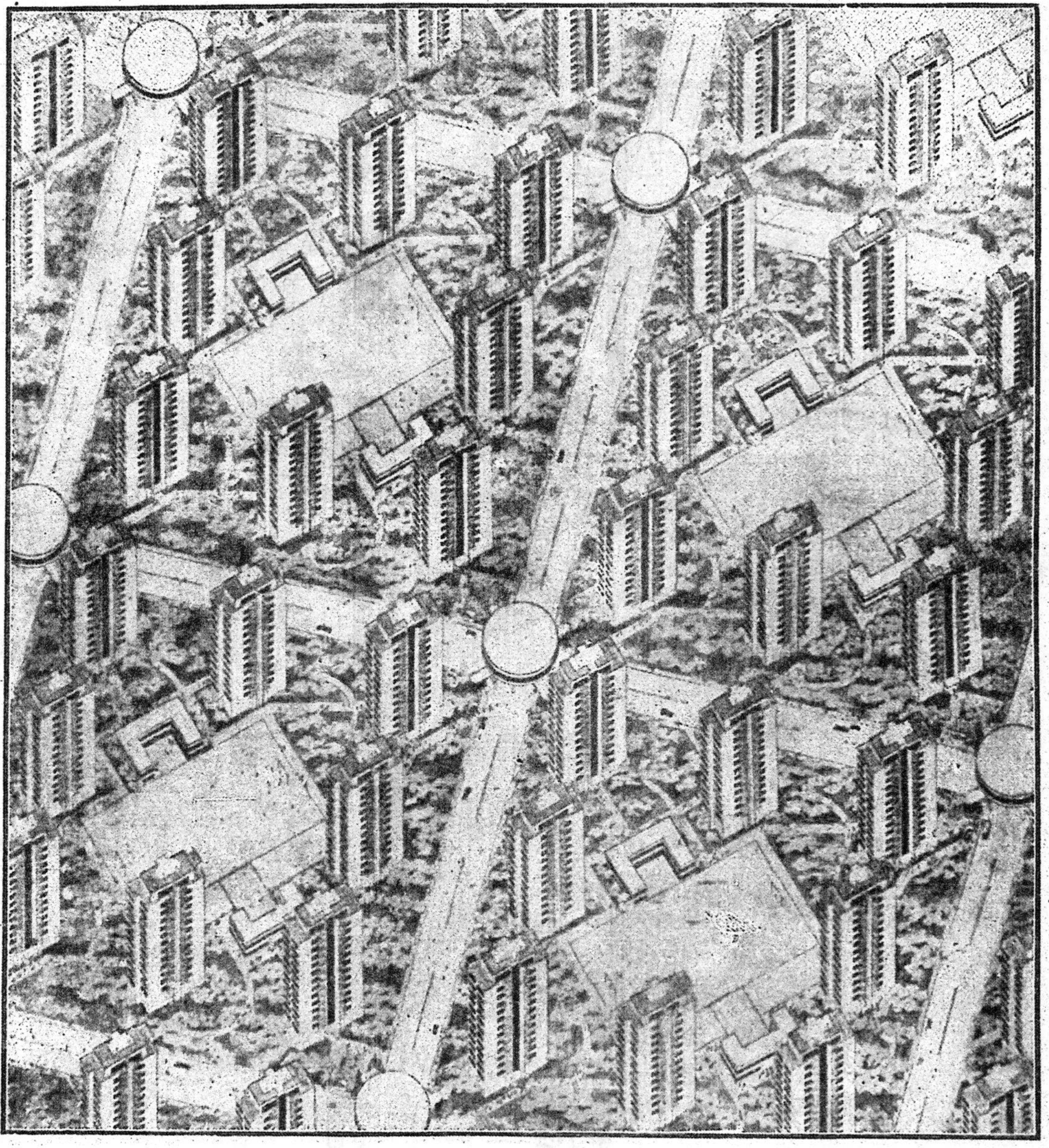

第五圖 高樓住宅城市

〔例六〕每層四家式大住宅

（圖及說明略）

〔例七〕高樓小住宅（第四圖及第五圖）

每段落內設高樓住宅八所，每所各十二層。最下一層供各家公用，最上一層為幼稚園，及屋頂花園。段落成正方形，有道路及園林錯綜其間，段落之中央設廣大之運動場一處與兒童嬉戲場多處，以及遊泳池，學校等。段落之四角設通地下電車站之洞口及公共汽車站，上建消費合作性質之店舖（距地面5公尺），供給四周之居民以需要物品，由地下電車站亦可直達。段落之四周為寬闊之交通大道。（第五圖）

關於高樓內各家房間之佈置計劃凡三種，即兩「間」（Zimmer）式（四床），三間式（六床），四間式（八床）。每家皆備浴室（廁所附），穿堂，起居室（廚房設於其一角），「敞樓」（Loggia）各一間。起居室內設活動牀，日間可以翻起，藏入櫥內（仿美國式）。臥室之寬度僅合起居室進深之一半，故床舖須沿牆設置。每兩臥室間之隔牆上設櫥及自來水盥洗盆。每層樓各住四家。（第四圖）

荷蘭Rotterdam之Kiefhoek新村

荷蘭 Rotterdam 市為勞動界平民建設"Kiefhoek"新村（第一圖）於 Maas 河之南，計有房屋300所，各可容納三子三女之家庭。每宅之造價合德幣 4666.50 馬克（連小孩戲戲地，花園設備，倉庫等在內），地價 1116.50 馬克。每宅每星期之租金為8.40馬克。村內居戶按期付租金全數者約居三分之一，其餘則僅付6.70馬克，餘數1.70馬克由市政府與國家政府補助，各任其半。受津貼之居戶，以每星期收入不超過50馬克者為限。

新村之設計，如 Ford 氏之製造汽車，務求價廉物美，故用地與用料則力謀經濟，構造與做法則力求適宜。

荷蘭國內混凝土與磚料之市價，常隨供求情形而漲落，故各房屋之設計，適於任用兩種材料之一。木料之結合部分皆有準確之筍縫，以免偷工減料之弊。每宅僅設溝管一道，雨水及廚房廁所之汙水皆賴以宣洩。烟囱設於房屋之中央，以減少「熱氣」之散失。貧乏之家多用烹飪之爐火取暖，故爐竈設其起居室內。較寬裕之家則可在廚房內用煤氣炊爨。出水溝管與烟

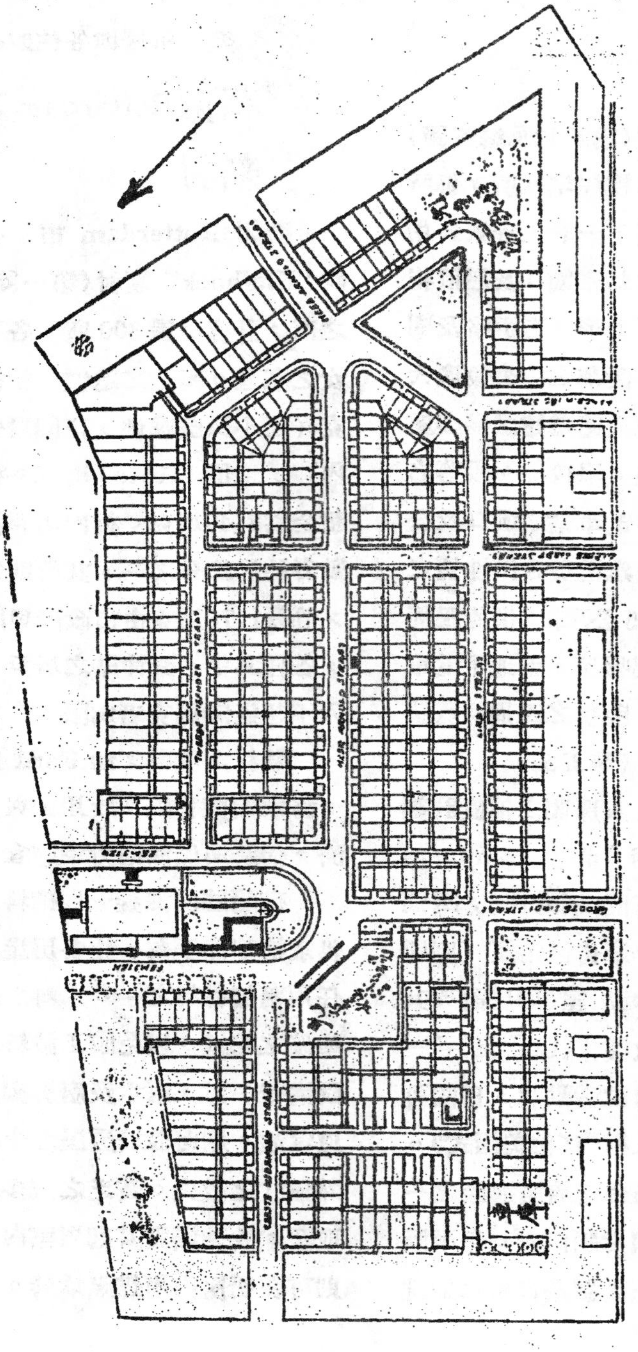

第一圖　Kiefhoek 新村全部平面佈置

囪管聯絡，以免冬日凍塞。廚房內設有通氣管。所有建築部分均有一定標準，可在工廠內製造。

每宅在地面一層設起居室，廚房，廁所各一間，在樓上設父母臥室一間與子女臥室二間(子女分室而臥)。(第二圖至第四圖）樓下穿堂內備衣帽架及容納電表，水表，煤氣表之小櫥。爲省費起見，扶梯下不設淋浴室及堆煤間，樓上不設自來水管及落水管，起居室前之門上不設小櫥，則爲缺憾之點。

後園內築小倉屋，樓上設「乾燥間」

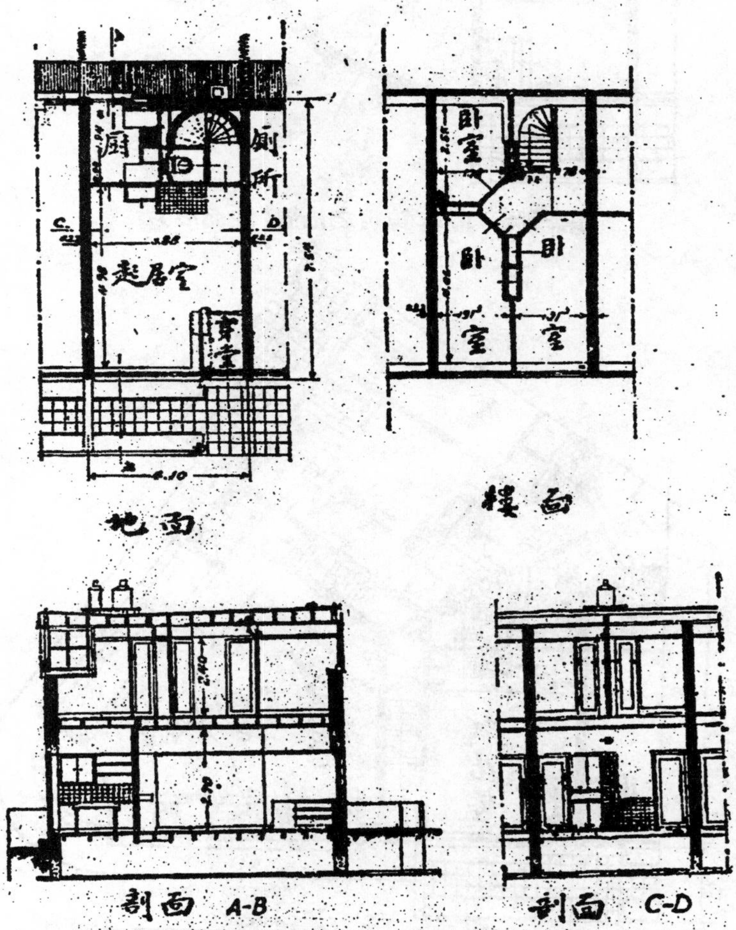

第二圖　住宅之標準式樣

16387

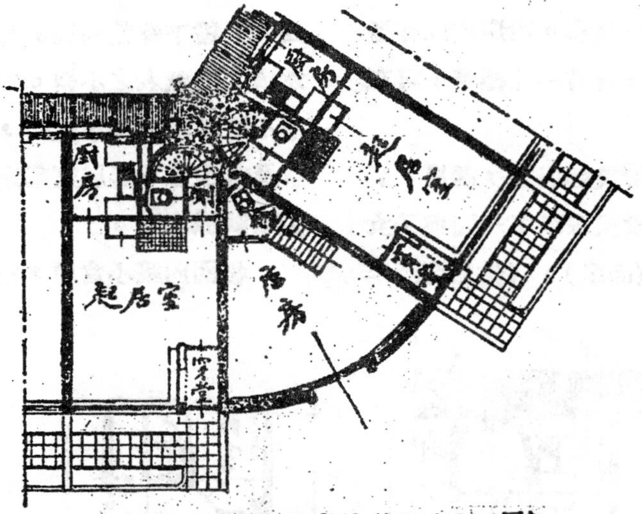

第三圖 段落鈍角之佈置(地面層)

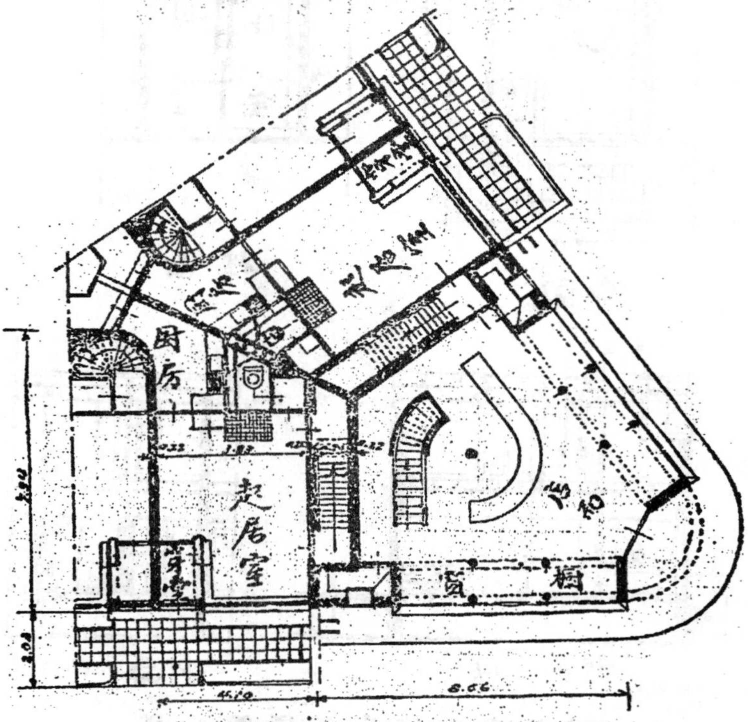

第四圖 段落尖角之佈置(地面層)

第五圖　住宅之正面（沿Nederhouen Straat）

，各臥室內設壁櫥，而各屋之設備盡于此矣。

各房屋之形狀大小，以一致爲原則，惟藉比例，顏色，佈置以求美觀。（第五圖及第六圖）減除單調印象之設備，爲樹籬，矮圍牆，若干店房與附有坐凳之兒童嬉戲場所等。另有"Hersteld Apostolische Zendingsgemeente"大廳，在各房屋之間，形成一種中心，其鮮明之顏色與所附之花草樹木，對于調劑全村外觀上，殊屬需要云。（Zentralblatt der Bauverwaltung, 1931, Heft 10）

▲紐約之防止市囂運動

紐約市衛生局于1929年秋間組織「防制市囂委員會「（Noise Abatement Commission），以通盤硏究取締市囂問題爲宗旨。會中對于有關係之各界（卽醫師，神經學者，耳科醫師，法律家，聲學家，工程師，汽車製造者等），皆經邀致，以便從多方面解决減殺市囂問題。

該會首先着手硏究之辦法，係登報徵

第六圖　住宅之側面(沿Kleene Lindt Straat)

求市民對於「何種市囂最爲惱人，且此種市囂發生於何處所？」一問題之答案，並列舉囂聲29種，聽候市民投票。旋經全市五區 (boroughs) 之市民踴躍陳述意見，各種市囂得票之百分數爲下：

交通(Traffic)	36.28
運輸(Transportation)	16.29
無線電播音(Radios)(家庭，市街及店舖)	12.34
收集及發送各種物料(如垃圾等)(Collections and deliveries)	9.25
汽笛與鈴聲(Whistles and bells)	8.28
營造及工程(Construction)	7.40
人聲(?Vocal)	7.27
其他	2.89
	100.00

「防制市囂委員會」卽將市民陳述之意見，加以調查，並分別移請各主管機關(如公安局，衛生局等)辦理。

囂聲之測驗

「防止市囂委員會」根據市民之答案，製成「交通囂聲地點圖」(traffic noise

map)，以便實地測驗囂聲之程度。該會由Bell電話試驗所(Bell Telephone Laboratories)供給需用之測驗器械，裝入汽車，巡遊市內各街道，並由上述試驗所與Johns-Manville Corporation會同供給測驗之專門人員。施行測驗之地點凡138處，內97處係在戶外者，戶外測驗之次數約為10000，測驗之單位為decibels(譯者按，參閱本期內「房屋隔音作用之計算」篇)。計測得日間最高之囂聲(高架汽車道打帽釘之聲，在約距10公尺之處測驗之)為101 decibels(100 decibels之高聲，已足震人耳鼓)，日間最低之聲為42 decibels，夜間最低之市聲為38 decibels。在三處分次測得之市聲高度，如附圖。

又特就汽車喇叭測驗之結果，證明普通汽車喇叭發出之音多嫌過高，故美國之製造汽車喇叭廠家已着手改良其出品，以期符合紐約市之要求矣。

囂聲對於吾人之影響

以上所述為對於囂聲之測驗調查工作。同時尚有他方面之工作，即研究囂聲對人體之影響是。前十年間，心理學者，工程師及醫學界之研究者，對於此層，已有若干零星之發明，而上述委員會則覺囂聲對於人體之作用尚有待用試驗方法，加以

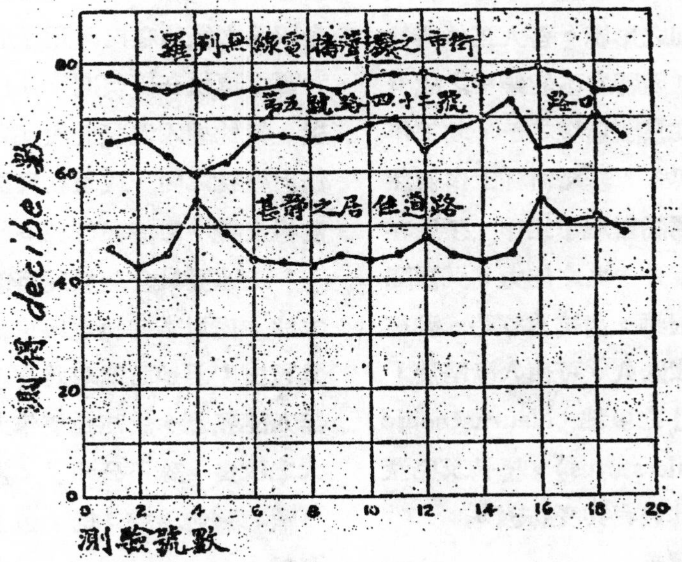

實測紐約市囂之一例

研究之處。爰經Bellevue醫院Dr. Foster Kennedy氏主持試驗，察知吹氣之紙袋(inflated paper bag)等陡發之爆聲足使頭蓋內部所受之壓力(intercranial pressure)增至尋常壓力之四倍至7秒鐘之久，然後逐漸消滅，經過30秒鐘後，始能恢復原狀；若於初次爆聲之壓力未消滅以前，繼以第二次之爆聲，則頭蓋內部壓力必尤高。試以之與嗎啡(Morphine)及「硝化甘油」(Nitroglycerine)提高神經之壓力相較，則前者尤勝一籌。區區紙袋之爆聲對於神經之影響己如若是其大，則其他可知矣。

囂聲對於勞心者，學生，孕婦，病人以及兒童尤有深切之影響。吾人工作時往往枉費許多光陰，因腦力不能集中之故。凡雇主皆知工人在囂鬧環境之下，其工作不能如尋常之精與多，無論何種工作皆然。又據試驗，在囂鬧環境下工作，須比在肅靜環境下多耗百分十九之能力。又囂鬧使注意力之集中困難，對抗囂聲時，神經系異常緊張，積之旣久，可使人漸陷於「神經及心靈衰弱」之境地(Neurasthenic and psychasthenic states)。嬰孩及兒童之常聞囂聲者，其發育甚受妨礙。

鋼鐵建築之囂聲

籌擬取締此種囂聲之辦法為Committee on Building Code and Construction之任務。該委員會主張一部分之帽釘結合應用鍛合法為之替代。又主張規定住宅區域之帽釘工作，以在日間施行為限；地道，溝渠，道路工程之包工人所使用之機械務求為不甚發生囂聲者，或假助吸收聲浪之設備，或將此種機械特別構造並於使用時注意維持其良好狀況；新築地下及高架車道應設法使不發生響聲。

運輸之囂聲

上述委員會擬減殺地下車輛聲響之方法如次：使用特別構造之車輛，其鬆弛活動之部分，須無甚發生聲響之機會；聯動器(gear)邊緣(rim)之內部設鑄鐵環；車身四邊之板均在內面用毛氈襯墊，以隔絕音響；車軌在接頭處，互相緊靠，不留空縫；軌枕埋入混凝土內。高架車道應於軌條與軌枕之間，或軌枕與鋼鐵結構之間，設橡皮塊，以減殺響聲。

上述委員會對於地面電車所擬之減囂方法，僅以維持軌道與車輛之完好為限。其言曰：「地面電車將存在至何時為止，無人能預斷，故強迫使作大規模與耗費甚大之改良，殊不公平」。關於行車時發出可厭之警告鈴聲，則上述委員會設法調查取締。

取締法規之實施

上述委員會又研究切實執行取締市囂法規之辦法。同時「衛生法規」內增有取締無線電放音過高等條文，又通過一種規則，禁止店鋪在門首使用擴音器（Loudspeaker）等。

此外委員會又主張以制囂方法訓練一般民衆，並與製造廠家，商業團體及政府機關合作，以防制囂聲云。（節譯 Lewis H. Brown氏報告，原文載The American City, 1931, No. 2）

▲美國胡佛堤附近之模範市鎮

美國將於 Colorado 河之Black Canyon 築橫亘之大堤，以蓄巨量之水，卽所謂「胡佛堤」(Hoover Dam)是。在興工以前，須有種種預備工作，舉例而言，如建築鐵路及公路各一條直達築堤之處，及籌備施工期內(在七年以上)臨時工人及完工後常工之住所等。

胡佛堤所在之處爲乾燥區域，有沙漠之稱，草木稀少，居民絕跡，故須建設新市鎮，以便堤工工人居住，並命名曰"Boulder City"。該市鎮之建設，不特以適於工人之居住爲目的，並務求居住者愉快滿意，故其設計係依照新式城市設計原則以從事。其居住區之佈置大致分爲內外二環，內環應堤工完竣後永久居戶之需要，外環於堤工進行時供臨時工人居住之用，故堤工進行時毋虞擁擠，堤工完竣後不患零落。

地理上之關係

胡佛堤所在之地，爲沙漠性質，已如上述，夏日甚熱。堤之附近多山，不宜於建設市鎮。選定市鎮之地位，在可自堤步達之距離內，高出堤面約370公尺。夏日之氣溫亦較他處約低10度(華氏表)，其土壤亦最適於建築，以他處之土壤爲與混有碎石60%之細沙，該地則爲純粹沙質之故。其地前向湖山，風景甚佳，且便於排水。北部位於兩小山之間，如馬鞍形，而以平坦與微斜之形勢向南作扇形之擴展。

設計之原則

(甲)道路系統(Street Plan)

(一)住宅區與中央之商業區直接聯絡。

(二)商業道路(business streets)與穿行交通道路(through traffic streets)分開。

(三)道路上不許停留汽車，另設離開道路之停車地位。

(四)設里巷(alley)中之裝卸地位。

(五)段落角(道路叉口)均按直視線之需要截平。

16393

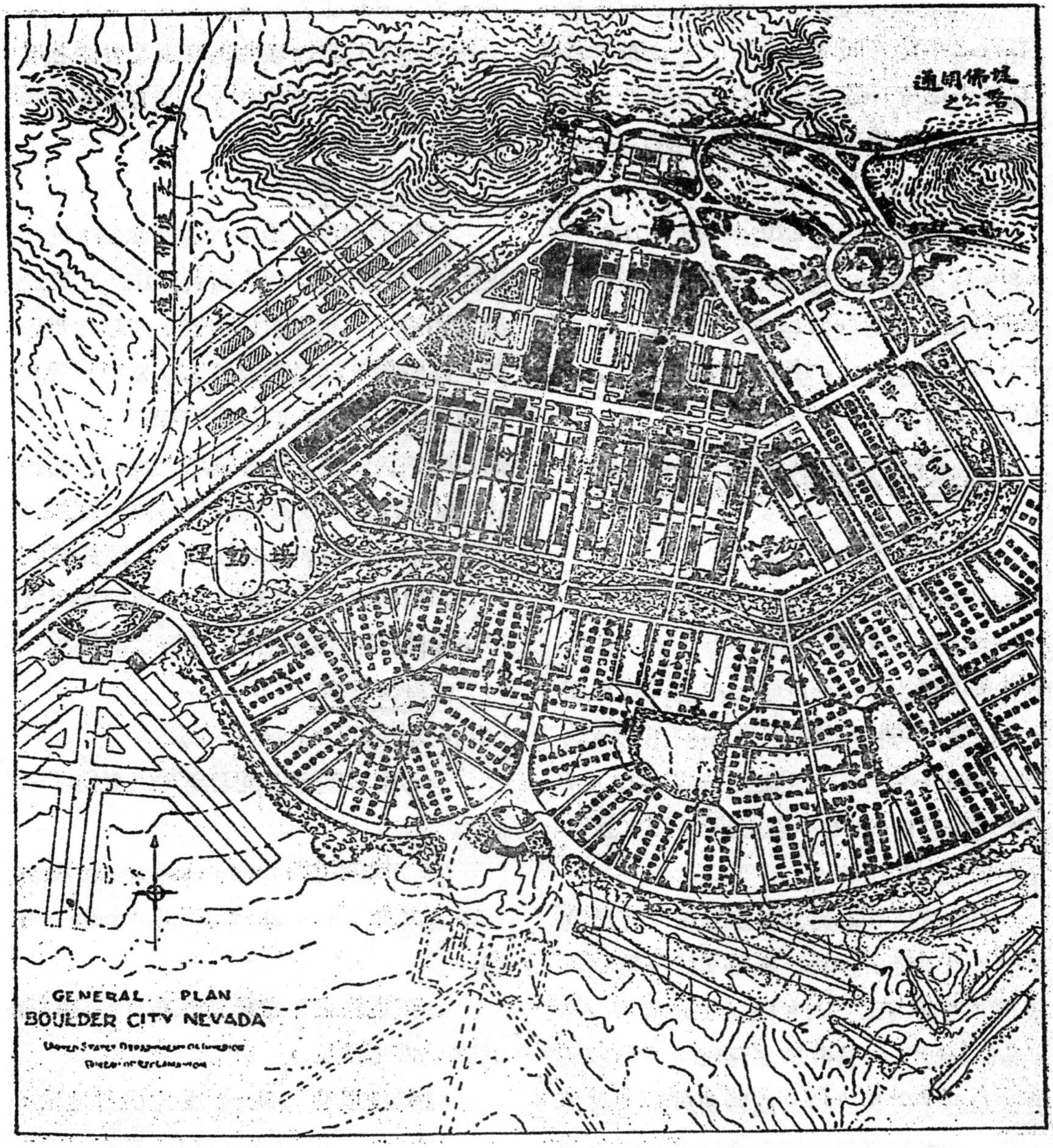

Boulder City 計劃圖

(六)道路寬度斟酌得宜。

(乙)區域分劃(Zoning)

(一)照常例分爲住宅，商業，工業三種區域。

(二)用管理建築方法(Architectural Control)以代替分區規則之多數條文。

(丙)公園，運動場，學校，公共建築

(一)每住宅區內留出運動游戲之空地。

(二)設樹林帶圍繞全鎮爲初期發展範圍之確定界線。

(三)備帶形空地爲該市鎮之外界，內設飛機場及Golf球場。

(四)有系統的設置各種運動場所，如足球場，棍球場，網球場等。

(五)確定公共建築及半公共建築之地位，使成整個的市區部分。

(六)將所有教堂集合於一處(Grouping)。

(七)設容留游歷者之大旅館於風景良好而與市鎮相近之處。

公共建築及公園

北面兩小山間之鞍形地，可俯眺山谷與湖水之風景。於此設公共建築三所，卽市政府，市議會及郵局。市政府在全市之中線上，林蔭大道三條，匯聚於斯，頗似華盛頓市之佈置。其他兩建築物分列兩旁。三者之正面皆朝向湖水。

公共建築區之南爲位於斜坡上之公園，在兩林蔭大道之間，南與商業區相接。

商業區

商業區內設廣場數處，其目的在供汽車之停留與建築物美觀上之點綴。計停車地位足敷汽車1430輛之用，將來市區擴大時，亦無跼促之憂。廣場之中央舖草植樹，以資美觀，將來需要時，亦可改可停留汽車之用。

商業區之里巷內，設裝卸貨物用之空地。各商店前面均建走廊式之人行道，以禦猛烈之日光。

各種性質相同之商店，將設法使其匯萃一方。如一切服裝品商店均設於中央廣場旁之一部分，一切大宗食物商店及傢具與五金商店均各設於中央廣場旁之另一部分，一切印刷所，小洗衣店，修理皮鞋店等，則設於另一廣場旁，修理汽車廠，加油站，汽車行等設於交通幹道之旁。

住宅區

與商業區相鄰者爲分租住宅(多家合居之住宅)區，各段落之長度約達270公尺，中央闢步道一條，直通入鄰接之段落內。各住宅於對向道路一面設汽車間，其居住用之房間(living rooms)則對向段落之中央。段落之中央留出空地，爲游戲運

動之用。

分租住宅區之南端設樹林帶，其主旨在供游憩之用，故於林中闢有「公園道路」(park road)一條，貫通其間，次則備將來堤工完竣後，將市區縮小時，以此項樹林帶爲界綫。

樹林帶之南爲單家住宅區。每段落之面積在20公頃以上。自該區外邊之幹道起，以V字形或U字形之支路通入區內。V字與U字支路之間留空爲植樹鋪草之地。此種佈置使每家均可由支路直達幹道，而與幹道有相當距離，可免囂聲，灰塵，濁氣等之侵襲，且居戶與車輛相碰之危險可以減少。

每組單家住宅計18所，各沿幹道而列；每若干組住宅之中央設運動游戲用之空地，與各組住宅以步道相通。各住宅所佔之地頗廣，又有佈置良好之公用運動場，無異位於園林之中，而分攤之工程費等反比按普通段落方式佈置者較少，則因道路等之面積得從節減故耳。

學校，教室及旅館

沿園林帶，於位置適中之處，設小學校，中學校各一所。中學校附近設運動競賽場(Athletic field)。

各教堂設於鎮東幹道接通「胡佛堤路」之處，以增進本市鎮之美觀。

各教堂之東特備空地，建築大旅館（游客旅館）一所，其地點在小山之巔，爲幹道所環繞，且與園林帶相接。普通商業旅館則設於商業區內對向公園之處。

工業區及鐵路車站

工業區在本市鎮之西方。最佔優勢之南風可將煤烟等吹向市外。鐵路與主要公路平行通入市內，甚易以轉轍器與支線與工業區聯絡。車站在林蔭大道之西端，與東端之教堂遙遙相對，使該路之風景得「有結束之印象」(Closed vistas)，又距商業區甚近，運輸稱便。

飛機場及Golf球場

單家住宅區之南爲飛機場及 Colf 球場。飛機場在通入市內主要公路之旁，與鐵路相近。Golf球場在市之東南，並於中央林蔭大道之南端築 Golf 球戲用房屋。游客旅館附近亦保留空地一部分，爲添設第二 Golf 球場之用。

餘言

以上所述爲 Boulder City 建設計劃之大概。關於實施方面，現正在訂立路界與水管綫，並積極進行預備工程，務期於堤工開始以前，所有市內房屋得以落成備用云。（節譯 S. R. De Boer 氏報告，原文載"The American City," 1931, No. 2)

國外工程法規

德國最近修正鋼筋磚砌樓板建築規則(草案)

(原文載"Beton u. Eisen" 1931)

緒言

除本規則另有規定外，鋼筋磚砌樓板(Steineisendecken)適用「鋼筋混凝土建築規則」之規定。

第一編　總綱

第一章　界說及適用之範圍

本規則所稱「鋼筋磚砌樓板」指附有鋼筋(註)之磚砌樓板，以磚料承受應力，且磚料相互間之結合，可充分承受外力者而言。

〔註〕不設鋼筋之磚砌樓板祇許用於住宅及簡單居住房屋(? Siedlung-bauten)，同時總載重(本身重量在內)不得超過450公斤/平方公分，跨度不得超過下列尺寸

l=1.2公尺，　如磚之高度爲10公分

l=1.4公尺，　如磚之高度爲12公分

砌磚時所用之承托板(殼板)應向中央略加高起。水平推力應設法導納之，所用之磚料，「膠泥」(Mörtel)及施工方法，須分別依照本規則第四，第五兩章辦理。

鋼筋磚砌樓板可加鋪3—5公分厚——自磚之上面起量——之混凝土一層，以增加其載重力。此項混凝土之厚度超過5公分時，則以鋼筋混凝土肋條板論，應依照「鋼筋混凝土建築規則」第二十三章計算構造之。

本規則亦適用於廠家製成之鋼筋磚砌板零塊。

鋼筋磚砌樓板普通僅以用於受勻佈載重之處爲限。其在受劇烈震動或受重大集中力(例如750公斤以上之輪壓)之處，應勿採用。

第二章　圖件

(一)呈繳建築警察局之圖件　除應載有「鋼筋混凝土建築規則」第二章所列之各項外，並須相當載明磚料之橫剖面，形式與尺寸，以及計算上所根據之樓板縱橫

16397

剖面尺寸。

(二)樓板重量之計算　如樓板之重量未經官廳規章或官廳證明書(參閱鋼筋泥凝土建築規則第二章第四項)載明，應依據圖樣及官廳規定磚料及其他材料之單位重量詳晰計算。遇有疑問時，建築警察局得令製成樣塊而秤定其重量。

(三)未經試用之方法　未經試用之方法，如不能在計算上證明合用，則官廳加以許可之條件適用「鋼筋泥凝土建築規則」第二章第四項之規定。

第三章　材料質料之證明

(一)初步證明辦法　包工人須於開工以前，呈驗官廳所給予之材料試驗證明書，證明所用之磚料具有第十三章第一項所要求之最小堅度，或——於應用第十三章第二項規定較大之應力數值時——相當加大之堅度。所呈驗之試驗證明書，不得爲二年以前所發給者。

對於其他材料之質料證明，參照「鋼筋泥凝土建築規則」第五章。

(二)施工時之證明辦法　開工後，包工人須呈驗材料來源證明書，藉以證明所用之材料，係與前呈官廳試驗證明書(第一項)中所指者，由同一窰廠製成。

有疑問時，建築警察局得在施工場所抽取多數磚料，加以審核。

第四章　材料

(一)磚料

(甲)磚料之質料，須適於充分承受及傳遞所有作用之力。

磚料須爲堅實(對於抵抗壓力上)之實心磚或空心磚，不含有損害膠泥或鋼鐵之成分者，又須與預定之尺寸相符，於製造時不收縮變形，且無連貫之裂紋或其他使堅度減小之裂紋。用作底面之一面須平正，便以平立於模板之上。

磚塊之寬度，須使沿一向設置之鋼筋，相距不過25公分。

空心磚之「邊壁」普通至少須厚 1.5 公分，其在專作遮蔽用或打掃修理時承足用者至少須厚0.8公分。

磚塊之剖面，在樓板受壓力之一面與受拉力之一面形式不同者，須於砌築後可以辨別是否砌築合式。必要時須於受壓力之一面特加標誌。

(乙)緊砌於鋼梁邊及包圍鋼梁之磚塊，普通不得爲空心者，其在鋼梁「邊板」(Flansch)間之厚度至少須爲7公分。如因例外情形，使用空心磚時，須特別證明樓板在支承處確足應付各種力之作用(參閱第二章第三項)。又此種空心磚必須爲

無裂紋者。

（二）膠泥（Mörtel）築成鋼筋磚石樓板之膠泥（譯者按：當指在設鋼筋之縫內者而言）須爲水泥膠泥，其成分須爲合式之水泥與沙，其混合比例至少須爲1：4（以容積計）（參閱鋼筋混凝土建築規則第七章第二項），並爲拌和合式者。關於水泥與沙之考核見鋼筋混凝土建築規則第五章及第七章。用於砌結（Vermauern）磚塊之膠泥（譯者按：似指在不設鋼筋之橫縫內者而言）可略掺石炭。關於膠泥之最小堅度見第十三章第一項。

（三）混凝土

鋼筋磚砌樓板所用之混凝土須與「鋼筋混凝土建築規則」之規定符合。

（四）鋼鐵料

用作鋼筋者以圓鋼條爲限，其對徑至少須爲6公釐，且須與「鋼筋混凝土建築規則」之規定符合（參閱此項建築規則，尤其第七章第四項）。

第五章　做法

（一）通則　板樓不得砌成數層。

磚塊之「橫砌縫」（Stossfugen）須相交錯（gegeneinander-versetzt）。

磚塊須於砌結及澆注膠泥前用水浸透。在凝固期間內，須保持樓板之濕潤。

（二）砌結及澆注膠泥　磚塊須在殼板上砌結合式，使各橫砌縫可傳遞壓力。如縱砌縫（Längsfugen）不用膠泥「滿面」砌築，須於砌成後立卽滿注水泥膠泥。

直接放置不用膠泥砌結者，以具有適宜形狀之磚塊爲限，並須將空縫用膠泥灌滿。

砌築及澆注膠泥時，應注意使水泥膠泥遍達其所應到之處。但膠泥透入空心磚內，亦應盡量避免，以免樓板重量因此無謂加大。

（三）混凝土層之藉以增加樓板載重力者，須於灌縫時同時鋪築，並用同樣水泥膠泥或堅度相等之混凝土從事。

第六章　設計之原則

（一）鋼筋之鈎　鋼筋須於兩端灣成半圓形或尖角形之鈎（參閱鋼筋混凝土建築規則第十四章第一項）。砌於鋼梁間之鋼筋磚砌樓板，其鋼筋之鈎須達鋼梁「腹板」（Steg）附近。

（二）鋼筋四周之膠泥厚度及縫寬　鋼筋四周膠泥之厚度至少須如下：

下面或上面	1公分，其在
露天建築部分	1.5公分
兩旁	0.5公分

如於一縫內設鋼筋兩條，則其相距之尺寸，

16399

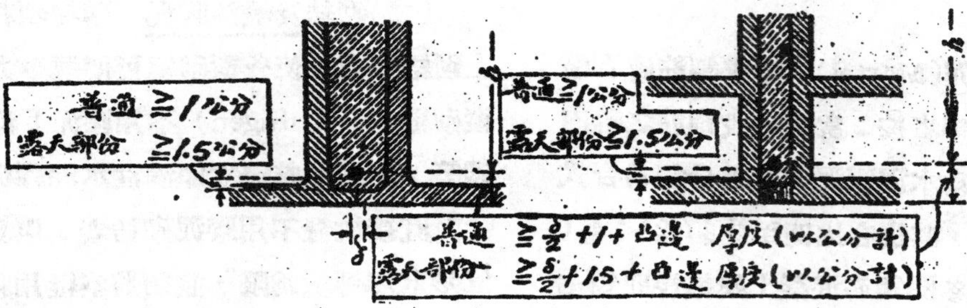

第一圖　　　　第二圖

至少須等於較粗鋼筋之對徑，亦不得小於1公分。

設鋼筋之縫至少須具有等於磚塊高度1/8及2公分以上之寬度。

如磚塊之下面以凸邊相接（第一圖及第二圖），則凸邊之厚度不得計入鋼筋之膠泥包圍層內。

(三)鋼筋之分佈　鋼筋之分佈，以樓板在跨度之方向，無一縫內無鋼筋且各縫內之鋼筋，務求均勻一律為度。在支承之處，須有相當數目之鋼筋向上彎起。

(四)保護層　除僅供打掃修理時承足用之樓板外，所有鋼筋磚砌樓板均須設相當堅固之鋪蓋層(Belag)或至少一公分厚之水泥膠泥保護層，此項膠泥層不得視為有增加載重之作用，並宜於砌築樓板時同時鋪築。關於混凝土上面保護層之做法，參見「鋼筋混凝土建築規則」第十四章第四項。

第七章　計算之標準

(一)彈性率　計算樓板剖面內之應力時，應假定鋼鐵之彈性率與磚料或膠泥之彈性率，其比率為 $n=15$。

(二)有效剖面　抗壓面積應按「受壓區段」(Druckzone)內至「中和線」為止所有磚塊，膠泥與混凝土之實在面積，除去空孔計算。在受壓區內段之混凝土層，至少須厚3公分，至多不過5公分，方可計入有效剖面內(參閱第一章)。

承受負彎冪之剖面，所有磚塊下面之「凸邊」等(參閱第二圖)不得計入抗壓面積內。

第八章　集中力及片段力之分佈

如在例外情形之下，發生集中力或片段力之作用，則鋼筋磚砌樓板普通應按寬

$b=t_1+2s$之梁計算(參閱鋼筋混凝土建築規則第十九章)。

如設有混凝土抗壓層，並於其中每公尺內至少設有7公釐徑之鋼筋3條，以便載重之分佈，則集中力或片段力之分佈，可依照「鋼筋混凝土建築規則」第十九章之規定假定之，惟分佈之寬度b至多以等於$1/3l$及$t_1+2s+1.0$(以公尺計)爲限。

僅充打掃修理時承足用之樓板，對於工作人之重量，可假定按1公尺寬度勻佈者。

第九章　抗剪設備

空心磚或實磚之剖面內所有之應剪力τ_0不超過3公斤/平方公分，混凝土剖面內之應剪力τ_0不超過4公斤/平方公分時，可毋需核驗「抗剪設備」(Schubsicherung，參閱鋼筋混凝土建築規則第二十章)。如應剪力超過上列數值，則此項應剪力之全部，須藉彎起之鋼筋以承受之。參閱「鋼筋混凝土建築規則」第二十章。

計算應剪力適用下列公式：

$$\tau_0=\frac{Q}{b_0z}$$

內Q爲剪力，b_0爲磚料與膠泥縫橫剖面除去空孔後之最小寬度，z爲鋼筋重心與壓力中心之距離。

第十章　抗止鋼筋滑動之應力

抗止鋼筋滑動之應力(Haftspannung)，其計算方法及許可數值，適用「鋼筋混凝土建築規則」第二十一章第二項之規定。

第十一章　設單向鋼筋之樓板

(一)最小厚度及有效高度　鋼筋磚砌樓板之最大厚度d定爲10公分，其僅供打掃修理時承足用者，6公分。

又鋼筋磚砌樓板之最小有效高度h至少須如下：

兩端活支者……跨度之1/30

跨越數檔或

固定者……彎冪零點最大距離之1/30；如彎冪零點最大距離未經確定，可假定爲跨度之4/5。

其在僅供打掃修理時承足用之樓板，則分別爲跨度及彎冪零點最大距離之1/40。

(二)跨度　跨度之尺寸，普通應依照「鋼筋混凝土建築規則」第二十二章第二

16401

項之規定假定之。

樓板之支於鋼梁下面「邊板」(Flansch)之上者，可以支承面積中點之距離爲跨度。

(三)兩端活支之樓板　凡鋼筋磚砌樓板之非連跨數檔者均應按兩端活支者計算。

若欲按固定於牆垣內者計算，必須用特別方法保證「固定性」之作用，並須用計算方式證明之，且樓板與牆垣應同時建築。

(四)連續樓板　連續樓板之彎冪應依照「鋼筋混凝土建築規則」第二十二章第三項之規定計算之。

鋼筋磚砌樓板之張於鋼梁間者，必須高出鋼梁上面 4 公分以上，俾鋼筋得在充分膠泥層保護之下，由鋼梁上面穿過，連貫不斷，方可視爲「連續樓板」。

如在承受負彎冪之剖面內，磚料之應力超過規定之數，須以混凝土築成之整塊代之。如在受負彎冪之剖面內，膠泥縫不適於鋼筋之佈置，亦應同樣辦理。

因用混凝土整塊代替磚料而增加之重量，須於計算梁桁時顧及之，於計算樓板本身時則可從省略。

(五)樓板支承處之構造　如樓板之兩端，非構成可完全自由彎轉者，則該項樓板雖按活支者計算，亦須於上面設有鋼筋，於下面備有充分抗壓面積，以防萬一發生「固定作用」。

支於鋼梁間之樓板應藉膠泥縫緊靠鋼梁「腹板」(Steg) 起砌。如設「跨座」(Stelzungen)，須用混凝土（參閱第四章第三項）與樓板同時築成。狹而高之跨座宜設鋼筋。

鋼筋磚砌樓板之支於鋼梁下面邊板者，其支承寬度可小於「鋼筋混凝土建築規則」第二十二章第四項所規定之最小尺寸，但不得小於在工字鋼16號下面「邊板」上之支承寬度（譯者按：德國工字鋼16號所有邊板之寬度爲74公釐，除去腹板厚度

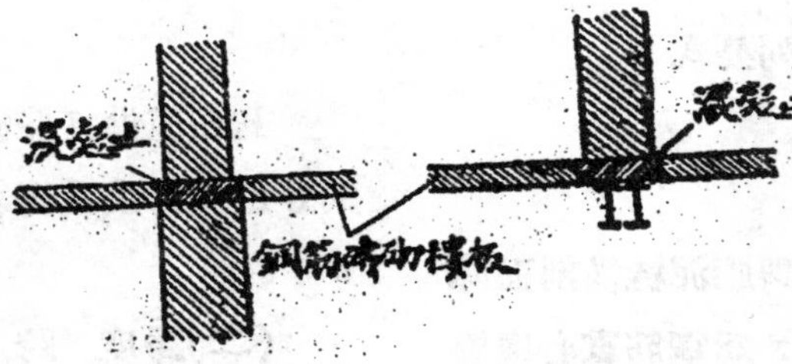

第三圖　　　第四圖

16402

6.3公釐，每邊內面之淨寬約爲33公釐）。

——樓板在牆垣上在部分應完全用混凝土築成。連續樓板在支承處，承有牆垣等重量者，亦應完全用混凝土築成（第三及第四圖）。

第十二章　設交叉鋼筋之樓板

（一）最小厚度及有效高度　設交叉鋼筋之磚砌樓板應有之最小厚度d，適用第十一章第一項第一段之規定。

又自下層鋼筋起計之有效高度hu至少須如下：

四面活支之單檔樓板……較小跨度之1/40

連續或固定樓板……在較小跨度方向內之彎冪零點最大距離之1/40，但不得小於較小跨度之1/50。

如大小跨度之比率大於5/4，則有效高度hu適用第十一章第一項第二段之規定。

（二）計算方法　設交叉鋼筋之磚砌樓板須按「交叉梁」計算，如「鋼筋混凝土建築規則」第二十四章第二項第一，二，兩段所規定者。其餘相當適用第十一章之規定。

第十三章　許可應力

（一）材料之堅度　鋼筋磚砌樓板之許可應力，視磚料之抗壓堅度及膠泥與混凝土之立方體堅度W_{b28}而定。

（甲）磚料　磚料之抗壓堅度S應按照實在剖面（即在空心磚應除去空孔之面積）計算，其數值應以由形狀與尺寸與建築物所用者相同之整磚若干塊——以10塊爲通例，至少須爲6塊——驗得抗壓堅度之平均數爲標準。試驗時施力之方向應與磚塊在建築物內之主要受力方向相同，設交叉鋼筋之磚砌樓板所用磚塊須分別驗定在兩受力方向內之抗壓堅度。

驗得之平均抗壓堅度S至少須爲175公斤/平方公分，驗得之最小抗壓堅度S_{min}至少須爲140公斤/平方公分。如驗得之$S_{min} > 0.8S$，則計算許可應力（第二項）時須以$1.25 S_{min}$代S。

（乙）膠泥　用於鋼筋磚石樓板之膠泥至少須有W_{b28}＝120公斤/平方公分之抗壓堅度（摻石灰時亦然，參閱第四章第二項）。W_{b28}之驗定應依照「混凝土硬度試驗及立方體堅度試驗規則」辦理。

（丙）混凝土　用於鋼筋磚砌樓板之混凝土應有之最小堅度適用「鋼筋混凝土建築規則」第二十九章第一項之規定。

16403

(二)許可抗彎應力

(甲)鋼鐵 鋼筋磚砌樓板內之鋼鐵料所有許可應力定爲 1200公斤/平方公分，其在厚度d<10公分之樓板則爲1000公斤/平方公分。

(乙)磚塊，膠泥及混凝土之許可應力以下列數值爲限：

(子)節(B)所規定之較高數值，祇許在下列件之下用之：

計算設計及施工須滿足最嚴苛之要求。包工人對於鋼筋磚砌樓板之施工有特別豐富之經驗與智識。開工之前須經會同建築警察局驗明所用磚塊之抗壓堅度。

(子)鋼筋磚砌樓板之厚度至少爲10公分者。

(A)普通照第十三章第一項所稱官廳試驗證明書內開列之磚料抗壓堅度S之1/6計算，但不得大於40公斤/平方公分。

(B)如經實地驗明磚塊，膠泥與混凝土之堅度，且與第十三章第二項(乙)款第三段所規定之條件符合時：

驗得磚塊抗壓堅度S之1/6或驗得膠泥與混凝土立方體

堅度W_{b28}之1/3。

以上各數中，取其小者，但不得大於 50公斤/平方公分。

(丑)鋼筋磚砌樓板之厚度小於10公分者：應照(子)項所列之數值減少15%計算。

德國最近修正混凝土建築規則(草案)

(原文載"Beton u. Eisen" 1931)

緒言

(一)本規則所稱「混凝土」係指用標準水泥之混凝土而言(參閱第七章)。

視混凝土之用途，可酌量加入火山石灰(Trass)，石灰及類似之材料。

(二)混凝土工程之設計及施工，需要此種建築方法之根本的認識。故業主須選用具有此種智識及施工妥愼可靠之包工人，包工人須用了解此種建築方法者爲負責監工人。同樣督工人須爲受有學校教育者，或歷經參加混凝土工作，成績卓著而可

靠者。

第一章　適用之範圍

凡混凝土建築物之施工，概適用本規則之規定(參閱緒言一)。

第二章　圖件

(一)凡建造完全或一部分用混凝土構成之建築物，所有繳送建築警察局審核之圖案與計算書，以及於必要時附繳之說明書，對於下點必須載明：全部佈置；假定之載重；各部分之剖面；伸縮縫，活動關節等；材料之種類，來源，性質及混合比例；所用混凝土之種類(參閱第七章)；混凝土立方體經過28日後可保證之堅度(參閱第十二章第一項)。如經指定，應呈驗材料樣品。

(二)計算書之形式須明白醒目而便於審核。

(三)業主與計劃人須在圖件上簽字，包工人亦須於開工前在圖件上簽字。如在施工期間內更換包工人，須立即呈報建築警察局。

第三章　呈報事項

開工時須將負責監工人及其在場視察之代表之姓名呈報建築警察局。如有更易，亦須立即呈報。

第四章　監工

施工時負責監工人或其代表之一須常川在場監視。

重要建築物——尤其土木工程——所有工作經過情形，應備日記簿記載之，俾各種工作(例如拆除模殼等)之時間隨時可以稽核。寒天之溫度及觀察時刻須記入日記簿內。

如經查勘之公務人員要求，須呈閱日記簿。

第五章　材料及混凝土質料之監察

(一)初步材料試驗　如經建築警察局指定，包工人須於開工前證明所用混凝土之「立方體堅度」(參閱第十二章)。

(二)材料性質證明書　如經建築警察局指定，應呈驗材料性質證明書。有爭執時，由邦立試驗所決定之。

(三)包工人方面對於混凝土質料之監察　負責監工人須在施工場所用適當試驗方法監察混凝土之質料(參閱第七章)。每遇情形變更，須重行試驗。

(四)建築警察局方面對於混凝土質料之監察　建築警察局得於施工期內，令包

16405

工人製成試驗品而測驗其堅度。此項試驗品須就施工場所製成，如經建築警察局指定，並須由公務員在場監視。

混凝土立方體之製造及試驗，應依照「混凝土硬度及立方體堅度試驗規則」辦理。

混凝土立方體堅度試驗，可在施工場所或其他試驗地點，用邦立試驗所檢定之「施壓器」(Druckpresse) 執行之，或由邦立試驗所執行之。

第六章　載重試驗

載重試驗應以絕對必要時爲限，並不得於混凝土經過45日之凝結以前施行。

對於橋梁及其他建築物之須避免發生可目視之裂紋者，所有試驗載重，至多與計算時所假定之活儎相等，但無論如何，不得於甫經拆除模殼後，卽施以此項活儎之全部。

第七章　材料及施工

關於混凝土工程之材料及施工，除本規則第八，第九兩章外，其餘概適用「鋼筋混凝土建築規則」第三編之規定，其細目如下：

材料……第七章(一)，(二)甲，丙，丁及(三)項

混凝土之拌製……第八章(一)及(三)至(五)項

混凝土之使用及處理……第九章

寒天之混凝土工作……第十章

模殼之裝置……第十二章(一)，(四)(五)項

第八章　模殼之拆除

(一)通則　任何建築部分之模殼及其柱架，非經負責監工人驗明混凝土已充分凝固，並指定拆除時，不得拆除之。

(二)自混凝土灌塡完竣至拆除模殼之期間，須視混凝土(水泥)之性質，該建築部分之種類，尺寸與載重，以及天氣情形定之。

對於建築部分，於拆卸模殼時卽承受約略與計算時假定載重相等之載重者，須特別愼重從事。

灌塡混凝土後，如遇有天「涼」(日間最低溫度在＋5^o與0^o之間)之時間，負責監工人須於拆除模殼之前特別審愼查驗，該建築部分是否已相當凝固。

如在混凝土凝固期內，遇有天「寒」之時間，則拆除模殼之日期，至少須照天寒日數延長之。於天寒後繼續工作及拆除模殼，須察驗混凝土是否確已凝結堅固而非由於凍硬。

天「涼」及天「寒」時，建築警察局得用立方體堅度試驗方法，核定拆卸模殼之日期。

第九章　水中塡舖法

塡舖於水底之混凝土，所含水泥成分須從豐〔原註：如路加石灰(Kalk)——其在海水則代以「火山石灰」(Trass)——可使水泥較難爲水洗刷〕。沙石料之粒徑配合務求良好，其中沙料宜約爲50%。

在水淺之處，應將混凝土沿已成之混凝土斜坡傾舖，其在水深之處須用封閉之「箱」(Kästen)或漏斗(Trichter)放入水中，並用堅固密閉之「工作壩」(Baugrubenumschliessung)保護之。混凝土不得藉自身重力垂直落入水底。

裝混凝土之箱，須封閉放入水中，至舖塡高度處然後開放。漏斗分活動與固定——於舖塡面積較小時用之（參閱 Bautechink 1930, S. 109 及 142）——兩種；活動之漏斗須用濕土狀混凝土或軟質混凝土，隨漏斗之移動而分佈於水底，固定之漏斗須用軟質混凝土或流質混凝土，於漏斗徐徐提起時分佈於水底。固定漏斗之下端恆須插入混凝土內充分深度。

漏斗須於注舖混凝土時，常有相當混凝土量在內，並於使用時陸續注入混凝土，使不斷不竭。

塡舖水底凝混土時，應日夜不間斷，俾各層段間聯結堅固。在各層段間應設法防止發生「泥狀水泥」(Zementschlamm)層。圍壩內之水應使靜止不動，以免混凝土中之水泥成分爲所冲刷。

第十章　載重之假定

(一)關於房屋建築應遵照各該邦施行之規則。

(二)關於土木工程之死儎與(一)項同，活儎則遵照各該邦主管機關之規章辦理。

(三)衝擊率　用作車道之樓面及地窖在院落內通行車輛部分之蓋板，其活儎（例如車輪壓力）須按實數之1.4倍計算。

第十一章　溫度變化及收縮之影響

(一)通則　計算尋常房屋時，可毋庸計及溫度變化及收縮之影響。

施工時應設分隔縫，以顧慮溫度變化及收縮之影響。

(二)溫度變化　如建築物可因溫度變化發生鉅大應力，須依照「鋼筋混凝土建築規則」第十六章第二項，計及溫度變化之影響。

（三）收縮　對於「力學上不定」之建築物，應將「力學上不定之數值」，假定溫度降低 25°，以計算收縮之影響。

第十二章　許可之應力

（一）混凝土之應有堅度　混凝土之許可應力，視「立方體堅度」Wb28——即與施工時所用者同樣之混凝土凝固28日後所有之立方體堅度——而定。Wb28 應按照「混凝土硬度試驗及立方體堅度試驗規則」驗定之。施工時應常用硬度試驗方法，以察驗構或建築物之混凝土，其硬度是否與構成「立方體試驗品」者相同。

如因時間關係，以混凝土立方體凝固7日後之堅度為根據，則驗得之堅度至少須為規定「凝結28日後之堅度」之70%。後一種堅度仍須加以驗定，必要時應用為計算許可應力之根據。

（二）混凝土之最大應壓力（邊緣壓力）不得超過$\frac{Wb28}{4}$，亦不得大於 50公斤/平方公分。

在例外情形之下，對於轉動關節（Gelenken）及他種特別建築部分，准予按較高之應力計算。

如某剖面內發生之應拉力超過應壓力之1/10，則應將該剖面內受拉力之面積除外，以計算最大應壓力。

（三）柱及礅之許可應壓力（如受偏儎，指最大之邊緣壓力而言）應隨高度 h 與最小厚度 d 之比率，按∝倍減小計算。∝之數值如下表：

$\frac{h}{d}$	∝	$\frac{\Delta\propto}{\Delta\frac{h}{d}}$
1	0.1	
		0.125
5	1.5	
		0.30
10	3.0	

中間數值應比例定之。

柱及礅之$\frac{h}{d}>10$時，僅在特別情形之下可以許可，同時算得之應力須小於對於$\frac{h}{d}=10$時所許可之數。

德國新訂混凝土硬度試驗及立方體堅度試驗規則（草案）

（原文載 "Beton u. Eisen" 1931）

16408

緒言

（一）混凝土之抗壓堅度（Druckfestigkeit，一譯抗壓強度）以對「立方體」（Würfeln），用與建築物所用者同一性質之混凝土製成且經過n日之凝結者，施壓力試驗定之。驗得之抗壓堅度以Wbn表之。

試驗分爲三種，視其目的而異，即：

（甲）成分試驗（Eignungsprüfung）之目的，在檢定混凝土應有之混合成分，庶與規定之條件符合（參閱「規則甲」第七章第二項，第八章第二，三兩項及第二十九章，「規則乙」第十三章第十三章，「規則丙」第十二章），此項試驗須在開工前施行。其結果可資「規則甲」第五章第一項，「規則丙」第五章第一項所稱初步堅度試驗之依據。同一成分與同一「硬度」（Steife，譯者按，此所稱「硬度」，衆指狄硬與稠稀之程度而言，因硬度之不同，故混凝土大別爲濕土狀，軟質及流質三種）之混凝土，已經多數試驗鑑定合用，可毋需重行試驗。

（乙）質料試驗（Güteprüfung）之目的，在驗明按選定之混合成分和成之混凝土，是否具有規定之堅度（規則甲第二十九章，規則乙第十三章，規則丙第十二章）。

（丙）凝固試驗（Erhärtungsprüfung）之目的，在察驗建築物在某時間之堅度概況，爲擬定拆除模殼日期（規則甲第十三章，規則丙第八章）之大致依據。但負責監工人仍不得因試驗結果良好，解除其察驗建築物本身及在冷天特別審慎從事之責任（規則甲第十三章第一，二兩項，規則丙第八章）。

〔譯註〕「規則甲」指「鋼筋混凝土建築規則」。

「規則乙」指「鋼筋磚砌樓板建築規則」。

「規則丙」指「混凝土建築規則」。

（二）硬度試驗（Steifeprüfung），其目的在便於調成一定硬度之混凝土。此項試驗手續，在實施及評判立方體堅度試驗時爲不可少。

硬度藉「散開試驗」（Ausbreitversuch）定之。濕土狀（erdfeucht）混凝土（搗築混凝土 Stampfbeton）不能施硬度試驗。

16409

第一章　試驗用混凝土之拌和及調取 (Entnahme)

製成立方體試驗品及用作硬度試驗之混凝土，須與建築物所用者同一性質，故其成分與水分須與建築物所用者相同，拌和方式亦須盡量與建築物所用者符合。對於成分試驗及初步堅度試驗，——如規則甲第五章第一項，規則丙第五章第一項所規定者——雖建築物所用之混凝土係用機器拌和，亦得以人工仔細拌和代之。施工時之試驗（規則甲第五章第三，四兩項及第十三章第二項，規則丙第五章第三，四兩項及第八章）所用之混凝土，須由施工場所調取。

第二章　試驗品製成地點

試驗品如在試驗所製成，應以拌和處之附近爲工作地點，如在起造之建築物附近製成，應以使用混凝土處之附近爲工作地點。若取料處與試驗品製成地點相距較遠，須於混凝土填入模殼以前再加拌和。

第三章　硬度試驗（散開試驗）

混凝土之硬度以散開試驗定之。

(一)器具　散開試驗在70×70公分之「散開桌」(Ausbreittisch)(第一圖)上施行。桌之上面蓋以2公釐厚之平鐵板。板之中央須畫十字形交叉線(與桌邊平行)及20公分直徑之圓圈。桌邊釘「曲尺鉤」，以限制鐵板提起之高度爲4公分。試驗時提起之鐵板應重約16公斤。

圓錐形之漏斗(第二圖)用2公釐厚之鐵板製成，高30公分，上端之內徑10公分

第一圖　　　第二圖

，下端之內徑20公分。

(二)試驗方法　試驗時「散開桌」須成水平且穩定不動。

漏斗置於桌之中央，將混凝土分約略等高之三層注入，每層用剖面成正方形（邊長4公分）之「木質搗錘」(Holzstampfer) 輕搗10次。注入時，工人須立於漏斗下端之鐵條上。注滿後用「砌刀」(Kelle) 將上面劃平。

經過半分鐘後，將漏斗藉兩邊之「握柄」徐徐垂直提起，此時混凝土已有相當之散開，其程度視混凝土之硬度而異。

次將鐵板藉「握柄」h輕輕提起至e=4公分(第一圖)之高度，復令其落下，如是者10次，使混凝土散開。

散出之尺寸g以與桌邊平行之兩對徑之平均數爲標準。

成分試驗宜舉行散開試驗2—3次，其餘試驗普通1次已足。

第四章　立方體之大小及數目

(一)立方體之大小　視加入材料（沙石料或砂礫料）粒徑之大小而定。粒徑大於40公釐時，邊長應爲30公分，粒徑在40公釐以下時，邊長應爲20公分。粒徑大於30公釐時，在質量試驗及凝固試驗及用軟質或流質混凝土時，亦可用邊長10公分之立方體。

(二)立方體之數目　在成分試驗至少須製成邊長20或30公分之立方體3個，以便於經過28日後試驗之。在質料試驗亦宜製成立方體3個。在凝固試驗宜製成立方體4個或6個，以便於試驗結果不良時，待混凝土經過再進一步之凝結後，重行試驗。

第五章　製造立方體之器具

(一)製造立方體須用平正之鐵質模殼。

(二)如立方體用濕土狀混凝土（搗築混凝土）搗製，且此種混凝土用於建築物時用鐵質「搗錘」(Stampfer)搗築，則於模殼上應置20或30公分高之框，其內面與模殼內面齊平，以便搗夯，而免放入第二層之混凝土(參閱第六章第一項)溢出。所用之搗錘應爲12公斤之鐵質搗錘，其底面成正方形，邊長12公分。

(三)如立方體用軟質或流質混凝土（灌注混凝土 Gussbeton）製成，且此種混凝土用於建築物時，不加搗固，則所用之器具應與施工場所所用者相同。

在成分試驗，宜用2公斤重木質方搗

16411

錘，其邊長為12公分者，搗實之。

第六章　立方體之製法

（一）通則　邊長20及30公分之立方體，應將混凝土分兩層灌填，其在邊長10公分者則作一次灌填，每層之厚度如下：

在邊長20公分之立方體約12公分，

在邊長30公分之立方體約18公分。

每層灌填後應先塗平。在模殼邊之混凝土須用適當器具（砌刀等）壓下，以免發生空隙。

為使各層間聯結良好起見，須將第一層混凝土之上面「塗毛」（Aufrauhen），然後填第二層。

（二）用濕土狀混凝土製成之立方體　搗築時搗錘下墜之高度應如下：

邊長20公分之立方體　約15公分，

邊長30公分之立方體　約25公分。

邊長20公分之立方體，在搗築面4處之中，每處應搗3次；邊長30公分之立方體，在搗築面9處之中，每處亦應搗3次。各搗築面應照第三圖及第四圖所示之程序次第搗擊2次，故每處前後各共搗6次，每層搗擊次數總計，在邊長20公分之立方體為24，在邊長30公分之立方體為54。

搗築後將上面所置之框架及突出之混凝土除去，用鋼尺將混凝土劃平，表面務求光滑。

（三）用軟質或流質混凝土製成之立方體　混凝土之灌填及搗實等應與施工場所之手續相同（參閱規則甲第四項及第五項）。

立方體凝固後，其表面應與模殼邊齊平。故灌填時混凝土須高出模殼邊少許，待稍稍凝固後，始將其劃平。

第七章　立方體之處置及保存

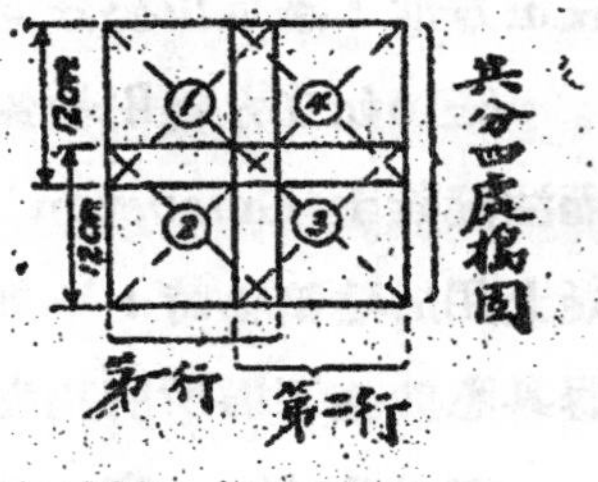

第　三　圖

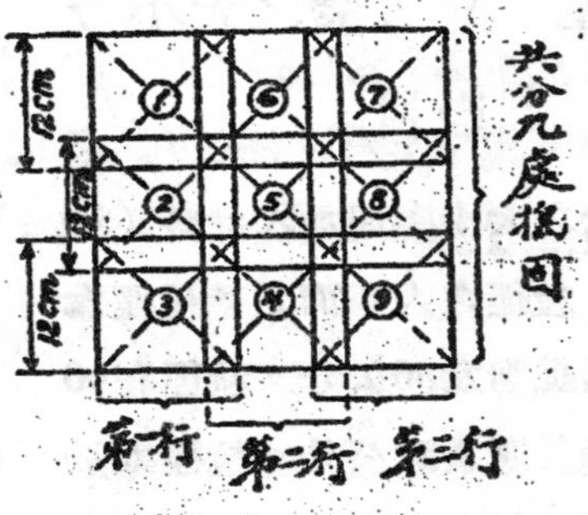

第　四　圖

16412

（一）每一立方體須有明顯不脫之標記（如號數及製成之年月日等）。

（二）對於成分及質料試驗，應於立方體製成後，立即移置於密閉無風，氣溫在$+12^0$與$+25^0$間之房間內，至取出試驗時為止。經過相當凝固後——普通至少須在24小時後，——將立方體由模殼內取出，置於板條架上。如地位不敷，可將各個立方體以適宜之隔層分隔，叠置至5層為止。從第二日起，試驗在28日後舉行時，至多至第七日止，試驗在7日後舉行時，至多至第三日止，應將立方體用常川潤濕之布料掩蓋。

（三）對於凝固試驗，立方體應與建築物在同一情形（天氣）之下，並同樣處置之。立方體相當凝固後，亦應從模殼取出。

（四）最好依照「德國混凝土會」發行之「鋼筋混凝土工程監察要點」（Leitsätze für die Baukontrolle im Eisenbeton）等，將每次經過情形一一筆記。

（五）如立方體須運送至他地，須將其妥加包裝，例如堅度較小之混凝土立方體，須裝入木箱，並用鋸屑隔護等。

第八章　立方體之試驗

（一）擬定混凝土之許可應力（規則甲第二十九章，規則乙第十三章，規則丙第十二章），應以邊長20公分之立方體經過28日後所有抗壓堅度（W_{b28}）為依據；經過同一日數之立方體，邊長10公分者之抗壓堅度，須比邊長20公分者高15%，邊長30公分之立方體之抗壓堅度，須比邊長20公分者低10%。

如有察驗混凝土未經過28日以前之堅度之必要，得提前試驗，視為初步性質。但對於經過28日後之立方體，無論如何，必加以試驗（參閱規則甲第二十九章第一項，規則丙第十二章第一項）。

（二）立方體應用邦立試驗所檢定之機器試驗之，每次試驗以前，試驗人應驗明所用機器是否完好合用。

（三）在試驗及校正「施壓面」以前，應將立方體之重量及尺寸加以量計，次再察驗「施壓面」是否平滑且互相平行。不平滑或不相平行之面，須粉平或磨正之。粉刷層應於試驗時已相當凝結。

（四）除另有規定外，施壓力之方向，應與搗築或灌填之方向垂直。

立方體放入試驗機時，不得墊塞鉛片，厚紙，氈料等，並應徐徐置於上面施壓板之下，務求沿全面積同時與施壓面接觸，然後開始施以壓力。

（五）所施之壓力，須徐徐遞增，約以每秒鐘增加2—3公斤/平方公分為度。

(六)破壞力 (Bruchlast) 以壓力達到之最高額爲標準。試驗結果以同時製成之立方體所需破壞力之平均數爲標準。

對於成分試驗，如各個試驗結果與平均數有20%以上之差別，應重新舉行試驗。

英國幹道設計及工程標準概要

(原文載 Verkehrstechnik, 1930, Heft 48)

英國交通部對於道路工程師時有指示之文件發表，成以最近之經驗爲根據。報告第336號 (詳見 "Road and Road Construction", No. 95, 1. 11. 1930) 涉及「幹道」(譯者按：德譯文爲 Durchgangsstrassen, 有貫通之義，似指貫通某一區域或竟貫通全國之道路而言，與本報前譯「達地交通道路」相近似，茲姑譯爲幹道，頗嫌籠統。讀者勿以辭害意可也。) 之設計及建築，其要點如下：

交通部長不特希望建築幹道時，保存已有之景物，並希望將景物盡量增加。地方之美觀與吸引力大部分係於舊時「鄉屋」與其他美麗建築物之存在，故計劃路綫時，應注意於此種建築物之保留。路坎與路堤之邊部及斜坡應舖草地，如屬適宜，並植叢樹。沿路邊之草地應勿爲溝浜所間斷，俾資駕車者步游之用。

路樹之種植應加以促進。如爲地位所許，應於植樹時顧及將來車道之寬展。樹之種類須審慎選擇。

收用之土地應有敷用之寬度，此層對於路坎與路堤尤爲重要。計劃路綫時，固不必強行遷就已有之道路，但基於經濟上之理由，如放棄或改動已有之道路，可達到之優點極爲有限，仍以不更張爲是。一等路之最小寬度應爲6.3公尺，二等路之最小寬度應爲5.25公尺。在多種情形之下，此項尺寸殊嫌不敷。在不久將營造制輿之處，須於從事城市設計時，留出足敷將來擴充道路用之空地，普通辦法爲規定建築線。

在空曠之處，車道之最小寬度應爲6公尺。在城市內，車道宜在四「軌」以上時，須設法劃分軌線與保護行人。關於保護行人一層，可設至少1.2公尺寬之站臺，但此項站臺不得使車道之通常寬度縮小。在適宜之處，應預定爲「雙路」(Doppel-strassen)，將中央部分暫植樹舖草，保留

爲他日寬展車道之用。此種道路之車道，其初步最小寬度應爲6公尺，預留之車道在兩「軌」以上者，每「軌線」各寬 2.7 公尺。車道分成雙「條」，中間設分隔站臺者，其每條雙軌車道，自站臺邊至側石邊之距離，應以6公尺爲度。

爲免已成之車道爲停留之車輛所妨礙起見，應與各土地所有權人共同設法，使車輛可停放於另備之地位。至於新築之幹道，則應將車道分劃成條，分別爲主要交通，地方交通及停放車輛之用。此項辦法，每比將主要車道放寬爲優。但在此種情形之下，須將由橫向加入主要交通車道之車輛交通加以限制。如兩向之車輛緩行，主要交通之車道寬4.8公尺已足。設主要交通車道與停車地位之道路，每可延緩放寬。

豎面與水平面視線之豁暢，在橋梁尤爲重要。豎曲線應成拋物線式，且須使由兩邊來之車輛至少可於45公尺（50碼）之距離外互相望見。平曲線之半徑至少應爲300 公尺。在半徑較小之曲線上，宜將車道放寬。凡半徑在300公尺以下之灣道，均應將車道外邊加高，向內邊傾斜。坡度應以1：30 爲標準。其在山地，因土方工程較爲繁難，坡度每須較大。爲路面洩水便利起見，道路之坡度應勿小於1：300，明溝底之坡度應勿小於1：200。

步道至少應設一條，在緊鄰城市及通過鄉鎮之處，以及聯絡兩鄉村之短線段，步道應寬1.5公尺，在荒僻之處至少應寬1.2 公尺。步道用鬆碎石料舖砌殊不適宜，普通可以5公分厚之「瀝青沙」或「柏油沙」層舖之。公路上舖砌步道之外邊，與車道邊之距離，最好在90公分以上，以免行人因車輛之一部分侵入步道而受危害。

側石之設立與否，每視當地情形而定。城市內及陡坡上正式築成之道路，恆應附以側石，在後一種情形之下，並應採用花崗石或其他堅硬石料。

如可辦到，交叉路口之圓角半徑應至少爲9公尺，以防止重車轉灣時緊靠側石行駛。埋設陰溝「漏水洞」，殊爲合宜。緊靠側石豎立之電報線桿，路燈桿等應向後移。各種地下線管之埋設，應使將來展寬道路時可毋需移挪，且不致妨礙改築道路之工事。

一切孱弱橋梁應依照交通部之標準規則改建。橋梁改良工程應列爲築路計劃內之重要部分。造橋之理想目標，爲橋上車道與路上車道同一寬度。橋上車道之寬度至少應爲路上車道有效寬度之$\frac{2}{3}$。橋上應於每邊設至少1.5公尺寬之步道。

16415

南洋同學公鑑

敬啓者吾會創立二十餘年自民國四年起卽出版會刊徒以同學人數衆多遷徙靡定
遞寄難週不勝歉仄現在間月出版「南洋友聲」一期凡我
同學祗須照章繳納會費均得享有贈閱之權利是刊第十二期業已出版爲特通告
海內外同學諸君務希各將最近狀況及通信地址開明連同本年會費大洋三元寄交
上海甯波路四十七號本會會所當卽將「南洋友聲」按期寄奉不誤再本會現正在
籌設更完備之會所此後會務發達計日可待便益同學之處正多
閣下對於本會會務如有高見敬祈勿吝賜教投登會刊俾便公同討論藉謀改進尤所
欣盼此請
諸位學長先生公鑑

南洋公學同學會 南洋友聲編輯部啓

工程譯報

第二卷　第四期

中華民國二十年十月

要目

木質廣播無線電天線塔

（見本期51—57頁）

上海市工務局發行

中華郵政局特准掛號認為新聞紙類

上海市工務局工程譯報規則

(一)本報定名爲工程譯報。

(二)本報以介紹世界各國關於城市設計及土木建築工程之新穎論著及重要工程報告與法規等爲主旨，但本局同人及外界同志如有自撰之工程著作與報告，願投登本報，並經編輯部認爲確有價值者，亦得刊入附編。

(三)本報暫分論著，雜俎，工程法規，附編等門。

(四)本報每年刊行一卷，每卷暫分四期。

(五)本規則自局務會議通過後施行。

上海市工務局工程譯報徵稿辦法

(一)本報以每年二，五，八，十一月爲集稿期。

(二)本局圖書室收到各種國外工程雜誌後，應卽送交本報編輯部選定擬予譯登之文字，分送各科科長指派人員翻譯之，或特約外界同志翻譯之，但本局同人及外界同志亦得自選文字翻譯，惟應先徵編輯部之同意，以免因篇幅已滿，致有遺珠之憾。

(三)本局同人得就經手設計或監工之重要工程，撰成有系統之報告，投登本報，惟須先得主管科長之同意。

(四)本局同人及外界同志得自撰工程論著及關於本市以外之工程報告，投登本報，惟以編輯部認爲確有價值者爲限。

(五)撰譯稿件之文體，無論文言白話均可，惟須加標點符號。譯稿中之圖，可由編輯部代爲印繪，惟圖中說明文字須由投稿人自行擬定。稿中關於度量衡之數字，一律以標準制(卽公尺公升公斤制)爲單位(若原文所列數字，係以呎磅加崙爲單位，須加以折算)。

(六)本報編輯部對於稿件有删改之權，其不願删改者應預先聲明。

(七)本報刊載之稿件，除酌贈本報外，每千字並得酬現金五角至二元，由編輯部酌定之。

(八)凡刊出之稿件，如係抄襲，或已登載他種刊物者，一經察覺，當卽取消其酬贈。

(九)投寄之稿件，無論登載與否，概不檢還，如欲檢還者，應預先聲明，並附足回件郵票。

(十)外界同志投寄稿件，應寫明「上海南市毛家衖工務局工程譯報編輯部收」。

工 程 譯 報

第二卷第四期目錄

（中華民國二十年十月）

本報編輯部啓事

按照本報上期「要目預告」，本期應刊入「德國鍛結鋼鐵工程暫行規則」一篇，玆因篇幅擁擠關係，改於第三卷第一期內發表，閱者諒之。

鋼架框之簡略及準確計算法

(原文載"Stahlbau" 1931, Heft 9)

Prof. Dr-Ing. G. Unhold 著

胡樹楫譯

「多次力學上不定」之結構，計算頗為繁難，因「力學上不定數值」以及各部分之彎冪與力，須視剖面之惰性率與面積等而定，而此種數值固未能預先確定也。故計算之初，須先將各部分剖面之惰性率或至少各該數值相互間之比率，予以假定，然後準確計算，察驗假定之數是否符合。如屬不符，須將假定之數加以修正，重行計算。如是類推，至假定數與計算結果相當符合為止。至於剖面數值之假定，或借助已成之類似建築物，或利用簡略計算法，均可。惟所用之簡略算法務求可一蹴而幾相當準確結果，庶免反覆計算之勞。

本篇先述「二柱式鋼架框」(Zweistielige Stahlskelettrahmen)之簡略計算法，次述準確計算法，末舉例以明簡略算法之合用。

假定之鋼架框為對稱式，連叠成多層，框架之足部固定，其角點結合堅強。垂直力(各樓層之載重)沿橫梁均勻分佈，水平力為風力(假定無橫牆以承受之)。

(甲)垂直力

(一)簡略計算法

如第一圖所示之變態形狀，可假定底

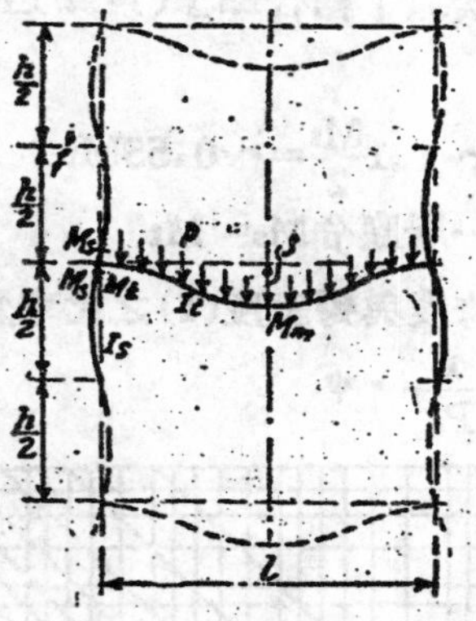

第一圖

柱之彈性線(elastische Linie)之「轉向點」(Wendepunkte)位於原柱中線上，在樓層高度之中央。由此得橫梁之「鎮彎冪」(固定力率，亦即梁端之彎冪)。

$$M_t = Plm$$

內 $m = 1 : \left(2 \cdot \frac{h}{l} \cdot \frac{I_t}{I_s} + 12\right)$

I_t = 框梁剖面之惰性率

16421

I_s＝框柱剖面之惰性率

h ＝架框所在之樓層高度，如各層高度不等，則為上下兩樓層高度之平均數。在最高之一層為樓層高度之一半。

＝框梁之跨度

故框梁中央之彎冪為：

$$M_m=\frac{Pl}{8}-M_t=Pl\left(\frac{1}{8}-m\right)$$

M_t 普通比 M_m 大，故計算框梁時多以 M_t 為依據。

框柱緊靠「結合點」(角點)上下之彎冪為

$$M_s=\sim 1.1\frac{M_t}{2}=\sim 0.55M_t$$

在最高之一層應令 $M_s=M_t$

框梁跨度與彎垂度(f)之比率為：

$$\frac{l}{f}=\frac{I}{Pl^2}\cdot\psi$$

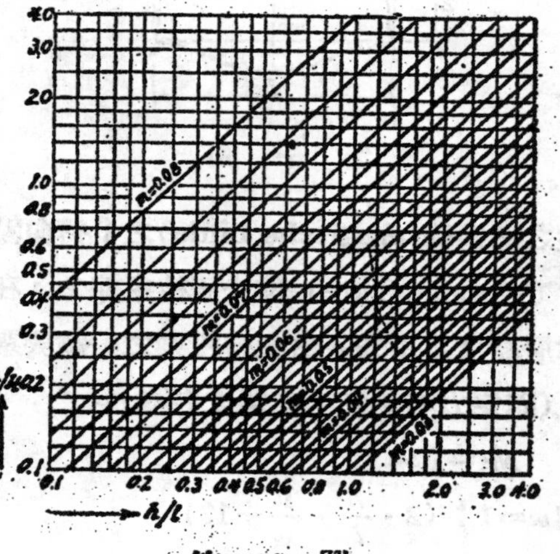

第　二　圖

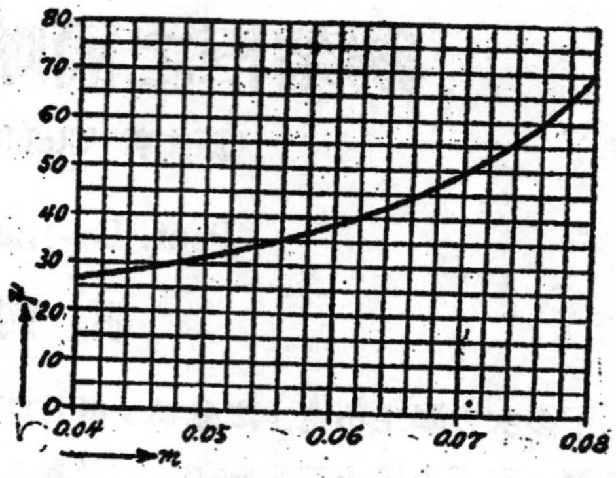

第　三　圖

內 $\psi=\frac{1.68}{0.104-m}$，I以(公分)^4，P以公噸，$l$ 以公尺計。

第二圖示 m 隨 h/l 及 I_s/I_t 而變化之情形。第三圖示 ψ 隨 m 而變化之情形。

「柱壓」(即框柱所受之壓力) S 由樓面載重(包括本身重量)，牆垣重量及估計之本身重量計算之。初時約略計算時，可假定 $I_s/I_t=1$，由此計算框梁之彎冪，及選定剖面尺寸，然後依下式計算框柱：

$$\frac{S}{F}\cdot\omega+\frac{M_s}{W}\leqq \text{鋼料之許可應力}$$

(按 ω 為規定之「撓屈係數」，視柱長與 $\sqrt{\frac{\text{惰性率}}{\text{剖面面積}}}$ 之比率而異)。

次由初次選定梁與柱之剖面，算得(或由表檢得) I_t 與 I_s 及其比率，然後重復計算彎冪等如前。

此種簡略算法普通已可應用於設計及估價。

(二)準確計算法

如第四圖及第五圖，令各層框梁近「結合點」處(梁端)之彎冪為M_1，M_2，……，各層框柱近「結合點」處（柱端）之彎冪為M_{01}，M_{10}，M_{12}，M_{21}……，各「結合點」(梁端與柱端)之「扭轉角度」為φ_1，φ_2，……，次求其相互間之關係。例如關於第三層框架得梁端之扭轉角度

$$\varphi_3=\frac{P_3l^2}{24EI_3}-\frac{M_3l}{2EI_3}\text{；（內 }I_3\text{為第三層框梁之惰性率，參閱第四圖）}$$

即梁端之彎冪 $M_3=\frac{P_3l}{12}-\frac{2EI_3\varphi_3}{l}$。今為計算上之便利起見，任取一「惰性率常數」$I_0$，而令 $I_1/I_0=i_1$，$I_2/I_0=i_2$，……，則上式可寫作

$$M_3=\frac{P_3l}{12}-2EI_0\varphi_3\cdot\frac{i_3}{l}$$

第四圖

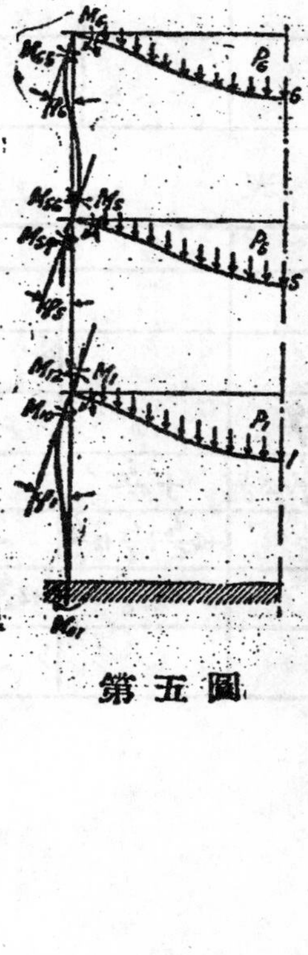

第五圖

又柱端之扭轉角度(參閱第四圖及第五圖)

$$\varphi_3=(2M_{34}-M_{43})\cdot\frac{d}{6EI_d}$$

$$\varphi_4=(2M_{43}-M_{34})\frac{}{6EI_d}$$

即 $M_{34}=\frac{2EI_d}{d}(2\varphi_3+\varphi_4)$

如令 $I_a/I_0=i_a$，$I_b/I_0=i_b$……，則

$$M_{34}=2EI_0\varphi_3\cdot\frac{2i_d}{d}+2EI_0\varphi_4\cdot\frac{i_d}{d}$$

次令 $2EI_0\varphi_1$，$2EI_0\varphi_2$，$2EI_0\varphi_3$……次第為 X_1，X_2，X_3……，則得第一表。以表中各行之常數(第二列)與係數乘X之積相加，分別得各項彎冪M之值。

因各角點之各項彎冪必須構成平衡狀態，故

$$M_{65}-M_6=0$$

$$M_{56}+M_{54}-M_5=0$$

……………………

……………………

$$M_{12}+M_{10}-M_1=0$$

以第一表中所列M之值代入上式，並將各項按X之指數分列，則得第二表中所列各方程式。

以後之計算手續如下：

(1)計算各方程式中之係數及常數項，

(2)再列成方程式，

(3)用下文例題中所用簡略方法計算未知數X之數值，

(4)計算各項彎冪M之數值。

第 一 表

		X_6	X_5	X_4	X_3	X_2	X_1
$M_6 =$	$\frac{P_6 l}{12}$	$-\frac{i_6}{l}$					
$M_{65} =$		$2\frac{i_f}{f}$	$+\frac{i_f}{f}$				
$M_{56} =$		$\frac{i_f}{f}$	$+2\cdot\frac{i_f}{f}$				
$M_5 =$	$\frac{P_5 l}{12}$		$-\frac{i_5}{l}$				
$M_{54} =$			$+2\cdot\frac{i_e}{e}$	$+\frac{i_e}{e}$			
$M_{45} =$			$\frac{i_e}{e}$	$+2\cdot\frac{i_e}{e}$			
$M_4 =$	$\frac{P_4 l}{12}$			$-\frac{i_4}{l}$			
$M_{43} =$				$2\cdot\frac{i_d}{d}$	$+\frac{i_d}{d}$		
$M_{34} =$				$\frac{i_d}{d}$	$+2\frac{i_d}{d}$		
$M_3 =$	$\frac{P_3 l}{12}$				$-\frac{i_3}{l}$		
$M_{32} =$					$2\cdot\frac{i_c}{c}$	$+\frac{i_c}{c}$	
$M_{23} =$					$\frac{i_c}{c}$	$+2\cdot\frac{i_c}{c}$	
$M_2 =$	$\frac{P_2 l}{12}$					$-\frac{i_2}{l}$	
$M_{21} =$						$2\cdot\frac{i_b}{b}$	$+\frac{i_b}{b}$
$M_{12} =$						$\frac{i_b}{b}$	$+2\cdot\frac{i_b}{b}$
$M_1 =$	$\frac{P_1 l}{12}$						$-\frac{i_1}{l}$
$M_{10} =$							$2\cdot\frac{i_a}{a}$
$M_{01} =$							$\frac{i_a}{a}$

第 二 表

方程式番號	X_6	X_5	X_4	X_3	X_2	X_1	常數項
6	$\frac{i_6}{l}+2\cdot\frac{i_f}{f}$	$+\frac{i_f}{f}$					$=\frac{P_6 l}{12}$
5	$\frac{i_f}{f}$	$+2\frac{i_f}{f}+\frac{i_5}{l}+\frac{i_e}{e}$	$+\frac{i_e}{e}$				$=\frac{P_5 l}{12}$
4		$\frac{i_e}{e}$	$+2\cdot\frac{i_e}{e}+\frac{i_4}{l}+2\cdot\frac{i_d}{d}$	$+\frac{i_d}{d}$			$=\frac{P_4 l}{12}$
3			$\frac{i_d}{d}$	$+2\cdot\frac{i_d}{d}+\frac{i_3}{l}+2\cdot\frac{i_c}{c}$	$+\frac{i_c}{c}$		$=\frac{P_3 l}{12}$
2					$+2\frac{i_c}{c}+\frac{i_2}{l}+2\frac{i_b}{b}$	$+\frac{i_b}{b}$	$=\frac{P_2 l}{12}$
1					$+\frac{i_b}{b}$	$+2\frac{i_b}{b}+\frac{i_1}{l}+2\frac{i_a}{a}$	$=\frac{P_1 l}{12}$

(乙)風力

設作用於架框平面方向內之風力，施於各角點者，分別為P_1，P_2，P_3，……，則架框之變態略如第六圖。框梁彎曲線之

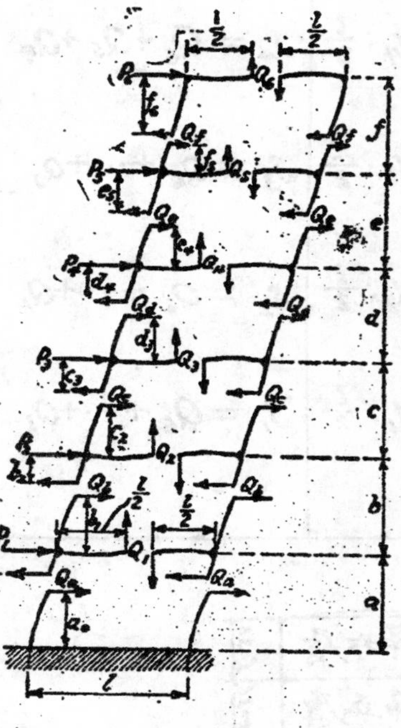

第　六　圖

「轉向點」恆在中央，框柱彎曲線之轉向點所在位置則各有差異。設梁與柱在「轉向點」截斷，而於截斷之各端施以相當之剪力，則各部分之平衡狀態並無變動。

框柱之剪力，其大小與轉向點之位置無關，其數值恆如下：

$Q_f = P_6/2$

$Q_e = (P_6 + P_5)/2$

$Q_d = (P_6 + P_5 + P_4)/2$

$Q_c = (P_6 + \cdots\cdots + P_3)/2$

$Q_b = (P_6 + \cdots\cdots + P_2)/2$

$Q_a = (P_6 + \cdots\cdots + P_1)/2$

(一)簡略計算法

關於各柱段之「轉向點」與各該框架上端之距離，可假定如下：

最高一層：$f_6 = \sim 0.75f$

從下數起第二層：$b_2 = \sim 0.5\,b$

從下數起第一層：$a_1 = \sim 0.2a$

自第二層至最高一層，轉向點之距離與高度之比率亦遞次增加。

轉向點之地位既定，便可計算柱與梁之彎冪以及框梁之剪力與框柱之壓力（柱壓），如第三表。

(二)準確計算法

如第七圖，就第三，第四兩層間之角點觀察，則得

$$Q_4 \cdot \frac{l}{2} = +Q_d d - M_{34} + M_{45}$$

$$\varphi_3 = (M_{45} - M_{34} + Q_d\, d)\frac{l}{6EI_4} + \frac{Q_d d^2}{2EI_d} - \frac{M_{34}\, d}{EI_d}$$

又 $\varphi_3 = (M_{34} - M_{23} + Q_c \cdot C)\frac{l}{6EI_3}$

令 $i_3 = I_3/I_0$，$i_d = I_d/I_0$，則得

16425

第三表

$M_{65}=Q_f\ f_6$ $M_{56}=Q_f\ f_5$	$M_6=M_{65}$	$Q_6=M_6:\frac{l}{2}$	$S_6=Q_6$
$M_{54}=Q_e\ e_5$ $M_{45}=Q_e\ e_4$	$M_5=M_{56}+M_{54}$	$Q_5=M_5:\frac{l}{2}$	$S_5=Q_6+Q_5$
$M_{43}=Q_d\ d_4$ $M_{34}=Q_d\ d_3$	$M_4=M_{45}+M_{43}$	$Q_4=M_4:\frac{l}{2}$	$S_4=Q_6+Q_5+Q_4$
$M_{32}=Q_c\ c_3$ $M_{23}=Q_c\ c_2$	$M_3=M_{34}+M_{32}$	$Q_3=M_3:\frac{l}{2}$	$S_3=Q_6+\cdots+Q_3$
$M_{21}=Q_b\ b_2$ $M_{12}=Q_b\ b_1$	$M_2=M_{23}+M_{21}$	$Q_2=M_2:\frac{l}{2}$	$S_2=Q_6+\cdots+Q_2$
$M_{10}=Q_a\ a_1$ $M_{01}=Q_a\ a_0$	$M_1=M_{12}+M_{10}$	$Q_1=M_1:\frac{l}{2}$	$S_1=Q_6+\cdots+Q_1$

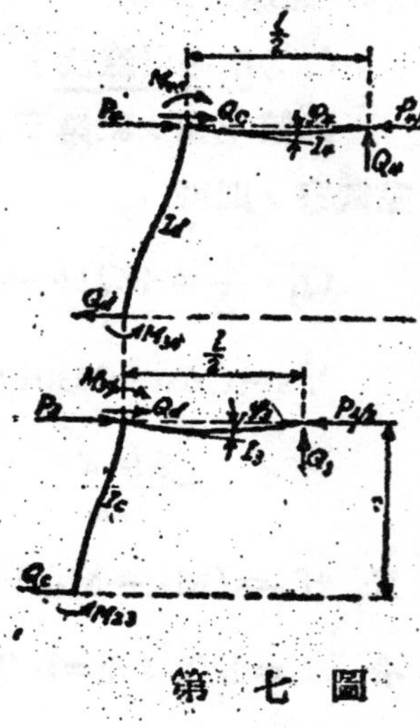

第七圖

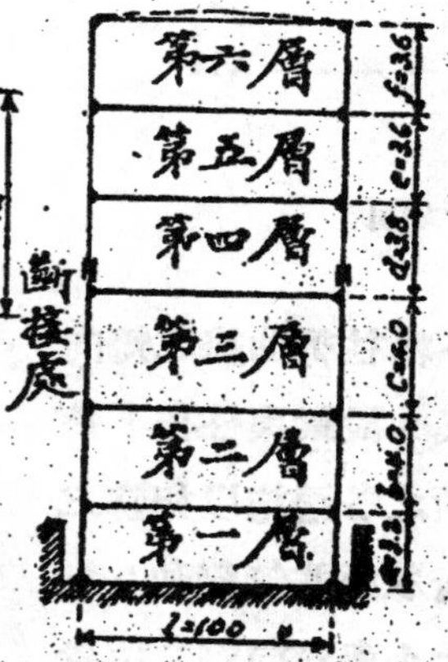

第八圖

第四表

M_{56}	M_{45}	M_{34}	M_{23}	M_{12}	M_{01}	
$\frac{l}{i_6}+\frac{6f}{i_f}+\frac{l}{i_5}$	$-\frac{l}{i_5}$					$=Q_f\left(\frac{fl}{i_6}+\frac{3f^2}{i_f}\right)-Q_e\cdot\frac{el}{i_5}$
$-\frac{l}{i_5}$	$\frac{l}{i_5}+\frac{6e}{i_e}+\frac{l}{i_4}$	$-\frac{l}{i_4}$				$=Q_e\left(\frac{el}{i_5}+\frac{3e^2}{i_e}\right)-Q_d\cdot\frac{dl}{i_4}$
	$-\frac{l}{i_4}$	$+\frac{l}{i_4}+\frac{6d}{i_d}+\frac{l}{i_3}$	$-\frac{l}{i_3}$			$=Q_d\left(\frac{dl}{i_4}+\frac{3d^2}{i_d}\right)-Q_c\cdot\frac{cl}{i_3}$
		$-\frac{l}{i_3}$	$+\frac{l}{i_3}+\frac{6c}{i_c}+\frac{l}{i_2}$	$-\frac{l}{i_2}$		$=Q_c\left(\frac{cl}{i_3}+\frac{3c^2}{i_c}\right)-Q_b\cdot\frac{bl}{i_2}$
			$-\frac{l}{i_2}$	$+\frac{l}{i_2}+\frac{6b}{i_b}+\frac{l}{i_1}$	$-\frac{l}{i_1}$	$=Q_b\left(\frac{bl}{i_2}+\frac{3b^2}{i_b}\right)-Q_a\cdot\frac{al}{i_1}$
				$-\frac{l}{i_1}$	$+\frac{l}{i_1}+\frac{6a}{i_a}$	$=Q_a\left(\frac{al}{i_1}+\frac{3a^2}{i_a}\right)$

$$-M_{45}\cdot\frac{l}{i_4}+M_{34}\left(\frac{l}{i_4}+\frac{6d}{id}+\frac{l}{i_3}\right)-M_{23}\cdot\frac{l}{i_3}$$

$$=Q_d\left(\frac{dl}{i_4}+\frac{3d^2}{id}\right)-Q_c\cdot\frac{cl}{i_3}$$

依此類推，可得方程式之數，與框架層數相等，如第四表。

次再求下列各項彎冪：

$M_{65}=Q_f.f-M_{56}$　　$M_{32}=Q_cC-M_{23}$

$M_{54}=Q_e.e-M_{45}$　　$M_{21}=Q_bb-M_{12}$

$M_{43}=Q_d.d-M_{34}$　　$M_{10}=Q_aa-M_{01}$

由此可計算框梁之彎冪與剪力及框柱之壓力。

例題

試計算第八圖所示之工廠房屋架框。每兩架框相距4公尺。

（甲）垂直力

假定各層樓面之載重及本身重量如下表：

	樓面本身重量（公斤/平方公尺）	樓面載重（公斤/平方公尺）	樓梁重量（公噸）	總載重（公噸）
屋面	75	雪 75	0.5	7
樓面5	250	250	0.8	21
樓面4	300	400	1.0	29
樓面3	300	500	1.1	33
樓面2	300	500	1.1	33
樓面1	300	500	1.1	33

關於各層樓面載重自下向上之遞減見後文。

框柱斷接之處，約在角點3上面1公尺。斷接處上下柱身之剖面形式相同，僅所用形鋼尺寸有大小之別。

柱身壓力計算表(均以公噸計)

層別	上層柱壓	上層牆重	上層柱重	上層樓面載重	本層柱壓
第六層	——	——	——	3.5	3.5
第五層	3.5	1.6	0.8	10.5	16.4
第四層	16.4	1.6	0.8	14.5	33.3
第三層	33.3	1.7	0.8	16.5	52.3
第二層	52.3	1.8	7.0	16.5	71.6
第一層	71.6	——	7.0	16.5	89.1

第一步簡略計算假定

$\frac{\text{柱之剖面惰性率}I_s}{\text{梁之剖面惰性率}I_t}=1$，得甲乙兩表

第二步簡略計算先由第一步算得之梁柱剖面，求得各層I_s/I_t之數值如丙表：

次根據上項I_s/I_t之數值重行計算框梁與框柱。關於框梁之計算如丁表。

甲表 框梁之計算

框梁號數	P(公噸)	h/l	m	Mt 公噸公尺	選定形鋼	ψ	l/f
1-3	33	4/10	0.078	25.8	I45	64	890
4	29	3.7/10	0.078	22.6	I42½	64	815
5	21	3.6/10	0.078	16.3	I38	64	730
6	7	1.8/10	0.08	5.6	I30	70	980

丙表 I_s/I_t之計算

層別	第一層至第三層	第四層	第五層	第六層
I_s	31400	31400	19600	19600
I_t	45850	36970	24000	9800
I_s/I_t	0.69	0.85	0.81	2.0

乙表 框柱之計算

框柱所在之層別	Ms (公噸公尺)	S (公噸)	選定形鋼	剖面面積 F (公分)²	剖面最小抗彎率 W (公分)³	長度 S (公分)	$\frac{I}{F}=i_{min}$ (公分)	$\frac{s}{i_{min}}$	撓屈係數 ω	單位應力 σ 公噸/平方公分
第一層	14.2	89.1	II 34	174	1846	320	13.5	24	1.04	1.30
第二層	14.2	71.6	II 34	174	1846	400	13.5	30	1.00	
第三層	14.2	52.3	II 34	毋庸計算						
第四層	12.5	33.3	II 30	138	1306	380	11.9	32	1.07	1.30
第五層	毋庸計算		II 30	毋庸計算						
第六層			II 30							

丁表　框梁之計算

層別	h/l	m	M_t 公噸公尺	選定剖面	單位應力（公噸/平方公分）
1-3	0.4	0.076	25	I45	1.23
4	0.37	0.077	22.3	I42½	1.29
5	0.36	0.078	16.4	I38	1.29
6	0.18	0.08	5.6	I30	0.86

試將上項結果與第一步計算所得者比較，卽知 m 之差別甚微，故 M_t 與 M_s 亦無甚變化，因之第一步選定之框梁剖面不必加以變更，對於框柱亦不必作第二步計算。

（乙）準確計算

假定「惰性率常數」$I_o=5000$，得：

$$i_6=\frac{9800}{5000}=2.0;\ \frac{i_6}{l}=0.20$$

$$i_5=\frac{24010}{5000}=4.8;\ \frac{i_5}{l}=0.48$$

$$i_4=\frac{36970}{5000}=7.4;\ \frac{i_4}{l}=0.74$$

$$\left.\begin{matrix}i_3\\ i_2\\ i_1\end{matrix}\right\}=\frac{45850}{5000}=9.2;\ \left.\begin{matrix}i_3/l\\ i_2/l\\ i_1/l\end{matrix}\right\}0.92$$

$$i_f=\frac{19600}{5000}=3.9;\ \frac{i_f}{f}=1.084$$

$$i_e=\frac{19600}{5000}=3.9;\ \frac{i_e}{e}=1.034$$

$$i_d=\frac{19600}{5000}=3.9;\ \frac{i_d}{d}=1.027$$

$$i_c=\frac{31400}{5000}=6.3;\ \frac{i_c}{c}=1.575$$

$$i_b=\frac{31400}{5000}=6.3;\ \frac{i_b}{b}=1.575$$

$$i_a=\frac{31400}{5000}=6.3;\ \frac{i_a}{a}=1.970$$

次將第二表內所列各項數值一一算出，例如

$$\frac{i_6}{l}+2\frac{i_f}{f}=0.20+2\times1.084=2.368$$

$$\frac{P_6\cdot l}{12}=\frac{7\times10}{12}=5.83$$

$$\frac{P_5\cdot l}{12}=\frac{21\times10}{12}=17.5$$

等等，仍列成表式如下：

方程式號數	X_6	X_5	X_4	X_3	X_2	X_1	常數項
6	2.368	1.084					=5.83
5	1.084	4.816	1.084				=17.5
4		1.084	4.962	1.027			=24.2
3			1.027	6.124	1.575		=27.5
2				1.575	7.220	1.575	=27.5
1					1.575	8.010	=27.5

次用下列簡捷方法，解答上列各方程式(可用計算尺計算)：

第一步計算

$$X_6=\frac{5.83}{2.368+1.084}=1.69$$

$$X_5=\frac{1.75}{1.084+4.816+1.084}=2.50$$

$$X_4=\frac{24.2}{1.084+4.962+1.027}=3.42$$

$$X_3=\frac{27.5}{1.027+6.124+1.575}=3.15$$

$$X_2=\frac{27.5}{1.575+7.220+1.575}=2.65$$

$$X_1=\frac{27.5}{1.575+8.010}=2.87$$

第二步計算，將上列數值代入各方程式得

$$X_6=\frac{5.83-1.084\times2.50}{2.368}=1.32$$

$$X_5=\frac{17.5-1.084\times1.67-1.084\times3.42}{4.816}=2.48$$

$$X_4=\frac{24.2-1.084\times2.50-1.027\times3.15}{4.962}=3.68$$

$$X_3=\frac{27.5-1.027\times3.42-1.575\times2.65}{6.124}=3.24$$

$$X_2=\frac{27.5-1.575\times3.15-1.575\times2.87}{7.220}=2.50$$

$$X_1=\frac{27.5-1.575\times2.65}{8.010}=2.91$$

第三步計算，以第二步算得之數值，代入各方程式得

$X_6=1.32$ $X_3=3.23$

$X_5=2.50$ $X_2=2.47$

$X_4=3.66$ $X_1=2.94$

第四步計算，以第三步算得之數值代入各方程式得

$X_6=1.31$ $X_3=3.24$

$X_5=2.51$ $X_2=2.46$

$X_4=3.66$ $X_1=2.95$

如再繼續計算，所得之數必與上列者無甚差別，故上列各數已可視爲準確。

次再照第一表，求各項彎冪之數值，如下表：

	$X_6=1.31$	$X_5=2.51$	$X_4=3.66$	$X_3=3.24$	$X_2=2.46$	$X_1=2.95$	彎冪數值(公噸公尺)	簡略計算結果(公噸公尺)
$M_6=5.83$	−0.2						= 5.57	(5.6)
$M_{65}=$	+2.168	+1.084					= 5.56	
$M_{56}=$	+1.084	+2.168					= 6.86	(9.0)
$M_5=17.5$		−0.48					=16.30	(16.4)

$M_{54}=$		+2.168	+1.084				= 9.41	(9.0)
$M_{45}=$		+1.084	+2.168				=10.66	(12.2)
$M_4=24.2$			−0.74				=21.49	(22.3)
$M_{43}=$			+2.054	+1.027			=10.85	(12.2)
$M_{34}=$			+1.027	+2.054			=10.42	(13.7)
$M_3=27.5$				−0.92			=24.52	(25.0)
$M_{32}=$				+3.150	+1.575		= 14.07	(13.7)
$M_{23}=$				+1.575	+3.150		=12.84	(13.7)
$M_2=27.5$					−0.92		=25.24	(25.0)
$M_{21}=$					+3.150	+1.575	=12.39	(13.7)
$M_{12}=$					+1.575	+3.150	=13.17	(13.7)
$M_1=27.5$						−0.92	=24.79	(25.0)
$M_{10}=$						+3.940	=11.62	(13.7)
$M_{01}=$						+1.970	= 5.81	

如用$M_6-M_{65}=0$，$M_{56}+M_{54}-M_5=0$等條件，以驗表中數值之誤否，則不免稍有不符之處，此因算得X之位數太少，及計算上多所省略之故。然差誤之數皆在小數點下第二位，故無妨礙。

上表中將第二步簡略計算所得之框梁彎冪及框柱彎冪(=0.55×框梁彎冪)列入比較。由此可知前者與準確計算所得者相差無幾，後者亦大致相符。故簡略算法至少在本篇所論之結構可以成立。

此外有一問題，即各層之載重如依他種假定而分佈是否可誘致較大之彎冪是。

16431

例如某一層完全無活載(即僅有本身重量)，其他各層則承受全部活載，則計算X時可將關係該層之$\frac{Pl}{12}$中之P代以本身重量之數。計算結果，各X及彎冪之數值必有變動，尤以該層樓面附近之各梁柱爲甚。此外柱壓亦將按略去載重之數值而減小。

試假定第一層樓面僅承受本身重量，再照上法計算，即得下列各項彎冪數值(均以公噸公尺計)：

M_6至M_4不變；$M_{43}=10.76$

$M_{34}=10.17$；$M_3=24.64$；$M_{32}=14.46$

$M_{23}=14.22$；$M_2=24.78$；$M_{21}=10.53$

$M_{12}=7.08$；$M_1=10.09$；$M_{10}=3.03$

$M_{01}=1.51$

由此可知第一層框梁及框柱之彎冪銳減，惟M_{32}與M_{23}兩項稍稍加大(M₃₂增加甚少；M_{23}約增11%，但與簡略計算所得者相近)。

按照普通情形，並無就各種可能的載重情形逐一計算之必要，惟爲安全起見，最好於假定各層承受全部載重而計算框柱時，務使算得之應力勿達許可之數值，而留相當之差額。

關於載重之分佈問題，可得而言者如次：

工廠(如本例題所論者是)及貨棧等之載重係由機器及貨物等而來，故各層樓面有同時承載全部載重之可能。其在住宅及事務所，則大部分之載重爲人羣之重量，故各地建築規章普通許可各層載重自下向上遞減之假定。然一切樓梁自須概照全部載重計算。又因各層之載重對於鄰層梁柱之彎冪影響甚小(如上文所說明者)，故計算一切彎冪時仍不妨假定各層樓面均承受全部載重，惟於計算柱身壓力時宜利用各層載重遞減之規定耳。

(乙)風力

本屋之最下一層爲地下層，不受風力。按照德國普魯士邦之規定(譯者按，參閱本報第二卷第二期9—10頁)，第二層及第三層所受之風力爲100公斤/平方公尺，第四層至第六層所受之風力爲125公斤/平方公尺。故得每框架各段及各角點所受之風力如下：

第六層$P_f=4\times3.6\times0.125=1.8$公噸

第五層$P_e=4\times3.6\times0.125=1.8$公噸

$P_6=\frac{1.8}{2}=0.9$ 公噸

$P_5=\frac{1.8+1.8}{2}=1.8$ 公噸

$P_4=\frac{1.8+1.9}{2}=1.85$公噸

16432

第四層 $P_d=4\times3.8\times0.125=1.9$ 公噸	$P_3=\frac{1.9+1.6}{2}=1.75$ 公噸
第三層 $P_c=4\times4.0\times0.1=1.6$ 公噸	$P_2=\frac{1.6+1.6}{2}=1.6$ 公噸
第二層 $P_b=4\times4.0\times0.1=1.6$ 公噸	$P_1=\frac{1.6}{2}=0.8$ 公噸

由此得框柱各層段之剪力如下：

$Q_f=0.45$ 公噸；$Q_e=1.35$ 公噸；

$Q_d=2.28$ 公噸；$Q_c=3.15$ 公噸；

$Q_b=3.95$ 公噸；$Q_a=4.35$ 公噸；

簡略計算法

先照上文所述，假定 f_6，f_5……之數值，然後依第三表計算各項彎冪及框梁之剪力與框柱之壓力如下：

框柱之彎曲線轉向點距離（公尺）	框柱之彎冪（公尺公噸）	框梁之彎冪（公尺公噸）	框梁之剪力（公噸）	框柱之壓力（公噸）
		$M_6=1.2$	$Q_6=0.24$	
$f_6=2.7$	$M_{65}=1.22$			
$f_5=0.9$	$M_{56}=0.40$			$S_f=0.24$
		$M_5=3.6$	$Q_5=0.72$	
$e_5=2.4$	$M_{54}=3.24$			
$e_4=1.2$	$M_{45}=1.62$			$S_e=0.96$
		$M_4=6.9$	$Q_4=1.38$	
$d_4=2.3$	$M_{43}=5.25$			
$d_3=1.5$	$M_{34}=3.42$			$S_d=2.34$
		$M_3=10.4$	$Q_3=2.08$	
$c_3=0.22$	$M_{32}=6.95$			
$c_2=0.18$	$M_{23}=5.70$			$S_c=4.42$
		$M_2=10.6$	$Q_2=2.72$	
$b_2=2.0$	$M_{21}=7.90$			
$b_1=2.0$	$M_{12}=7.90$			$S_b=7.14$
		$M_1=10.5$	$Q_1=2.10$	
$a_1=0.6$	$M_{10}=2.60$			
$a_0=2.6$	$M_{01}=11.30$			$S_a=9.24$

16433

至此本可將(甲)項算得之結果與上列之數分別相加，再就(甲)項選定之各項剖面察驗，其應力是否超過規定最大許可應力之數（譯者按，德國鋼鐵建築規則，分許可應力爲兩種 一種較小，於不計風力，祇計載重及本身重量時適用之，另一種較大，於計及風力時適用之），然後酌加修正。惟著者擬將(甲)項選定之框梁剖面，除最上之一段外，一律改用闊邊 Pein（廠名）式工字鋼（簡稱IP），以原選定之普通工字鋼略嫌過高也。設對於本身重量，載重及風力之許可應力爲1.6公噸/平方公分，並以初步簡略計算所得之「垂直力彎冪」爲依據，同時假定$\frac{I_s}{I_t}=1$，計算如下：

第一層框梁：

$M_t=25.8+10.5=36.3$

選定剖面IP36

最大應力$\sigma=\frac{3630}{2510}=1.45$

第二層框梁：

$M_t=25.8+13.6=39.4$

選定剖面IP36

$\sigma=\frac{3940}{2510}=1.56$

第三層框梁：選定剖面同上。

第四層框梁：

$M_t=22.6+6.9=29.5$

選定剖面IP32

$\sigma=\frac{2950}{2020}=1.45$

第五層框梁：

$M_t=16.3+3.6=19.9$

選定剖面IP28

$\sigma=\frac{1990}{2020}=1.35$

第六層框梁：選定剖面同(甲)項。

在背風一面之框柱受力最大，因柱壓S與彎冪M_s爲(甲)(乙)兩項算得結果之和也。

第一層框柱：

$S=89.1+9.24=9.84$

$M_s=14.2+79=22.1$

(甲)項所選剖面 II34不敷應付，改用II36，其F=194，W=2180，i=14.2，因S=320，$\lambda=\frac{320}{14.2}=23$，由此得 $w=1.03$而$\sigma=\frac{98.4}{194}+1.0+3\frac{2210}{2180}=0.52+1.17=1.6$

因此項應力僅發生於該框柱下端之附近，故可將該處之結合角板加高，使上項應力數額減至許可之範圍內。

第二層框柱：

$S=7.16+71.4=78.8$

$M_s=14.2+7.9=22.1$

選定剖面同上；因S=400，$\lambda=\frac{400}{14.2}=28$；$w=1.05$；

$\sigma=0.43+1.01=1.44$

第三層框柱:選定剖面同上,應力較小。

第四層框柱：

$S=33.3+2.34=35.7$

$M_s=12.5+5.25=17.8$

（甲）項所選剖面 II30不敷應付，改用 II32，其F＝156，W＝1564，i＝12.7，因S＝380，故入＝30，$w=1.06$，由此得$\sigma=0.24+1.14=1.38$

第五層及第六層框柱：選定剖面同上，應力σ則較小。

準確計算法

假定「惰性率常數」$I_o=10000$（公分）得表下列兩表(參照第四表)：

$I_6=9800$	$i_6=0.98$	$l/i_6=10.2$	$I_f=25020$	$i_f=2.50$	$f/i_f=1.44$
$I_5=20720$	$i_5=2.07$	$l/i_5=4.83$	$I_e=25020$	$i_e=2.50$	$e/i_e=1.44$
$I_4=32250$	$i_4=3.23$	$l/i_4=3.10$	$I_d=25020$	$i_d=2.50$	$d/i_d=1.52$
$I_3=45120$	$i_3=4.51$	$l/i_3=2.22$	$I_c=39220$	$i_c=3.92$	$c/i_c=1.02$
$I_2=45120$	$i_2=4.51$	$l/i_2=2.22$	$I_b=39220$	$i_b=3.92$	$b/i_b=1.02$
$I_1=45120$	$i_1=4.51$	$l/i_1=2.22$	$I_a=39220$	$i_a=3.92$	$a/i_a=0.82$

M_{56}	M_{45}	M_{34}	M_{23}	M_{12}	M_{01}	常數項
23.67	−4.83					＝0.1
−4.83	16.57	−3.10				＝17.6
	−3.10	14.44	−2.22			＝30.6
		−2.22	10.56	−2.22		＝31.2
			−2.22	10.56	−2.22	＝52.4
				−2.22	7.14	＝65.0

16435

上列方程式可用前述之簡捷方法解答之。其各未知數之數值及由此算得框梁之彎冪與剪力及框柱之壓力如下表：

表中數值與用簡略算法所得相差甚微，故無覆核剖面應力之必要。

$M_{65}=1.28$	$M_6=1.28$	$Q_6=0.26$	
$M_{56}=0.34$			$S_f=0.26$
$M_{54}=3.13$	$M_5=3.47$	$Q_5=0.69$	
$M_{45}=1.73$			$S_e=0.95$
$M_{43}=5.42$	$M_4=7.15$	$Q_4=1.43$	
$M_{34}=3.25$			$S_d=2.38$
$M_{32}=7.28$	$M_3=10.53$	$Q_3=2.11$	
$M_{23}=5.32$			$S_c=4.49$
$M_{21}=7.35$	$M_2=12.67$	$O_2=2.53$	
$M_{12}=8.45$			$S_b=7.02$
$M_{10}=2.30$	$M_1=10.75$	$Q_1=2.15$	
$M_{01}=11.60$			$S_a=9.17$

「齊伯林式火車」試車結果續誌

齊伯林式火車於本年六月二十一日之晨在柏林漢堡間之鐵路上試車，最大速度達 230公里。為免妨礙鐵路行車起見，經預先製定各站開到時間表，並由鐵路當局規定：「不得早到亦不得遲到逾一刻鐘。」對於此點試車結果甚稱圓滿。所未解决者為高速行駛時之制動問題，因此行車之前面騰空之線段勢須頗長；此項困難對於此種車輛專用時鐵路，自不成問題，但在普通鐵路則為顧慮其他列車起見勢必不能充分揮其速力云。

柏林建築展覽會中之各國城市設計及交通計劃觀

（原文載 Verkehrstechnik, 1931, H. 27–28）

Dr, Trautvetter 述

胡樹楫 摘譯

本篇記本年柏林建築展覽會中各國關係城市設計及交通計劃之重要陳列品，並以專家之眼光，加以評議，頗有一讀之價值。——譯者誌

荷蘭　由 Amsterdam 與 Haag (La Haye) 之改良不衛生區域計劃暨 Amsterdam 與 Rotterdam 等九城市之總計劃圖 (Generalbebauungspläne)，以及 Wieringer 海灘（Zuider 海中築堤排水，成爲陸地之一部分）之區域計劃，可知荷蘭交通事業之特點，卽水道交通佔優勢是。

Amsterdam 市，截至本年一月一日止，約有居民 760,000 人。其舊市區部分成於1200年左右。15世紀中該市所築之要塞，於19世紀中葉廢除，因此成立環形道路三條，使該市之美觀益爲顯著。自該市中心部分激急發展以來，迭經擴張市區，添闢新路，放寬舊路及舉辦其他設施，同時將古代之景色予以保存。

關於該市中心部分繁重交通之疏導計劃，首在建築環繞道路，但北面爲商港設備所阻，南面環路之效用亦殊有限（因商業與公共建築及學術機關擁擠於一隅故）。舊市區成半圓形，放射式及圓環式之道路交錯其間，現擬之總計劃圖，不特保存該區之原有系統，並加以補充。最古之核心部分，將闢環路以包圍之，其中之建築物大都一仍其舊，惟於東部貧民住宅羣集之處，拆通一小段，該環路之西段，有平行道路二條與之交叉，其一已具相當寬度，另一亦易放寬，皆將成直通車站之幹道。自內環路起，將設通至市外區之放射式道路多條，橫穿兩外環路而過，且與國道有良好之聯絡。該項道路之寬度，雖在建築物櫛比之市區，亦力求達30公尺之數。

瑞士　陳列之品有十一城市之地形圖（附水平層次線及河流線），分區圖，幹道圖與鐵路圖。

Zürich在1880年之人口爲78,345人，1930年增至 249,130 人。該市位於湖濱三四公里寬之山谷內。舊市區對向 Limmat

河，精華部分則在該河之右岸。因左岸要塞帶之撤除及總車站之設立，殷繁之交通改趨該處。車站與市區及幹道之聯絡頗佳，但因該車站為「迎頭式」(Kopfbahnhof，即站屋對路軌橫列，路軌中斷不續)，行車業務異常不便，而該市又為國際鐵路數條之交叉點，故該車站有改造之計劃。市郊鐵路之交通，甚稱發達。電車網線凡64.27公里，公共汽車網線29.84公里。該市附近有Dübendorf飛機場，往日內瓦，巴塞爾等處及國外之航空線以此為起點。

巴塞爾(Basel)有居民147,198人，為第一流之交通薈萃點。蘭因(Rhein)河之航運以此為終點，重要公路7條在此交叉，國際鐵路多條亦經由此處。

日內瓦(Genf, Genéva)有居民143,352人。其舊市區在Rhone與Arve河間之三角平原上。沿湖濱有大規模之碼頭設備。Lyon-Lausanne間鐵路經由此處。與國內其他各地聯絡之公路，僅有通至Lausanne之一條。Rhone河已定有築港計劃。電車路線網約當Zürich所有者兩倍之大。

瑞典　(略)

芬蘭　(略)

法國　巴黎市於780平方公里內有居民4,692,000人，故居住密度甚大，其原因在四周之要塞最近始行拆除。環繞市中區之邊，車站林立，其鐵路線分別通至德，英，比，瑞，意，西班牙，葡萄牙等國。環形鐵路綫兩條，以供貨運交通為主旨。但巴黎不僅為法國最重要之鐵路薈萃點，亦為該國最大之內河港。在Seine州(Departement)境內計有Seine河港22處，尚待擴充，其中之一有效率甚大之貨運車站與之聯絡。

市內交通之中心點為Notre Dame教堂。最大之「放射道路」，由市中區向西，經Louvre，及la Concorde與de l'Etoile廣場，至Bois de Boulogne，過Seine河，其各段之名稱為Avenue des champs Elysees, Avenue de la grande armée, Avenue de Neuilly及Avenue de défence。各林蔭大道(Boulevards)現已不敷宣洩市內全部之交通，故除以前迭經拆屋闢路外，現尚有賡續進行此種設施之計劃。以前要塞地帶之道路網計劃亦經製定。Le Bourget附近設有商業飛機場，Villa Coublay附近設有軍事飛機場。Seine州經營之電車路線，自1861年以來，有激急之發展；時至今日，則覺此種路綫之在市中區者有廢除之需要，以免交通擁擠。地下電車線網向稱優良，最近又增築第八號路線一條。

波蘭　華沙(Warschau)於12,400公

頃面積內約有居民1,100,000人。所有道路大都通向 Weichsel (Vistula) 河。市中區之道路甚少，且因建築凌亂無序，及因該市為要塞性質，又甚狹窄，故現有改良該區道路以暢交通之計劃。又總計劃圖中，規定以市區面積42.3%為建築地，4.35%為鐵路用地， 18.30%為道路及廣場用地， 11.35%為河流面積，23.7%為園林面積。

英國　大倫敦區域計劃所包括之面積凡5,200平方公里。此外陳列之品尙有 Northeast Kent及其他區域之計劃。另有改良倫敦市居住與交通情形之計劃。倫敦市與附近村鎮並計，約有居民7,500,000人，分佈於1,790平方公里之面積上。除利物浦 (Liverporl) 外，倫敦之工業區及貧民窟 (Slums) 內居住情形之惡劣，在全世界中，當首屈一指。以前經改良之不衛生區域約計100公頃，並築成寬廣道路與廣場於其間。最著之例為 Holborn 與 Strand 間之Kingsway，係由貧民窟中之窄徑改成繁榮之商業道路者。拆屋闢路及改築道路廣場等需費浩大之工作，現尙在繼續進行之中，例如自 Beverley Street 至 Paragon 車站之 New Street, 即為鉅大工程之一，建築線之平均距離為30公尺，路寬為21公尺，在某旅舘前並放寬至50公尺左右，成廣場式。

英國之長途鐵路，雖尙未有電化者，倫敦及其他大城市之郊外鐵路則已施行電化。觀大倫敦公共汽車交通圖，可知該項事業在歐洲實首屈一指。另有照片示 Birmingham 等城市若干出郊幹道之廣闊，並附有電氣鐵路。又其他城市地圖，示關築「繞越道路」之計劃。

羅馬利亞　Bukarest有一工務機關，以Prof. Sfintescu 氏為之長，實施其「超城市主義」(Super-Urbanismus)之學說。按該氏之主張，分「居留地」(Siedlungen) 為三等。「初級居留地」(Primäre Siedlungen) 指容納居民一萬至二萬人，且其影響區域以20公里為半徑者而言，皆沿一定交通幹綫發展。「次級居留地」指容納居民二萬人至十萬人（有時達十五萬人）之城市而言，其影響區域以最長之路徑，於一日內能往返為度，此項路徑假定為150公里。以全國為影響區域之中心城市則為「三級居留地」(tertiäre Siedlungen)。陳列品中有圖，說明交通對於城市式與半城市式居留地所在地位之影響。另一圖載明交通設備，主幹道路，鐵路與電車交通等。又有一圖示土地面積之分配方式。

丹麥　Kopenhagen 之居民約六十萬

人，約佔該國人口五分之一，建設計劃及區域計劃之製定，大都利用航空測量圖(下略)。

意大利 羅馬市之大模型，爲會場生色不少。該市並非意大利之最大城市（居民僅867,000人，在那波里與米蘭之下），然其組織最稱特別。該模型之用意，在指示：羅馬市非將歷史上著名建築物予以拆除，同時開闢廣闊之道路與廣場，以及設置園林面積，則交通情形無法改良。羅馬市計劃圖內有客運貨運之鐵路設備，市郊鐵路與市內高速鐵路之計劃線網。此項高速鐵路起於市中心，向四面延展，其幹綫定於二年內造成，其他三線則擬於五年內竣工云。

Turin 市有美麗之照片。該市計劃之「放射道路」寬53公尺，中央快車道寬10公尺，慢車道兩條各寬6.5公尺，此外爲市郊鐵路與市內電車軌道各兩條，以及脚踏車道與人行道等。

米蘭（Milano）有車站前廣場之改築計劃圖。

奧國（略）

匈牙利（略）

西班牙 Madrid 市居民約八十萬，近因形成西班牙之政治文化中心，有顯著之發展。舊市區內狹窄之道路，漸有不足應付汽車交通之勢，新發展又爲已有鐵路等所阻礙。爰經懸獎向國內外人士徵求改進計劃。按照選定之改進計劃，有寬廣之輪轂式放射道路，及環形及直聯之道路多條，貫穿舊城區與新市區之間，並將市區面積之用途分配重新規定。市中區原有之「迎頭式」車站一所，將加以拆除，另一「迎頭式」車站，則改爲市內交通之用。市南空曠之處，設整理貨車車隊之車站（Verschiebebahnhof），與環市貨運鐵路聯絡。另築自南至北之地下鐵路線，與兩鐵路半環聯絡，並向東築分歧之地下鐵路線，接通東向之遠地鐵路。路軌之佈置改爲「按行車方向分列式」（Richtungsbetrieb）。

Barcelona 市有居民七十六萬人，較 Madrid 市，更稱富饒，有通達 Madrid，法國，地中海等處之鐵路，及商業飛機場四處，軍事飛機場一處。因主幹道路爲多數電車路線及公共汽車路線所經過，不敷應付，近已令公共汽車改趨支路，電車路線之廢除與否，亦在攷慮之中。市內營業汽車之交通特繁，以雇價非常低廉故。爲疏導市中區之交通起見，有闢築寬闊環路三條之計劃。

美國 美國陳列品中，有關於各州，各區域，各城市之計劃，良堪注目。充諳

詢工程師之私人亦有陳列其關於改良市區與交通之作品與建議圖件者。

人口最密之 Illinois 州，有最重要交通道路之各種剖面圖，其規定之最小寬度約爲30公尺。路中央爲約6公尺寬之車道，兩邊分列3公尺(約數)寬之地段各4條，次第爲土路，明溝，行樹，一部分舖砌之步道與脚踏車道(附豎電桿)。新築之路以36公尺爲寬度，設6公尺寬之車道兩條，中間以行樹草地等分隔之。另一道路設車道三條，總寬度達60公尺。

某理想城市之平面圖，示兩遠地鐵路線分別通入市內。兩鐵路之間，有河流，蜿蜒於寬闊之園林帶內。園林帶之邊與鐵路之間爲交通幹道，如輪轂狀，通至棋盤式市區之邊，分而爲二，以一分枝折向北，其他分枝則與之成直角，折向東。此各大幹道外邊之地，均闢「公園路」。鐵路與市區邊所成曲尺形地上，設飛機場。

New Jersey 州之陳列品中有關於非常困難之築路問題者，如穿跨他路之設備，河流下之隧道，各種交通線之交义佈置等。

Los Angeles 市人口之統計，1890年在市中區者爲五萬人，全市爲十萬人，1930年在市中區者爲一百二十萬人，全市爲二百二十萬人。各種道路平剖面圖，示築路與交通管理方式視所在地位（人烟稠密或稀少之區，商業區，高屋區，單家住宅區等）而異之情形。航空設備甚稱豐富，已有之大航空站凡四處，另有已計劃者三處；已有區間性質之降陸場44處，尙有待設立者49處。

Boston市有關築大宗新交通道路之計劃。可「舉一例他」之高速交通道路，寬42公尺，設12公尺寬之車道兩條，其間留有備擴充用寬12公尺之地帶。無留備地帶時，設車道三條，在中央者寬18公尺，分列兩邊者各寬6公尺。計劃之高架道路及地下道路凡多條。

Radburn(在 New Jersey 州)新城市之平面圖，示該城市內居住區內之口袋式道路及其他幹支道路，均分佈良好。

關於紐約市有 Fritz Malcher 氏之棋盤式道路系統交通改良計劃，其目的在使一切車輛均可行駛不停，不必受燈號之指揮（按該氏有專篇在1930年之"American City"雜誌發表，其原則略如本報第一卷第一期譯載之「哈伐拿市交通革新計劃」篇所述)。

澳州　Melborne 市(人口約一百萬)之平面圖，在澳州各城市中，爲尤堪注意者。該市之道路，現無交通擁擠情形，以人烟之分佈甚稀故。單家住宅爲該市之一

般居住方式，故市區與郊區所佔之面積約達大倫敦市面積之四倍。該市中區日形繁榮，居住於斯者僅佔全市人口六分之一。市郊鐵路線之佈置亦甚良好。

澳州新都城 Canberra 之建設，雖係依照美國人應徵得首獎者之計劃，似不乏可議之點。

中國　北平，南京，上海，漢口，廣州等城市之計劃圖，具有一種特別式樣(Stil)，且每含有美洲式與歐洲式之成分。中國共有三十九大城市，其中九市有五十萬以上之居民，上海約二百萬，北平與廣州各約一百萬。

南京距海岸約 450 公里，位於揚子江濱，爲國家政府及容留大海舶之商港所在之地。市東之山邊有著名之中山陵墓。錯綜之小街間，有華美之大道三條，分向東，北及西北方。又有良好之鐵路聯絡及飛機場一處。中山路之建築爲一種偉大成績，大部分係兵工築成。另有一大圖，羅列中國已於1930年着手建築之汽車路路線25條，其總長度爲74,515公里云。

德國　由各種關於鐵路，道路，水道，航空線之統計，可知德國自 1830年至1930年之百年間，各種交通發展之情形。增加之額，自五十倍至百倍不等，遠過人口之增加率。效能之最高者，當推鐵路，最低者爲水道。關於將來之計劃，則汽車交通之激展情形，須加以顧及。計德全國每1000平方公里內，有公路 565 公里，鐵路(幹線及支線) 114 公里，水道27公里，航空線78公里。各種交通線在德全國所佔之面積爲：國家鐵路2000平方公里，公路1200平方公里，城市道路 350 平方公里，水道 900 平方公里。各種交通器具之大小，容量，阻力，速度，設備費，運用費，票價等，均有詳明之比較圖表。各種道路設計圖中，有現在建築中之 Bonn-Köln-Düsseldorf 間汽車專用道路之剖面圖。

魯爾 (Ruhr) 煤區之區域計劃，以燈片逐項顯示，殊爲醒目。第一段示煤區內各工業城市及供運輸大宗貨物用之運河。第二段示主要交通道路之佈置。第三段示鐵路設備及工業用面積，及工業地接通鐵路與水道之線路。第四段示住宅區之佈置，對於將來之需要及與工場與園林間之聯絡均經顧到。第五段示空地(園林)面積，包括農業用面積及保留面積在內。第六段示各種地區之面積分配與交通線之佈置。計面積之分配爲：居住用27%，工業用9%，交通用5%，農業用19%，園林40%。

漢堡及附近普魯士邦轄地之區域計劃，亦稱詳密。先示人口與交通之統計，及關係地理及社會情形等之資料，次示各種

16442

計劃圖等。

柏林市居住密度圖，示該市20區中，自中心迤東北之四區，其居住密度甚大。大部分勞工皆居於市中心附近之北方。東部Köpenicker Strasse 四周一帶區內，爲住宅與工廠雜遝之處，且土地之利用太無限制，以致建築物過於密佈，凡此皆與健全之城市建設相抵觸者。「柏林價值若干？」之統計，所列數字爲：房屋200億（1億＝1萬萬），土地70億，工廠30億，貨物30億，共計330億馬克。大柏林市於截至1930年之十年內，平均每年人口增加之數約爲八萬。柏林市區面積爲88,300公頃，內23,500公頃已有建築物及下水道。在8,000條道路中，設有電纜20,000公里，陰溝管5,300公里，煤氣管與自來水管各4,200公里，郵務電線(電報電話線？)3,500公里，街市電車軌道1,300公里。1930年柏林市各種交通路線之長度如下：公共汽車路線355公里，街市電車路線668公里，高架及地下電車路線80.2公里，市內，市郊及環市之鐵路線523公里，其中236公里，係用電力行車。柏林交通公司關於高架及地下鐵路建築費之報告，爲：

緊靠路面下之地下鐵路，
在寬闊之出郊道路者
550—650萬馬克/公里

緊靠路面下之地下鐵路，
在市中區者
1000—1200萬馬克/公里

深入地下之地下鐵路，
在寬闊之出郊道路者
800—900萬馬克/公里

深入地下之地下鐵路，
在市中區者
1600—1800萬馬克/公里

高架鐵路　560萬馬克/公里
坎內鐵路　200萬馬克/公里

以上係雙線之建築費，利息及關於車輛與工廠等之費用未包括在內。柏林市內各種交通事業之資本額爲：公共汽車2,600萬馬克，街市電車34,300萬馬克，高架及地下電車59,400萬馬克，總計96,300萬馬克。

Kisch, Löwitsch, Neuzil 三氏對於改良柏林交通之建議，將尋常四種道路系統〔棋盤式，對角線式，對徑式（放射式），三角式〕代以下列七種：(1)無定向之標準式（das richtungslose Normalsystem），(2)有定向之標準式，(3)對向中心點之對徑式，(4)雙對角線式，(5)單對角線式，(6)無定向之網格式(das Netzsystem ohne besondere Richtung)，(7)有定向之網格式或魚泡式（Fischblasensystem），並在

該市地圖上逐一標明之。

另有柏林市汽車停放場及汽車倉庫之分佈圖，由此可比較而知道路與廣場所需之面積。

漢堡市近三十年來之交通，亦發展甚速。其住宅區之由市內外移，使市郊鐵路交通異常發達，尤以Walldörfer線為著，在1923年，每日之客運約19萬人，1931年則為45萬人。總車站於1928年售出「遠地」客票4,917,109張，「近地」客票7,472,385張。

Los Angeles 分區新章

美國 Los Angeles 市於1930年七月間訂定新分區制度如下：

住宅區分為數種。(1)在R_1區內准許每基地各建單家住宅一所及其需用之附屬建築物；如基地面積大於930平方公尺（約1$\frac{1}{2}$畝），則每465平方公尺(約$\frac{3}{4}$畝)得建單家住宅一所。關於汽車間問題，規定在同一基地上，出租住宅在二十所以上時，每所應附設汽車間一間。(2)在R_2區內，基地小於935平方公尺者至多可建四家同居之住宅一所，基地大於930平方公尺者，每四家同居之住宅所佔之面積不得大於460平方公尺，此種房屋連同一層以上之附屬建築物，不得超過基地面積之60%；最大高度為10$\frac{5}{8}$公尺，或2$\frac{1}{2}$層。(3)在R_3區內准許建築較高之住宅，建築面積之限制在中間基地為60%，路角基地70%。建築高度之限制為15$\frac{1}{4}$公尺或4層。教堂，學校，公共建築等適用同樣規定。

關於商業區之規定，最堪玩味。(1)C_2區為「過渡商業區」，准許起造零售商店，汽車庫房及類似建築物。(2)C_3區為零售及批發商業區，並准起造修理及洗滌汽車之廠庫，建築事業之房屋及其庫棧等。對於輕工業，在限制之範圍與條件內亦許其存在。限制之條件為：輕工業（不含「妨礙性質」者）在每一基地與建築物內所用之地位不得超過各層「可出租」之總面積之10%。，如其出品在當地售賣，不得超過上項總面積之15%所謂「可出租面積」，指商業業務上所用之地位面積，除去陳列窗櫥，等候室，事務室，雇員房間等。(3)C_1區未有規定（或因在此種區域已無起造建築物之需要故）。

16444

雜 俎

▲蘇俄之城市設計

(原文載 Wasmuths Monatshefte 1931, H. 5)

M. Ilyin 氏述

二年以來，蘇俄之城市設計問題，隨工業進展而聯帶發生。成立之學說凡兩種，各相反對。其一說爲 Sabowitsch 氏所主張，認一切新城市之建設，必須含有社會主義之色彩，且完全以共同生活及打破家庭制度爲立場。其實現辦法，爲造成人數相等之工業與農業城市（每市約以五萬人爲度），以「聚居式之房屋」(Kollektivhäuser) 容納居民。持此說者謂之「城市派」(Urbanisten)。與此相反之一說，爲建築師 Ginsburg 與 Ochitowitsch 氏等所主張，認城市與鄉間之有別，爲資本主義國家之惡現象，故應消滅城市與鄉間之界限，將一切城市予以解散，例如莫斯科亦應僅留公園一所，與若干表現性之建築物，另組「綫條式城市」(Linienstädte)，使住宅不復環繞工業地區設置，而循聯絡農產區之交通線，成長條形均勻分佈；每人應各享有小住宅一所，用廠製零件築成。持此說者謂之「建設派」(Konstruktivisten)。

蘇俄現根據兩派討論所得之資料，從事新城市之設計。目前成立之新城市已有38處之多。

Nowosibirsk旁，Ob河左岸，新建之「社會主義城市」，其計劃爲最饒趣味與最含「極端性」(radikalst)者之一。該城市發展之速，僅有美洲之城市堪與比擬，現已成西比利亞之重要中心。計劃者爲 Bobenkow, Wlassow, Poljakow 三建築師。決定設計方式之要素，爲設立製造農業機器大工廠一事。計劃中對於住宅與工廠之相互關係，均預爲顧及。

該新城市位於兩鐵路幹綫間之高地上（該高地以陡坡下接Ob河低岸）（第一圖）。工業區以鐵路及 750 公尺寬之園林帶與市區本身分隔。因東南風佔優勢，故農業機器製造廠設於市北。市內交換設置「圖

第一圖 Nowosibirsk 旁社會主義城市設計總圖

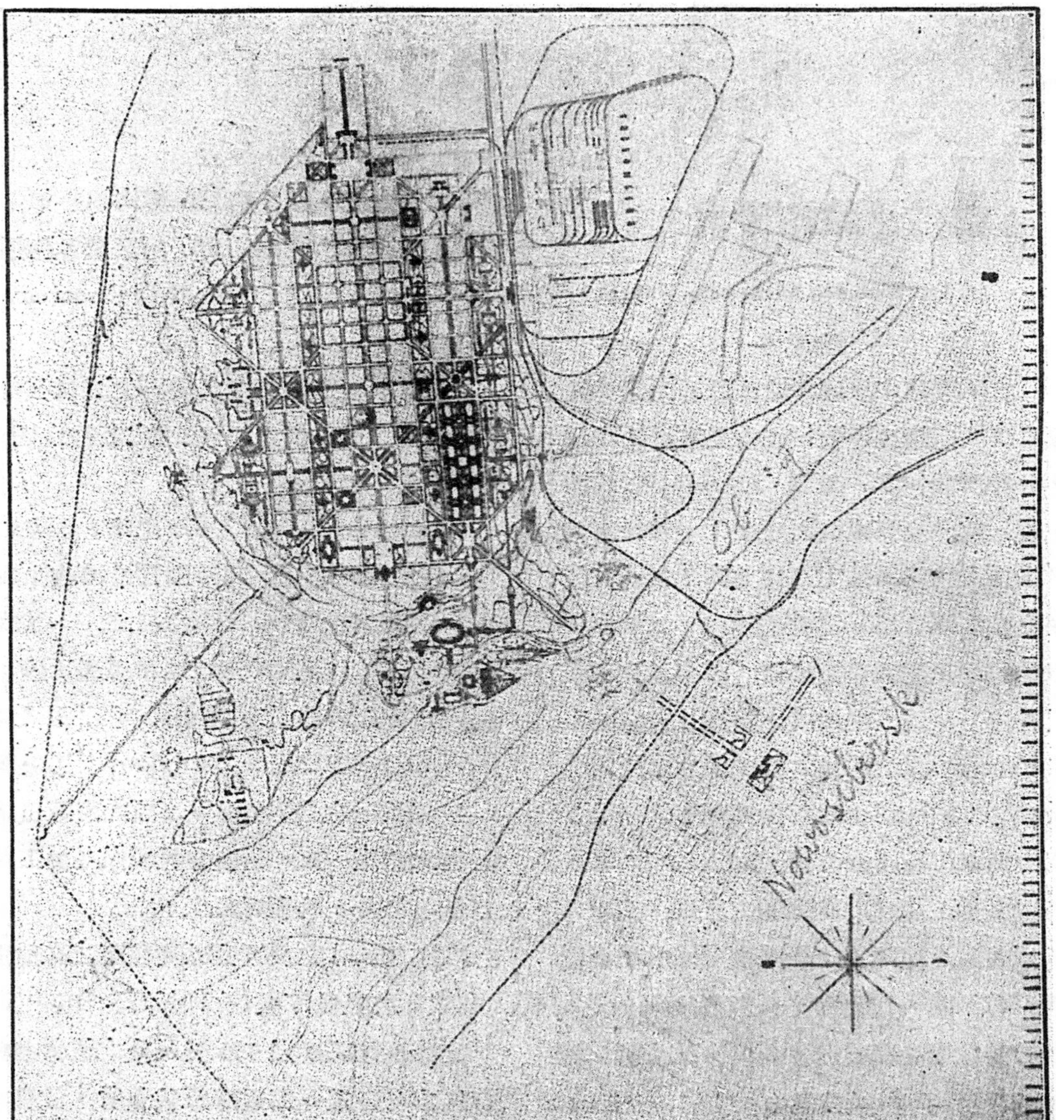

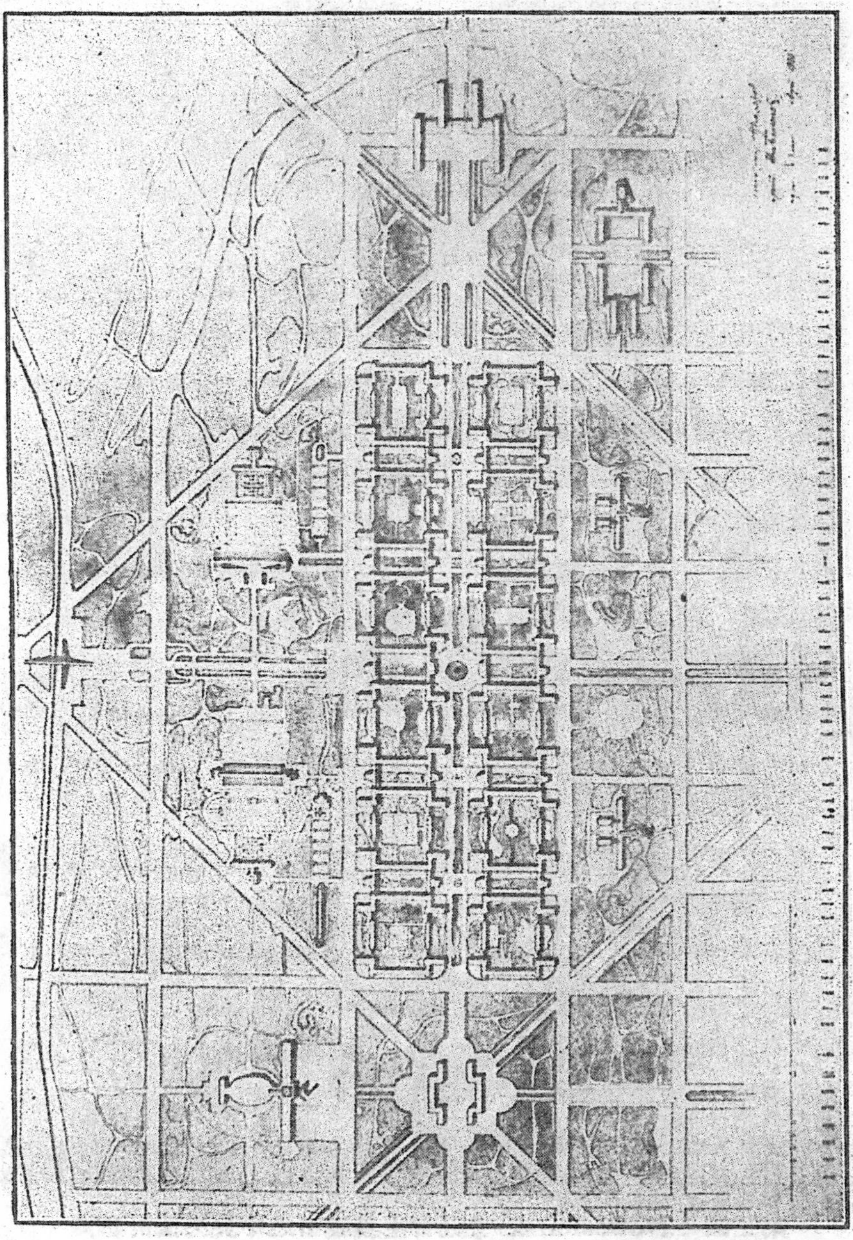

第二圖 Nowosibirsk 劳社會主義城市一部分計劃圖

第三圖 Nowosibirsk 旁社會主義城市之中央公園計劃圖

體房屋」(Kommunehäuser)與500—650公尺寬之園林帶(第二圖)。建屋之地,以15—20%爲建築面積,其餘劃成花園。所謂「團體房屋」者,即容留800-1000人之四層式平民住屋。每屋有附屬之幼稚園,嬰兒留養所,食堂各一處以及俱樂部與運動廳室等,皆爲二層式。房屋之中綫皆爲南北向,與道路之方向無關,以免與主要風向符合。貫通市內之要道凡三:其一聯絡新舊兩城,有跨越Ob河之計劃橋,並傍近行政中心;另一聯絡兩車站;另一自主要廣場起,至工業區附近之「飲食公所」(Ernährungskommune,詳見後)。貨物運輸則經由市外接通鐵路之道路,故市內之交通較易管理。文化中心,即博物院,旅館及「中央文化館」在中央公園(第三圖)之旁,略與行政區離開。

公園設備爲該市之重要部分,一方面用以隔離工業區,一方面資新鮮空氣之供給。市內之園林地,除設運動場外,將設醫藥救護站,學校,大學校等,其面積居全市面積之30%。市外建中央醫院一所,佔地45—50公頃,及養病院多所。

計劃中最注意於運動問題。不特每所「團體房屋」附有運動場,並於園林面積內設有大運動場八處,各佔地1.7—1.8公頃,附有可容萬人之競賽場。最大之運動場在Ob河濱,新舊城之居民均易前往。除賽馬場外,設有運動廳可容四萬至六萬人之競賽場以及游泅競賽場,希臘式之露天劇場等。此項運動園,將來完成後,可列入全世界新式公園設備中之第一等。

居民之飲食品,設機械化之公廚以供給之。此項公廚設備,已漸成蘇俄城市計劃中之重要部分,然在新Nowosibirsk城尚爲過渡時期內之辦法,至1944—1945年建設完竣時,更將合併爲「飲食公所」,設於市東南部鐵路,貨棧,農業機器製造廠之附近。屆時全市居民均可由該公所在短距離內供給飲食品,舊市區精華部分亦將遷移,藉Ob河橋與新市區聯絡一氣。

以上所述社會主義城市設計之原則,爲西歐及美洲各國尚未認識者。其特異之點,爲將舊時之房屋段落形式摒而不用,而以行列式之房屋代之,並以寬廣之園林帶錯綜其間。此種城市未可率爾以「田園城市」目之,實則其設計原則,在求光線空氣之充足,與將整個的自然界景色灌入市民之心目中耳。又就皮相而論,上項計劃中似有與西歐建築界所擬者相同之點(例如Le Corbusier氏之巴黎Voisin計劃),然社會主義城市設計與西歐城市設計之重大差別,厥在前者皆以生活共同化爲前提。又本計劃不重視「插雲式高屋」(

如 Le Corbusier 氏所主張者），亦不採用 Ernst May 氏所主張之「兵營式房屋」（德人May氏所建議之計劃，為蘇俄「少年工人報」攻擊甚力，並為蘇俄建築師會所反對），其標準化亦在求最大之便利與適宜，不似捷克 Böhmen (Bohemia) 地方 Thomas Bata 氏標準化新村之強制壓迫性質。故是項計劃允稱完全新式城市設計之模範例證，其實現為近代建築術上之一大成功焉。

▲山腰城市設計之一例

（原文載Zentralbl. d. Bauverw. 1931, No. 16）

Prof. Dr. Ewald Genzmer氏著

Nassau a. d. Lahn 為德國「浴地」（游歷養病之地）之一，現有居民及游客約3000人。該地位於 Lahn 河之右岸（第一圖），風景甚佳。現擬於後面山腰開闢新市區。山腰之平均斜度約為 1：2.5—1：3.8。所有道路系統及段落分劃方式，自須與平地城市迥異，請述其原則如下：

就山腰之「居住道路」而論，其形勢（方向與地位）必須約略與地面「等高綫」相同。因此沿路起造房屋時，往往須建築擋土牆，自較平地營造較為耗費。然各房屋沿山腰整齊排列，前後分成層次，殊為美觀，較循山腰橫列，成鋸齒形之房屋自較優勝。

沿路造屋有兩種辦法，或僅限於一旁，或分列兩旁。為排水之便利起見，營造宜僅限於向山之一邊，說明另詳下文。茲先就他方面研究其利弊如次：

如第二圖，山腰之斜度為1：3，圖中（甲）示兩旁建築之佈置，（乙）示一旁建築之佈置。道路寬度在（甲）約需10公尺，在（乙）則可減為7公尺。在（甲）須兩邊設「側石」，在（乙）則向山谷一邊之側石可付缺如。（甲）之溝渠（汙水溝渠）須比（乙）深入路面下2.90—1.20=1.70公尺。又「地下層」所需牆垣之體積，在向山頂之一邊，比向山谷之一邊超出甚多。如僅沿向山之一邊建築，可自各建築物俯眺山谷風景（關於 Nassau 之情形見第三圖）。如沿兩邊建築，則向谷一面之房屋所有聳出地面之地下層以下牆垣，自山下望之，殊不美觀（因無門窗故），且使建築物有過高之印象。

以上各點，皆示「一邊建築」之優勝。惟就通盤而論，如採用（乙）種計劃，則待闢之道路長度，須為用（甲）種計劃時之2倍。試就此點再加研究，則對於本篇所舉之例，得結論如下：

（1）道路長度雖增至2倍，然收用土地與土方工程費則不必同樣增加，僅增至

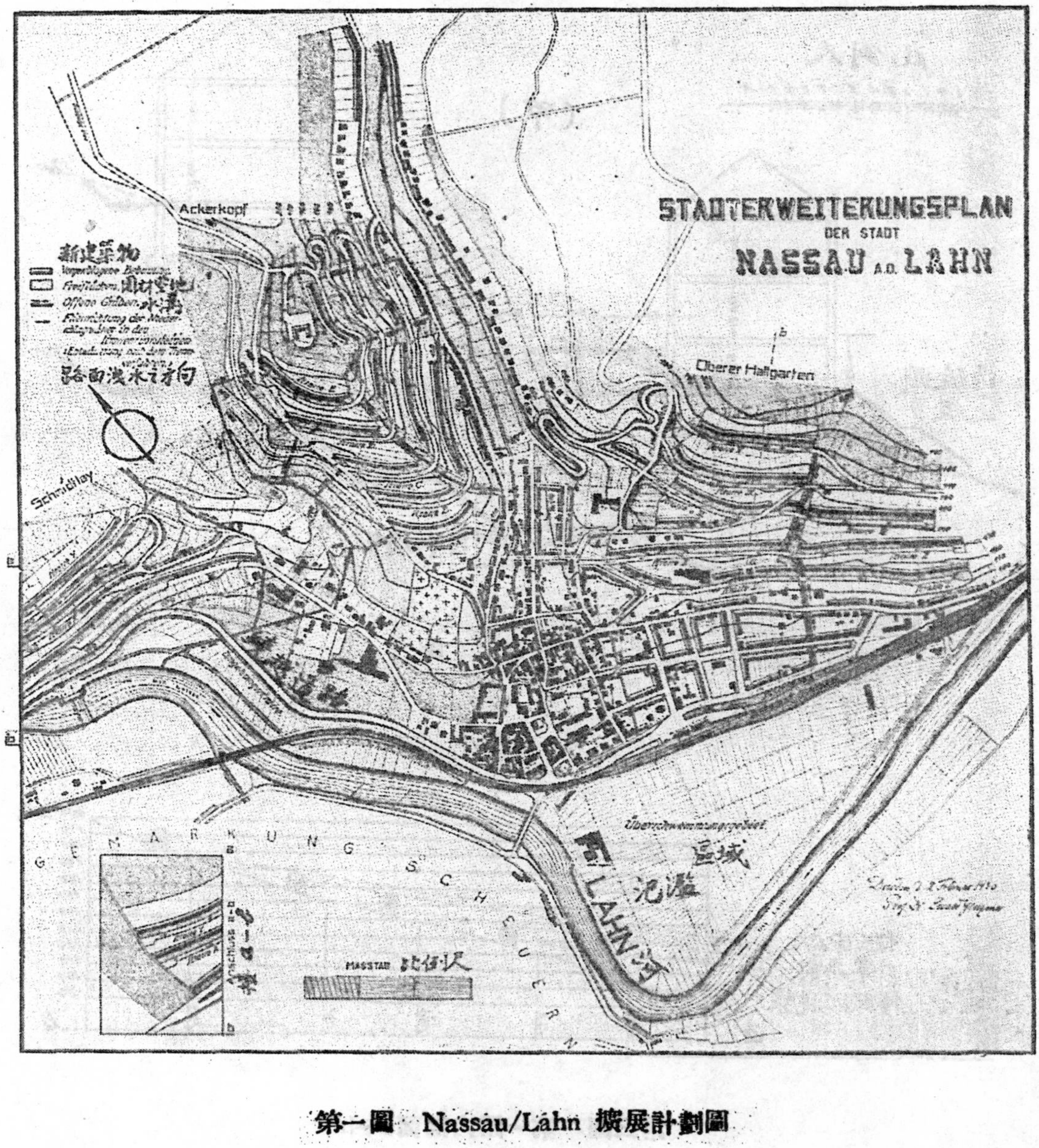

第一圖　Nassau/Lahn 擴展計劃圖

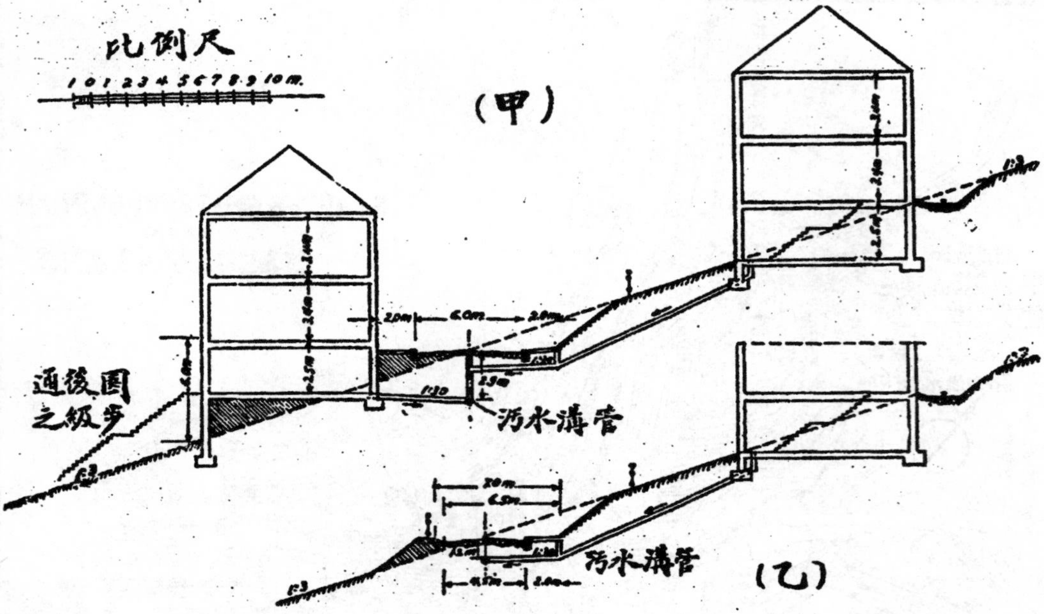

第 二 圖

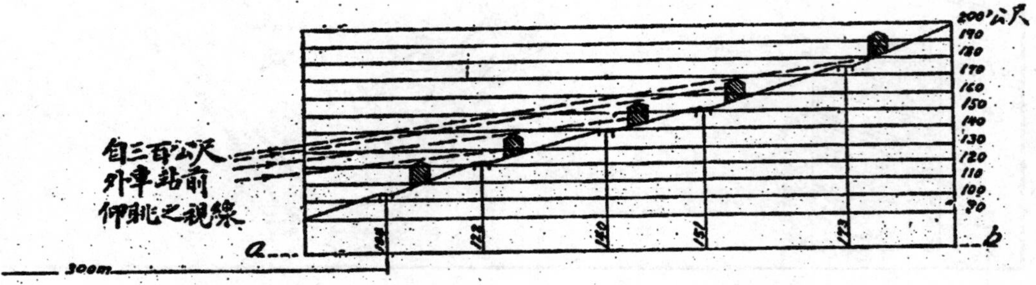

第三圖 第一圖內剖面a—b

$\frac{2\times7}{10}$＝1.4倍。

（2）築路工程費，關於人行道與側石者，在兩種計劃約略相等，僅車道建築費在（乙）種計劃約增至$\frac{2\times4.5}{6}$＝1.5倍。

（3）溝渠建築費在（乙）種計劃可估計爲每公尺12馬克，在（甲）種計劃則因溝管約深入路面下2倍之多，每公尺約需18馬克，故用（乙）種計劃僅比用（甲）種計劃增至$\frac{2\times12}{18}$＝1.3倍。

（4）用（甲）種計劃，房屋地下層之牆垣建築費，沿每公尺道路，至少須多出50馬克，合計之數殊爲可觀。

（5）用（乙）種計劃，建築之地位優勝，地價必增。

以上各點，須依據各該地方情形作詳細經費估計，始能決定（甲）（乙）兩種計劃孰爲經濟。由著者就若干地方研究所得者觀之，（乙）種計劃似較經濟，藉曰不然，就一般城市設計上之優點而論，亦應盡量採用（乙）種計劃也。

基於上述之理由，著者在 Nassau 之擴展計劃中，對於全部擴展區域內之道路，均採用（乙）種方式。但在例外情形之下（如因土地產權關係等），亦可在向山谷之一邊建築一二散立房屋。

各道路之縱坡度須不小於1：200，以便雨水易由車道邊之低處流去。

沿山腰層列之房屋，自須有接通山下之「總出路」。此種道路宜採用較大而事實上許可之縱坡度，庶路線不致延展過長，築路費不致過大。

接通山下之總出路，兩旁宜勿准營造，其理由如下：

（1）如建築房屋，該項房屋必成不美觀之鋸齒形。

（2）此種道路之曲線半徑必小，如兩邊建築房屋，勢必妨礙汽車交通之直視線。

（3）如兩旁不建房屋，將來路身容易放寬。

（4）如兩旁不建房屋，築路費之徵收可較公平，即將是項費用歸該路接通之住宅區全部均勻分担。

各行房屋間另設步道若干條，藉以互相聯絡。

居住道路（即居戶之門前出路）僅須以一端與「總出路」聯絡，其他一端可設「轉車場」。上下層列之轉車場，可以步道貫通其間，直達市中心區。

山腰市區之最好排水方法，爲採用「分開制」（即雨水與汙水分別宣洩）而將雨水由路面宣洩，但各道路之縱坡度須無一處小於1：200者。

以上係論山腰市區設計之原則，玆再

述關於 Nassau 之零星各點如下：

關於道路之最大縱坡度，經參攷當地已有道路之施設，斟酌新闢市區之情形，以1：11 爲標準。

新闢區域之「總出路」，在灣道附近，均設較寬較平之一段，以便行車。此種道路設於園林面積之中。

居住道路旁之建築基地，前面大都向南，宜於建築聯立式房屋，但在相當之處，建築分散式或半分散式之房屋，亦無不宜。擬規定之建築層數爲二層。建築地之沿路長度約6000公尺，約可建築3600人居住之房屋。

與市區設計有密切關係者，爲「排水」問題，但一般城市設計家對於此點多未認識，故 Dr. Heiligenthal 氏嘲之曰：『建築師擬製城市計劃時，往往絕不顧及排水之一點，而將其「腦筋中之產兒」濕淋淋的交付土木工程師，託其「弄乾」，曾不計所需費用之多寡』，其辭雖謔，其意甚是。

著者對於 Nassau 新闢市區所擬之排水計劃如下：

汙水(用餘之水及糞便)管之剖徑，無一處須在20公分以上，因坡度皆不下1：200，且汙水不多故。20公分徑之管，於坡度爲1：200時，每秒鐘約可洩水20公升。設每人每日平均用水 100 公升，又照常例假定在每日汙水排洩最多時，每小時之排洩量爲上數之$\frac{1}{10}$，即每秒鐘之排洩量爲$\frac{100}{10\times60\times60}=0.0028$公升，則 20 公分徑1：200坡度之管，可資$\frac{20}{0.0028}=7200$人(恰爲估計新闢市區人數之 2 倍)所供汙水之用。此種溝管以用瓦筒(即燒成之土管)爲最適宜。在地面坡度大於1：200之處，須排成「級步式」，設「落水審井」(Abturzschächte)以聯絡之，以免管中水面過低，致所含之物易於淤積管內。

在本計劃中，道路之縱坡度，幾無一處在1：200以下，故雨水皆可由路面流去，且經過之長度皆不逾 300 公尺，而入園林面積內特闢之水溝，如第一圖。

計劃中之園林面積（即禁絕一切建築之空地）雖分佈於新闢之區域內，而打成一片。其設置之目的，首在滿足城市設計上「人煙務求稀疏」之要求，次則使中心市區之居民得由幽靜之步道以達市外之森林與山嶺，並使人烟稠密之中心市區得輸入自然界景色。前述排洩雨水之水溝，以及山腰間之步道及轉車場，均設於園林面積內。他如公園，公墓，游憩場，運動場等亦可設於其中，惟因地勢關係，規模較大之運動場等，似宜於山下另覓地點。

公路汽車交通經過 Nassau 市內者甚

16454

爲擁擠。解决之法，在另闢「繞越道路」，其地位見第一圖。

▲日內瓦國際統一道路號誌公約

(譯自 Verkehrstechnik 1931, H. 26)

Pflug 氏述

(1)公約(1931年三月三十日訂立)之內容

(甲)採用新標誌前之過渡時期

國際聯盟建議，簽訂公約之各國政府，應採用新定道路標誌，並應負於最短期內在該國施行或督促施行之義務，而於訂立新標誌或更換舊標誌時，即採用規定之式樣，且至遲於自公約有效之日起之五年內，將舊有與規定式樣不符之標誌加以撤換(下略)。

(乙)增設規定種類以外標誌之辦法

簽訂公約之各國政府，須以公約附件規定之標誌為唯一標誌。如有另定他種標誌之必要，其大致式樣與顏色，須與規定之標誌相符。

(丙)道路標誌之保護

簽訂公約之各國政府，應禁止在公路上豎立任何牌碑之足以與規定標誌混淆或使其難於辦認者。(下略)

爲使道路標誌收圓滿之功效起見，簽訂公約之各國政府，應將設立規定標誌之數盡量減少。(按，意謂豎立標誌過濫過多，反使人司空見慣，易生玩忽之心)

簽訂公約之各國政府，應禁止在規定標誌上加入與原有意義牴觸及妨礙符號之辨認之文字。

意大利代表謂北意之汽車專用道路，所有商業廣告牌有大至10×20公尺者，但因路寬而視綫暢豁，尚屬無害。會衆亦承認是為例外情形，所有此項廣告牌，可聽其存在。

(丁)爭執之處置

如兩國以上之政府(簽訂公約者)在遵行公約辦法上，發生爭執，而不能自行解决時，可交付國際聯盟之"Commission Consulative et Technique des Communications et du Transit"仲裁。

(戊)公約開始有效之日期

本公約於五國政府批准或贊同之6個月後發生效力，隨後加入之各國，自國際聯盟秘書接到批准書或贊同書之日起，六個月後發生效力(下略)。

(己)公約之修正

每一國政府得隨時建議，將公約附件加以修正或補充。此種建議由國際聯盟秘書長通告訂立公約之其他各國政府，經全體贊成後，方予採納。

各國政府在增設與規定標誌系統不相牴觸之標誌之前，宜徵詢國際聯盟「道路交通委員會」之意見。

在公約施行8年以後，得由三國以上之政府隨時聲請修正。

(2)公約附件之內容

(甲)統一之範圍

規定標誌之範圍，原則上以關於汽車交通者爲限，因他種交通或無國際性，或行駛速度不大，毋需有統一之標誌也。惟警章禁止事項，除對於汽車外，兼涉及一般道路交通者，其關係標誌亦經規定。

標誌牌之尺寸未加規定〔第三組三(甲)與三(乙)兩種除外〕

(乙)道路標誌之分類

規定之道路標誌計分三種，即

(子)危險標誌，其目的在使車中人免蹈危險，

(丑)禁止與命令標誌，其目的在使駕車人免犯警章，

(寅)指示標誌，其目的在予駕車人以便利。

但亦有若干標誌，在分類上不免有疑問者。例如設於學校，戲院，教堂，兒童游戲場，醫院等附近之標誌（其目的在令駕車人小心前進，以免傷害他人），少數代表主張歸入「危險標誌」一類，而多數代表則以爲危險標誌應用於對於乘車者本身有危險之處（且其危險性繫於道路之佈置而無時不存在者），且危險標誌之種類宜少，不應濫用，故反對將上項標誌列入危險標誌一類。

又如「優先行駛權標誌」(Vorfahrtszeichen)歸入危險標誌之一類，在解釋上亦頗牽強。

(丙)標誌之形狀

危險標誌成三角形，禁止及命令標誌成圓形，指示標誌成長方形，故易辨別。

(丁)標誌之顏色

對於危險標誌未規定顏色。對於禁止與命令標誌及指示標誌之顏色，一部分經指定，一部分則僅假定，聽候選擇，大抵紅色用於禁止事項(尤其禁止通行等)，藍色用於指示事項。

又有主張對於釘繫標誌之柱，亦規定顏色者，但未通過。

(戊)道路標誌式樣圖說明

(第一組)危險標誌(第一圖)規定爲三角形。

(1)至(7)種標誌之尖端向上，(8)種標誌之尖端向下。牌面顏色及畫邊須與否聽便。

(1)——(5)種標誌　說明見圖內。

(6)種標誌　凡在(1)——(5)種標誌

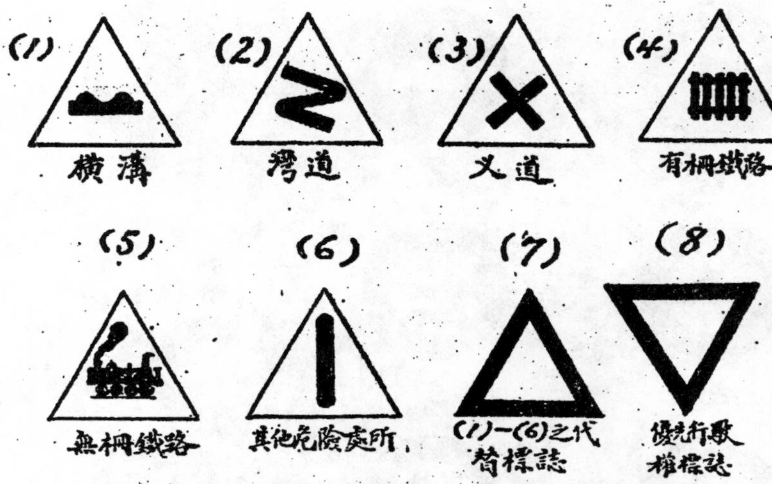

第一圖　國際道路標誌第一組（危險標誌）

所指示者以外之危險地點用之。

（７）種標誌　如因氣象關係，不宜用滿面標誌牌，可以此代替（１）—（６）種標誌。中間劃空。

（８）種標誌　係指示幹路車輛有優先行駛權之符號，設於支路上與幹道交叉處之前，係滿面標誌。

（第二組）禁止及命令標誌（第二圖）　標誌牌之形狀規定爲圓形。如於牌之上面或下面加設矢號，亦可。

（１）種標誌示對一切車輛均禁止通行。牌面作白色或淡黃色，邊框作紅色。

（２）種標誌設於單程（單向）交通道路禁止駛入之一端。牌面作白色或淡黃色，以紅色爲邊框。

（３）種標誌示對於汽車禁止通行。牌面及邊框顏色同上。

（４）種標誌示對於「兩輪汽車」（「機器脚踏車」）禁止通行。牌面及邊框顏色同上。

（５）種標誌示對於汽車及「兩輪汽車」均禁止通行。牌面爲白色或淡黃色，邊框及橫線均作紅色。

（６）種標誌示對於總重量逾一定數額（圖中舉5.5公噸爲例）之一切車輛均禁止通行。牌面作白色或淡黃色，邊框作紅色。

（７）種標誌之意義同上，但被禁止之車輛限於汽車一種。

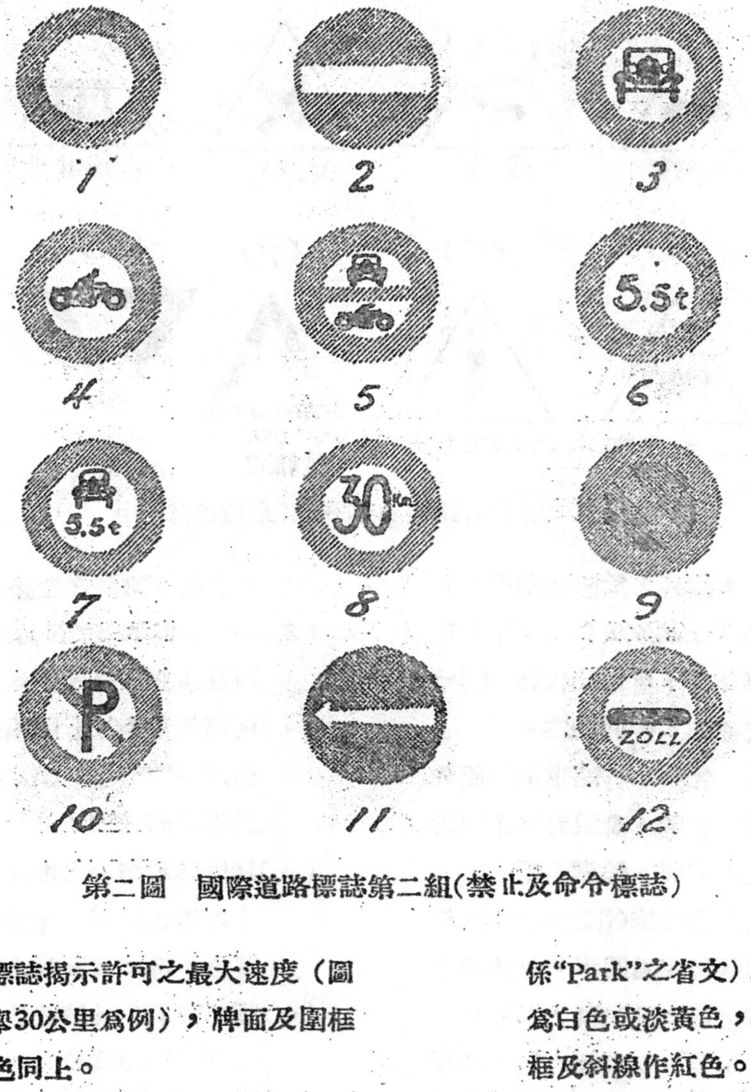

第二圖 國際道路標誌第二組(禁止及命令標誌)

(8)種標誌揭示許可之最大速度（圖中舉30公里爲例），牌面及圍框顏色同上。

(9)種標誌爲不許停車之符號。牌面作藍色，邊框及斜線作紅色，必要時得添寫相當文字。

(10)種 爲禁止擱置車輛（圖中P字係"Park"之省文）之符號。牌面爲白色或淡黃色，字作黑色，邊框及斜線作紅色。

(11)種 標誌上之矢號，示規定之行車方向。顏色可自由選擇，但不可以紅色爲主，且牌面作藍色時，矢號及邊框(指設邊框時而言)

不可作紅色。

(12)種　其意義爲「停車！此處爲收捐處所！」。圖中Zoll字樣係舉德文(卽「捐稅」之義)爲例，可代以各本國文字，並得兼列一種外國文字。

以上(1)——(10)爲禁止標誌，(11)——(12)爲命令標誌。

(第三組)指示標誌(第三圖)　規定爲長方形。

(1)種　指示可以停擱車輛。顏色隨意，但不可以紅色爲主，牌面最

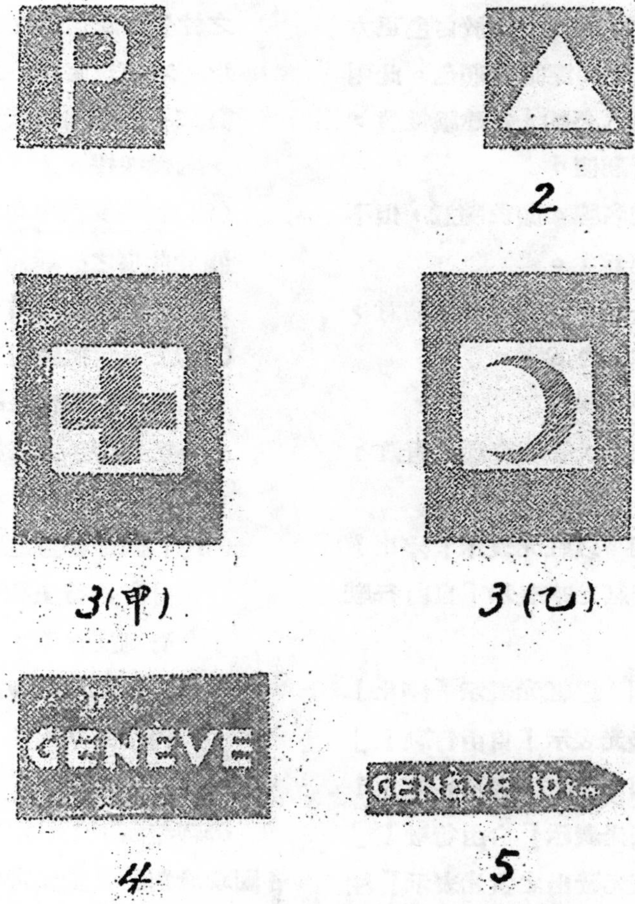

第三圖　國際道路標誌第三組(指示標誌)

好用藍色。

(2)種　指示開車應小心。設於學校等之附近。三角形用白色或淡黃色。牌面用深色，勿用紅色，可加入圖案或文字。

(3)種　又分(甲)(乙)兩類，爲指示「道路救護站」所在之標誌。「十字」與「半月」畫於白色正方形內，邊框用深暗之顏色。此兩種標誌列入公約，爲建議性質，採用與否聽便。

(4)種　爲地名牌。顏色隨意，但不得以紅色爲主。

(5)種　爲路徑指示牌。顏色隨意，但不得以紅色爲主。

(三)燈號(燈光號誌)

先是國際聯盟對於管理交通之燈誌，曾建議三項：

(甲)單色制　以紅光表示「停止！」，無紅光時表示「自由行駛！」

(乙)兩色制　以紅光表示「停止！」，綠光表示「自由行駛！」

(丙)三色制　以紅光表示「停止！」，綠光表示「自由行駛！」。隨紅光發出之黃光表示「注意！交通將開放！」，隨綠光發出之黃光表示「注意！交通將阻止」。

但會議時各國代表之意見未能一致，嘗議決如下：

『本會議希望「國際聯盟道路交通常務委員會」利用已有之經驗，對於燈號問題切實審查，以便確定各種制度之性質，及選擇之標準。如因實地情形，未便規定統一之燈號方式，亦應訂立不相牴觸之若干種，貢獻於各國，聽候採擇。』

(四)警察及汽車司機人之「手號」

關於此項之決議如下：

『……本會議之希望凡兩點：

(1)於最短期間內編纂關於交通警察及汽車司機人應用「手號」(包括代替手號之機動器具在內)之國際法典。

(2)「國際聯盟道路交通常務委員會」應執行上項任務，並從調查現有制度着手，及參攷刊物"C 23 M 17, 1929. VIII. C. C. T. 33 I."內附圖V。』

(五)交通教育

決議案如下：「本會議之意見，以爲各國政府對於兒童與青年亟應施以充分教育，使知道路交通之危險，及如何避免此

種危險之方法；教課中首應列入用於道路交通之標誌及手號。」

（6）簽字於公約之國家

於閉會式中簽字於公約之代表有比，德(保留攷慮之權)，丹麥，Danzig自由市(保留攷慮之權)，法，意，盧森堡，波蘭，瑞士，捷克及南斯拉夫等十國一自由市，再候各國市政府批准。

▲平房住宅

(原文載Wasmuths Monatshefte 1931, Heft 6)

Franz Ludwig Kurowski 氏著

近數十年來，單家住宅之築成二層式及多層式，已成習慣，其佈置大都以地面層為「起居房間」及「利用房間」（按，指廚房等而言）之一部分，地下層充「利用房間」之他一部分，樓上為臥室，有時更就屋面下「假樓」亦設臥室。

然以二層以上之單家住宅與平房住宅細加比較，則知平房住宅對於處理家政上最稱便利。

以節省建築基地及開闢費額（築路徵費及裝接水電費等）為左袒樓房之理由，在附設園地之住宅區內不能成立，因在此種處所地價與開闢費固力求減低也。反之，如附設園地之目的，不僅在使人烟之分佈稀疏，而兼備種植蔬菓，陶養性情之用，則平房住宅尤使居戶稱便。

平房住宅既集起居室，臥室，利用室於同一平面上，無扶梯阻梗其間，故各室之聯絡易求合式。平房內可設避風透氣之天井，而樓房則非規模較大者不宜採用。平房之設計，較諸同一容積之二層樓房，大都成立方體者，其式樣變化較易，故建築師發揮藝術能力之機會較多。又重要房間可比其他房間加高，包圍於內部之房間可開天窗等等，均為平房之特色。

平房式之小住宅，建築費亦較樓房為低，蓋屋內扶梯走道等所佔之面積均可從少或完全省去，且四周牆垣面積比樓房較小也。總之，屋內居住面積愈小，則扶梯與走道所佔之面積愈不經濟，即平房尤為合算。

縱使四周牆垣面積減少而節省之建築費，與隨屋面面積增加之建築費恰相抵消，而因工作架(脚手架)搭設費，安全設備費，材料之上下運輸費，以及工場設備及監工費均可減省，平房之造價仍可低廉。若就「使用費」而論，則平房之取暖費（因四周牆面較小，冬日寒氣之侵入較少）及修理費均較樓房為低。又平房有易於擴充及分期建造等優點。

平房之基地費及「開闢費」，雖似較樓房為多，然試就柏林而論，平房(一組)

16461

之租金，普通比「居住面積」相等之四層樓房較豐多多，換言之，即使兩者之租金相等，平房起造於地價昂貴之處，亦無不宜，固不必限於鄉間也。

更就現代之趨勢觀之，則知恢復「天然居住方式」(指平房而言)之運動，不乏成例可言。例如近代花園住宅，假日休息房屋，學校，幼稚園，醫院，工廠之建築，自用住宅等之設計競賽，皆有傾向平房之趨勢。德國建築師 Willy Sonntag, Hugo Häring, Georg Fest, Ludwig Hilberseimer 氏等均有關於平房住宅之作品。德國政府最近對於小住宅建築所定之原則，亦着重平房方面，本年內之恢復平房運動，必有新成績昭示吾人焉。

附圖之說明

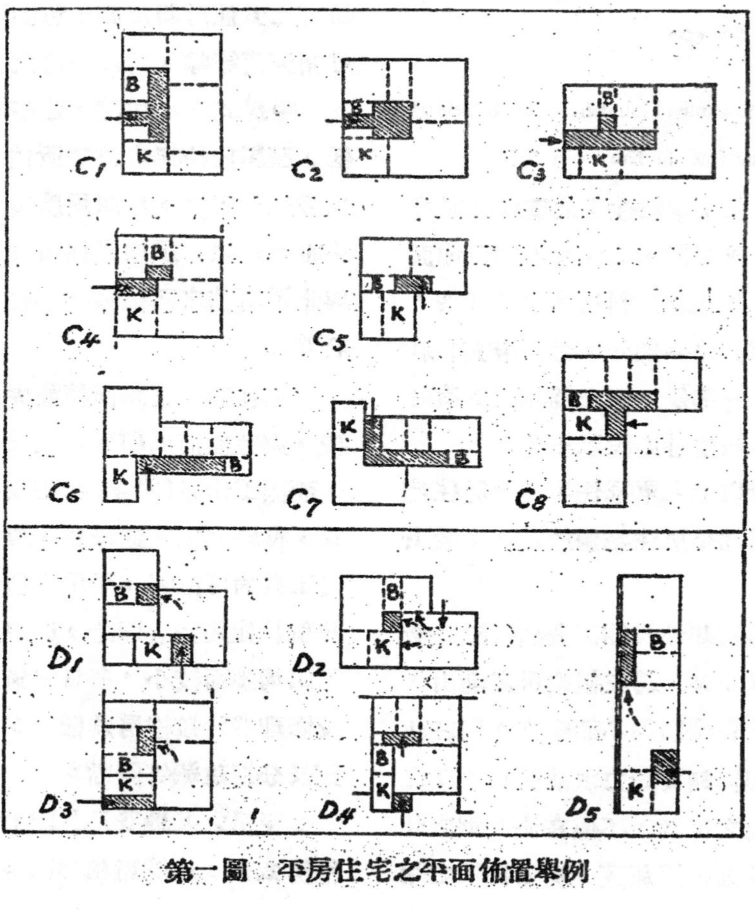

第一圖　平房住宅之平面佈置舉例

第一圖示「平房小住宅」平面佈置之例，C_1—C_8之各重要房間均可由交通地位（圖中畫斜線之處）直達。D_1—D_5之交通地位，一部分以起居室兼充；臥室等不直通過道。（圖中B爲浴室，K爲廚房）

C_1與C_3中之各房間，以長甬道聯絡之。C_2中之各房間，對向中央之小廳。C_1中之臥室及浴室，可於甬道中設門隔斷之。C_4中之甬道較爲縮短。C_5中之甬道設於凹角旁，佔地最小。C_6至C_8中之甬道，大部分沿屋邊佈置，使

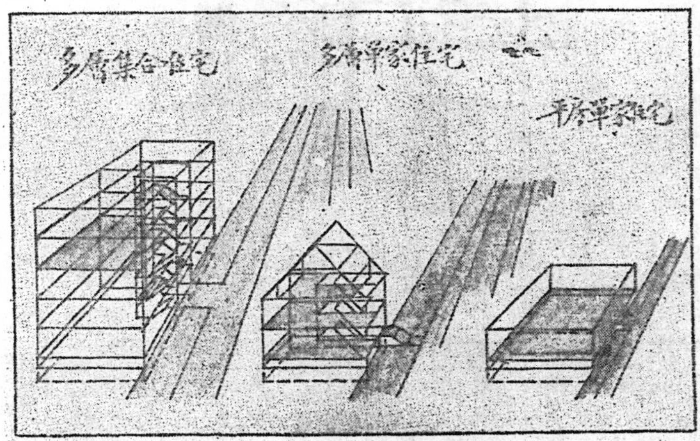

第二圖　平房與樓房之比較

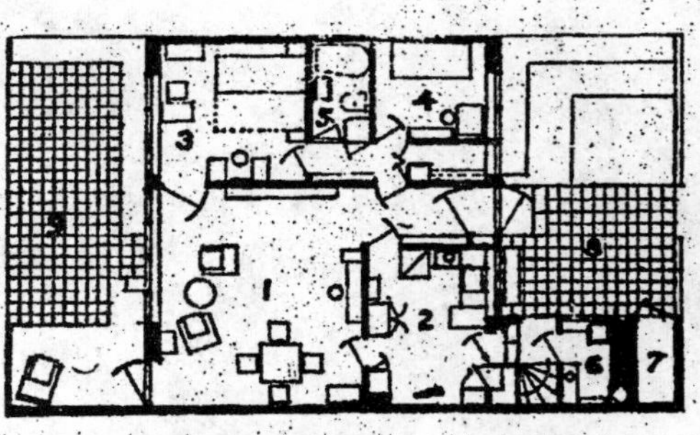

(1)起居室(2)廚房(3)及(4)臥室(5)浴室及廁所(6)洗衣間(7)脚踏車存放所

第三圖　Almquist氏之平房住宅平面佈置

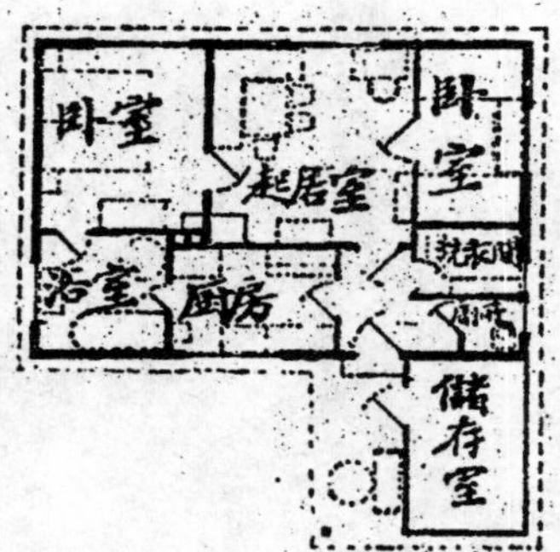

第四圖　Schwemmle氏之平房住宅平面佈置

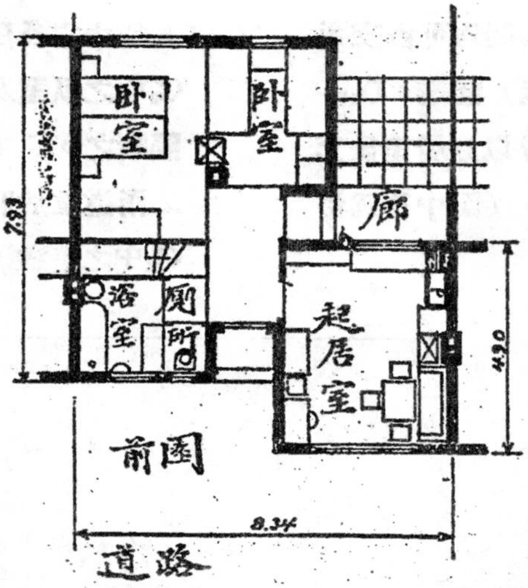

第五圖 聯立式平民平房住宅

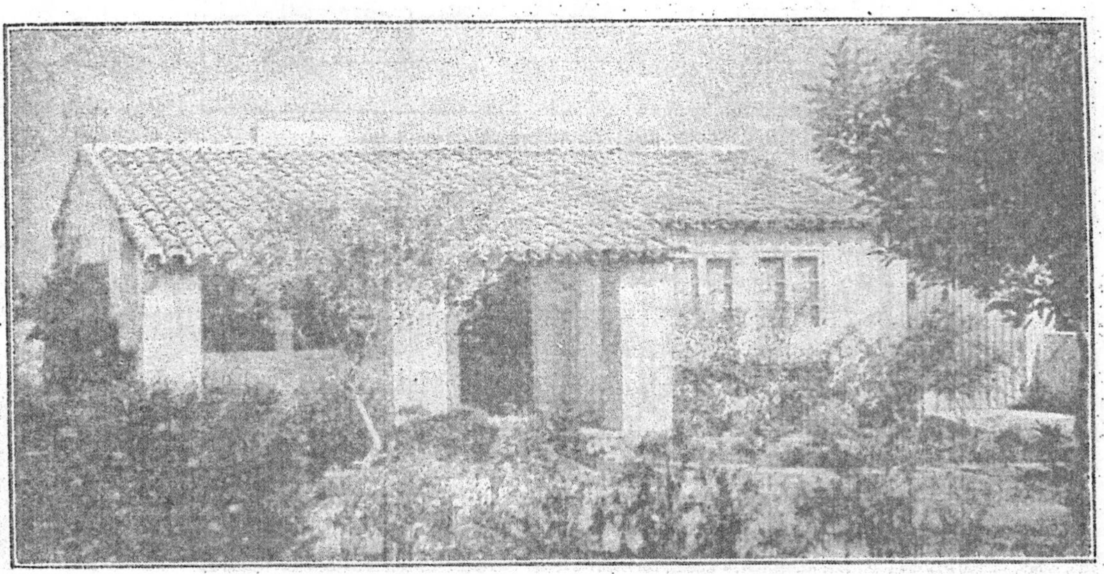

第六圖 美國 California 州之某平房住宅，其圖案曾得首獎

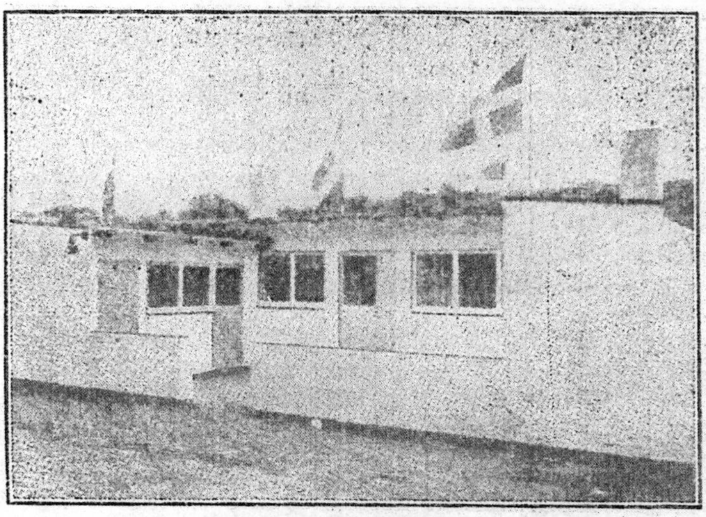

第七圖　Stockholm 某木質平房住宅

第八圖　Hellerau 某木質平房住宅

第九圖 Kopenhagen 某聯立式平房住宅

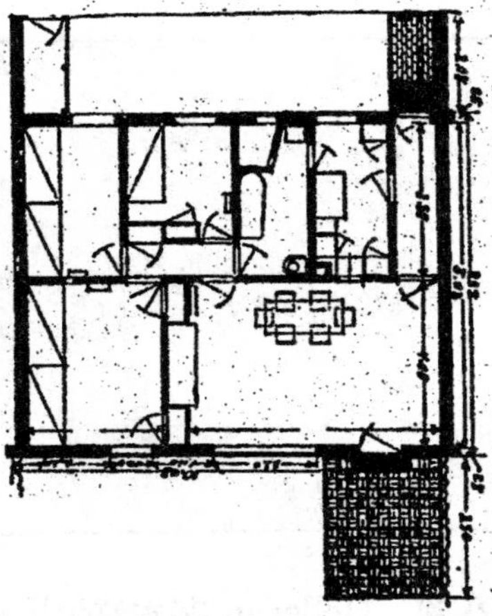

第十圖 第九圖之平面圖

第十一圖　美國 California 州 Palos Verdes 地方之鄉間平房住宅

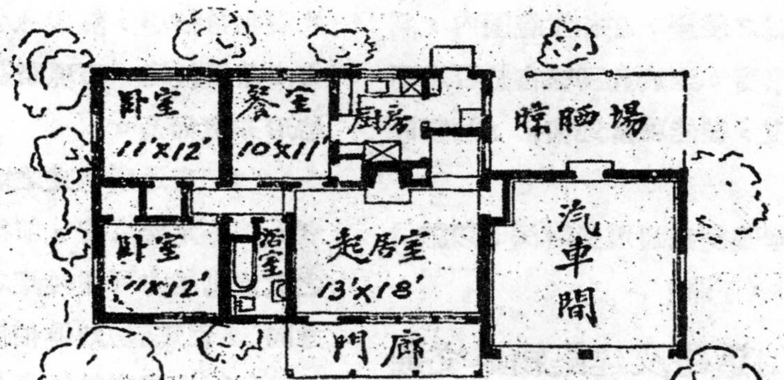

第十二圖　第十一圖之平面圖

各房間整齊醒目，且便納光。觀以上各圖，便知平房住宅之優點，如重要房間(起居室)之優越，屋內與花園聯絡之便利，背風院落之易於設置等等是。

D_1—D_5中之臥室接通起居室，因此甬道之面積均小。D_3中之臥室，亦可經由浴室以達起居室。D_5中北面之牆可不開窗戶，以禦寒風。

▲限制交通震盪之方法

(原文載"Verkehrstechnik" 1931, H. 21)

德國汽車道路工程研究會擬

(一)概論

道路交通，日益加繁，路旁居戶等感受囂聲與震盪之侵擾，在相當範圍內，爲不可避免之事實。至於此種弊害是否達不堪忍受之程度，僅能就當地情形，加以評判。

本篇所舉限制交通震盪辦法，以施於必要時爲限。(下略)

(二)道路及建築物與交通震盪之關係

(1)車輛行駛時之「衝擊能力」，一部分(未爲車輛本身所消納者)傳播於路身(路面，路基，路床)，使發生兩種變態，即

(甲)永久變態

(乙)彈性變態；

至於分配於兩種變態之多寡，現時尙不能確定。

(2)衝擊能力施於「定質」(固體，實體)時，誘致永久變態愈小(卽彈性變態愈大)，則所及之範圍愈大。

(3)永久變態或彈性變態甚小之定質及易於變態之流質，使震動傳播最遠。

(4)衝擊力分佈於地床(路床)之面積愈大(換言之，卽受衝擊之質量愈大)，則震動量(震幅)愈小。但質量加大，可致永久變態減小，而使減震之功效不著。例如混凝土路基之震動質量，比石塊路基大；故震動量較小，然因永久變態小，故震動力之傳播較遠，石塊路基則反是；路床之情形亦復如是。

(5)交通所誘致之震動，在垂直方向者，達一定深度時，卽行消滅(惟於有水之處震動能力可達較深之地位)，在水平方向(表面震波)則傳播較遠。

(6)土壤之粘結力愈大，則「傳震」之作用愈小，亦卽表面震波消滅愈速。

各種地床傳震作用之大小，約按下列次序遞加：岩石，乾燥及有棱角之沙，濕

礫及沙，粘土（細分之，爲 Lehm，Ton，Letten），沼土(Moor)，泥(Schlamm)。所應注意者，卽洪積層（diluviale Schichten）內之沙礫，其粘結力較在冲積層（Alluviale Schichten）者（山谷及海邊之沙礫）爲大。

又地下水面愈高，交通震動之傳播愈遠。

地床之由各種土壤並列而成者，其傳震之作用，比由一種土壤組成者較小。

（7）路面愈不平，愈易成波紋及發生e「共震（Rsonanz）現象」。

（8）房屋之底脚愈深愈堅（例如底脚加寬或打基樁等），愈不易震動。

（9）房屋各部分之結合愈固（鋼筋混凝土，鋼架建築，「固定」之樓面），波及之震動傳佈愈易愈廣。其震動之強度又繫乎各部分之「自震」及因此發生之「共震作用」。在某種情形之下，如設法將「自震」之頻度改變，雖採「固結」式，亦可對抗震動。

（三）限制交通震盪之方法

（甲）關於車輛及行車規章者

（1）對於車輛應限令一律使用打氣輪胎。

（2）汽車上不用彈簧穀震之部分應盡量減輕。

（3）運貨汽車及拖掛之車輛，載重務勿超過法定之數額。

（4）道路之因路身或路床關係，特易震動，或兩邊房屋不耐劇震者，須規定較小之行車速度，或禁止重載之運貨汽車通行。

（5）重載之馬車，車身須用彈簧支承，此種車輛亦應禁用鋼鐵輪箍。

（6）行車規章應嚴厲施行。（下略）

（乙）關於電車道與橋梁者

（1）電車軌道及高速車道之軌條及轍叉與轉轍器應盡量鍛接。撐桿應沿全長緊貼於舖砌物，不留空隙。電車車身須設彈簧。

（2）電車軌道應盡量沿道路中央舖設，並與他種車道隔離。舖設於混凝土路基上之軌道，應於軌底澆舖減殺聲響與震動之物料。

（3）附近有房屋之橋梁，其墩座底脚應特別深而大，使其加於土壤之單位壓力遠在尋常許可之數以下。

（丙）關於房屋者

（1）房屋之基礎務求穩固，故牆基應深而闊，使土壤之單位壓力盡量減小，而僅與對於死儎許可數額之一部分相當。

沿交通繁重之幹道之房屋，或沿其他

16469

道路而建於不良土壤上之房屋，切勿採用新式廉價建築方法，因其過於輕巧，不能耐震也。

(2)牆基之內，除設防水層外，至少應滿鋪減殺聲響，具有彈性及韌性之材料一層。

(3)「前牆」之前，最好築一平行牆，牆基更深入土內者。兩牆間之空地應便於洩水。

(4)樓梁及樓板等之支承處，其下面應舖減殺聲響與震動而具相當抗壓堅度之材料。

(5)建築物內高度及載重不同之部分，尤其採用鋼架建築及鋼筋混凝土建築者，應設充分而連貫之分隔縫。

(丁)關於道路者

(1)路面應平，無凸凹部分，不成波浪狀，且不透水。

(2)石塊路之縫，應用相當粘結材料填灌，約5公分之深。

(3)石塊路面之石料及瀝青路面等之礦物質材料，應韌而不脆。

(4)舊有不平之石塊路面，應重新翻砌。砌縫應挖空，或用「壓水」或「壓氣」冲空，至少5公分深，然後用粘結料填滿。

(5)翻築路面時，應選用適當路基。如路床土壤不良，應於選定路基築法之前，先將土質加以分析，必要時應將劣土挖去，即用舊路路基石料填實，上面另做堅固路基。如地下水位高及路床，或路床土壤潮濕，則充分之泥土排水設備亦屬不可少。

(6)交通繁盛之道路（包括將來交通可望發達之道路在內），其路基應力求深厚，庶交通之震盪於波及路床以前，爲質量巨大之路基所消納。至路基厚度之尺寸，須視路床之性質而定，有時以30公分爲必需之數。

(7)爲免除交通震盪之弊害起見，對於路基之做法應審慎選擇。但在各種路基中，如混凝土路基，石塊路基，碎石路基，漢堡式路基（以含粘土之礫及用粘結料灌縫之砌石做成），究孰爲最宜，在科學上現尚未能決定，故惟有察酌當地情形，並參攷第二章第三項所論之點選定之。

(8)潮濕及透水路床，必須備洩水設備，即用混凝土爲路基時亦然。

(9)房屋之「前園」有減殺交通嚣聲與震動之效用。

(10)人行道宜勿沿全寬鋪滿。

(11)在土壤不良之處，可於人行道邊挖溝一條，深度與屋基等，用石礫等填滿，則於「殺震」與洩水兩方面，均有稗益

16470

。如能於屋邊設明溝亦佳。

(12)在地下水過高之處，最好於人行道下設「排水管」，使地下水面減低。

(四)交通震盪之測驗

(1)感受交通震盪損害者之陳訴，每有言過其實者，故應用適當方法測驗道路及路旁房屋之震盪程度，以審察過分震盪之原因，並資拒絕不當賠償要求之根據。

(2)為評判交通震盪之情形起見，對於「加速」與「頻度」之認識為不可少。故測驗器械應採用直接測計上述兩種數值者。由「地震儀」測得之結果計算「加速」，殊為繁難，且易錯誤。

▲木質廣播無線電天線塔

(原文載 Zentralblatt der Bauverwaltung 1931, H. 12)

Dr.-Ing. Herbst 著

1927年德國 München 市附近之 Stadelheim 地方及 Köln 市附近 Raderthal 地方已有木質廣播無線電天線塔之建築(高達80公尺)，良以鋼鐵塔每使天線(Antenne)之「磁場」(das Magnetische Feld)發生障礙及減弱，故捨此而就彼也。最近東普魯士 Heilsberg 地方新設之廣播大電臺(能率為 75 Kilowatt)所建之天線塔兩座(參觀封面圖)尤為同類建築物中之傑出者，亦即本篇所介紹者。

該兩塔之構造完全相同，高度為 102 公尺，相距 200 公尺。於聯結之纜索上，支承垂直之天線網。

該木塔剖面成正方形，由「構架」四條組合而成，高 100 公尺，底邊寬15公尺，以6.5公分/公尺之斜度，向上漸殺，至頂部僅寬 2 公尺。構架之足各支於混凝土座。構架之桿組成「力學上可定」之三角形系統，每一桿視受力之大小分別為單條式，雙條式或四條式。數條組成之桿於構架結點用黃銅(Messing)製「踞齒橫梢」與螺栓聯緊之。構桿之數務求其少，「邊桿」與「中間桿」之聯結，務求為對稱式(正中式)，以免邊桿與中間桿以及夾緊「橫梢」之螺栓發生彎曲與扭轉之作用。為達到此項目的起見，所有中間桿須構成雙條式，將邊桿左右夾持，故所受之拉力與壓力皆為正中者。計算全塔時，依據本身重量，天線拉力，平衡錘之重量(Gegengewicht)，及假定施於天線拉力方向之水平風力及由以上各種力發生之旋轉力率。防止傾覆之安全率至少須為 1.5 倍。

為設計上之便利起見，構成木塔(立體構架)之平面構架，分為甲，乙兩種，如第一第二兩圖所示，使兩兩相接之構架

16471

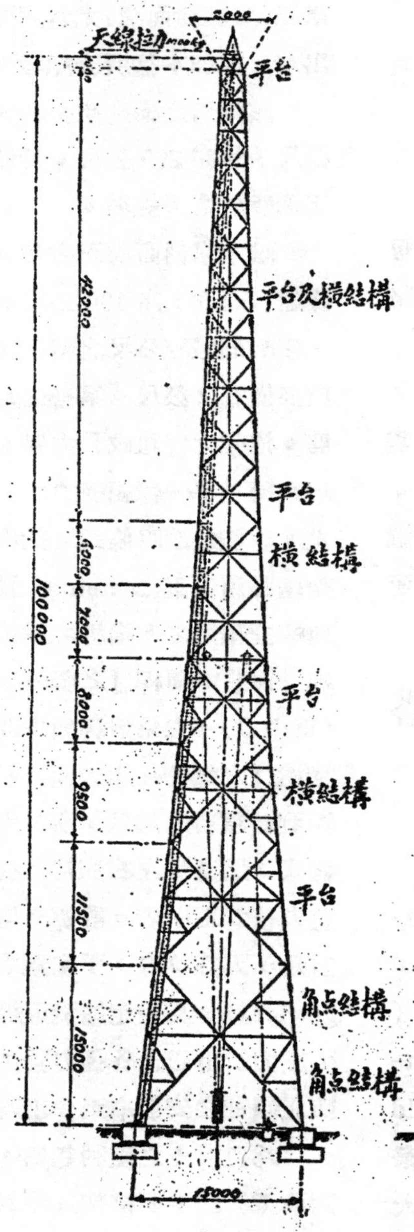

第一圖 甲種構架

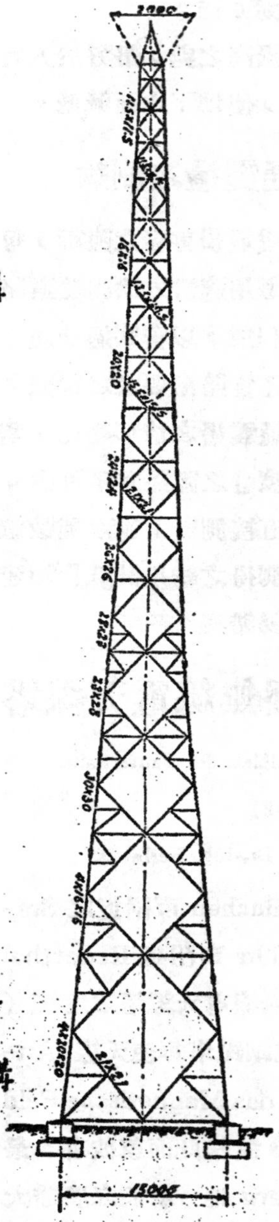

第二圖 乙種構架

16472

第三圖　平台（圖中純字係純字之誤）

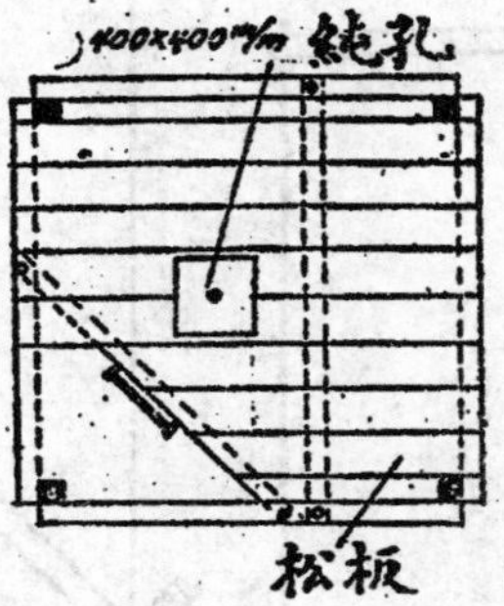

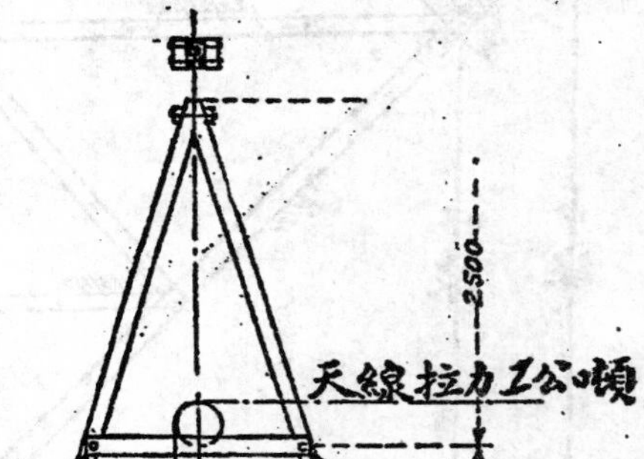

第四圖　甲種構架之頂部

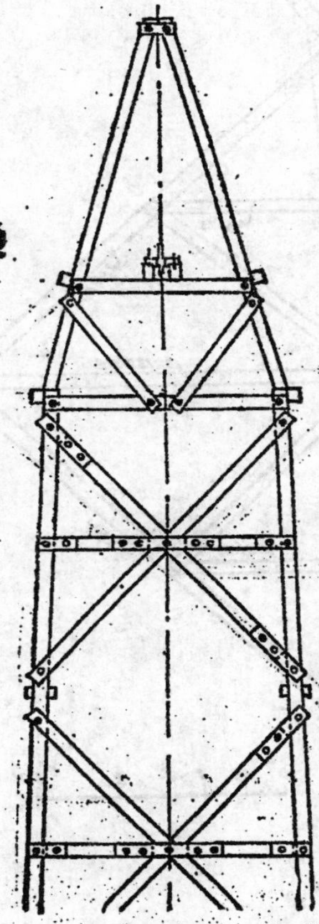

第五圖　乙種構架之頂部

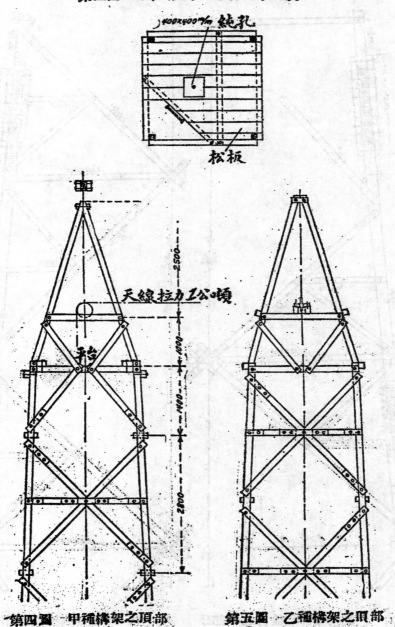

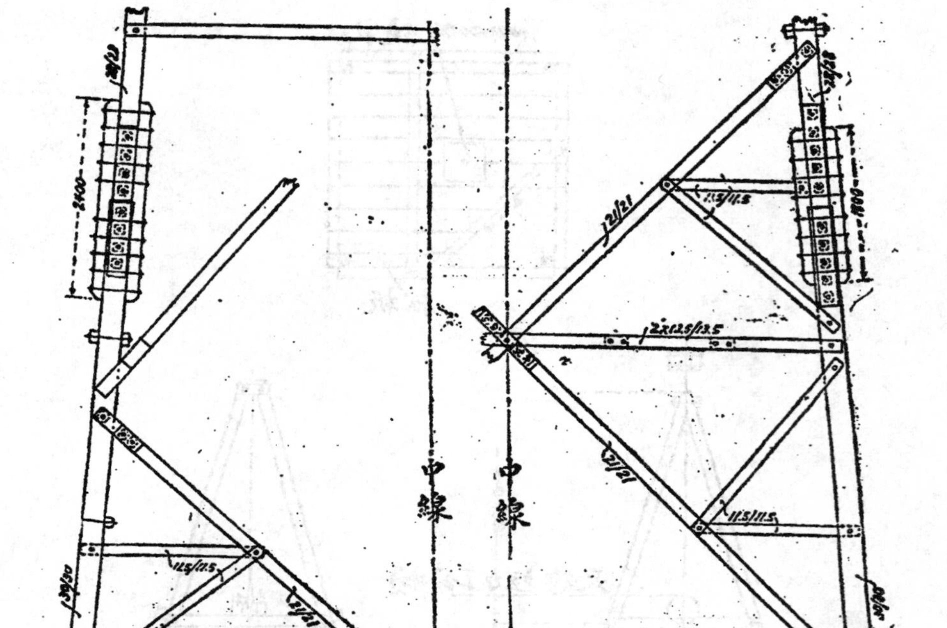

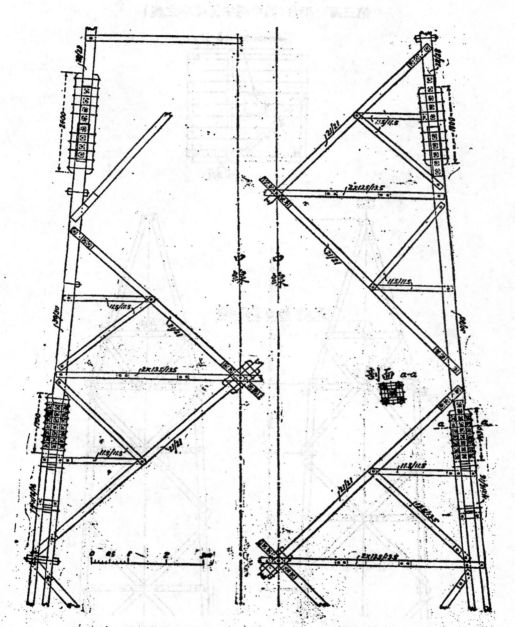

第六圖 乙種構架詳細設計之一部分　　第七圖 甲種構架詳細設計之一部分

所有重要「節點」錯綜佈直，而不紛聚一處；邊桿(卽塔身之柱桿)之斷接處設於節點間空擋內。主要斜桿甚長，易於撓屈，故以短橫桿與斜桿維繫之。

計算之結果，得各木桿之尺寸如下：邊桿(柱桿)，四條組成者有4×20/20公分及4×16/16公分之兩種，單條者自 30/30公分遞變至16/16公分，最上一段則爲11.5/11.5公分。主要斜桿皆爲單條式，剖面自 21/21公分減至 15.5/15.5，13.5/13.5及 11.5/11.5 公分。橫桿，雙條者自2×15.5/15.5公分減至2×11.5/11.5公分，單條者爲28/13.5，26/11.5，23/11.5，20/10，15.5/10及11.5/11.5公分等尺寸。

各桿條之聯結及斷接方式，以及塔足與塔頂之佈置見第三至第八圖。

黃銅「踞齒橫梢」(Messing-Press-Dübel, 詳見 Zentralblatt d. Bauverwaltung, 1925 S. 320)，足以傳遞桿條之全部力量，其橫貫之螺栓，僅供夾緊之用。橫

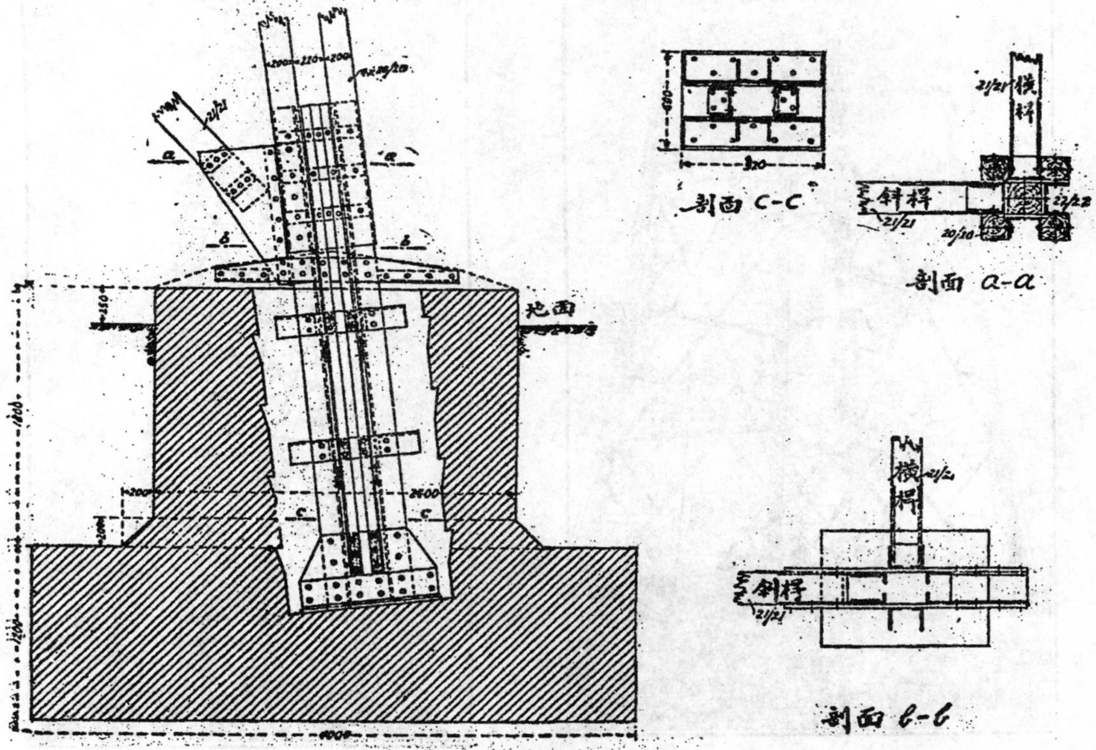

第八圖 塔足之支架佈置

梢之剖面爲9.5×9.5，10×10，13×13公分不等，視傳力之大小而定。夾緊之螺栓亦用黃銅(Press-Messing)製。

本塔所用之木料係美洲產之"Pitch-Pine"（一種松木名），以其富有堅性，不易朽腐，含松脂(Terpentin)甚多，不易乾裂，不畏風雨，乾度均勻故。爲增加其耐久之能力起見，復用「臭油」(Karbolineum)髹塗兩次。

第九圖　木塔搭裝時之情形

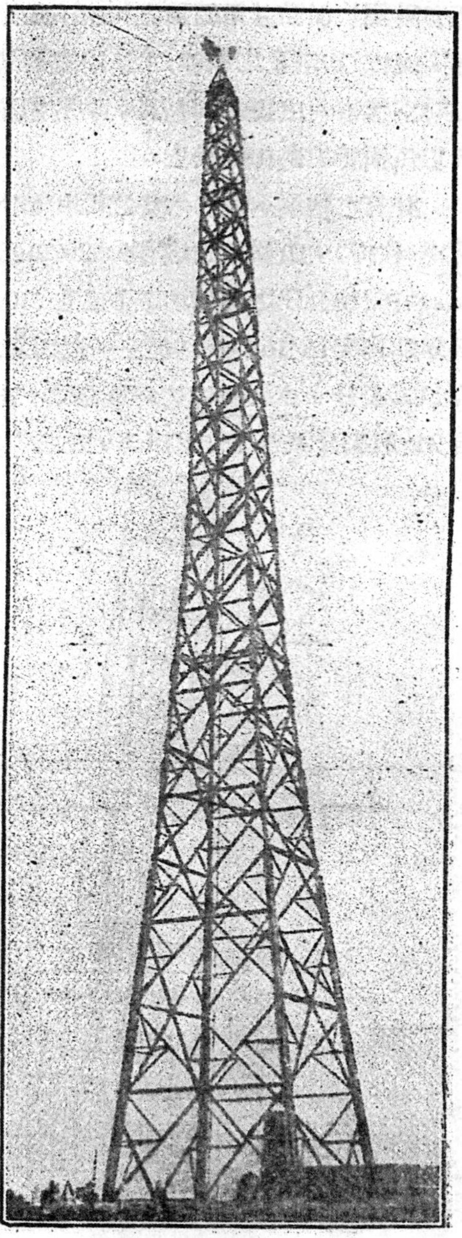

第十圖　完成之木塔

16476

木塔四角之柱桿，各支於混凝土足座。足座之尺寸爲2.4×2.4公尺，下面復以4.0×4.0公尺之混凝土基板承之，深入地面下土內約2.75公尺。各足座之相互距離爲15公尺。木塔柱桿之足部以鋼鐵部分支承於混凝土足座上，以消納壓力，並鎖繫於足座內，以消納拉力（參閱第八圖）。

相距200公尺之兩木塔間，張30公釐徑之「蔴索」(Hanfseile)，中間垂直懸掛Reusen式之天線網(Antenne)。蔴索常川以1000公斤之拉力鎮定之，必要時可藉手搖「絞車」(Winde)放下及提起。手搖絞車裝置於塔內離地45公尺之平臺上。維持蔴索平衡之重錘懸於「連滑車」(Flaschenzug)之上。

設計時所假定之外力如下：兩構架於塔尖所受之天線拉力爲1000公斤，上部水平風力250公斤/平方公尺，下部水平風力150公斤/平方公尺（向風構架按全部面積計算，背風構架按面積之半數計算），塔身重量及平衡錘重量爲2公噸。

兩木塔於1930年六月初興工，同年十月底完工（第九圖示木塔搭裝時之情形，第十圖示木塔完工後之情形）。

▲古屋遷移記

（譯自 Beton u. Eisen, 1931, H. 9）

丹麥有小城市名 Randers 者，其熱鬧之街道中有建於1778年之市議會房屋凸出其間，以致交通不便，且每有汽車傷人之事。該市當局迭經攷慮，以爲該屋爲古蹟之一，應加以保存，且其構造尚甚堅固，內部佈置亦仍合用，若將其完全改造，旣屬可惜，若僅將其妨礙交通之部分改造，內外佈置又難求合式，最後乃决定將該屋整個遷移。因之古蹟旣得保存，交通亦稱便利，一舉而兩得，此之謂矣。玆述其經過情形如次：

第一圖示該屋未遷移前之情形。左邊（圖中右邊）之街道，即Randers市之街衢，爲該屋所阻礙者。屋爲二層式，寬21公尺，深10公尺，簷高13.5公尺，塔頂高36.5公尺。牆身用大塊磚與石灰膠泥砌成，牆脚用糙石疊成（不用膠泥）。全屋除去牆基之重量約700公噸。

遷移之前，先將屋右（第一圖中左邊）之附屬部分拆去，騰出備遷移用之地位。次在該地上用混凝土建築新牆脚。同時屋後之小廂屋（翼屋）亦加以拆除。復次於該屋之下層用相當方法撐支，以免遷移時搖動，然後在全屋下面鋪闊邊式工字鋼多條，其下復橫鋪鋼梁四條（屋內外各二條）以支承之，每鋼條下各置四輪「小車」14具（輪徑9公分），以便推移。小車之輪又支

第　一　圖

第　二　圖

第　三　圖

於鋼梁，下設「螺旋起重器」(Druck-spindeln) 14具（埋固於混凝土方塊內），以便將全屋提起至需要之高度。

全屋用上述方法頂支後，乃將牆脚鑿開，以待移屋(如第二圖)。移屋時，用螺旋起重器四具橫置於水平方向，藉螺旋之轉動，施推力於屋下之鋼梁，使轉動於小車之上(第三圖)。全屋約移動3公尺後，復藉螺旋起重機提高7公分，迨移至預定之地位時，乃將新砌牆脚與牆身間之缺口空縫，用快燥混凝土灌塡，然後將支承之鋼條等撤去。其餘工作毋待贅述。

移屋時經過良好，塔上之擺鐘仍行走如故。全部遷移費用約合德幣四萬二千馬克云。

▲水泥碎石路

(譯自 Verkehrstechnik 1931, H. 18)

捷克人 Dr. K. Valina 氏近刊行「水泥碎石路」(Zement-schotterstrasse，又名 Macadam Mortier)，茲介紹其要點如下：

水泥碎石路由沙結碎石路改進而來，即用水泥膠泥代沙泥(和水之沙)，以滿塡碎石路之縫隙是。膠泥凝固後，與碎石結合成整塊，頗爲堅固，對於車輪氣胎之吸

力作用，亦饒有抵抗性。

水泥碎石路之造價比舊式碎石路增加無多。凡不產瀝青與柏油而產水泥之國家，例如捷克，建築此種道路，可盡量利用本國材料，凡獨立國家之築路，固應守「用本國材料與人工」之原則也。

水泥碎石路之施工法，凡有多種，要皆以「水泥膠泥務求透入碎石層，碎石間之縫隙務求填滿」爲原則。水泥與沙拌和後，可乾用，或加水和成膠泥，再行使用，加水之多寡各地亦有參差。首先建築水泥碎石路之法國，則幾以「濕用」爲通例焉。

法國尋常建築碎石路之施工方法，注重路基之堅實，故改築舊碎石路時，僅將中央部分翻起，以便做成較平之橫坡(2%)，其兩邊各約1.25公尺寬之一段，則仍予保存，再用新碎石鋪於其上，澆膠泥輾壓之。此種做法，需費不免較多，然可防因路床不堅而致路邊破裂之弊。其所用碎石之粒徑爲6/8公分。此種大粒碎石用於水泥碎石路，是否適宜，則屬疑問，蓋碎石之粒徑大，則其相互間之穴隙亦大，如此，固有膠泥易於透入之利益，然因膠泥塊較大，堅度又不及石料，故碎石（比用小粒碎石築成之路）似較易鬆脫，尤以路之表面爲甚，法國之水泥碎石路，於表面水泥層剝落後，輒用熱柏油澆鋪（並於一年後再澆鋪一次）或即因此。然水泥碎石路如再須用柏油等鋪面，殊不經濟，且原具路面不滑之優點，亦因而喪失。因此，其他各國皆用小粒碎石，而澆鋪柏油之舉，則每從省略焉。

水泥碎石路在經濟上與技術上自亦不免有若干弱點：(1)所用水泥比其他粘結料爲價較昂或用量較多，(2)水泥膠泥路須防交通，日光，寒氣之侵擾，以期凝結適宜，故建築時須斷絕交通，或分兩半先後建築；(3)今日建築之路段，與昨日築成者之分界處，不能用滾路機輾壓，以防損壞已開始凝結而尚未堅固之路段，故該處須改用手工搗實；(4)修補之路面，亦須暫斷交通，即使用快燥水泥時亦然。

每平方公尺水泥碎石路之造價，在法國約爲40法郎(約合6.50馬克)，在捷克約爲34.3克郎（約合5.15馬克，所用水泥約比法國多三成），在德國約4.2—6.0馬克云。

德國橋梁設計準則輯要

道路橋梁尺寸標準

(簡稱 DIN 1071)

（最近修正草案原文載 "Der Bauingenieur," 1931 Heft 12/13）

寬度

無定量交通之鄉間步道 (Feldwege) 之單軌橋梁及(大城市中)三軌以上之道路橋梁，因需要情形逈異故，不規定標準尺寸。

單軌橋梁

第一圖適用於鄉間步道，在維持中之車道及次要道路，無笨大農業機器之交通，或此種機器可繞越鄰近較寬之橋梁者。

兩邊之「緩衝臺」(Schrammborde) 可各放寬 0.1 公尺，同時將車道相當縮狹之。

第二圖適用於鄉間步道，在維持中之車道及次要之道路，通行笨大農業機器者(尋常農事車輛可兩乘並行)。

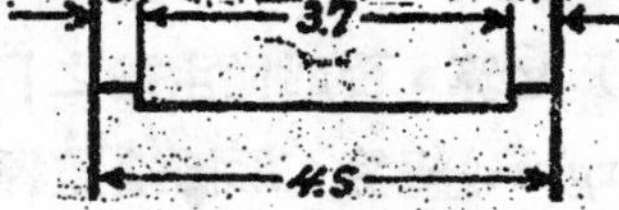

第一圖

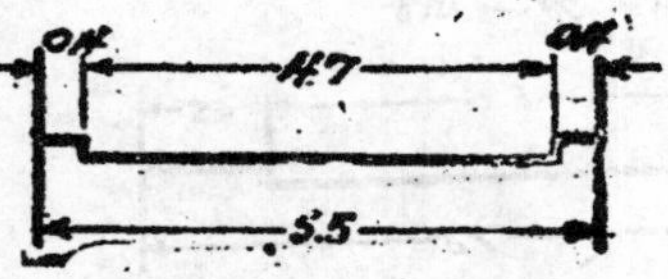

第二圖

兩邊之「緩衝臺」可各放寬 0.1 公尺，同時將車道相當縮狹之。

雙軌橋梁

	汽車交通稀少之鄉間及城市道路	汽車（尤其運貨汽車）交通頻繁之長途汽車道路及他種道路	附　　註
行人交通不多時	第三圖	—	
僅一邊之行人交通甚繁時	第四圖	第四圖甲	如兩邊行人交通均屬適中，可將兩邊人行道之寬度各定爲1公尺。如橋梁爲「提式」（即梁身突出橋面以上），人行道挑出梁外，可僅於一邊設人行道。

兩邊之行人交通均甚繁時	第五圖	第五圖甲	
	第六圖	第六圖甲	

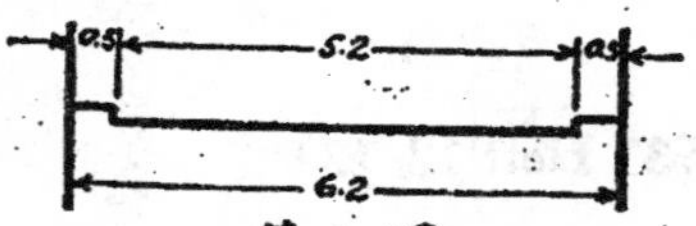

第三圖

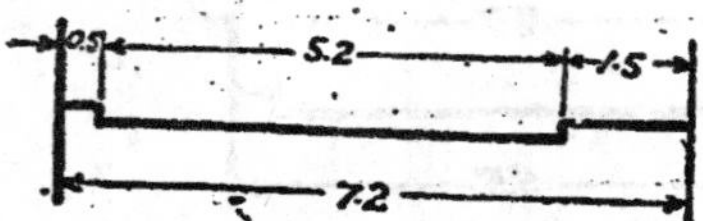

第四圖

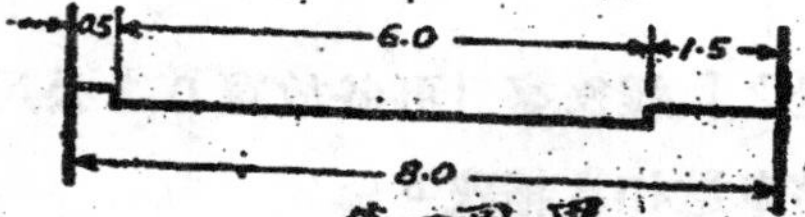

第四圖甲

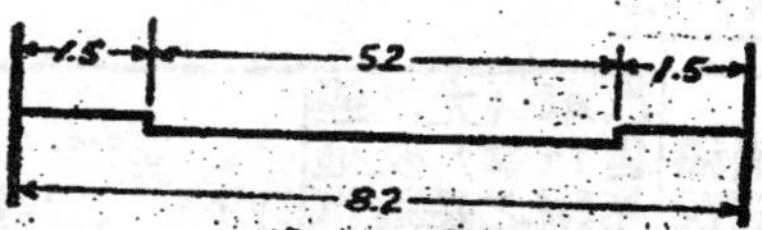

第五圖

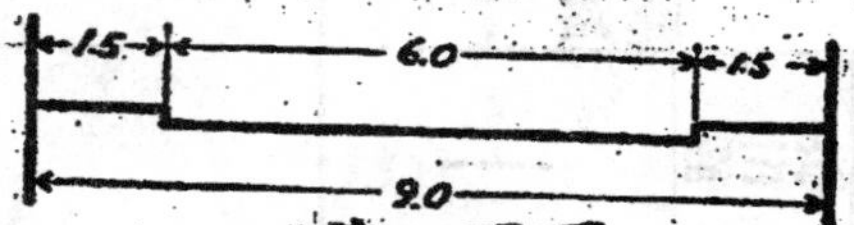

第五圖甲

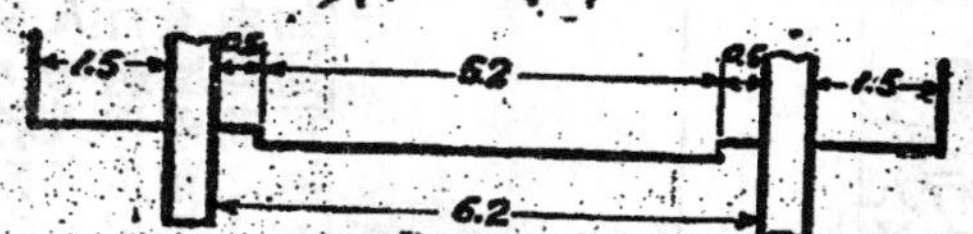

第六圖

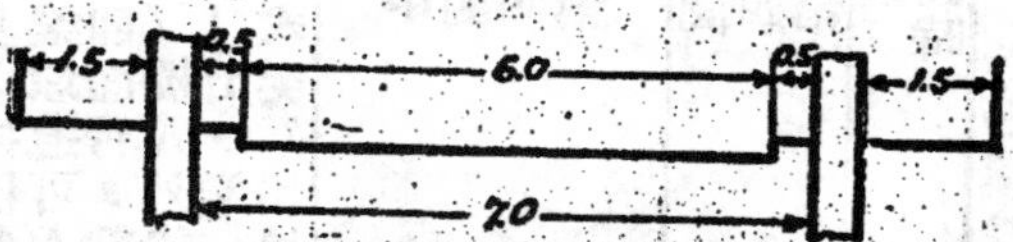

第六圖甲

<u>三軌橋梁</u>

如第七圖及第八圖，於城市中用之。

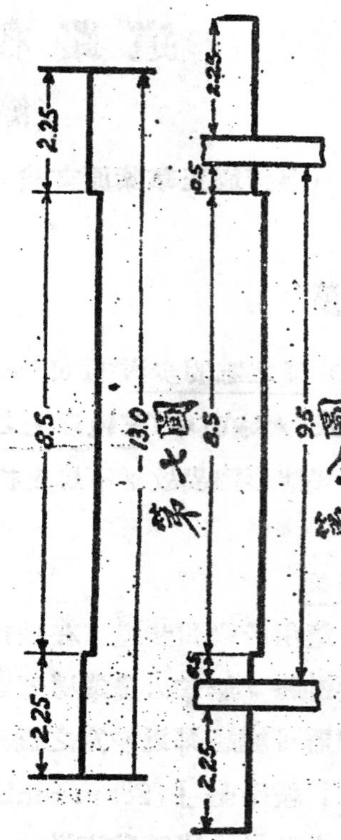

第七圖　第八圖

<u>三軌以上之車道</u>　設軌數為n則車道之寬度宜為(n×2.5+1.0)公尺。

<u>通則</u>

緩衝臺之寬度，如主梁之上邊高出臺面3.5公尺以上，自梁內之豎桿與斜桿（或自欄杆）起算，否則從主梁之「上面邊桿」(Obergurt)起算。近橋端豎桿之處，人行道可縮狹0.15公尺。

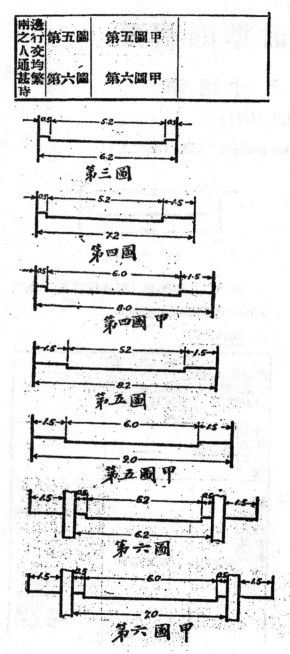

緩衝臺上面之淨空界線，距臺邊之尺寸可僅爲0.3公尺。在距臺面0.5公尺之高度內，可設突出之建築部分，至上項界線爲止(參閱第九圖)。

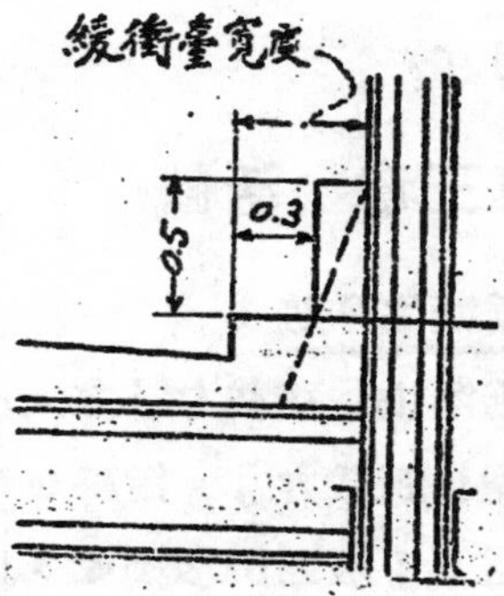

第　九　圖

如銜接之道路上設有「脚踏車道」，且脚踏車之交通甚繁，則於橋梁上亦宜備脚踏車道，計雙軌者至少應寬1.5公尺，往來分道之單軌至少應寬0.8公尺，而以1.0公尺較爲適宜。

淨高

車道上留空之淨高至少應爲4.5公尺，人行道上留空之淨高至少應爲2.5公尺。

長度

「節距」(構架分格之尺寸)應爲公分之整數，跨度最好爲公尺之整數。

道路橋梁假定載重之準則

(簡稱 DIN 1072)

(最近修正草案原文載"Bauing." 1921)

第一編

第一章　力之分類

「主要力」爲死重(靜止載重)，活重(活動載重)及溫度變化與收縮之作用。

「加計力」爲其他一切應計及之力，而以風力，制動力，欄杆壓力，活動支座之阻力，積雪之重量，墩座撓縮及沉陷之作用爲尤要。

第二編　主要力

第二章　死重

(一)鋼橋

普通可視爲勻佈之死重，應以下列兩

項組成之：

(甲)橋身（主梁，橫梁，縱梁，橋板，抗風結構，橫結構，人行道承梁，欄杆）之重量，

(乙)橋面（路面及路基，鋪墊層，電車軌道）及水電等管纜之重量。

橋面及管纜之重量，應照所用之材料及尺寸直接計算之。橋身之重量，可假助公式圖表，或參攷已成之橋梁，先作約略估計，暫用為計算彎冪，剪力，「構桿力」之根據。如初步估計之死儎額，有不符之疑問，應由算出之剖面等，重新將「死儎額」約略計算。如由是算得之總應力超過許可數 3%以上，應將全部計算書重新編製。無論如何，於編定全部計算書後，應將實際死儎額與假定之數並列，以資比較。

(二)實體橋(磚石及混凝土橋)及木橋死儎之額，如(一)項假定之。

木料之平均單位重量(以公斤/立方公尺計)如下表：

	木料之種類	乾燥時	濕時
軟木	紅縱(Fichte)及縱木(Tanne)	550	700
	松木(Kiefer)及落葉松(Lärche)	600	750
硬木	橡木(Eiche)及棟木(Buche)	800	1000

表中所列之單位重量包括小鐵件（釘，螺栓，鐵梢），硬木部分及油漆料或灌治料在內。

鋼鐵拉條，節點之聯結鐵板，斷接處之接合鐵板，鐵套，鋼鐵支座等之重量，應另行加計。

第三章 活儎

(一)橋梁之分級

道路橋梁依「勝載力」之大小，分為四級。所謂「勝載力」，指計算時所假定之活儎而言。I級至III級橋梁，以下列標準活儎(見第二項)為設計根據。勝載力在III級標準活儎以下之橋梁，概列入IV級。

道路橋梁之通行重電車者，應另計該項活儎之影響(參閱第六章第一項)。其他鐵路(設於道路橋梁之上者)之活儎，另詳關係鐵路橋梁之各章則。

適用II級或III級活儎之橋梁，有時宜再單按24公噸汽輾(屬於I級標準活儎者)計算(不兼計其他活儎)。按此法設計之橋梁，其等級以「II(I)」及「III(I)」表之。

I級橋梁有時宜再按比24公噸汽輾更重之活儎(例如裝載笨重變壓器之車輛等)計算，但可假定橋面上同時無他種活儎存在。此種橋梁歸入「特級」，或以「I(特)」表之。

標準活載之尺寸及重量

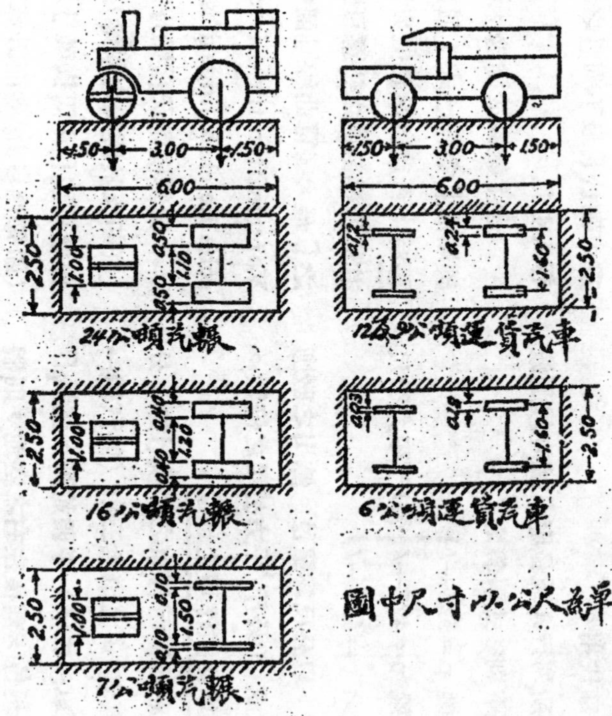

圖中尺寸以公尺為單位

橋梁等級				I	II	III	IV
汽輾	總重		公噸	24	16	7	無規定
	前輪		〃	10	7	5	
	後輪		〃	7	4.5	1	
	代替之勻佈額		公噸/平方公尺	1.6	1.1	0.5	
運貨汽車	總重		公噸	12	9	6	
	前輪		〃	2	1.5	0.75	
	後輪		〃	4	3	2.25	
	代替之勻佈額		公噸/平方公尺	0.8	0.6	0.4	
行人重量	主梁 跨度(公尺)	0—25	〃	0.5	0.45	0.4	
		25—125		按直線遞減			
		125—200	〃	0.4	0.35	0.3	
	其他部分		〃	0.5	0.45	0.4	

16485

(二)標準活儎

規定各級橋梁之標準活儎爲附圖及附表中所列之車輛(包括汽輾在內)及行人重量。行人重量之數額可用以替代其他車輛(拖掛之車輛包括在內)，畜羣及行人背負扛舁之貨物等重量。

附表中所列替代車輪集中力之匀佈額，係車輛之總重量匀佈於所佔面積(2.5×6公尺)上單位面積之數。

跨度在30公尺以上之橋梁，其主梁普通可以車輛總重量之匀佈額代替車輪之集中力以計算之。計算「整塊式拱橋」，及橋墩，雖在跨度較小之橋梁，亦可以車輛活儎之匀佈額代用。

附表中所列行人重量應「按直綫遞減」之數，照下列各式計算之：

$$\left.\begin{array}{l}\text{I 級橋梁}\quad p=525-l\\ \text{II 級橋梁}\quad p=475-l\\ \text{III 級橋梁}\quad p=425-l\end{array}\right\}\text{公斤/平方公尺}$$

內 l 爲跨度，以公尺爲單位。算出之數應化零取整，成 10公斤/平方公尺之倍數。

(三)標準活儎作用之地位

設計時應視橋面行車之「軌」數，分別將一車(汽輾)，二車或三車(卽汽輾一輛及運貨汽車一二輛)平頭並列，置於「最不利」之地位，前後左右之空地，則假定爲「行人」所充塞，但計算主梁及橫梁時，車輛所佔之面積(2.50×6公尺)勿令侵入車道邊高起部分(人行道或緩衝臺)之界綫內。在縱向內不假定有魚貫羅列之車輛，亦不假定車輛有橫立或斜立橋面上之可能。

足使應力減輕之活儎(例如計算橫梁彎冪時，挑出主梁外之人行道上之活儎)以及一切足使應力減輕之車輛輪壓，均應除去不計。管纜重量之足以減輕應力者亦復如是，因管纜有暫時拆卸或永遠撤除之可能也。

計算跨度不大之「縱梁」(卽支於橫梁，與主梁平行之梁)時，普通可僅置最重車輛於「最不利」之地位，不計四周之行人重量。

若主梁設於橋邊，且車道對於橋中綫約略成「對稱」式，則計算橫梁之最大彎冪時，可將標準活儎與橋中綫對稱而列。其他橫梁剖面之彎冪可從用通用簡法畫成之「最大彎冪曲線」圖中量取之。(參閱 Vorschriften für Eisenbauwerke, Deutsche Reichsbahngesellschaft)

計算縱梁及橫梁時，其由「中間橫梁」(卽支於縱梁之橫梁)及縱梁傳播之力，普通可視「中間橫梁」及縱梁爲兩端活支(卽彎轉自由)者而計算之。

縱梁及橫梁所受之力，雖由「中間橫

梁」及縱梁間接傳遞，不在原施載地位，但爲計算之簡便起見，應不計及此點。

如假定橫梁所受之力，分配於主梁二條以上（關於木質橋梁，此種假定在不許可之列），應另用計算方式證明其合理。

第四章　溫度變化及收縮

(一)鋼鐵橋梁

鋼鐵橋梁各部分溫度升降之界限，應假定爲 -25° 及 $+45^{\circ}$(C.)。察驗溫度變化所誘致之應力時，普通假定鋼橋裝配時之溫度爲 $+10^{\circ}$，故最大溫度差別應假定爲 $\mp35^{\circ}$。各個部分因受熱不等而致之溫度差別，可假定爲 15°。

常在橋面陰影下之鋼鐵框架，其溫度升降額可減低假定之，且各個部分受熱不等之情形，以不發生論。

(二)實體橋梁

(甲)關於溫度變化者

空氣溫度所誘致之橋梁溫度，其最低界限可假定爲 -5° 至 -10°，最高界限可假定爲 $+25^{\circ}$ 至 $+30^{\circ}$，視各地（就德國而言）氣候而異。計算溫度變化所誘致之最大應力時，普通假定橋梁施工時之溫度爲 $+10^{\circ}$，故計算時所根據之溫度升降額應爲 $\mp15^{\circ}$ 至 $\mp20^{\circ}$。

橋梁部分之「最小尺寸」至少爲70公分，或因用泥土掩蓋或其他方法，不甚受氣溫變化之影響時，可將上文規定之溫度升降額減少 5°。察驗「最小尺寸」時，可不必將四周包圍之空洞（例如「箱式」剖面）除去不計。

各個部分受熱不等之情形，僅須在例外情形之下（例如「兩關節式拱條」之拉桿）計及之，其溫度差別額可假定爲 $\pm5^{\circ}$。

(乙)關於收縮者

混凝土及鋼筋混凝土構成之「力學上不定結構」，其因收縮（按混凝土在空氣中凝固時恆有收縮）而影響應力之數，應假定溫度照下列之數額降低而計算之：

(子)鋼筋混凝土框架及框架狀載重部分……………………………15°

(丑)設鋼筋之混凝土拱體，其縱鋼筋之總橫剖面至少爲混凝土橫剖面之0.5%者……………………………15°

縱鋼筋之橫剖面不及混凝土橫剖面之0.5%者……………………………20°

(寅)不設鋼筋之混凝土整塊式拱體……………………………25°

以上之規定，以應用於拱體之分條澆填混凝土者爲限。如非分條澆填混凝土，應將溫度降低額加大 5°。又混凝土拱體每公尺寬度內之上下縱鋼筋總剖面，至少須爲6平方公分及至少合混凝土剖面之0.1%

16487

，始以設有鋼筋論。

(三)木質橋梁

計算木質橋梁時，不必計及溫度變化之作用，但木料須於使用之前以適當材料灌治，且結合方式須求適宜，又須維持得當，以防止收縮及伸脹(尤其在橫向者)之不良影響，否則應將許可應力減低。

第三編　加計力

第五章　風力

(一)風力之量

風力之方向應假定為水平。計算時應假定載重之橋所受之風力為150公斤/平方公尺，空橋所受之風力為250公斤/平方公尺。

(二)受風力之面積

橋梁受風力之面積，應就其各部分之實在尺寸約略計算之。受風力之面積應假定如下：

(甲)橋面不載重時

主梁為「滿壁式」(Vollwandig,即成整個，無孔格者)時，前面(對風)之主梁及突出主梁上面之橋面部分，均以承受風力論。

主梁為「孔格式」(Gegliedert，普通指構架梁而言)，且其數為二條時，橋面結構及兩主梁在橋面結構上面及下面之部分均以承受風力論。

主梁為「孔格式」，且其數在二條以上時，第三及以次之主梁之受風面積可僅按一部分計算(見下附註)。設將一主梁視為「滿壁式」者而算得之受風面積，小於照上法算出之主梁受風總面積，則可以前者為標準。

(附註)設各主梁之形式尺寸相同，則自第三以次之主梁，其受風面積可照下式計算之，

$$F_{wn}=(F-F')\left(\frac{F'}{F}\right)^{(n-1)}$$

內n為主梁依序數計之號數，

F為每一主梁周邊線所括之面積，

F'為每一主梁所有孔格之總面積，

(此外可參閱 Bleich, Theorie und Berechnung der Brücken, S. 33)

(乙)橋面載重時

主梁為「滿壁式」時，前面之主梁及高出主梁上面之橋面部分與「活載立面」均以承受風力論。

主梁為「孔格式」，且其數為二條時，橋面結構與兩主梁在橋面結構上下之部分，以及「活載立面」，均以承受風力論。

主梁為「孔格式」，且其數在二條以上時，應參照上段及(二)(甲)末段之規定，計算受風面積。

高出橋面之「滿壁式」拱條，其受風面積應照橋架梁計算之。

「活儎立面」，應視爲連續不斷者，其高度，在普通道路橋梁，應假定爲2公尺，在僅通行人之橋梁，應假定爲1.8公尺。

(三)上面蓋沒及兩邊遮沒之橋梁

上面蓋沒之橋梁，應兼計垂直施於頂蓋面之風力。設α爲頂蓋面之傾斜角度，W爲(一)節規定之單位水平風力，則橋頂單位面積所受之橋力爲 $W.\sin^2\alpha$。計算橋頂避免風力拔起之設備，應假定風力垂直上施，其量爲每橋頂面積一平方公尺各60公斤。

此外應假定受水平風力之面積如下：

兩邊大部分遮沒之橋：　橋頂簷下之全橋立面面積。

兩邊一部分遮沒之橋：　一邊主梁上之鑲板部分及兩主梁在橋頂簷下露出之部分。

(四)因風力作用加於主梁之垂直力

因風力作用加於主梁之垂直力，普通僅須於上面蓋沒之橋及主梁之上承橋面（支式橋梁）而僅於下邊設「抗風結構」者計及之。主梁之下懸橋面(提式橋梁)者，其末端之橫結構由上邊「抗風結構」誘致之垂直力及水平力須計及之。

(五)防止傾翻之安全率

橋身有因風力及其他水平力而致傾翻之虞(提式橋梁大都無此種危險)時，須計算橋面載重時及空虛時對抗傾翻之安全率。計算橋梁載重時之「防傾安全率」時，普通可假定空車一排，重0.5公噸/公尺（長度），置於「最不利之地位」。橋梁之上承挑出之橋面者，則有時以承載標準活儎爲最不利。

橋梁之主梁爲「連續式」（即跨架數孔），設轉動關節或否者，應同樣計算其「抗止從支座翹起之安全率」。

如算得橋身抗止傾翻及翹起之安全率小於1.3，須將該橋之主梁設法鎮繫。寬跨之橋，宜更將防傾安全率提高至1.5左右。

第六章　其他加計力

(一)車輛制動力

車輛制動力普通僅須於高聳之橋墩，橋架，框架，或支柱之屬於框架式結構者計及之。

汽車之制動力，作用於路面上者，其量應假定與行人重量(不計衝擊率)沿全橋長度分佈者之1/20相等，但分佈於每「軌」寬度之額至少須爲「與該橋等級相當之規定運貨汽車重量」之0.3倍。

16489

電車之制動力，作用於軌面上者，在長50公尺及以下之橋，應爲全橋上一切輪軸壓力之1/10，在較長之橋，其越過50公尺之線段上之制動力，可按該線段上輪軸壓力之1/20計算。

(二)欄杆壓力(從側面施於欄杆之力)

欄杆壓力應假定作用於「扶手」之上，其量爲80公斤/公尺(長度)。

(三)活動支座之阻力

滑動阻力應假定與支座壓力，由死儎及活儎(不計衝擊率)算得者，之0.2倍相等，滚動阻力應假定與上項支座壓力之0.03倍性等。

(四)積雪之重量

積雪之重量，普通毋需計及。

上面設頂蓋之橋，應計及積雪之重量，並假定施於每平方公尺橋頂「投影面」者爲 75 cosα公斤 (α爲橋頂面之傾斜角度)。

在氣候特劣之處，應將上述單位雪重增至 70(1＋h÷500) cos α公斤(h爲拔海之公尺數)。

如橋頂面之傾斜角度 $\alpha > 45°$，可毋庸計及積雪之重量。

(五)橋墩撓縮及沉陷之影響

如橋墩撓縮或下沉，足以引起橋身應力之變化，其影響應計及之。

第七章 支承架之載重

施工時所搭之支承架，應根據下列各項載重及外力計算之：

(甲)支承架及輔助建築物本身之重量。

(乙)橋梁與附屬品之重量，並計及可能發生之最不利情形。

(丙)偶然作用之各種重量，如建築零件，人類，車輛，起重機，滑車等。

(丁)流水之壓力。

(戊)風力。

風力應假定爲150公斤/平方公尺，在特別情形之下可酌減，以減至100公斤/平方公尺爲限。計算受風面積 (參閱第二章第二項) 時，須計及放置之起重機與車輛等。

〔附〕說明(摘要)

德國現所許可之最重運貨汽車爲16公噸者。此種汽車爲三軸式，其「輪軸壓力」次第爲 5，5.5，5.5 公噸，其輪軸距離爲3.75與1.25公尺。但因有24公噸汽輾標準載重之規定，比以前之23噸加大，故對於I級橋梁，仍照以前之規定，以12公噸爲運貨汽車之標準載重。

16490

本準則所列各種車輛及汽輾之尺寸與重量，不必與實在相符，乃用以代表一切可能發生之活儎。例如24公噸之汽輾，實際上並無此物，不過假借之以代替他種重儎，如油桶車，蒸汽「犂車」等而已。又所列12公噸運貨汽車之軸距，亦較實際為小，然與一部分行人重量並計，可約略代替16公噸運貨汽車之作用。

車輛與行人，牲畜等成長排魚貫而行，為絕無僅有之事，故對跨度在25公尺以上之橋所規定之行人重量，隨跨度之加大而遞減。

車輛面積不侵出車道以外之規定，係為計算上之簡便起見，計算車道邊縱梁時，不適用之。又因標準活儎不過實際載重之代替品，故規定不將車輛魚貫而列，並立之車輛亦不過三乘，其餘地段概以行人重量代用。

如本準則之規定，跨度不大之縱梁，於計算時，可僅置最大之車輛載重於「最不利」之地位，不必計前後之行人載重。照此項規定計算最大彎冪，在相距1.6公尺之縱梁，於下列情形之下，可發生5%之差誤：

用I級活儎及縱梁跨度約為8.5公尺時

用II級活儎及縱梁跨度約為7.5公尺時

用III級活儎及縱梁跨度約為5.5公尺時

故所謂「跨度不大」云云，應指不超過上列尺寸而言。

如車道為對稱式，計算橫梁時，亦可將車輛活儎對稱佈置，如附圖所示。

加於2.5公尺寬橋面之制動力假定為規定運貨汽車重量之0.3倍時，以橋面長度約在下列尺寸以下為限：

I級橋梁　l=60公尺

II級橋梁　l=50公尺

III級橋梁　l=40公尺

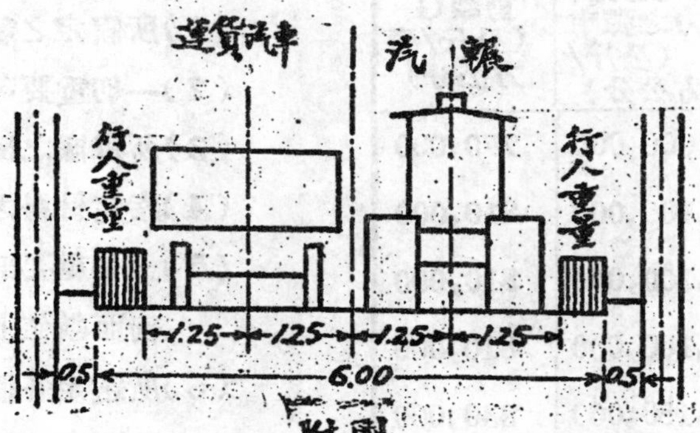

附圖

鋼鐵道路橋梁計算準則

(簡稱 DIN 1073)

(1928年四月施行)

(甲)弁言

對於甚大及不用尋常方法建築之橋梁，得另定規則。

(乙)計算書及圖案

(一)通用之符號

計算書及圖案內所用之符號，見 DIN 1350。

(二)橋身立面，剖面，平面圖內之符號

(原附第一圖至第九圖及說明略)

(三)鋼鐵之常數

「彈率」與「剪率」(Schubmodul)

鋼鐵之種類	對於拉力及壓力之彈率 E (公斤/平方公分)	剪率G (公斤/平方公分)
熟鐵	2,000,000	770,000
鎔鍊鋼 (Flussstahl) St 37	2,100,000	810,000
高價鋼St48	2,100,000	810,000
St Si (矽鋼)	2,100,000	810,000
鑄鋼Stg50.81R	2,150,000	830,000
鎚鍊鋼St C 35.61, 用於支座時	2,100,000	810,000
鑄鐵Ge 14.91	1,000,000	380,000

熱脹係數

每 1°(C.)之「熱脹(線脹)係數」應假定如下：

熟鐵	0.000,012
鎔鍊鋼St37	0.000,012
高價鋼St48	0.000,012
StSi(矽鋼)	0.000,012
鑄鐵Ge14.91	0.000,010

(四)計算書之內容

計算書內對於下列各項應充分列舉：

(1)所假定之載重，

(2)一切重要部分之本身重量，

(3)所根據之衝擊率，

(4)指定材料之種類，

(5)一切重要部分之剖面形狀及其「剖面數值」(Querschnittswerte)

(6)所選定各個部分與其結合物料之許可應力及算得之最大應力；各

16492

個部分斷接處及數個部分結合處（節點）之結合佈置，尤須加以計算，

(7)由死儎與活儎算得之「彎垂度」(Durchbiegungen) 及建築時各點「提高之矢度」(Überhöhungen)。對於支於兩點之梁，可僅計算橋中點之「彎垂度」及「提高矢度」，其他各點之「彎垂度」及「提高矢度」則由上兩數以拋物線求得之，

(8)該橋之等級。

(五)計算之方法

剖面超過需要之額

橋身一切部分之安全率應力求一律。如因施工上之要求，致某部分之剖面超過計算上需要之數值時，應使該部分與他部分之結合物料，亦具有同樣之超過額，俾日後載重加大時，該部分與結合物料仍可同時適用。故鈑梁中央之應力σ在許可額以下時，其上下「邊板」(Gurtplatten)之長度，宜根據σ計算之。計算結合點時，應參照(丙)(五)之規定。

橋面對於集中力之分散作用

計算橋板以及縱梁與「中間橫梁」時，可假定車輪壓力勻佈於較大之面積內。計算此項面積時，應假定輪壓自車輪與橋面之接觸面（輪寬×10公分）起，循45°之角度分散，至橋板之下面為止（參閱第十至第十三圖）。關於鋼筋混凝土橋板適用「鋼筋混凝土建築規則」（簡稱DIN 1045，譯者按，已譯載本報第二卷第二期）之規定。木質橋板對輪壓之分散作用，應斟酌情形假定之。

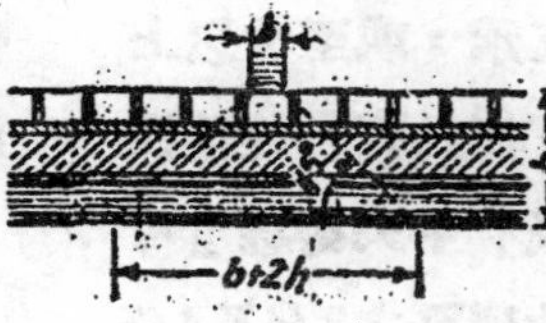

第十圖

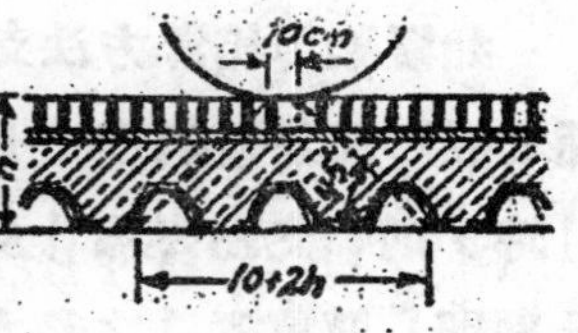

第十一圖

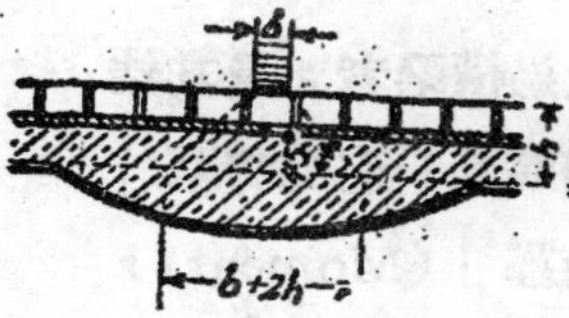

第十二圖

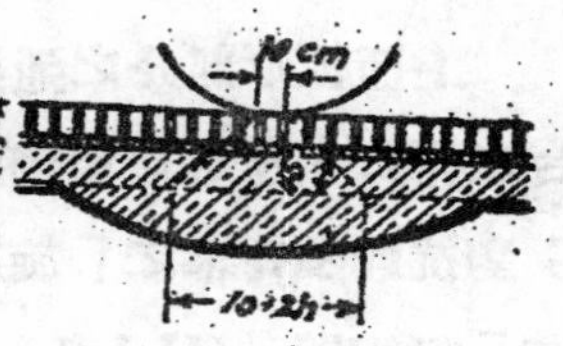

第十三圖

縱梁及橫梁之計算

如縱梁僅藉「角鐵」二枚與橫梁聯結，並無通過橫梁之板形部分，則此項橫梁應按「簡單梁」（活支於兩點之梁）計算之，而以橫梁「軸線」(Achsen)之距離為跨度。計算結合帽釘之數額時，應將「支點壓力」（因死儎與活儎發生，並加計衝擊率φ者）加大20%，因上部帽釘兼受拉力也。

如縱梁用相當方法支承，或至少以上面之板形部分通過橫梁，使具有「連續性」時，則「支點彎冪」及「中央彎冪」可分別照「簡單梁」之最大彎冪之3/4及4/5計算，即在邊檔內之縱梁亦然。支點之壓力應假定與「簡單梁」同。

上面板形部分之通過橫梁者，及其結合之帽釘，應足以單獨勝受「支點彎冪」；對抗此項彎冪之「旋冪」(Moment)，其「槓桿臂」(Hebelarm一譯「挺率」，按力×槓桿臂＝旋冪）應假定為上項板塊之剖面重心與縱梁下邊之距離。

橫梁普通應照「簡單梁」計算，而以兩邊主梁軸綫之距離為跨度，並假定縱梁與橫梁以「關節」(Gelenke)相結合。計算橫梁與主梁結合處之帽釘時，應將因死載及活載（加計衝擊率φ）發生之支點總壓力加大20%。如所需要之帽釘難以全部佈置於橫梁上下「邊板」之間，得將橫梁與「角點加固板」(Eckversteifungen)結合之帽釘併入計算，惟該角板之結合仍須堅固。

如橫梁在與主梁聯結之處發生較大之「固定冪」（例如在橋端構成「框架」之橫梁），則計算該橫梁及其聯結設備時，應顧及該項「固定冪」(Einspannungsmomente)。

鈑梁之計算

鈑梁之上下「邊板」，自其「有效剖面」完全經由帽釘結合之處起，始以具有完全效用論。每一邊板須相當延展至計算上所求得之末點以外，而於延展段內至少各釘帽釘二對，但其中之一對得直接設於計算上求得之末點上。計算「單壁式」(einwandig)鈑梁之有效剖面時，應將上下「頭部帽釘孔」(第十四圖)各兩個除去不計，並將「立板」(Stegblech)減薄15%計算（所以顧及橫穿立板之帽釘孔），但「頭部帽釘」及「頸部帽釘」(第十四圖)之距離e_1若小於2d（d為帽釘之對徑），則應再

第十四圖

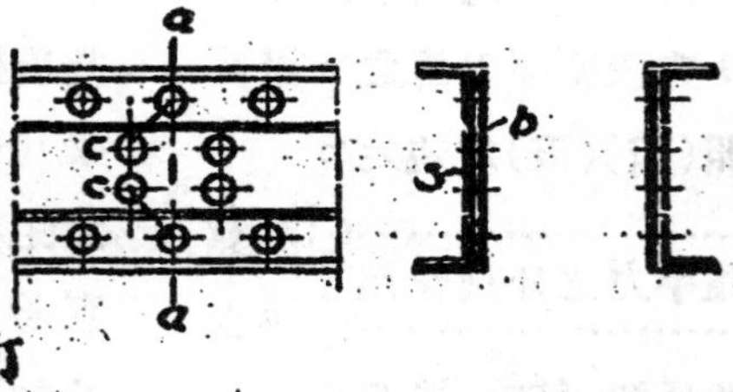

第十五圖。

將上下角鐵之「頸部帽釘孔」兩個除去不計。其在「拱形鈑梁」(Vollwandige Bogenträger)，此種減計辦法，可僅以施於受拉力之剖面部分爲限。

輾成「形鐵」在受彎力之剖面內，如因帽釘孔減弱(例如橫梁旁聯縱梁之處)，應於計算「有效剖面」時，除去實在釘孔不計。如僅在受壓力之區段內設有釘孔，則可置之不論。

計算鈑梁(拱形鈑梁同)之帽釘距離時，應以全部剖面(不減去釘孔)之「惰性率」(Trägheitsmoment) 爲根據。

斷接處之接合板鐵

受彎力之部分，其斷接處之接合「板」(鋼鐵板)「鐵」(形鐵形鋼)，至少須具有與各該斷接面所具者相等之惰性率。「抗拉桿」或「抗壓桿」斷接處之接合板鐵，致少須具有與斷接剖面相等之剖面(面積)。聯接上需要之帽釘數應參照(丙)(五)所論「抗拉桿」及「抗壓桿」與「節點板」之聯結法計算之。

抗拉桿剖面應除去之釘孔

計算「抗拉桿」之有效剖面時，須除去形勢上足使該桿減弱之帽釘孔。

例如計算第十五圖所示構架下邊抗拉桿之有效剖面時，如僅將剖面 a—a 或 c—c之帽釘孔除去不計，殊嫌不足，必須於除去「立板」b及各「角鐵」在剖面a—a內之釘孔以外，再除去「扁鐵」S在剖面內c—c內之釘孔，因各部分有在此兩剖面內斷裂之可能也。如「立板」之剖面a—c—c—a，除去釘孔四個後，小於剖面a—a除去釘孔二個後之面積，則於計算「立板」之有效剖面時，除減去a—a剖面內之釘孔外，並須將c—c剖面內之釘孔一併除去不計。

埋入混凝土內之形鋼梁或鋼鈑梁

計算混凝土包裹之形鋼梁或鋼鈑梁時，應假定形鋼梁或鋼鈑梁毋需假助混凝土，可單獨勝受全部載重。形鋼腰部(立板)之釘孔可置勿論。

活儎作用最大之地位

梁桁之彎幂與剪力等，如不能直接由圖表檢得(例如「力學上不定」之梁桁類)，應用「影響線」(Einflusslinien)或類似方法求活儎作用最大之地位，然後計算之。必要時並須將標準活儎縮短或分拆之。

構桿力及應力之計算

「構桿力」(Stabkräfte)，「支點壓力」(Auflagerkräfte)，彎幂及剪力，應就死儎，活儎，溫度變

化之作用，風力，支座阻力及墩柱撓縮或沉陷之影響，逐項計算。

制動力及離心力，普通僅須於計算高踰之橋墩時顧及之。

算得上述各項數值後，先計算由主要力(即死載，活載，溫度變化作用)共同誘致之「主要應力」，次求主要應力與「加計應力」之和。「加計應力」指由各項「加計力」(風力，支座阻力及墩柱撓縮或沉陷之影響)共同誘致之應力而言。構桿因「偏接」(Aussermittige Anschlüsse)，「彎拱」(有意造成者)及「直接載重」而發生之應力，應另行計算之，並以「主要應力」論。跨度在40公尺以下之橋梁，在普通情形之下，其「構架梁」之各「構桿」可僅依據「主要力」計算之，故對於「加計應力」之核驗，可僅以施於「主要應力」最大之各構桿為限。如該項構桿內之「總應力」(即主要應力與加計應力之和)未超過許可之數(即第二表中第三行所列者)，可不必再就其他構桿加以核驗。

計算書內，普通應勿列需要之剖面及尺寸，而將算得各個部分之最大應力，與許可應力並列，以便審核。

因構桿與構桿之間(節點)，以及縱梁與橫梁暨橫梁與主梁之間釘結堅固，不免發生「次要應力」(Nebenspannungen)，此種次要應力，普通可毋需計算。如認為有計算之必要，得將本準則中所規定之許可應力加大。對於所定之加大額，應就各個情形，說明其理由。

施工時暫時發生之應力狀況，應詳加核驗。此項應力至多不得超過規定最小「堅度」(破壞力)之半。

材料之選擇 在同一橋梁內之重要部分應避免同時兼用尋常「鎔鍊鋼」及「高價建築鋼」。

公式來源之註明 如應用不常見之公式，應將其來源註明，惟以常用之書籍為限，否則須列式證明之，以便考核。每一計算書須自成整個，不得將他計算書內之數值逕行引用，而不列算式，惟計算書之僅以補充橋梁案卷內已有計算書者，不在此例。

(六)計算之準確程度

計算之準確程度，普通毋需比用良好計算尺或審慎施行圖解方法加大，故彎冪剪力，構桿力等數值之數字可縮至三位(其餘為代表位數之O)，然宜於各項結果合計後行之。

在特別情形之下，例如計算「力學上不定結構」或影響綫之「縱位標」(Ordinaten)時，須有較大之準確程度。

16496

第一表　單「軌」及雙「軌」鐵路橋梁之衝擊率 φ

跨度 l (公尺)	5	10	20	30	40	50	60	70	80	90	100
φ	1.40	1.39	1.37	1.36	1.34	1.33	1.31	1.30	1.28	1.27	1.25
跨度 l (公尺)	110	120	130	140	150	160	170	180	190	200	
φ	1.24	1.22	1.21	1.19	1.18	1.16	1.15	1.13	1.12	1.10	

（七）衝擊率

主梁，橋板承梁，鋼鐵橋面板，及支承橋板之形鐵與鐵板，由活儎所引起之彎冪，剪力與構桿力，應視其跨度之大小，以第一表中所列之衝擊率 φ 乘之。

橫梁及縱梁，分別以主梁及橫梁之軸線距離為跨度。簡單「梁式橋」之主梁卽按其跨度選定衝擊率。連續式主梁之不設關節者，逐段按所在橋孔之跨度，分別適用規定之衝擊率。計算中間橋柱及「托梁」之彎冪及支點「壓力」時，按兩邊橋孔跨度之平均數定其衝擊率。挑臂式橋梁之懸支梁，以「關節點」之距離為跨度，「關節點」之衝擊率，亦按上項距離定之，挑梁（連同挑出部分）及其支柱與托梁，均以挑梁支點之距離為跨度而定其衝擊率。橋端橫梁與岸墩間之三角架式短梁，以 $l=5$ 公尺之衝擊率為衝擊率。

三軌及三軌以上之橋，僅設兩主梁者，其主梁應按跨度之1.5倍，定其衝擊率。

人行道及步行橋上之行人重量毋需按衝擊率加大計算，但車道上之行人重量係用以代替車輛重量，故須計衝擊率。

計算岸墩之泥土壓力時，毋須將活儎按衝擊率加大。

跨度 l 在第一表中兩數之間者，適用較小之數之衝擊率。

（丙）許可應力；抗壓桿及上面露空橋梁之計算法

（一）主梁及橋板承梁之許可應拉力與應彎力及應剪力

許可應拉力與應彎力之最高限制見第二表。

兼顧「加計力」設計之橋梁，其單由「主要力」算得之應力，至多只可達第二表第二行規定之數。

表中對於鋼料 St 37 規定之數，適用於「鎔鍊鋼」料之平均以 2400公斤/平方公分為「激展界」者，如所用之鋼料，其

16497

激展界 σ_s 較上數爲大，可改用 σ_s/2004 乘表中之數爲許可應拉力及應彎力。

第二表　主梁及橋板承梁之許可應拉力及應彎力

1	2	3
鋼料種類	由「主要力」計算者（公斤/平方公分）	由「主要力」及「加計力」計算者（公斤/平方公分）
St 37	1400	1600
St 48	1820	2080
St Si	2100	2400

許可應剪力定爲表中數額之0.8倍。

(二)抗壓桿之計算法

構架上邊之各邊桿（梯形構架兩邊之斜桿亦屬之），應以其在「網格線」（「系統線」）內之長度爲「撓曲長度」（freie Knicklänge）。「斜桿」及「立桿」（中間構桿）普通以「網格線」內之長度爲向構架平面外之「撓屈長度」，以兩端結合帽釘之重心（就圖上約略量計）距離爲在構架平面內之「撓屈長度」。

「立桿」之與「橫梁」及「橫撐」（Querriegel）上下聯結，成堅固之框架者，其在主梁平面之垂直方向發生撓屈之長度 s_k 應假定爲兩端「固結設備」中至中之距離（第十六圖）。「邊桿」及斜桿與立桿，於兩端之間，另設有堅固之支撐者，其撓屈之長度，得相當減小假定之。撓屈長度之兩端應視爲按關節式聯結者。

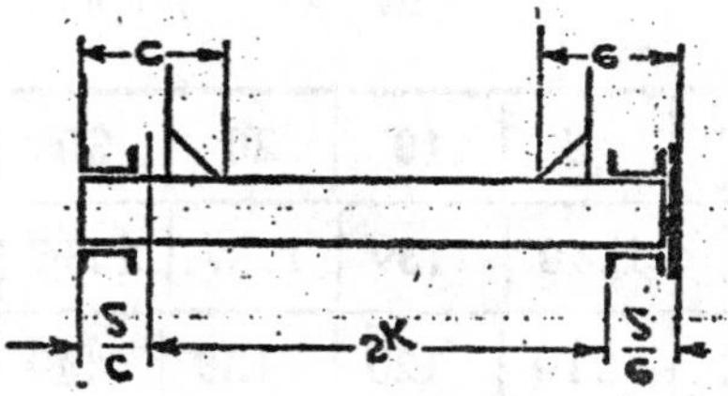

第十六圖

○…………○ 正中壓力：抗壓桿受正中壓力時，算得之壓力，應視其「瘦度」$\lambda=\frac{s_k}{i}$〔s_k 爲撓屈長度，$i=\sqrt{\frac{I}{F}}$，I 爲最小惰性率，F 爲剖面面積，不減去釘孔〕以第三表之「撓屈係數」（Knickzahl）ω乘之，然後視同抗拉桿，核驗其應力，以不超過第二表中所列之許可應力爲限。計算抗壓桿之有效剖面及惰性率時，毋需除去釘孔。抗壓桿各剖面之惰性率如有參差，其瘦度λ應由長度1/3點之惰性率計算之，但中點之惰性率小於1/3點之惰性率時，則應根據中點惰性率計算「瘦度」。

○………○ 偏壓力：抗壓桿所受之壓力 $S=S_g+\varphi.S_p+\cdots\cdots$（$S_g$ 爲因死載發生之壓力，$\varphi.S_p$ 爲因活載發生之壓力），如偏出中心線甚多，或除受正中壓力S外，兼受彎冪 $M=M_g+\varphi.M_p+\cdots\cdots$

第三表　「撓屈應力」σ_K及「撓屈係數」ω

鋼料之種類	St 37 鋼料			St 48 鋼料			St Si 鋼料		
瘦度 $\lambda=\frac{s_K}{i}$	撓屈應力 σ_K公斤/平方公分	撓屈係數 ω	$\frac{\Delta\omega}{\Delta\lambda}$	撓屈應力 σ_K公斤/平方公分	撓屈係數 ω	$\frac{\Delta\omega}{\Delta\lambda}$	撓屈應力 σ_K公斤/平方公分	撓屈係數 ω	$\frac{\Delta\omega}{\Delta\lambda}$
0		1.00			1.00			1.00	
			0.001			0.001			0.001
10		1.01			1.01			1.01	
			0.001			0.002			0.002
20		1.02			1.03			1.03	
			0.003			0.003			0.004
30	2400	1.05		3120	1.06		3600	1.07	
			0.005			0.006			0.006
40		1.10			1.12			1.13	
			0.007			0.008			0.009
50		1.17			1.20			1.22	
			0.009			0.012			0.013
60		1.26			1.32			1.35	
			0.013			0.017			0.019
70	2318	1.39		2858	1.49		3218	1.54	
			0.020			0.027			0.031
80	2237	1.59		2597	1.76		2837	1.85	
			0.029			0.045			0.054
90	2155	1.88		2335	2.21		2455	2.39	
			0.048			0.0[illegible]6			0.116
100	2073	2.36		2073	3.07		2073	3.55	
			0.050			0.065			0.074
110	1713	2.86		1713	3.72		1713	4.29	
			0.055			0.071			0.082
120	1439	3.41		1439	4.43		1439	5.11	
			0.059			0.077			0.089
130	1226	4.00		1226	5.20		1226	6.00	
			0.064			0.083			0.095
140	1057	4.64		1057	6.03		1057	6.95	
			0.068			0.089			0.103
150	921	5.32		921	6.92		921	7.98	
									0.109
160							810	9.07	
									0.113

16499

170							717	10.2	0.130
180							640	11.5	0.130
190							574	12.8	0.140
200							518	14.2	
附註	λ≦60；σ_K=2400公斤/平方公分 λ≧60 ≦100；σ_K=2890.5—8.175λ公斤/平方公分 λ≧100；$\sigma_K=\frac{20726000}{\lambda^2}$公斤/平方公分			λ≦60；σ_K=3120公斤/平方公分 λ≧60 ≦100；σ_K=4690.5—26.175λ公斤/平方公分 λ≧100；$\sigma_K=\frac{20726000}{\lambda^2}$公斤/平方公分			λ≦60；σ_K=3600公斤/平方公分 λ≧60 ≦100；σ_K=5890.5—38.175λ公斤/平方公分 λ≧100；$\sigma_K=\frac{20726000}{\lambda^2}$公斤/平方公分		

(M_g爲因死儎發生之彎冪，$\varphi.M_p$爲因活儎發生之彎冪)，則算得之邊緣應力

$$\sigma=\frac{\omega.S}{F}+\frac{M}{W}$$

不得大於第二表所規定之許可應力。(W爲抗彎率)。

抗壓桿之瘦度λ，於用鋼料St37及St48時，普通不得大於150。抗風結構之中間構桿(立桿及斜桿)，及主梁內立桿之僅供防止上邊構桿撓屈之用者，如用St Si鋼料製成，可選用大於150之「瘦度」。

○由數部分組成之抗壓桿○由數部分組成之抗壓桿，其各「分桿」相互之距離，應照下列條件選定之：就「虛軸線」y—y(第十七圖及第十八圖)計算之惰性率，應較「實軸綫」x—x方向之瘦度(就全桿而論)所

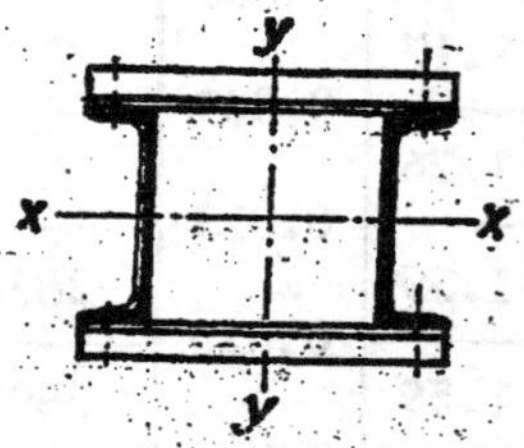

第十八圖

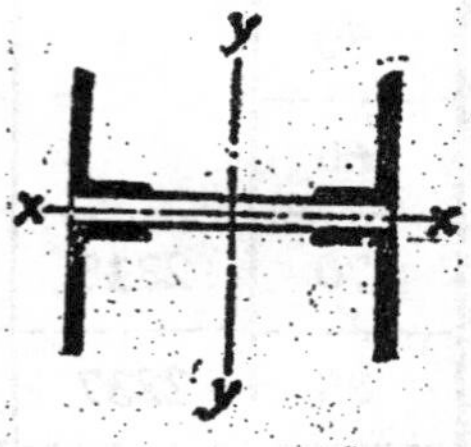

第十七圖

要求之惰性率至少加大10%。各「分桿」之瘦度不得大於「全桿」對「虛軸線」y—y之瘦度，普通並不得大於30。如各「分桿」之瘦度大於30，或全桿就「虛軸線」計算之惰性率，不比要求之額至少加大10%，則全桿之勝載力，應另行詳細計算證明之。各分桿無論按構架狀聯結，抑僅用「橫板」聯結，其各段之撓屈長度俱可以較近之帽釘之距離爲標準。聯接之板鐵

16500

，應按所受之剪力計算；此項剪力如不詳細計算，可假定與全桿所受最大壓力（不乘以ω）之2%相等，但算得之應力不得超過第二表中所列之許可應力。又各分桿無論按構架式聯結，或用橫板聯結，恆須於兩端設強固之聯結板，最好設於「節點聯結板」之內面。

（三）上空橋梁及抗壓桿支撐物防止旁撓之核驗

抗壓「邊桿」之不藉抗風結構互相聯結者，應核驗其對抗旁撓之安全與否。核驗時，最好應用精密算法，而以對橋梁之較大者或用高價鋼建造者爲尤然。照精密方法算得之應力與其他「主要應力」及「次要應力」並計，得達第二表中第三行所規定之限制。

如不用精密方法計算，應用下列簡略方法從事：假定鄰接兩「邊桿」之最大「構桿力」（不計撓屈係數）之1/100爲旁推力，向外或向內作用於主梁構架平面之垂直方向（第十九圖至第二十一圖），依此計算「立桿」，橫梁（第十九圖及第二十圖），及橫撐（第二十一圖）之應力。如上下邊桿均受壓力（例如拱橋），且均不設抗風結構（第二十圖），則旁推力之選擇，應以上下邊桿「構桿力」作用最大之一組爲依據。此種旁推力應視爲「至要力」，故應以第二表第二行所列之數爲許可應力。如「中間構桿」（即立桿或斜桿）於中間一點，藉一「半框架」防止旁撓（第二十二圖），應同樣核驗之。

構桿之藉以阻止「抗壓桿」在構架平面內撓屈者，亦須核驗其足以勝受與該抗壓桿之壓桿（不計撓屈係數）之1/100相等之拉力及壓力與否（第二十三圖）。

（四）抗風結構及橫結構之計算

抗風結構及橫結構內各部分之許可應力如下：

St 37 鋼料　1200公斤/平方公分，

St 48 鋼料　1560公斤/平方公分，

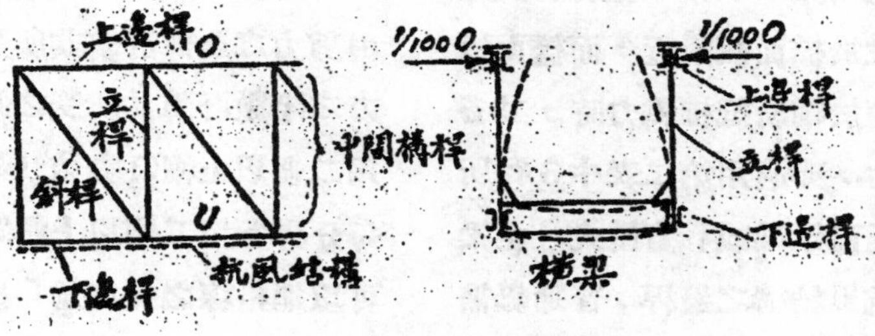

第十九圖

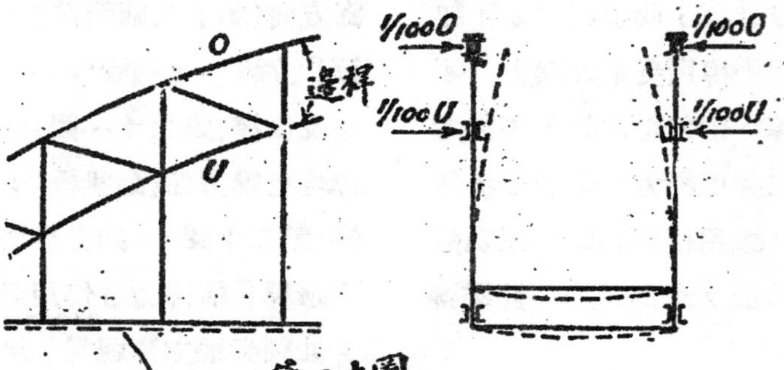

第二十圖

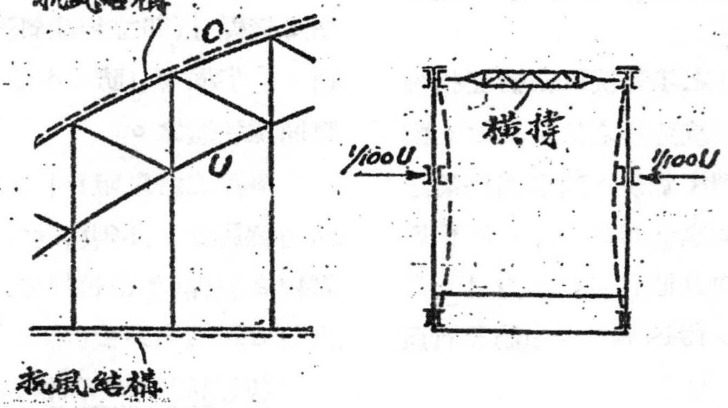

第二十一圖

St Si 鋼料　1800公斤/平方公分。

如此種結構之邊桿同時爲主梁之一部分，則其許可應力適用第二表第3直行所列之數。抗風結構設於橋面板附近，而橋面板爲整個性質，適於輔助抵抗風力時，其各部分之許可應力，亦適用第二表中3行所列之數。如以橋面承梁或「實壁式」主梁(卽鈑梁)兼充抗風結構之邊桿，普通毋需再核驗橋面承梁或主梁因風力而增加之應力。結構內之「抗壓桿」應照(二)章所述者計算之，並用第三表規定之ω值。

交叉之斜桿(兼抗壓力與拉力者)，應由剪力之全部計算其所受之拉力，及由剪力之半數計算其所受之壓力，如於交叉點用二個以上帽釘聯結（如爲兩分桿組成，每分桿各用二個以上帽釘與他斜桿聯結，可以網格線之長度爲「撓屈長度」。

抗風結構之結合點如（五）章所述者

第二十二圖

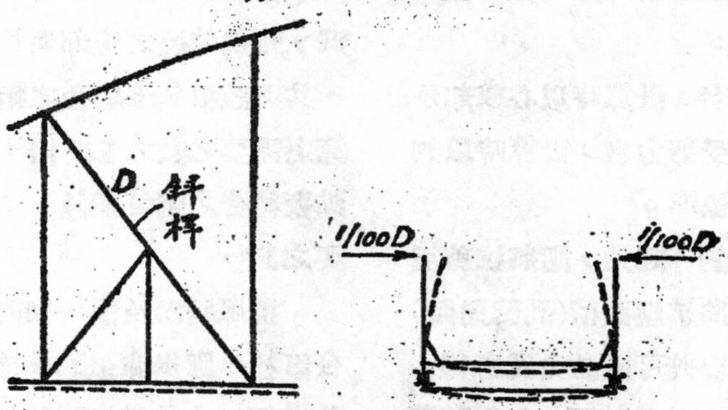

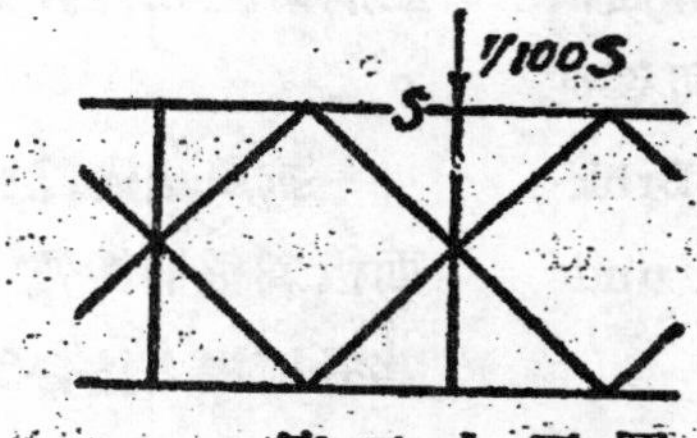

第二十三圖

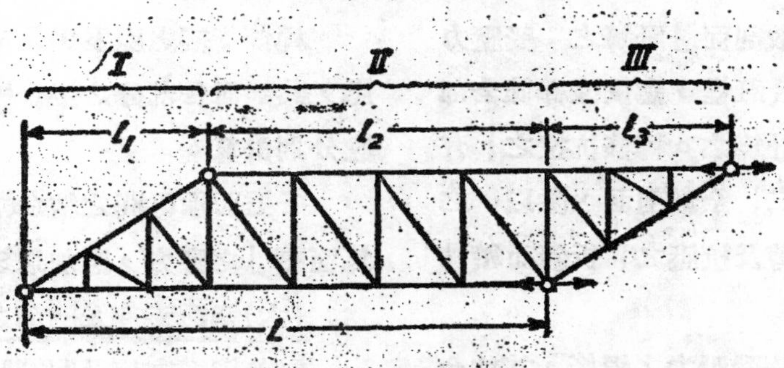

第二十四圖

計算之。

甚歪斜之橋（歪斜部分分成二「節」以上者），其抗風結構可分成三段，分別以l_1，l_2，l_3為跨度，並視為簡單梁（活支於兩點之梁）計算之（第二十四圖）。

（五）帽釘及螺栓之許可應剪力及許可孔壁單位壓力

帽釘及與孔密密合之螺栓，成圓壔形成圓錐形者，得以許可應拉力及應彎力（關於所聯結之部分者）之0.8倍為許可應剪

力，及以許可應拉力及應彎力之2.5倍爲許可孔壁單位壓力。

螺栓之受拉力者，計算時以心核部分之對徑爲標準，其受剪力者，計算時以無螺紋部分之對徑爲標準。

爲使許可應力劃一起見，應將抗剪面積以0.8乘之，及將抗壓面積(孔壁周面)以2.5乘之，然後以許可應拉力及應彎力(關於所聯結之部分者)爲該項「折算面積」之許可應力。〔折算面積之數值可逕從"Tafeln zur Berechnung eiserner Brükken"（Verlag von Wilhelm Ernst und Sohn，Berlin）檢取〕

受拉力之桿條，所有結合之釘栓，應依據桿條之「有效剖面」計算之；受壓力之桿條，所有結合釘栓，應依據桿條全部剖面除以ω之數計算之。桿條抗拉之「有效剖面」及抗壓之「全部剖面」除以ω之數」應與釘栓抗剪及抗壓之「折算面積」對列比較。

時受拉力，時受壓力之桿條，其結合釘栓，應根據 $1.2\times\frac{\text{最大壓力}}{\text{許可應拉力及應彎力}}$ 或 $1.2\times\frac{\text{最大拉力}}{\text{許可應拉力及應彎力}}$ 計算之，上兩數值之中取其較大者。

桿條之無應力或應力甚小，而僅因構造上之關係設置者，其結合方式亦按構造上之原則定之。

桿條與「節點板」結合之處，旁釘角鐵，藉使較遠之邊部與「節點板」聯結者，其與該項角鐵結合之帽釘個數，應爲計算上需要之數之1.5倍，但該項角鐵與節點板結合之帽釘個數，不必超過計算上需要之數。

抗風結構及橫結構內之構桿，所有結合釘栓，應根據最大「構桿力」計算之，並將釘栓之「折算面積」之應力加以核算。

抗風結構設於橋面板附近，而該項橋面板爲整個性質，適於輔助抵抗風力時，其各構桿之結合釘栓，應仿照主梁構桿之結合釘栓計算之。

桿條銜接之處及與「節點板」聯結之處，其剖面各部分之接合板鐵與結合釘栓應分別計算。

各橋面承梁間之結合帽釘，所有「折算面積」之應力，應加以核驗。

(六)鋼鐵支座及關節之許可應力

計算鋼鐵支座及關節時，應計及衝擊率φ。下列第四表載明鋼鐵支座之許可應彎力及應壓力。

支座於不載重時，僅以一線或一點相接觸者，其接觸面(繫定支坐，滑動支座及一輪式或兩輪式轉動支座之滾輪)之許可應壓力如下：

	不計加計力時	兼計加計力時
鑄鐵Ge14.91	5,000公斤/平方公分	6,000公斤/平方公分
鎔鍊鋼St37	6,500 „	8,000 „
鑄鋼Stg50.81R及高價建築鋼St48	8,500 „	10,000 „
鎚鍊鋼St C 35.61	9,500 „	12,000 „

上項數値用於轉動支座之滚輪，其數在兩個以上，而各個滚輪分担之壓力不能準確計算者，應減少 1,000 公斤/平方公分。

第四表　鋼鐵支座之許可應力

材料名稱	不計「加計力」時之許可應力		兼計「加計力」時之許可應力	
	應彎力公斤/平方公分	應壓力公斤/平方公分	應彎力公斤/平方公分	應壓力公斤/平方公分
鑄鐵	拉力450 壓力900	1000	拉力500 壓力1000	1100
鑄鋼	1800	1800	2000	2000
鎚鍊鋼	2000	2000	2200	2200

「關節栓」之孔壁單位壓力得爲聯結部分之許可應拉力及應彎力之1.3倍。

(七)支承石塊及墩牆之許可應力

計算鋼鐵支座與支承石塊間砌結縫之應力及支承石塊與下面墩牆間砌縫之應力時，所應計及之衝擊率，與計算鋼鐵支座時所用者同。計算墩牆所有其他砌結縫(或剖面)之應壓力及牆底泥土之應壓力時，應不計任何衝擊率。

第五表示單計「主要力」時之許可應力。

第五表

(一)水泥膠泥(1：1)砌縫或鉛層，設於支座與支承石塊之間者；支承石塊或緊靠支座下面之混凝土	之應壓力……50公斤/平方公分
(二)支承石塊與混凝土(1:3:5)墩牆；石塊或硬磚墩牆用1：2.5(1:3*)水泥膠泥砌結者	間之單位壓力……25公斤/平方公分
支承石塊與亂石墩牆〔用1：2.5(1：3*)水泥膠泥砌結者〕間之壓力	………12(15*)公斤/平方公分
(三)花崗石或類似硬石之支承石塊之應剪力或應彎力	15公斤/平方公分

(譯註)附有*號者係 DIN 1074 所列之數。

16505

如兼計「加計力」，所有應力得按第五表中(一)項下之數加大40%，(二)及(三)項下之數加大80%。普通計算支承石塊與墩牆可毋需顧及「加計力」。

花崗石或類似硬石之支承石塊，至少應具有800公斤/平方公分之「立方體堅度」；鋼鐵支座下之混凝土，於經過28日之凝固後，至少應具有300公斤/平方公分之「立方體堅度」，支承石塊下之混凝土，於經過28日之凝固後，至少應具有200公斤/平方公分之「立方體堅度」。關於天然石料抗壓之堅度試驗，應依照DIN DVM 2105，關於混凝土者應依照DIN 1048(譯者按，已譯載本報第二卷第三期104—110頁)。如不設支承石塊，宜於緊接鋼鐵支座下面之混凝土內埋設軌條或圓鋼筋。如用高價水泥，混凝土之許可應力得視「立方體堅度」之加高情形，比第五表所列之數相當增大。

(八)木梁及木板之許可應力

凡經過「灌治」之木梁(木質橋板擱柵)及木板(木質橋板)，其許可應力如第六表。對於活儎毋需加計衝擊率。

第六表　經過「灌治」之木梁及木板之許可應力

木料之種類	許可應力(公斤/平方公分)	
	應彎力	垂直於纖維方向之應壓力
針葉樹類	90	15
橡(Eichen)及榉(Buchen)	110	35

未經過「灌治」之木梁及木板，其許可應力，以上表中所列者之2/3為限。

(九)鋼筋混凝土橋面承梁及橋面板之許可應力

鋼筋混凝土橋面承梁及橋面板之許可應力見DIN 1045(譯者按，已譯載本報第二卷第二期66—101頁)。其所規定之數已包括一種衝擊率在內。

(丁)主梁之彎垂度及提高矢度

由活儎算得之彎垂度，普通不得大於跨度之1/600，其在用混凝土包裹之形鋼梁及飯梁，得達跨度之1/500。

施行載重試驗時實地測得之彎垂度，應與就該項載重算得之彎垂度並列比較。

對於構架橋，應就各孔內彎垂度最大之各點分別繪成「彎垂度影響線」，再由此項影響線求各該點在死儎及活儎之下之彎垂度。

其在飯梁橋，上述各點所有與「標準活儎」及「試驗載重」相當之彎垂度，普通可以與兩種載重相當之勻佈載重依照公式計算之。活支於兩點之飯梁，其剖面沿

16506

全長不變者，所有中央最大彎垂度爲：

$$f_{max}=\frac{5M_{max}.l^2}{EI},$$

其剖面有變換者，所有中央最大彎垂度約爲

$$f_{max}=\frac{5.5M_{max}.l^2}{EI},$$

兩式中之 M_{max} 係由載重算得之最大彎冪，I 爲鈑梁中央剖面之惰性率。

計算彎垂度時，不計活儎之衝擊率，亦不除去各剖面內之帽釘孔。「加計力」亦毋需顧及。

跨度在20公尺以上之橋梁，普通應於設計及施工時，將各點相當提高，以該橋在死儎及半數活儎(不計衝擊率)之下，具有計算時所假定之形狀爲度。

木質橋梁計算設計準則

(簡稱 DIN 1074)

(1930年八月施行)

(I)弁言

本準則適用於木質道路橋梁與步行橋以及電車路，工業鐵路，小鐵路之橋梁等。臨時建築物，如木質施工範架與模殼架等，亦適用之。

鐵路(普通鐵路)橋梁及其施工時之範架與模殼架之計算及設計，應依照德國國家鐵路之"Vorläufige Bestimmungen für Holztragwerke (BH)"。

對於甚大或不用尋常方法建築之木橋，得另定規章。

(II)儎重之假定

(一)道路橋梁儎重之假定方式，見DIN 1072。

電車及小鐵路儎重之假定方式見各邦所定之規則。

木料本身重量及積雪重量與風力，見DIN 1072。

(III)計算書及圖案

(二)普通符號

計算書及圖案內之各種普通符號，見DIN 1350。

(三)木橋之立面，剖面，平面圖內各種符號

(見第一圖至第三圖)

16507

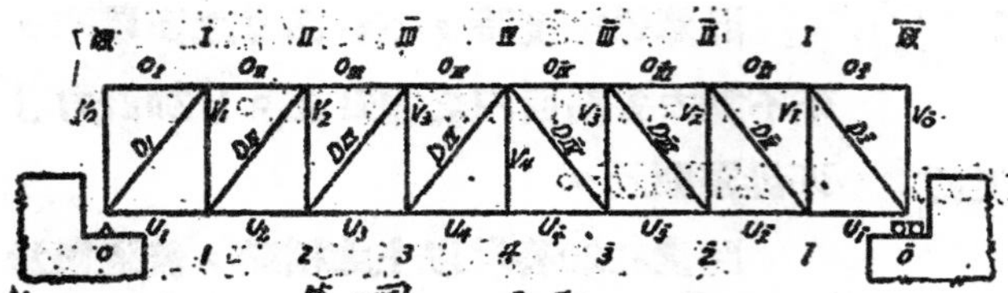

第一圖　立面

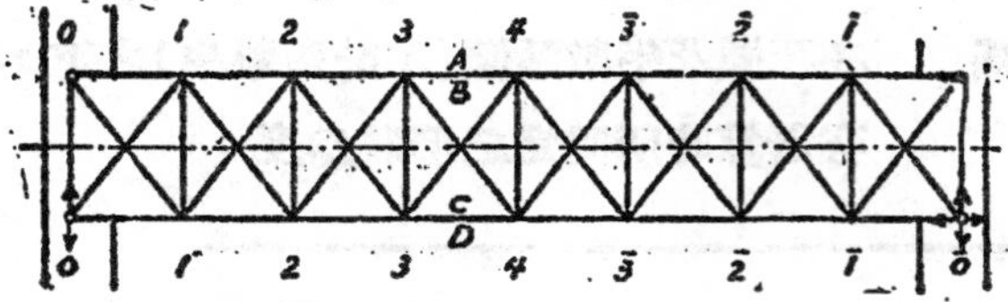

第一圖(甲)　平面

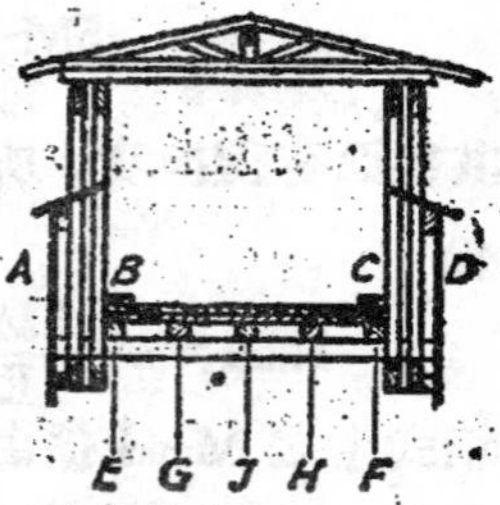

第三圖　橫架梁之剖面

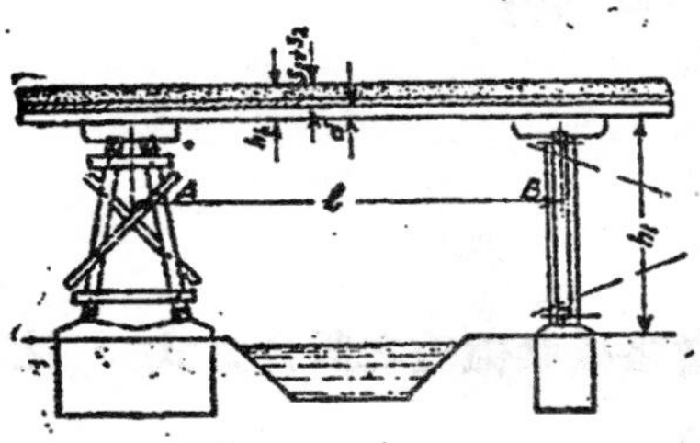

第二圖

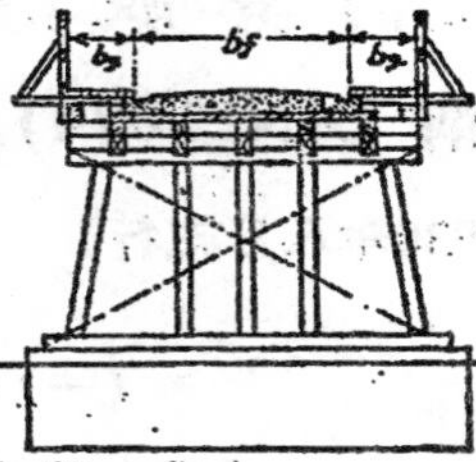

第二圖(甲)

支座標明法

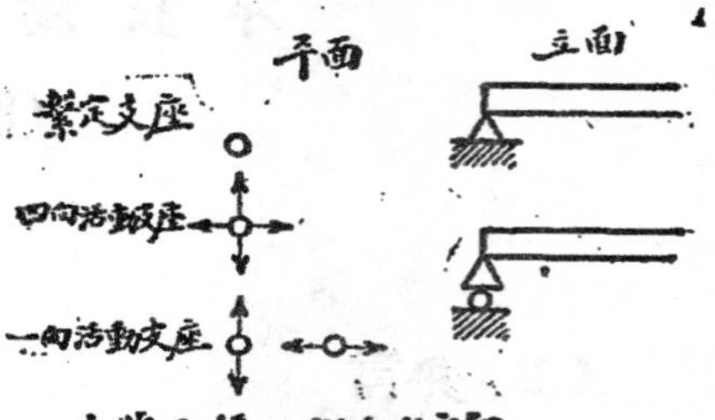

矢號示橋樑活動之方向

(四)彈性率

在纖維方向內之彈性率可假定如下：

闊葉樹及針葉樹之木料

100,000公斤/平方公分

普通市售熟鐵，鎔鍊鋼，鑄鋼及鎚鍊鋼　2,100,000公斤/平方公分

鑄鐵　1,000,000公斤/平方公分

(五)計算書之內容

〔大致與DIN1073(乙)(四)同，從略〕

(六)計算上要點之點

(1)剖面超過需要之額

橋身一切部分之安全率應力求一律。如因施工上之要求，致某部分之剖面超過需要上之數值時，應使該部分與他部分之結合物料，亦具有同樣之超過額，俾日後載重加大時，該部分與結合物料仍可同時適用。

(2)橋面對於儎重之分散作用

計算橋板以及縱梁與「中間橫梁」時，可假定車輪壓力勻佈於較大之面積內。

上項面積在單層橋板，其上不鋪碎石者，可假定爲「輪寬」×10公分，其上舖

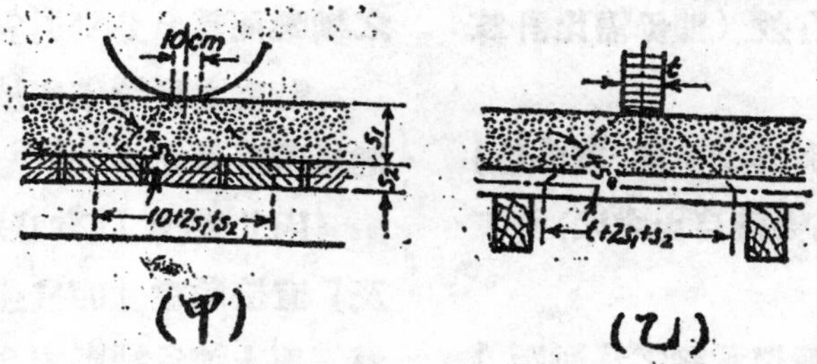

第　四　圖

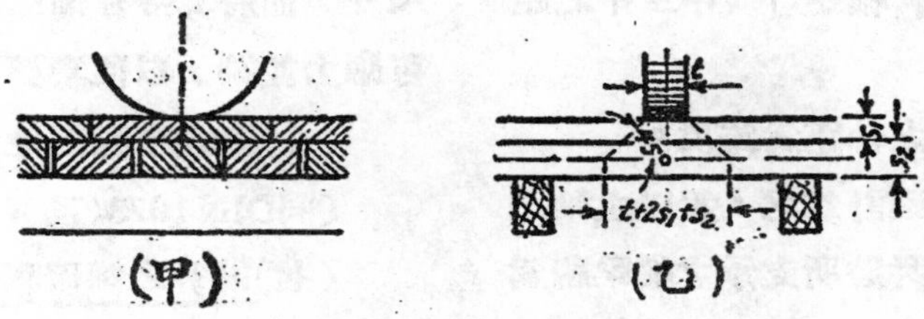

第　五　圖

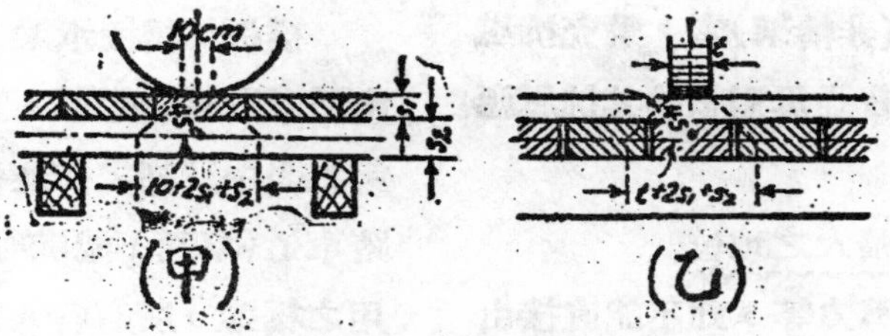

第　六　圖

碎石者，可如第四圖假定之。

如橋面為木板兩層（下層載重，上層備磨蝕），均為橫向（垂直於行車之方向）舖釘者，則每一「載重橋板」（指下層橋板）須足以勝載車輪壓力，其橫向之分佈寬度可假定為 $b=t+2s_1+s_2$（第五圖）。

如上層橋板縱舖，下層（載重）橋板橫舖，則車輪壓力（在下層橋板上）之分佈面積可照第六圖假定之。

（3）「載重橋板」與縱橫梁之計算

供行車與步行用之單層橋板（其上不舖碎石者），其厚度應至少比計算上要求之數加大2公分，以備磨蝕，其在雙層橋板，上面一層應以不協助載重論，下層一

層之厚度可視為完全有效（即毋需比計算上要求之厚度加大）。

跨館多檔之橋板與縱梁，應(就各檔)視為簡單梁(在兩支點彎轉自由之梁)計算之。

橋板(載重用者)應以承梁之「淨距」(邊至邊之距離)加10公分之數為跨度，但至多只可與承梁之「軸距」(中至中之距離）相等。

縱梁應以橫梁之軸距為跨度。

橫梁亦按簡單梁計算之，並以主梁之「軸距」為跨度，并將所支承之縱梁視為按鉸節式佈置於其上者。

如「橋板承梁」(即縱梁與橫梁)或主梁之為「滿壁式」(非構架)者，兼充抗風結構之「邊桿」，普通毋需核驗其抗風應力。

(4)活儎作用最大之地位

梁桁之彎冪與剪力等，如不能直接由圖表檢取，應用影響線或類似方法求活儎作用最大之地位，然後計算之。足使應力減輕之活儎(包括車輪壓力在內)均須除去不計。

(5)構桿力及應力之核驗

構桿力，支點壓力，彎冪及剪力，須就死儎，活儎（必要時兼計側面衝擊力與離心力)，風力，積雪重量（就上面蓋沒之橋梁而言）分別計算。

制動力普通僅須於計算高聳之橋墩或橋柱時計及之。

因「彎拱」(有意造成者)，「偏接」及「直接載重」而發生之應力，應另加計算，與上述各種應力合計之。

計算書內，普通應勿列需要之剖面及尺寸，而將算得各個部分之最大應力與許可應力並列，以便審核。

(6)公式來源之註明

〔同DIN 1073(乙)(五)末項〕

(七)計算之準確程度

〔同DIN 1073(乙)(六)第一段〕

(八)衝擊率

橋板，橋板承梁，主梁，橋柱，支座由活儎計算之彎冪，剪力，構桿力，應以第二表中所列之衝擊率乘之。人行道與腳踏車道(車輛不能駛行者)，以及專供步行用之橋梁，所有行人重量，均不計衝擊率，反之，車道上之行人重量，係兼用以代替車輛載重，故應計衝擊率。

第　二　表

橋梁部分及載重方式	衝擊率φ
橋板，橋板承梁，及直接載重之主梁	1.4
間接(藉橫梁)傳遞載重之主梁及支座與橋柱	1.2

計算岸墩所受之泥土壓力時，不必將

活儎按衝擊率加大。

(IV)許可應力及剖面選定法

(九)木料之許可應力

(1)關於與木質纖維垂直及平行作用之力者

木質建築物，用良好無疵及乾透（所含水份在18%以下）而無甚節疤之木料構成，且其各部分所受之力，可以可靠之方法算出，而各部分聯結合式，適於互相傳力者，可以下表所列之數為許可應力（減低之規定，見下第2項）

第三表　木料之許可應力(公斤/平方公分)

受力之方式	木料之種類 橡木及榛木	木料之種類 針葉樹木	附註
(甲)施於纖維方向之壓力 (1)普通……	100	80	—
(2)在纖維方向對接，而接合料不能充分代替原剖面時……	80	60	—
(乙)彎曲力……	110	100	—
(丙)施於纖維方向之拉力 (1)棱邊齊整而節疤甚小之木料	110	100	—
(2)棱邊齊整之良好木料……	100	80	—
(丁)(1)垂直於纖維方向之壓力……	35	15	橫木兩端突出受壓面之尺寸至少須等於〔1.5×橫木高度〕(第七圖)否則應將本欄各數減少 1/5 *在實體橋之鷹架至多只可達20公斤/平方公分
(2)垂直於纖維方向之壓力，施於建築部分，雖稍稍壓凹，亦無甚關係者，或施於釘栓孔壁之僅佔木料剖面之微小部分者…	40	25*	
(戊)施於纖維方向之剪力…	20	12	—

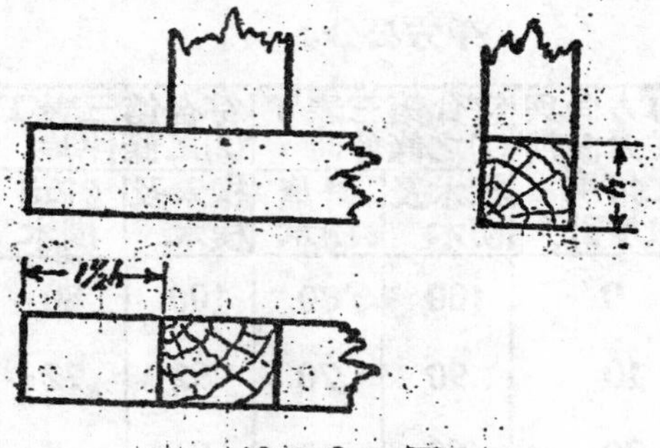

第七圖

(2)應將上項許可應力減低之情形

下列各種木料部分之許可應力，至多祇可達第三表中規定之數之 2/3：

1°建築部分之受潮濕侵襲而未經濾治，

或油漆，或用其他方法以防止腐朽者；

在水中之木料(橋樁)，常為水浸透者；

在例外情形下用於工作架之新伐木料。

如將已用過之木料重加利用，其應力應視木料之狀況相當減低。

(3)關於斜施之力者

垂直及斜欹於纖維方向之拉力務應避免，而另行設法消納之。

與纖維方向成斜角之應壓力不得超過第四表中所列之數。表中未列之「中間數值」以比例法定之。

第四表 斜向應壓力之許可數(公斤/平方公分)

壓力方向與纖維方向所成之角度(以度計)	符合第三表丁(1)之條件時		符合第三表丁(2)之條件時	
	橡木及櫸木	針葉樹木	橡木及櫸木	針葉樹木
0	100	80	100	80
10	90	70	92	72
20	80	60	84	64
30	70	50	75	55
40	60	40	67	47
50	50	30	59	39
60	40	20	50	30
70	39	19	47	29
80	37	17	44	27
90	35	15	40	25

(十)鋼鐵部分之許可應力

鋼鐵條(市售品 St 00.12 或鎔鍊鋼 St 37.12，依照DIN1612)之應拉力及應彎力不得大於 1200公斤/平方公分。

鋼鐵拉條及螺栓，在螺旋心核剖面內之應力，僅可達 1000公斤/平方公分。

餘適用DIN 1073之規定。

(十一)剖面之計算

(1)最小剖面

受力之構架桿條，最小剖面應勿在60平方公分以下，最小尺寸應勿在6公分以下。如構桿由數條組成，每一條之剖面至少須為36平方公分。

(2)剖面減弱之顧慮

核驗抗拉桿之應力時，應顧及「危險剖面」及附近之一切減弱尺寸(由橫梢，包鐵，螺栓，板塊，凹槽等而來者)。

其在抗壓桿，則剖面減弱之計及，僅以孔槽不填滿，或填塞物料比該桿本身較易壓縮(例如填塞之木料，其纖維方向與桿內纖維相垂直)時為限。

(3)抗壓桿剖面計算法

(甲)撓屈長度

16512

構架桿條之撓屈長度，普通為網格線之長度。

支柱之兩端固結者，以其長度為撓屈長度；其兩端恆以按關節式聯結者論。支柱之於一端固定，而於他一端活動者，應以其長度之2倍為撓屈長度。

抗壓桿於中間撐支於固定點時，其撓屈長度得相當減小。

(乙)受正中壓力抗壓桿之計算法

(子)整個抗壓桿

算得之「構桿力」S應先以與「瘦度」$\lambda=\frac{S_k}{i}$〔內S_k為撓屈長度，$i=\sqrt{\frac{I}{F}}$，I為最小惰性率，F為桿之剖面面積（未經減弱者）〕相當之「撓屈係數」ω（第五表）乘之，然後將桿該視為受壓不撓者計算之，即：

$$\frac{\omega \cdot S}{F} \leqq$$ 第三表(甲)(1)所列之許可應力

第五表　撓屈應力σ_k及撓屈係數ω

針葉樹木				橡木及櫸木			
瘦度 $\lambda=\frac{S_k}{i}$	撓屈應力 σ_k(註一) 公斤/平方公分	撓屈係數 ω	$\frac{\Delta\omega}{\Delta\lambda}$	瘦度 $\lambda=\frac{S_k}{i}$	撓屈應力 σ_k(註二) 公斤/平方公分	撓屈係數 ω	$\frac{\Delta\omega}{\Delta\lambda}$
0	300	1.00	0.009	0	375	1.00	0.010
10	280	1.09	0.011	10	347	1.10	0.012
20	260	1.20	0.013	20	320	1.22	0.013
30	240	1.33	0.014	30	292	1.36	0.017
40	220	1.47	0.018	40	265	1.53	0.021
50	200	1.65	0.022	50	237	1.74	0.026
60	180	1.87	0.027	60	210	2.00	0.035
70	160	2.14	0.035	70	182	2.35	0.046
80	140	2.49	0.046	80	155	2.81	0.067
90	120	2.95	0.065	90	127	3.48	0.102

100	100	3.60	0.083	100	100	4.50	0.104
110	83	4.43	0.093	110	83	5.54	0.116
120	69	5.36	0.103	120	69	6.70	0.129
130	59	6.39	0.114	130	59	7.99	0.142
140	51	7.53	0.125	140	51	9.41	0.156
150	44	8.78		150	44	10.97	

(註一)σ_k係照上式規定，

$\lambda \leqq 100$；$\sigma_k = 300 - 2\lambda$

$\lambda \leqq 100$；$\sigma_k = \frac{1000000}{\lambda^2}$

(註二)σ_k係照下式規定，

$\lambda \leqq 100$；$\sigma_k = 375 - 2.75\lambda$

$\lambda \leqq 100$；$\sigma_k = \frac{1000000}{\lambda^2}$

(丑)拼成抗壓桿

就拼成抗壓桿之實軸綫（第九圖(甲)中x—x）計算該桿時，可將該桿視爲整個者，並以各分桿寬度之和Σd爲總寬度。

拼成抗壓桿對「虛軸線」（第九圖中y—y）之撓屈，普通不得視各分桿爲完全聯合作用者而核驗之。計算時須改以第五表(甲)中與瘦度相當之撓屈係數ω乘算得之構桿力S。

第五表(甲)　拼成抗壓桿對虛軸線（第九圖中y—y)之撓屈應力σ_k及撓屈係數

關於針葉樹木料者

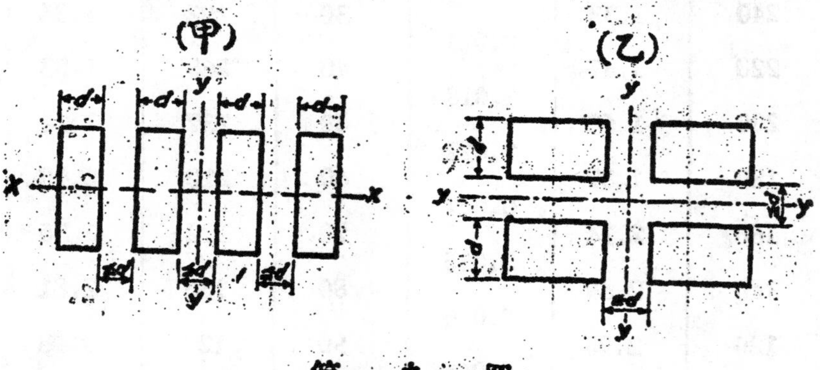

第　九　圖

瘦度 $\lambda=\frac{S_k}{i}$	撓屈應力 σ_k(試驗結果)	撓屈係數 ω'	$\frac{\Delta\omega'}{\Delta\lambda}$
0	258	1.16	
			0.0'3
10	238	1.29	
			0.014
20	218	1.43	
			0.018
30	198	1.61	
			0.021
40	178	1.82	
			0.027
50	158	2.09	
			0.034
60	138	2.43	
			0.047
70	118	2.90	
			0.065
80	98	3.55	
			0.099
90	78	4.54	
			0.146
100	60	6.00	
			0.147
110	49	7.47	
			0.147
120	42	8.94	
			0.153
130	36	10.47	
			0.149
140	32	11.96	
			0.149
150	29	13.45	

(附註)硬木拼成抗壓桿之撓屈應力現尚未經試驗測定。

各分桿之撓屈長度，爲每段內聯結螺栓之距離。如各分桿之瘦度$\lambda \leqq 40$，或撓屈長度$S_k \leqq 12i$，可毋需核驗各該分桿之應力。

膠結之拼成桿，完全不受濕氣之侵襲，且結合面之距離至多爲12d者，可適用第五表中之撓屈係數。

(丙)受偏壓力抗壓桿之計算法

受偏壓力（施力點偏出中心甚多者）$S=S_g+\varphi.S_p+\cdots\cdots$，或除受中心壓力S外兼受彎冪$M=M_g+\varphi.M_p+\cdots\cdots$之桿，其由下式算出之邊緣壓力

$$\sigma=\frac{\omega.S}{F}+\frac{8}{10}\cdot\frac{M}{W_n}\text{（針葉樹木）}$$

或 $$\sigma=\frac{\omega.S}{F}+\frac{10}{11}\cdot\frac{M}{W_n}\text{（橡木及榉木）}$$

不得超過第三表中(甲)(1)所列之數，計算時不問撓屈之方向若何，恆以最大之ω值代入式中。彎冪M及抵抗率W_n應就未減弱之剖面之軸線計算之。

(4)上空橋梁及抗壓桿支撐物防止旁撓之核驗

受壓力之「邊桿」，無抗風結構爲之聯繫者，其抗止旁撓之安全率，應加以核驗。核驗之法，假定兩鄰接邊桿之最大壓力(不計撓屈係數)之1/100爲旁推力，向外或向內作用於橋架平面之垂直方向，然後計算「立桿」與橫梁等之應力(參閱第十圖)。

「中間橋桿」於中間一點，藉一「半框架」防止旁撓者(第十圖甲)，應同樣核驗之。

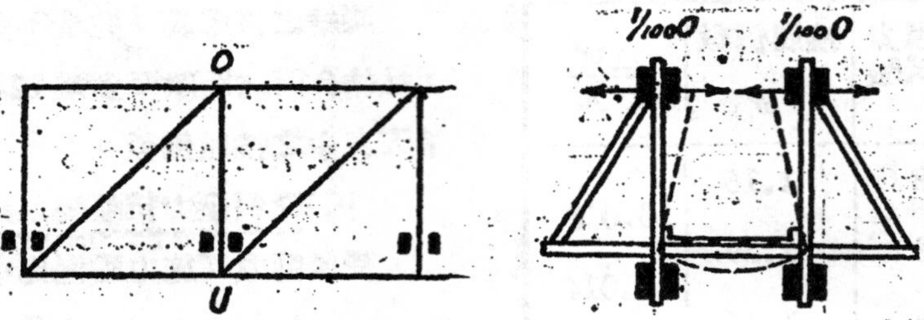

第 十 圖

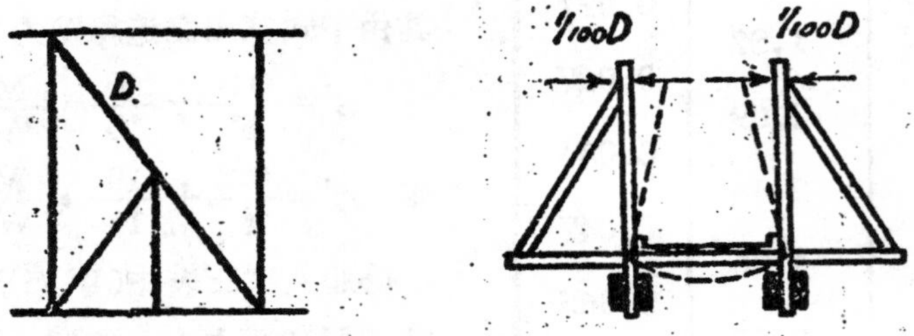

第 十 圖（甲）

（5）受彎力之部分

凡受彎力之部分，在「危險剖面」內近上下兩邊之處，須盡量避免削弱，如無法避免，則應於計算時加以注意。

（十二）結合物料

（1）通則

各種結合物料（螺栓，扁鐵，圓梢，楔子等等），可根據邦立試驗所精密試驗之結果計算之。

結合物料之許可應力，應以試驗所驗得「破壞力」之平均數，假定3倍之安全率，而假定之。同時聯結之部分，在實際載重之下，至多只可有2公厘以下之相對移動。

如無試驗結果為依據，則結合物料應依照本章（5）項之規定核驗之。

重要部分及結合點不得打釘，亦不得使用其他結合物料之於使用時不預先鑽孔鑿槽而足使木質纖維損壞者。釘用括鐵（Klammer）為暫時聯結之資，亦在禁止之列。

（2）膠結

膠結（Leimverbindungen）祗可用於完全不受水分侵襲之部分，及用於乾透（lufttrocken）之木料。所用之膠料須能抵抗水分與蒸汽者。膠結之縫層，至少須有

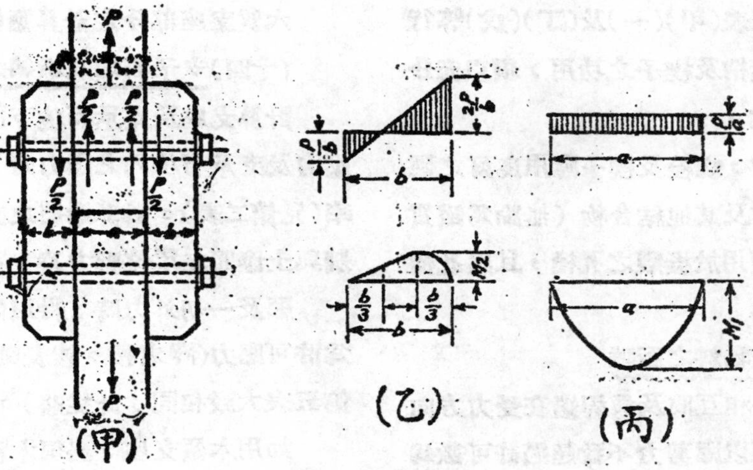

第十一圖

與木料抗剪堅度相等之堅度。

(3)螺栓結合

使用細弱螺栓(不兼設橫梢 Dübel 等者)之尋常結合方式，普通不宜用於受高力之部分。如單用螺栓結合(不兼設橫梢)，則螺栓之直徑至少須為5/8吋。此項螺栓應根據孔壁壓力及彎冪計算之；孔壁壓力及彎冪之分佈應如第十一圖(乙)及(丙)假定之：

$M_1 = \frac{P.a}{8}$ 及

$M_2 = \frac{2P.b}{27}$

沿木料厚度勻佈之孔壁壓力可達下列之數：

中間木料……100公斤/平方公分

兩邊木料……50公斤/平方公分

如上項壓力垂直於纖維之方向，應將上數減少1/3。

(4)扁鐵橫梢

平直之扁鐵橫梢不得使用。

彎成弧形或曲折形之扁鐵橫梢，至少須厚6公釐；用於針葉樹木料，且壓力沿全面均勻分佈時，應以40公斤/平方公分為纖維方向之許可應力，及以15公斤/平方公分為垂直於纖維方向之許可應力而計算之，非經邦立試驗所充分試驗證明，不得用較大大數。

(5)木質橫梢及楔子

木質橫梢及楔子，由剪力之「傾翻冪」(Kippmoment)算得之「邊緣應力」，

不得大於第三表(甲)(一)及(丁)(戊)等行所列之數。橫梢及楔子之功用，須以充分之螺栓輔助之。

木質橫梢，螺栓及楔子應用良好之硬木製成。橫梢及其他結合物（無論爲鐵質或木質者）須用於機製之孔槽，且與孔槽密合。

(6)結合物料之距離

結合物料相互間及與桿端在受力方向內之距離，應以應剪力不致超過許可數爲度。

抗拉桿之結合物料，在受力方向內，距桿端至少須爲15公分。

(7)傳遞斜力之結合物料

結合物料所傳遞之力，與纖維方向成斜角者，應參照(九)(3)計算之。

(8)用橫梢及橫齒結合之梁條

用橫齒或橫梢結合之拚成梁條，如施工合式，其「抗彎率」可假定如下：

兩梁拚合爲一時：$W=0.8\frac{bh^2}{6}$

三梁拚合爲一時：$W=0.6\frac{bh^2}{6}$

因結合物料而減少之寬度與高度可不計及。拚合之梁不得過三層。

(十三)支座之許可應力

鐵質支座部分之計算，見DIN 1073(丙)VI。

木質支座部分之計算應依照第三表。

(十四)支承石塊及墩牆之許可應力

計算支座及支承石塊下面砌縫之單位壓力及支承石塊內之應力時，應加計衝擊率(見第二表)。計算墩牆之其他砌縫及墩牆與土壤間之單位壓力時，不計衝擊率。

顧及一切外力時，得以第六表中之數爲許可應力(譯者按，該表與DIN 1073內第五表大致相同，此從略)。

如用木質支座，必須木料之橫面（即垂直於纖維方向之截面）置於石塊(或混凝土）之上，方可應用第六表(一)行之許可應力。

關於墩牆其他部分之計算，參照DIN 1075。

(下略，參閱DIN1073(丙)(七)末段)

(V)關於施工上零星之點

(十五)斷接

斷接縫應設於實際剖面比需要數較大之處。

抗拉桿斷接處之各「接木」，必須對該桿軸線爲對稱者，且結合物料須足以勝受全部拉力，「接木」之總剖面，至少須與斷接面相等。

受彎力之部分，斷接處之「接木」所有抗彎率，至少須與斷接面所具者相等，又

須足以充分傳遞剪力。

受壓力之部分，在斷接處，應以夾特之物料或聯絡之「插梢」(Dollen)，保特相互間之位置。

兼受拉力與壓力之桿，應依據最大拉力或最大壓力之1.2倍，計算其斷接之佈置。

(十六)聯結

構桿之聯結，應力求爲正中者（按，謂各桿之重心線應在同一平面內），否則應核驗因偏接而增加之應力。此項增加應力，與原有應力合計，不得超過第三表中之數。每一構桿或構桿部分，應至少用螺旋二枚聯結之，由數條組成之構桿所有中間之聯結塊亦然。

橫梢與螺栓應對桿條之軸線及在桿條剖面內對稱佈置，而其地位則力求交錯，以免因發生裂紋而使一切結合物料同時鬆動，致載重能力大爲減少。

重要之關節點應以鋼鐵或良好硬木構成之。

(十七)鐵料

供維緊(夾緊)用之螺栓(不受剪力者)至少須具1/2吋之直徑。螺栓母及螺栓頭與木料表面之間，應設方形或圓形之鐵質「墊板」(華絲)，其邊長或直徑在「維緊螺栓」至少須爲4公釐，在「受力螺栓」至少須爲6公釐；又至少應與螺栓直徑之3½倍相等。

斷接處及構架節點之聯接用鋼鐵板至少須厚6公釐。

(十八)廠內施工

凡組合而成之載重部分，其一切零件應在廠內照圖裝配，以任何部分均不發生應力(初應力)爲度，一切已結合之部分須可拆卸，而不牽動全體，使生震顫。

「套槽」(Überblattungen，即兩木以凹槽相交之處)，「筍眼」(Versatzungen)，斷接面及關節孔均須製成密合者。木料不得就較厚之一向彎成弧形（因「提高」之需要而然者除外），弧形木桿亦不得由直木割截而成。結合不準確及漲縮成畸形之木料，應即更換之。

斷接處及構架節點之螺栓孔，須於裝配完竣後鑽成之。一切受力螺栓之孔及結合用之槽眼等，須用機器準確鑽鑿。

(十九)支座

支座普通應用鋼鐵或以柏油（煤脂油Teeröl）浸治之硬木製成。木質支座與支承石塊之間，應置瀝青油毛氈或鉛板。支座本身應加以鎮緊，以防移動。

支座不得用磚石砌沒。一切木質部分須常顯露。

如支座用物料包裹，須使木質部分通

16519

氣。

(VI)主梁之彎垂度及提高矢度

橋架梁就活儎算得之彎垂度（不計結合點之移動性）普通應勿超過跨度之1/700倍。

計算時不計活儎之衝擊作用，並以不減弱之剖面爲依據。加計力（參閱 DIN 1072）可不必顧及。

由實地載重試驗測得之彎垂度，應與就該項試驗載重算得之彎垂度對照比較。

對於「滿壁式」梁，普通可以與「標準活儎」及「試驗載重」相當之匀佈載重，依照公式，分別計算兩種載重誘致之彎垂度。支於兩點之「滿壁」梁，其剖面沿全長不變者，中央之最大彎垂度可假定如下：

$$f_{max}=\frac{5M_{max}l^2}{48EI}$$

式中M_{max}爲最大彎冪，I爲梁中央剖面之惰性率。

構架梁之彎垂度，應根據各構桿之伸縮額，用計算方法，或用圖解法，以求得之。

跨度在10公尺以上之橋，普通應予以相當提高，以該橋在死儎及半數活儎（不計衝擊作用）之下，具有計算時假定之形狀爲度。計算提高矢度時，應計及結合點之移動性。

支於兩點之梁，可僅計算中點之彎垂度及提高矢度，其他各點彎垂度及提高矢度，可假定在同一拋物線上。

梁身提高之形狀，應於裝配時依式做成。

實體橋梁計算準則

(簡稱 DIN 1075)

(1930年施行)

(I)弁言

鋼筋混凝土及混凝土橋梁，除本準則另有規定外，適用 DIN 1045（按，即鋼筋混凝土建築規則，已譯載本報第二卷第二期），DIN 1047（按即混凝土建築規則，已譯載本報第二卷第三期）及 DIN 1048（按即混凝土立方體堅度及硬度試驗規則

，已譯載本報第二卷第三期）之規定。

對於甚大或不照尋常方式或不用尋常材料建築之實體橋，得另定規則，對於異常輕巧之橋梁(如載重特小之步行橋等)亦然。

(II)儎重之假定

(一)普通儎重

道路橋之儎重見 DIN 1072。

鐵路橋之儎重見："Vorschriften für Eisenbauwerke: Berechnung für eiserne Brücken" (Deutsche Reichsbahngesellschaf)，與 "Vorschriften des Reichsverkehrsministers für die Berechnung der Brücken der Privateisenbahnen des allgemeinen Verkehrs, 26. Juli 1926 E. II. 22.No.2095)及各邦關於「小鐵路」及「私有鐵路」(私人所有接通國家鐵路之鐵路)橋梁之規定（例如普魯士工商部於1926年八月二十四日所施行者）。

(一甲)溫度變化

〔見DIN 1072第二編第四章(二)(甲)〕

(一乙)收縮

〔見DIN 1072第二編第四章(二)(乙)〕

(III)普通規定

(二)普通符號

計算書及圖案內之各種符號見 DIN 1044, DIN 1350 及 "Vorschriften für Eisenbauwerke"。

(三)實體橋之普通符號及基本形式

〔見第一圖至第十圖〕

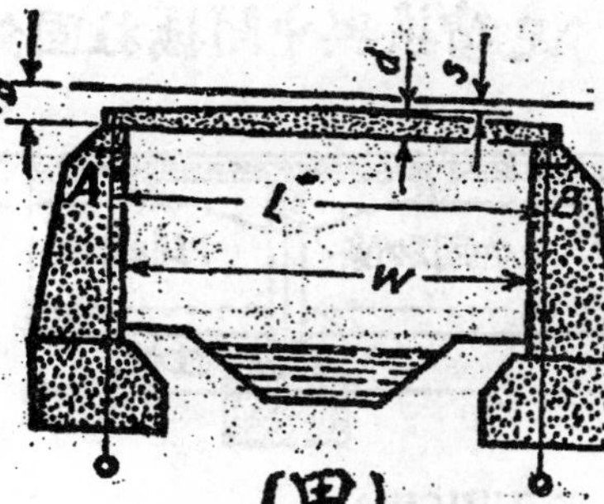

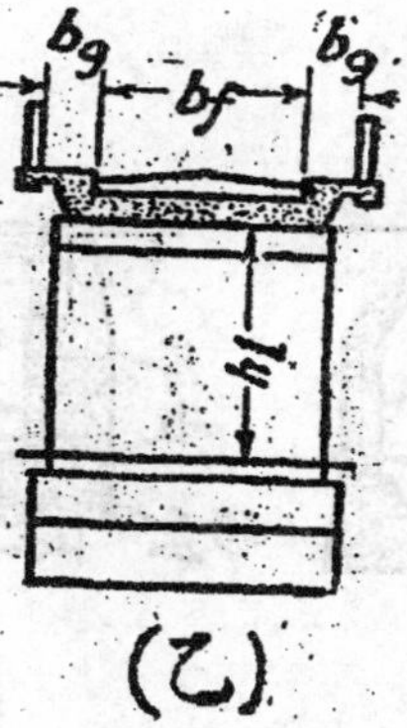

第　一　圖

16521

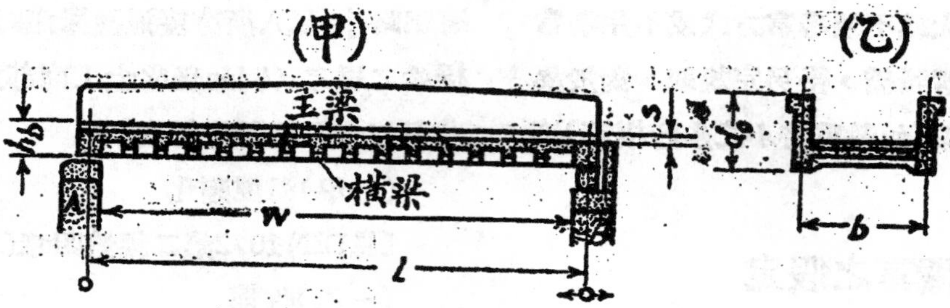

第二圖 梁式橋之下提橋面者(提式梁橋)

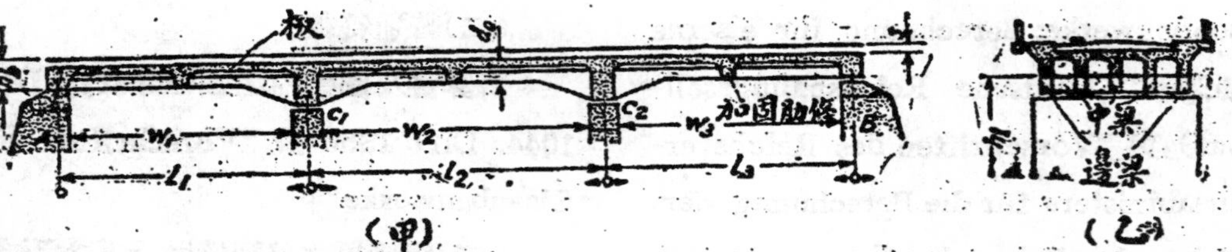

第三圖 活支式(支點彎轉自如)連續丁字梁橋

單框架

連續梁與中間橋柱固結者

第四圖

第五圖(甲)

第五圖(乙)

第四至第五圖 框架橋

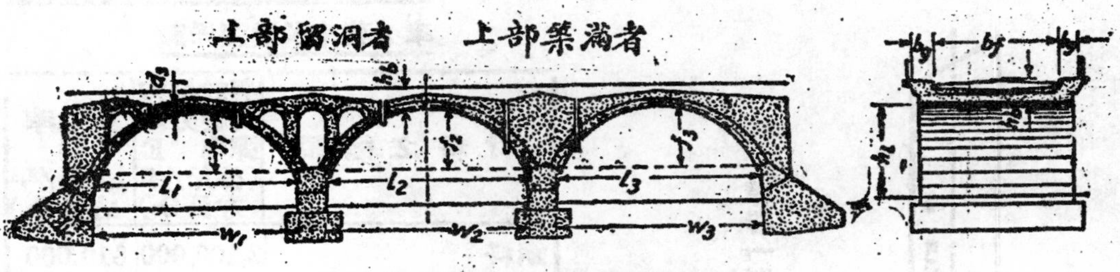

第六圖　整塊式拱橋

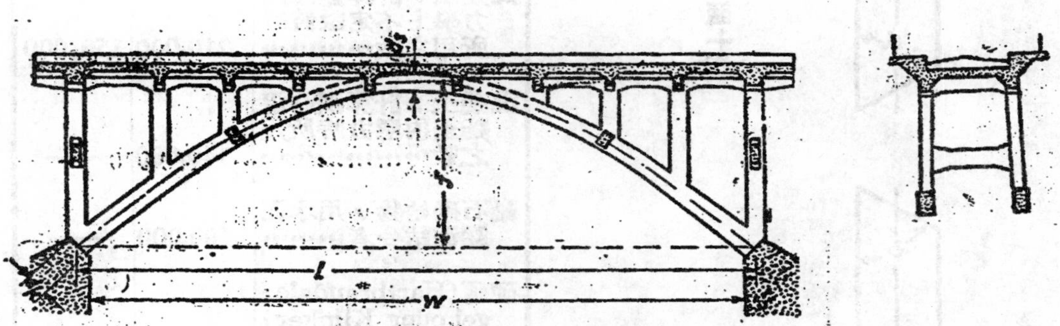

第七圖　分條式拱橋(支式)

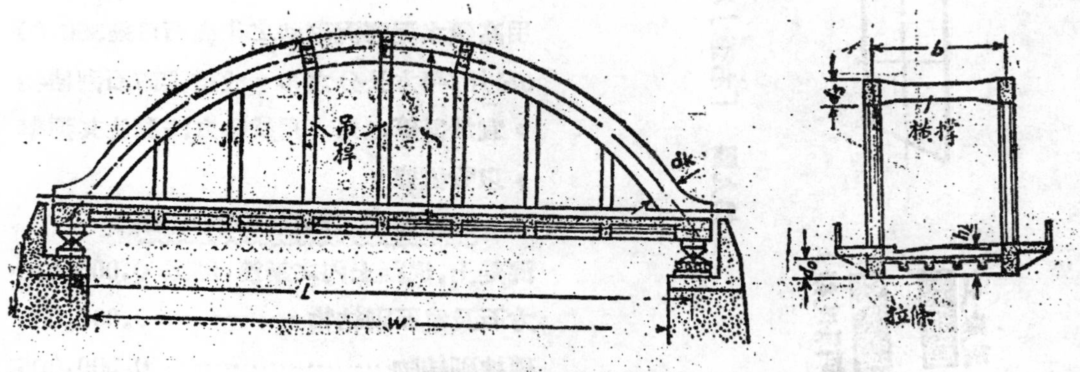

第八圖　分條式拱橋(提式)

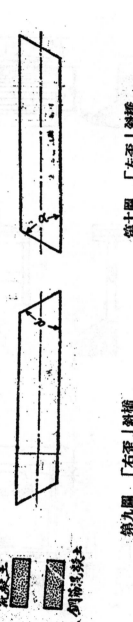

第十圖　「左歪」斜橋

第九圖　「右歪」斜橋

(四)鋼鐵，混凝土及磚石砌結物之彈率，剪率及熱脹係數

材料之種類	對於拉力及壓力之彈率 E (公斤/平方公分)	剪率 G (公斤/平方公分)
鋼料	2,100,000	810,000
鑄鐵	1,000,000	380,000
混凝土，計算變態及力學上不定數值時所用之數………	210,000	150,000
混凝土，計算鋼筋混凝土內應力時所用之數………	140,000	——
亂石砌結物，用水泥膠泥結合者………	100,000	——
硬磚(Hartbrandziegel oder Klinker)砌結物，用水泥膠泥結合者………	50,000	——

各種砌結物之彈率，相差懸殊，例如用高價水泥膠泥砌結之花崗石可達350,000公斤/平方公分之多。故重要磚石砌結物，宜於計算之先，用試驗方法測定其彈率，以資依據。

每攝氏1°之熱脹(線脹)係數：

混凝土，混凝土內之鋼筋，鑄鐵 0.000,010

方石及亂石砌結物……………… 0.000,008

磚塊砌結物……………………… 0.000,005

(五)計算書之內容

16524

計算書內應充分載明：

（甲）——（戊）〔大致與DIN1074(III)（四）（甲）——（戊）同〕

（己）假定之許可應力及算得一切重要部分之最大「縱應力」（即應拉力及應壓力）與應剪力，於必要時並載明鋼筋與混凝土間之單位粘着力〔參閱（六）（三）〕。支座及關節之應力亦須列載。

（庚）施工鷹架之勝載力，穩定安全率及「提高矢度」(Überhöhung)，以及灌填混凝土與拆除模殼之方式。

（六）計算上零星之點

（1）橋面對於載重之分散作用

（甲）關於道路橋，電車路橋，「工業鐵路」橋者（工業鐵路謂不駛行普通鐵路機關車之鐵路）

計算彎力時，設橋板之跨度爲 l，無論上面有厚度 s 之「載重分散層」或否，如於橫向設有相當鋼筋（此種鋼筋設於板之下面，其剖面應等於車輪壓力所要求之主要鋼筋剖面乘 $C=0.10+0.1\times[b-(t+2s)]$ 之數。b，t，s 均以公尺數代入。但每公尺長度內至少須設 7 公釐徑之圓鋼 3 條），則車輪壓力可假定於橫向內勻佈於

$b=b'=t+2s$ 或 $b=b''=\frac{2}{3}l$（第十一圖甲）

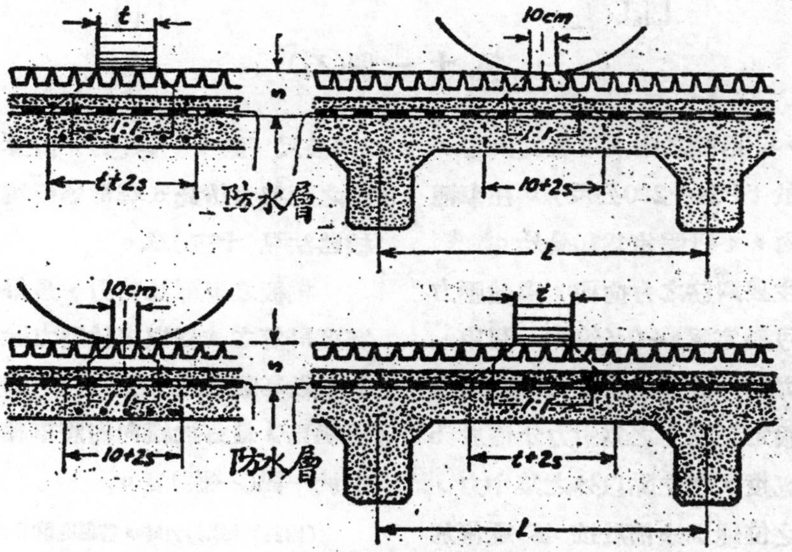

第十一圖(甲)

16525

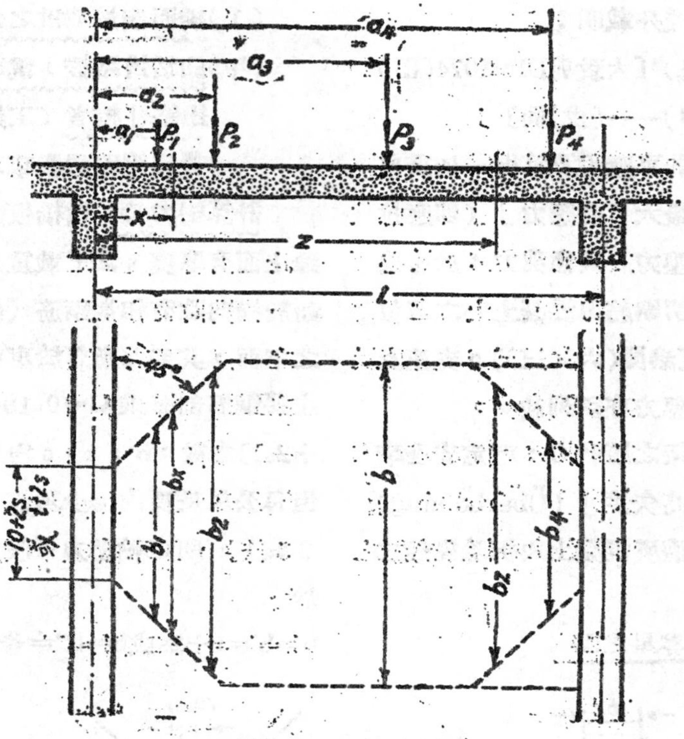

第十一圖(乙)

之寬度（b'，b"兩數之中，可取其大者，但b"不得大於 $t+2s+2.0$公尺）。在車輛行駛之方向內，t 可假定爲10公分。

在橋板主要鋼筋之方向內，車輪壓力之分佈寬度可假定爲$t+2s$(第十一圖甲)。

計算剪力時　計算橋板近支點處之應剪力時，應假定支點上之集中力分佈於 $b=t+2s$ 之寬度，在支點以外之集中力，則視其所在之位地，分佈於按 45° 逐漸加大至 $b=\frac{2}{3}l$ 之寬度，但不得大於$t+2s+2.0$公尺（第十一圖乙）。計算支點外各部面之應剪力仿此。尋常橋板抗剪安全率之核驗法見(十五)章。

橋板之彎冪及剪力，最好就1公尺之寬度計算之，即以車輪壓力除以分佈寬度b之數爲載重額(見附註)。爲計算上之簡便起見，最好於縱向內將車輪壓力視爲集中於一點(一線)者。

(附註)計算剪力時，普通應就各集中力按其分佈寬度所算每公尺寬度之相當數值，例如第

十一圖乙所示之橋板，其各剖面1公尺寬之剪力，應按下表所示方式計算之；

計算剪力時之關係剖面	集中力在1公尺寬度內之相當數			
	P_1	P_2	P_3	P_4
在P_1作用之處時	p_1/b_1	p_2/b_2	p_3/b	p_4/b
在P_2作用之處時	p_1/b_2	p_2/b	p_3/b	p_4/b
在P_3作用之處時	p_1/b	p_2/b	p_3/b	p_4/b
在P_4作用之處時	p_1/b	p_2/b	p_3/b	p_4/b_4
在X處時	p_1/b_2	p_2/b_2	p_3/b	p_4/b
在Z作處	p_1/b	p_2/b	p_3/b	p_4/b_7

嚴格而論，計算彎冪亦應用同樣方法。但求最大彎冪時，活儎應在之地位，幾以適用p/b者為通例（參閱第十一圖乙及上表），故上文規定，可照同一之分佈寬度$b=b'$或$b=b''$計算。

若車輪壓力之分佈寬度b大於輪距（同軸兩輪之距離）e，則應假定雙輪壓力分佈於$b+e$之寬度。

鋼筋混凝土梁及丁字梁，在鋼筋之方向內，應將車輪壓力視為集中力而計算之。

如假定載重藉橫梁分佈於主梁3條以上，應以計算證明。

整塊橋拱所受之載重，在縱向內，不得視為可由橋面上部結構或填土分佈於較大之寬度。在橫向內，電車路及工業鐵路之活儎可假定之分佈寬度，至多與軌道中線之距離，每邊各加2公尺之數相等；如軌道係單線，則等於4公尺。DIN 1072規定之標準活儎，則可視為沿整塊橋拱之全寬勻佈。

鋼條梁及鋼板梁之載重分佈寬度，見(九)(一)。

(乙)關於(普通機關車通過之)鐵路橋者

在鐵路軌道下之橋板，所受之集中力，在橫向(即垂直於跨度之方向)內，可假定循45°分散，至板面為止，如第十二圖及第十三圖所示者。在縱向(即跨度方向)

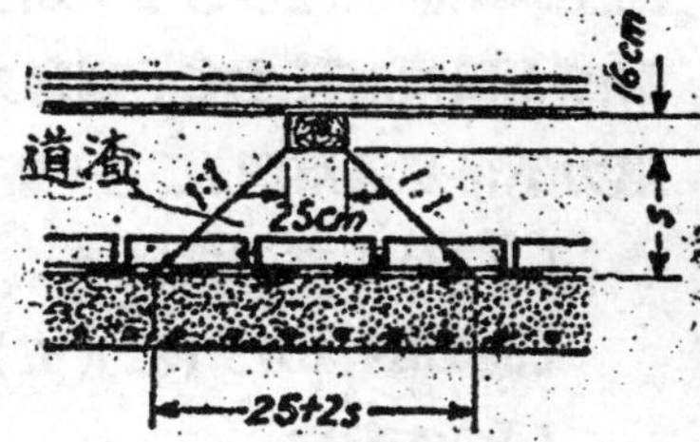

第十二圖

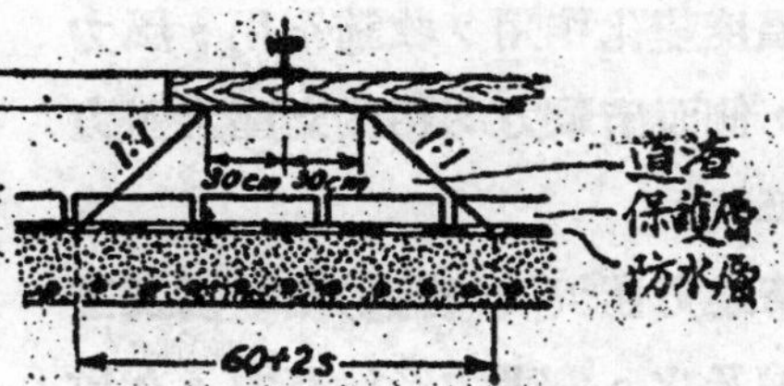

第十三圖

內，則無論在橋板，梁，丁字梁或橋拱，車輪壓力，概以集中力論。

整塊式橋拱，承載雙線或單線鐵路者，所受活載，在橫向內，得視爲沿全寬勻佈者。其在車站內或承受鐵路綫在三條以上者，則每一線(其軌距爲標準制者)之活載，至多只可視爲自佈於4公尺之寬度。

（2）活載作用最大之地位

活載作用最大之地位及與此相當之縱力（壓力或拉力），彎冪，「核點彎冪」(Kernpunktmoment，即縱力對核點之旋冪）與剪力，不能從圖表檢取者，應用「影響綫」求得之。

足使應力減輕之活載，應除去不計，框架橋及拱形涵洞兩邊泥土壓力不等（例如僅於一邊有活載時）之情形亦須顧及。橋墩及橋柱應就最大及最小泥土壓力，必要時並就浮力核驗之。

（3）外力及應力之計算

縱力，彎冪，核點彎冪，剪力，支點壓力，應分別就死載與活載，必要時並就離心力，溫度變化作用，收縮作用，風力，制動力，側面衝擊力，活動支座之阻力等逐項計算。

側面衝擊力僅須於(普通)鐵路橋及工業鐵路橋顧及之。制動力及離心力，在道路橋梁，普通僅須於計算高柱或高框架時顧及之。

風力之於「支式拱橋」，其拱體爲整塊式者，僅須於「拱寬」小於「拱跨」之1/10時，加以核驗，其拱體爲分條式者，僅須於最外兩拱條之中心距小於跨度之1/9時，加以核驗。「提式拱橋」則恆須就風力核驗之。

「垂直應力」（即應壓力及應拉力)應由同時作用之最大外力之和計算之。

一切鋼筋混凝土載重部分(拱體除外)之應剪力應由「最大剪力線」計算之（參閱第十五章)。

計算支座，支座砌結縫，支承石塊之應力時，應先求一切「主要力」（見DIN 1072）共同誘致之「主要應力」，次（於加計力頗大時）求「主要應力」與「加計應力」(即由加計力算得之應力)之和。

計算書內應將算得之最大應力與許可應力並列。

計算三角網式之橋架時，如視各「節點」爲關節式(鉸式)者，須另核驗因節點實際上固結而發生之「副應力」，所有總應力不得超過第四表(乙)項下之數值。

（4）公式來源之註明

〔同DIN 1073（乙)(五)末項〕

(七)衝擊率

橋面部分，主梁，橋柱，吊桿，支座

16528

第一表　衝擊率ψ

橋梁之種類	道路橋及電車路橋	工業鐵路橋，橋上不舖枕木者	工業鐵路橋，舖道渣舖枕木者	鐵路橋及工業鐵路橋，其道渣最小厚度（量至枕木上面為止）為下列各數者 0.4公尺	0.5公尺	0.75公尺	1.0公尺	1.5公尺
(1)梁式及框架式橋								
(甲)橋板，縱梁，橫梁及板下肋條；主梁之完全或局部為橋面支承結構之一部分或與之直接聯結且跨度不超過10公尺者；	1.4	1.65	1.6	1.4	1.3	1.2	1.1	1.0*
(乙)同甲項之主梁，跨度超過10公尺者	1.3	1.65	1.5	1.4	1.3	1.2	1.1	1.0*
(丙)其他一切主梁，僅藉橫梁間接與橋面聯結者	1.2	1.3	1.2	1.2	1.2	1.2	1.2	1.0
(2)拱橋								
(甲)橋板及承梁等，如(1)(甲)包括支柱及吊桿	1.4	1.65	1.6	1.4	1.3	1.2	1.1	1.0*
(乙)分條式拱橋，跨度50公尺及以下者	1.2	1.2	1.2	1.2	1.2	1.2	1.1	1.1
50公尺以上至70公尺者	1.1	1.1	1.1	1.1	1.1	1.1	1.0	1.0
70公尺以上者	1.0	1.0	1.0	1.0	1.0	1.0	1.0	1.0
(丙)整塊式拱橋，跨度50公尺及以下者	1.1	1.2	1.2	1.2*	1.1	1.1	1.1	1.1
50公尺以上至70公尺者	1.0	1.1	1.1	1.1	1.0	1.0	1.0	1.0
70公尺以上者	1.0	1.0	1.0	1.0	1.0	1.0	1.0	1.0

*中間數值可照比例增減

由活儎發生之彎羃(核點彎羃)，剪力，縱力(壓力及拉力)，應視橋梁之種類，分別以第一表中所列之衝擊率乘之。人行道及腳踏車道(無其他車輛駛行者)上面之行人重量，應不計衝擊率，但道路橋車道上之規定行人重量，係用以替代車輪壓力者，故須計衝擊率。

岸墩及框架後之填土，所有上面活儎，均不計衝擊率。

計算鋼筋混凝土支柱，吊桿，支座部分，關節，支承石塊，鋼筋混凝土枕塊（第十六圖）及計算支座上下面之壓力，或梁身與梁枕間之壓力，暨梁枕（支承石塊或鋼筋混凝土枕塊）與墩牆間之壓力時，應分別運用關於枕承部分與懸吊部分規定之衝擊率。

橋墩，橋柱，橋基，及其加於下面泥土之壓力，均不計衝擊率。

第一表中(1)(甲)及(2)(甲)兩行之衝擊率，必須橋上鋼軌斷接之處，均屬鍛接者，方可適用，否則應加大10%。

駛行「快車」之鐵路，其軌條或枕木不得直接舖於鋼筋混凝土載重部分之上，須舖至少40公分厚之道渣，自防水層之保護層上面至枕木上面量計之。

(IV)關於各部分計算上之詳則

(八)橋面

橋板之厚度至少須爲12公分，但DIN 1072所規定之IV級橋梁不在此例。

連跨數檔之橋板及承梁應視爲在各支點上轉彎自如者而計算之，依此算得之最大之正彎羃(空檔內剖面彎羃)，如小於就各段視爲兩端完全固定者而算得之數，則剖面之選定，應以後者爲依據。如橋板之各承梁，剖面(惰性率)大有差異，又不設加固之橫梁(加固肋條)，則計算該項橋板時，應計及各承梁彎垂不等之情形。如邊梁得藉強固之橫梁防止扭轉，則橋板在邊梁上得按「半固定」計算。關於跨度適用主梁，支柱，吊桿，或托梁之中線距離。關於板與梁在加厚處(肋條)與支柱上之有效高度見(九)(2)。

橋板與多數肋條聯結強固，且各肋條又於橫向聯固，而跨度又不超過2公尺時，得就單一之檔格計算之（以肋條中線距離爲跨度)。計算由死儎發生之「空檔內」及「支點上」彎羃及由活儎發生之「支點上」彎羃時，應視橋板爲沿支點（肋條中線）完全固定者。計算由活儎發生之「空檔內」彎羃時，應取按兩端固定與按兩端活支算得結果之平均數。爲消納空檔內

之負彎冪起見，板內上面鋼筋之剖面至少須爲下面鋼筋剖面之1/3。

少數橫梁及橋板部分受局部載重時，因固定於主梁，支柱或吊桿面發生之彎冪，應於上面設鋼筋以對抗之。固定點之彎冪如不詳細計算，應視固定之方式，假定爲空檔內最大彎冪之1/3至1/2。

支式拱橋之橫梁，與支柱固結，藉以傳遞風力以及其他水平側面力於拱體者，普通按框架式結構之「橫撐」計算之〔參閱(九)(2)〕。

連跨數檔之橋板及縱梁，所有支點壓力，不必按連續梁計算。但橋板挑出邊梁外，且挑出尺寸大於鄰檔跨度之1/3時，橋版加於邊梁之壓力須比照加大計算。

(九)主要載重部分

主要載重部分應就多數剖面核驗其受力之最大數值。框架與框架式載重部分，以及拱體，最好用「核點彎冪計算法」核驗之。

(1)板梁及丁字梁

板之跨度見 DIN 1045 第二十二章第(二)節，梁及丁字梁之跨度見 DIN 1045 第二十五章第(一)節。

主梁之爲連續梁或連續丁字梁者，如視爲在支承處可彎轉自如者計算，必須與支承部分完全脫離，或以關節與之聯絡。惰性率之變化，最好加以顧及。(八)章內關於空檔內正彎冪最小額之規定，不適用於此種主梁。梁端之彎轉自如，如不能充分保證，應於上面設鋼筋，下面備充分之混凝土剖面，以防發生固定作用。關於在支柱上之有效高度見下(2)項。

計算連續主梁(板，梁或丁字梁)之支點壓力時，應計及連續性之影響。

鋼條梁及鋼鈑梁之埋入混凝土者，不得照鋼筋混凝土梁計算，鋼梁本身應足以單獨承受載重。道路車輛之「軸壓」(即同一軸上雙輪之壓力)之勻佈寬度得假定爲2.5公尺，鐵路車輛之軸壓勻佈寬度得假定爲3.5公尺。在縱向內仍按集中力計算。鋼梁之間應設強之橫撐。計算鋼梁時，腰部之釘孔可不必減計。

(2)框架及框架式載重部分

框架桿之惰性率，如有巨量之變換，應於計算主梁時顧及之。

連續主梁之與橋柱固結者，須按框架或梁條之承於可作彈性轉動之支柱者計算之。梁內發生之縱力可不必顧及。

如第十四圖，消納支點彎冪用之梁身「有效高度」，可假定爲h。計算梁上之板塊與托梁上之支梁時仿此。

制動力，溫度變化及收縮對於框架式之結構常每有巨大影響。

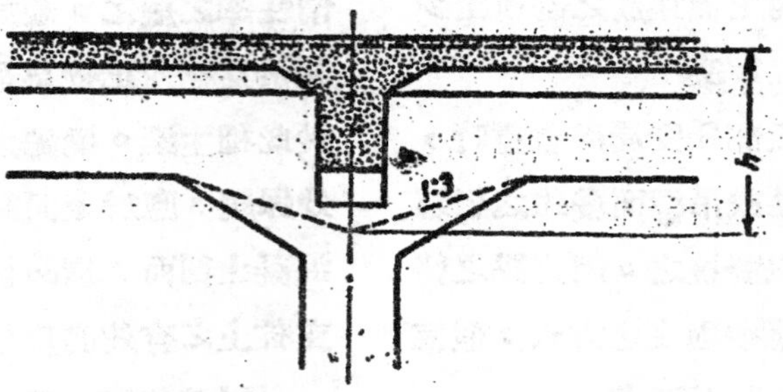

第十四圖

（3）拱橋

混凝土拱體內，須於上下兩面在1公尺寬度內各備有剖面6平方公分以上及總計合混凝土剖面 0.1%以上之縱鋼筋，始得以「鋼筋混凝土拱體」論。

固定拱橋以「拱足」(Kämpfer)剖面中線之水平距離爲跨度，兩關節式及三關節式拱橋以「拱足」關節之水平距離爲跨度。

「力學上不定」之拱體，應依照「彈性學」(Elastizitätslehre) 計算之。

拱形涵洞之上面填土較厚，且矢度適宜(矢度 f≦l/2) 者，得用「合力線法」(Stützlinienverfahren) 核驗之，「熱應力」(由溫度變化發生之應力) 及「收縮應力」可不加顧及。活儎應以代替之勻佈額(見DIN 1072及 Verschriften für Eisenbauwerke)爲標準。

首應核驗者爲「拱頂」(Scheitel) 及拱足剖面內之應力及三關節式拱體四分之一點剖面之應力。如跨度較大，應再核驗中間若干剖面之應力。

計算無關節之拱體時，普通假定「拱足」固定於橋墩之上，但拱體之支於高柱(或瘦墩)者，拱足之彈性變態作用，應加以顧及。拱體及框架之設拉條者，可假定拉條與拱體或框架以關節相聯結。

寬跨之實體拱橋，應核驗其在拱體平面內抗止撓屈之安全率。撓屈長度li應如下假定之。

(甲)固定之拱體： 拱弧長度之1/3，

(乙)兩關節式拱體：拱弧長度之1/2，

(丙)三關節式拱體(第十五圖)：

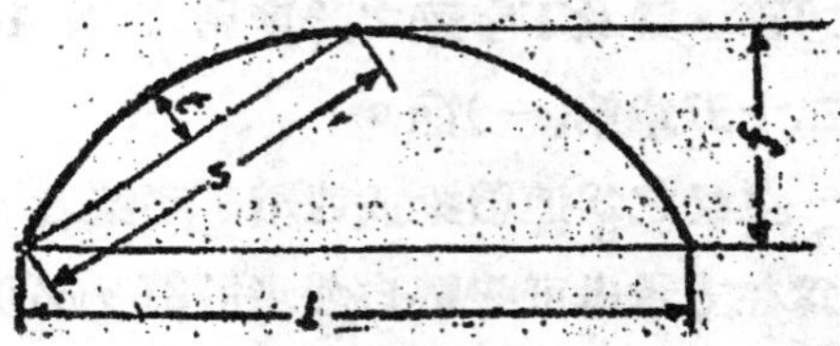

第十五圖

16532

$t/s < 0.186$ 時，$l_k = 1.28s\sqrt{\frac{-2(t/s)^2}{1+8(t/s)^2}}$

$t/s \geqq 0.186$ 時，$l_k =$ 拱弧長度之1/2

照上項「撓屈長度」假定拱體受正中壓力，依 Euler 氏「撓屈公式」算得之防撓安全率，至少應爲3倍，換言之，即縱力(剖面上垂直壓力)應爲

$$N \leqq \frac{1}{3} \cdot \frac{\pi^2 \cdot E \cdot I}{l_k^2}$$

式中N可以拱體四分之一點剖面內之垂直壓力(由死儎及活儎而來者)爲標準。在混凝土及鋼筋混凝土拱體，應令E=210,000公斤/平方公分。I爲各剖面惰性率之平均數。計算I時，對於橋面部分不得視爲有助抗撓屈之作用。

(十)對於鐵路橋梁之特別規定

鐵路軌道下之橋板，梁，丁字梁，在壓力區內之鋼筋不得多於1行，拉力區內之鋼筋不得多於2行(上下平行者)。鋼筋之直徑不得大於40公釐，其相互間之淨距至少須等於直徑之尺寸，並不得小於2公分。

梁身不得做成凹槽及空洞，以圖減輕重量，節省材料。

(十一)橋柱及橋墩

(1)鋼筋混凝土柱

受正中壓力(S)之鋼筋混凝土柱應照下式計算其應力：

$$\sigma = \frac{\omega \cdot S}{F_i},$$

內F_i爲混凝土與鋼筋並計之剖面〔參觀 DIN1045中公式(17)—(20)，本報第二卷第二期 95—96頁〕，ω爲「撓屈係數」，如第二表。

第二表　鋼筋混凝土柱之撓屈係數

	$\frac{h}{d}$或$\frac{h}{D}$	撓屈係數 $\omega = \frac{\sigma_b 之許可數}{\sigma_k 之許可數}$	$\frac{\Delta\omega}{\Delta\frac{h}{d}}$
正方形	15	1.0	
			0.05
及長方	20	1.25	
			0.09
形柱用	25	1.70	
			0.15
簡單箍	30	2.45	
			0.19
鐵者	35	3.40	
			0.20
	40	4.40	
纏箍柱	13	1.0	
			0.1
	20	1.7	
			0.2
	25	2.7	

中間數值按「直線函數」定之。

第二表中之d爲正方形及長方形柱，設簡單箍鐵者之最小邊長，D爲纏箍柱內橫鋼筋線之平均對徑。長方形柱，在最小惰性率之方向設橫撐防止撓屈者，可以較大之邊長爲d。h指網格線之長度。

受偏壓力(S)之柱，應先按彎曲力(不計撓屈係數)計算，拉力區內之混凝土剖

面部分，須除去不計。鋼筋之剖面應足以單獨承受全部拉力。次再用公式：$\sigma=\frac{\omega \cdot S}{Fi}$ 核驗其對抗撓屈之應力，一如受正中壓力之柱。

(2)混凝土與磚石築成之橋柱與橋墩

混凝土與磚石築成之橋柱及橋墩之許可應壓力（在受偏壓力之橋柱與橋墩，爲最大邊緣壓力之許可額），應以第五表(丙)(丁)兩行所列之數，除以第三表中之α數爲標準。

第三表

高度與最小厚度之比率 h/d	α	$\frac{\Delta\alpha}{\Delta\frac{h}{d}}$
1	1.0	0.125
5	1.5	0.30
10	3.0	

中間數值按直線函數定之。

h/d 大於10時，僅在特別情形之下，可以許可。其許可之應力在須與 h/d=10 和當者之下。但高墩在例外情形之下亦可有較大之應力。

受偏壓力或側面推力之橋柱與橋墩，應核驗其最大邊緣壓力。核驗時，各該材料應以不能勝受拉力論。

混凝土橋柱與橋墩，最好設鋼筋以承受應拉力。

跨度較大(20公尺以上)之橋拱及框架，其岸岸之底面(與泥土之接觸面)及重要剖面所有因活儎發生之核點彎幂，須用影響綫或類似方法求之。

跨度較小(約在8公尺以下)之梁式橋，橋身與兩邊岸墩充分聯結者，於核驗岸墩穩定之安全率時，得假定有一水平抵抗力施於岸墩之上面；計算此項水平力時，假定墩身完全固定於基礎上，並於頂部按關節式聯結。鋼條梁及鋼板梁之埋入混凝土內者〔參閱(九)(1)〕，亦適用上項規定，但其他鋼橋則否。

(十二)關節及支座

計算關節時，應求最大垂直力與最大剪力。關節縫宜與死儎之壓力線成直角。

除計算關節或支座之底板 (Grund-platten)與支承石塊間之壓力外，應並計算支承石塊與墩牆間之壓力。

支承塊之用天然石料製成者，其高度應勿小於剖面之最大邊長。

支承塊之用混凝土製成者，宜於上承支座之一面設圓鋼筋(參觀第十六圖)。

(V)許可應力

(十三)混凝土，鋼筋混凝土及磚石砌

結物應具之堅度

（1）混凝土及鋼筋混凝土

混凝土之許可應力，視立方體堅度Wb28（即製成立方體經過28日後之堅度）定之，立方體堅度應照DIN 1048驗定之。施工時所用之混凝土，應常用藉「硬度試驗」（Steifeprobe）求與製成立方體試驗品之混凝土所具之硬度相符。

鋼筋混凝土內之混凝土，至少須具有Wb28＝150公斤/平方公分。關於應含水泥成分之最低額見DIN 1045（第八章第二項）。

（2）磚石砌結物

磚石砌結物之許可應力，視其堅度M_{28}（經過28日後之立方體堅度）定之。此種堅度就砌成邊長38公分之立方體或用其他適當方法驗定之。如所用之水泥膠泥之混合比例至少為1：3，且建築物內之應力小於下列規定堅度最小額之1/5，不必核驗M_{28}之數。

驗得之M_{28}至少須如下：

（甲）方石塊砌結物200公斤/平方公分

（乙）硬磚（Klinker）砌結物　150公斤/平方公分

（丙）亂石塊砌結物125公斤/平方公分

（丁）普通硬磚（Hartbrandsteine）砌結物　100公斤/平方公分

（十四）許可應壓力及應彎力

（1）鋼筋混凝土

鋼筋之許可應力為1200公斤/平方公分。道路橋之具長方形滿實剖面者，如用高價鋼（St 48或St 52）鋼筋，其許可應拉力得增至1500公斤/平方公分。其在丁字梁，必須不計板形部分時，混凝土應壓力不超過許可額，方適用此項規定。

鋼筋混凝土內混凝土之許可應壓力及應彎力，普通以第四表中（甲）—（丁）各項下（子）條所列之數為最大限制。

第四表　鋼筋混凝土內混凝土之許可應壓力及應彎力

橋梁部分	關於道路橋，電車路及工業鐵路橋者（公斤/平方公分）	關於普通鐵路橋者（公斤/平方公分）
（甲）板及梁（橋板，縱梁，橫梁及梁式橋之主梁）		
（子）普通	45	—
（丑）在規定條件之下	Wb28：3.5	Wb28：4
但不得大於	60	50
道路橋之丁字梁在受負彎率之範圍內，得增加10公斤/平方公分		
（乙）框架及框架式載重部分		
（子）普通	55	—
（丑）在規定條件之下	Wb28：3	Wb28：3.5
但不得大於	75	60

16535

(丙)拱橋		
(子)普通	55	——
(丑)在規定條件之下	Wb28：3	Wb28：3.5
但 l≦80 公尺時，不得大於	80	70
l<80 公尺時，不得大於	90	80
(丁)受正中壓力之柱		
(子)普通	35	——
(丑)在規定條件之下	Wb28：4	Wb28：5
但不得大於	50	40
(戊)受偏壓力之柱所有許可應力與(乙)項同，同時 $\frac{\omega \cdot S}{F_i}$ 不得大於(丁)項之數		

第四表中(甲)—(丁)項下(丑)行所列之數，係由立方體堅度試驗而定，如較(子)行之數為大，僅在下列條件之下適用之：

計算設計及施工均須符合最嚴格之要求。施工者必須為對於鋼筋混凝土橋梁工程富有經驗智識之包工人。工場監工人須為熟悉鋼筋混凝土工程及該橋計算方式之工程師。所用之水泥須具有規定高價水泥之標準堅度。沙與石礫須分開，並照預先試定之混合方式混合之。關於硬度試驗見(十三)(1)。

鐵路橋所用混凝土之立方體堅度Wb28，恆須加以驗定。

(2)混凝土及磚石砌結物

混凝土(不設鋼筋者)及磚石砌結物之許可應壓力見第五表。表中各數對於道路橋，工業鐵路橋，鐵路橋，一律適用。

第五表 混凝土及磚石砌結物之許可應壓力(及應拉力)

橋梁部分	許可應壓力(公斤/平方公分)
(甲)不設鋼筋之混凝土拱體	
(子)混凝土應壓力	Wb28：5
但普通不得大於	50
跨度逾60公尺之橋並與(十四)(1)第四段所述之條件相符時，不得大於	65
(丑)混凝土應拉力＝○	
(乙)磚石砌拱體	
(子)應壓力普通以(十三)(2)所列最小堅度之1/5為限	
(丑)應壓力由驗定之立方體堅度規定並與(十四)(1)第四段所述之條件相符時	M28：5
但在跨度為60公尺及以下之橋不得大於	50
在跨度60公尺以上	

之橋不得大於	65
最大之應壓力應視各部分爲完全不能承受拉力者計算之。	
(寅)應拉力在力學上不定之磚石拱至多可達各該剖面內同時發生之應壓力之 1/5，及至多爲5公斤/平方公分。力學上可定之磚石拱不得發生應拉力。	
(丙)不設鋼筋之混凝土橋柱及橋墩	
混凝土應壓力	Wb28 : 5
但普通不得大於	30
符合(十四)(1)第四段之條件時不得大於	50
(丁)磚石橋柱及橋墩	
(子)應壓力普通以(十三)(2)所列最小堅度之1/5爲限	
(丑)應壓力由驗定之立方體堅度規定，且符合(十四)(1)第四段所述之條件時	M28 : 5
但不得大於	50
關於(丙)(丁)兩項參閱(十一)(2)	

(十五)許可應剪力

鋼筋混凝土載重部分，除拱體外，均應核驗其應剪力，梁條近支點處循斜面放高者，其應剪力得比照減低計算(參閱 Mörsch, "Der Eisenbetonbau" 6. Aufl., I. Band 2. Hälfte, S. 16—19 und S. 65—69)。

算得之應剪力如大於 16公斤/平公方分，應將梁條之尺寸加大，使減至此數以下。

一切應剪力均須以彎起之鋼筋或兼以彎起鋼筋與箍鐵承受之。僅板塊之最大應剪力不超過6公斤/平方公分者，可毋需計算其抗剪佈置，但承受彎冪需要以外之鋼筋，仍宜彎起，繫入壓力區內。

尋常橋板，跨度不超過公2尺，且在與承梁相接之處，按斜面加厚者，普通可不必核驗其抗剪力之佈置。

計算彎起鋼筋及箍鐵時，應假助於由「最大剪力綫」畫出之「應剪力綫」。「應剪力綫」之「基綫」應自梁條高度中點起引。大部分之斜拉力，最好以彎起鋼筋承受之。

決定彎起鋼筋之條數及地位後，應畫成與各剖面相當之彎冪綫，與算得之最大正負彎冪綫並列，藉以證明各剖面均能承受發生之最大彎冪，而鋼筋與混凝土之應力不致超過許可之數。

(十六)鋼筋與混凝土間之許可粘着應

力

鋼筋與混凝土間之粘着應力之計算法見 DIN 1045 第二十一章第二節。粘着應力之許可數爲6公斤/平方公分。

(十七)支座及關節之許可應力

(1)鋼鐵與鉛製成之支座及關節

第六表示支座各部分之許可應壓力及應彎力：

第六表

材料	不計加計力時		兼計加計力時	
	應彎力 公斤/平方公分	應壓力 公斤/平方公分	應彎力 公斤/平方公分	應壓力 公斤/平方公分
鑄鐵Ge 14.91(依照DIN 1691)	拉力 450 壓力 900	1,000	拉力 500 壓力 1,000	1,100
鑄鋼Stg52.81S(依照DIN 1681) 普通	1,800	1,800	2,000	2,000
用於「推轉關節」(Wälzgelenke)	1,200	1,800	1,400	2,000
鎚鍊鋼St C 35.61(依照DIN 1661)	2,000	2,000	2,200	2,200
軟鉛		100		

支座之於橋梁不載重時，僅於一綫或一點相接觸者，如用 Hertz 氏公式計算，在緊定支座，滑動支座及一輪式及兩輪式活動支座之滾輪，其接觸面之許可應壓力如下：

材料	不計加計力時 公斤/平方公分	兼計加計力時 公斤/平方公分
鑄鐵 Ge 14.91	5,000	6,000
鎔鍊鋼 St 37	6,500	8,000
鑄鋼 Stg 52.81 S；高價鋼 St 48 及 52	8,500	10,000
鎚鍊鋼 St C 35.61	9,500	12,000

上列各數，在三輪以上之活動支座之滾輪，如各輪分担之壓力不能準確計算，須減少 1000公斤/平方公分。

(2)泥凝土「推轉關節」(Wälzgelenke)

泥凝土「推轉關節」之以弧面相接觸者，其接觸面如用 Hertz 氏公式計算，且接觸寬度等於或小於關節高度之1/5時，其應力得達 $W_{b28}/2$，但不得大於 300公斤/平方公分。同時W_{b28}不得小於300公斤/平方公分。一切橫向應拉力應以鋼筋消納之。應拉力得視爲按拋物綫分佈者；其在橋身縱剖面方向約成正方形之關節體，應拉力之總額得假定爲「關節力」之 1/4。(關節體之計算見Mörsch, "Der Eisenbetonbau" 6. Auflage, Bd. 1, 2. Hälfte S.

467)。「推轉路程」(Abwälzwege) 應於選擇弧面半徑及配置關節時計及之。

(十八)支座及支承石塊下面砌縫之許可單位壓力

如僅計及主要力〔參閱(六)(3)〕，許可之單位壓力如第七表：

第七表

關係之部分	許可單位壓力(公斤/平公分方)
(1)支座砌縫之單位壓力	
(甲)水泥膠泥(1：1)或鉛層之鋪於支座與支承石塊間者，或支座下(無支承石塊時)之混凝土	50
(乙)鋼筋混凝土枕，沿橋身全寬度內連續不斷，並於支座上設圍箍總固式墩狀部分或交錯之鋼筋多層者(參閱第十六圖)	80
(2)支承石塊與墩牆間之單位壓力	
(甲)墩牆爲混凝土或用方石或硬磚與水泥膠泥(至少1：3)砌成者	25
(乙)墩牆用亂石與水泥膠泥(至少1：3)砌成者	15

如兼計「加計力」〔參閱(六)(3)〕上表中之數可增加15%。但普通計算墩座時，可毋需顧及「加計力」。

用於支承石塊之石料，至少應具 800 公斤/平方公分 之立體方堅度，緊接支座之混凝土，至少應具300公斤/平方公分之方體堅度，緊接支承石塊之混凝土，至少應具200公斤/平方公分之立方體堅度。石料之壓力試驗法見 DIN DVM2105。

(十九)鋼筋混凝土支承石及關節石之許可單位壓力

鋼筋混凝土支承石(Auflagerquader)，及關節石 (Gelenkstein) 之形狀與立方體相近，且在面積F內，僅中央部分F_1(第十七圖甲)承受壓力，同時高度 h 至少與較長之邊 d 相等者，或其形狀爲剖面近正方形之長條，僅於中央寬度d_1之一段(第十七圖乙)，承受壓力，同時高度 h 至少與寬度 d 相等者，對於受力面上之許可單位壓力分別爲

$$\sigma_1=\sigma\sqrt[3]{\frac{F}{F_1}}\text{及}\sigma_1=\sigma\sqrt[3]{\frac{d}{d_1}},\text{內}\sigma=\frac{W_{b28}}{4},$$

但 σ_1不得大於 120公斤/平方公分。

(二十)木質施工範架及模殼架之許可應力

木質施工範架及模殼架之計算，普通適用 DIN 1074 之規定，其在鐵路橋適用

16539

"Vorschriften für Eisenbauwerke" 之規定。

(VI)

(二十一)主要載重部分之提高

工作範架與模殼架應予以相當提高，使載重部分於拆去支承架及收縮停止後，在實際死儎及平均溫度之下，具有計算時所假定之形狀。

第十六圖

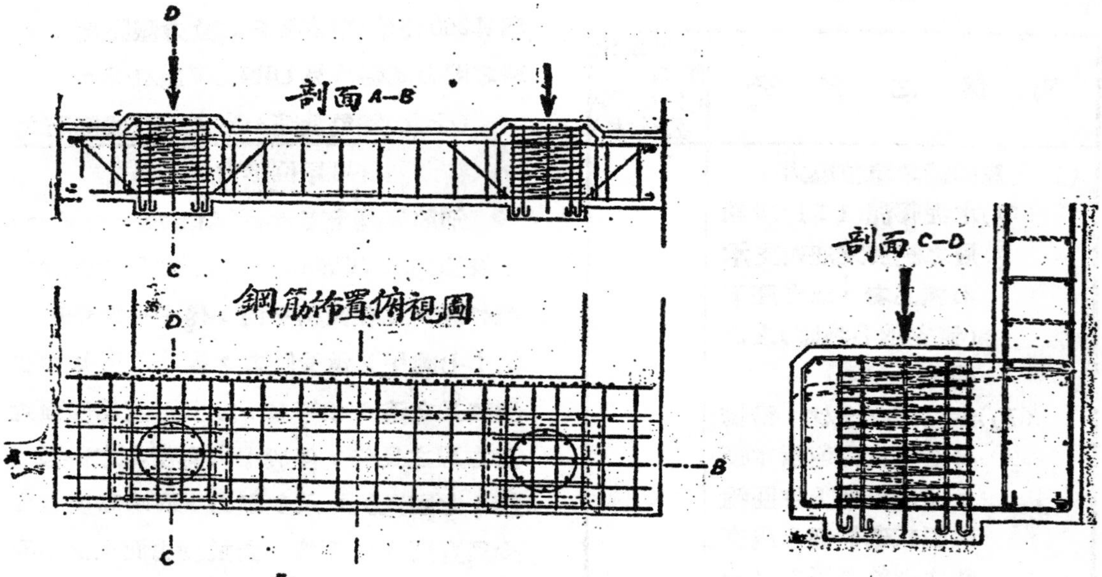

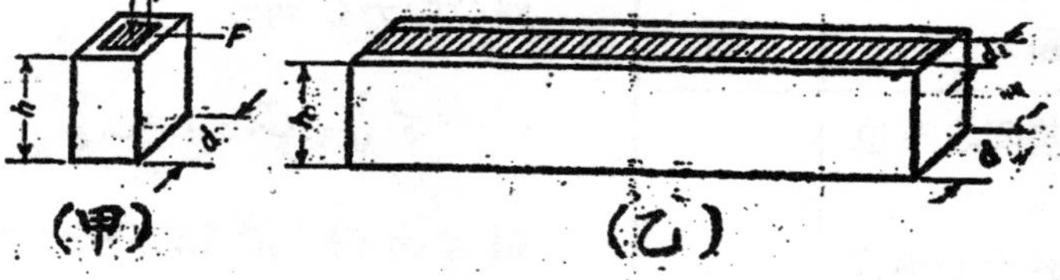

第十七圖

附　錄

上海市工務局業務簡略報告

茲將本局最近半年來（截至民國二十年九月止）經辦各項業務擇要略述如次：

（一）積極建築第一期幹道及各該路橋梁涵洞

本市第一期幹道，除中山路已經開築完成外，其餘如淞滬路，其美路（舊名翔殷路），三民路，五權路，浦東路，閘殷路等路基路面，均在積極進行之中。又各路橋梁涵洞之已建築竣工者，有浦東路第一號橋，五權路第二號橋及浦東路涵洞等。正在進行中者有淞滬路第一號橋，浦東路第二，四，六號橋，翔殷路第三號橋，閘殷路第一，二號橋及三民路第一號橋等。

（二）建築市輪渡固定碼頭

本市高橋，慶寧寺，賴義渡，定海橋，十六舖等處輪渡碼頭所需之浮碼頭與浮橋早經建築竣工，現復於以上各處興築固定碼頭，以便裝置浮碼頭而便行旅。

（三）展築蒲肇河溝渠

蒲肇河排溝工程，自斜橋至新橋一段早經竣工，嗣以新西區一帶垃圾苦無容納之所，經公安局會同呈奉　市府核准，將蒲肇河排溝工段，自新橋起，展長至魯班路口，以便繼續傾塡垃圾，現在該段溝管亦已排築完成矣。

（四）建築市政府新屋

建築本市市政府房屋，爲市中心區域重要建設之一。自本年七月七日奠基以後，即開始積極工作，現在全部底脚及第一層鋼骨水泥樓板已告完成。

（五）開始排築和平路（前稱西門路）溝渠

本局爲增進老西門一帶交通上之便利起見，有就原有義街開闢較寬道路（即和平路西段）接通法租界之辣斐德路，並整理老西門一帶道路之計劃。經數月之籌備，所有礙路房屋現已完全拆除，並開始排築溝管矣。

16541

水利

中國水利工程學會出版

水利月刊

每月一册爲供給學理經驗之

源泉！

預定：半年六册連郵費一元二角

全年十二册連郵費二元四角

郵票代金不折不扣

定報處：南京太平橋北二一號本會

第一卷第一期要目

中華民國二十年七月出版

中國水利工程學會發行

南洋同學公鑒

敬啓者吾會創立二十餘年自民國四年起卽出版會刊徒以同學人數衆多遷徙靡定遞寄難週不勝歉仄現在間月出版「南洋友聲」一期凡我同學祇須照章繳納會費均得享有贈閱之權利是刊第十二期業已出版爲特通告海內外同學諸君務希各將最近狀況及通信地址開明連同本年會費大洋三元寄交上海甯波路四十七號本會會所當卽將「南洋友聲」按期寄奉不誤再本會現正在籌設更完備之會所此後會務發達計日可待便益同學之處正多閣下對於本會會務如有高見敬祈勿吝賜敎投登會刊俾便公同討論藉謀改進尤所欣盼此請

諸位學長先生公鑒

南洋公學同學會 南洋友聲編輯部啓

16544

安徽建設月刊

第三卷第五號目錄　民國二十年五月份出版

清華週刊

第三十五卷第三期目錄

工程譯報

第二卷　第四期

（中華民國二十年十月出版）

編輯者　上海市工務局（上海南市毛家弄）

發行者　上海市工務局（上海南市毛家弄）

印刷者　神州國光社印刷所（上海新閘路輔康路 電話三一〇九〇號）

分售處　上海商務印書館（上海河南路）

定價表

第一卷第一·二、三·四期	每本大洋三、五角（寄費加一）
第二卷第一至四期	每本大洋五角（寄費加一）
第三卷　零售	每期每本大洋五角寄費加一
第三卷　預定	全卷四期大洋二元寄費在內

外埠函購辦法：

報費在一元以下者郵票十足通用但以一分四分及半分者爲限一元以上請寄匯票

每期廣告價目表

地位／面積	全面	二分之一	四分之一
底面	四十元	二十四元	十六元
封面及底面之裏面及其對面	三十六元	二十元	十二元
普通地位	二十四元	十四元	九元

繪圖撰文攝影製版等費另計

16547

上海市工務局出售圖書

上海市工務局十六年業務報告	第一期	每本洋一元五角
上海市工務局十七年業務報告	第二，三期	每本洋二元五角
上海市工務局十八年業務報告	第四，五期	每本洋一元五角
上海市工務局十九年上期業務報告	第六期	每本洋五角
上海市暫行建築規則(報紙)		每本洋五角
上海市工務局道路溝渠施工用料規則(道林紙)		每本洋一元
上海市工務局道路溝渠施工用料規則(報紙)		每本洋五角
上海市滬南區道路系統圖(每套三張)		每套洋八元
上海市滬南區道路系統圖　零售	東部一張	每張洋四元
上海市滬南區道路系統圖　零售	西部一張	每張洋三元
上海市滬南區道路系統圖　零售	中部一張	每張洋三元
上海市閘北區道路系統圖(有新路線)		每張洋六元
上海市閘北地形勢圖(全套十三張)		每套洋十五元
上海市滬西區道路系統圖(每套四張)		每套洋十元
工程譯報　第一卷第一期及第二期		每本洋三角
工程譯報　第一卷第三期及第四期		每本洋三角
工程譯報　第二卷各期		每本洋五角
上海市市中心區域道路系統圖		每張洋二元
上海市市中心區域分區計劃圖		每張洋一元
公尺英尺對照表		每本洋二角

發售地點

(一)南市毛家衖本局
(二)閘北民立路本局工程管理處
(三)浦東東昌路本局工程管理處
(四)引翔育才路本局工程管理處

寄售處　本埠河南路商務印書館

工程雜志

工程雜誌

創刊號

中國工程學會出版

本期提要

中國工程學會成立大會攝影

本會理事長楊壽楣先生

本會常務理事尤乙照先生

本會常務理事張士俊先生

本會常務理事湯震龍先生

工程雜誌

創刊號

本期目錄

中國工程學會出版

工程雜誌發刊詞

虞廷九官，垂為共工，周禮列冬官，而六職始備，可見古昔重視工藝之一班，春秋戰國，百家爭鳴，雲梯木鳶之製，聲光化電之學，既時時散見於載籍，而秦起長城，隋鑿運河，尤世界建築物之最偉大者，是以工程歷史言，我國固巍然獨樹一幟也，所惜唐宋以降，朝廷取士，專重文詞，國用所需，祇恃天產，海通以後，遂致居處服用，與夫一切民生所賴，武備所資，舉不能與人爭勝，而轉仰賴於人，有識者固早以為憂，近世紀中，未嘗不注重專科，研究藝術，顧對於先進，每歎望塵，兼以國宇不寧，滋培力薄，其有艱卓自成者，又多埋沒四方，投閒置散，此在位與學人，均當引以為責者也，矧當東亞共榮，提攜詎能獨後，建設萬緒，籌策端賴衆才，上年因有工程學會之組織，所冀海內方家，羣萃一室，始則技術切劘，思想交換，繼則作鹽作麴，是取是求，前途之發揚光大，左券可操，而亦壽楣所殷殷期祝者也，茲當發行雜誌，爰綴數語，以弁簡端。

中華民國三十一年五月梁溪楊壽楣

解決目前汽油恐慌的途徑

任樂天

引言

汽油恐慌終於隨着大東亞戰事的爆發而降臨我們面前了！除非我們願意暫時還返到古老時代，用騾馬或人力來維持交通，靜待世界秩序的恢復，否則必須努力於覓取解決的途徑。以我國工業和技術的落後，資本和人才的貧乏，一旦想臨渴掘井，自然會感到非常困難。歐美日本諸國的科學專家，二十年來，對汽油問題早已殫智竭慮，以求如何自給自足。歸納起來，總脫不掉三條途徑：(一)開發天然來源，(二)人工煉製，(三)找尋代用品。所以我們要解決目前的汽油恐慌，也只有就這三條途徑中選擇。

(一)天然來源

汽油是攝氏二百度以上的石油蒸出物，比重在〇・八二五以下，最初自石油中蒸出，並不受世人重視。後來汽車風行，纔知道寶貴，直到飛機出現，竟變成國防上不可缺少的資源。因此有人認爲這次戰爭是石油的戰爭，不無相當理由。汽油的天然來源有三種：(一)油田，(二)油頁岩，(三)天然煤氣。

1. 油田

汽油的最大的來源是石油。石油天然生成於地層裂縫中，名謂油田。一經發現，只要鑿井採吸，卽可取得。但油田的天然儲量，不像石炭那樣豐富。根據過去美國地質調查所的統計，全地球油田儲量約共五百五十二萬萬桶(每桶合四十二美加侖)照目前戰事的消耗，用不滿二十年便告罄了。卽使努力搜採，也有個限度。這儲量數字的分佈又太不平均，大致如下：

16557

地名	儲藏量（單位以桶計）	百分數
美國	九，一五〇，〇〇〇，〇〇〇	一六·六
蘇聯	六，七五五，〇〇〇，〇〇〇	一二·二
伊朗和美索波達米亞	五，八二〇，〇〇〇，〇〇〇	一〇·五
南美諸國	五，七三〇，〇〇〇，〇〇〇	一〇·四
墨西哥	四，五二五，〇〇〇，〇〇〇	八·二
中美諸國	三，五五〇，〇〇〇，〇〇〇	六·四
南洋羣島	三，〇一五，〇〇〇，〇〇〇	五·五
中國	一，三七五，〇〇〇，〇〇〇	二·五
日本	一，二三五，〇〇〇，〇〇〇	二·二
羅馬尼亞波蘭和西歐諸國	一，一三五，〇〇〇，〇〇〇	二·一
加拿大	九九五，〇〇〇，〇〇〇	一·八
印度	九九五，〇〇〇，〇〇〇	一·八
埃及和阿爾基利亞	九二五，〇〇〇，〇〇〇	一·七
其他	一〇，〇〇〇，〇〇〇，〇〇〇	一八·一
總計	五五，二〇五，〇〇〇，〇〇〇	一〇〇·〇

「石油中所能提取的汽油量，視品質和蒸溜方法的不同而定。石油的品質分石蠟體（Paraffin Base）和瀝青體（Asphalt Base）兩種，也有介於二者之間的。大概石蠟體可以提取多量的汽油和上等的滑潤油，瀝青體宜於提取柴油。石油的蒸溜方法分四種：

（一）通常分級蒸溜法　將原油加熱蒸溜，依沸點的不同，逐步分出油類。在攝氏二百度以下分出的是汽油。二百至三百度間分出的是煤油。三百度以上分出的是柴油和滑潤油。餘下的是石蠟或瀝青等廢渣。以上分出的油類通常再加以蒸溜，分出各級不同的油類。

（二）Topping法　將原油加熱至相當溫度後，使汽油和柴油蒸出，餘下的是殘渣柴油。

（三）裂解法（Cracking）　將原油或蒸出的柴油，煤油等加以高熱，使分子裂解，生成較輕的汽油。因爲此法可以增高汽油的產量，已被廣泛地採用。

（四）氫化法（Hydrogenation）　將原油或蒸出的各級油類以及殘渣等通入氫，在壓力下加熱，可以煉製種種品質優越的滑潤油，燈油，飛機燃料油，溶解劑等。至於煉製汽油，不如裂解法之經濟。但裂解法所不能化成汽油的物質，像殘渣等，可應用此法。

以上（一）（二）兩種是舊的方法，（三）（四）兩種是新的方法，尤其氫化法在將來必更見重要。這里我們可看到，假使不惜成本，油田中所吸出的原油，幾乎全部都能煉製汽油。但我們要知道柴油和滑潤油在國防上同樣是不可缺少的東西，所以舊的方法並未完全廢棄。根據過去美孚油公司的報告，美國的石油用通常蒸溜方法平均能得以下的產物：

汽油	二七%
煤油	一〇%
滑潤油	四%
柴油	四六%
其他	一三%

我國的油田儲量向無確實統計，前表所列的數字，不甚可靠。以國土的面積作比例，似乎貧乏。又因資本和技術的關係

，未作大規模的開採。油田脈的分佈大致自新疆北部沿南山北麓而入玉門敦煌，再自甘肅東北部延至陝西北部，越過秦嶺而伸展於四川盆地，遍積西藏高原之半。這些地帶都不在我們和平區城之內。事變前浙江長興曾發現油苗，當時經實業部工業試驗所分析如下：

色澤	褐黑
嗅味	輕
比重（華氏六十度時）	〇・八九四三
着火點	華氏二二〇度
黏度（華氏七十度時）	一・七
發熱量	每磅一七一一六B.T.U.

該地距京滬甚近，實際儲量如何，尚不得而知。希望政府能早日綏靖地方，派專家前往測勘試採。

2. 油頁岩

因為油田的天然儲量有限，一般的興趣都轉移到油頁岩了。油頁岩是含有油質的岩片，加以蒸溜，可得石油的類似物。油頁岩分瀝青油頁岩（Bituminous Shale）和石油頁岩（Oil Shale）兩種。瀝青油頁岩產在煤礦附近，石油頁岩產在油田附近。油頁岩的天然分佈很廣，遍及世界各處，儲量總數尚無確實估計。單就滿州撫順的油頁岩來說，儲量有五十五萬萬噸之多，以每噸含油百分之五・五計算，可產原油十九萬萬桶，已經超過了中國全部油田的儲量。美國油頁岩的蘊藏正和油田同樣豐富，柯洛拉多（Colorado）一州的儲量已與撫順相彷彿。現在世界上着手開採而見成效的有蘇格蘭，滿州，愛沙尼亞，澳洲等地，其中尤以蘇格蘭的油頁岩工業最著名而發達。

從油頁岩中提取原油，常用低溫乾溜法。和原油同時蒸出的有煤氣和氨，餘下的是焦炭。再從原油中，用分級蒸溜法，提取汽油，煤油，柴油，滑潤油等。如果要多得汽油，可用裂解法或氫化法處理。原油的含量須視油頁岩的品質而定。蘇格蘭油頁岩平均每噸含原油二十三加侖，撫順油頁岩平均每噸只含原油十二加侖，但因位置在煤礦上部，採掘時有種種便利，故尚得經營。撫順原油倘用裂解法處理，可提取百分之六七・二的汽油。

我國油頁岩的蘊藏不在少數。已經發現者有山西的渾源，清源，陝西的橫山，麒麟溝，定安，廣東的茂名，電白，欽州，以及四川的屏山，犍為等地。根據地質調查所的估計，陝西和廣東兩省的油頁岩儲量已在五十六萬萬噸以上。各地油頁岩的含油量如下：

地名	每噸含原油量（加侖）	每噸含汽油量（加侖）
山西渾源	四七・二〇	三・六二
陝西橫山	五三・〇	
麒麟溝	一九・七〇	五・八九
四川屏山	二九・九〇	五・一六
犍為	一九・〇〇	〇・五七
廣東茂名	二五・〇〇	三・八七
電白	二二・三一	三・七一
欽州	二〇・八四	七・八〇

以上山西和廣東的油頁岩在和平區城之內，含油量均相當豐富，苟將原油再施以裂解法或氫化法，每噸可提煉汽油十五加侖以上。

3. 天然煤氣

天然煤氣從自流井內噴出，往往含有汽油成份，卽丁烷，戊烷等碳氫化合物。依其含汽油量的多寡，分爲兩類：每千立方呎內含一加侖以上的稱濕煤氣，一加侖以下的稱乾煤氣。經過集取的手續，可將汽油提出。這種汽油在市面上稱天然汽油（Natural Gasoline）。集取方法有三種：

（一）壓縮冷却法（Compression Method）將煤氣先行壓縮，然後冷却，使汽油凝成液體而分出。

（二）油吸法（Oil Absorption Method）將煤氣翻覆通過適當的油液，使汽油溶解，然後再行蒸出。

（三）木炭黏着法（Charcoal Adsorption Method）將煤氣通過木炭屑層，能使較重的汽油成份黏着。然後再將木炭屑用蒸氣蒸溜，取出汽油。

以上壓縮冷却法可將每千立方呎含汽油〇・七五加侖以上的乾煤氣提淨。油吸法可將每千立方呎含汽油〇・一二五加侖以上的乾煤氣提淨。至於木炭黏着法則任何含汽油量甚少的煤氣都能提淨。

天然汽油內含有多量丁烷，蒸氣壓過高，倘直接用於汽車有使化汽機發生塞汽之虞。因此必先加以固定（Stabilisation），將不馴性的丁烷除去，或與揮發性不足的重汽油攙和，然後充作汽車的燃料。

從天然煤氣中提取汽油工業，在美國以來源豐富，較最發達，每年所提的汽油在五萬萬加侖以上。我國的天然煤氣產於四川的鹽井，其他各省雖有大量發現的希望。

（二）人工煉製

第一次世界大戰後，各國鑒於汽油在國防上的重要，亟謀自給自足。其中尤以英德兩國，因爲本土缺乏油田，努力於汽油的人工煉製。在政府的奬勵和保護之下，已從事大量生產。各研究機關的發明更日新月異，層出不窮。這些人工煉製汽油的方法可依其所用原料爲區別，略述如下：

1. 用石炭煉製

英德兩國都是蘊藏豐富石炭的國家。本來石炭和石油在地層中生成的原理息息相通，而且石炭中就含有石油的成份。因此兩國的科學家都致力於用石炭做原料，以煉製汽油。已告成功的方法有兩種：（一）低温乾溜法（Low Temperature Carbonisation），（二）氫化法。

（甲）低温乾溜法

過去石炭的乾溜，目的在製造多量的有效煤氣和良質焦炭，故常用高温，使石炭中所含的揮發份受熱裂解。後經研究上的進步，知道揮發份中主要的碳氫化合物是烷系（Paraffin），烯系（Olefine）及異烯系（Naphthene），與石油中所含者初無二致。設改用低温乾溜，可使這些碳氫化合物不受裂解，原物蒸出，卽得石油的類似品。餘下的半焦炭，名謂 Coalite，是一種容易着火的無煙燃料，適於家庭中應用。

英國的低温乾溜法不下二百種之多，但從事大量生產的，幾乎全部是 Coalite 法。原料用煙煤或褐炭，温度自攝氏五百五十至六百五十度間，產物視石炭種類的不同而定。大致每噸石炭可得焦油十四至二十加侖，煤氣三千至五千立方呎，半焦炭約一千四百磅。焦油內可提取汽油〇・五至一加侖，煤氣內可提取輕汽油二加侖。設將焦油用裂解法或氫化法提取，前者

16560

可得汽油三・五至五加侖，後者可得汽油一三・六至十八加侖。用煙煤製出的焦油常含多量酚類（Phenolic Substance），不若褐炭製出的焦油富於烷系。

低溫乾餾法的缺點在產油量太低，只能視爲煉焦工業的副產物，因此發展程度給予焦炭的需要量所限制。一九三四年英國低溫乾餾工業所消耗的石炭共二十八萬四千餘噸，其中應用Coalite法的不下二十七萬噸。假定用氫化法精煉焦油，以每噸石炭得十五加侖汽油計，可產四百二十六萬加侖，僅夠供給目前四千架轟炸機和四千架驅逐機在前綫活躍五小時。

（乙）氫化法

氫化石炭是現代煉製汽油最成功的方法，彌補了低溫乾餾法的缺陷，可以避免焦炭的產生，而製成含不飽和碳氫化合物甚少的汽油。上次世界大戰以前德人白極司（Bergius）首將纖維質自製煤炭，在一百氣壓及攝氏四百度下加以氫化，得百分之七十的油類。其後繼續研究，由德國I.G.染料公司出資經營。迨一九二八年大規模的褐炭煉油廠開工於勞那（Leuna）地方，並得德國政府的鼓勵，所產汽油在國內鐵道上運輸，水腳特廉。一九三五年更大事擴充，每年汽油產量增至三十萬噸以上。在眼前戰事進行中，年產恐已超出三百萬噸。

英國不甘落後，一九二七年皇家化學公司（Imperial Chemical Industries）亦奮起研究，用煙煤爲原料，經六年的不斷努力，卒告成功。一九三三年七月得英國政府的鼓勵，規定在九年內每加侖汽油出品，予以四辨士的津貼，乃在別林翰城（Billingham）鳩工設廠，資本爲二百五十萬鎊，年產汽油十萬噸，至一九三五年四月開始出品。該廠尙借重於當地原有氮廠的設備，假使一併計入，資本需達五百萬鎊。

美國雖然是產油國家，但鑒於德國人造汽油的成功，恐影響他未來的石油工業，於是在一九二七年由美孚公司與I.G.染料公司簽定互惠合同，規定德國專事研究石炭的氫化問題，美國專事研究石油的氫化問題。日本及其他國家對石炭的氫化工業也力謀發展。

石炭的氫化順序，依英國別林翰廠的設計，大致如下：

（一）將煙煤磨做粉屑，與重油拌和而成煤糊。煤糊的成份含煤屑及重油各半。

（二）煤糊先噴送至預熱器，然後入氫化塔。氫自製造廠送來，也經過預熱器。

（三）氫化塔內的溫度爲攝氏四百五十度，壓力爲二百五十氣壓。

（四）將氫化後的產物通過冷凝器，使油類和氣體分開。

（五）分出的油類送入蒸餾器，將汽油蒸出，餘下的重油送還與煤屑拌和。

（六）分出的氣體，含未化合的氫和碳氫化合物，送還氫廠處理。

這樣順序每製成一噸汽油，需用三・六五噸煙煤，其中除去〇・五噸灰份及水份外，一・六噸用於氫化，一・五五噸用於氫的製造及熱能消耗。所製汽油，品質甚佳，比重在〇・七四〇至〇・七四五間，沸點在攝氏三十五至一百七十度間，至一百五十八度時已能蒸出百分之九十的容量。

2.用煤氣煉製

人工煉製汽油的原料，除上述石炭外，近更採用天然煤氣

16561

及其他來源的煤氣，原來煤氣中含多量的低級烷系及烯系，經過適當處理，可製成液體的高級烯系，異烯系，及苯族，都可充作汽油，處理的方法不外乎解化作用（Pyrolysis）及聚合作用（Polymerisation）。解化作用施諸烷系及烯系氣體均可，聚合作用只可施諸烯系氣體。也有將烷系氣體先行解化或去氫（Dehydrogenation）而成烯系氣體，然後聚合。也有將烷系氣體一面解化一面聚合。

解化烷系或烯系氣體，溫度須高至攝氏一千度左右，通常在常壓下進行，所產的汽油為苯族，尤含多量的苯。烯系氣體的聚合方法分加熱聚合及接觸聚合兩種。加熱聚合時所用溫度及壓力頗不一致，據美國 Alco Product Incorporated 的方法，溫度在華氏九百至一千度間，壓力在六百至八百磅間，可得百分之六十至七十的汽油。接觸聚合時最有效的接觸劑為磷酸或磷酸鹽類，溫度在攝氏一百五十至三百度間，壓力在一百二十至三百磅間，可得百分之九十以上的汽油。聚合所成的汽油，屬於烯系及異烯系，要消除不飽和性，可再用氫化法處理。

解化法因為不適宜在高壓下進行，設備浩大，不如聚合法較為經濟。但煤氣中所含的大部是烷系，尤以甲烷最多，故用解化法較為直捷。總之，煤氣煉油工業限於原料，設備等問題，尚在嘗試時期，遠不逮氫化石炭工業的成功。

此外還有用水煤氣煉製汽油的斐許法(Fischer's Process)。將除淨硫質的一氧化碳及氫，在常壓下通過鈷接觸劑，溫度保持攝氏二百八十至二百九十度間，每立方公尺的混合氣體可製成一百三十克的粗油。一氧化碳和氫的混合率為一比二。所得粗油，別名 Kogasin，可蒸出百分之六十二的汽油和百分之二十三的重油。汽油中多含不飽和成份，須再用裂解法處理。斐許法設備過大，眼前難期適合於工業製造。

3. 用植物油煉製

汽油固然可用石炭或煤氣來人工煉製，以補油田和油頁岩的不足，但石炭和煤氣，不論直接或間接，同樣須取給於天然埋藏，終有窮盡的一天。何況石炭的工業用途太廣，不能完全用來煉製汽油，在資源貧乏的國家依舊感到恐慌，因此便注意到植物油了。

原來植物油中含有脂酸醚及游離的脂酸，加以高熱，也可裂解成低級的烷系或烯系液體，即係汽油。煉製的方法大概有兩種：(一)將植物油在高溫及高壓下裂解，用陶土，骨炭或無水氯化鋁做接觸劑；(二)將植物油先製成鈣皂或鎂皂，施以裂解蒸溜。大概這樣處理可得百分之二十至三十的汽油。

植物油煉製汽油的辦法在試驗室內早告成功，不過因為植物油的市價昂於汽油，所以世界各國還沒有該項工業的出現，僅視為國防上萬不得已時的準備。事變前我國的學術研究機關也曾用棉子油，花生油，菜油等加以煉製，成績尚佳。據實業部工業試驗所的報告，可得百分之二十六的汽油。

(三)代用品

人工煉製固屬解決汽油恐慌的積極辦法，但消極方面尚有代用品可求。尤其是平時交通上最普遍的汽車，原不必定需用汽油做燃料。凡在燃燒時能放出強熱的氣體或容易揮發的液體都足以代替汽油，推動內燃機，使汽車行駛。據我們現時所知道，世界各國已實際應用的代用品，可分液體燃料及氣體燃料

兩類：液體燃料主要的是酒精和苯；氣體燃料主要的是煤氣。

1.酒精

酒精之應用於內燃機，歷史很早。近十餘年來，世界各國感到汽油的恐慌，對酒精燃料提倡更力，在歐洲，除英國以稅則關係，酒精昂於汽油，以及產油國家如蘇聯，羅馬尼亞等外，其餘各國的政府都有明文規定，凡進口的汽油或甚至連國產的汽油都須攙以若干成份的酒精。據一九三五年的統計，歐洲國家所消耗的酒精燃料如下：

國別	消耗量(公噸數)
奧地利	四，四〇〇
捷克斯拉夫	四二，四七七
法國	三九三，六〇〇
德國	一八〇，〇〇〇
匈牙利	八，七三一
意大利	五，〇〇〇
南斯拉夫	六，五九二
立陶宛	五，四五七
波蘭	五，九四一
西班牙	一二，〇〇〇
瑞典	一二，二五〇
總計	五七六，四四八

酒精代替汽油，使用於內燃機，以行駛車輛，尚有下列的優點：

(一)能受較高的壓縮力。

(二)熱效力較高——燃燒完全及廢氣帶去的熱量較少。

(三)產生的動力較大。

(四)着火安全。

(五)與空氣混合的限度較大。

(六)無烟，無臭，不發生撞擊(Knocking)現象。

但近世所通行的汽車，其內燃機的設計，都以適用汽油為原則。假定不改變構造，使用酒精代替，則有下列的缺點：

(一)充分燃料供給的困難。

(二)蒸發熱的不足。

(三)寒季開動較難。

(四)發生侵蝕作用。

因此需要補救的辦法，如裝置預熱設備或與其他揮發性較低的液體燃料混和。

世界各國大都不改變汽車的構造，在汽油內攙以百分之二十至三十的酒精。但尋常所產的酒精，含有百分之三至五的水份，在天氣寒冷時，與汽油的混和率甚低。故必須用無水酒精，或於尋常酒精外，另行加入苯，乙醚，丁醇，戊醇等類的混和劑。

釀造酒精的原料，取給於植物的澱粉質，糖質及其他碳水化合物，不像汽油的依賴礦藏。所以酒精的來源，在農業國家，可取之不竭。茲將釀造酒精的各種植物表列如下：

	每噸能釀95%酒精的加侖數
甘蔗	二〇
大麥	七〇
小麥	八三
燕麥	六八

高梁	八七
高梁莖	二二
玉蜀黍	八五
馬鈴薯	二〇
甘薯	三五
甜菜	二〇
蘋果，梨	一二
桃，杏	一一
葡萄	一八
香蕉	一三
木屑	二〇

以上釀造酒精的主要原料均係我們日常的食糧。所以德國在這次戰前，為謀節制食糧起見，已逐漸減少酒精燃料的消耗量，而代以用水煤氣合成的甲醇。甲醇的揮發性高於酒精，且用人工合成法製造較木材蒸溜所得的，成本低廉。I.G. 染料公司在勞那地方的甲醇製造廠，每天產量可達一百噸。

2. 苯

用苯代替汽油做燃料，最先行於英德兩國。因為英德兩國治金工業的發達，煉焦工業也跟着發達，每年有大量的苯從乾溜石炭中取得。一九一〇年德國已將所產的苯，半數充作燃料。在第一次大戰中，英國唯一的國產液體燃料就是苯。一九一九年更成立國營苯公司(National Benzole Company)，將苯與汽油的混合物在市場上出售，名稱 National Benzole Mixture。其後法，比等國也有同樣的國營組合。下表係過去英國燃料苯的年耗量：

年份	消耗量(英加侖)
一九二八	二七，五〇〇，〇〇〇
一九二九	三五，二四〇，〇〇〇
一九三〇	三五，〇〇〇，〇〇〇
一九三一	二九，〇〇〇，〇〇〇
一九三二	二七，五〇〇，〇〇〇
一九三三	三一，〇〇〇，〇〇〇

苯的來源向從高溫乾溜石炭時所得的煤焦油中提取。石炭的高溫乾溜應用於煤氣廠及煉焦廠。煤氣廠目的在製造煤氣，以供都市內點燈及燃料之用。煉焦廠目的在煉製焦炭，以供冶金工業之用。大概煤氣廠每噸石炭約得副產苯二加侖，煉焦廠每噸石炭約得副產苯三加侖。但煤氣廠所製出的煤氣與煉焦爐所產生的煤氣內尚含有若干量的苯，可用油吸法或活性炭黏着法集取，正像從天然煤氣內集取汽油一般。據倫敦煤氣公司(Gas Light and Coke Company)的設計，應用黏着法，每天可從七千五百萬立方呎的煤氣內集取一萬六千加侖的苯。此外苯也可像人造汽油一般，從煤氣中的烷系及烯系解化或聚合而成，不過溫度，壓力及反應時間上的變化而已。這樣人工煉製的苯，品質純良，最適宜於充作汽油代用品。

苯在燃燒時的發熱量及能忍受的壓縮力都較高於汽油。惟使用於尋常汽車，以揮發性較汽油為低，在寒季亦如酒精的起動困難；且煤焦油中所提出的苯在燃燒時多生煙灰，所含硫質尤足以侵蝕機件，故宜與汽油及酒精混和使用。總之，苯的來源既限於副產物，又為製造染料，香料，醫藥及炸藥等所不可缺少的原料，除英德兩國情形特殊外，其他各國實不如用酒精

代替汽油的較爲得計。

3. 重焦油

苯是煤焦油中初步蒸出的輕油。英國不但採用苯，並採用過重焦油爲液體燃料，以代替汽油。通常將重焦油中的酸類含量洗除至百分之十五，再行蒸溜。然後加入定量的苯，使油中的萘（Naphthalene）在低温時不致凝結。也有將重焦油中的酸類含量減低至百分之一至二，更將萘設法蒸出或結出。這樣特製的重焦油每加侖成本在七至八辨士間。因爲英國政府對進口的液體燃料每加侖科以八辨士的重稅，而對本國產的液體燃料一律免稅，因此有人便提倡將重焦油試用。

重焦油缺乏揮發性，通常利用廢氣所帶出的熱量來預熱，使之化汽。最普遍的設計有化汽機大小兩隻。小的是汽油化汽機，在起動及低速時應用。至於其他構造方面，也頗不經濟。機身的壽命較用汽油要短一半。貝爾法斯脫公共汽車公司（Belfast Omnibus Company）曾經耗去七萬二千加侖的重焦油，用二十八輛公共汽車，試行兩載，結果認爲不切實際。重焦油代替汽油，雖然未收成效，但足見英國對於覓取汽油代用品的努力，在非常時期仍不失爲補救的辦法。

4. 煤氣

氣體燃料之能用於內燃機的有三大類：(一)天然煤氣，（二）副產物煤氣，(三)製造煤氣。副產物煤氣分煉焦爐煤氣及化鐵爐煤氣兩種。製造煤氣分城市煤氣及發生爐煤氣兩種。城市煤氣又分水煤氣，參合水煤氣，乾溜煤氣，油煤氣等。發生爐煤氣以所用固體燃料來區別。

天然煤氣往往含百分之九十以上的甲烷，品質最純潔，沒有硫或其他酸類的成分，最適宜於充作內燃機的燃料。不過受天然產量及地域限制，要代替汽油行駛汽車，事實上不可能。副產物煤氣是煉焦廠和煉鐵廠的副產物，同樣也受產量及地域的限制，不足以供廣泛的應用。惟有製造煤氣纔適合這個條件。

（甲）城市煤氣

城市煤氣向供城市內點燈及燃料之用，有上述乾溜煤氣，水煤氣，油煤氣，參合水煤氣等四種。乾溜煤氣係高温乾溜煙煤所生。水煤氣係水蒸汽通過燃熱的無煙煤層或焦炭層所生。油煤氣係裂解石油所生。參合水煤氣係將油煤氣或天然煤氣參入水煤氣中而成。後兩種需要石油做原料，根本談不到代替汽油。前兩種所含成份的容量百分率大致如下：

	乾溜煤氣	水煤氣
氫	四六·〇〇	五〇·〇〇
一氧化碳	六·〇〇	四三·二五
甲烷	四〇·〇〇	〇·五〇
乙烯	五·〇〇	—
氧	〇·五〇	—
二氧化碳	〇·五〇	三·〇〇
氮	二·〇〇	三·二五

乾溜煤氣的發熱量每立方呎約在六百B.T.U.左右，水煤氣的發熱量每立方呎約在三百B.T.U.左右。

將乾溜煤氣或水煤氣預先壓縮液化於鋼筒內，裝在汽車上，逐漸放送，供給內燃機的燃燒，也可以代替汽油。以前因爲鋼筒過於笨重，每裝一立方公尺的煤氣要占去載重十公斤以上，使用未免困難。近年以輕質不銹鋼的發明，使筒內壓力可高

至二百氣壓，能容三百九十二立方呎的煤氣，空筒重量約一百十九磅。設尋常汽車引擎的壓縮率為五比一，每用二百六十五立方呎的乾餾煤氣可抵一加侖汽油。大概一輛裝足液化煤氣的汽車能行駛六十至七十哩的途程。依經濟原則論，平時實不足與低廉的柴油汽車抗衡，所以英國雖然煤氣廠遍佈各大城市，過去僅有二十四輛的液化煤氣汽車通行於國道上。但最近德國以戰事關係，曾強制載重一噸半以上的運貨車，改用是項煤氣，一九四〇年已有十五萬輛之多。

液化煤氣汽車的構造，除裝備鋼筒外，尚須有適宜的導氣活門及空氣混合器。導氣活門通常係二級隔膜式(Two-Stage Diaphragm Type)，先將筒內高壓降至每平方吋五磅，然後再降至空氣混合器內所需的壓力。空氣混合器通常利用引擎的吸力，將煤氣和空氣導入適當的咽氣管(Choke Tube)，即在管內混合。倘將汽缸改造，使壓縮率增高，則煤氣的熱效力可完全發揮，不像應用尋常汽車引擎時，須損失百分之十五。

(乙)發生爐煤氣

上述液化煤氣汽車，行諸工業化國家，固極方便，但在一般國家的公路上作長途往來，煤氣供給頗成問題。設每站須預儲若干鋼筒，以資更換，則設備及運輸所費不貲，何況像我們中國的都市根本缺乏大規模的煤氣廠。因此一般國家便採用發生爐煤氣了。

發生爐煤氣是將空氣通過熾熱的固體燃料層而製成。固體燃料中最適宜的有無煙煤，焦炭，木炭，木柴等四種。所生的煤氣大致含有容量百分之三十的一氧化碳，百分之十的氫，百分之六十的氮及少量的二氧化碳和其他雜質，因為可以利用煤氣所帶出的熱來供給水蒸汽，再通入爐內，產生水煤氣，故含一部份的氫。每立方呎的發熱量約在一百三十B.T.U.左右。

發生爐直接裝在汽車上，所生煤氣必須經過清濾和冷卻的手續，把其中的灰份，水份，焦油，硫化物等雜質除淨，然後導入空氣混合器，以供內燃機的燃燒。發生爐有上吸式，下吸式，中吸式三種，空氣用風扇吹入。清濾器內貯以水，油，軟木，炭屑，鐵屑，棕櫚，棉布等物。固體燃料中以木炭為最宜，因為含碳量最高，不像木柴的多水份，又不像煤的有硫質，所生煤氣的清濾手續也比較簡單。大概二十五磅的木炭可抵一加侖汽油。假使應用尋常的汽車引擎，馬力較汽油要減低百分之三十以上。

用發生爐煤氣行駛汽車，除馬力減低外，缺點太多。爐身與清濾器佔去車身的地位和重量過多，引擎的壽命減短，氣流容易阻塞，起步困難，以及污穢不潔，在平時殊令人生厭。但因為燃料的費用低廉，且隨處皆有，無虞匱乏，在眼前戰爭狀態之下，終於給世界各國所普遍採用，而列為主要的汽油代用品之一。

(丙)乙炔(Acetylene)

除上述各種煤氣外，尚有乙炔可充汽油代用品。乙炔的來源是將碳化鈣(俗稱電石)加水而產生，因為平時價格較其他燃料為昂，只應用於鋼鐵熔焊工業，不作內燃機的燃料。大概每磅碳化鈣所生乙炔的發熱量為六千B.T.U.。碳化鈣並無天然來源，將石炭在高溫電爐內分解，與鈣質化合而成。

乙炔可單獨使用於內燃機，以行駛汽車。車上裝有乙炔發生器，清濾器，冷卻器等。將碳化鈣置於發生器內，與水接觸

，即放出乙炔，經過清濾及冷却後，與空氣混合以供內燃機燃燒。比較發生爐煤氣汽車，有下列的優點：

(一)乙炔發生器較煤氣發生爐較爲輕便。

(二)發熱量特高，不減低馬力。

(三)起步容易，暫時可使乙炔停止發生。

(四)含雜質少，容易清濾。

(五)潔淨

是項乙炔汽車在去年夏季曾盛倡於日本，惟因碳化鈣價格較昂，未能如木炭汽車的普遍推廣。

結論

解決汽油恐慌的途徑既如上述，則我們要維持目前都市和公路的汽車交通，不難按圖索驥。

就天然來源言，我和平區域之內，除浙江長興曾一度發現油苗外，其餘各地並無油田可資開發。山西廣東兩省雖蘊藏大量的油頁岩，但以地方尚未綏靖，資本技術均成問題，一時無從採掘，即積極努力，亦須相當期間方可產油，不足濟燃眉之急。至於天然煤氣，與油田同付闕如。故欲循第一條途徑以解決目前的汽油恐慌，顯係不可能。

就人工煉製言，低溫乾餾石炭的汽油產量太低，且須隨半焦炭的用途而發展。氫化石炭固屬最成功的方法，然規模設備之浩大，以現時幣值計，非數萬萬元莫辦。況技術方面猶有待借助於德日諸國的專家，若輩正傾全力以應付自國的戰事，何暇舍己而芸人之田。因此我國雖擁有豐富的石炭資源，亦無從利用。植物油在統制之下，價格與汽油相差不遠，以之提煉百分之二十至三十的汽油，其不合經濟原則可知。至於煤氣之解化或聚合，技術與設備更感困難。故欲循第二條途徑以解決目前的汽油恐慌，亦有所不能。

舍此而外，則惟有循第三條途徑，以覓取汽油的代用品。就液體燃料言，我國素乏大規模的煤氣廠及煉焦廠，何處有苯及重焦油的來源。酒精在統制之下，價値昂過汽油。農村釀造所產，向充飲料之用，倘須重加蒸餾，成本如何，應由專家作通盤估計。且庇架鳩工，亦有待時日。就氣體燃料言，液化煤氣既乏來源，又無輕質的鋼筒材料。產生乙炔的碳化鈣，輸自日本，價格較昂，在彼邦已不能普遍推廣，遑論我國，欲設廠自製，又無低廉的水電力可資供給。故擬不變更原有汽車引擎，勉強維持使用，只有依賴發生爐煤氣而已。

設廢棄汽油引擎而改用別的發動機，則尚有蓄電池自動車及將其他燃料代替柴油的狄塞爾引擎自動車，爲上文所未述。按蓄電池自動車向供短距離及慢速率的運輸之用，美國鐵道快車公司（American Railway Express Co.）平時使用的也有二千輛之多。良因車身笨重，過電不便，造價昂貴，修理困難，速率較低，以及不能駛上高坡，故遠不足與汽車比擬。但蓄電池自動車亦自有優點，如折舊年限較久，速率能調換自如，清潔無聲，倘有水電力來源之地平時所費甚廉。目前汽油恐慌之際，使用於都市，亦可維持一部分的交通，不過車輛數目須受當地發電廠的電力供給量所限制。

用柴油做燃料的狄塞爾引擎自動車係我們所習見。事變前中國汽車製造公司曾用德國造的狄塞爾引擎，以土產的棉子油

，花生油，豆油等植物油為燃料，在內地公路上試行運貨車，成績良佳。現時柴油與汽油同樣恐慌，植物油在統制下，雖價格與汽油相差不遠，然農村到處皆產，不妨在公路上行駛是項狄塞爾引擎自動車，以補木炭汽車的不足。

綜上所論，欲解決目前汽油恐慌，就我們所應做而能做的，有下列諸辦法：

(一)積極將原有汽車，改裝發生爐煤氣設備，以無煙煤，木炭或木柴為燃料。

(二)提倡蓄電池自動車，以供都市運輸及私人乘用。

(三)將原有柴油引擎車用植物油行駛，以維持一部分的公路交通與運輸。

(四)改良農村家庭釀造工業，以最低廉的雜糧製成百分之九十五的酒精，供混和汽油之用。

(五)擇適宜地點，赶期籌設較大規模的石炭低溫乾溜廠，一方面提取汽油，一方面將半焦炭充作改裝的發生爐煤氣車的燃料。

為提煉撫順油頁岩而殉身的工程師

——日本長谷川清治氏——

撫順油頁岩是現時日本最重要的石油來源。最初因為不適用蘇格蘭式的外熱乾溜爐，在開發上頗感棘手。長谷川清治工程師首先設計內熱乾溜爐，不幸試驗失敗，竟於昭和八年春以手槍自戕。但他的犧牲卻鼓勵了一般後繼者的努力，在昭和十年七月內熱乾溜爐的試驗卒告成功，使日本得從事大規模開採撫順的油頁岩。

開拓我國水力發電芻議

許 嘉

(一)總論

動力之主要來源有二：一爲燃料，一爲水力，燃料主要爲煤石油等，然地下蘊藏有限，旦旦伐之，當有窮時。是以近來世界各國，咸於動力之需要日繁，而燃料蘊藏有限，莫不紛紛發展水力發電事業，以爲一勞永逸之計。

考之吾國情形，華北一帶，雖煤礦較多，然以開採方法之陳舊，運輸之不便，產量亦頗有限，至於華南華西諸省，燃料礦更爲貧乏，而全國山川起伏，水力蘊藏至巨，故盡量開拓水力，實爲發展我國工業，解決動力問題之第一要着。

吾國位亞洲大陸，幅員廣闊，帕米爾高原諸山系，雄視西陲，巨江深川，滾滾東流，加以湖泊瀑布之衆多，水力之蘊藏，自屬豐富，據專家估計，至少在二千萬匹馬力以上，總理實業計劃(註一)中估計全國水力，有四千萬匹馬力，總理復言，普通價錢極貴之電，都是用蒸氣力所造成，至於近來價錢便宜之電，完全用水力所造成的，所言良是。照二千萬匹馬力之說，則我國水力占世界各國之第七位，然由調查之漸臻完備，水力之次第開拓，各國之水力包藏量，亦年有遞增，故四千萬匹馬力之說，實並非誇語，照此，則吾國水力之富，實占世界之第三位。

吾國利用水力一事，由來已古，用水輪之力，以軋米磨粉，灌溉農田，各地迄今仍復沿用不輟，各國敍述利用水力之歷史時，莫不首推我國，然今日各地利用水力以發電之量，祇有二千二百八十四基羅瓦特，約合三千零六十四馬力而已，比之天賦水力幾千萬匹馬力之數，謂之全未開發，亦無不可。夫水力發電爲不用燃料之動力，雖其開辦費往往較普通蒸氣發電廠大二倍以上，然成立後經常費用則極輕，故歐美諸國，莫不盡量利用，即如日本其水力發電量已超出其蒸汽發電量不少，且近年來高壓輸電之電壓，已增至330,000伏特以上，輸送距離增至265英里以上，故利用水力成立大發電廠，然後輸送至遠距離以供應用，已無問題，對於開發大模規之水力電廠更爲有利，證之吾國國情，欲圖開發工業，祇有從速盡量開拓水力發電以應動力之缺乏。

(二)水力發電之要素

水力發電分高水頭發電，及低水頭發電二種：前者如利用

高山之瀑布是，後者如利用江河之急流是，由於地位環境之不同建築設備因亦稍異，利用高山瀑布，祇須在其附近建築電廠，如利用河流，則須建築攔河堰壩，藉以提高水位，而在壩下建築電廠，但無論高低水頭，導水由進水管冲動水輪機之輪葉，使之旋轉，然後使連接於水輪機同一軸上之發電機同時旋轉，因此發電，然後將電力輸之各方，以資應用，其原理一也。

水力發電爲專門技術之一，諸凡水力之估計，廠址之查勘，水輪機發電機之選擇及設計及裝置電力之變壓及傳輸，電力之銷路等等，事前均應有充分之準備及調查，項目紛繁，決非片言所能盡述，茲擇其要素，約略言之，藉以明其概要而已。

1.水力之估計：當勘測之初，必先估計究可發生多少水力，無論瀑布或河流，均應知其寬狹深淺，水流速度，及其有效落差，便可用下式估計理論上可能發生之水力馬力數。

$$P=13.3QH$$

P爲水力的馬力數。

Q爲水量，卽水流速度與河身斷面或瀑布斷面之相乘積，以每秒立方公尺計算。

H爲水頭，卽有效落差，以公尺計。

但水量及有效落差二者，決非一量卽得，要知無論瀑布或河流，均受天時之影響，雨水之多寡，直接能影響水量及落差，故欲得可靠之記錄，總得要有十年以上之流量及水位之記載方可。

2.發電量之估計，上述水力的馬力數，爲理論上的數字，實際上水流經過水輪，必有損失，普通水輪機之效率爲百分之九十二，而每匹馬力約合0.746 Kw，，故實際上能發生之最大電力爲7.3QH(Kw.)啓羅瓦特。

3.工程設備概要：水力發電工程約可分爲三部：

A、土木工程設備：
- a、瀦水堰，用以升高水位；
- b、蓄水池，有時用以調節水量；
- c、船閘，有時用以便利船只交通；
- d、導水管渠；
- e、澄水池，有時水質不清，用以澄清水流；
- f、進水管及出水管；
- g、護岸工程。

B、電機工程設備：
- a、水輪機；
- b、發電機；
- c、變壓器；
- d、廠房。

C、輸電工程設備：
- a、電柱；
- b、電線；
- c、變壓所；
- d、磁頭。

(三)世界水力分佈及各國水力發展之程度與概況

世界水力分佈，並無一定數字，由於逐年勘測與發現，當年有增加，是以各家所述，參差甚巨，茲根據民國二十六年中國經濟年鑑所載數字，證諸美國H.K.Barrows之調查，尙屬

吻合。

世界水力分佈表：

洲名	天賦水力(馬力)	對世界總水力之百分比
亞洲	190,950,000	42.0%
非洲	69,200,000	15.2%
北美洲	65,800,000	14.5%
歐洲	58,090,000	12.8%
南美洲	53,600,000	11.8%
大洋洲	16,650,000	3.7%

至各國水力開發程度，自亦年有遞增，下表中有1之記號者係採自昭和十五年日本同盟社時事年鑑所調查，數字最爲新近。有2之記號者，係1934年 Barrows 之調查。有3之記號者，係民國二十六年中國經濟年鑑所調查。

各國水力開發程度表

國名	天賦總水力(千匹馬力)	已開發之水力(千匹馬力)	開發水力對總水力之百分比
1美國	57,184	17,119	30.0%
1德國	2,550	2,000	78.5%
1英國	700	400	57.2%
1蘇聯	14,000	1,463	10.4%
1加拿大	25,500	7,945	31.1%
1日本	7,200	4,240	58.9%
1法國	6,000	5,250	87.5%
1意大利	5,400	3,000	55.6%
1挪威	16,000	2,900	18.2%
1瑞典	4,000	1,874	46.8%
1瑞士	3,600	2,800	77.8%
1芬蘭	2,500	438	1.8%
2澳地利亞	1,700	700	41.2%
2波蘭	1,400	90	6.4%
2巴爾幹(巨哥斯拉夫、羅馬尼亞、保加利亞)	6,000	350	5.8%
2西班牙	4,000	1,000	25.0%
2希臘	250	0	0.0%
3捷克	2,600	125	4.8%
3葡萄牙	300	12	4.0%
中國	20,000	3	—
2印度	27,000	100	1.5%
3巴西	25,000	250	1.0%
3墨西哥	6,000	450	7.5%
3秘魯	4,500	36	0.8%
3哥倫比亞	4,000	25	0.6%
3智利	2,500	60	2.4%
2新西蘭	2,500	160	6.4%
2塔斯馬尼亞	700	70	10.0%
2新幾內亞	5,000	0	0.0%
2夏威夷	100	30	30.0%
3澳大利亞	620	60	9.7%
3南非聯邦	1,600	6	0.4%
2利比利亞	4,000	0	0.0%
2法屬剛果	35,000	0	0.0%
2比屬剛果	90,000	0	0.0%
2尼日利亞 2英屬喀麥隆	9,000	0	0.0%

至各國發展水力之概況擇其要者說明如下：

（一）美國　美國為利用水力最大之國家，其已開發之馬力，由上表知已達一千七百餘萬匹，茲錄其1926年至1933年之逐年水力增加情形如下：

年　月　日	已開發總水力（馬力）	逐年增加 馬力	百分數
1926—1月—1日	11,176,596		
1927 ,,	11,720,983	544,387	4.9
1928 ,,	12,296,000	575,017	4.9
1929 ,,	13,571,530	1,275,530	10.4
1930 ,,	13,807,778	236,248	1.7
1931 ,,	14,884,667	1,076,889	7.3
1932 ,,	15,562,805	680,938	4.3
1933 ,,	15,817,941	255,136	1.6
平　均		663,450	5.0

（該表為美國地質調查所（U.S.Geological Survey）所發表。）

美國水力總馬力約占全美國總原動力百分之二十，以人口論，每千人得129匹馬力，以土地面積論，每一平方英里中天賦之水力為12.5匹馬力，已開發之水力為5匹馬力。

（二）加拿大　加拿大為利用水力最著成效之國家，由於水力之全由政府管理，政府設有水力局Dominion Water Power Branch專管全國水力事宜，再由各省幫同勘測全國水力，且各項水力新發展，均須與水力局之水力計劃相符合，是以加拿大各河流之水力發展，最為合理而具有通盤之計劃。

加拿大各省在平時最小流量時具有20,347,400匹馬力，每年有六個月可靠期之最大水力可達33,617,200匹馬力，現時已開發水力為7945,000匹馬力，其中84%用於中央電廠，（按即為送電至各用戶者）9.5%用於造紙工業，6.5%用於其他工業。

加拿大之水力發展至速，在1924年祇3,570,000匹馬力1925年為4,290,000匹馬力，1926年為4,556,000匹馬力，五年後至1931年已增至6,800,000匹馬力，以人口論，加拿大在1932年時每千均得708匹馬力，此乃僅次於挪威之每千人平均715匹馬力。

加拿大之水力來源，以Niagara Falls, St. Lawrence St. Maurice, Saquenay, Winnipeg諸河為最大，其間尤以Niagara Faells為世界最著名之水力富源，該瀑布位於安大略湖（Lake Ontario）與伊利湖（Lake Erie）之間，高出地面達310英尺，總水力達六百萬匹馬力，此項水力為加拿大與美國所共有，兩國為保護天然風景起見，訂定祇准取用總水力之四分之一其中加拿大得利用36,000立方英尺每秒，而美國祇准利用20,000立方英尺每秒，（按總水流平均約為212,000立方英尺每秒），照公式約略計算，兩國可利用之水力為：

$$加拿大可利用之水力=\frac{36,000\times62.4\times310}{550}\times0.8$$

$$=1,020,000馬力，$$

$$美國可利用之水力=\frac{20,000\times62.4\times310}{550}\times0.8$$

$$=567,000馬力。$$

16572

以上假定水輪機效率爲80%（按加拿大在估計水力時用80%，美國用75%）。

(三)挪威　挪威爲世界最有名之水電國，其天賦水力旣富，而已開發水力亦多，全國幾無燃煤之蒸氣發電廠，而全國百分之七十五以上人口，均有用電之機會。

挪威之水力來自Glommen R. Moane R. 及其他諸大瀑布，國內十萬至二十萬匹馬力之水電廠，全用以製造天然淡氣及硝酸者甚多。

(四)蘇聯　蘇聯橫跨歐亞二洲，占地球七分之一之面積，其天賦水力約爲歐洲方面八百萬匹馬力，西伯利亞方面八百萬匹馬力，在第一次大戰以前，帝俄一切落後，水力事業當然談不到，但自戰爭結束後，卽行急思開發水力，在1920年組有俄羅斯電氣化國家委員會，由一工程師爲主席，有全國電氣化之計劃，現在成立之水力電廠計有Wolchow水電廠，能產生水力82,800匹馬力，Swiry R. 水電廠能產生水力160,000匹馬力，在1939年完成一世界最大之水電廠卽爲烏克蘭境內Dnieper R. 水電廠，總電量達756,000匹馬力，共分九個單位，水頭爲116英尺，現總計已開發之水力達一百五十萬匹馬力。

(五)德國　全境水力甚少，幾已全部開發，其水力電祇占其總工業用電之極小部分。

(六)意大利　該國因煤礦貧乏，故水力事業甚爲發達，其水力大部在意大利之北部Alps及Apennines，卽波河(R. Po)流域一帶，現計已開發之水力爲3,000,000匹馬力。

(七)瑞士　瑞士面積甚小，而水力發電量亦達二百八十萬匹馬力之巨以每一平方英里論瑞士有175匹馬力，實爲世界水力密度最大之國家，此由於河流流量之巨大而經久，雨量之豐富，山間湖泊及冰河儲水量之衆多所致，所有水力三分之二作公用，而四分之一作電氣化學之用，瑞士最可注意者卽爲小水力電廠之衆多，二十匹馬力以下者達六千個廠以上，而平均每廠祇得六匹馬力，此點大可爲我國之模範，大電廠固爲我國所需而小電廠亦甚適於國內各小縣鎮及鄉村之用，瑞士Dixence有世界最高水頭之水電廠，用推擊式水輪，水頭高度達5717英尺。

(八)法國　法國天賦水力約六百萬匹馬力，大部集於國境之東南一帶，在第一次歐戰中法國北部主要煤區被占，故水力開發甚速，到1921年時已爲1913年之二倍，戰後水力開發仍極努力，在1926年時，全國總產額達二百二十七萬匹馬力，現時已超出五百萬匹馬力，占天賦總水力之百分之八十七·五。

(九)日本　日本由於煤礦之缺乏，而雨量豐足，山區較多，故天賦水力及已開發水力均大，天賦水力達七百二十萬匹馬力，現時已利用之水力達四百二十四萬匹馬力之巨，然在1917年祇五十二萬Kw至1926年達一百七十八萬匹馬力，至1934年達三百十七萬一千五百Kw其進步之速可見一般。

(四)我國天賦水力分布情形：

我國科學落後，工業幼稚，國內各河流瀑布之水力蘊藏，調查並不詳確，加以各河流之水文紀載之缺乏，一時固甚難估計水力之究有多少，不比歐美諸國之對發展水力，政府設有專門部門，專司其責，積多年之調查勘測，對其境內諸水力之蘊藏量，能如數家珍也。

我國天然水力，衆知長江之三峽，黃河之壺口至龍門，瀑布之著者則有廣東之羅浮，湖南之衡山，浙江之雁蕩天台。茲根據中國建設雜誌所載，我國天然水力分佈表如下：

省名	河名	沿河名城	天然水力(以百萬馬力計)
雲南	普渡河	昆明	1.50——2.00
	瀾滄江	大理	0.70——1.00
貴州	烏江	思南	0.25——0.35
廣西	西江	梧州	0.60——0.75
廣東	東江	惠州	0.20——0.30
	北江	廣州	0.25——0.35
福建	閩江	福州	0.80——1.50
浙江	錢塘江	杭州	0.15——0.15
	曹娥江	寧波	0.10——0.17
江蘇	淮河	清江浦 揚州	0.13——0.15
安徽	青弋江	蕪湖	0.20——0.25
江西	贛江	南昌	0.12——0.15
湖北	漢水	武漢三鎮	0.35——0.50
	長江	宜昌至巫峽	8.00——10.00
湖南	湘江	祁陽長沙衡陽	0.25——0.30
四川	岷江	成都	0.50——0.70
	長江上游	巫峽以西至重慶成都	15.00——20.00
陝西	黃河	山陝間龍門一帶	0.35——0.50
甘肅	黃河上游	蘭州	0.22——0.28
總計			29.74——39.33

以上祇爲約略估計而已，詳細確數，尚有待於日後之精密勘測，及平時持久之水文紀載。

(五)我國水力發電概況

(A)事變前我國小規模水力發電廠情形(註二)

在事變以前，我國開發之水力，祇有二千三百八十四 Kw約占該時全國總發電量之百分之〇．二六而已。其投資總額約合一百四十八萬六千元，占全國電氣事業總投資額百分之0.49而已，茲將各廠概況約略述之。

(1)雲南昆明耀龍電燈公司。

耀龍電燈公司，創辦於民國二年，發電容量共一千七百五十二基羅華特，爲事變前全國水力發電事業之最大者，發電所在城外十八公里之石龍壩，水源爲黑柯河，水頭約15至17公尺，最大流量爲每秒鐘二十五立方公尺，最小流量祇有每秒鐘三立方公尺，致不敷額定發電量甚遠，故祇可添設柴油發電機以資補助。

(2)四川瀘縣濟和水電公司。

濟和水電公司，創辦於民國十二年發電所在城外八公里之龍溪洞窩，水源爲龍溪，長約一百二十公里，已成水壩三個，在第一壩(卽最下游之一壩)左方用閘門放水入溝，溝長一百四十公尺，溝末引水用0.7公尺口徑之水管，至發電所之水輪，實得水頭三十公尺，流量每秒鐘一立方公尺，該廠有臥式水輪一座，計三百二十匹馬力，每分鐘七百五十轉，發電機一座，一百四十Kw。

(3)福建永安昭明水電公司。

該公司創設於民國十四年，發電所在城外0.7公里之尼溪，在發電所上流六七公里處，用松木造一水壩，截水入溝，引

16574

至水輪，於水輪左旁入口處，造一石壩，亦為遏高水位之用，水頭最高時達3.05公尺，平常2.75公尺，最低2.60公尺，流量春夏秋三季有餘，最大達每秒鐘1.07立方公尺以上，冬季則感不足，每秒鐘僅0.986立方公尺左右，若遇大旱，更須更換滑輪，以便增加速度，調整電壓，該廠設臥式水輪一座，計二十九匹馬力，發電機容量為二十五基羅瓦特。

(4)福建南平電氣公司。

該公司創設於民國二十一年，發電所在南平西芹鄉之塔嶺峯，離城約12.9公里，水源為閩江上游之沙溪，該溪兩邊石岩直立，乃就石岩鑿槽，造弧形鋼骨水泥壩一座，由水壩用三百五十公尺長之鋼骨水管，引水至發電所，實得水頭約1.525公尺，流量春夏平均每秒2.28立方公尺，秋冬平均2.13立方公尺，現需流量僅及其半，現有臥式水輪計九十八匹馬力，(在流量0.594立方公尺時，每分鐘旋轉四百七十次)，發電機二座每座容量各四十Kw。

(5)山東濟南第一水電廠。

該廠原為石貿水磨，水源為城外東南角一帶之泉水，民國十八年秋，山東建設廳為提倡水力發電，及改良舊式水磨起見，乃改為水力發電所，修築原有舊壩，並自行計劃反擊式水輪一座，約二十六匹馬力，(在水流每秒鐘五十立方英尺時，每分鐘旋轉一百七十六次)當設計時，水頭為5.7英尺，流量為每秒五十立方英尺，發電容量為十五Kw，迨工竣試驗，實得水位僅4.7英尺，約合1.46公尺，流量每秒僅三十立方英尺，約合0.567立方公尺，故實際發電量為五至七Kw而已。

(6)山西太原蘭村水力發電廠。

該廠在太原城外四十里之蘭村，水源為汾河，水位約1.5公尺，流量約每秒1.4立方公尺，發電量約十二KW。。

(7)四川成都水力發電廠。

該廠在成都東門外猛追灣，水源為郫江，有水輪發電機十座，每座三十四馬力，發電量為二百Kw用于城東一帶之電燈。

以上七廠，規模甚小，其對全國工業上影響固甚微，然實為我國水力發電事業之嚆矢。

(B)事變後西南各省開發水力電廠情形。

事變起後，政府西遷，努力推行工業政策，而西南煤鑛缺乏，水力豐足，故提倡水力發電，不遺餘力，如資源委員會對西南各省水力，均有勘測隊之組織，由大學教授，工程專家，政府技術人員，組織小隊，對各地水磨復盡力改良，使之電氣化，各地小型水力發電廠，則盡量擴充改良，其一切詳情，固甚難明瞭，然見諸報端者，雲南則有開遠水力發電廠之成立，騰衝疊水河瀑布之勘測，(該項工作由西南聯大工學院長兼資源委員會雲南省水力發電勘測隊指導工程師施嘉煬主持其事，由於騰衝人民之建議而起)，貴州則有鎮寧縣之黃菓樹瀑布發電廠之籌備，四川有瀘縣水力發電廠之籌備等等。

(C)附日本華北水力發電計劃。

民國二十八年十一月八日，天津庸報之北京特訊云……華北電業股份有限公司，計劃利用灤河及白河水力發電，開發熱河，河北一帶之地下資源，關於此項偉大事業，前者滿洲電氣建設局方面，曾協助大陸科學院及臨時政府當局，作兩河之精密調查，係由喜峯口貫流熱河至內蒙多倫，對灤河本流五百公

里施以基礎調查，據稱本流有八十萬Kw.發電可能，第二次調查亦已進行，並證明此項發電計劃極有希望，現正着手喜峯口二十萬Kw.發電力之建設工事，計劃中俟其完成後，擬向熱河通州北京天津石景山等處架設大送電線，供給豐富之電力，不特熱河冀東一帶之開發事業，得以圓滑進行，並可利用之以增加長廬鹽產，對於華北工業之開發貢獻極大云。

觀此，可知日本對華北之水力，已在積極進行開拓之中。

（D）附日本對滿洲之水力開發計劃（註三）

按日本專家之調查與估計，滿洲之水力甚為豐富平均可得三百二十五萬Kw.（合四百三十五萬匹馬力）足水期（如每年夏秋之交）最大可得六百萬Kw.（即八百零五萬匹馬力）各河流水力分布如下：

河流名稱	平均出力(Kw)	最大出力(Kw)
第二松花江	850,000	1,780,000
鴨綠江	1,133,000	1,913,000
牡丹江	382,930	686,360
灤河	393,700	777,200
圖們江	71,460	141,800
嫩江	209,300	335,800
遼河	35,780	59,630
湯旺河	26,180	51,000
大洋河	9,550	20,000
呼瑪河	100,000	200,000
大泥河	10,000	17,700
白河	27,000	45,000
總計	3,248,900	6,027,490

其初步計劃為建設第二松花江豐滿發電所，全工費為一萬萬二千萬元，如全計劃發電為六十萬Kw.，則每Kw.之建設費不過二百元。

滿洲根據水主火從之電力開發方針與火力發電計劃並行，進行水力發電計劃，水力發電建設事業原則上由政府直接經營，在國際河川鴨綠江及圖們江兩水系之外均由水力電氣建設局担任，現初步計劃正進行政府直營第二松花江豐滿，鏡泊湖及鴨綠江永豐水電之三大建設，其概要如下：

（一）第二松花江豐滿

平均出力三十萬Kw.

最大出力六十萬Kw.

堤堰高九十一公尺，長一千一百公尺

池水面積五百五十平方公里

平均有効落差六十七公尺

平均每秒使用水量五百立方公尺

事業費一萬萬二千萬元

（二）鏡泊湖

平均出力二萬三千Kw.

最大出力二萬六千Kw.

堰堤高三公尺五十，延長一千八百五十公尺

隧道直徑五公尺四十及五公尺延長三千公尺

平均有效落差五十一公尺

平均每秒使用水量五十五立方公尺

事業費一萬萬四千萬元

（三）鴨綠江永豐

平均出力四十萬Kw.

最大出力七十萬Kw.
堰堤高一百零五公尺七九長八百五十公尺一
池水面積二百七十四平方公里
平均有效落差七十七公尺四
每秒使用水量九百九十立方公尺

上述三水力發電所，均因資材困難，勞力不足未能如預計進行，但預料最近鴨綠江可有二架十萬Kw.之發電機開始運轉第二松花江亦能有六萬Kw.之發電機三架開始運轉觀此可知日人在滿洲推進水力之急切也，（永豐水力電廠報見巳於民國三十年八月廿五日開始發電，工費計二億三千萬元）。

（六）事變前我國各地調查及計劃之水力發電事業（註四）

事變前我國各地，對於水力發電事業，調查及計劃者頗多，惜一則困於資材，一則阻於事變，致雖力能舉辦者，亦不得不暫行停頓。今後政治穩定，復興開始，當次第興辦，茲錄較著數處如下：

（1）長江三峽附近發展水電之建議及勘測：

長江上游三峽附近，江流湍急，水力素著，趙松森曾加一度草測，据稱三峽附近之最小流量為每秒鐘有四千四百立方英尺，兩岸可用之高度平均五百英尺，河牀坡度平均為百分之一趙君復有電氣建國計劃之倡議，先以一萬萬一千萬元資本，在三峽建設八十萬匹馬力之水力發電廠，待該廠成功後，以其盈餘，擴辦長江黃河及西江等處之水力電廠，以適應全國之需要云。

其後民國廿一年底，中央建設委員會揚子江水道整理委員會及國防設計委員會，曾連合組織長江上游水力勘察團，由惲震等主其事，前往勘測，据其報告，在宜昌上游四英里之葛州壩，最宜建設電廠，流量最小每秒鐘有三千五百立方公尺，最大時竟達六萬五千立方公尺，水頭至少有四十二公尺，約計有三十萬Kw.之原動力，惲君等報告對於水文，經濟，電力出路等等問題，均有精確之調查，倘無事變發生，恐早付諸實現矣。

（2）陝西壺口及洑頭水力之勘測：

陝西壺口之瀑布，久為國人所注意，而龍門及壺口附近之河流湍急，亦素為人所稱道，皆知在該處附近設立大電廠，必可供鄰近數縣之用。

民國二十年四月，陝西建設廳，曾派員測勘壺口之水力，据稱四月廿六日之流量僅得一百七十三秒方公尺，以之估計水力，可得三萬五千匹馬力，按該時為陰歷三月中旬，適為黃河河流量最小之時。

民國廿一年九月，國防設計委員會，曾派地質調查所方俊等前往壺口測勘，据其報告，在十一月中旬壺口之水量約為一千五百秒立方公尺，水位差為十公尺，如此可得二十萬匹馬力，然黃河水量大小相差甚巨，欲利用較大水量，則必築壩以蓄水，然倘依其最小流量，設立三萬五千匹馬力之電廠，則亦足供鄰近數縣之用。

至洛河老小洑頭，在蒲城登城兩縣交界之處，兩岸皆為巖石，寬僅十一公尺，水小時老洑頭可出水力五百匹馬力。小洑頭可出水力六百餘匹馬力。

（3）貴州黃菓樹水力發電計劃：

黃菓樹瀑布在貴州西南之鎭寧縣境，為貴州省最有希望之水力，据民國十八年之實測，該瀑布高二十九公尺，厚十分之四公尺，廣四十公尺，速度每秒二公尺，估計可發生水力一萬餘匹馬力，該項馬力發電除去耗損約可得六千餘 Kw.，該省建設廳曾擬具計劃，準備興辦，該項工費約須五百萬元，又据估測，假定國內電價平均每度一角八分，則該廠全年收入可在一千萬元以上，除去資本利息機械折舊職工薪金維持修理等費外，每年約可得純利八百萬元。

(4)永定河上游發展水力計劃：

該計劃為華北水利委員會所擬，所發電力，除可供給平津各市區外，尚可供附近各煤礦公司，汽水公司之用，以後如有鑛頭，造紙，採石公司，及鋼鐵廠，採鑛場等，亦可興辦。

永定河上游，自官廳至旦里間八十公里，河牀傾斜極大，平均為二百八十六分之一，計劃自官廳設渠引水，以二千五百分之一之坡度，至旦里山上注入水電廠，可得水頭一百八十公尺，規定常年流量以每秒鐘五立方公尺計算，可得水力一萬一千八百餘匹馬力，除水電機等損耗外，能產生三千 Kw. 之電力，玆錄其當時所估計之工款如下：

1.首渠閘	二萬元
2.澄沙池二處	十二萬元
3.幹渠八十公里	一百六十萬元
4.水槽及架橋等工程	二十萬元
5.引水導管及貯水池	五萬元
6.工廠房屋	五萬元
7.水電機四座	四十萬元
8.變壓機十只	十萬元
9.高壓電線	十萬元
10用戶裝置費	十萬元
11籌備費及意外費百分之十二	

共計用款三百零五萬八千元。

(5)廣東翁江水電廠：

翁江水力，用以發電，可供廣州及鄰近各縣電燈及工廠之用，並可以電化粵漢鐵路及農田戽水灌溉之用，倡此說者，遠在民國九年曾由勞勉擬具翁江水力電廠工程計劃書，旋以政變未辦，民國十九年，廣東建設廳曾派隊在英德縣獅子口地方實地測勘，据其估計，翁江水力，至少有三萬二千 Kw. 之發電可能，其當時興辦水廠之工費概算如下：

1.創業費	150,000元
2.總公司費	450,000元
3.資本利息費	1,200,000元
4.土木工程費	4,500,000元
5.電氣工程費	3,300,000元
6.送電線路費	2,750,000元
7.營業準備費	300,000元
8.建築物費	450,000元
9.監督費	450,000元
10預備費	450,000元
共計	15,000,000元

(6)甌江流域水力之調查：

甌江流域之水力，係建設委員會所調查，据其報告，可以

利用水力之地點有四：(一)小郡灘，(二)金水灘，(三)小溪南岸，(四)好溪口。至附近地形地質之適於建築堰壩者，以金水灘，及小溪南岸為較佳，該會復以堰高六十英尺及一百英尺二種約略估計其能發生之水力及比較其經費如下：

發生馬力之比較：

地名	河名	壩高	理論常年馬力	實用常年馬力
金水灘	大溪	100英尺	40,273	30,250
金水灘	大溪	60英尺	24,164	18,122
南岸	小溪	100英尺	9,329	7,004
南岸	小溪	60英尺	5,617	4,213

經費預算之比較：

地名	河名	壩高	建築費.元	經常費.元
金水灘	大溪	100英尺	3,757,000	458,270
金水灘	大溪	60英尺	2,909,400	321,030
南岸	小溪	100英尺	1,473,978	197,140
南岸	小溪	60英尺	867,416	130,423

至於供電能力，可將實用常年馬力，乘以0.746即得 Kw. 數值。

(7)陝西榆林紅石峽水電計劃

陝西榆林榆溪上游，有紅石崖，向稱名勝，崖有三孔橋，跨兩崖，長二十四公尺，橋之上游處，有石壩壹座，長四十五公尺，為光緒八年郭心存所建，用以節制洪流，水自石壩下注，有八公尺水頭，可以建築小電廠，陝西建設廳，曾有是項計劃，並估計能發電六百七十 Kw.，石壩現仍在，故其費用甚省。

1.水電機	50,000元
2.機廠	4,000元
3.水管及閘門	1,000元

以上合計祇五萬五千元。

(8)吉林鏡泊湖水力發電計劃：

鏡泊湖位吉林省中部，屬寧安縣，迂曲山谷間，長七十公里，北端為一大瀑布，如利用水力發電，可得八十萬匹馬力，日人投資巨萬，早貲詳密調查，現滿洲水力局已從事加以開辦矣。「見(五)中(D)」。九一八前，東北實業家閻子貞氏，對此企業，曾極力進行籌備，該舉為開發三省產業，並促進三省物資文化之關鍵與其他僅為營利而設者不可同日而語。

該計劃以先設四十萬匹馬力之水力發電所為標準，俟將來用途增加，再行擴充，估計發電量為三十萬 Kw. 用特別高壓輸電以應遠處需要，除去沿途耗損外，實可得二十萬 Kw. 供給濱江吉林長春瀋陽龍江及各鐵路沿途城市之公用，以及附近造紙，鋸木工廠及農作，灌溉等用者，約需十六萬四千 Kw.，此外電化林海路，中東路，東段，吉長，吉海等鐵路，運輸旅客之電氣機車等者約需三萬五千 Kw.，至於各項費用概算如下：

1.水路工程費	14,994,500元
2.電氣工程費	12,250,000元
3.輸電線路建設費	62,268,547元
4.測量設計籌備費	500,000元
合計	90,013,047元

水電廠完成後，每年經常費約七百三十六萬元，而全年利

釜約得三千餘萬，除官息還本等合計年利有百分之四十。

(七)結論

綜上各節，對我國天賦水力之豐足，開發程度之幼稚，各國對水力之盡量利用，以及日本對滿洲，華北之水力開發計劃，當可得一概括之觀念。近聞日本方面，有積極開發錢塘江水力之說，則其對華中方面之水力發電事業，亦已在籌備中矣。事變以前，我國力謀建設，開發水力一事，亦頗努力，前實業部長陳公博任時，會有水力委員會之組織，以專其責。今者復興建設，首在工農，工業固以電爲原動力，而農則電力灌溉，軋米等等，均用電力，以今日僅足供電燈用之幾家發電廠，去將來發展工農之需要甚遠，是以急應從事水力發電之開拓，與已成立之各火力發電廠配合供電，全國結成一大電氣網，以最經濟之電力，供全國之需要茲將管見數點，申述如下：

(一)恢復水力委員會：

各國對於水力事業之調查，測勘，開辦及管理等事，均設有專門機關，集合專門人才以辦理之，如加拿大之 Dominion Water Power Branch瑞典之Royal Watar Fall Board美國之Federal Power Commission 蘇聯之電氣化國家委員會等等，我國在民國二十一春，前實業部爲發展全國水力事業計，曾呈准行政院，組織水力委員會，以專司其事，惜後政局改變，未能有何成就，以今日情形而論，仍宜仿照前例，組織水力委員會。

(二)技術問題與經濟問題：

水力發電事業，包括電力，水利，土木，機械，財政各項專家，由調查河水流量，水位高低，雨量，滲透量，蒸發量，地質，坡度，以及築堤，設廠，電力銷路等項問題，均需各項技術專家，故水力委員會應網羅全國專家，一面並可延聘友邦技術人員，加入工作。

至經濟方面，水力發電事業之費用，動輒以千萬，萬萬計算，現時政府財政困難，似應極早籌劃，籌款之方法，一面可向民間募集公債，一面可由外國投資，祇要不損我國主權便可。查電氣事業有獨斷性，倘辦理得法，決無虧耗之虞，故募集公債及外國投資，均不甚困難。

(三)現在可調查及開發之各河流：

現在政府政治力量所及區域內之河流，計有廣東省內東江，北江，福建省內閩江，浙江省內贛江，湖北省內漢水，以及各地瀑布等。總計可利用發電量在二百萬匹馬力以上，較之事變前我國全盛時期全國中外公私電廠之總發電量四十七萬八千KW.（約合六十四萬匹馬力）已大上四倍。

(四)開拓水力之各項基本準備工作：

水力發電事業，需要每年之水文記載，及精密之測量，然後發電計劃，方能可靠，各種估計，才可準確，故無論目前政府之財力何如，然下列各項工作非進行不可。

(A)調查全國水利委員會及國內其他水利機關各項已測得之水文記載，如各河流地域之落下量，(包括雨量，雪量及其他落下量)，蒸發量，滲透量，水位流量等項記載，並搜集歷代各項水利文獻。

(B)通知各省市政府轉飭各主管機關，對於轄境內之水力作初步勘測。

(C)印發簡易說明書，說明估計河流之流量，坡度，斷面有効落差，及理論馬力之計算方法，俾資一律。

(D)在必要處組織勘測隊，前往實地測勘。

(E)在必要處設雨量站，水標站，流量站，及測候所，實測各項水文現象，倘設站地點與其他機關相同者，應商合作辦法，以增效力，而省經費。

(F)凡認確有設廠價值之地點，應派隊詳測附近地形，鑽探下層土質，以爲設計之根據，並調查附近各城市之工商情形，用電程度，及天賦資源，是否豐足，將來設廠後，是否可藉電力開發地下資源，或作爲化學工業之用途，建築材料之來源，交通是否方便，以及水力工程完成後，對於水患，灌溉，航運等影響何如。

(G)從各地之調查報告及測勘結果，再加以研究，編成詳細報告書以供建廠時設計參攷，該項詳細報告書之內容，應包括下列各項：

(a)擬築水力電廠所在地流域內之情形，河流之形狀大，小，及地形，地質各項。

(b)落下量，(包括雨量，雪量等)蒸發量，滲透量及河川之流量，水位等各項水文紀載。

(c)如上項水文記載，年份太少，或竟付闕如，則應搜集鄰近流域，環境相似之流域之各項記載，以供參攷。

(d)建築水電廠，地點，下層土質概要。

(e)各季水位流量之變化，與有效水頭之影響。

(f)十年以上該河流之最大及最小流量，倘該項記載缺乏，則大水年及大旱年之水位，應設法調查。

(g)採用蓄水池或不用蓄水池能發生之有效馬力及能產生之電量。

(h)估計全部計劃之經費。

(i)完工後固定費及維持費之概算，前者包括利息折舊，捐稅保險等項，後者包括管理費，工資，消耗，及修理等項。

(j)估計收入部份之可能總數，及概算全部可能之純益。

(k)該計劃成功後與防水，航運，及灌溉等關係。

註一：總理實業計劃中謂：「揚子江上游之處苟能盡能發展其水力共計可得三千萬匹馬力黃河之龍門可得一千萬匹馬力兩廣之西江北江可得二百萬匹馬力。」

註二：詳情可參閱工程週刊第三卷第一期。

註三：詳情可參閱二十九年五月九日天津庸報，內鏡泊湖之平均出力二萬三千Kw.及最大出力二萬六千Kw.恐係二十萬三千Kw.及二十萬六千Kw.之誤蓋根據其流量及落差與工事費均決不止三萬幾千Kw.也。

註四：詳情請參閱二十一年十二月十日申報，新中華雜誌第一卷第十三期，工程雜誌第八卷三號。再各項金額數目均係當時估計與現今情形不同然倘欲計算至今日之價目則亦不難按照比例適當增加。

江浙海塘工程

湯震龍

一 沿革

海塘者，捍禦海水之堤塘也，自江蘇省寶山縣起，沿東海岸至浙江省海鹽縣澉浦止，唐時所築，名捍海塘，元時改曰太平塘，其後歷代皆設塘工局，專掌修築之事，浙江省杭縣城東南，沿錢塘江，亦有捍海塘，爲五代吳越王錢鏐所築，江挾海潮爲杭人患，錢鏐廣杭州城，始建候潮通江門，潮水衝激，版築不成，乃積石植木，爲堵捍之，城基始定，今日之海塘，江蘇省海塘，則自常熟縣之福山起，沿太倉、寶山、川沙、南匯、奉賢、止於金山衛南之蘇浙省界，浙江省海塘，則起自蘇浙省界，沿平湖、海鹽、海寧，止於杭縣城南，但江蘇省內自寶山起，沿川沙，南匯至奉賢止，劃歸上海市區，崇明縣之西方南方東方，三面均有海塘，崇明亦劃歸上海市管轄，而爲崇明區，該區海塘，此次中日戰爭以前，歲修有着，得以維持原狀，戰爭以來，二十七年秋間，爲大風雨洪潮衝毀後，僅存一線殘堤，縣城危殆，良田被坍，二十八年八月，維新政府撥款搶修，當時不過挑築土方，暫維目前，及後潮水沖刷，所築搶險土堤，雖經隨時加修，而彫削殊急，民國七年份國家預算，曾經編列該海塘經費，民國二十年份，興辦善後海塘工程，亦由中央在鉄道部客票附加捐項下撥助，二十九年七月七日夜，土堤潰決三段，二十二日夜，土堤潰決五段，而急待款與修矣。

二 建築法

江蘇省及上海市之海塘，與浙江省之海塘，其建築法不同，玆分述於後。

甲、江蘇及上海布之海塘建築法

江蘇省及上海市之海塘，有用條石壘砌，而用石灰漿，或水泥漿嵌砌者之塘堤，外坡約有一比四坡度左右，有用塊石壘砌，而用石灰漿，或水泥漿嵌砌者，坡外打丈八，或丈五筒木樁，不論條石，或塊石所壘，其樁外皆用塊石乾砌，或亂拋，或用石灰漿水泥漿鈎縫者，約成一比二五左右之坦坡，名爲一樁二石工程，塘堤內坡坡度，與外坡約相等，背後填襯土，名爲戧土，作成土堤，石堤與土堤合成爲一堤，亦有在石堤後、用土作成平台，平台後作成堤形者，要皆視工程是否險要，

面蓄此多餘之部份也，一樁二石，或二樁三石工程之坦坡脚，有拋塊石者，亦有鉛絲紮成籠，而罩住此塊石者，更有在脚石外打排樁，或叉形樁，以擋浪者，關於木樁，則多採用丈五或丈八筒，堅硬耐久，正直無節，無腐蝕裂縫之杉木，樁之梢端，均削尖以十五公分為度，打樁之前，清除灘面雜物，不得挖樁打樁，入土以前，將樁身泥土洗滌清淨後，自大頭以下，全長三分之二處，遍塗熱柏油，樁頂用鐵箍套住以防破裂，如中途發見破裂拆斷，或歪斜過甚，行列不齊等情，拔去另換新樁，樁間之距離，中對中，約十七公分左右，合每公尺六根，頭層與二層之排列，可互相交錯，夾樁板採用堅實之洋松木，不得有腐節彎曲裂縫情形，遍塗熱柏油，用對梢螺絲緊密旋緊夾住，每公尺木樁，用對梢螺絲二副，頭層樁橫檔木，夾於樁頂下〇．六公尺處，二層樁、夾於樁頂下〇．三公尺處，關於塊石過小者不得用，凡疏鬆灰，嫩粒屑，碎片者，均應剔除，搭砌方法，選用小號塊石鋪底，大號塊石砌面，豎砌十分緊密，石之末端深入灘面，約三十公分，關於土工，指定取土地點，土質以含沙土，不超過百分之五者為限，草根雜質，剔除盡淨，塡土每高三十公分為一層，用鋤平細，酌撥硪水，連環套打三遍，以打實十五公分至十八公分，三套硪花為合格，層土層硪，逐層用方身細尾之鐵鏨，試以錐眼盛水，以不滲漏為度，隨加蓋灰印，以示標記，方進新坯，緊靠排樁難施飛硪之處，用重大木夯，結實套夯，新築坦坡，須飽滿如挺腹之勢，切忌低陷折腰，塘面應高出規定六十公分，以免沈陷後，高度不足，新舊工銜接之處，將老塘挖成步級，再用四齒鐵鈀梳如犬牙，潑水潤透，接鋪新土，其交接之處，先用木夯排築，再用石硪加打，使新舊膠粘。

乙、浙江省海塘之建築法

浙江省之海塘建築法，與江蘇省不同，因祇係世界有名之大潮，多完全用大條石砌成，間有條石塊石共用，即塘頂用條石，塘身用塊石者，其底脚先清槽，因潮汐漲落，浮沙隨水淤漲，工作時間加倍，打木樁，用尺二至尺六圍，長五公尺（丈五筒）之杉木，或十五公分梢徑，同長之松木，塘底外口，釘梅排樁二路，後面一路，每公尺釘樁六．六六支，又中間嵌釘梅花樁七路，每路每距一公尺，釘十五公分梢徑，長六公尺，松樁一支，木樁以正直勻整，無裂痕疤結腐蝕者，為合格，灣度不得超過直徑四分之一，基樁施工以前，先將底脚土面修削平整，施工時，樁頭均須加套鐵箍，以免打裂，如有歪斜斷裂情事，均須補釘樁木，打成後，將樁頂鋸至規定高度，或更換，用塊石嵌塡梅花樁空隙，厚〇．五公尺，夯打嵌樁花塊石，塡夯結實，不留空隙，上鋪一：三：六混凝土，厚〇．三公尺，水泥以乾燥灰粉，不結硬塊，黃沙以粗粒勻淨，不食泥質者為限，石子大小不過三公分，須質地堅硬，有稜角者，在使用前，黃沙石子，均用清水洗淨，按照規定成分，乾拌均勻，然後加水濕拌，至漿色一律為止，一經拌合均勻後，即速塡澆，如有已經凝結之混凝土，不得使用，當澆注混凝土之前，模板木殼，用清水充分澆濕，木屑雜物掃淨，倘有縫隙，用紙筋灰塗補，以免走漏灰漿，混凝土甫經塡入木殼時，即用鐵鍬，將木殼邊角，插實塡滿，再行搗實拍平，將空氣餘水，盡量搗出，使乾後無蜂孔，及氣泡等情弊，混凝土繼續澆做，不可間斷，如須分次工作，其啣接處，用草薦覆蓋，勿令暴露，下次繼續

浙江塘工水利局
杭海段老鹽倉行克字號拆築石塘工程設計圖

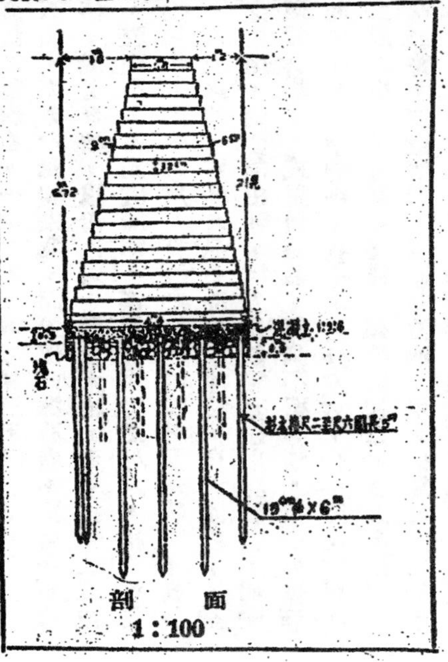

浙江塘工水利局
修築杭縣苑家埠辰宿字號條塊石塘工程設計圖

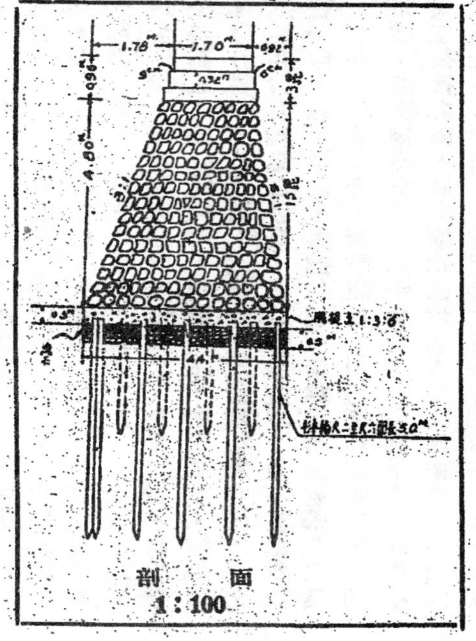

浙江塘工水利局
杭海段甯八堡乂密字號拆築石塘工程設計圖

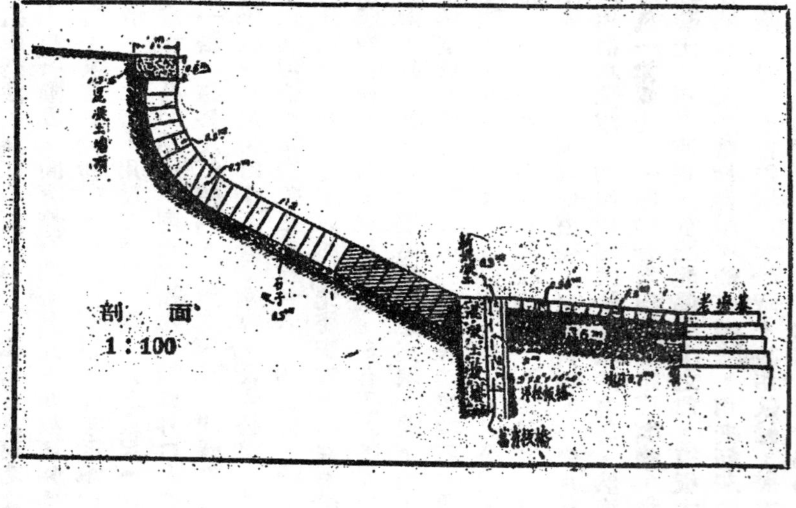

澆做時，須將接口處鑿毛，並用水澆淨，澆濕，再塗一比三水泥漿一層，隨時將新混凝土，接連灌注，俾新舊混凝土，可以啣接，澆畢後，一星期內絕對禁止震動，與壓置重物，上面覆蓋草薦，或蔴袋等物，並須常常澆水，保持濕度，繼續至七日為止，天氣寒冷時，妥為遮蓋，以免冰凍，模板之拆除，最少經過一星期，做底脚混凝土，及膠砌底層石塘時，每次應先將積水戽乾後，方能動工，先將新建底脚作成，俾與已成底脚啣接然後將全部塘工，分作若干段，分期工作，但各段應參錯先後，同時興工，塘身中部，砌築塊石，用一：三灰漿灌縫，臨水部份，用一：三水泥漿砌縫，塘頂砌築條石三眦左右，條石出面部份，先行糙平，將石面冲洗清潔，築砌時須先用座漿，再用水泥漿灌實包滿，於必要時，得用清潔石片，塡嵌堅實，塡塘身後面之土，應將土塊搗碎，分層勻平夯實，每層厚度為三十公分，指定挖土及堆土地點，挑取黃泥，不得以就近墨色沙壤塡，若塘身完全用條石者，其底脚做法，完全與條石塊石共用者相同，不過塘身完全用條石耳，有一種完全用水泥三合土築成之塘，如海甯縣七堡至八堡之水泥塘者，此塘建於舊石塘工之後面溝中，溝乃昔日建石塘時，挑土所挖成，建築水泥澆做混凝土塘時，挖土深至丈餘，下打樁，一如條石塘做法，出土面又高丈餘，現在混凝土塘後，因掘土塡該塘後身，致又掘成長溝，此段塘工，建於戰前，因故中輟，殊屬可惜，該塘絕無漏洞，建築之本意，因海甯之七堡至十堡中間，為浙江海塘受潮水冲激最大之處，八九堡之潮水，較大於海甯縣城外之潮，海甯城外之潮，較大於杭州城外之潮，假使外面石塘破壞，裏面有混凝土塘足以禦之，今外面石塘缺口漏洞隨處皆有，

浙江塘工水利局
自老鹽倉至平湖等處建築坦
水工程設計圖

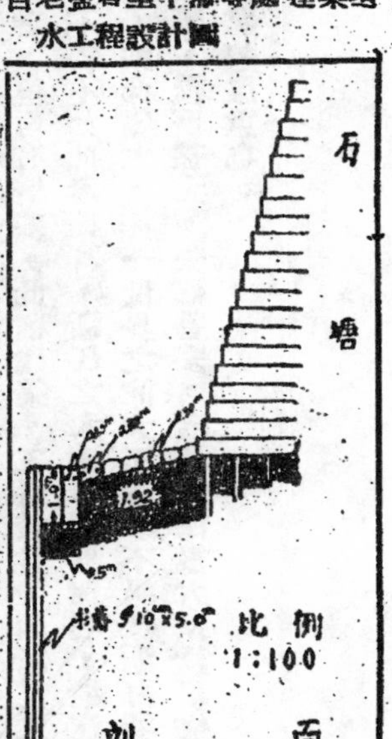

破壞不堪，幸有後面之混凝土塘堵塞，水泥混凝土塘，其斷面圖樣，與條石海塘一致，不過完全用水泥混凝土耳，有一種斜坡曲線坦坡海塘，如海甯八堡乂密字號之海塘者，其做法，係於老塘基後面，斜鋪〇・七公尺厚之塊石，上鋪厚〇・二公尺，寬〇・三二公尺條石，均用水泥漿灌砌，在斜坡之上端，打洋松板樁，將後面之舊有板樁拔去，築一：三：六新混凝土，洋松板樁，以正直勻整，無裂痕疤結腐蝕者為合格，每塊用厚三英吋，寬八英吋，長十四英呎之松板，兩邊做陰陽縫，寬為一又四分之一英吋，用夾木固定，每隔七公寸處，新釘徑八分之五英吋長至十一英吋之鐵螺絲一只，後築混凝土護塘，護塘後面，鋪〇・三公尺厚之石子，成一比二坡度，平長四・七公尺處，作成弧形曲線，至塘頂下〇・三公尺止，石子上用條石豎砌，塘頂用一：三：六混凝土蓋面，寬一公尺，厚〇・三公尺，塘頂後塡土，築成平台，平台後，築成堤形，又有一種石塘外，另築斜坦坡，如海甯老鹽倉景行克字號，八堡惠說感武丁多士字號，九堡趙魏字號，杭縣范家埠辰宿字號，海鹽落頭塘辰宿字號者，其做法，係臨水釘排樁二路，用徑〇・一公尺之杉木，每公尺需二十枝貼緊排樁，豎砌長條二路，深一公尺

，共寬〇・六公尺，再靠砌長一・五公尺條石六路，深〇・三公尺，寬〇・三三公尺，豎砌條石下，塡塊石，深〇・五公尺，寬〇・六公尺，靠砌條石下，塡塊石，深一公尺，寬一・九二公尺，以與塘角緊靠啣接。

三 防汛

甲、江蘇省及上海市之海塘防汛

江蘇省之海塘防汛辦法，根據三十年六月修正之江蘇省分區防汛暫行辦法，對於江南海塘區之防汛事宜，除寶山等縣已暫行劃歸上海特別市管轄，並遵照水利會議議決通過之蘇滬兩省市聯絡防汛暫行辦法辦理外，所有松江太倉常熟三縣境內之海塘防汛事宜，由各該縣縣政府分別主持辦理，各縣縣長卽係防汛主任，由建設廳委派，呈報省政府暨水利委員會備案，各縣辦理防汛工程，遇必要時，得商取隣縣之協助，以期密切聯絡，防汛日期，自七月一日開始，其結束日期，由建設廳察酌水勢漲落情形，分別飭遵，實際防汛期間，自七月至九月三個月，如在限期內，不能結束時，經呈准後，得加以延長，防汛事宜，由各縣召集所在地鄉董佐村長，組織分段防汛事務所辦理，各縣須按旬塡具防汛工程，及材料旬報表，呈報建設廳備查，如有緊急事項發生，則隨時電報查核，防汛材料爲蔴袋，草包，丈二木樁，楊樹樁，蘆柴等項，上海市之防汛辦法，與江蘇省相同，不過組織上，分成防汛處，每處設有管理員一人，塘長若干人，汛丁若干人，另由市政府派員督察。

乙、浙江海塘之防汛

浙江海塘之防汛，由浙江塘工水利局辦理，長期設有防汛隊，秋汛最烈，設防最要，先事購儲材料，分配存放地點，以備臨時搶險之需要，其材料爲搶柴，樁木，蔴袋，蔴皮雜料，水泥，黃沙，塊石等項，搶柴備爲石塘倒卸時或附土冲毀時，建築柴塘之用，樁木用十五公分直徑，長五公尺之松樁，蔴皮鉄釘等，用作柴扦，築仟塘，塘面層條石被潮損毀後，卽速修整，以水泥漿固縫，免致增長，危及下層石塘底脚，倘經潮冲深，致水勢迴旋，有危及基礎之時，急釘板樁，築水泥護塘或拋投塊石，使沙沉澱，塘後附土錏陷，塘身漏水時，用水泥嵌縫。

四 結論

江蘇與上海市之海塘，塘身二樁三石者多，用條石少，塘脚拋石者多，做坦坡者少，除條石者外，未做塘基，此種建築，工料費較賤，因潮浪不若浙江之大也，浙江之海塘，塘身用條石者佔多數，用條石與塊石共砌者少，塘脚有坦坡者，亦有無坦坡者，但均有塘基，此種建築，工料較貴，因浙江之潮浪太大，不得不如此建築耳，浙江之大潮，世界聞名，浙江之條石海塘，如此偉大，亦一世界之偉大工程，不過江浙海塘，經此次戰事，損壞甚大，失修甚多，若不設法籌大宗款項修整，其災害將越嚴重也。

關於合成梁之「拉盟」式重梁之研究

何道澐譯

一　緒言

在今日美國洋松絕無輸入可能之際，欲得斷面較大之梁材，殊屬困難，故於建造木造之學校，官署或事務所等，自亦極感不便。

則打破此難關之對策，固有合成梁或「托拉斯」梁之計劃，然莫不具重大之缺點，即合成梁一般認為效率惡劣，而「托拉斯」梁不無梁長過度之嫌，且兩者之於撓度，均有相當之難點。

從來於計劃單一梁時，普通最大撓度之量，以梁之實用長度數百分之一左右，決定其斷面。是以此時斷面所生應力度，較之容許應力度，不但應有充分安全，且須具相當之餘裕。

故重合數材，使其全斷面積略與單一梁相等，而於兩端施以適當手法固定之，倘所重合數材之效率，如與其各別之兩端固定梁無異，則所設計之曲勳率，較之單一梁自當極見低減，而此時最大撓度亦為減小，此係顯著之性質，故其斷面之二次勳率，雖予減小，然似於斷面之大小，無須大量之變化，仍得以造成合成梁。

本篇所設計之合成梁，乃着眼於上述要點，以下各節，就其構造法與設計例說明之。

二　構造法及其理論

上述合成梁，如1圖所示，以AA二材重合之，於兩端部如B所示，貼以鐵板或山型鋼板或溝型鋼板，在木材之上部，與軸同其方向，各用螺旋棒旋入緊定之。

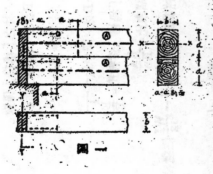

圖一

16587

於是各材均已固定之於其端部，則其應力與變形，應如1圖點線所示，即爲以材軸線所表示之閉鎖式「拉盟」之應力與變形。今假定其爲等分布荷重，則應力與變形，應如2圖所示之曲動率圖與變形圖。

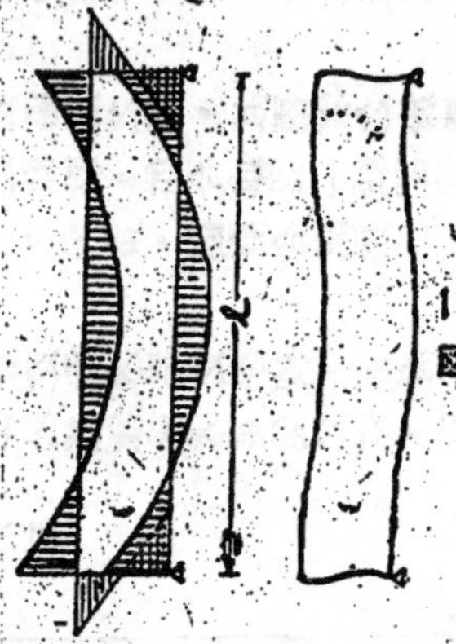

圖二

倘1圖之B較木材A，得使其剛性非常強大，則A在理論上，其兩端應爲完全固定之場合。依據學理，即可求得其固定度。

玆就1圖，設定其各種符號如次：

W＝全等分布荷重(包括固定積載荷重在內)

I ＝梁材之實用長度

b ＝梁材闊度

2d＝梁材全厚度

I_A＝A材之斷面二次動率

I_B＝B材之斷面二次動率

E_A＝A材之「楊格」係數

E_B＝B材之「楊格」係數

K_A＝A材之剛率比＝$\frac{I_A}{I}$

K_B＝B材之剛率比＝$\frac{I_B}{I}$

e ＝「楊格」係數比＝$\frac{E_A}{E_B}$

k ＝剛率比＝$\frac{K_A}{K_B}$

在3圖將其節點之固定動率－$\frac{WI}{12}$消除之。（自於同時對於四節點）如

圖三

A材之分割動率…………M_A

B材之分割動率…………M_B

則 $M_A + M_B = \frac{WI}{12}$……………………………（1）

而在節點處所，兩材之撓角爲

$$\theta_A = \frac{M_A I}{2 E_A I_A}$$

$$\theta_B = \frac{M_B d_B}{6 E_B I_B}$$

16588

若節點爲剛節，則上列兩式應相等。卽有

$$\frac{M_B}{M_A}=3\frac{E_A}{E_B}\cdot\frac{I}{I_A}\cdot\frac{I_B}{d}=3ek\cdots\cdots\cdots(2)$$

之關係，由(1)(2)兩式，則得

$$\left.\begin{aligned}M_A&=\frac{I}{3ek+I}\cdot\frac{WI}{12}\\ M_B&=\frac{3ek}{3ek+I}\cdot\frac{WI}{12}\end{aligned}\right\}\cdots\cdots\cdots\cdots(3)$$

依上式M_B值，可以求得A材之固定度。

今示以一例，於4圖假定其諸數值如次：

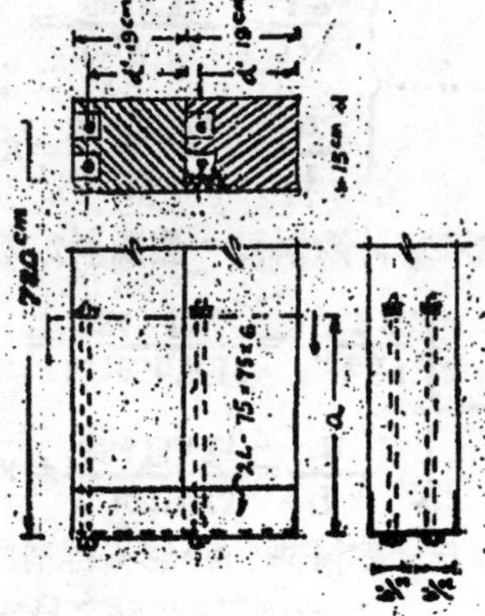

四圖

W＝全等分佈荷重

$I=720$ cm

$b=15$ cm

$d=19$ cm

$$I_A=\frac{15\times19^3}{12}=8{\cdot}580\ cm^4$$

$$I_B=2\times43{\cdot}83=87{\cdot}7\ cm^4$$

$$K_A=\frac{I_A}{I}=11{\cdot}9\ cm^3$$

$$K_B=\frac{I_B}{I}=4{\cdot}6\ cm^3$$

$$k=\frac{K_B}{K_A}=0{\cdot}386$$

$$E_A=2\times10^5\ Kg/cm^2$$

$$E_B=10^5\ Kg/cm^2$$

$$e=\frac{E_A}{E_B}=20$$

茲依(3)式求之，則

$$M_B=\frac{3ek}{3ek+I}\cdot\frac{WI}{12}=\frac{23.2}{24.2}\cdot\frac{WI}{12}=\frac{WI}{12.5}\cdots\cdots(4)$$

故上式之值，與固定動率相差無幾，是以儘可認爲A材，由B材以近於完全固定程度固定之。

其次如上述所固定之合成梁，與祇於兩端予以支持之單一梁，更就其撓度與應力比較研究之。

如5圖所示，兩者之斷面形，均爲同一之梁闊度時，而

五圖

16589

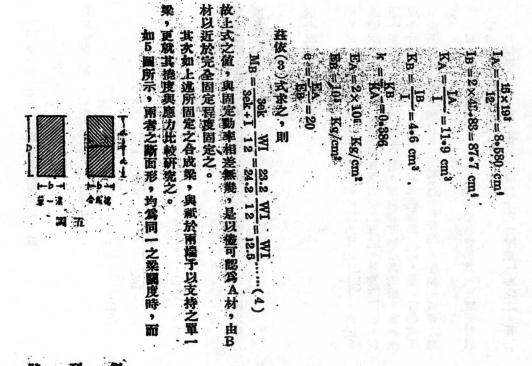

W＝全等分布荷重

l＝梁之實用長度

$\frac{l}{n}$＝容許撓度

f_b＝木材之容許曲應力度

倘於合成梁之固定動率爲(4)式之值，則最大撓度應如次式：

$$\left.\begin{aligned} \delta max &= \frac{1.165Wl^3}{384EAI_1} = \frac{l}{n} \\ \therefore I_1 &= \frac{1.165nWl^2}{384\ EA} = 2\frac{bd^3}{12} \end{aligned}\right\} \cdots\cdots\cdots(5)$$

以單一梁係支持於其兩端，故其最大撓度爲

$$\left.\begin{aligned} \delta max &= \frac{5Wl^3}{384EAI_2} = \frac{l}{n} \\ \therefore I_2 &= \frac{5nWl}{384ED} = \frac{D^3}{12} \end{aligned}\right\} \cdots\cdots\cdots(6)$$

是以由(5)(6)兩式，則得

$$d = \sqrt[3]{\frac{7nWl^2}{384EAb}} = 0.263\sqrt[3]{\frac{nWl^2}{bEA}} \cdots\cdots\cdots(7)$$

$$D = \sqrt[3]{\frac{60nWl^2}{384EAb}} = 0.538\sqrt[3]{\frac{nWl^2}{bEA}} \cdots\cdots(8)$$

$$\therefore \frac{D}{d} = 2.05 \cdots\cdots\cdots\cdots\cdots\cdots(9)$$

依上所述，倘兩者容許其爲同一之撓度，則梁之全長度可約略相等，而合成梁之全斷面縱使較小，其結果亦應爲充分。

其次由於(4)式，則合成梁之最大曲動率l爲

$$M_1 = \frac{Wl}{12.5}$$

因單一梁之最大曲動率者爲單純梁，故

$$M_2 = \frac{Wl}{8}$$

是以依其曲度，則兩者之最大應力度如次：

$$\sigma_1 = \frac{M_1}{Z_1} = \frac{Wl}{12.5} \div \frac{2bd^2}{6} = 0.24\frac{Wl}{bd^2} \cdots\cdots\cdots(10)$$

$$\sigma_2 = \frac{M_2}{Z_2} = \frac{Wl}{8} \div \frac{bD^2}{6} = \frac{6}{8\times2.05^2}\frac{Wl}{bd^2}$$

$$= 0.18\frac{Wl}{bd^2} \cdots\cdots\cdots\cdots\cdots\cdots(11)$$

$$\therefore \frac{\sigma_1}{\sigma_2} = \frac{0.24}{0.18} = 1.33$$

卽合成梁之曲應力度爲較大，故兩者之關係，於單一梁之應力度爲

$$\sigma_2 = \frac{f_b}{1.33}$$

則合成梁之應力度爲

$$\sigma_1 = f_1$$

換言之，倘單一梁所生應力度爲容許應力度之$\frac{1}{1.33}$，則於合成梁所生應力度，恰爲其容許應力度之意義。然實際問題，在單一梁既如上述，因於其設計，則以容許撓度爲對象，故其撓度在計算上之應力，普通以上列之程度爲原則，是以(9)式所示關係之合成梁之應力，卽爲與其容許應力度相差無幾之應力。

以上所論，係就二材重合成梁情形言之，其次更就三材以上重合者，試加以研究。

此種場合，不得不作爲二層以上之「拉盟」處理之，蓋三

材以上重合時，其中間材與上下兩材，以在端部之剛節度不同，因此關於各材之彈性曲線，其處理方法，不能亦如前述之簡單。然倘以如4圖例遞程度之B材固定之，乃於二材時，旣已幾爲完全固定，則三材以上時，各材端亦得視爲在於完全固定同狀態，何以故？較之二材之場合，A材之斷面二次動率，雖較之爲小，亦儘足以資應付，是以其剛率爲大，其結果，剛率比k則應相當較大於二材重合之場合。

故三材以上重合之合成梁，倘使用如前例所示相當剛强之B材，則各材端認爲在於完全固定之狀態而處理之，亦無不可。今若以m爲重合之材數，則與(5)至(9)式相當之各式，可列出如次：

因合成梁兩端完全固定，故

$$\left.\begin{array}{l}\delta_{max}=\dfrac{Wl^3}{384EAI_1}=\dfrac{l}{n}\\ \therefore I_1=\dfrac{nWl^2}{384EA}=m\dfrac{bd^3}{12}\end{array}\right\}\cdots\cdots\cdots(5a)$$

以單一梁則支持於其兩端，故

$$\left.\begin{array}{l}\delta_{max}=\dfrac{5Wl^3}{384EAI_2}=\dfrac{l}{n}\\ \therefore I_2=\dfrac{5nWl^2}{384EA}=\dfrac{bD^3}{12}\end{array}\right\}\cdots\cdots\cdots(6a)$$

是以由(5a)(6a)兩式，則得

$$d=\sqrt[3]{\frac{2nWl^2}{384mEAb}}=\frac{0.315}{\sqrt[3]{m}}\sqrt[3]{\frac{nWl^2}{bEA}}\cdots\cdots(7a)$$

$$D=\sqrt[3]{\frac{60nWl^2}{384EAb}}=0.538\sqrt[3]{\frac{nWl^2}{bEA}}\cdots\cdots(8a)$$

$$\therefore\frac{D}{d}=1.71\sqrt[3]{m}\cdots\cdots\cdots(9a)$$

$$\left.\begin{array}{l}今若\ m=3\ 則\ \dfrac{D}{d}=2.47\\ \qquad m=4\ 則\ \dfrac{D}{d}=2.71\end{array}\right\}\cdots\cdots\cdots(9b)$$

倘得以容許其爲同一最大撓度，故於二材重合時，斷面較小於單一梁，則已足以充分應付，然在三材以上，隨材數之增加，其結果斷面必須使之逐漸趨於較大。

若以小材組成之，雖增加其材積，然單價則有非常低廉之傾向，故較二材之組成，而以三材組成之，得以低減其費用。故在實際之場合，每於應以使用二材爲宜，或以使用三材爲宜，均須視其各種條件，加以充分之考慮。

其次合成梁之最大曲動率，得以認作其在於完全固定如上述，故

$$M_1=\frac{Wl}{12}$$

單一梁之最大曲動率者爲單純梁，故

$$M_2=\frac{Wl}{8}$$

是以依其曲度，則兩者最大應力度，同於前述如次：

$$\sigma_1=\frac{M_1}{Z_1}=\frac{Wl}{12}\div m\frac{bd^2}{6}=\frac{0.5}{m}\frac{Wl}{bd^2}\cdots\cdots(10a)$$

$$\sigma_2=\frac{M_1}{Z_1}=\frac{Wl}{8}\div\frac{bD^2}{6}=\frac{0.256}{m^{\frac{2}{3}}}\frac{Wl}{bd^2}\cdots\cdots(11a)$$

$$\therefore\frac{\sigma_1}{\sigma_2}=1.95m^{-\frac{1}{3}}$$

今若 m=3 則 $\frac{\sigma_1}{\sigma_2}=1.35$

是以三材重合時，雖較稍大於二材之重合者，然相差以屬有限，僅可以同程度觀之，故前於二材重合之合成梁所示各節，於此亦得以適用之。

由是觀之，則茲所研究而設計之合成梁，較之單一梁不但無須增大其斷面，且工作既甚簡單，費用亦復至廉，可謂理論既極簡潔，而又爲非常優秀之辦法。

三 材端之設計

使材端能耐受勦率，則斷面應力應如6圖之所示。卽與單筋鐵筋水泥矩形梁之場合，完全相同。換言之，中立軸 N—N 之上部爲引張側，則木部之應力爲零，祗於與軸同其方向螺旋棒生引張應力，N—N 之下部爲壓縮側，而木部則須耐受其壓縮力，是以應力可假定如圖所示，成三角形之分布。

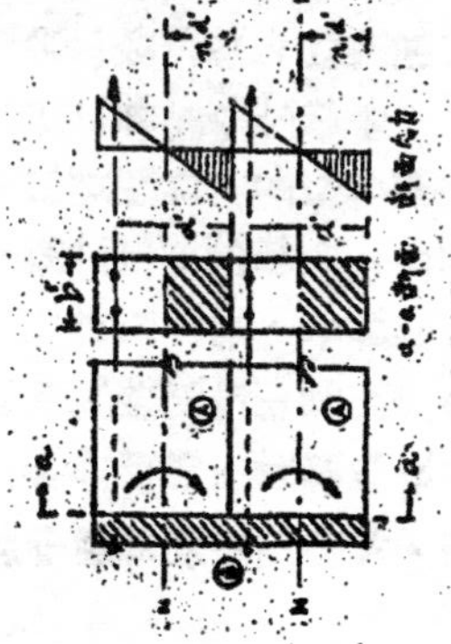

圖六

今以由斷面下部壓縮端起，至與軸同其方向螺旋棒重心止之距離，爲有效長度，如於使用二枚山型鋼板時，以其與材端之接觸面，（固不能採用之同於梁闊度，然可以其認爲完全密着之闊度。）假定爲有效闊度，（參照4圖）而設定其各種符號如次：

b'＝梁之有效闊度

d'＝梁之有效長度

n'＝中立軸比

e ＝「揚格」係數比＝$\frac{\text{鋼之「揚格」係數}}{\text{木之「揚格」係數}}$

p ＝鐵筋比＝$\frac{\text{與軸同其方向螺旋棒之全斷面積}}{b'\ d'}$

f_t ＝與軸同其方向螺旋棒之容許引張應力度

f_c ＝木之容許壓縮應力度

是以斯時基於與鐵筋水泥完全相同之理論，則得各式如次：

$$n_1=ep\left(\sqrt{1+\frac{2}{ep}}-1\right) \cdots\cdots\cdots\cdots (12)$$

$$\left.\begin{aligned} M_1 &= \frac{(3-n_1)p}{3} f_t b'd' \\ M_2 &= \frac{n_1(3-n_1)p}{6} f_c b'd' \end{aligned}\right\} \cdots\cdots\cdots\cdots (13)$$

由(13)式求得抵抗勦率，於M_1與M_2之中，而以其値之小者，決定其斷面。

四 木材之連接

在本重梁尤須予以推獎者，乃為他種合成梁所不能企及之點，於長度方面亦得以短材接合，使成所需之一材是也。即實用長度之為大者，因種種關係，每難於獲得長尺度之木材。此時可如所設計之重梁，用短材於適當之處所，連接使用之，以其施工極為簡單，且得使其費用至廉。至手法即如7圖所示，在重合數材之內，僅接合其一材，於連接處所，儘可能範圍加工，使其平坦而互相接合之，則引張側據前述端部設計之理論，如圖所示，使用與軸同其方向螺旋棒旋入，更於接近連接位置之上下材，必須以螺旋棒緊定之。連接之位置，自以須在其曲動率較小之處所為得策，明知其為祇受一方向撓曲力之場合，則用單筋已足以充分擔當，而撓曲力作用於正負變方向之處所，自須用複筋擔當之，其理明甚。

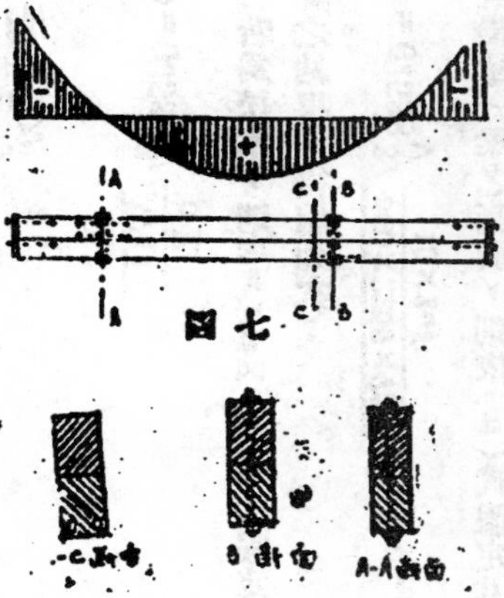

七図

連接之設計，既同於上述之端部設計，即應以依據(12)(13)兩式為準則。同式雖為用單筋之場合，其為複筋時，亦如鐵筋洋灰，壓縮側之螺旋棒，不能對於壓縮為有效，故此場合，亦可依據(12)(13)兩式設計之。既經接合之木材，對於曲動率，雖具有相當抵抗力，然對於直接剪斷力，則完全無抵抗力，故其作用於連接位置者，必須由不經接合之他材耐受之。一般關於此點普通認作頗為安全，惟仍須勿忘予以相當之檢驗。

因在圖面之例示，選定A—A斷面之連接位置，為螺旋棒之曲動率在於零點之處所，雖用較細螺旋棒，亦屬充分無虞，但須考慮其為正負兩種動率，則應使用螺旋棒於上下兩側，使其成為複筋。又B—B斷面之連接位置，選定之於曲動率相當強大之點，則下側受其引張，故以螺旋棒較大於A—A斷面所用者，而用之於受力之一方，即如圖示其為單筋之場合。C—C斷面則示其座鐵孔鑿入之部分，在須連接之處所，常由其側面穿設之，由各種方面觀察，均得以認為良好。蓋接近於連接位置，所施以緊定上下各材者，為兩根螺旋棒之座鐵，如圖所示，用在與軸同其方向螺旋棒之側，以增強其外側木材之厚度，即與軸同其方向螺旋棒，剪斷其木部而拔出時，則連接之木口，必隨之而破裂，不但用以防止此點為目的，更能愈益增強與軸同其方向螺旋棒之強度。

五　設計例

條件　實用長度為720cm木造學校教室之二層樓梁，但梁間隔為180cm。

對於上例設計，據前述事項，重梁之斷面，得由單一梁所需斷面求出之。是以首先準備，應決定單一梁之斷面。

二材之重梁　今假定其為二梁重合，荷重固定積載共計

16593

4,500Kg，則一梁之荷重為

$$W = 2{\cdot}250\,Kg$$

倘容許最大撓度為

$$\frac{1}{n} = \frac{1}{500}$$

依(8)式

$$D = 0{\cdot}538\sqrt[3]{\frac{nWl^2}{bE}}$$

卽所用木材若為松木，則$E = 10^5\,Kg/cm^2$，假定梁闊 b = 15cm，上式計算之結果，得値如次：

$$D = 0{\cdot}538\sqrt[3]{\frac{500 \times 2250 \times 720}{15 \times 10^5}} = 39{\cdot}3cm$$

因由上式既得單一梁之斷面，則依(9)式假定其合成梁之斷面如次：

$$b = 15cm \qquad d = 19cm$$

以端部鋼板如4圖及7圖所示，為 2L－75×75×6，而算定其固定度。

此項計算固須由於(3)式得之，因與前之示例同一其諸條件，故省略詳細之計算，祇再列出結果式，卽端部動率依(4)式則為

$$M_B = \frac{Wl}{12.5} = \frac{2{,}250 \times 720}{12.5} = 129{\cdot}500\,Kgcm \cdots\cdots (a)$$

其次端部之設計，使其得以耐受上列動率，則應依(12)(13)兩式，而假定斷面各部份尺度如8圖。則

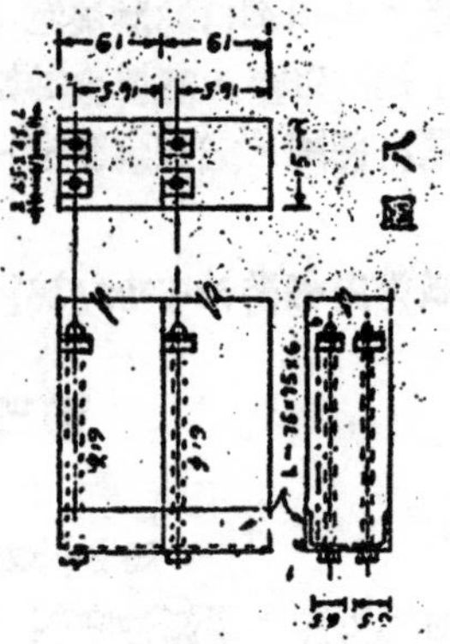

圖八

全螺旋棒斷面 $= 2 \times \pi(0{\cdot}8)^2 = 4{\cdot}2cm^2$

$$b' = 2 \times 6{\cdot}5 = 13cm$$

$$d' = 16{\cdot}5cm$$

$$p = \frac{4.02}{13 \times 16.5} = 0{\cdot}01875$$

$$e = 20$$

上列各値，螺旋棒徑固為19mm，而其有效斷面，須以螺旋凹部之徑為準，是以有效闊度，b，以山型鋼板之在翼端為帶圓部分，與木材之木口殊難密着，故須將此部份扣除之，是以其容許應力度為

$$f_t = 1{\cdot}400\ kg/cm^2$$

$$f_c = 80kg/cm^2$$

若依(12)(13)兩式求之，則

$$n_1 = 0{\cdot}495$$

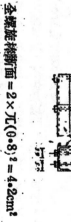

$$\therefore M_1 = 77{\cdot}500\ \text{kgcm}$$
$$M_2 = 66{\cdot}500\ \text{kgcm} \quad \cdots\cdots\cdots(b)$$

所得抵抗動率之值，係屬於梁中之一梁者，是以二梁重合時，應爲得以耐受(b)式動率之二倍。即此重梁之端部具有

$$2M_1 = 133{\cdot}000\ \text{kgcm} \quad \cdots\cdots\cdots(c)$$

之抵抗動率，於其較(a)式之値爲大，故可認爲充分安全。

次則對於座鐵面積與螺旋棒之長度，亦應予以決定。今採取其於纖維方向之容許沒入應力如次：

$$\text{容許沒入應力} = 2f_c = 160\text{kg/cm}^2$$

因螺旋棒之容許引張力 $= 2.01 \times 1.400 = 2.814$Kg，故所需座鐵面積應爲

$$\frac{2.814}{160} = 17{\cdot}6\text{cm}^2$$

假定在木部所穿設螺旋棒孔之徑爲22mm，則其面積應爲3.8cm²，故座鐵二邊須爲

$$17{\cdot}6 + 3{\cdot}8 = 21{\cdot}4\text{cm}^2$$

是以座鐵之尺度，應爲次式：

$$4{\cdot}5\text{cm} \times 4{\cdot}8\text{cm} = 21{\cdot}6\text{cm}^2 \quad \cdots\cdots\cdots(d)$$

螺旋棒所受之引張力，如8圖所示，須使耐受ab線木材之剪斷應力，而此剪斷之力量，係沿座鐵之三邊，三面剪斷之，故假定其中一邊，對於乾裂等之影響，不生效力，其結果可認作二面剪斷，如剪斷應力，平均分布於剪斷面，則採

$$\text{容許剪斷應力度} = 9\text{kg/cm}^2$$

應如4圖所示，螺旋棒所需長度a，可列式如次：

$$a = \frac{2.814}{9 \times 2 \times 4.5} = 35\text{cm} \quad \cdots\cdots\cdots(e)$$

以此檢定其最大撓度座鐵孔缺損部之抵抗動率。尤以對於剪斷應力度之審查，自亦極爲必要，普通關於此點，一般認爲安全。

最大撓度依(5)式爲 $I = 2\dfrac{15 \times 19^3}{12}$，故

$$\delta_{max} = \frac{1.165Wl^3}{384EA \cdot I_1}$$
$$= \frac{1.165 \times 2.250 \times 720^3 \times 12}{384 \times 10^5 \times 2 \times 15 \times 19^3} = 1{\cdot}48\text{cm} \quad \cdots\cdots(f)$$

此值與容許撓度比較，應幾相等，即

$$\text{容許撓度} = \frac{500}{720} = 1{\cdot}44 \quad \cdots\cdots\cdots(g)$$

是以對於撓度，儘可認爲充分無虞，以上計算由於(9)式導入者，其結果自應視爲當然，故省略其計算。

關於缺損部之抵抗動率，作用於座鐵孔位置之曲動率甚小，故亦認作頗爲安全。(計算省略之)

三材之重梁　更就三材重合者說明之。今合成梁之斷面，依(9b)式假定如次：

$$b = 15\text{cm} \qquad d = 16\text{cm}$$

而端部鋼板同前，爲2L－75×75×6，如上述之材端，認爲得以完全固定者，故其端部之動率爲

$$M_B = \frac{Wl}{12} = \frac{2.250 \times 720}{12} = 135{\cdot}000\text{kg} \quad \cdots\cdots(a)$$

斷面各部公尺度，假定如9圖。

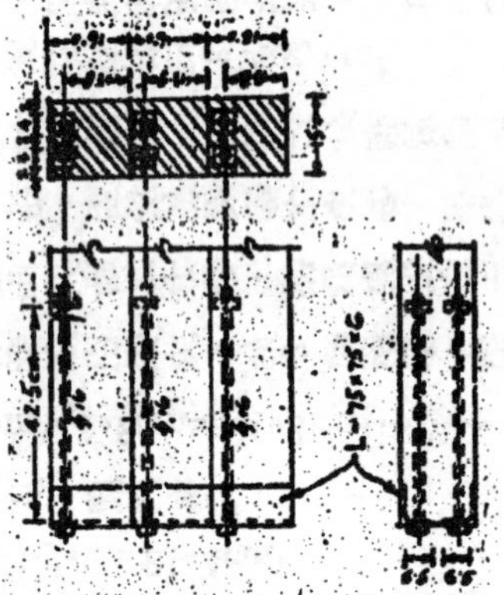

圖九

全螺旋棒有效斷面 $=2\times\pi(0.65)^2=2.66cm^2$

$b'=2\times6.5=13$ cm

$d'=13.5$cm

$p=\frac{2.66}{13\times13.5}=0.0151$

$e=20$

以上列各值代入(12)(13)兩式，則為

$n_1=0.531$

$\left.\begin{array}{l}M_1=45.100\\M_2=45.300\end{array}\right\}$ ……………………………(b)

因上列抵抗動率，作用於重梁中之一梁，故為三材重合時，則得以耐受(b)式動率之三倍。即在此種場合，梁之端部抵抗動率為

$3M_1=135.300$KgCm…………………………(c)

上值較大於(a)式之值，故可認為充分無虞。

其次為決定座鐵面積與螺旋棒之長度，其方法同於前述，

螺旋棒要點記載之。

容許技入應力度 $=160kg/cm^2$

螺旋棒之容許引張力 $=1.33\times1.400=1.860$Kg

故　所需座鐵面積 $=\frac{1.860}{160}=11.6cm^2$

若在木部穿設徑19mm之螺旋棒孔，則其斷面積為 $2.01cm^2$，故

$11.6+2.01=13.61cm^2$

是以座鐵須為二邊之為大者，故座鐵之尺度如次：

$\sqrt{13.61}=3.7$cm$=4$cm角……………………(d)

螺旋棒所需長度，在上列假定之下，則得

$a=\frac{1.860}{9\times2\times4}=26$cm……………………………(e)

今自端部至a'cm位置曲動率之值，得列式如次：

$$M_x=\frac{WI}{12}\left\{6\left(\frac{a'}{I}\right)^2-6\left(\frac{a'}{I}\right)+1\right\}$$

然螺旋棒座鐵孔缺損部之抵抗動率，不計其缺損部之上部，而以近似的算出之，則為

$$M=3\times\frac{15\times11.5^2}{6}\times90=90.000\ \text{kgcm}$$

因之，上列2式視為等值，較之用以滿足

$$\frac{WI}{12}\left\{6\left(\frac{a'}{I}\right)^2-6\left(\frac{a'}{I}\right)+1\right\}=90.000\text{kgcm}$$

之a'值，而(e)式之a值為大時，則缺損部自為安全，不然則不得不以a'值為所需螺旋棒之長度。

得以滿足上式之a'值，其計算之結果下：

$a'=42.5$ cm $>a$

16596

故所需螺旋棒之長度

$$a' = 42.5\ \text{cm} \cdots\cdots\cdots\cdots (e')$$

如上求得重梁之最大撓度，而於完全固定其兩端時算出之，則爲

$$\delta_{max} = \frac{Wl^3}{384EAI_1} = \frac{2.250 \times 720 \times 12^3}{384 \times 10^5 \times 3 \times 15 \times 16^3}$$

$$= 1.42\text{cm} \cdots\cdots\cdots\cdots (f)$$

此值與容許撓度1.44cm比較，可知其爲安全，以上之計算，當然爲由於(9a)式導入之結果，故亦同前省略之，對於剪斷力認爲充分安全。

次則在此場合，所用連接方法，玆例示之如10圖，闊面以不能得長度720cm之木材之時，而使用長度之爲360cm與180cm者。

圖十

六　工作上之注意

既如上述，本重梁視爲生命之點，在於梁端部之木口面，最爲明顯，是以各材之上部成引張側，抵抗其引張力者，爲與軸同其方向螺旋棒，而非木材，故雖稍稍帶圓，固無妨害，惟木口下部則爲壓縮側，因此木口面須作成極其平滑，且不得稍帶圓，尤要其有充分之斷面積。

是以在性質上，得按上述理論，於連接處所，而視之爲同樣情形可也。

前例係對於合成梁言之，故爲不在重梁上建立管柱者，是以此節未與以考慮，若於梁端之上建立管柱時，則須於梁端部穿鑿柄孔，勢必損傷其爲梁之生命部分之端部，於是在此種場合，有充分注意之必要。

上述場合，所採之手段，爲取其損傷部，以爲螺旋棒所需之長度，即在前例，較由於(e)式所得螺旋棒之長度，而使用較長之螺旋棒。但在三材重梁之前例，(e')式已爲必要以上之長度，即於其端部穿鑿柄孔，雖受損傷，似亦無礙。

七　結論

據前述設計例所計劃之合成梁，不但由各點觀察，較之其他手法，可知其均爲優秀，且較單一梁得以認爲優秀之點者：

一、斷面未必較大於單一梁，且得以小材構成之。
二、於梁長得以連接，故實用長度之爲大者，亦易於工作。
三、工作極爲簡便。
四、費用至廉，而價值較低於單一梁。
五、其理論備極簡明，無須由實驗結果，求得其數值之必要，故設計容易，更無任何疑慮之點。
六、工作容易而理論簡潔者，爲理論與實際頗能一致之要素，是以無須如其他合成梁，每須得諸實驗，而應用其結果。

柴炭汽車之構造

許慶達

(一)柴炭汽車之沿革

柴炭自動車係以木炭或木柴爲燃料，以行動內燃機關，約四十年前，法國造有定置式之機關，其後因第一次世界大戰之關係，各國感到代用燃料車之必要，於是悉心研究，逐漸利用移動式之車輛，最近德、法、意等國，製有大量之木柴及木炭汽車，尤其在德國木炭瓦斯發生器之利用，特別盛行，現今無論移動式，或是定置式，均有顯著之發達與進步。

日本於大正十三年，陸軍自動車學校由法國運來之木炭自動車中，加以改良與研究，結果製成特種木炭瓦斯發生之設計，其後有二三家製造廠，亦着手研究，在發生爐製作之始行時期，並無人注意及此，僅作爲官廳之試驗物而已，迨昭和五年，陸軍自動車學校更切心於木柴木炭發生爐之研究，迄昭和九年，獲得「陸式」之特別許可，同時木炭自動車已達到實用時代，一方面商工省，(工商部)亦於昭和九年，爲促進發生爐之普及與發達起見，凡作成一輛代用燃料車者，給予三百元之奬勵金，以資鼓勵，故技術家不斷努力於改良，以擴大其使用範圍，中日事變後，汽油之統治益加強化，商工省將研究中之發生爐，集合一致，而作成績試驗(性能試驗)凡合格者與以補助金，而到達出售之地步，然此項性能試驗之完成及補助金之發給，是於昭和十三年四月正式完畢。

在此政府保護奬勵之下，發生爐之性能上，製作上，有顯著之進展，現在工商省認爲奬勵合格之製作所，已達二十餘家之多。

(二)柴炭汽車之原理

汽油汽車係用汽油爲燃料，經化汽機後，混合以適當量之空氣，然後吸入引擎之汽缸內，點火而使之爆發，在混合氣體爆發時，產生壓力，推動引擎，柴炭自動車，即木炭自動車與木柴自動車，是將木柴或木炭燃燒，使其發生瓦斯，再混以適當之空氣送進汽缸，在汽缸內點火，使之爆發而生動力，此與

16598

汽油車原理相同，不過將汽油車之化汽機換以木柴或木炭之瓦斯發生裝置而已，通常將現時之汽油改裝是項設計，駕駛極爲容易，當行於急坡或載重過高時，仍可換用汽油之發動。

（三）柴炭瓦斯發生裝置之一般構造

柴炭自動車，係將木柴或木炭置於發生爐內燃燒，生成一種可燃性瓦斯，此種裝置，名爲瓦斯發生裝置，或發生器。發生木柴瓦斯者，謂之木柴瓦斯發生裝置，發生木炭瓦斯者，謂之木炭瓦斯發生裝置，若不分別木柴或木炭時，總稱之爲柴炭瓦斯發生裝置。

瓦斯發生裝置，大概分下列諸主要部份。

1. 瓦斯發生爐
2. 瓦斯冷却器
3. 瓦斯清濾器
4. 送風機
5. 瓦斯貯藏箱
6. 瓦斯空氣混合調整器
7. 瓦斯汽油換用器
8. 瓦斯排出管

瓦斯發生爐因木柴木炭之不完全燃燒，產生一種可燃性瓦斯含有一氧化炭與氫及其他炭氫化合物之瓦斯，若將木柴木炭完全燃燒，則產生無用之二氧化炭，故發生爐之設計，必須適合於上述之目的。

瓦斯冷却器是將瓦斯發生爐所發生之高溫瓦斯經過冷却以增加濃度，同時將瓦斯中含有之水分，炭粉，灰塵等，分離沈澱。

瓦斯清濾器是將冷却器內冷却所得之瓦斯中所含有之水分，炭粉，灰塵等，更加清淨之一種濾過器。

送風機是在機關發動前，充分送入瓦斯發生爐內所需之空氣，以促進瓦斯之發生。

瓦斯貯藏是將發生爐內發生所得之瓦斯，隨時貯藏，亦有無此項設備之裝置者，得視製造廠而定。

瓦斯空氣混合調整器是要使汽缸內之瓦斯發生完全燃燒而供給空氣之一種調節裝置，一般設於瓦斯引導管與機關之間。由於空氣調節閥之開閉，增減吸入空氣量。

瓦斯排出管是在瓦斯發生爐點火到始動前，用以察看瓦斯發生之良好與否，普通設於爐外，因瓦斯中含有毒性之一氧化炭，不宜吸入人體，故排出管宜設於高處。

（四）瓦斯發生爐

一、瓦斯發生爐之構造

瓦斯發生爐之構造，乃將木炭木柴燃燒後生出一氧化炭，或分解水蒸氣，使產生多量可燃性瓦斯之裝置，瓦斯發生之主要部分，其形狀有圓筒型，箱型，漏斗型等，係用鐵板所製，至其構造，普通分爲上下二室，上部爲木炭貯藏室，下部爲瓦斯發生之燃燒室，一般燃燒室之內壁，襯以二公分至三公分之耐火磚，或耐火粘土，亦有以鐵製者，所以保護鐵板與防止內部熱之逃散，室之上部，有燃料投入口，室之下部，有火格子，此外尚有空氣吸入口，點火口，灰掃除口，排水開關。（木柴瓦斯發生爐另設有油脂分溜器）

二、瓦斯發生爐之型式

瓦斯發生爐以燃料之不同，可分爲下列二種：

1. 木炭瓦斯發生爐
2. 木柴瓦斯發生爐

木炭瓦斯發生爐，係以木炭爲燃料，木柴瓦斯發生爐，係用木柴爲燃料，當爐內之燃料，燒到赤紅時，因機關之吸入作用，吸入空氣，通過赤熱燃料，而導出爐外，所起之化學反應如下：

$$C+O_2 \rightarrow CO_2$$

$$CO_2+C \rightarrow 2CO$$

瓦斯發生爐以通風方向之不同，又可分爲三種：

1. 上向通風式。
2. 下向通風式。
3. 橫流式。

上向通風式，亦稱對流式，從爐壁下部，吸入空氣，通過燃料層，成爲可燃性瓦斯而由上部通出，此式採用者最多，在日本有淺川式，自工式，三浦式，松岡式，淺野式，理研式，太平式，安永式，帝國式等。

下向通風式，亦稱逆對流式，空氣之通入，是於前述者相反，此式若不併用加力送風機，則燃燒力接續困難，故發生爐須另加送風裝置，採用此式者在日本有燃研式，川崎陸式，自工陸式等。

橫流式係前二者之中間物，備有二者之特徵，爐之一方，吸入空氣，他方放出，橫流式之特長，乃點火至起動，所須時間較短，採用此式者，在日本有愛國式，東浦式等。

以上各式之外尚有斜流式，與迂迴式，前者係上向式及橫流式之中間物，後者爲上向式之變形，前述之太平式，帝國式，卽屬於迂迴式，與上向式，下向式，橫流式，總稱組合式，各各之區別，由於空氣之供給和瓦斯吸入口之相對位置而決定。

然上向式及下向式均使用圓筒型之爐，橫流式採用箱型之爐者爲多。

瓦斯發生爐，以水蒸氣供給裝置之有無，又可分爲二種：

1. 濕式
2. 乾式

濕式　此式爐內裝置有水蒸氣之供給，所生瓦斯之可燃成份較乾式增加百分之十，且爐內溫度無過高之慮，此其特長，惟其缺點卽水蒸氣之供給量，不易調節適宜，且發生瓦斯，含有濕氣，清潔器內，瓦斯之流動，有所妨礙，故清濾劑須時時調換，若怠於此種工作，則機關之發生動力低下，惟水蒸氣之供給量，最近有根據引擎之回轉次數之比例，裝成自動供給式，採用濕式者在日本有淺川式，燃研式，愛國式，三浦式，理研式，東浦式，日工式，松岡式，安永式，淺野式，太平式等。

乾式　此式無爐內水蒸氣供給之裝置，利用木柴木炭中所含有之水分，發生可燃性瓦斯，故無濕式之缺點，惟所生瓦斯之可燃成份，較濕式少百分之十，採用乾式者在日本有自土式，自工陸式，川崎陸式，木柴陸式，帝國式等。

瓦斯發生爐以其用途之不同，又可分爲二種：

1. 移動式

2. 定置式

移動式如自動車之發生爐，自體可以移動者，定置式如工場用，製材用，灌溉用等。

（五）清濾器

一、清濾器之目的

瓦斯發生爐內所生之瓦斯中，有水分，灰分，微粒，焦油等夾雜其間，此類物質吸入機關內，將使機關之壽命減退，故宜將其完全除淨。

二、清濾器之構造

清濾器大抵係用鉄板所製，普通分第一，第二，第三等，三個清淨器，第一清濾器內，貯以焦炭，瓦斯通過此層，去除微粒炭灰，同時為完全過濾關係，瓦斯之通過面積擴大，速度及壓力均因減低。第二第三清濾器。因各式而異，有使瓦斯通過金屬網，棕梠，海棉等，或通過水槽，或油槽，在可能之下，除淨夾雜物。

（六）冷却器

一、冷却器之目的

當瓦斯通出發生爐時，溫度甚高，因此容積亦愈大，濃度稀薄，倘即直接導入汽缸內燃燒，則爆發效率將因而低下，故須先冷却至相當程度，爆發效率始能繼高，且發生爐所生之瓦斯溫度常在攝氏三〇〇度左右，雖經過各種清濾器後，已較冷多多，惟瓦斯之溫度在引擎入口處，若比空氣溫度高出二十度以上時，引擎所發生之馬力仍將減退，冷却器一方面非特可增加瓦斯之濃度，同時尚有分離沈澱瓦斯中之水分，炭粉，焦油等物之作用。

二、瓦斯冷却法

1. 空冷式
2. 水冷式

空冷式是用空氣來吹冷，汽車上幾乎全部採用此式，發生爐所生之瓦斯溫度恆在三〇〇度左右，經各種清濾器，而至冷却器時大概已冷至五十度至六十度，良好之空冷器能冷至三十至四十度間，材料係用鉄板所製，如汽車之放熱器，當瓦斯通過器內時，由外部之空氣，使之冷却。

水冷式係用水冷却，此式冷却作用良好，惟因重量又大，故用於定置式瓦斯發生爐，若自動車上之動移式不宜採用。

（七）送風機

送風機之作用蓋在機關起動前，使空氣充分吸入發生爐，以促進瓦斯之發生作用，以前均用手搖送風式，現在大半改電動送風機，因其送風量大而平均。

電氣送風器之構造係將馬達風扇連繫而成，普通汽車所裝之電源，為六弗打十二安培之蓄電池，裝於瓦斯發生爐之一邊送風口上，其形式係機器扇風中之最小者，此送風機，特為木炭車而設計，故風力強大，同時在車庫時，多數車輛之始動時，可直接用一百弗打交流，裝有開關，於必要時可以任意換用，至於自家用車等尤宜採用之實為便利。

（八）瓦斯貯藏箱

瓦斯貯藏箱係將經過清濾與冷却後之清淨瓦斯臨時貯藏，此種裝置並非必要，得視製造廠家之設計而定。

（九）空氣調節器

空氣調節器在使瓦斯進入汽缸後能發生完全燃燒，故空氣供給量之調節裝置實爲必要，瓦斯吸入管與機關之間，設有空氣調節閥，根據開關增減吸入空氣量，由駕駛表板上之調節柄調節之，尙有採用引擎吸力比例式之空氣調節器，其吸入量等於自動式調整，在駕駛表板上裝有細目調整桿，汽油與空氣之混合率爲十五對一，柴炭瓦斯與空氣之混合率爲一對一。

（十）瓦斯汽油換用器

故裝之木柴或木炭自動車在上急坡及載貨過重時，有時仍有用汽油之必要，故爲行駛安全起見，裝有汽油瓦斯換用器，以防萬一，此換用器裝於駕駛表板上，易於換用，並能使瓦斯汽油混用。

（十一）瓦斯吸入管

瓦斯吸入管，卽將瓦斯取出之取出口，其位置依發生爐式樣而不同。

一、上向通風式：

1. 從貯藏室之上部引出者　瓦斯之發生雖慢，然因赤熱之關係，瓦斯發生量旣多出力亦大。
2. 從燃燒室之上部中央引出者　瓦斯發生雖快，然因爐壁之構造上使用耐熱性材料，且須設有防止部份過熱之裝置，故構造上非常複雜。
3. 從燃燒室之上部左右二處或外周引出者等　瓦斯發生頗快，然若不將爐壁之面積縮小，則瓦斯從吸入管逃出，而良好瓦斯難以得到。

二、下向通風式：從爐之上部向下方流轉經爐壁，引出瓦斯，或將爐壁製成裏外二圓層，下向之瓦斯使其沿爐之外周而向上，從爐之上部或中央引出。

三、橫流式：在空氣供給之對向爐壁，設有瓦斯吸入管通風之路，使其橫流燃燒發生所得之瓦斯經爐壁引出，此式採用者頗多。

硝化纖維之研究

潘孟華

(一)總論

纖維素分子中有三個羥基，(Hydroxyl Group)所以此羥基可以用硝酸，醋酸，或其他之酸，使之酯化，(Esterification)而成硝酸纖維素，醋酸纖維素或其他化合酯。此說尚係一個假定，因為纖維素之純粹結晶體，尚不能分出，合成纖維又未成功，欲確定纖維之分子量及其化學構造，尚不可能。所以研究者恆根據纖維素之化學變化而提出許多之纖維素結構公式，均屬假定而已。根據纖維素化學分析之結果，纖維素含有炭，氫，氧，三元素：其百分率：C=44.2%，H=6.3%，O=4.95%，因此定纖維素之經驗公式(Emperical Formula)為$C_6H_{10}O_5$或作$C_6(H_2O)_5$，後者確定纖維素係一種炭水化合物。至於纖維素之分子結構公式，雖未判明，然由此經驗公式所可假定之分子式，如費格儂 Vignon 氏，根據最高硝酸纖維及以斂分解硝酸纖維，生成 Hydroxypruvic Acid 之實驗，確定纖維素之結構公式如下。

格林 Green氏也由硝化纖維之研究，確定纖維素之結構公式如下。

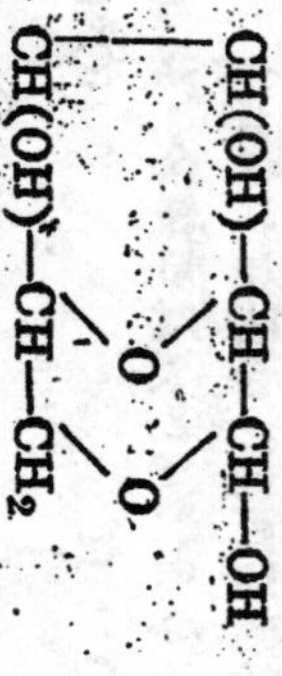

其他對於纖維素之構造公式，說者頗衆。大體均以上述之經驗公式之縮合分子式，即n倍之$C_6H_{10}O_5$之縮合，或作如$(C_6H_{10}O_5)_n$。有主n=1, n=2, n=3, n=4, 者，各有實驗根據，并提出纖維素之分子式構造。至最近則以大分子說最佔勢力，如哈伍斯W.N.Haworth梅野K.H.Meyer及馬爾克H.Mark所主張者，纖維素分子為由四合葡萄糖分子之糖原質化合而成長鏈狀，其分子式結構，以下式表之：

16603

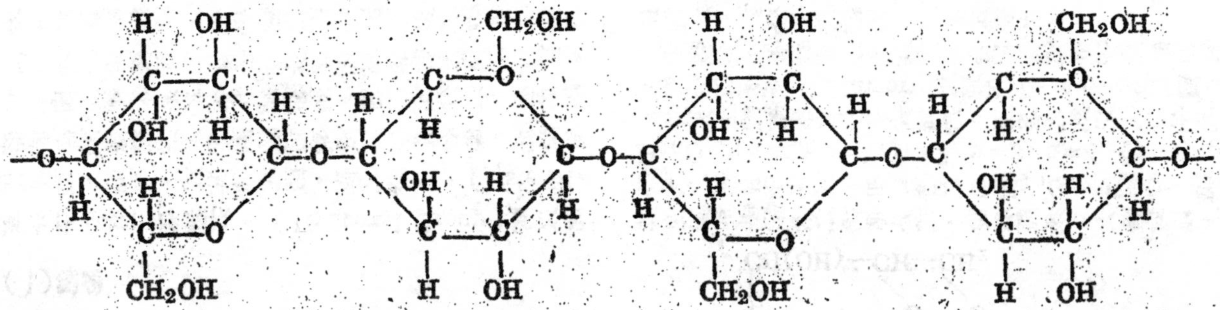

更以X射線研究結果，纖維素單位結晶胞中之四分子葡萄糖中，二分子作糖原質化合以成 Cellobiose 之母體，其長軸與單位結晶胞之長軸一致，其長為 10.3°A（°A為長度之單位，等於千分之一糎）Cellobiose 在長軸方向與鄰接之單位結晶胞中之 Cellobiose 作糖原質化合，以成纖維素分子，故定纖維素之構造如下圖

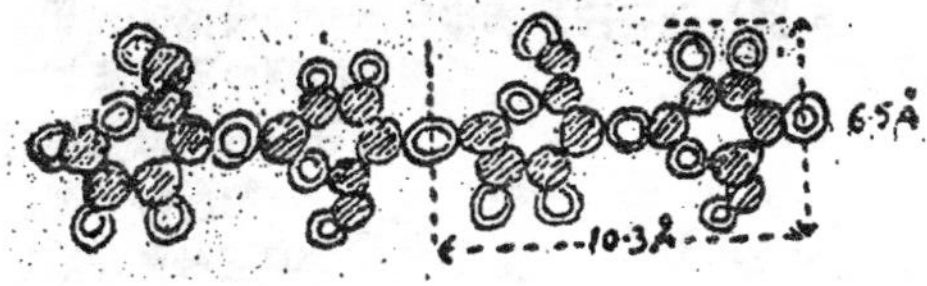

纖維素之分子量及構造，雖未完全確定，但近今則均以哈伍斯，梅野及馬爾克之說為準。

上述之說，以纖維素之可硝酸酯證明，如費格儀，格林等氏之實驗，尤為明確。因纖維素在硫酸與硝酸之混合酸內硝化(Nitration)時，雖硝化度隨混合酸之成分而異，但所得最高度之硝化纖維素，含氮量為14.16%，與分子式$C_6H_7O_2(ONO_2)_3$或$C_6H_7O_5$（NO_2）$_3$相吻合。此可明確的證實纖維素分子中具有醇性之三個羥基（OH）之存在，故此說已由假定而進至公認之事實，自無疑義。惟以最低之硝化纖維素含氮量為6.77%，依次漸增至14.16%，就經驗公式$C_6H_{10}O$言之，纖維素分子中能以硝基 NO_2 代入之數僅三，故以大分子說，假定纖維素之分子式為$(C_6H_{10}O_5)_4$或作$C_{24}H_{40}O_{20}$，則理論上可分配成下列九種硝酸纖維素：

名稱	分子式	含氮%
Dodeca—nitro—Cellulose	$C_{24}H_{28}O_{20}(NO_2)_{12}$	14.16%
Edeca —nitro—Cellulose	$C_{24}H_{29}O_{20}(NO_2)_{11}$	13.5 %
Deca —nitro—Cellulose	$C_{24}H_{30}O_{20}(NO_2)_{10}$	12.78%
Ennea —nitro—Cellulose	$C_{24}H_{31}O_{20}(NO_2)_9$	11.98%
Octa —nitro—Cellulose	$C_{24}H_{32}O_{20}(NO_2)_8$	11.13%
Hepta —nitro—Cellulose	$C_{24}H_{33}O_{20}(NO_2)_7$	10.19%
Hexa —nitro—Cellulose	$C_{24}H_{34}O_{20}(NO_2)_6$	9.17%
Penta —nitro—Cellulose	$C_{24}H_{35}O_{20}(NO_2)_5$	8.04%
Tetra —nitro—Cellulose	$C_{24}H_{36}O_{20}(NO_2)_4$	6.77%

由上表可知，硝酸纖維素 Mono-nitro-cellulose 所含之氮

量爲6.77%，二硝酸纖維素 Di-nitro-cellulose 之含氮量爲11.13%，三硝酸纖維素 Tri-nitro-cellulose 之含氮量爲14.16%。但事實上，硝酸纖維素並非如上表所示之簡單，一硝酸纖維素中，實含有未硝化之纖維素及高級硝酸纖維素；二硝酸纖維素及三硝酸纖維素中，亦含有低級硝酸纖維素。惟以硝酸纖維素中之含氮量之多寡，能左右其溶解度及粘滯性Viscosity，故在工業上之用途，亦隨之而異。由實驗所得之結果，硝酸纖維中含氮量愈高其溶解度愈低，且粘滯性愈高。不寧惟是，硝化時之溫度與混合酸成分，於硝酸纖維素之性質，大有關係在焉，茲分別詳加討論之。

(二)纖維素原料之選擇與處理

纖維素硝化之前，對於原料之選擇與處理，至關重要；因纖維素之純粹與否，關係於硝化纖維之成品及施行硝化時之便利。纖維素就品質上言之，其最純粹者爲γ纖維素，其他氧化纖維素 Oxycellulose 及水化纖維素 Hydrocellulose，則統稱爲B纖維素；此等氧化纖維素及水化纖維素，均爲化學的變質纖維素；其溶性極大，粘度極低，已消失其膠體之凝聚性而不成爲連續性的彈性凝固之纖維組織。因膠性缺乏之故，此等氧化纖維素及水化纖維素，於硝化時，即易溶解於混合酸中起化學作用而發生亞硝酐 N_2O_3 氣體及生成不穩定之硝化纖維素。是以B纖維素存在時，對於硝化工作上頗多妨礙，故纖維素在硝化之前，必先經一番精製，使所含γ纖維素達96—98%以上，始可得優良之硝化纖維素。

1. Normal Pure Cellulose 氧化纖維素與水化纖維素均能溶解於稀鹼液內，同時另有一種r纖維素，亦有溶解於稀鹼液內之特性。故纖維素之精製，若以棉花或廢花爲原料，可先用$2\frac{1}{2}$°Tw之氫氧化鈉溶液煮一二小時，次用2°Tw之鹽酸溶液在120°F.時處理之，復用2°Tw之次氯酸鈉溶液於80°F，時漂白之；然後將棉花擠乾，在溫水內蕩洗之，重行擠乾，用鹽酸處理如前，洗淨後更用2°Tw之亞硫酸鈉溶液於120°F.時處理之，於蒸溜水內洗淨，在常溫下乾燥之，如是所得之硝纖維素，即爲 Normal Pure Cellulose，在精製時之失重，即爲氧化纖維素及水化纖維素之含有量。

2. 普通精製法 普通精製法，如處理棉花廢花或襤褸等，常用1——4%之鹼溶液煮之，洗淨後，用0.1%有效氯之漂白液漂洗之，漂白液之PH值宜保持在7以上爲最安全，若在此限度以下，則溶液爲酸性，而氯之發生太烈；同時溫度不宜過高，所以免除纖維素之氧化。漂白終了後，即用水洗淨。有時再加入一硫酸鈉 $Na_2S_2O_2$，亞硫酸鈉 Na_2SO_3，或鹽酸以除去殘留之漂白粉，惟須用水充分洗淨，然後在離心機內除去水份。此時纖維素之含水量，已減至35%以下。乃在蒸汽烘箱內乾燥，再在特製之冷卻器內冷却，使纖維素原料中之含水量，在百分之一以下，以免硝化時冲淡混合酸而影響硝化作用。若漂白太過則纖維素起氧化，呈有黃色氧化纖維素，可再用稀鹼液處理之。惟所用原料爲着色之襤褸，則不易漂白，結果製成之硝化纖維，即略呈黃色，可用於着色之硝化纖維素製品工業。

依上述普通精製法，造紙廠頗可利用處理纖維素原料。作者當時實驗所用者，即係棉纖維紙，爲上海龍章造紙廠出品。

紙厚 0.12mm.，每平方呎重3.7g.，每件重40Kg.。

（三）混合酸之配合

纖維素原料經處理後，次卽配合混合酸，以備進行硝化之用。對於混合酸之配合，其成分當視所需何等之硝酸纖維而定。玆將配合方法舉例如下：

假定欲配合100g.之混合酸，成分爲硫酸52%，硝酸32%，水份16%所用硫酸濃度爲98%，比重1.84，硝酸濃度爲77%，比重1.45，則應需硫酸 $\frac{52}{1.84\times0.98}=28.84$ c.c.，硝酸 $\frac{32}{1.45\times0.77}=28.66$ c.c.，水 $16-(1.84\times28.84\times0.02+1.45\times28.66\times0.23)=5.38$ c.c.。

混合時將水先置於混合器中，然後器外用水保持冷却，徐徐加入硫酸，再加入硝酸。迨完全冷却後，經分析結果，比重1.6146，硫酸52.28%，硝酸32.32%，水份15.40%。其中硫酸及硝酸之含量略高於預期之理論成分，蓋因硫酸注入時，發生劇熱，使一部分之水份蒸發有以致之。

（四）廢酸之處理

在硝化作用後，所析出之混合酸，其中含酸量之成分，已大改變，不能再作原混合酸應用，故稱之爲廢酸。惟可將廢酸內加入新酸，使其所含成份，一如原混合酸之成分，而後再供硝化之用。方法將硝化後之廢酸澄清過濾，度其比重，并取樣分析廢酸內硫酸，硝酸及水份之含量，然後計算應需加入之新酸量，玆仍以上述成分之混合酸爲例：

混合酸之原有成分

H_2SO_4 ………52.28%

HNO_3 ………32.32%

H_2O …………15.4 %

Sp.gr. ……… 1.6146

用後之廢酸成分

H_2SO_4 ………54.24%

HNO_3 ………29.1 %

H_2O …………16.66%

Sp.gr. ……… 1.6133

計算方法

設x＝每c.c.廢酸中所應加入之濃硫酸 c.c.數（濃度98%比重1.84）

y＝每c.c.廢酸中所應加入之濃硝酸 c.c.數（濃度77%比重1.45）

則 $1.84\times0.98x$＝新加入之濃硫酸中所含 H_2SO_4 之g.數

$1.45\times0.77y$＝新加入之濃硝酸中所含 HNO_3 之g.數

又 1.6133×0.5424＝廢酸中所含 H_2SO_4 之g.數

1.6133×0.291＝廢酸中所含 HNO_3 之g.數

新酸加入後，應使廢酸中之硫酸及硝酸含量增減至符合原定比例，故得下式。

$$\frac{1.84\times0.98x+1.6133\times0.5424}{1.45\times0.77y+1.6133\times0.291}=\frac{52.28}{32.32}\quad\cdots\cdots(1)$$

又 $1.84\times0.02x$＝新加入之濃硫酸中所含 H_2O 之g.數

$1.45\times0.23y$＝新加入之濃硝酸中所含 H_2O 之g.數

1.6133×0.1666＝廢酸中所含 H_2O 之g.數

新酸加入後，應使廢酸中之硫酸及水份含量，增減至符合原定比例，故復得下式，

$$\frac{1.84\times0.88x+1.6133\times0.5424\%}{1.84\times0,02x+1.45\times0,23y+1.6133\times0.1666}=\frac{52.28}{15.4}\cdots\cdots(2)$$

聯(1)，(2)聯立方程式，則得

$x=0.201$ c.c.

$y=0.265$ c.c.

(五)纖維素之硝化作用

(1)應用混合酸之原理　纖維素對酸類之作用，與鹼溶液對於纖維素之化學變相同，因起水解作用之結果，生成水化纖維及葡萄糖。在纖維素與酸起水解作用以前，先受酸之作用，發生膠體變化。卽纖維素膨化而膠化以至分散，同時卽發生水解作用而生成水化纖維及葡萄糖。惟濃硝酸對於纖維素之化學變化則大異，纖維素完全爲濃酸分解而氧化之結果，其生成物至爲複雜。若在次濃之硝酸中，則其生成物爲氧化纖維素，但若濃硝酸與濃硫酸同時存在時，其化學變化與前完全不同，所得者爲硝化纖維。此硝化纖維素之外表，與原來之纖維素相同，並未有何膠化現象，但其性質已完全不同。所以製造硝化纖維時均以混合酸爲硝化劑，其原理(1)以硫酸奪取硝酸之分子結合水，如下式所示：

$$HNO_3.nH_2O\rightarrow HNO_3\text{或}HNO_3\cdot H_2O$$

若無硫酸存在時，因硝酸與纖維素之羥基化合，其分子結合水卽移於纖維素上，使纖維素爲液體所包被，粗纖擴大，形成膠化而分散。當濃硫酸存在時，其分子結合水，卽爲硫酸所吸收，不使纖維素發生膠化之現象。故纖維素之外表似未改變，而實則已爲硝化纖維矣。(2)硝酸與纖維素之羥基化合時所生之水，亦爲硫酸結合，以防止混合酸之被冲淡。(3)纖維素變成硝酸酯以前，有受硫酸之作用，生成硫酸酯之可能，以促進硝化速度。此爲應用混合酸作硝化劑之三大原因，惟混合酸之成分，對於硝化作用倘有極大之關係在焉。

(2)混合酸中含酸之成分與硝化作用之關係　混合酸中硫酸與硝酸含量之多寡，關係於纖維素之硝化作用至大，若硫酸含量過多，則其弊能使纖維素發生水解作用；若硝酸用量過多，則其弊卽使纖維素起氧化作用；是故混合酸之性質，務使纖維素之膠性變質最小，硝化度最高。而硝酸之用量減至最少，方爲得宜。下表所列之實驗紀錄，係用棉纖維紙在各種比例不同之混合酸中硝化之結果。

硝化時間	硫/酸比硝酸	1:1	2:1	3:1	4:1	5:1
1小時	硝化纖維之生產率	138%	136%	134%	125%	123%
	硝化度(N%)	11.7%	11.88%	12.09%	11.9%	11.56%
2小時	硝化纖維之生產率	129%	125%	123%	115%	114%
	硝化度(N%)	11.88%	11.9%	12.2%	12.1%	11.6%
3小時	硝化纖維之生產率	124%	123%	115%	107%	103%
	硝化度(N%)	11.82%	11.85%	11.89%	11.9%	11.32%

從上表可見，以硝化纖維之生產率言之，硫酸含量增加，硝化纖維之生產率漸次減少，並在實驗時見有一部份棉紙上蝕現象，此卽一部份纖維素與硫酸發生水解作用起膠化而分散之現象；同時如上表所示，硝化時間過長，亦有同樣之現象發生而產量減低。不但如此，硝化時間所用混合酸中之含水量，硝化溫度及時間均有極大關係。

(3)硝化時間及溫度之關係　茲爲研究硝化時混合酸中之含水量與硝化作用關係，當以確定適當之硝化溫度及硝化時間爲先務，故下列實驗爲示在不同之溫度與時間之下所得硝化纖維之硝化度：

a.將溫度固定於 40°C，以等量之紙用三十倍紙重之混合酸在不同之時間內硝化之，其結果如下表：

溫度	硝化時間	硝化纖維之生產率	硝化度 N%)
40°C	$\frac{1}{3}$小時	125%	9.62%
40°C	$\frac{1}{2}$小時	130%	9.68%
40°C	1 小時	135%	9.98%
40°C	$1\frac{1}{2}$小時	134%	9.92%
40°C	2 小時	132%	9.8 %

由此實驗可知硝化之時間增加，硝化纖維之生產率亦漸增與含氮量亦見增加；惟時間過長，如增至二小時，則一部份纖維素發生氧化及水解作用，失其膠性而分散溶解於混合酸中，因而生產量減低。

b.固定時間，在不同之溫度下進行硝化，所得結果如下表：

硝化時間	溫度	硝化纖維之生產率	硝化度 (N%)
1 小時	45°C	132%	9.9 %
1 小時	47°C	135%	9.95%
1 小時	50°C	135%	9.98%
半小時	45°C	132%	9.8 %
半小時	47°C	133%	9.85%
半小時	50°C	135%	9.92%
半小時	53°C	137%	10.1 %
半小時	55°C	142%	10.72%
半小時	60°C	135%	10.2 %

由此實驗，得知硝化時之溫度增加，硝化纖維之生產率及含氮量亦與俱增，惟溫度增至 60°C 時，則纖維素發生氧化及水解作用，纖維素之膠性消失，一部份分散而溶解於混合酸中，此時硝酸將纖維素氧化，其本身成爲亞硝酸而發生亞硝酐氣體 N_2O_3 故此實驗之結果，當以時間半小時，溫度55°C之狀態下進行硝化作用爲最適宜。

(4)水份之存在與硝化作用之關係　混合酸中水份之含有量與纖維素之硝化作用，亦有莫大之關係，經許多實驗之結果，混合酸中水份含量之多寡，對於硝化纖維之性質，如含氮量(或稱硝化度)，溶解性，粘滯性等均隨之而改變。水份之因素，在另一方面爲纖維素原料中之含水量，若過多時，則有沖淡混合酸可能。大概纖維素原料中之含水量不得超過百分之一

。本文所述各實驗中，所以採用棉纖維紙為原料，即因棉花或棉花質鬆而容積大，硝化時必多用混合酸，且易於吸收水份。

下表所列，係將混合酸中之含水量改變時，以示纖維素之硝化度及在醚醇混合液中之溶解度：

混合酸之成分 $H_2SO_4 : HNO_3 : H_2O$	硝化之時間與溫度	硝化纖維之生產率	硝化度N%	醚醇中之溶解度
55.79 : 28.25 : 15.96	55°C, $\frac{1}{2}$小時	146.6%	11.47%	
54.89 : 28.45 : 16.77	55°C, $\frac{1}{2}$小時	145%	11.32%	
53.64 : 29.45 : 16.19	55°C, $\frac{1}{2}$小時	142%	10.92%	
54.25 : 31.63 : 20.12	55°C, $\frac{1}{2}$小時	128%	9.78%	
		↑	↑	↓

由此實驗，可知混合酸內之含水量增加時，其結果硝化纖維之含氮量以水份增加而減低，即水份增加硝化度減低，同時硝化纖維之生產率亦漸次減低，此因混合酸稀薄之故。且纖維素在含水量較多之混合酸內易於發生水解作用，有一部份纖維素分散溶解，致硝化纖維之生產率減低。至於所得硝化纖維之於醚醇液內之溶解度，亦以水份增加，而漸次減低，此亦因混合酸稀薄後硝化度減低，結果所得之硝化纖維中，含有未硝化之纖維素及低級硝化纖維素，故其溶解度減低，且時呈混濁現象。

(六)硝化纖維之性質

硝化纖維素恆保有纖維素原料固有之組織。如硝化時所用混合酸並不稀薄，溫度不太高，則更為顯著。但混合酸稀薄時，其硝化度減低，同時因水解作用之故，纖維組織多少呈有膨化膠化現象，其色白而帶微黃。完全硝化之纖維素，於燃燒時應不留灰燼，惟一般的燃燒以後，常留少許灰分。其原因有二：(一)由於洗滌時所用之水中常含碳酸鈣及硫酸鈣等鹽類，乾燥時即存留於硝化纖維上；(二)由於硝化時操作不良，尚有未變化之纖維素或有與硝化度相差甚遠之硝化纖維素。茲將硝化纖維在工業應用上最重要之性質列述如上：

1. 硝化度與溶解性 硝化纖維在醚醇液中之溶解度隨含氮量而異。以一般言，硝化度愈高，則溶解度愈低，惟硝化度過低時，若含氮量在百分之十以下，則其中即含有低級硝化纖維及未變化之纖維素，故溶解度反減低，茲錄其關係如下表：

硝化度(N%)	醚醇(3:1)中之溶解度%
13.65	1.50
1 .21	5.40
12.76	22.00
12.58	60.00
12.31	99.14
11.59	100.00
10.93	99.82
9.75	74.22
9.31	1.15

硝化纖維之工業用途，依硝化度之高低而不同，如下表所列。

硝化度 N %	用度	溶劑
12.5—14%	棉火藥用	醋酯
11.5—12%	膠片塗料人造絲人造革	醚醋混合液
10—11%	賽璐珞用	樟腦乙醇

2.硝化度與黏滯性　硝化纖維之硝化度愈高，其溶液之粘滯性 Viscosity 亦愈大。作者對於黏滯性之測定，係用落體法 Falling Ball method 溫度爲25°C標準小鐵球直徑5/16吋，球重2.043克。下表所示，爲硝化度及混合酸成分與黏滯性之關係：

硝化度(N %)	黏滯性	混合酸之成份 H_2SO_4:HNO_3:H_2O	硝化情形
11.38%	$13\frac{1}{2}$秒	52:32:16	55°C, $\frac{1}{2}$hr.
11.28%	$10\frac{1}{2}$秒	53:30:17	55°C, $\frac{1}{2}$hr.
11.24%	$8\frac{1}{10}$秒	52:31:17	55°C, $\frac{1}{2}$hr.
10.83%	$7\frac{6}{10}$秒	51:31:18	55°C, $\frac{1}{2}$hr.

(七) 低黏硝化纖維之試製(Half-seconb Pyroxylin)

硝化纖維之可溶於醚醋液者，統稱爲 Pyroxylin，含氮量在10—12%。以其硝化度之高下，影響於溶液之黏滯性，在工業上之用途亦大異。粘滯性在二分之一秒者稱爲 Half-Second Pyroxylin 最適用於噴漆工業，因與樹脂等調合後，可以在噴霧器內均勻噴出，以成平滑光澤之漆面。作者曾用棉紙爲原料，試製低粘硝化纖維實驗記錄如下

混合酸 H_2SO_4:HNO_3:H_2O	硝化度 N%	粘硝度	硝化纖維之生產率	硝化狀態
51:32:17	11.24%	$8\frac{1}{10}$秒	140%	55°C, $\frac{1}{2}$小時
55:28:17	11.03%	$4\frac{2}{10}$秒	138%	55°C, $\frac{1}{2}$小時
55:27:18	10.71%	$3\frac{1}{10}$秒	135%	55°C, $\frac{1}{2}$小時
55:24:21	10.68%	$2\frac{1}{2}$秒	134%	55°C, $\frac{1}{2}$小時
56:24:20	10.65%	2秒	134%	55°C, $\frac{1}{2}$小時
57:24:19	10.61%	$1\frac{6}{10}$秒	132%	55°C, $\frac{1}{2}$小時
58:23:19	10.60%	1秒	132%	55°C, $\frac{1}{2}$小時
58:24:18	10.56%	$\frac{1}{2}$秒	130%	55°C, $\frac{1}{2}$小時

上表所列，僅就許多實驗記錄中摘其扼要。當實驗時，混合酸中之水份由17%增至21%以上，纖維素卽呈膠化分散之現象，硝化度驟見減低，溶解度亦同時減低，其原因已如前述。乃將硫酸成分漸增，水份漸減，結果硝化纖維之粘性略見減低。惟硫酸在58%以上，則纖維素又呈水解現象，且覺硝化力不足。故最後乃將硝酸量漸增，水份再予減低，結果混合酸之成份若硫酸58%，硝酸24%，水份18%時所得硝化纖維，溶解量極大，粘滯性爲半秒鐘，最爲滿意云。

(八) 硝化及乾燥之手續

硝化方法係採用離心式硝化器，如圖

16610

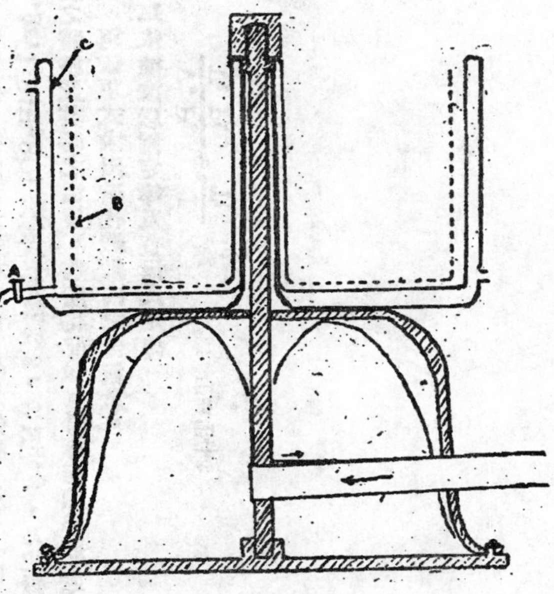

盛酸器C及中間多孔離心器B係用耐酸鋼製成，硝化時先將紙張裁碎(約在一平方吋之大小)扭鬆裝入B器內。然後將三十倍紙重之混合酸加熱至近55°C時，一次注入硝化器內。此時可略轉動離心器，以使纖維素均勻硝化。同時並須調節硝化溫度，勿使超過55°C以上。過三十分鐘後，將混合酸由出口處A放出，並加速轉動離心器，使紙內所有混合酸全部析出然後用清水洗滌數次，再以水煮之。擠乾後，煮以1%之碳酸鈉溶液，用水洗淨，再以水煮之，更用清水蕩洗。如此處理後，可將硝化纖維內所含不穩定之化合物除淨。乃在脫水離心機內將水份除去，離心機之週轉數約每分鐘一千次，可將硝化纖維內所含水份減至百分之三十五以下，然後在乾燥器內乾燥，使含水量減至百分之五以下。

乾燥方法有二，一為空氣乾燥法，使硝化纖維在通風設備之烘箱內，用30°——35°C之熱空氣乾燥之。惟以硝化纖維於乾燥時帶電甚強，恆有不慎衝擊而爆炸之虞。故最安全者，係用酒精換置法，將含水35%之硝化纖維裝入特製之水壓機，機內注以酒精，而後壓搾之。或將含水之硝化纖維裝入離心機內，用噴霧器吹入酒精 。如離心機之週轉率每分鐘為1000——1200次，可將硝化纖維內水份除去，換置酒精約30——35%，可在常溫下蒸發之。酒精換置法處理，同時能將硝化纖維內所含變質纖維素之硝化物溶解除淨，故此法又將硝化纖維多一番之精製矣。

(九)硝化纖維之分析

分析硝化纖維係測定纖維素之含氮量，其法用一測氮器(如圖)

ab二玻璃管均盛水銀，a管有精密刻度至0.1c.c.。分析時先將活塞V關閉，毋使有空氣侵入a管。取0.2——0.3g.之硝化纖維放入a管頂上之c杯內，再量21c.c.之純濃硫酸，將一部分傾入c內。迨c內之硝化纖維完全溶解後，乃將b管移

至低處，然後徐開V活塞，使c a相通。此時水銀柱徐徐下降，c內之硫酸即徐徐流入a管內，硫酸全部流入a時，立即將活塞V關閉（留意勿使有空氣侵入a內）。繼將餘留之硫酸亦傾入c內，如前法使之流入a管內，然後將a管傾斜而搖動之，使水銀與硫酸混和。此時溶解於硫酸中之硝化纖維素與水銀接觸，即發生NO氣體。其化學作用如下列方程式表之：

$$RNO_3+4H_2SO_4+3Hg\rightarrow 3HgSO_4+RSO_4+4H_2O+2NO\uparrow$$

如是搖動數分鐘後，將a管靜置於鐵架上，此時a管內即分三層，上層爲NO氣體，中層爲硫酸，底層爲水銀柱，乃將b移近a管，使b管內之水銀柱高出a管水銀柱3c.c.（因21c.c.sp.gr.1.84H_2SO_4之重量相當於3 c.c.Hg.），乃紀錄NO氣體之體積及其時之溫度。將所得記錄，計算至標準狀態下之體積，再依下式求出硝化纖維內之含氮量。

1. 依據波以爾定律及查爾氏定律

$$\frac{V_o P_o}{V_t\ P_t}=\frac{T}{T_t} \qquad T_t=T+t$$

$$\therefore V_o=\frac{V_t P_t T}{P_o(T+t)}=\frac{V_t(V_t-w)}{P_t\left(\frac{T+t}{T}\right)}=\frac{V_t(P_t-w)}{P_o\left(1+\frac{t}{T}\right)}$$

$$=\frac{V_t(P_t-w)}{760(1+0.00367t)}$$

V_o為標準狀態下之體積　　V_t 爲t溫度時體積

P_t 爲t溫度時之大氣壓力　　w 爲t溫度時蒸汽張力

2. 因標準狀態下NO氣體22.4公升重30.008g.，即公分每c.c.重0.00134g.，故由下式計算所得V_o之值，乘以0.00134，即得所析出之NO氣體之重

$$\text{故硝化纖維內之含氮量 } N\%=\frac{V_o\times 0.00134\times\frac{N}{NO}\times 100}{\text{分析時所用硝化纖維之重}}$$

$$\text{即 } N\%=\frac{V_o\times 0.00134\times 0.4668\times 100}{\text{分析時所用硝化纖維之重}}$$

$$=\frac{V_o\times 0.0006255\times 100}{\text{分析時所用硝化纖維之重}}$$

調週何以能却除雜聲

吳 熹

無線電話交通所受之騷擾，要以雜聲為最，尤其以天電干擾為更甚，當劇烈時，竟可使收音機完全停止收音。在過去雖有許多專家孜孜於研究免除無線電波所受人力或自然之滋擾，可是確實有效者仍鮮。我人或已相當熟悉無線電話應用最新調週(Frequency Modulation)法所得之利益，其最主者，乃叉雜聲音之減少，在這新的方法中，對於雜聲之卻除已獲得極高之効果。調週之所以能卻除雜聲，係由三個不同之設計混合而得，一者應用於發射機，二者應用於收音機。讀者對於現今一般無線電話中所採用之調幅(Amplitude Modulatin)法，或已相當明悉，但為求易於領略計，對舊式之調幅法，再作詳細之研討，並知調幅之所以特別易於感受雜聲滋擾之原因。

調幅

在「調幅」中發射機所發射之電波為某固定週率之某增幅載波(Carrier Wave)，發射機之電力愈大，則其增幅亦愈大。我人變動發射機輸出電波之增幅，使之隨成音週率訊號之音量及音調變動而變動，換言之，發射機之輸出載波因受成音週率之控制，乃依聲音之變化而改變其幅度。由光，電器，以及其他由靜電所起之雜聲，均有一定週率，其波幅常雜亂變動，應用調幅法之收音機即能拾得之。今試以圖示之(見第一圖)。

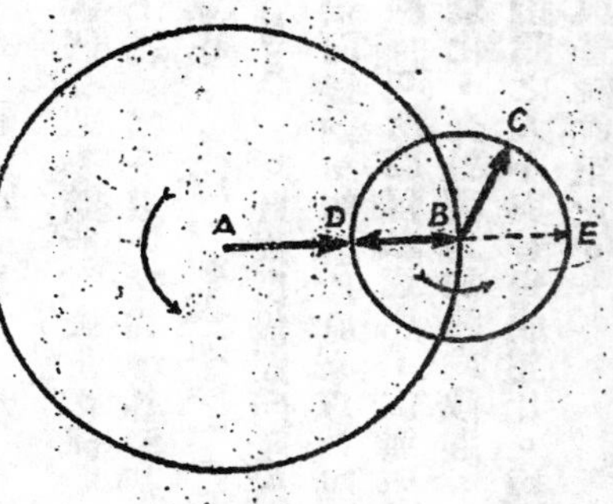

（圖 一）

箭線AB之長度，代表發射機之電力，以A點為中心均速旋轉，以喻載波之週率，一全轉為一週。若使箭線AB之長度，即發射機之輸出電力，隨所欲發射之成音訊號變動，換言之，載波之波幅依成音訊號之變化而變動，故謂「調幅」。AB長度之變動受AB本身之長度所限制，設使箭線之箭頭推至A點之左方，發射機即無電力輸出，是曰過量調幅。

設有若干靜電騷擾雜聲侵入，不論其電力之大小，假定等於BC箭線之長度，與B點相接，並以此點為中心旋轉，其速率隨雜聲之週率而定。當代表雜聲之箭線BC旋轉於BD地位時，相消發射機之若干電力AB。當雜聲位於BE，遂與AB相加。因此雜聲亦能使箭線AB變動。此變動係自AD至AE，亦謂之「雜聲調幅」但通常曰靜電干擾。

調週——限幅器

「調週」所發射者為幅度相等，週率變動之載波。波幅之強度亦代表電力之大小，我人使波之增幅保持永衡，其週率則

隨所欲發射之聲音而變動。調週收音機將此種之變動週率檢波後，使揚聲器依照成音週率之變動而放音。調週收音機置一級特殊之設備，謂之限幅器（Limiter）或稱截波器(Clip)以限制波幅，或截去由任何原因所起之電力變動卽波之幅度之凸處。

所以限幅器之目的，宛如一架軋草機限制任何之電力變動達於揚聲器。

今試繪如第二圖示之。

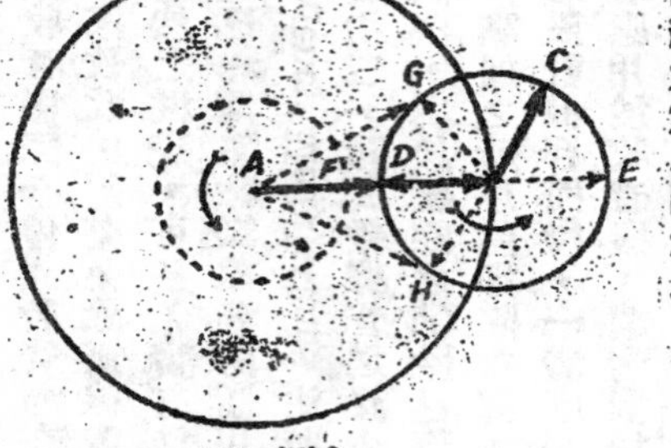

（圖二）

箭形線AB之長度與在調幅中相同，代表調週發射機之電力。代表雜聲之箭線係BC。連接AB之末端至以B為中心按照雜聲週率旋轉，在調幅中因雜聲BC之加或減的結果，使載波之幅度自AD至AE變動。但於調週收音機中不能聽得此種雜聲，因限幅器於訊號未到達揚聲器之前已將其限制於AF點，結果，無雜聲調幅之弊。

調週令週率隨所欲發射之訊號而變動已如上述。圖中以A點為中心照某速度旋轉之速率，是曰「載波週率」（Carrier Frequency）。此速度係照所發射之言語或音樂而變動，卽以比原來以A點為中心之箭線AB所旋轉之速度，依照所發射之聲音變化，交替稍為加速或減遲。加速或減遲變動之大小與音量成正比。變動之速率亦與音調成正比。

調週收音機係將此種週率變動檢出，經揚聲器而放音。變動速度卽代表變動週率，因成音週率使載波週率變動，維持其幅度，故名曰「調週」。

有關週率帶擺盪之効果

雜聲箭線BC有與上述變動訊號箭線AB之長度，從AD至AE相似之滋擾，不過變動訊號箭線長度之滋擾已為收音機限幅器所卻除。當雜聲箭線BC於B點旋轉於BG地位時，與訊號箭線AB相加產生結果混線如AG。同様，當旋位於BH時與AB相加產生結果混線AH，因此，收音機中所得者係自G至H，前後變動滋擾之雜聲與以箭線AB代表訊號之混合之結果。訊號。這裏極易想像，如將印第二圖的紙與反時計針旋轉之箭線AB以同様之速度照時計針轉向旋轉，則箭線AB將固定不動。否則，除非受調週之訊號之影響先是向一方向旋轉，而再向另一方向旋轉。又極易看出，箭線AB自G至H之滋擾卽代表速度滋擾，亦卽週率滋擾。此係「調週雜聲」。

箭線AB旋轉之速度，受成音週率調週之變動（加速或減遲）較AB受雜聲滋擾自G至H之變動為太。箭線變更之速度為所發射之訊號響度，而滋擾之箭線為雜聲之強度，然以前者強大之變動與之相較，則訊號與雜聲間有極高差率，是以靜電干擾實不足為害。

普通無線電話交通工程中，所發射之言語之最高週率常不超過每秒3000週，載波週率最大有±15K.C.之週率擺盪，似為最適當之100%調波情形。

雜聲在區波器中對消

調週收音機中之區波器之設計係確取載波之週率變動，將週率變動轉變成電壓變動以後，再放大而入揚聲器。平衡區波

16614

器由變動週率激勵而產生之輸出電壓如第三圖之曲線A。區波器之設計，當載波之原有週率輸入時，校整為零電壓輸出，俟載波之週率為調週之成音週率變動時，即依變動週率範圍向西邊直線伸展。

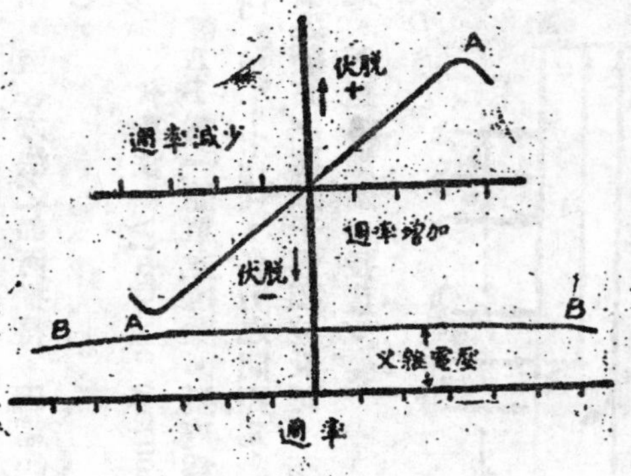

(三 圖)

區波器之線路如第四圖。區波器之次級有二，皆為調整電路。區波器之初級調整於某中間週率，次級線圈之一調整較該中間週率高若干千週率，另一則較該中間週率低若干週率。兩極管荷載(Load)所生電壓，以載波為中心週率而向兩邊變動之週率之差之大小而定。換言之，載波未受調週之前荷載之電壓為零，當載波之週率依聲音之變化而改變其週率時，荷載電阻上即產生與週率變動成正比之電壓。

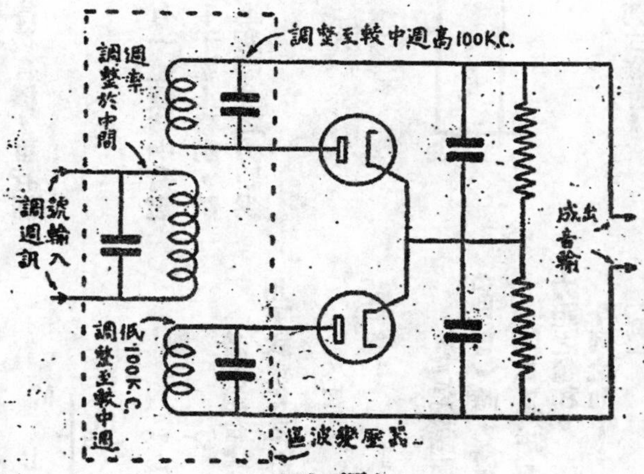

(四 圖)

荷載電阻上所生之電壓，由第三圖所示，載波週率增加，區波器之輸出電壓為「一」，載波週率減少，輸出電壓為「十」，以載波作中心週率之變動愈大，區波器所生之電壓亦愈大。然實際上區波器之校整，只利用「週率變動轉變為電壓變動」曲線之直線部份，故自最高音至最低音之各音調均可不失真以產生，自以原有之載波為中心週率而向上下擺盪之週率變動並祗關與所收到之訊號週率或音調，故而區波器之作用，好似調週中之檢波器。

其次區波器尚有重要之功用，可以限制某種叉雜訊號雜聲，例如，當電放電時將同時產生連續之雜聲週率，如第三圖中B曲線所示。此處極易看出，此種雜聲週率可以同時饋入於區波器，然而極為僥倖，在區波器輸出電壓未發生作用之前，結果已經對消。因為較區波器之原有週率為高之各雜聲週率，將產生與較原有週率為低之雜聲週率所產生之總負電壓相等之雜正電壓。當此正電壓與負電壓相加時，因區波器之電路之特性關係，區波器由於雜聲週率之輸出為零。

雜聲卻除作用之撮要

調週中對無線電訊號發射能滿意卻除雜聲，全係三個主要因素，今撮要如後：

一　調週收音機中應用限幅器以祛除接收到之載波上之任何調幅。

二　發射機採用較闊週率擺盪作訊號調週。

三　調週收音機之區波器或第二檢波對雜聲訊號有對消効果。

移動荷重(Moving Load)發生最大力距時之位置

何中及

橋梁工程設計上，對移動列車之位置及致使某斷面(Section)所發生最大力距(Maximum Moment)值之求法，頗爲重要，本文以簡單支撑梁(Simple Support beam)及集中移動荷重(Concentrated Moving Load)爲原則，敍述各種方法，至各方法之如何推得，因篇幅關係，待後有機，再行補論之。

代數法(Algebraic Method)

設AB爲一簡單支撑梁，長度爲ℓ，今有一連續集中荷重$P_1,P_2,P_3\cdots\cdots P_n$，各力之間距爲$a,b,c,\cdots\cdots$于梁上移動，試求該連續集中荷重于何種位置時，在N斷面上所發生之力距爲最大，N距A端爲x長度。

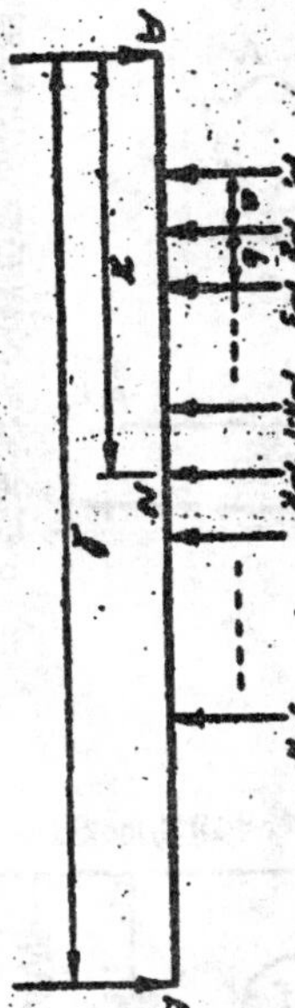

圖1

欲使該斷面之力距爲最大時，必須有下列二條件：

(1)其中之一集中力必須在N斷面上，設爲P_k(見圖1)

(2)設P_k于斷面上確使該斷面所發生之力距爲最大時，則必須適合下列之關係：

$$\frac{P_1+P_2+P_3+\cdots\cdots+P_{k-1}}{P_1+P_2+P_3\cdots\cdots+P_n}\leq\frac{x}{\ell}\leq\frac{P_1+P_2+P_3+\cdots\cdots+P_k}{P_1+P_2+P_3+\cdots\cdots+P_n}$$

$$\frac{\sum_1^{k-1}P}{\sum_1^{n}P}\leq\frac{x}{\ell}\leq\frac{\sum_1^{k}P}{\sum_1^{n}P}\cdots\cdots\cdots\cdots\text{(I)}$$

或 $$\sum_1^{k-1}P\leq\sum_1^{n}P\,\frac{x}{\ell}\leq\sum_1^{k}P$$

若能適合上式時，則N斷面上所發生之最大力距之值，可用下式求得之。

$$\text{Max. } M_n=\frac{x(\ell-x)}{\ell}\cdot\sum_1^{n}P-\frac{(\ell-x)}{\ell}\cdot\sum M_\ell-\frac{x}{\ell}\cdot\sum M_r\cdots\cdots\cdots\cdots\text{(II)}$$

$\sum M_\ell$爲斷面N左邊各力，以斷面爲力距中心(Moment Center)時，所得各力距之總和。

$\sum M_r$爲斷面N右邊各力，以斷面爲力距中心時，所得各力距之總和。

〔例〕

今例之如下：

設以(圖2)之移動集中荷重，于(圖3)之梁上移動，求該集中荷重在何位置時，斷面N處所發生之力距爲最大。

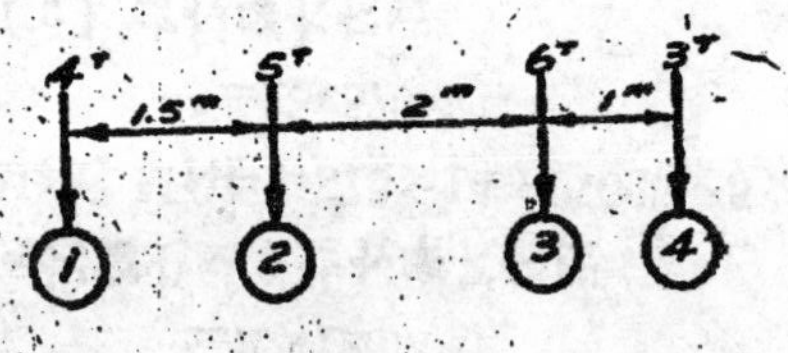

圖 2

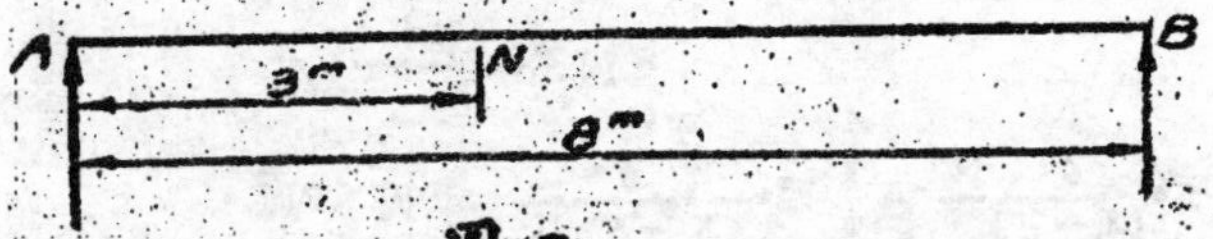

圖 3

〔I〕方向為由B→A

（a）設（1）位于斷面N上。　　輪數n=4

應用公式〔I〕

$\frac{x}{\ell}=\frac{3}{8}=0.375$　　$MP=4+5+6+3=18T.$

$M_{1}^{k-1}P=0$　　$M_{1}^{k}P=4$

則 $\frac{0}{18}\leq 0.375 \nleq \frac{4}{18}$　　（不適合）

因 $\frac{4}{18}<0.375$

（b）設（2）位于斷面N上。　　n=4

$\frac{4}{18}\leq 0.375 \leq \frac{9}{18}$　　（適合）

（c）設（3）位于斷面N上，但（1）伸於梁外，故 n=3

$MP=5+6+3=14T.$

$\frac{5}{14}\leq 0.375 \leq \frac{11}{14}$　　（適合）

（d）設（4）位於斷面N上，（1）（2）伸於梁外，故n=2

$MP=6+3=9$

$\frac{6}{9}\nleq 0.375$　　（不適合）

〔II〕方向為由A→B

（a）設（1）位於斷面N上，但（3）（4）尚未至梁上，故n=2

$MP=4+5=9$

$\frac{5}{9}\nleq 0.375$　　（不適合）

（b）設(2)位於斷面N上，(4)尚未至梁上，故N=3

$MP=4+5+6=15$

$\frac{6}{15}\nleq 0.375$　　（不適合）

（c）設（3）位於斷面N上。　　n=4

$\frac{6}{18}\leq 0.375 \leq \frac{9}{18}$　　（適合）

（d）設（4）位於斷面N上　　n=4

$\frac{0}{18}\leq 0.378 \nleq \frac{3}{18}$　　（不適合）

綜觀以上各情形，於（b），（c），（c）三位置時，N斷面上都有發生最大力距之可能，則可應用公式〔II〕，分別計算比較之。

位於（b）式時之最大力距（圖4）

16617

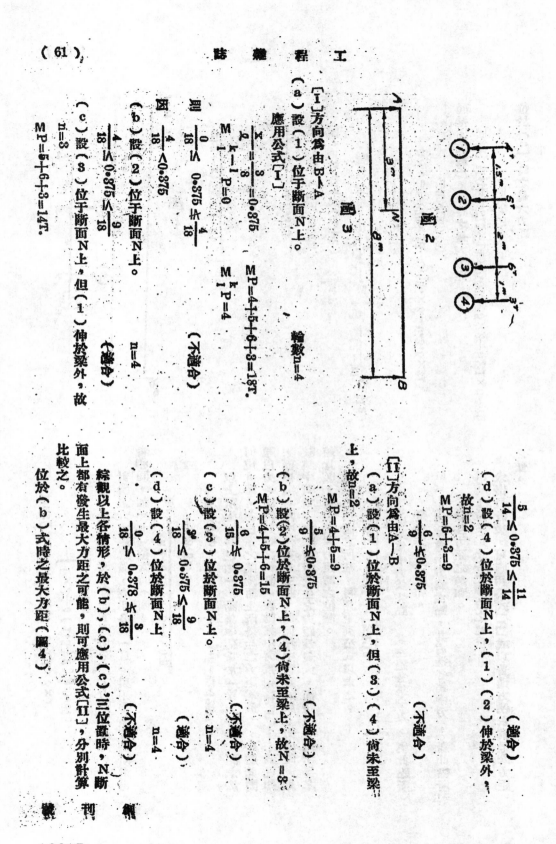

圖4

$$\frac{x(l-x)}{l}=\frac{3(8-3)}{8}=1.875$$

$$\frac{l-x}{l}=\frac{8-3}{8}=0.625$$

$$\frac{x}{l}=\frac{3}{8}=0.375$$

$$M_l=4\times1.5=6\text{M.T.}$$

$$M_r=6\times2+3(1+2)=21\text{M.T.}$$

$$\text{Max }M_n=\frac{x(l-x)}{l}\cdot\Sigma_1^nP-\frac{(l-x)}{l}\cdot\Sigma M_l-\frac{x}{l}\cdot\Sigma M_r$$

$$=1.875\times18-0.625\times6-0.375\times21$$

$$=22.125\text{M.T.}$$

同樣，位於（c）時之最大力距

$$\text{Max. }M_N=1.875\times14-0.625\times5\times2-5\times1\times0.375$$

$$=18.875\text{M.T.}$$

位於（c）'時之最大力距

$$\text{Max. }M_N=1.875\times18-0.625\times3\times1-\left\{5\times2+4(1.5+2)\right\}0.375$$

$$=22.85\text{M.T.}$$

故於（c）'位置時，斷面N處所發生之力距為最大。計算最大力距之值，應用公式（II）與用普通方法所求得者相同，如（b）位置時（圖4）

$$R_A=\frac{3\times2+6\times3+5\times5+4\times6.5}{8}$$

$$=9.375\text{T.}$$

$$\text{Max. }M_n=9.375\times3-4\times1.5=22.125\text{M.T.}$$

以上所述，為已知一移動集中荷重於一梁上移動，而求於何位置時，對已定之某斷面上所發生之力距為最大，今將此問題以另一條件討論之，設一移動集中荷重 $P_1P_2P_3$……為已知，而以某一集中荷重為主點，問此集中荷重於梁上何處時，則該集中荷重下之斷面所發生之力距為最大，而後以各輪所得之值比較，可得最大力距時之位置。

欲求該斷面之所在，可用下列公式以求之。

$$x=\frac{\Sigma M_l-\Sigma M_r+(\Sigma P)l}{2\Sigma P}\quad\cdots\cdots\cdots\cdots\text{(III)}$$

ΣM_l＝以某集中力為主點，其左邊各集中力，對此點所發生力距之總和。

ΣM_r＝以某集中力為主點，其右邊各集中力，對此點所發生力距之總和。

ΣP＝位於梁上各集中力之總重。

求出位置後，可應用公式〔III〕或以普通方法求其最大力距之值。

16618

〔例〕

(圖5)爲一連續集中荷重，於(圖6)之梁上移動，求(1)，(2)，(3)各輪位於何位置時，則該各輪下之斷面處所發生之最大力距之值爲何，並比較之以求究於何輪下，所發生之力距爲尤大。

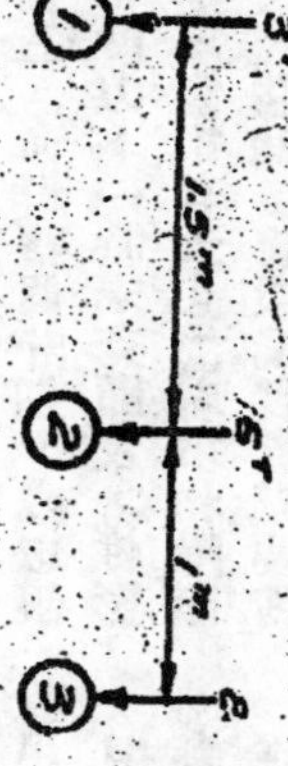

圖5

圖6

(a)設以輪(1)爲主點，求(1)位於離A點幾米時，其輪下斷面所發生之力距爲最大，並求其值。(圖7)

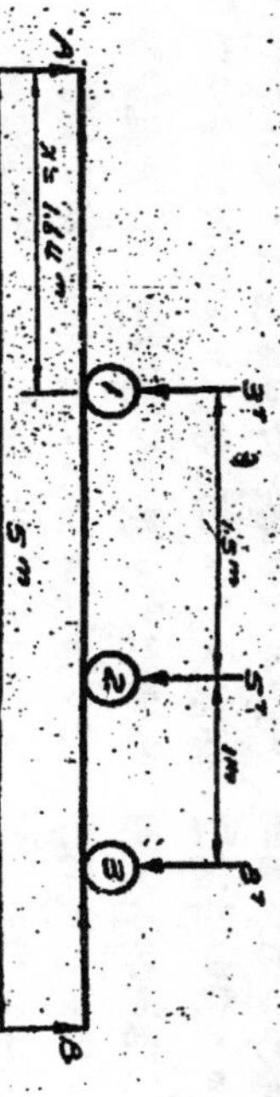

圖7

應用公式[III]

$\Sigma M_l = 0$

$\Sigma M_r = 5\times1.5+8(1.5+1) = 17.5\text{M.T.}$

$\Sigma P = 3+5+8 = 16\text{T.}$

$$x = \frac{\Sigma M_l - \Sigma M_r + (\Sigma P)l}{2\Sigma P} = \frac{0.27.5+16\times5}{2\times16} = 1.64\text{M.}$$

(1)位於離A端1.64M.時，其輪下斷所發生之力距爲最大。應用公式[II]，其力距之值爲

$$\text{MaxM} = \frac{x(l-x)}{l}\Sigma P - \frac{l-x}{l}\Sigma M_l - \frac{x}{l}\Sigma M_r$$

$$= \frac{1.64(5-1.64)}{5}\times16 - \frac{5-1.64}{5}\times0 - \frac{1.64}{5}\times275$$

$$= 8.61\text{M.T.}$$

(b)設以輪(2)爲主點。

$\Sigma M_l = 3\times1.5 = 4.5\text{M.T.}$

$\Sigma M_r = 8\times1 = 8\text{M.T.}$

$$x = \frac{4.5-8+16\times5}{2\times16} = 2.39\text{M.}$$

Max. M = 13.873M.T.

(c)設以輪(3)爲主點

$\Sigma M_l = 3(1.5+1)+\times51 = 125$

$\Sigma M_r = 0$

$$x = \frac{12.5+16\times5}{2\times16} = 2.89\text{M.}$$

Max. M = 14.238M.T.

比較上列三值，可知該移動集中荷重於梁上時，當(3)位於距A端2.89M.時，在該斷面下所發生之力距爲尤大，其值爲14.238M.T.

除代數法之外，倘有圖解法(Graprical Method)及用勢力線(In flurence Line)法多種，容於後另述之。

16619

改進我國農具問題

汪澄之

我國以農爲立國之本，國府還都，承禍變兵燹之餘，百廢待興，欲培養國本，非自振興農業入手不可。是以當局者，莫不以提倡農業，爲當前之急務。於是農業研究與實施之機關，先後設置，私人經營之農業組織，亦相繼成立。將來之希望，未可限量。富國裕民，事能逆料。惟振興農業，須先有優良之品種，和完善之農具。具備此二條件以後，方能收事半功倍之效。有優良之品種，可以減少培養困難，改善品質而增加生產量。有完善之農具，可以節省勞力，便利工作而提高生產率。今也品種之改良與培育，時有推進，而農具之研究與製造，尙鮮整個計劃，或以限於時間人力和財力，一時未克顧及，惟影響於農業前途，實重且大。二者須相附而行，收效方宏。茲就目前環境實際需要情形，關於農具之種種問題，管見所及，作簡單之敍述，以供振興農業者之參考：

農具改良問題

我國農民應用之農具，形式之亟待改善者頗多。蓋以沿用互古之方式，雖其中不少係積數千百年經驗之製品，然以缺乏科學上之根據，在無形中消耗之人力與時間，不可以數字計。例如稻作脫穀方法，以稻束在稻床甩擊，雖費時間，耗勞力，而穀粒不易脫淨，迄今仍廣用於田間。倘與滾刺脚踏脫穀機相比較，省時省力不知相差多少。所以在無錫有此機製造以後，不數年間，即深入蘇錫一帶鄉間，爲人民所樂用。其他如經局部之改良，效率即有顯著之進步者，亦不在少數。例如直口蠶式桑剪，是一種蠶桑工具，剪桑時枝條易於滑動，須雙手用勁，費時耗力。倘剪口改用灣曲，柄間加以彈簧，不但剪枝便利，且開剪不需人力，省時省力，事所當然。農產物之成本，勞力佔大部份。諺曰：「誰知盤中餐，粒粒皆辛苦，」足證農產品幾全是汗力換來。節省勞力，即是減輕成本。所以改良農具，直接可以節省勞力，使農民可以負担更多工作，增加生產量，間接可以減輕農產品之成本，使售價改低。現在物價高昂，生活日感困難，抑低物價，乃一時治標之辦法，倘從改良農具入手，使農產品之成本減輕，產量增加，則售價可以低降。農產物售價低廉，則百物亦莫不隨之低廉，方是治本永久之辦法。所以農具之改良，在現時環境中，有不可再行遲緩之必要。

農具改良，須先使農業界與工業界取得聯絡。以農業界之需要與經驗，工業界之技術與方法，雙方商討合作，所造之製品，方能切於實用。若夫往昔之情形，農民所用農具，均係互古沿用之形式，已如前述。即新進農業場所採用之新式農具，亦無非購自東西各國，直接應用。至於就實際需要，研究製造之農具，實不多見。我國農業之日趨落後，農具改良問題之未能解決，亦爲主因之一。

欲事研究農具之改良：下列各點，必須注意及之。使所設計製造之農具，均能符合此種種條件，方能效率高超，爲人所樂用，易於深入民間。達改良推廣之目的。

1. 購買能力。　優良農具，必須推行

深入民間，使農民咸樂於應用，方能收實際之效益。欲使農民樂於應用，農民之購買力，不可不注意及之。蓋農民咸有其固有之農具，欲其換用新農具，已非容易，倘再超出其購買能力範圍之外，推行益感困難。所以研究改良之先決問題，須使製品價値爲農民購買力之所及。改良之農具，既有顯著之功效，而價格又甚經濟，農民知利益之所在，自易樂於應用。不如此，雖有優良之農具，農民無力購用，徒供商品之陳列，何能收改良之效益。

2.實際需要。農具之需要情形，隨時隨地而異。就稻作而言，高田與低田所應用之農具不同。就蠶桑而言，夏蠶與秋蠶所應用之工具亦稍異。所以東西各國之新式農具，直接購買使用，不一定適宜。因爲各國之國情不同，環境不同，適用於彼，不一定適用於此。所以農具研究改良之設計，採用東西各國農具長處，就國內實際需要情形加以改良則可，直接模仿東西各國之農具方式，決非善法。例如農具之價値，東西各國農民，經濟能力所及者，不一定能適合於我國衰落農村之中。其他如田畝之大小，人力之強弱與耐勞情形，彼此亦有顯著之分別。所以計劃改良之際，不應採用模仿方法，須注意我國農民實際之需要如何，以決定農具改良之形式。就需要而設計之製品，爲人人所必需，推廣自無困難矣。

3.管理便利。現在一般農民，已漸知新農具效能之優良，例如稻作車水方法，用打水機當然比脚踏或牛拖水車效率優良。但是打水機因爲管理不易，雖農田大體已採用打水機，但細一調査農民自己或合力購買應用者，實不多見。咸爲包水制，由打水船承包，利益爲其所佔。農民之所以甘受此損失者，其主因爲自己不能管理。合用工匠，又流弊百出。所以有專操打水船之一業。由此以觀，新農具之改良，非先須注意使用管理之便利，雖效能如何高超，仍不易於推銷入民間。

4.堅固耐用。在研究改良農具之際，使製品堅固耐用，亦爲一重要條件。倘不注意及此，其流弊有二：新農具倘不能堅固耐用，易於損壞，農民試用之初，即遭此打擊，從此對於新農具失却信仰心，其影響所及，足使附近鄉村，亦因此事實對新農具不敢試用。因爲某農民購新農具以後，一般農民莫不因爲求知與好奇，時常在留心其效能若何，若用也未久，即自損壞，其傳聞自易，於是相戒，裹足不前，造成新農具推行之絕大障礙，此其一。其第二點爲修理不便，因農具一經損壞，非送城鎮修理不可。來往經濟時間人工咸受損失，一再使工作停頓，最後農民未有不灰心而擱置不用者。此二者均足以妨礙新農具之推廣，故不可不注意及之。

上述四點，爲研究改良農具必須先行解決之重要問題，其他小節，未能一一詳述。蓋依上述目標所製之產品，雖僅四點，苟能達價格低廉，適合需要，容易管理，經久耐用之目的，有如此良好農具，爲農民省時省力，農民又何樂而不用。新樣一出，不脛而走，深入農村，乃意中事也。

農具製造問題

農具改良既有結果，必須繼之以製造，方能將理論現成事實。往昔報章雜誌，對於農具改良問題，亦時有所討論，時有新供獻，均以未能注意及製造問題，始終僅停留在理論探討之階段，不能獲得實際之效益。雖有一部份熱心學者，欲以研究所得，實地試用，以無適當製造場所，雖製一雛型，亦須費許多唇舌，指導工作，

尙不能盡如人意，莫不灰心却步，何能多量出品。我國農間之所以歷數千百年，仍沿用舊代農具，此爲主要原因之一。蓋往昔農具製造者，僅知泥守成法，以改式換樣，爲違逆師承，因之祇有退步，難期精進。所以欲謀我國農具之改良，非從實地製造入手不可。如能一方研究，一方製造，研究有得，製造使之實現，製造發生困難，研究以謀補救，相互爲因，成功自易。此提倡農具改良之所以必須提倡農具製造也。

關於農具之製造，更須農業界與工業界取得聯絡。蓋製造以農具爲目的，與一般普通工廠情形不同。爲研究試用便利計，須設專門製造廠，以專司其事，並與農業機關發生密切之關係，方較合宜。倘以製造之責，委諸普通工廠，則研究推廣，兩感不便，用者製者，不能融成一氣，隔膜叢生，收效難期。且農具之製造，以材料言，銅鉄竹木，均須用及，以用途言，作物畜牧蠶桑園藝森林水產以及水利工程應用之器械，均在製造之範圍以內。普通工廠，決難應付。是以非有整個專廠設備，不克勝任工作。玆將農具製造適合現時環境應如何入手及其步驟和方法，分述於後：

1. 入手製造問題。談及入手製造問題，首先應注意及社會上和農民間二方面之實際情形。現在百物昂貴，物料缺乏，運輸不便，創設完善之工廠，一時不易就緒。社會情形既如此，回顧農間，則所用農具，十分粗劣，構造簡陋，除主要部分用生鉄熟鉄外，倘多以竹木製造。倘欲一躍而使改用機械化新農具，不但無此購買力，且亦不慣於使用，反有不如用手工具能得心應手之感。所以就目前情形而論，欲製造新農具，除有一部分有顯著效能者外，應自製造人力或畜力之改良農具入手。則供製造用之設備，可以較簡，設廠較易，而農民欲改用亦較便，不致生異樣之感。倘選將現用工具，加以改製，則舊農具亦可利用，不致擱置，收效更易。製造廠假之以時日，自能日漸擴充，而農民對新農具用有成效，對之自能日漸發生信仰。不則製造廠費很大努力，而產品之盆利，農民仍不能直接獲得，有失提倡改良製造之本旨。簡言之，改良農具之製造，入手方法，應自簡而繁，製者用者，方能雙感適宜，不但事業易於實現，而收效亦較易。

2. 製造廠之設備問題。依據上述製造入手步驟，對於廠主設備問題，亦易於解決。蓋以欲從事農間現用農具之改良，或從事製造人力或畜力之改良農具，其所需工農比較簡單。以能出貨之單位言，木工設備，所費不多。鉄工方面，以鉗工爲主體，雖有若干部份需用機械工具，除備四呎八呎車床各一架，大鑽床一架，其他機械可以設法替代，卽足以應付，成立一能獨立製造之小單位，若銑床鉋床等可以留待擴充時之添置。所以農具製造廠之每一小單位，就目前情形論，有一二萬元經費，卽可備具雛型，着手工作，製造有效，再行擴充。雖曰，小型組織，頗多不合經濟原則之處，成本較昂，但爲適合現在環境與需要計，製造由易入難，設備由簡入繁，事業可以立辦，方有成功之望。倘欲期待完成具有規模之組織，完全之設備，則不但集款不易，機械之購置與運輸，亦有頗多困難，雖極度努力，恐不易在短時間內實現，倘因循苟延，成功無望。何如從小規模入手，成效雖小，逐步進展，自有發揚光大之一日。

3. 製造材料問題。製造農具，所需材料，照一般情形而言，應注意者，使製

品堅固而經濟。堅固可以久用，前已述及，用材經濟，則成本改輕，售價可低，易於推廣。就目前農村經濟及原料供給情形而言，材料經濟之重要性，有駕乎農品堅固條件之上。以農民購買力之薄弱，及工業原料價格之高漲，兩者背道而馳。製造非注意用料經濟之設計，不足以應付此特殊之環境。所以不論五金或木材，不可泥守定法，何者可作何用，儘可收集當地易得之材料，以免除運輸不便之困難，或設法採用替代之材料，以免除價格高昂之困難。如此方可不致廣材料缺乏，來源不暢，或商估壟斷之通弊，工作不受影響，可以按計劃源源出貨。例如製入脫穀機之齒，用鉛絲鉄絲可做，翻沙鑄鉄做亦可。倘材料眞是缺乏之時，即堅竹等材料，亦可設法以供應用。脫稃用之礱，不但松朴栗皂莢等木材可做，長江上游，用土製礱，同樣有用。所以製造倘能如此取材，材料困難問題，方可解決不少矣。

4. 製造人工問題。製造農具之成本，除必需材料外，人工工資亦佔相當之數值。現在工資日高，往昔一件工作，支配不妥，多耗人工，影響尙小，若以現在之工資論，因耗工而所增加之成本，深非往昔可比。所以現在辦工業者，對於節省人工，在工程計劃中，佔着重要位置。此種意見，並非主張節省人工，節省材料，其意義有顯著之區別。節省應當用之材料，謂之減料。節省可以不用之材料，浪費之材料，方是眞正節省材料。節省應加之人工，謂之偸工。節省可以不用之人工，浪費之人工，方是眞正節省人工。例如農具外表之磨光油漆，僅以增加美觀爲目的，此種工料，逕可節省。其他產量較多之製品利用模型冲製，則工作迅速，均能使成本減輕。即工作之支配，小型精細之工，宜用女工，大型費力之工，宜用男工。支配得當，亦能增加工作效能。熟練之工人，爲工塲之至寶，所以訓練職工，淘汰劣工，均爲管理支配人工必要之工作。

凡此種種，欲從事農具之製造，不可或忽，按此進行，設備由簡入繁，製造由易入難，更注意材料與人工之節省，不事農品形式之美觀，力求農品效能之高超，由籌設能獨立製造之小單位廠爲基礎，發揚光大，或逐一添設小單位廠於各地以便就地工作，則我國農業界對於應用農具定能有顯著之轉變也。

農具配給問題

農具經研究改良，製造出品以後，繼之須談及配給問題。蓋以農具雖優良，不推行入農間，無從發揮其效能。所以農具之配給問題，與改良及製造同樣重要，三者相輔而行，不可或懈。配給之目的，既爲推廣新農具使深入農間，其方法自當因地而異因時而異。農村之貧富有別，農民對新農具之信仰有異。貧而無信仰推銷難，富而有信仰推銷易，富而無信仰較貧而有信仰推銷亦多困難。此新農具之配給推銷問題，有研究討論之必要也。茲將配給推銷方法，擇要列舉於后：

1. 如何使農民對新農具發生信仰。欲推行新農具，使深入農村，爲農民所樂用，須先使農民對此種新農具發生信仰心。如何使之發生信仰，非將新農具之優點特點，使有顯著之表現不可。是以新農具推行之初，須先表現新農具之特長。普通商品之推銷，用廣告以爭宣傳，新農具之推銷，決非利用廣告所能奏效。須實地試驗，實地表演，使農民親眼目睹，方能堅定其信仰。機械打水方法等現在能盛行田間，亦非一朝一夕之功，農民見及其利益

後，方肯逐漸採用。所以新農具製造改良之必須與農業機關發生密切關係也。以其所製，可以送農業機關試用，一方藉以得改進之指導，一方可以表現新農具之優良特點，使農民易於明瞭。更須組織新農具表演勸用隊，輪赴各鄉村間表演說明，使農民實地觀察，知利益之所在，信仰之心，自易引起，推銷阻力，自然減小矣。

2.如何補救農民購買力之不足。 農民對於新農具之優良，雖然確具信仰，倘購買力不足，仍是難於推銷。療貧之方，雖是困難，然並非無適當辦法。此所以不言農具推銷而言農具配給也。蓋以欲事推銷，係指如何推動，如何銷售而言，目的在求產品之發售。新農具推銷之目的，不在農具製造廠本身營業之盈虧，其目的在求中國農業之改進。農村愈貧困，新農具之需要愈大。貧困之農村，大半受天時地理之影響。例如高亢之區，更逢春旱，則耕種失時，常致收穫無望。該區農民，即日趨窮途，則機器打水機之需要，該區即較他區為大。所以新農具之推行，在初期，最善莫如採用賃租辦法，使農民出最低之代價，可以供一季農事之應用。一方為農民解決缺乏購買力之困難，一方含有宣傳推廣農具之意義。賃租辦法之後，當繼之以分期付款購買辦法。農民經賃租使用新農具後，知其利益之所在，倘欲購買，力仍有所不足，此分期付款購買辦法之最適合於此種需要也。其價值較昂之品，更須提倡農民合作，能分担購買，共同使用。製造廠或農業機關，便須派人隨時指導使用方法，儘量予農民以便利，竭力免除其困難。農民雖貧困，利益之所在，又安肯落後哉？

上述兩點農民既具信仰，購買困難亦少，則新農具之推廣，問題自少矣。倘製造廠之經費較裕，能在賃租使用階段以前，更給農民以借用試驗之時期，並派人指導使用，則農民對新農具之隔膜，可以盡形減少。其他如發售後，包用修理，配購另件等，均足以助新農具之推銷。

結束語

我國農具，在神農氏即作耒耜以教天下，殷周之時，已知利用畜力耕種，發軔之早，為世界各國所莫及。惜後世墨守成法，不事改善，及今之世，以與東西各國之改良農具相比較，奚啻霄壤。當茲物資日缺，工資日昂之時，欲提倡墾植，振興農業，非先從農業人材與工業人材合作，力改以往用者與農者，漠不相關之通病，努力農具之研究、改良、製造、推銷，以節省勞力，減輕成本，增加生產，不能獲得實際之效益，倘望急起直追，力矯前弊，利用人之長，以補我之不足，以我國之地大物博，農業之得發揚光大，乃意中事也。

安徽省貴池縣饅頭山煤鑛調查報告及施工計劃

俞梅遜 劉同

鑛區位置

查饅頭山係該處之統名，周圍約十餘里，在安徽省貴池縣之東鄉，距縣城東北十五里，距大通鎮西南四十餘里，西北距江口約十里，交通尙稱便利，該山產無烟煤，鑛區分爲東西兩部，東部爲協記公司與民生公司之鑛區，該鑛區在鑾宮坂，馬鞍井，分水嶺，大塘冲，大小茶坳，黃家冲等處。西部爲六合公司與池惠公司之鑛區，該礦區在前范冲，桐木冲，火燒凹，大山口，孫家山，徐家山，羅家山等處。現在僅有六合公司在山復工，其餘均屬停頓。

鑛山交通

事變前饅頭山交通，極稱方便，每日可由南京乘火輪，或由蕪湖搭小輪前往，當日可抵大通，次日再搭安慶班小輪經過下江口上岸，即可抵達鑛山，現在交通，長江大輪班，僅有日商一家航行，船期不定，大通又不停靠，旅客須先向公司登記，俟有艙位，隨時通知購票，手續甚繁，殊不便利，近來蕪湖有中華輪船公司，專開大通，隔三日開行一班，船期雖時有變更，比較可靠，路程一百八十里，須兩日始到大通，次日雇民船到上江口上岸，再行進山，沿途憲兵檢查甚嚴，因蕪湖至九江爲軍事區域也。

煤鑛之沿革

饅頭山煤鑛，於清季末葉巳有小鑛，用土法開採，民國初年曾有九成公司，購置鑽機一坐，擬在該山鑽探，惜終未實行。查開發饅頭山煤鑛，以六合公司爲最早，在前范冲，火燒凹一帶開採有年，其時開鑿井口，多用斜井，旋改直井，以致鑛區內廢井累累，運煤亦由該公司首先修築輕便鐵道，至上江口計長七里，嗣因資本不足，絡續添股改組，始改長記，繼改和記，至民國二十二年又添新股，改組爲六合公記公司，其次爲民生公司，在大茶坳，黃家冲，汪家冲一帶，開採露頭之煤，鑛區極小，而井口林立，煤量大部巳採盡，於民國十三年安徽官鑛局成立，派員查勘煤田，在馬鞍井，分水嶺等處，開鑿斜井四座，直井一坐，於十四年先後見煤，

因運輸困難，遂於十五年由鑛場修築輕便鉄道，至下江口計長九里，其時每日出煤已達百餘噸，十六年因經費支絀，添招商股，改組為官商合辦，後又屢受軍事影響，無法維持，至二十一年完全讓與協記公司承辦，協記自接辦後，另鑿直井，添設發電廠，並購置機車，設備較為完善，二十二年又有池惠公司成立，在孫家山，羅家山等處開採，以上四公司均在前實業部先後領得採鑛執照在案，事變前數年，各公司均改善工程，地面建設，亦規模粗具，產量增加，合計每日出煤約三百餘噸，並設立聯合營業處，分配銷路，一切進行，漸上軌道，不幸事變發生，各鑛停頓，所有地面設備，損失殆盡，殊為可惜，此為開發饅頭山經過之大略情形也。

地質煤層

饅頭山煤田走向，由東北至西南，煤脈蜿蜒，長至數里，傾斜西北約二十餘度，該山地質，概分四系，首為黃土層及黃板岩，次為厚層之石灰岩，再次為頁岩，再下即為煤層，煤層之下即為砂岩，證之以往各公司所開之直井，均深三百餘尺，即為煤層，且各井石層相似，為同一大槽可知，煤層厚自四尺至一丈餘不等，惟煤之深度，因各公司由井口向下山工作，尚未做透，以致煤之容量無從計算，協記公司於民國二十四年，在分水嶺下，向西北較遠地點開鑿新井一座，深五百九十五尺，此處煤層較厚，煤質亦優，可見其大部份之良好煤田，多在西北一帶，煤質為半無烟煤，（俗稱柴煤）體質輕鬆，易於採掘，燃燒時火力亦大，且能耐久，為長江沿岸之佳鑛也。

各公司現在狀況

饅頭山煤鑛開採，以六合公司為最早，民生公司次之，鑛場建設，以協記公司較為完備，協記接辦於官廠之後，逐漸改進，地面設備，規模已具，如發電廠供給井下挑水通風絞車及照明之用，機器廠以及新舊鍋爐水泵等，為數不少，運輸有十六磅鋼軌輕便鉄道計長九里，運煤有新舊機車一輛，大小煤車五十餘輛，運煤處有篩選臺一座，應有盡有，聞股資已達一百二十餘萬元，事變後員工星散，所有鑛場設備，為駐軍拆卸殆盡，即辦公房屋，亦燒燬無存，鐵路僅留路基一條，該公司存煤有五千餘噸，亦由駐軍運去四千餘噸，現存五百餘噸尚未運出。

六合公司鑒於協記之損失，即向興亞院及安慶駐軍接洽，要求制止，並在前農鑛部呈請登記復工，在山開一小直井，僱用工人三十餘名，日出煤噸餘，藉以保存機件，地面有小鍋爐三座，水泵三個，絞車及井架各二座已損壞，須修理，由鑛山至上江口輕便鉄路一條，計長七里，尚屬完整，煤車尚存車輛十餘副，惟與池惠公司毗連之一段輕便鉄道，已由駐軍借用未還，現在該公司蓋有瓦屋三間，草屋數間，為辦公之所，其餘如民生池惠兩公司之地面設備，及房屋等，已被拆毀矣。

附近地方情形

自蕪湖至九江為軍事區域，沿江一帶

，每隔二十里或十五里均駐有日軍，因此沿途碉堡，對於上下旅客，檢查甚嚴，在安慶駐有師團部，師團長名篠田，大通鎮駐有旅團部，旅團長名武澤，距饅頭山二十餘里，地名西邊街，駐有日軍一分隊，在下江口駐有日軍三十餘人，皆由大通旅團長派往，距饅頭山約三十餘里，地名馬鞍橋，屬青陽縣境，該處有公路一條，為和平區與游擊區之界線也。大通鎮屬銅陵縣境，饅頭山屬貴池縣境，現在銅陵貴池迄今尚未成立縣政府，各地仍由自治會負責，該山附近一帶，米價五十餘元，柴草每担六元，人工每工價約三元左右，多在江北方面招來，事變前上下江口相距三里餘，居戶林立，因饅頭山開發煤鑛，市面熱鬧，自戰事發生，房屋完全燒毀，現在僅上江口有居戶十餘家而已。

施工計劃

查饅頭山一帶煤鑛，幅員廣闊，運銷便利，是其優點，各公司鑛區林立，資本不足，辦法紛歧，是其弱點，事變以後，各鑛停頓，所有地面建設，摧毀殆盡，殊為可惜，照現在情形，各公司欲謀恢復，至為困難，若由政府主持，官商合辦，較易收效，茲為便利開發該鑛起見，擬由六合與池惠兩公司先行着手，查六合之機件及輕便鉄路，尚屬完整，而池惠之鑛區整齊，廢窿較少，水患亦輕，故擬用六合之機件與鉄路，開發池惠之鑛區，且兩公司鑛區毗連，一切設備，較易進行，至修理井工，亦以池惠之直井開始排水，修理盤框，達到煤層後，清理巷道，規劃工作地段，即可正式出煤，今將開發步驟分為籌備與施工兩時期。

籌備時期　籌備時期，定為三個月至四個月，在此期內，應將籌備事項辦理就緒，以便進行開發工作，茲將擬辦事項列後。

一，成立籌備處，內設主任一人，（兼任）技師二人（兼任或專任）文書一人（專任）事務一人（專任）負責辦理籌備工作。二，召集鑛商（六合與池惠）商定合辦辦法。三，擬定鑛區工作步驟。四，辦理與有關方面之接洽事項。五，調查各種材料之來源及價格。六，羅致工程人才，有鑛山經驗之事務員，以及監工，機匠，工頭等。七，採辦應用材料，並接洽修理機件。八，擬定鑛山事務，及工程負責人員。

施工時期　籌備竣事，即正式施工，從事開發，施工時期，擬分二期，第一期以一年至二年為限，以修理舊井，利用原有機件與鉄道進行出煤為原則，每日平均出煤一百噸至二百噸，供給首都應用，第二期以加開新井，增置設備，大量出煤為原則，每日平均出煤四百噸至七百噸，供給長江下流各都市應用，茲將施工時期分述如後。

第一期

一、修理六合公司原有之鍋爐及水泵等，務使恢復原有汽力，以備修理井工排水之用。

二、修理池惠公司五七兩號直井，兩井相距約四百餘尺，深三百餘尺，以備出煤。

三、整理鉄路（從六合公司鑛山至上

江口計長七里）並擬加寬路基，添換枕木，路心用碎石塡實，沿路添修岔道，及接修自六合公司鑛場至池惠公司鑛場之鉄路（計長三里）以便運輸。

四、修裝煤車，除六合公司原有煤車十二部容量一噸，現僅有軸輪，須再裝車箱外，（每一煤車運煤，用二人推送，往返需二小時，全日約運煤四噸）並擬添置煤車五十輛，以敷應用，並備損壞修理。

五、修築上江口貯煤場，及駁船碼頭，上江口貯煤場，必需墊高圍籬，以免水淹，並利用挑挖土方時，在煤場上下兩端開一船塢，以便駁船停泊，並避江浪衝擊。

六、添置駁船二十艘，從上江口運煤至南京，計程四百餘里，僱用船隻，困難至多，擬購置駁船（每隻五十噸）以供運輸之用，不敷時另僱民船裝運。

七、建築房屋，有關於工務方面者，擇要先行動工，至修理機器間及材料倉庫，尤須提前完成，以應急需。

八、排水通風，自井內修理工程達到煤層後，其原有巷道及風路，須加整理，或修改，並設置泵房，將全鑛積水排盡，以便工程之進行。

九、推廣工程，池惠鑛井，開發不久，即遭停工，以致井下工作未能發展，爲出煤計，亟應推廣工程，加闢巷道，以謀擴展。

十、規劃出煤，井下工程及設備，逐步就緒，即分配工人，開始採掘，則預計出煤之噸數，不難實現。

第二期

一、測繪饅頭山煤田圖。

二、購置鑽機，鑽探煤層情形，以便確定儲量。

三、將已開池惠之兩井加深，分別下鑿五十公尺，並修理六合舊井兩座，以便增加產量。

四、修理協記之兩號大井，並另鑿新井兩座。

五、建設發電廠，及一切機器設備。

六、由鑛場至下江口，添築三十磅鋼軌鉄路一條，並購置機車及大煤車，以利運輸。

七、修築江口大碼頭，以便輪船裝運，並另購小輪，以備拖帶煤船之用。

八、添建辦公室，工房，庫房，及職工宿舍。

結論

開發鑛業，困難萬端，前國民政府建設委員會，經數年之努力，僅一淮南煤鑛局略著成績，而其人力物力較諸今日，至少當在十倍以上，饅頭山煤鑛，乃和平地區當前唯一可着手之開發事業，値此煤荒日益嚴重之際，於民用燃料裨補殊多，加之運輸方便，更爲其他各鑛之所不能及，現施工分爲二期，第一期，蓋就當前事實擬具方案，從事開發，故其工作計劃較詳，而其預算亦至爲確定，至於第二期，應俟各種情形漸呈好轉，方易着手，故其計劃較略，而預算亦一概數而已。國父有言「要建設一個新國家一定是要開鑛」當此和平反共建國國策努力邁進之時，吾人宜力排萬難，奮發有爲，以完成主席復興中國建設東亞之訓示。

籌設中央氣象台計劃草案

陳天培

一、導言

我國氣象事業，以中日事變，遭受損壞，致戰區以內數十年之測候基礎，摧殘殆盡，此種無形與有形之損失，較之其他事業之破壞，其鉅細誠不可以同日而語，影響所及，不獨軍事設施失所依據，即航業及建設生產等事業，亦頓乏憑藉，言念及茲，曷勝悵惜！茲幸中日和平，漸次拓展，和平區內之各大都市，氣象機關漸次恢復，不久當可向復興之途邁進。惟茲事貴有統系，其資料尤需廣為徵集，除本國外，東亞各地，並須多方聯絡，互換消息，方足以供比較而資推測。查各國氣象事業，均有中央氣象台以司統轄，全國氣象紀錄，逐日由各地電達中央氣象台，復由中央氣象台繪製天氣圖，將各地之天氣概況及風暴警告廣播全國，供各界之參考。我國氣象機關，當民國初年，多各自為政，無統轄之機構，各地逐日氣象電報之蒐集以及天氣與風暴之預告，皆賴客卿之代行其職已數十年，直至民國十七年國立中央研究院氣象研究所成立後，始注意全國氣象事業，及中日事變發生，戰區內氣象紀錄，雖多中輟，幸華中仍由上海徐家匯氣象台，搜集國內僅存之極少數測候所氣象電報，及日本蘇俄南洋太平洋各地之氣象電報，以國際氣象電報名義，逐日照常廣播，日本及南洋等地，亦有國際氣象電報拍發，迨大東亞戰爭爆發，即此數處之國際氣象電報，亦均封鎖，此雖軍事時期應有之措施，然一旦戰事敉平，即當開放，是不可不未雨綢繆，以免臨渴掘井，現中央暨華北華中各地之氣象機關恢復及新創者日增，各縣之測候所亦有復興者，但為數尚少，殊不敷用，且絕少聯絡，各自為政，尤甚於昔，至通電報告等事，一時雖限於軍事，暫守祕密，然迄今恐亦未籌議及此，總攬之機構更無論矣。今國府還都已逾兩載，和平區域，日漸擴大，不可不從速恢復各地氣象機關，尤不可不從速籌設統轄全國氣象機關之中央氣象台，其需要之殷切，蓋不待言矣。

二、組織

中央氣象台需要之殷，範圍之廣，已如前述，故其組織必需嚴密，地位必需提高，方足以資管理而謀事業之發展，事變以前，我國雖無中央氣象台之設，實際上國立中央研究院氣象研究所，即負中央氣象台之責，查國立中央研究院直屬國民政府。與行政院地位同等，今中央氣象台管轄之範圍較氣象研究所更大，事業益繁，擬直隸於行政院，茲將其組織條列於后：

中央氣象台組織法

第一條　中央氣象台掌理全國及東亞氣象之測驗，報告，及研究事宜

第二條　中央氣象台對於全國各地氣

象機關有指示監督之責。

第三條　中央氣象台置左列各司：

一　總務司

二　測算司

三　報告司

四　研究司

第四條　總務司掌左列事項：

一　關於典守印信及保管卷宗事項

二　關於撰擬文件及職員考勤事項

三　關於經費出納及產物保管事項

四　關於庶務及其他不屬各司之一切事項。

第五條　測算司掌左列事項：

一　關於本台所在地普通氣象觀測計算事項。

二　關於本台所在地高空及其他各種氣象觀測計算事項。

三　關於氣象儀器保管事項。

四　關於氣象紀錄保管事項。

第六條　報告司掌左列事項：

一　關於氣象電報收發及翻譯事項。

二　關於繪製天氣圖及天氣與風信報告事項。

三　關於高氣壓及低氣壓報告事項。

四　關於蒐集各地氣象報告刊物及編譯事項。

第七條　研究司掌左列事項：

一　關於普通氣象研究事項。

二　關於高空氣象研究事項。

三　關於軍事氣象研究事項。

四　關於水利氣象研究事項。

五　關於產業氣象研究事項。

第八條　中央氣象台設台長一人，綜理本台事務，監督所屬職員及機關。

第九條　中央氣象台設副台長一人，輔助台長處理台務。

第十條　中央氣象台設秘書二人分掌文電之審核撰擬及長官交辦事務。

第十一條　中央氣象台設司長四人分掌各司事務。

第十二條　中央氣象台設科長十人，科員十二人，承長官之命分掌各科事務。

第十三條　中央氣象台設技正四人，技士八人，技佐八人，承長官之命辦理技術事務。

第十四條　中央氣象台設編審二人，承長官之命分掌編譯氣象報告及審查出版物事務。

第十五條　中央氣象台設視察六人，承長官之命分赴各地視察及指導氣象事宜。

第十六條　中央氣象台為研究氣象學術事宜，得聘任研究員及顧問各二人。

第十七條　中央氣象台設會計主任一人，統計主任一人，辦理歲計，會計，統計事項，受台長之指揮監督，並依國民政府主計處組織法之規定，直接

對主計處負責，會計室及統計室需用佐理人員，由中央氣象台及主計處，就本法所定，委任人員中會同決定之。

第十八條　中央氣象台因事務上之必要，得酌用練習員及僱員。

第十九條　中央氣象台台長特任，副台長秘書一人，司長四人，技正一人，簡任，其餘祕書，技正及科長十八人，科員四人，技士四人，編審二人，視察六人，薦任，此外科員，技士，技佐，委任。

第二十條　中央氣象台為報告天氣風信，及旋風颶風之警告，得呈准於沿海重要港口，及島嶼設立信號台若干處。

第二十一條　中央氣象台為研究氣象，得呈准於必要地點設立測候所若干處。

第二十二條　中央氣象台為設置氣象電訊網分區通電報告氣象，得呈准於適當地點設立無線電台若干處。

第二十三條　中央氣象台台務規程以台令定之。

第二十四條　本組織法由國民政府行政院制定，呈請　國民政府核准公布施行。

三、地點

事變以前，我國公私立氣象機關中，以南京欽天山北極閣國立中央研究院氣象研究所之設備最為完善，地點亦稱適中，事變時該所儀器，除龐大之地震儀不便搬運外，其餘悉數攜去，圖書亦遷徙一空，幸所有之氣象台，圖書室，辦公室，及寢室等建築物，均完全存在，無甚損壞，祇須略加修葺，即可使用，若將中央氣象台設立於此，其地點亦無不適，惟該處現已改為行政院文物保管委員會之天文氣象專門委員會，並已在作簡單之氣象觀測，但、該會僅用其一小部份，餘多空闊，似不妨與該會洽商，中央氣象台與該會合設其中，氣象觀測事宜，亦即合作，則中央氣象台既可省台屋之建築費，該會亦可免觀測之勞，誠一舉而兩得矣。

四、設備

氣象機關之設備，視其目的及等級而有不同，我國自民國二十二年行政院公布全國氣象觀測實施規程後，各級測候所遂奉為標準，該規程後於二十六年，修正公布，其所規定，自頭等測候所以迄雨量站之設備，均明白釐訂，現中央氣象台範圍既廣，則其設備，較頭等測候所，更應完善，爰參照該實施規程頭等測候所之規定，中央氣象台應有之設備訂列如左：

1. 觀測氣壓用儀器

大號標準水銀氣壓表一具
大號福丁式水銀氣壓表一具
寇烏式水銀氣壓表一具
精確空盒氣壓表一具
活權自記水銀氣壓表一具
大號空盒自記氣壓表一具　每日換紙
精確空盒自記氣壓表一具　每週換紙
懸錘自記氣壓表一具
自記微壓表一具

2. 觀測氣溫用儀器

標準溫度表一具
大號精確自記溫度表一具　每週換紙
特種自記溫度表一具　每日換紙
最高溫度表二具
最低溫度表二具

3. 觀測地溫用儀器

地面溫度表二具

深度二公分地溫表一具

深度五公分地溫表一具

深度十公分地溫表一具

深度二十公分地溫表一具

深度二十五公分地溫表一具

深度五十公分地溫表一具

深度七十五公分地溫表一具

深度一公尺地溫表一具

深度二公尺地溫表一具

深度三公尺地溫表一具

深度四公尺地溫表一具

深度五公尺地溫表一具

自記地溫表一具

薛克司式最高最低地溫表二具

4. 觀測草溫用儀器

最低草溫表二具

5. 觀測水溫用儀器

水溫表二具

6. 觀測太陽熱力用儀器

無氣太陽熱力表一具

有氣太陽熱力表一具

白球黑球太陽熱力表一具

自記太陽熱力表一具

7. 觀測風向風速用儀器

代因式自記風向風速表一具

電傳自記風速表一具

魯濱孫式杯形風速表一具

電接回數自記器一具

電氣盤一具

風速表用自記器一具

風向器一具

風向器用自記器一具

8 觀測濕度用儀器

標準濕度表一具

乾濕球濕度表一具

阿司曼式通風濕度表一具

旋轉濕度表一具

自記乾濕球濕度表一具每日換紙

輕便鋼管水銀自記乾濕球濕度表一具

特種自記毛髮濕度表一具每日換紙

自記毛髮濕度表一具每週換紙

毛髮濕度表一具

露點儀一具

9 測雲用儀器

籠狀測雲器一具

改良波芬端式測雲一具

黑光眼鏡一具

計秒表一具

全天攝雲器一具

10 觀測降水量用儀器

權重式自記雨量雪量器一具

傾斗式自記雨量器一具

虹吸式自記雨量器一具

八吋口徑標準雨量器二具

二十公分口徑雨量器二具

11 觀測蒸發量用儀器

二十公分口徑蒸發皿二具

八十公分口徑套式蒸發皿一具

畢氏蒸發管一具

威氏蒸發器一具

自記冰期蒸發器一具

自記蒸發器一具

12 觀測能見度用儀器

等級式能見度鏡一具

楔形能見度鏡一具

13 觀測日照用儀器

康培司托克式日照計一具

卓登式雙筒日照計一具

卓登式單筒日照計一具

電傳日照計一具

14 觀測灰塵用儀器

噴出式灰塵計一具

沉澱式灰塵計一具
顯微鏡攝影機一具
顯微鏡攝影用燈一具
濾色鏡頭一具
雷電計一具

15 觀測空中電氣用儀器

16 觀測高空氣象用儀器

氣球經緯儀一具
報分鐘一具
製氫器一具
裝氫天秤一具
氣象畫圖板一塊
自記風箏氣象儀四具及附件
自記飛機氣象儀四具及附件
自記高空氣象儀四具及附件
電傳測空儀四具及附件
電傳測空儀收音機及電池全套

17 其他各種用儀器

無線電收報機全副
無線電發報機全副
百葉箱二具
標準鐘一具
標準表一具
天氣圖印刷器全副
繪圖器全副
攝影器全副
晒圖器全副
計算器一具
蓄電池三具
充電器一具
雙眼望遠鏡一具

(二)中外圖書
(三)傢具什物
以上兩項細目另詳

五、任務

根據中央氣象台組織法第四、五、六、七、條規定，所有任務，分總務、測算、報告、研究、四大項，其屬於總務者，為文書、會計、庶務方面之任務，姑不具述其屬於其他三項者，乃技術方面之任務，茲分述于次：

(一)測算任務

1.觀測之項目

觀測之項目計(一)氣壓(二)氣溫(三)地溫(四)草溫(五)水溫(六)絕對濕度(七)相對濕度(八)風向(九)風速(十)降水量(十一)降水時數(十二)蒸發量(十三)雲狀(十四)雲向(十五)雲速(十六)雲量(十七)能見度(十八)大氣含塵量(十九)日照時數(二十)太陽輻射量(二十一)天氣概況(二十二)高空氣象等二十二種。

2.觀測之時間

觀測之時間，用我國中原標準時，即東經一百二十度地方時，惟日照時數則用真太陽時，凡氣壓、氣溫、絕對濕度、相對濕度、風向、風速、降水量、雲狀、雲向、雲速、雲量、能見度、及天氣概況，每日自六時起至二十一時止，逐時實測一次，自二十二時起至翌日五時止，採用各種自記儀器上逐時之記錄，但須施以訂正，惟雲狀、雲向、雲速、雲量、能見度，夜間不測，其餘各項觀測次數及時間，另行規定。

3.自記數值之採錄及訂正

凡氣壓、氣溫、濕度、降水量、每日二十二時至翌日五時之逐時紀錄，並不實測，已如前述，故每日必需採錄自記數值，但自記數值，較之實測數值，難免無差，故採錄後，更須施以訂正，方可供用，至風速風向、日照等之逐時自記數值，亦須採錄，其他各種自記儀器之紀錄，鈞須與實測比對，以覘實測數值之有無差誤。

4.紀錄之計算及統計

每次觀測後，應立即將各種讀數施以

各種訂正，並計算之，其每日之紀錄，於次日復算校核，然後計算日平均或總數，月終填例月報表而計之。

5.儀器及紀錄之保管

中央氣象台所備之各種儀器，除應用者，須共同負保管清潔之責外，其備用及觀測所得之各項紀錄，須派專員保管，

(二)報告任務

1.氣象電報之收發

我國及東亞地域既廣，氣象機關自多，各地逐日上下午氣象電報，非分區設置氣象電報網，決難收迅速集中之效，故中央氣象台自八時起至九時止，又自十五時起至十六時止，須用無線電報接收全國及東亞各區轉報之各地六時及十四時主要氣象紀錄，至各處船舶氣象電報之接收時間，當另行規定，俟彙齊繪製天氣圖後，於十時及十七時將東亞各地之氣壓、風向、風力、溫度、能見度、天氣等紀錄，以及東亞天氣之概況，與高低氣壓中心之位置暨其運行之方向，用無線電報拍發，以便各地自繪天氣圖之用，及沿海信號台懸掛信號燈號之根據，並供各界之參考，當每年颱風發生時期，則於每日夜間及臨時添發颱風警告數次。

2.天氣圖之繪製

每日由無線電報，接收各區轉報之各地六時至十四時氣象電報及船舶氣象電報，經整理及改正後，立即繪成天氣圖，以確定高低氣壓中心之位置與行向，以及東亞天氣與風信之概況，書于天氣圖旁，隨即付印，分發當地水陸空交通處所，與其他重要地區張挂，俾衆週知，一面分寄當地及外埠各有關機關以供參考。

3.天氣與風信之報告

東亞天氣與風信之概況，除在天氣圖上書明布告外，並須運中央氣象台所在地之主要氣象紀錄與天氣預報發載當地次日報紙，更由無線電廣播電台定時廣播之。

4.高氣壓與低氣壓之報告

當天氣正常時，天氣與風信之報告，雖無甚出入，然天氣一經反常，而發生高氣壓或低氣壓時，致風狂雨驟，或風雪交加，則其報告殊有賴焉，故當發現東亞有高低氣壓，中心及不連續面時，除于天氣圖另闢一欄，書明其中心位置及運行之方向外，並須登載當地次日報紙，更由無線電廣播電台隨時廣播之，至夏秋太平洋上颱風之行徑，尤應特別注意，日夜隨時報告，以利航行

5.氣象月報及年報之編譯

全國各地氣象機關，每月觀測成績，由中央氣象台規定表格，令其按月塡送，經審核後，分別等級彙編氣象月報，年終更按照規定表格，將一年之觀測成績，塡報中央氣象台，彙編氣象年報，月報及年報除分發刊有紀錄之東亞各氣象機關外，更分贈中外有關之機關，以供參考，並資交換書報。

(三)研究任務

氣象研究，至爲繁複，非有充分之材料及多年之紀錄不爲功，事變以前，我國氣象事業，已欠健全，復經一再摧毀，其中輟若干時日者有之，全陷停頓者有之，致各地紀錄，殊多殘缺，參考維艱，邇來氣象事業，次第復興，似可先就可能範圍內加以研討，容再推廣，惟研究之事項頗多，茲略分五類如次：

1.普通氣象之研究

2.高空氣象之研究

3.軍事氣象之研究

4.水利氣象之研究

5.產業氣象之研究

六、經費

復興事業，首在建設生產，欲謀建設

生產，必先投資，而投資所獲，莫大於氣象事業，不過其所獲多屬間接，且屬於無形之中耳，故今之創設中央氣象台，直接為研究全國及東亞之氣象，間接乃助長東亞之復興，豈可與其他文化事業同日而語哉？惟玆台之設，所需開辦及經常諸費匪細，際此國庫支絀之時，而此事業又不可再緩，非合全東亞人之力不足以速其成。查設台所需經費，其屬於開辦者：曰建築費。曰儀器費，曰圖書費，曰其他一切設備費，其屬於經常者：曰逐月經常費，曰擴充費，今中央氣象台對可設於欽天山，毋庸另建戶屋，其建築費可省，祇需要若干之修理費而已。其所需之儀器及圖書，友邦日本所製所編者，應有儘有，似可向有關方面商請借助，以節開支，則中央方，器僅需担任開辦時之房屋修理費及除儀器圖書而外之一切設備費，與夫常年之逐月經常費及擴充費。所有開辦經常諸費之概算書以現時物價變化無定，姑待實施時再行編訂。

本會理事會名單

理事長　楊壽楣

副理事長　周迪平

常務理事　尤乙照　湯震龍　張士俊

理事　葉秉衡　屠慰曾　謝學瀛　俞梅遜　阮尚介　王家俊　金濤　孫瑞林　顧貽燕
徐穎唐　任樂天　金其武　張資平　嵇銓　朱浩元　朱堤

候補理事　周平　張瀛曾　奚劍平　洪貽嘉　賈存鑑　何忭

中國工程學會章程

第一章 總綱

第一條 本會定名為中國工程學會

第二條 本會以聯絡工程同志研究工程學術促進建設為宗旨

第三條 本會設總會於首都

第二章 會員

第四條 本會會員分為甲、(一)正會員(二)會員(三)仲會員乙、(一)名譽會員(二)機關團體會員

甲、(一)正會員 凡具有八年以上之工程經驗內有五年係負責辦理工程事務者由正會員二人以上之證明經理事會之通過得為本會正會員

(二)會員 凡具有五年以上之工程經驗內有三年係負責辦理工程事務者由正會員二人之證明經理事會之通過得為本會會員具有正會員資格時得正式具函請升級由正會員二人之證明經理事會之通過許其升級

(三)仲會員 凡具有三年之工程經驗由正會員或會員二人之證明經理事會之通過得為仲會員具會員之資格時得正式具函聲請升級由正會員或會員二人之證明經理事會之通過許其升級

國內外大學工科或教育部立案之私立大學工科工學院獨立工學院畢業生認爲三年工程經驗舊制工業專門學校及新制工業專科學校畢業生認爲二年工程經驗研究院工程學術研究工作工程教授講師助教工程機關技術工作每足一年認爲一年工程經驗

乙、（一）名譽會員　凡對於工程事業或學術有特殊贊助者由正會員二人之介紹經理事會之通過得爲本會名譽會員

（二）機關團體會員　凡關於工程機關學校或團體經理事會之通過得爲本會機關團體會員

第五條　凡本會會員有自願出會者應具函聲明理由經理事會認可方得出會

第六條　凡本會會員有行爲損及本會名譽者經正會員或會員五人以上署名報告由理事會查明除名

第三章　組織

第七條　本會組織分爲（一）理事會（二）執行部（三）幹事組（四）各種委員會（五）分會

第八條　理事會由理會長一人副理事長二人常務理事三人暨理事十六人組織之基金監三人候補理事九人候補基金監一人均係名譽職會議時由理事長主席理事長缺席時由副理事長代理之理事每年改選三分之一基金監每年改選一人

第九條　執行部由理事長副理事長及常務理事組織之

第十條　幹事組分文書會計事務總編輯由理事長聘請或僱用幹事四人分担辦理之得酌給津貼

第十一條　本會經理事會之議決得設立各種委員會分掌各項特殊會務係名譽職

第十二條　分會　凡各地會員有十人以上同住一地者經理事會認可得設立分會其章程由分會擬訂經總會核准

第四章　職權

第十三條　理事會之職權如左

（一）決議本會進行方針

（二）審核執行部之預算決算

（三）審查新會員資格並通過之

（四）認可分會之成立

（五）決議執行部所不能解決之重大事項

（六）其他本章所規定之職務

第十四條　理事長副理事長常務理事之職權如左

理事長綜理本會事務副理事長輔助理事長辦理本會事務常務理事襄理本會會務理事長不能到會時其職務由副理事長代行之理事長副理事長同時不能到會時由理事長指定常務理事一人代理之

第十五條　幹事之職權如左

文書幹事掌管本會一切文書事務會計幹事掌管本會一切會計事務事務幹事掌管本會會計文書以外之一切事務總編輯主持本會會刊及其他編輯事宜

第十六條　基金監之職權係保管本會基金及其他特種捐款但不得兼任本會其他職員

第十七條　本會各委員會之人選由理事會選定之任期一年連選得連任各委員會委員長得出席執行部會議

第五章　會費

第十八條　本會會費如左

（一）正會員入會費拾元每年會費陸元如一次繳足壹百元者得永久不收年費爲永久會員

（二）會員入會費拾元每年會費三元

（三）仲會員入會費貳元每年會費壹元

（四）機關團體會員入會費壹百元會費隨時酌定

第十九條　每年常年會費應於該年六月底前繳齊之

第二十條　各項會費由各地分會憑總會所發正式收條收取入會費全數及常年會費半數應於每月月終解繳總會常年會費之其餘半數留存各該分會應用凡會員所在地未成立分會者由總會直接收取會費

第二十一條　凡會員逾期三個月不繳會費經兩次函催不復者停寄其各種應得之印刷品經三次函催不從而復經證明所寄地址不誤者由總會執行部通告停止其會員資格非經理事會復審特許不得恢復

第六章　選舉

第二十二條　本會每次選舉事務由理事會就理事中推定司選委員三人辦理之

第二十三條　理事基金監候補理事候補基金監由司選委員提出二倍人數由年會或用通訊方法選舉之理事長副理事長及常務理事由理事互推選之

第二十四條　仲會員名譽會員機關團體會員均無選舉及被選舉權

第七章　開會

第二十五條　本會每年舉行年會一次其時間及地點由上屆年會議定但必要時得由理事會更改之

第二十六條　理事會常會每月舉行一次臨時會由理事長召集之

第八章　附則

第二十七條　本會會章由會員十人以上之提議經年會通過後修改之

編後話

本刊原定在七月初出版，因為集稿和排印的困難，延遲了一個月，這是編者首先要表示歉意的。平心而論之，在現時要出版這樣一本比較專門性的雜誌，實在是一種不自量的嘗試。編者當初承中國工程學會諸同志的鼓勵，來担任編輯的工作，深恐負不起這個責任。所幸一輩友好，都能在百忙中，惠賜大作，使本刊得以問世，這是編者應該感謝的。

關於本期內容方面，編者覺得有特別說明和介紹的必要：潘孟華兄在事變前，對硝化纖維曾經作一年的長期究研。這次允許把一部分的實驗心得，在本刊內首先發表，最值得寶貴。

何道澐兄所寫的「關於合成梁之拉鼎式單梁之研究」，係譯自日本建築雜誌。在眼前美國洋松來源斷絕之際，理論與實際上都很適用。

汪澄之兄寫來「改進中國農具問題」一篇，見解獨到，雖與本刊性質不甚相符，希望讀者不要忽過。

許嘉兄所寫的「開拓我國水力發電芻議」，原稿早於五月中送來。延遲了兩月，最近已在交大同學會出版的「建設」上分期發表，因為已付排印，不便抽去。好在彼此都以宣揚學術為宗旨，同時刊載，以廣流傳，固無不可。

關於本期排印方面，因為首都的印刷所沒有排印慣科學的刊物，在設備與經驗上都很欠缺，所以專門名詞計算公式等難免有些錯誤或不合式，這里要請讀者原諒。

本會副理事長周迪平先生的相片，以時間不及，準備在下期付印。

工程雜誌 民國三十一年八月一日出版

發行者 中國工程學會 南京瞻園路敎敷營一二四號

編輯者 任樂天 南京東箭道交通部

印刷者 中華美術印刷公司 南京豐富路三〇七號

總經售處 中國工程學會

分經售處 國內各大書局

價目 每冊國幣二元（外埠另加郵費）

徵稿簡則

一、本刊歡迎有關工程之論著，評述，專載等稿件。
二、來稿須繕寫清楚，並加標點，譯稿請附原文。
三、來稿不論刊載，與否，概不退還。
四、來稿一經刊載，版權即歸本刊保有。
五、已刊載之稿件每千字酌酬國幣十元至二十元。
六、本刊一律用眞姓名發表。

△本刊正向宣傳部登記中▽

中央儲備銀行

中華民國國家銀行

資本總額國幣壹萬萬圓

本行特權

一、發行本位幣及輔幣之兌換券

二、經理國庫

三、承募內外債並經理其還本付息事宜

本行業務

一、經理國營事業金錢之收付

二、管理全國銀行準備

三、代理地方公庫

四、經收存款

五、國民政府發行或保證之國庫證券及公債息票之重貼現

六、國內銀行承兌票國內商業匯票及期票之重貼現

七、買賣國外支付之匯票

八、買賣國內外殷實銀行之即期匯票支票

九、買賣國民政府發行或保證之公債庫券

十、買賣生金銀及外國貨幣

十一、辦理國內外匯兌及發行本票

十二、以生金銀為抵押之放款

十三、以國民政府發行或保證之公債庫券為抵押之放款

十四、政府委辦之信託業務

十五、代理收代付各種款項

南京總行

行址 中山東路一號

電報掛號 中文五五四四 英文CENREBANK（各地一律）

電話 二三二一〇・二三七五一 二二五四一・二二五四八

上海分行

行址 外灘十五號

電報掛號 中文八六二八

電話 一七四六三 一七四六四 一七四六五 一七四六六（轉接各綫）

蘇州支行

行址 觀前街一八九號

電報掛號（中文）五五四四

電話 六九三・一八五六

杭州支行

行址 太平坊大街惠民街角

電報掛號（中文）五五四四

電話 二七七〇

蚌埠支行

行址 二馬路西首

電報掛號（中文）五五四四

電話

工程雜誌

第二卷

第一期

本期目次

中國工程學會出版

中華民國三十二年一月三十一日

16639

弁言

凡國家之建設必有恃乎資源與工程學術，無資源則應需物資無所取給，無工程學術則雖有資源亦難充分利用，而工程學術實較資源尤爲重要，以一國之資源必受自然之限制，輒有豐於此而嗇於彼者，其所不足，在平時固可求諸異國，在戰時每有羅掘俱窮之虞，苟無超高之工程學術爲之籌謀補救替代，則建設事業必致遭受嚴重之打擊，我國向以資源豐富著稱於世，徒以工程學術尚少注重，開發利用既未先着人事，建設事業遂難突飛猛晉，事變以還，百廢待舉，欲謀今後之建設，更非有超高之工程學術不能倖觀厥成，民國三十年春，我工程界同志巳創及履及，組織本會，旨在就本位研究工程學術，以促進新國家之建設，賴第一屆理事長楊翰西先生及諸負責同志之苦心擘劃，會務巳漸次推展，本雜誌創刊號亦業於去秋發行，原定年出四期，茲爲加緊推進會務起見，經理事會之決議，自本年份起將本雜誌改爲月刊，幸承各方贊助，得以如期出版，君慧對於工程學術之在我國得發揚光大，期望更殷，爰誌數語，弁諸簡端，以與我同志共相交勉，並祈當世賢達不吝指教！

本會理事長陳君慧先生

中華民國三十二年一月三十一日陳君慧

汽車專用道路之縱坡度及縱斷曲線形

許慶潼

（1）關於縱斷坡度

普通之道路多屬混合交通路（Mixed Traffic Highway）故坡度之峭急常受騾馬之力之限制，汽車交通中如輕便客車在坡度6%之長距離上行走可不變速度，在10%時祇須改下一擋，其他載有相當重量之運貨車在5%時亦可不變速度而在8%時則改下一擋。

坡度越急其修築之土工越省，但車輛所用之燃料越費，且輸送力亦減退。故在可能範圍以內宜勿使坡度過大，德國「阿托拔恩」附近之平地，丘陵，及山岳地帶，其最高坡度為4%，6%，7%而8%者已罕見矣。至若美國各地所有之急坡亦漸漸改築隧道以平緩坡度。Pensylvania Turn-Pike 附近270公里間有隧道七所，其坡度均在3%以下。

（2）縱斷曲線半徑及縱斷曲線長度

坡路上急變坡度之處，必須插入「縱斷曲線」以減少車輛之衝激，並須擴展駕駛者之視線，以安全汽車之行駛，故曲線之大小必由視線與衝激二端定之。

考慮視線之「安全距」時，眺望距離 S_0 有大於曲線長度L之時者，但亦有小於曲線L者。

當S_0＜L時，

於圖-1中，

$S_0=S_1+S_2$＝安全視距。

h_1＝駕駛員視線高度。

h_2＝障礙物之高度。

L＝「縱斷曲線」之長度。

R＝「縱斷曲線」之半徑。

i_1＝汽車所在地之坡度（＋）

i_2＝障礙物所在地之坡度（－）

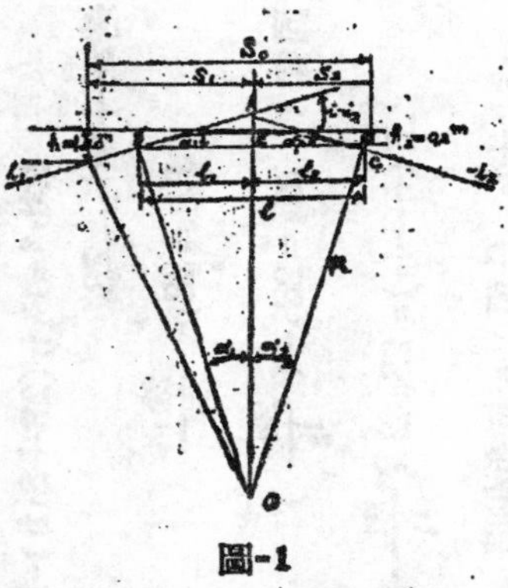

圖-1

原來h_1為1.4m.但或因汽車之高速而低降者，故取其平均值為1.20m，h_2則假定與h_1等高，但每因小路上高速度進行時而起事故者，故後輪「差備齒車」之緊接程度亦得考慮之，h_2＝0.2m

則$(R+h_1)^2=S_1^2+R^2.(R^2+h_2)+S_2+R^2$

$$\therefore S_0=S_1+S_0=\sqrt{2Rh_1+h_1^2}+\sqrt{2Rh_2+h_2^2}$$

若將S_0自乘而略去h_1^2及h_2^2之項

$$則\ R=\frac{S_0^2}{2(h_1+h_2)+\sqrt{4h_1h_2}}\cdots\cdots(1)$$

若將$L=R(i_1-i)$之關係代入

若 $L=\dfrac{S_0^2(i_1-i_2)}{2(h_1+h_2)+4\sqrt{h_1 h_2}}$ ……………………(2)

$h_1=1.20m, h_2=0.2m$, 代入(1)及(2)式

則 $\left.\begin{array}{l} R=0.210S_0^2 \\ L=\dfrac{S_0^2(i_1-i_2)}{4.76} \end{array}\right\}$ ……………………………………(3)

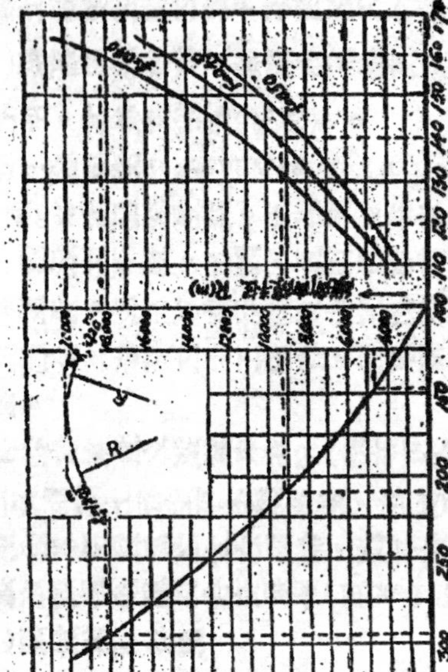

圖-2

圖-2示行走速度，安全視距，及縱斷曲線半徑之關係。例如V＝160km／h時，其安全視距約300m,而縱斷曲線之半徑爲19,000m.

此半徑者，僅與速度有關係，故凡平地，丘陵，山岳地帶各各不同，蓋因坡度之不同而曲線亦變更也。

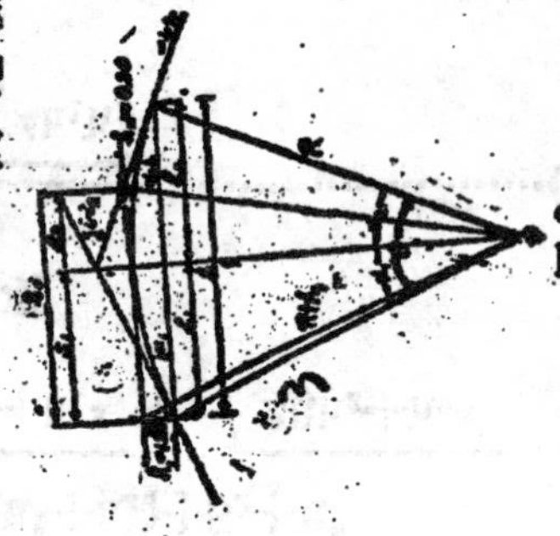

圖-3

當$S_0>L$時

於圖-3中

$AB=R\tan\alpha_1=Ri_1$

$AC=R\tan\alpha_2=Ri_2$

$Ri_1=AE(AE+2R)$

$=(S_1^2i_1^2-h_1)(S_1i_1-h_1+2R)$

$=S_1^2i_1^2-h_1^2(2R-h_1)+2S_1i_1(R-R_1)$

若$2R-h_1\doteqdot 2R \cdot R-h_1\doteqdot R$

$R^2i_1^2=S_1i_1(2R+S_1i_1)-2Rh_1$

若$2R+S_1i_1\doteqdot 2R$

$Ri_1=2S_1-\dfrac{2h_1}{i_1}$

同樣：－ $Ri_2=2S_2-\left(\dfrac{2h_2}{i_2}\right)$

$\therefore R(i_1+i_2)=2S_0-2\left(\dfrac{h_1}{i_1}+\dfrac{h_2}{i_2}\right)$ ……………………(4)

今$i_1+i_2=G$ 而 $i_1=i_2$ 近似時

$R \cdot G=2S_0-4\left(\dfrac{h_1+h_2}{G}\right)$

$\therefore R=\dfrac{2S_0}{G}-\dfrac{4(h_1+h_2)}{G}$

將 G 改寫成 i_1-i_2

16642

$$R=\frac{2S_0(i_1-i_2)-4(h_1+h_2)}{(i_1-i_2)^2},\quad L=2S_0-\frac{4(h_1+h_2)}{i_1-i_2}\quad\cdots\cdots(5)$$

在（1）（2）或（5）式中因小量之省略而得差誤，厥為h_1不等於h_2時，$4(h_1+h_2)$不等於$2(h_1+h_2)+4\sqrt{h_1h_2}$ $h_1=1.20m$ $h_2=0.20m$時，故求同一曲率之平均高度h_m之S_0時，可從$8h_m=2(h_1+h_2)+4\sqrt{h_1h_2}$式中求得$h_m=0.595m$，$8h_m$時$h=4.76m$，再與（3）式聯用，當$S_0>L$時。

$$R=\frac{2S_0(i_1-i_2)4.76}{(i_1-i_2)^2},\quad L_1=2S_0-\frac{4.76}{i_1-i_2}\quad\cdots\cdots(6)$$

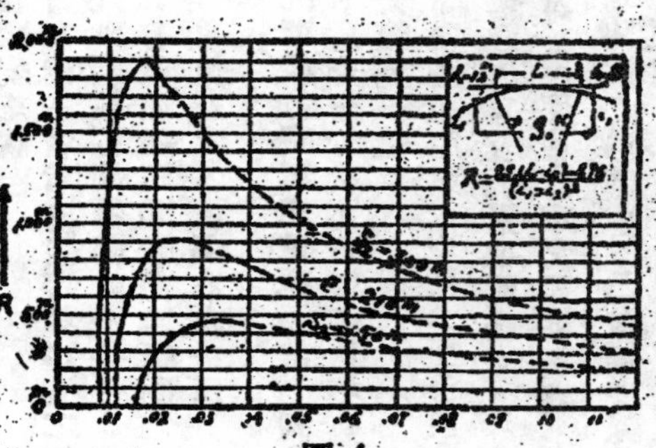

圖-4

此時$R(i_1-i_2)$與S_0間之關係可以圖-4表示，圖-4中所用之值均為實線部份，求R之最大值，則於（6）式中以G代(i_1-i_2)，若將R以G微分之得0.

$$\frac{dR}{dG}=\frac{2G(2S_0G-4.76)-G^2.2S_0}{G^4}=0$$

$$\therefore G=\frac{4.76}{S_0}$$

更以G代入R式得R之最大值，此R_{max}與$S_0 \triangle L$時之值相同。

又自（3）式與（6）式可得「縱斷曲線」長之坡度「代數差」(i_1-i_2)與安全視距之關係示於圖-5.

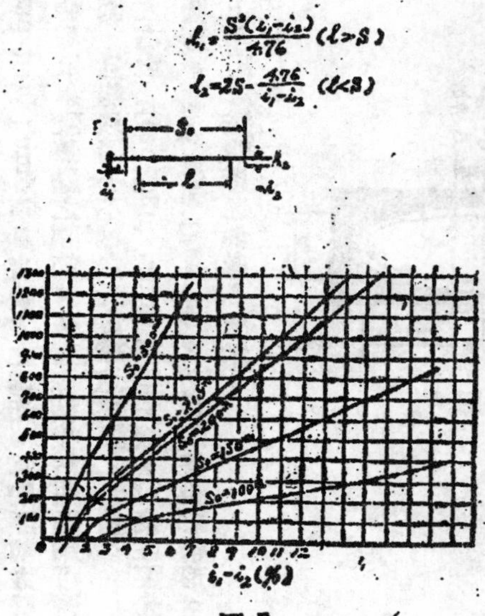

圖-5

圖-4中坡度之「代數差」小時，因眺望之安全關係不必插入「縱斷曲線」既無「縱斷曲線」i_1-i_2之界限，由圖可知，再從（6）式亦可求得，圖-5示曲線之長度，此雖無關於視線但於坡度之急變，汽車將受過大之衝激，故必須插入曲線矣。

關於衝激之曲線，可用「勃洛克門」氏之公式。

$$R=\frac{V^2}{360}$$

$$\therefore L=\frac{V^2(i_1-i_2)}{360}\quad\cdots\cdots(7)$$

但此所得之半徑爲極小者，不適用於高速行駛道路，故凡汽車之道路其縱斷凸曲線當在(3)式或圖-2中可決定之。

(3)夜間安全視距

根據日本內務省(內政部)第14條之規定。(汽車取締規則)

(1)汽車頭前兩側須備前燈各一。

(2)具有能照明距50米前障礙物之燭光。

(3)主要光線之界限當在前方25米以內，其高度不得超過地面12米。

此在汽車緩行時無足重視，當「制動距離」大時，在汽車專用道上不易安全行駛，苟復備以不必要之低速時之照明裝置，則所費又頗覺不值。

將晝間安全視距與 Head-light Sight Distance. 合論之，當爲一合理之汽車交通緊要問題。

圖-6 Chevolet 車之照明調整

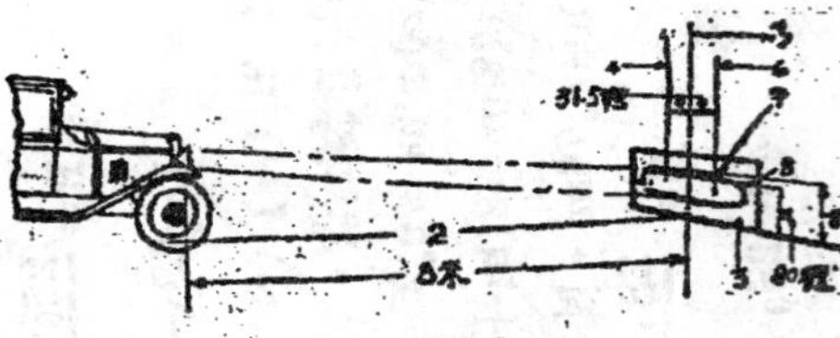

圖-6

(1)白幕中線5爲汽車中線與直線所成之角必爲直角。汽車與白幕須在水平床面上。

(2)2係由前燈至白幕之距離。

(3)白幕。

(4)左側前燈之中線。

(5)白幕中線。

(6)右側前燈之中線。

(7)照明界限線。(輕便汽車之光頂部)

(8)照明界限線。(團體客車及$^{3}/_{4}$公噸運貨汽車之光頂部)

最近美國之 Head-light L,mp 工場之發表，關於夜間在100 英尺前方之白色路上辨識障礙物之一事，Pensylvania 州道路委員會直接調查之後，州法規上容許最大燭光之 1/3，即2500燭光，故以前之聲明明瞭且確實，將來汽車之前燈有能辨識1000英尺以外黑色路上之障礙物者，故今後關於汽車專用道路之光度當根據該項事實，以決定曲線及「切取斜面」等。

(1)關於 Head-light Lamp.

Head-light Lamp 須具有強力之燭光，爲明照前方計，必重於光源與反射鏡焦點之調節。苟光源稍後於焦點則可擴大明照之範圍，且能以同一不減之光度播送主要之光線。

又左右之 Head-light Lamp 調整以後，可使主要光線集中成橢圓形，圖-6表示 Chevolet 之前燈調整後之情形。幕上印出之透明影像如圖-7所示。

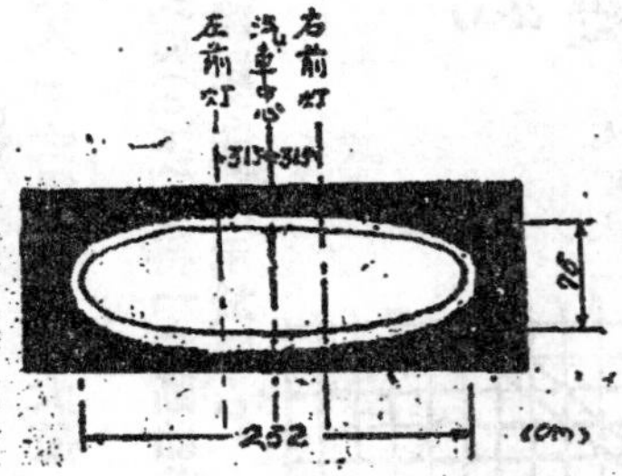

圖-7

若主要光線之「橫擴角」爲γ，則由下式可得γ。

$$\gamma = \arctan \frac{(\text{像之各端與前燈之距離}) - \frac{\text{前燈之直徑}}{2}}{\text{整調距離}} \quad \cdots (8)$$

前燈之直徑爲 D，左右二前燈之中心距離爲 B，若由地至前燈中心之高爲 H，則如表-1

表-1 汽車(客車)之前燈(Cm)

種　別	前燈直徑D	左右前燈之中間距B	前燈之地上高H
Dodge Brothers	20	79	96
Ford	横17縦24	80	75
Nash No.1	19	98	81
Packard	21	81	88
Nash No.2	19	80	98
Fiat	17	72	80

又 γ 之大小於前說之 Chevolet 爲 6°30′ Ford 爲 8°45′ 左右。

光至 lense 之高度，如以圖-5 中之 H 加 $\frac{D}{2}$ 則光圈上下端之高度可知。

(A) Head-light 安全視距與平面曲線半徑

夜間汽車循曲線行走時，應用前燈光之擴大，辨識對方之車輛，轉彎狹小處，有用 45° 迴轉方向之導燈 Pilot Ray Lamp) 普通如圖-8，當汽車將停時，因有直進之傾向故如圖所示，前車在車線之外側，後進之車可按照車線之內側而考慮進行圖 8 中有

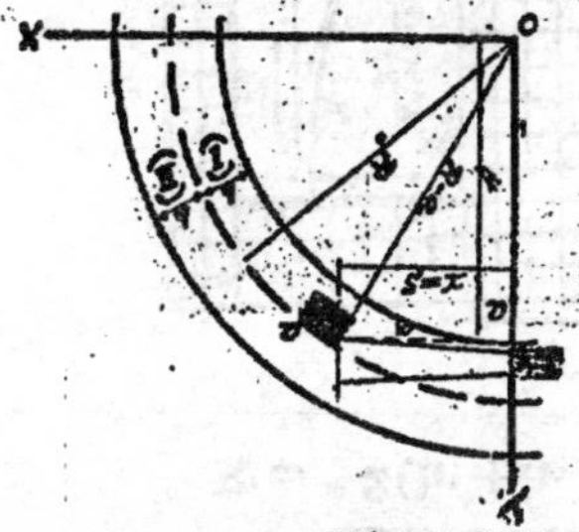
圖-8

$$\left.\begin{array}{l} y=(R-b+a)-x\tan\alpha \\ y^2+x^2=(R-a)^2 \end{array}\right\} \cdots\cdots\cdots\cdots (9)$$

之關係若 x=S，則 R 求得如下

$$R=\frac{b(b-2a)+2S(b-a)\tan\alpha+S^2(1+\tan^2\alpha)}{2(b-2a)+2S\tan\alpha}\cdots(10)$$

a=0.6m, b在(I)中考慮及前方之車時爲 3.75m，前行車在(II)時 b 爲 7.50m，前燈「照明能力」S 同於晝間安全視距，若查驗各地形之最小半徑得表-2。

表-2 水平視線擴大値

種　別	a	b	S=300m R=1800m	S=210m R=1000m	S=150m R=600m
(I)有前行車時之車線	0.6m	3.75m	4°20′	5°24′	6°20′
(II) 〃 〃 〃	0.6m	7.50m	3°29′	4°25′	4°58′

γ 之値在較 Chevolet 之前燈整調後所得之 6°30′ 爲小，故前行車之照明之界限可以辨識矣。雖在黑夜可與白晝同樣行駛。

(B) Head-light 安全視距與縱斷曲線半徑。

(a) 凸曲線時。

以 Head-light 探照前方之障礙物時，若其「照明能力」能與晝間之安全視距相同者，則凸曲線半徑可按晝間時同一方法求之。

障礙物之大小於夜間頗難認清，故在發見障礙物時汽車應停止或減低速度。求 R 之式與(1)式相同。

16645

$$R = \frac{S_1^2}{2(h_1+h_2)+4\sqrt{h_1 h_2}} \quad \cdots\cdots\cdots\cdots (11)$$

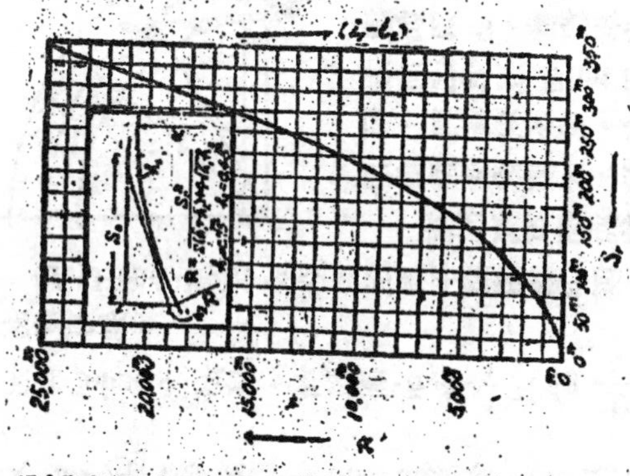

圖-9

此式與光之「上方擴大角」無關係，設 Head-light 之下端高度 $h_1 = 0.75m$，而障礙物之高度 $h_2 = 0.45m$，則所須之縱斷線半徑完全與圖-8相同

(b)凹曲線時。

Head-light主要光線之「縱擴大」其「上方界限」與水平線所成之角α根據美國之實驗得 1^0

從 $\left.\begin{array}{l} y = S\tan\alpha - (R-h) \\ y^2 - S^2 = R^2 \end{array}\right\} \quad \cdots\cdots\cdots\cdots (12)$

得 $$R = \frac{\dfrac{h(h+2S\tan\alpha)}{2(h+S\tan\alpha)}}{\dfrac{S^2(1+\tan^2\alpha)}{S^2(1+\tan^2\alpha)}} \quad \cdots\cdots\cdots\cdots (13)$$

此 R 之值較諸自「勃洛克門」衛激式中所得者較大矣。

S=300m,210m，及 150m，凹曲線半徑為 7600m，5000m 及 3400m，

縱斷曲線之插入法

縱斷曲線之插入，普通選以適當之曲線長度但曲率與「曲線縱長」皆與坡度有密接之關係，故欲求曲率之簡明，普通以圓曲線插入(近似)

$$x^2 + R^2 = (R+y)^2$$

$$x^2 = 2Ry + y^2$$

y^2之值與 R 相比可略之

乃得 $\left.\begin{array}{l} L = R.I \\ y = \dfrac{x^2}{2R} \end{array}\right\} \quad \cdots\cdots\cdots\cdots (14)$

其中 y = 縱斷曲線之坡度與曲線間之縱距。

x = 曲線起點之橫距。

L = 縱斷曲線長。

I = 坡度之代數差。

根據上式插入曲線頗感簡易，又凡平地，丘陵，山岳地帶R均有定值，所須曲線長亦極明瞭。

無線電與航空

周錚

近世商業航空的發展，得到無線電的益處甚多，無線電可以在任何時間，任何地區在地上與空中作氣候通訊報告，地上與飛機的聯絡，用無線電測角方法傳達之，并採用無線電引航，飛機可在霧中或雲層之上飛行，任何時間多可以知道自己在一正確方向中前進，他可以藉無線電一直引導到達需要降落的飛機場而至地面，（盲目降陸A.P.S.V.）。

一 氣象報告

飛機每次出發飛行以前，飛機師必須等待他所要飛行的航線區域附近的氣象報告，若飛機已經出發，而在航路上飛行時，亦可由無線電接收到一定時間的氣象報告。

亞洲北部及亞洲南部，本國境內的航空無綫電網，多用分區通報方法，在每一通報區內，均用同一長度的週波，電區的分配，是每兩區用同一長度的週波，從未有彼此交界的電波，每一區中，再分六個分區，今假定，A，B，C，D，E，F，六區，以上遞各地，作一分區。

每一分區中，有連續發報的時間，卽每半小時內，發報五分鐘，在高空航行的飛機，凡是經過該分區的上空，卽可在每半小時內，有五分鐘的時間，可以收到該分區內的報告以及通訊聯絡，當在第二次的繼續五分鐘，飛機上卽可知道這是鄰近的分區所發送的報告，如此一路繼續，卽可以明瞭沿線各區一般的氣候狀況。

此種氣象報告，是用普通電報字碼表明發送之。

飛機師可以由下列各站給以準確的氣候指示。

一、主要分站的限界，如多倫，大同，北平，太原，濟南，滄州，各站電台，多可立刻知道彼此觀察氣候的現狀，凡在此限界以內氣候位置的變化，均可隨時明白指示。

二、飛機上卽空中電台通報由各主要站供給之，如西安，鄭州，漢口，九江，南京，上海，重慶，桂林，廣州，昆明，蘭州，甯夏等地主要電台接到附近分區電台的氣象報告，隨卽通知空中電台。

三、無線電站與氣象台距離過遠，如南甯，長沙，南昌等地無氣象台，卽將本地的氣候大概，簡略的供給報告。

無線電測角

商業航線上，商業飛機的定向領導，大多是用無線電測角方法，如EURASIA，的短波電台，以昆明爲總站，漢口，長沙，西安，蘭州，成都，廣州，柳州，肅州，爲中轉台，河口八安龍，佛岡，惠陽，始興，襄陽，漢中，廣元，鳳翔，靜甯，哈密，安西，甯夏，宜賓，宜威爲分區電台，凡飛機在分區上空飛行，自起始站到達終點站中的分區電台，均繼續偵察，供給航行方向，至飛機安全到達終點站爲止。

每一電台限界內，均有無線電測角定向器，稱之爲「主要測角站」在主觀方面，單獨一無線電測角器，是作指導飛航定

向之用，此外卽須有完密精確角度的指定。

當飛機已經穿過雲層或濃霧時，或者在雲層上空飛行，則無線電主要定向台，通報指示他飛行正確的方位，這是在空中電台，自已不能正確定向時。

，如遇有兩架，或更多的飛機在空中接近飛行時，爲避免碰衝危險，卽可用無線電知照彼此飛行的高度。

無線電引航

利用無線電測角，以指定方向，並非是在瞬息間可以辨到，因使用時間的延誤，不免飛機與飛機有接近障礙的可能。

飛機上的無線電測角器，在裝備上，常時有不便利而使無線電員的實驗工作受到阻礙。

在地上的無線電測角器，有時遇到空中的飛機，發生其他的擾亂，則無法供給消息，無線電引航，就是由以代替這種困難。

飛機在空中，由無線電引航，繼續不絕的發送消息，指導航行，他能維持飛機始終在一電波圈中移動，等於指導飛機在一根管子中航行。

無線電導引航行

無線電引導航行，他的根據，是完全在一方推無線電桿上管理發送。

第一、無線電引航，是有一發報機，用兩個方框，在兩個方框中間，作一直角形，一偏心交換器，緩緩旋轉，發送字碼到兩方框中間，譬如A（· —）爲第一方框，N（— ·）爲第二方框，第一與第二兩方框中的間隔時間，是互相符合。

飛機位置，在一個二等分角的平面中間，角的形成，是由方框繼續的收受長短筆劃，如遇方框間距移向右面，卽可聽到所報字母爲A，如遇方框間距移向左面，卽可聽到所報字母爲N。

此四條路，卽係指示飛機的航行路線，由此卽可指定方向，不必移動方框。

上述方法每次所得的結果，是經過飛機駕駛座前所裝的透視指示表所獲得，此透視指示表，能很迅速而明晰的給予通知，在機座中的表板上，他置有兩根顫動的金屬薄片，其中最大的顫動，是指示航路，或用顏色以表示，頗易閱讀，在美國則使用十二方向角的無線電引航方法。

磁電轉動式無線電引航，祇可用於飛機航行在一熟習的航線上，他的領導，是指示飛機航行在一固定地點角度上，如同飛機在向南至北的一定直線上航行。

無線電引導降陸

無線電引導一架飛機降陸，並非是單獨在水平線上，然而同時亦不在一垂直線上。

在飛機的表板上，裝置一個放聲記號或一個透視的記號器，通常在降陸時，使用的波長是九公尺，在飛機的着陸架中心軸上，置一小尺度無線電波管，他就可以指導飛機師直接到達地上。

飛機場上，祇須備一無線電引導降陸器，當飛機到達

他波長範圍內，在發音時，飛機已接近機場約在三十公里的處所。

繼續不絕的飛機到達沒有視線的接近地區，此等飛機則須完全聽受無線電引航的指示，地上與空間兩電台連續他的工作，如已經固定在下降方向中，則應避免與空中在迂迴飛旋等待的飛機互相碰衝。

當飛機到達機場附近時，電台上即指示他是已接近機場了，同時飛機上也接到一無線電引航自動記號，如聽筒中收到一繼續線劃，則飛機在正直的航路上，但是如過聽到不同的音點，則飛機又向另一邊迂迴，如傳聞有不同的線，則飛機又迂迴到另一側面。

飛機表板上指針的移動，是給予同一的指示，但是，此種方法，較為簡易，指針的移動，是直接指示飛機方向的偏差。

在飛機場界以外，約三至四公里的距離，即給示一個準備記號，已在無線電引導位置，即用短極電流，此時飛機座前的小燈，即行明亮，同時飛機即減低高度約至二百公尺。

當作第二次垂直記號時，飛機已到達機場附近，約四十公尺之處，第二盞燈亦即明亮，飛機師即可作飄翔飛行，預備降陸。

此種無線電引導降陸方法，凡在業務繁盛的機場，均已普遍使用，在美國及英國，已有的無線電測角站台，其傳報工作，均用無線電話，法國則用電報傳達。

無線電與遊歷航空

我們知道商業航空，已經得到無線無上的益處，而私人航空，尚未到達此種目的，我國因航空幼稚，無線電與遊歷飛機的特種規則，尚無規定，與無考試遊歷飛機駕駛規定的存在相同，但是萬國公約上，並未反對遊歷飛機利用無線電的規定，此種無線電的發展，如利用航空電台，發送，以及電話傳遞，極迅速而完美。

在實際上，設置一收報台，於經濟上，並不過分耗費，至閱讀電報號碼，則可在很迅速時期中學習成功，在一個月中，每天作半小時的研究，就能閱讀，快的音調，及多數字碼，此外再作數小時的研究關於國際航空無線電規則以及服務法令。

在飛機上裝置一具無線電機，可以在駕駛上得到重要而且寶貴的發展，且可給飛機在航線上得到很多的利益。

事變以來，物價高漲。一切機械上不可缺少之材料，以來源斷絕，往往漲至百倍千倍。而平時習見之自來水龍頭上所用之石棉紙墊（俗稱紙柏），以前每磅僅值國幣幾角，現已漲至數千元，可謂破一切物價之紀錄。

改進煤氣自動車芻議

薛邦道

本篇中所謂煤氣動自車，乃指以一氧化碳為主要燃料之自動車，凡諸所謂「木炭汽車」「木柴汽車」等等，均包括在內。

採用一氧化碳為自動車之燃料並非最近之事在自動車發明後不久，即有人以木炭為原料，發生一氧化碳，作為自動車之用，惟因其困難點甚多，不久遂被汽油取而代之。近來汽油之用途日廣，來源又因戰事而缺乏，價格之高漲，消費之統制，使應用汽油者不得不再採用一氧化碳為主要燃料，再將汽油之自動車改裝為用一氧化碳為主要燃料之自動車，如是之方法雖為目前不得巳之救急辦法，但其缺點之多，不僅使機械之年齡縮短，且頗不經濟，惟缺點雖多，亦頗有可改進之處，本篇乃根據學理，提供數個可改進之意見，是否適合實際，則尚待諸實驗。

氣機及汽油機之區別不僅為燃料，而在其燃料之吸入，氣體燃料僅須與適當量之空氣混合即能成適宜之燃料，汽油則先用化油器化成蒸汽再與空氣混合以成適宜之燃料，在原則上論之，如氣體能有充分之供給，氣體實比液體為更佳之燃料，但普通之氣體，其含熱量比汽油低，且因其體積大，故在自動車之機器上不如汽油之便利，並且氣體燃料之造成大半藉人工，而汽油可以天然採取，比較更為便利也。

在機械結構上論之，氣機比汽油機大，但除須發生爐外，比較簡單，換言之，如以同等大小之氣機及汽油機比較，則氣機所生之動力較小，因氣體之含熱量低故也。但就管理及駕駛而言，則氣機較汽油機易，是不僅因省去化汽之一步驟，且因氣體之混合既勻且易，比較能達完全燃燒也。

就熱力學方面論之，如捨燃燒歷程而不計，則所用之循環大致均為otto循環，其效率相等。如計入燃燒歷程，則因液體化為氣體，體積增大甚多，汽油機雖化為蒸汽而入汽缸，惟燃燒後所生之壓力比較氣機為高，因此效率亦比較大，但因不完全燃燒時常存在，則亦有相當之損失，此中得失，當視其機械之狀態如何，始能計算或測定之。

以上不過簡略檢討氣機及汽油機之異同及優劣，未能即視為自動車應用上之優劣，惟可知以用汽油之自動車一旦改用氣體燃料實非所宜，但亦並非完全不可應用者，僅須能加以改進及校正而巳。

現時用汽油之自動車改裝成用煤氣之自動車之缺點頗多茲列其主要者如次：

(1)發生爐所產生之煤氣，設未能完全濾清而吸入氣缸，將有大部分之灰塵及雜質能使汽缸壁及蓋，汽瓣及活塞頂等，易生磨損及不光滑之動作，甚至發生腐蝕作用。

(2)發生煤氣之燃料有大部分灰燼殘留，多費去灰手續。

(3)起動較為困難。

(4)發生爐之裝置，不僅佔去自動車之衡重及影響平衡，且因一部分熱量之發散，對於車身及車中坐客貨物易生妨害。

(5)發生煤氣之燃料貯量須佔相當空間，不易放置。

以上所舉諸缺點可歸納為三大問題：

(1)燃料問題

(2)裝配問題

(3)起動問題

茲分別討論如次：

(1) 燃料問題

普通可用於煤氣自動車上以產生一氧化碳之燃料不外乎木柴，木炭及煤三種。

木柴之取給較易，如係乾燥者，則着火亦易，惟因木柴中含有相當之膠汁，在不完全燃燒時，常生一種褐色之濃烟，雖經數次清濾，亦不易使之澄清，尤在自動車上因地位之限制，清濾之次數不過二三次，且清濾之方法大半用乾濾，故用木柴所產生之煤氣，成份不十分純粹。木柴之含熱量在此三種燃料中比較最低，換言之，即需要較多之木柴始可得相等體積之煤氣，因之如一自動車之行程相同，則用木柴為燃料者比用木炭或煤者須載較多之燃料。

木炭如係乾燥者，着火雖較乾燥之木柴困難，但比煤為易，因其具有多孔之特性也。在原則上論之木炭不過為經過一種處理之木柴，將木柴中一部分雜質先行燒去，使大部分之碳及小部分之雜質存留，惟因普通製木炭之方法不甚完美，常使木炭中有相當之灰塵存在。灰塵不僅增加木炭之重量，且如進入汽缸，在高壓下即沉澱於汽缸壁及蓋，汽瓣及活塞頂上，阻礙動作並增大磨損，為害甚大。木炭之含熱量較木材高，略與煤相等。

煤之種類頗多，最普通者為煙煤及無煙煤兩種。煙煤着火較易，但含硫磷等雜質甚多，又易於結塊，不宜用於自動車之發生爐中，無煙煤着火困難，惟一旦着火後不易熄滅，既無煙又少雜質，遠較煙煤為佳，煤之劣點在含灰量大及少孔性，含灰量大則使去灰成一困難問題，少孔性則需要強有力之通風，此兩事均使自動車增多設備，增加使用之手續，並易產生臨時之困難，是故煤含熱量雖高，且有以上優點，但在自動車上，則反不如木炭為便利矣。

從上述之比較，可知木炭為自動車上發生煤氣之最佳燃料，雖其缺點尚多，但亦非不可改進者，即就其所含灰塵而言，簡便方法可用冲洗法，精細方法可用精製法改進之，茲分述如次。

冲洗法，取市場所出售之木炭，浸入水中，洗刷之，使其中所含灰塵隨水流出，尤其使微粒不再存在，大約經三度之冲洗，灰塵可除去殆盡，然後再置日光中或乾空氣中乾燥之，如是再用於發生爐中可以免去灰塵之困難不少。惟此法不能移去木炭中膠汁所成之焦油。

精製法，此法較上為複雜，非一般用戶所能辦到，但如經濟可能，可設廠專製之。其法取適宜之木材，如栗木等，浸於水中經過相當時間，去其中之膠汁，或用蒸氣蒸之，使其膠汁隨蒸氣而去，大約浸於水中約須一二個月，用蒸氣則僅須二十四小時，膠質去後，使之曝露空氣中乾燥之，鋸成適當之方塊，放入製木炭之窰或爐中製成木炭，務使灰塵不攙入炭中，製成後，再用水冲洗一次貯入庫中，至木炭已乾燥，則成完善之

煤氣自動車燃料矣。此法初價當然較高，但如大量生產，或能較上法之木炭之價格低，因上法製木炭，無謂之消耗甚多也。即使價格較高，但效率亦增加，其間之損益，著者因未曾加以實驗，不敢臆測，然機械損蝕之減少，當可斷言。

關於灰之殘留，木炭在燃燒時如處理妥當，碳之全部均可化為一氧化碳，所含之水份亦能分化成一部分氫及氧，所殘留之灰不過一部分纖維素之餘滓及雜質而已。纖維素之餘滓在製木炭時可設法使其減少成份，雜質則在冲洗時可減少之，故如製木炭時用法妥當，燃燒成煤氣時，灰之成份可減到極少。

(2) 裝配問題

裝配之重要不僅影響車之平衡以及振動之大小，且影響及車中乘坐者及貨物之安全及舒適。嘗見在客車後原為貯物箱處裝置發生爐者，又見在貨車之車箱一隅裝置發生爐者，前者因發生爐接近乘坐者之座位，使座位附近空氣頗熱，乘坐者感不舒服頗甚，後者除發生爐佔去貨物之空間不少外，並對於貨物有加熱之作用，如貨物不宜受熱，則因此不能置於此爐附近矣，又因發生爐裝於一邊，使自動車本身之平衡失去，行動時發生振動頗大。凡此類裝配方法均有改進之必要。

以平衡而論，自動車振動之主動力為發動機，如車身四面重量係平衡者，則此自發動機發出之振動逐漸消失，而車身本身有一種減震之作用，但如車身四面為不平衡者，則重之一邊減震作用比輕者大，此兩不等之作用遂生一新之扭力，如扭力按期而來，則又生一種振動矣。發動機之振動為上下之振動，而因車身不平衡之振動則為左右之旋動，上下之振動對於人之影響尚小，而左右之旋動則令人感覺不舒服。且振動為一種往復之力作用，如振率大，則對於車身之壽命影響頗大，此不可不注意者也。

職是之故，著者主張發生爐應置在發動機旁，為求平衡，另一面則裝貯燃料箱，用絕緣體隔離之，使發生爐之熱量儘量減少侵入車內，如是在平衡方面雖未完全達理想完美之境地，但對於舒適及安全兩方面則完全解決其困難矣。

發生爐置於發動機旁不僅有上述之優點，且因與發動機接近可減少不少裝置，例如輸氣管縮短約十分之八，駕駛者管理發生爐之機件之接近等，又因氣管之縮短，煤氣可不因經過長管路而冷却，進入汽缸時之溫度較高，着火極易，且氣管短後氣體之阻力小，壓力之降落少，於是汽缸之吸入量增大，即吸入燃料較多，因之所生動力亦增，效率亦增高。

除添裝發生爐外，汽油自動車改裝為煤氣自動車時，裝配上尚有許多之更變，例如化油器之取去，進氣管之擴大，點火時間之調整等等，凡此種種亦必須妥為設計，始可得完全美滿之結果，此為人所共知者，茲不再贅述矣。

(3) 起動問題

起動問題包括開始起動，及間息起動。

開始起動，困難乃在木炭點火之不易，往往在冬季須費去數小時始能完成之。木炭之着火點比木屑高(乾燥者)，故在開始起動，點着發生爐時，最好能在爐之最下層放相當木屑，則着火較易矣。最佳之方法為用特製之起動用木炭，此項木炭即與普通木炭無異，不過黏附相當易着火之材料，如汽油，酒精

等而已，如應用上述之方法則開始起動可以改進不少。

當自動車間息時發生爐並不熄滅，仍繼續發生煤氣，如停止時間較長，則此煤氣愈集愈多，壓力增高，往往發生危險，如將發生爐熄滅，則又將在自動車開動前，重行點着發生爐，頗爲煩瑣，爲減少此種困難，著者主張在發生爐之空氣進口上裝一可管制之風擋，在濾器之後集氣箱上裝一低壓之安全瓣。風擋可以使發生爐吸入之空氣減少，由鎮常燃燒之狀態進入封火狀態，並保持不熄滅，如普通之鍋爐之封火然。安全瓣可避免煤氣之壓力過高，如校正至某一壓力，則超過此壓力時，煤氣卽自行逸出，如安全瓣外能裝一氣墊器，使其有墊之作用，則更佳，其裝置方法約如下圖圖中A爲安全瓣(單向者)，B爲阻塞節氣瓣，C爲氣瓣，氣墊箱之作用不僅收貯壓力過高時自

濾器後逸出之煤氣，並在貯氣器中壓力不足時補充煤氣入內，使在貯氣器中之壓力保持不變，惟氣瓣B應有阻塞作用，以免壓力太高之煤氣衝入貯氣器中。

以上所述的指汽油自動車改裝爲煤氣自動車之情形而言，所有困難之起源均在發生爐，如發生爐可以不裝在自動車上，則困難大半均可消滅，因之著者個人之理想中，以爲眞正理想之煤氣自動車實須不裝置發生爐。此理想之根據乃如上述，其可能性亦頗大，因汽油自動車之燃料爲汽油，貯汽油者爲汽油箱，煤氣自動車旣以氣體燃料爲燃料，則以貯氣器代汽油箱，事實上未始不可，所差者乃在汽油箱所貯之油之含熱量大。而貯氣箱所貯氣體之含熱量小而已。欲求應用上之便利，當然須精密之計算及實驗，始能完成，非本篇之範圍所能包括矣。

(4) 理想中之氣自動車

著者主張煤氣自動車不裝發生爐於車身上，而以大貯氣箱代之，煤氣在相當之壓力下，輸入此貯氣箱中，貯氣箱中之氣壓暫假定自4至6個大氣壓力，自貯氣箱至發動機間裝變壓箱，將4至6個大氣壓力之氣體燃料經過一阻塞氣瓣，減低氣壓而輸入此變壓箱中，發動機卽自此箱取給煤氣。

貯氣箱之大小固與自動車之行程有關，但如壓力可增大則同大小之貯氣箱可供給較遠距離之煤氣，此點與箱之設計頗有關係，此篇所假定之4至6個大氣壓力不致使箱之設計發生困難。變壓箱中壓力低，設計上之問題頗小。

無論貯氣箱之設計如何，煤氣自動車之行程恆較用汽油自動車之行程短，因此煤氣之補充問題亦頗重要。現擬在自動車行駛之區域選擇適當地點，設立添氣站，添氣站，專出售煤氣以供此種自動車之用，如以前之汽油站然。照此辦法，不僅應用煤氣自動車者免去貯藏木炭之煩事，且發生器之裝置可以完全免去。

至於添氣站之製造煤氣方法，因用戶之多可以大量生產，發生煤氣之燃料亦不必限用木炭，如木柴，煤，廢木屑，以及草柴等等均可採用，如城市中有煉焦廠，煉鋼廠等則更可利用

煤氣以作氣體燃料，廢物利用，更爲佳妙。發生爐之設備不一定各站均具有，可擇大站裝設之，小站可備一大貯氣箱以貯出售之煤氣。

在站上製造之煤氣。如應用妥當之清濾，可以除去大部分氣體中所含之灰塵及雜質，使其含量減至最小之成份，當比在自動車上發生爐內發出之煤氣清純，此其利一也。大量之生產價格恆比小量生產者低，此其利二也。應用者隨時無缺之燃料之廣，此其利三也，凡此等等，均顯示上述之方法較諸現時之煤氣自動車爲佳。

著者爲環境所限。苦無實驗之機會，以上所述雖根據學理而得之見解，但究在實際有否困難，尙不得而知，尙祈各專家不吝賜教，共同研究之。

法國現有商船之噸數

據法國海運雜誌刊載，法政府所發表之現有商船噸數如下：

現有噸數	一，五一六，〇〇〇噸
休戰時之喪失	三〇〇，〇〇〇噸
被英國擊沉者	五七，〇〇〇噸
被英國俘獲者	五九八，〇〇〇噸
被中立國拘留者	三〇〇，〇〇〇噸
其他平時喪失	三〇〇，〇〇〇噸

因喪失過鉅，法政府正謀竭力補造，又將設法多造高速之貨船及客船等。

國際工程消息

△試驗運貨戰車之斜溝路

美國 International Harvester Co. 為試驗運貨戰車之爬坡起見，特築混凝土之斜溝路，深三十公分，闊四十八公分，凡運貨戰車能駛過數百次而不生事故者，方得認為合格。

△汽車上之空軍基地修理工廠

美國為能儘速修理空軍基地起見，特製成大型汽車，裝有盤旋壓縮機及電動機等修理設備，以便隨時移動。

△橡皮製之照明燈柱

最近歐美國家之夜間飛行場上，已採用富有彈性之橡皮燈柱，以支撐照明燈，使飛機着陸時，不致因操縱失愼而撞毀。

△玻璃車胎

據美國 B. F. Goodrich 公司車胎製造部監督 K. D. Smith 稱，該公司最近新出之車胎，多係含有玻璃體之橡皮，其安全與耐力遠較尋常者為甚，故雖於每小時一百二十公里之高速度下行駛，亦能保持不損。

△日本關門隧道完成通車

連結日本本土與九州間之關門鐵路隧道已於去年十一月十五日通車，實為日本在戰時中完成之最偉大土木工程，該工程之橋樑部分由廣井博士設計，隧道部分由田邊博士設計，計劃書早於二十餘年前為政府所採納，至昭和十一年始以「西羅特」施工法着手進行，經六年之苦幹，已開通單線，現下關至門司一段雖尚形冷落，然列車已可自東京直駛長崎，在國防上之意義頗堪重視。

△美國造船現況

據倫敦消息，美國軍事委員會所發表之造船現況，期於一九四四年底前完成者，詳於下列數字中。

契約上總數	一八五一艘
開工	七五九艘
下水	五二六艘
完成	四〇三艘

（自開工至下水平均約需四百八十五日，自下水自完成試航至少約需七十九日）

第一屆年會記事

瞻園靜妙齋中濟濟一堂

本會第二屆年會於去年十一月一日在水利委員會內瞻園靜妙齋中舉行。那天陽光和煦，顯示出一個明媚的初冬。到會者逾百人，濟濟一堂。常務理事張士俊兄早一日已自無錫來京，並代表理事長楊簡西先生出席，精神尤足可佩。瞻園是明中山王徐達的賜第，也是前年本會誕生之地。一向爲騷人墨客所流連的園林，現在却擠滿了新時代的工程界同志，也可替瞻園的掌故上添一段佳話。

繆副院長的警闢演詞

大會於上午九時開始，由常務理事尤乙照先生主席，首先報告一年來之會務。繼請考試院副院長繆斌先生演說。大致謂新時代國家的要素，土地，人民，政治而外，尚須加入科學技術一項。蓋有科學技術，則地力雖貧乏，亦可使之富有，人力雖缺少，亦可使之增大。又謂未來的人類社會，將因第二次工業革命而爲之改觀。以目前科學技術之進步推之，工廠機構漸有化整爲零之趨勢，不必集中於都市，且農場與工廠將打成一片。果爾，則共產主義的理論基礎立即全部推翻。演詞至爲警闢，且含義深長。末爲會員宣讀論文，計送到者有薛邦還兄之「改進煤氣自動車芻議」，湯震龍兄之「三十一年度防汛概要」，周平兄之「疏浚秦淮河計劃」等三篇。當時以時間關係，僅由各人就論文中之綱要，約略敘述。然後全體到會會員在園中攝影，以留紀念。

留香閣聚餐尤常務妙語禁酒

午時全體會員即步往夫子廟留香園進西餐。秦淮河畔，盤刀交錯。席間尤常務起謂，「我工程界同志在處以經濟爲前提，值茲非常時期，爲力行節約物資計，故取消飲酒」。一時嗜酒的同志大爲恐慌，經要求後，卒沽得白乾幾兩，聊以過癮。

陳委員長當選本屆理事長

下午二時繼續開會，討論提案，並選舉本屆理監事。楊理事長以事務繁忙，不克兼顧，表示退讓，由大會一致推選水利委員會委員長陳君懿先生爲本屆理事長。同時並推選楊惺華尤乙照許公定爲常務理事，金其武等十六人爲理事，馬登雲等三人爲基金監。一切詳載會議紀錄。

康壽曼兄表演電花火柴

選舉理監事畢，繼由在座之康壽曼兄當衆表演自製之電花火柴。方法即在電花上直接取火，並非如一般舶來品之在熾熱的德國銀絲上取火。據康兄報告，一度電可取火達萬次。原理至爲簡單，在物價高漲中亦可試得。惟自電花直接取火，恐有觸電之虞，希望康兄對安全方面，再加研究，以求實用。

許常務代表陳理事長殷勤招待

大會於下午五時閉幕，晚上承新任陳理事長即在靜妙齋設宴招待全體出席會員。陳理事長原定是晚自上海趕回，可惜因公稽延，未見蒞臨，使我們非常悵惘，故由新任常務理事許公定兄代表殷勤招待。席上備有大量紹酒，許兄尤極勸酒之能事，使一般白天未過癮之同志，得以暢懷痛飲，直至九時許始興盡而散。

第一屆年會紀錄

日期　中華民國三十一年十一月一日
地點　南京瞻園路水利委員會
主席　尤乙照

一、主席致開會詞
二、社會運動指導委員會代表潘鼎元先生致詞
三、考試院繆副院長演講
四、宣讀論文
(1)改進煤氣自動車芻議(薛邦邁)
(2)三十一年度防汛概況(湯震龍)
(3)疏浚秦淮河計劃(周平)
五、理事長報告
臨時決議　關於本會財政情形推請樊汝萬青審查後提交理事會覆核通知各會員
六、討論提案
(1)擬請修改本會章程請討論案
甲、查本會章程第四條之規定,會員分正會員會員仲會員名譽會員及機關團體會員五種,茲擬增添學生會員一種,以資普及而利會務,是否有當請討論案。
決議　原則通過,交理事會斟酌修改。
乙、又查本會組織分(一)理事會(二)執行部(三)幹事部(四)各種委員會(五)分會,茲擬在章程第八條內添設名譽理事長及名譽理事,不限名額,凡機關長官社會名流對於本會熱誠贊助者,均得由理事會隨時聘任,俾協力會務,是否有當請討論案。
決議　修正通過,並定名譽理事長一人,名譽副理事長及名譽理事不定名額。
(2)查工程學術必須有設備完美之研究場所,以供實驗,始克有濟,過去如我國最高研究學術機關之中央研究院,惜以事變停頓,其他如在滬之中山文化教育館中華學藝社明復圖書館,在平之中美中英中比庚款項下之研究機關,又外人所設立者如上海之雷士德工業研究院及外人教會學校所組織之研究機關,本會對於上列各機關,似宜先行調查其近況及其主持人員,以便將來予以接收或賡續辦理,所擬是否有當敬請公決案。
決議　原則通過,交理事會相機辦理。
(3)查本京會員多係本會工務人員,而滬上一地向為我國工程界薈萃之地,究應如何推進會務,使各地各界之工程同志均能加入,所擬是否有當敬請公決案。
決議　原則通過,交理事會斟酌辦理。
(4)本會應如何充實力量以發展會務案
決議　原則通過,交理事會斟酌辦理。
七、改選理事及基金監
決議　用投票方法選舉,經開票結果,計陳君慧,金其武,尤乙照,湯震龍,張士俊,周迪平,王家俊,任樂天,俞梅遜,許公定,楊愼華,屠樹聲,朱清元,梁梅初,張灝曾,阮倚琴

16657

，顧貽燕，孫瑞林，徐穎唐，謝學瀛，周平當選爲理事賈存鑑，張贊平，葉秉衡，朱堤，陶寄葱，稽銓，康壽曼，温文緯，金濤當選爲候補理事馮燮，馬登雲，朱維琮當選爲基金監汝萬青當選爲候補基金監

本會第十次理監事會議紀錄

時間　民國三十一年十一月二十三日上午九時半

地點　水利委員會會議室

出席者　朱浩元，馬登雲，尤乙照，湯震龍，許公定，張士俊（許公定代），俞梅遜，金其武，馮燮，陳君慧，謝學瀛，任樂天，張瀛會（任樂天代）

主席　陳君慧

紀錄　徐硯農

甲、報告事項

（一）准第一任楊理事長移交本會鈐記案卷器具經費並現款八十一元〇九分，業經分別照册點收函復。

（二）本會爲調整內部人事，根據會章第十條之規定，加聘徐硯農爲文書幹事，馮會員燮爲事務幹事，任會員樂天爲總編輯，並派楊文燦爲會計幹事，

（三）本會第一屆年會第五項理事長報告時，臨時決議，關於本會財務情形，推馮會員燮汝會員萬青審査後，提交理事會覆核，通知各會員，玆准馮汝兩會員稱，以會計幹事楊文燦因病住院診治，故所有賬目，無從審查，提移下屆理監事會討論。

乙、討論事項

（一）本會第一屆年會討論第一案修改本會章程，（1）於會章第四條增添學生會員一種，決議原則通過，交理事會斟酌修改一案，請公決案。

決議　於會章第四條甲款項下，增添（四）凡大學工科工學院或獨立工學院三年級以上之學生，經校長或院長之證明，經理事會之通過，得爲本會學生會員，具有仲會員資格時，由會員二人之證明，經理事會之通過，得許其升級，並附帶修改會章第十八條，加添（四）學生會員不收入會員，每年會費一元，原第四款改列第三款，第三十四條改爲仲會員學生會員名譽會員機關團體會員均無選舉權及被選舉權。

（二）又第二案擬調查上海北平及各處中外設立之各學術研究機關近況及其主持人員，以便將來予以接收或廣續辦理，決議原則通過，交理事會相機辦理一案，請公決案。

決議　委託全國經濟委員會駐滬辦事處，先行調查上海中外各工程學術研究機關及中國工程師學會實驗所近況及其主持人員。

（三）又第三案本會應如何推進會務，使各地各界工程人員均能加入，決議原則通過交理事會辦理一案

16658

，請公決案。

(四)又第四案本會應如何充實力量，以發展會務，決議原則通過，交理事會斟酌辦理一案，請公決案。

(三)(四)兩案併案討論。

決議 (一)照尤理事所提本會事業計劃草案原則通過。(二)指定各地負責聯絡人員，並通知各會員介紹會員。(三)上列兩項，推定尤理事金理事許理事湯理事謝理事組織小組會，會商負責辦理，由尤理事召集。

(五)前任移交未審查會員二十六人，附具名單，請審查案。

決議 交常務理事審查。

(六)本會會員會費應如何徵收，請公決案。

決議 照許理事所提，本會籌募經費七項辦法，原則通過，並推定常務理事及朱理事組織小組會，會商負責辦理，由朱理事召集。

丙、臨時動議

(一)尤理事任理事介紹許嘉金能始兩人加入本會，附具履歷表及入會志願書，請審查案。

決議 通過為本會會員。

本會理事會小組會議紀錄

三十一年十一月二十八日本會理事會小組會議(出席者尤乙照，楊惺華，湯震龍，金其武，許公定，朱浩元(許公定代))合併討論事業計劃，及籌款辦法，所有討論結果，及經理事長根據討論結果決定逐項推進辦法，茲經開列如左：

(一)本會事業計劃

(討論結果)照尤常務理事所提原案，修正語氣發表。

(決定推進辦法)照辦，油印分送發表。

(二)指定各地負責聯絡人員

(討論結果) 擬定北平周副理事長迪平，阮理事尙介(由尤常務理事接洽)，上海工務局長張思麟，交通大學校長張廷金，漢口工務局長高凌美(由湯理事接洽)。

(決定推進辦法) 照辦、交大張校長請金理事接洽，張局長由理事長接洽，並添加上海土地局長范永增，由理事長接洽，蘇州江蘇建設廳科長許英，由許常務理事接洽，函寄章程及入會履歷表志願書等，請其本人入會，再儘力介紹會員及名譽會員。

(三)增加會員會費

(討論結果) 正會員每年會費二十元，會員每年會費十元，仲會員每年會費五元，學生會員每年會費一元，(仍維持原數)，用通信方法，徵求會員多數同意後，正式修改會章，並照數加收。

(決定推進辦法) 照辦，如多數會員同意會費之加收，則自三十二年度開始。

(四)增加機關團體會員及會費

(討論結果) 擬先增邀上海大學，交通大學，漢口特別市政府，蘇北行營建設處，(先指定人員私人接洽，再由會正式函請加入，除上列各機關外，凡有關工程機關團體，得隨時請其加入)。會費之增加亦指定負責人員私人接洽，再由會正式函請。

(決定推進辦法) 照辦，所有負責接洽人員指定如附表(略)(邀請入會，催請覆

允，請求寬納會費，對於每一機關，均由表列指定人員負責接洽）。

（五）招徠廣告

（討論結果） 先向全國經濟委員會調査中日合辦公司名單，再由會備具工程雜誌，交由指定負責接洽人員送致接洽。

（決定推進辦法） 照辦，先函請經委會開示公司名單，再行指定負責接洽人員。

（六）向名譽理事捐款

（討論結果） 關於名譽副理事長及名譽理事尙未覆允者，請理事長私人具函請其允諾，並指定負責人員面遞接洽，名譽理事得隨時增加，關於捐款亦指定負責人員分別接洽。

（決定推進辦法） 照辦，所有負責接洽人員指定如附表（略）（邀請入會函請覆允，請求捐款各名譽副理事長理事均由表列指定人員負責接洽）。

（七）請求政府補助

（討論結果） 先請求 汪主席補助後，再向宣傳部請求刊物補助費，並酌量情形向中央政府及各省市政府請求補助，（已加入本會爲機關團體會員者，不再請補助）。

（決定推進辦法） 照辦。

（八）募集基金

（討論結果） 本會基礎未固，信譽未隆，若遽向各界籌募基金，事實上殊多困難，擬先籌劃試辦一小規模實驗所，（或調査本京及上海各工程學術研究機關現有之實驗所，與之合作）貢獻於社會，卽用籌辦或擴充實驗所之名義，向各界勸募自較便利而有把握，實驗所之工作須以社會或政府機關委託之工程實驗事項均能負担，故對於各項工程人才，本會均應竭最大之努力，設法羅致爲會員，庶幾可應付各項工程實驗之需用，則本會會務日益充實，基礎自固，地位亦自高矣，再各實業家具有本會會員資格者，應儘量徵求加入本會爲正式會員，勿僅請其爲名譽會員而已。

（決定推進辦法） 緩募基金，先以籌辦實驗所名義，向各界募款，卽擬具計劃捐啓備用。

本會楊任收到機關團體會員會費清單

（民國三十年五月至三十一年十月止）

機關	名稱	金額（元）	備註
水利委員會	入會費 卅年年會費	一〇〇 一〇〇	
交通部	入會費 卅一年年會費	一〇〇 四〇〇	
海軍部	入會費	一〇〇	
上海特別市政府	入會費 卅一年年會費	一〇〇 二〇〇	
北京大學工學院	入會費 三一年年會費	一〇〇 四〇〇	
實業部	入會費	一〇〇	
總計		一，七〇〇	

編後話

本刊為要和讀者多見面起見，經本會理監事會的決議，從三十二年度起，把季刊改為月刊。我們感覺到季刊的篇幅過於冗長，非但集稿困難，而且使讀者容易疏忘。同時更想增進些讀者的興趣和會員間的聯絡，每期附載些工程界的消息。因為紙張和印刷費的飛漲，不得不把篇幅縮得很短，但就這薄薄的一本，我們還得要感謝各界人士所給予的經濟協助。

在付印中最受到限制的是銅鋅版，現在每方英寸已漲至國幣十二元。工程上的文字根本少不了圖表，有時圖表到是最寶貴的部分。編者既不便隨意抽去，又恐太多了，經濟不敷。因此希望惠稿的同志能把必要的圖表繪在一起，以便縮印支解，這樣可以節省一部分的費用。同時附帶的聲明，凡屬圖表，請用黑墨水繪畫，否則不能製版。

本會同副理事長的相片已經收到，即在第二期刊出。編者更希望各地會員，能將所在地會員的動態消息寄來，以便陸續登載，彼此多通聲氣。

工程雜誌 民國三十二年一月三十一日出版

發行者 中國工程學會 南京歐陽路敦敷營一二四號

編輯者 任樂天 南京東箭道建設部

印刷者 中華美術印刷公司 南京建鄴路一三八號

總經售處 中國工程學會

分經售處 國內各大書局

價目 每冊國幣二元（外埠另加郵費）

徵稿簡則

一、本刊歡迎有關工程之論著，譯述，專載等稿件。
二、來稿須繕寫清楚，並加標點，譯稿請附原文。
三、來稿不論刊載與否，概不退還。
四、來稿一經刊載，版權即歸本刊保有。
五、已刊載之稿件每千字酌酬國幣二十元至三十元。
六、本刊一律用真姓名發表。

△本刊正向宣傳部登記中▽

中央儲備銀行

中華民國國家銀行

資本總額國幣壹萬萬圓

南京總行

行址　中山東路一號

電報掛號　中文五五四四　英文CENREBANK（各地一律）

電話　二三五四一　二三五四二　二三五四三　二三五四四　二三五四五（轉接各部）

上海分行

行址　外灘十五號

電報掛號　中文八六二八

電話　一七四六三　一七四六四　一七四六五　一七四六六　轉接各綫

蘇州支行

行址　觀前街一八九號

電報掛號　中文五五四四

電話　一八五六　六九五

杭州支行

行址　太平坊大街

電報掛號　中文五五四四

電話　二七七〇

蚌埠支行

行址　二馬路二九四號

電報掛號　中文五五四四

電話　二五八

廣州支行

行址　長堤大馬路二六八號

電報掛號　中文六三二八

電話　一七一三一

漢口支行

行址　湖北街九號

電報掛號　中文一一三五

寧波支行

行址　江廈路十五號

電報掛號　中文五五四四

電話　七六〇　七六五

各地辦事處

蕪湖　行址　二街西街　電報掛號　五五四四　電話　一三五

常熟　行址　老縣場　電報掛號　五五四四　電話　二三一　二三三

無錫　行址　北門內打鐵橋　電報掛號　五五四四　電話　一六三四　一六六一

南通　行址　西大街六十八號　電報掛號　五五四四

嘉興　行址　城基路望吳橋　電報掛號　五五四四　電話　一七七　一七九

揚州　行址　左衛街　電報掛號　五五四四

太倉　行址　稅務橋東首　電報掛號　五五四四　電話　四四

鎮江　行址　寶塔路三十一號　電報掛號　五五四四　電話　二九二

泰縣　行址　彩衣街　電報掛號　五五四四

常州　行址　西瀛里　電報掛號　五五四四

滬西　行址　上海靜安寺路[illegible]豐路二九號　電報掛號　〇七四八

上海　行址　上海法租界邁爾西愛路一二一號　電報掛號　一七一五

松江　行址　西門外馬路橋大街　電報掛號　五五四四

崑山　行址　北大街　電報掛號　〇〇〇一

安慶　行址　國貨街　電報掛號　五五四四

廈門　行址　海後路廿六號

東京　行址　麴町區大手町二丁目二番地

工程雜誌

本期目次

第二卷

第二期

中國工程學會出版

中華民國三十二年二月二十八日

16663

本社副理事長周迪平先生

鋼鈑梁之電銲加固（上）

陳侃如

（一）導言

吾人以紙造盒，則必利用麵糊或膠水以為粘合之媒介。此理推之於鋼鉄結構，未始不可設法直接粘合各材片，使之成器。惜以往吾人建設之能力，尙無法達此目的，僅利用鉚釘以釘合各部份使之成形而已，故於興築之物，須將材片打孔而後鉚合，結果既使材片受傷減弱，且又增加結構自重；此種辦法，洵屬不智。降至近世，吾人乃知利用電弧或火焰之熱力，將鉄質熔接熔化，以充鋼鉄結構之「麵糊」，而使黏合成器；既直接簡單，而結構物之自重又較輕，且甚堅强，其設備費又極低廉。此種電焊熔接術將鋼鉄構造法，引入一新紀元，洵為近世金屬工業之大進步。德國於上次歐戰失敗後，受和約之限制，即知利用此種電焊熔接術，以造袖珍戰艦，噸位輕而威力大，舉世歎為傑作。是以各國工程界對於是種技能，研究不遺餘力，已成一確定可靠之結構方法矣。

鉄路界之用鋼鉄結構處甚多，最重要者莫如永久式之橋梁。以我國現狀言之：桁構梁(Trass)為數較少，小跨度之鋼鈑梁(plate Girder)為數最多，惟皆建築甚早。普通現象：或以當時設計活載重較輕，或以年久失養，剖蝕損壞，減其強度，降至今日，交通日繁，活載重日益加大，致各線橋梁之弱者損者漸已不能勝任，勢非廢棄舊梁掉換新式不可。惟棄者無用，新者需值，經濟上之担負，殊屬不輕。茲者電銲熔接法既能實際應用，吾人大可利用此術，從事添補工作，使舊梁弱部因以加強，俾能承載近世運輸重量，可以節省調換新梁。舊梁既可繼續應用，不致廢棄，是誠物盡其用之能事，極符工程經濟之原則。惟電焊施工之成績，其良否胥視工具設備之精良，以及施工之幹練，服務之忠誠以為斷，要非紙上理論所能盡示實際，此則委之特殊訓練之技工者。茲以橋梁工務司之立場，對於鋼鈑梁電銲加固之設計，先事介紹於後；在戎馬倥偬軍運繁重之今日，或亦當世之急歟！

（二）電焊熔接大意

（甲）熔接分類

分類之方法，各就觀點之不同而有多種之名稱：有從熔接之方向分類者，有從連結之目的分類者，有從兩鈑結合之形式分類者，種種不一。茲僅述熔接之方向分類如後：

第一圖

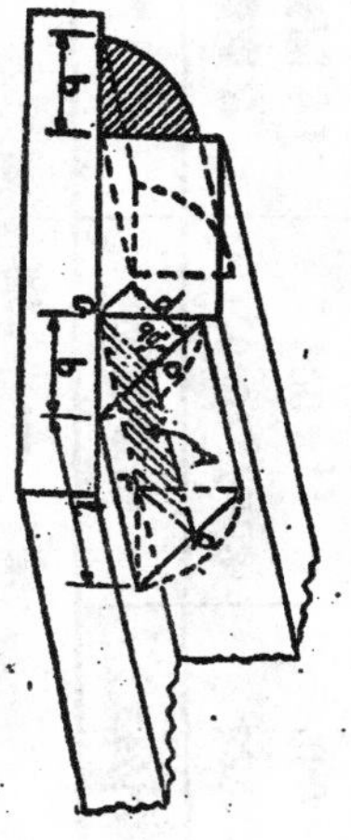

1……喉厚b……脚長……A抵抗斷面

16665

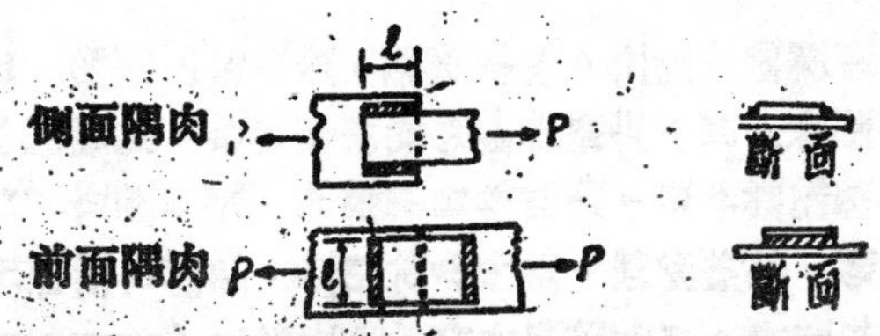

（A）隅肉熔接　各部之名稱如第一圖所示。隅肉之用作傳達應力者稱為全隅肉，其用作塡塞空隙預防雨水浸蝕者稱為輕隅肉。隅肉之與應力方向平行者稱為側面隅肉，其與應力垂直者稱為前面隅肉。

第　二　圖

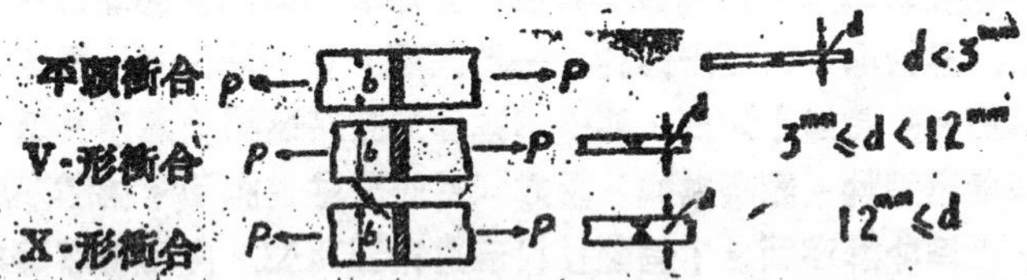

（B）衡合熔接　兩鈑之在同一平面內（或互成垂直）熔接者屬此。鈑厚不滿3粍者用平頭衡合；鈑厚自3粍起而未滿12粍者用V形衡合或單斜衡合；鈑厚自12粍以上者用X一形衡合，見第二圖。

第　三　圖

（C）孔熔接　計分長孔熔接及圓孔熔接兩種，凡僅用隅肉熔接猶不足傳達應力時則採用此種熔接以補足之，見第三圖。

（乙）熔接強度

茲規定熔接之容許單位面積上之應力如次：

第　一　表

應力	工廠熔接	野外熔接
壓應力	1,000kg/cm2	830kg/cm2
張應力	900 ,,	750 ,,
剪應力	700 ,,	580 ,,

（A）隅肉熔接之強度　於第一圖中，以最小斷面A上之容許剪力或張力為該隅肉之強度。

茲令隅肉熔接之脚長為bcm，長度為1cm時。

則　喉厚　$d=\frac{b}{\sqrt{2}}$ cm.

最小斷面 $A=d\times 1=\frac{b}{\sqrt{2}}\times 1=0.707bcm^2$

剪力強度 $\phi_s=700\times 0.707b$ kg/cm——工廠熔接

$\phi_s=580\times 0.707b$kg, cm——野外熔接

張力強度 $\phi_t=900\times 0.707b$kg, cm——工廠熔接

$\phi_t=750\times 0.707b$kg, cm——野外熔接

由上列各式，可以計算各種隅肉熔接每單位長度之容許應力，如第二表。

第　二　表

脚長b(mm)	喉厚d(mm)	斷面積A(cm2)	工作場所	剪力	張力
4	2.88	0.283	工廠	198	255
			野外	164	212

6	4.24	0.424	工廠	297	382
			野外	246	318
9	6.36	0.636	工廠	584	572
			野外	492	477
12	8.48	0.848	工廠	594	764
			野外	492	637

（1）側面隅肉熔接：　與外力方向平行之熔接程度，由其剪力決定之。其容許程度

$P=2\varphi_s l$（φ_s為隅肉之容許剪應力強度）。

（2）前面隅肉熔接：　與外力方向成直角之熔接程度，由其張力決定之。其容許強度

$P=2\varphi_t l$　φ_t為隅肉之容許張應力強度）。

（B）衝合熔接強度　此種衝合熔接，按鈑之厚薄計分平頭，V一形，及X一形三種已如前述，此三者對於張力及壓力雖皆有抵抗之能力，惟慣例，多儘量避免以之抵抗張應力；且主要之部材亦多避用此法以添接其長度，用策安全。其容許強度

$P=\sigma_t bd$（σ_t為熔接之容許單位面積之張應力。

（C）孔熔接之强度　凡僅用隅肉熔接一法猶不能傳盡應力時，及不能使用隅肉熔接之部份時，則採用孔熔接法。其容許強度

$P=\tau_s na$（τ_s為熔接之容許單位面積之剪應力

n為孔數

a為孔底面積）

（丙）熔接計算

熔接之長度及其斷面之尺寸，既由容許之單位强度決定其數值，惟慣例；每一隅肉熔接片之長度不可小於50mm，而最大不熔接區間以不超過100mm為原則，然任何部份均不得超過150mm之極限。如斯及雨水內侵之危險，則不熔接區間，可採用輕隅肉以填塞孔隙。

茲計算鋼鈑梁突緣與腹鈑相連所需隅肉熔接之長度及謂突緣鈑相互連結所需隅肉熔接之長度如下：

令 I＝梁斷面對於中立軸之慣性力率。

Q＝突緣面積對於梁中立軸之力率。

S＝最大垂直剪力（已架設於墩橋上之鈑梁，不計死荷重之剪力）

d＝喉厚

b＝不熔接區之長度

τ＝熔接之容許單位面積應力，見第一表

l＝一熔接片之長度（或作a）

e＝相隣熔接片之中心距離

則 $e\cdot\frac{QS}{I}=2d\tau l$ 即 $\frac{e}{l}=\frac{I}{QS}2d\tau$ (1)

第　四　圖

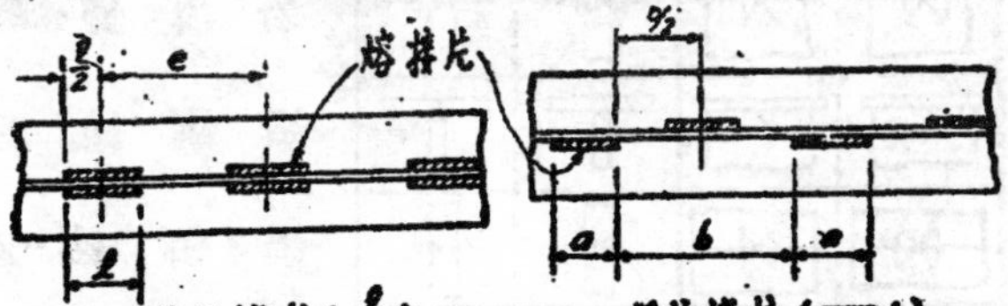

對位熔接　　錯位熔接

於（1）式中 $d\tau=\varphi_s$ 即隅肉單位長度之容許應力見第二表

設於（1）式中，$\frac{e}{l}=2.2$時，吾人如令l＝100mm，則e＝220mm；即不熔接區之長度為120mm。如是乃超過最大不熔接

16667

區間100mm之限制，此時可改令$l=50$mm則$e=110$mm 由是不熔接區之長度為60mm 如兩側為對位之熔接，則用符號$\frac{50}{60}$表示之，如兩側為調位之熔接則用符號50/60表示之，見第四圖。

設於(1)式中$\frac{e}{l}<1$時，則隅肉之長度已至無地可容之局面，即表示隅肉熔接法為不可能。

設於(1)式中$\frac{e}{l}<1.4$時，即不熔接區間小於40mm，此時以用連續熔接為宜，或令$l=200$mm，不熔接區間為 80mm 而採用斷續熔接亦可。

仿照上述計算方法，將其結果列成第三表，由此可以直接查出與$\frac{e}{l}$值相當之兩側熔接隅肉之尺寸$\frac{a}{b}$

第三表

$\frac{e}{l}$	$\frac{a}{b}$	$\frac{e}{l}$	$\frac{a}{b}$	$\frac{e}{l}$	$\frac{a}{b}$	$\frac{e}{l}$	$\frac{a}{b}$
0.9以下	增加脚長	1.6	$\frac{100}{60}$	2.2	$\frac{50}{60}$	3.2	$\frac{50}{110}$
1.0	連續熔接	1.7	$\frac{100}{70}$	2.4	$\frac{50}{70}$	3.4	$\frac{50}{120}$
1.2	,,	1.8	$\frac{100}{80}$	2.6	$\frac{50}{80}$	3.6	$\frac{50}{130}$
1.4	,,	1.9	$\frac{100}{90}$	2.8	$\frac{50}{90}$	3.8	$\frac{50}{140}$
1.5	$\frac{100}{50}$	2.0	$\frac{100}{90}$	3.0	$\frac{50}{100}$	4.0	$\frac{50}{150}$

（丁）熔接符號

茲為製圖簡單明瞭起見，將熔接符號介紹於後：

第 五 圖

（A） 衝合熔接

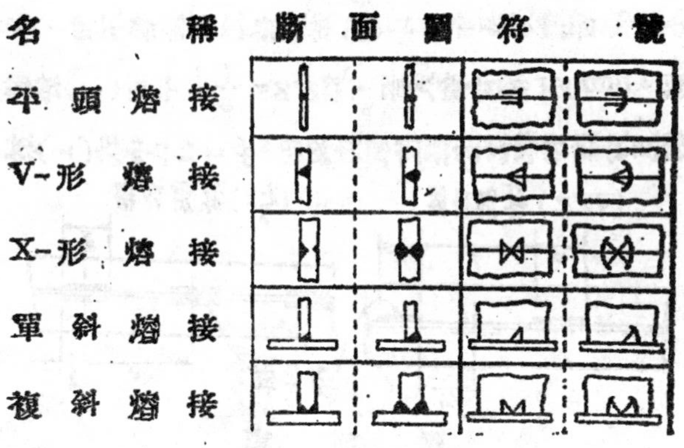

（B） 隅肉熔接

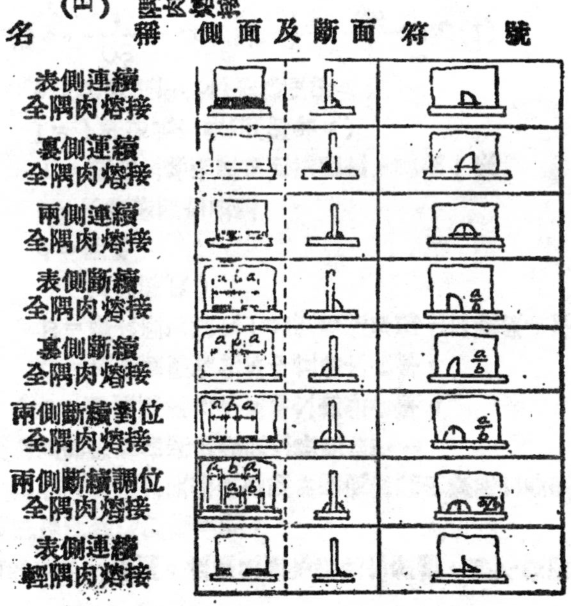

16668

(C) 孔熔接

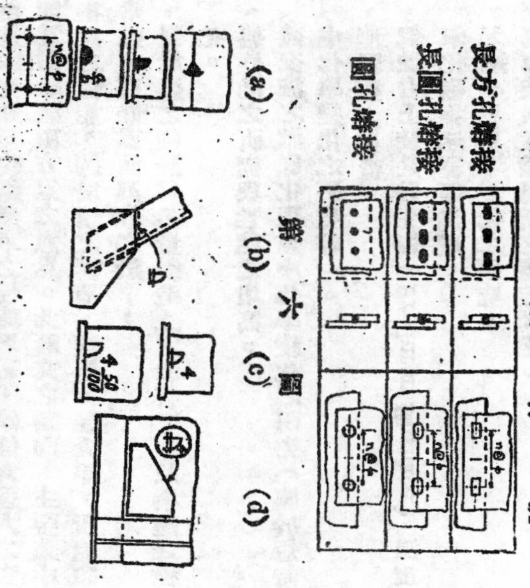

第六圖

(附註)(1)隅肉熔接符號中，a表示熔接區間之長度
b表示不熔接區間之度長
Z表示兩側調位之斷續熔接

(2)第五圖中僅示輕隅肉熔接之表側連續一例，其餘情形之表示法與全隅肉熔接同。

(3)將各符號塗黑後卽表示野外之熔接，如第六圖(a)所示(第5圖中之符號均表示工廠之熔接)

(4)熔接符號以直接記入熔接線上爲原則如遇特殊情形，可寫在熔接線外，惟在熔接線處，添畫點線，以資醒目，如第六圖(b)所示

(5)隅肉之脚長，可記於符號之右肩上，例如脚長爲4mm時，則如第六圖(c)所示。

(6)如部材之周圍須完全熔接時可照第六圖中之(d)表示之。

(三) 加固設計

(甲) 搜集實際資料

鋼鈑梁之現狀及各部之强度，必先精密調查施測，知其弱在何部，然後始可補强加固，此爲一定不移之手續。舉凡一切腐蝕，龜裂，損傷等不良現象，以及主梁之斷面，鉚釘之尺寸及各部之距離等均須精密測定，然後始可依照通常之橋梁設計方法，以計算各部之抵抗强度。

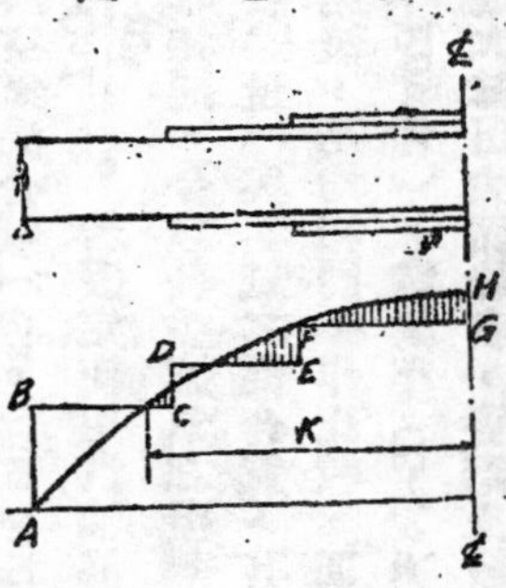

第七圖

如第七圖所示A-B-C-D-…G爲主梁之抵抗力率，A-H曲線爲該梁之外來彎曲力率，兩線相交，在K區間顯示主梁之强度不足，應予加固者，彎曲力率離開抵抗力率最大之處卽爲該梁之最弱點，從而算出該梁實際强度之等級：

E-10所生之彎曲力率：最弱點之抵抗力率=10：X

X=該鈑梁實際强度之古柏氏等級

此等最弱點多在跨度之中央，或蓋鈑之終點，或斷面添接(Splice)之所在等等。普通情況，由於抵抗彎曲力率之不足者居其大半，由於抵抗垂直剪力之不足者則不多見；惟爲安全起見，在最大垂直剪力所在處，亦應檢算主梁對於是項應力抵抗之强度，以免疏忽，此外尙有横向禦風構，垂直交叉構，添接部及梁端附近突緣之連結鉚釘等等，對於主梁之程度，均有直接之影響，是以均須認眞實地測定者。 (未完)

16669

煤氣汽車增高性能之方策

過志洵譯

一 緒言

煤氣汽車（註一）在現時局下已完成優良代用燃料汽車之使命，關於此點，吾人除去對當事者諸君先見之明表示敬意外，對於該種之苦心，更抱感謝之念。煤氣汽車已由應急之臨時代燃車性格，漸次成爲恆久之性格，此點由各方推測已無疑意矣。由是研究如何使煤氣車之性能增高，確信爲吾人之責務。以下卽爲討論該項方策之意見。此論文之論點，主要集中於發動機本身之性能，關於爐之構造，性能，裝置等，所能想到之改善諸點，亦條書而列舉之於下：

一、對於爐之設計與多量製造上之改善，及構造之徹底簡易化。

二、爐性能之研究與性能之增高。熱交流之徹底化與爐中化學變化之研究（關於短時間內爐中化學變化之研究等）。

三、測器類之裝置。試驗台上裝置發生爐（Producer Furnace）溫度計，一氧化碳指示器等問題。

四、瓦斯（Gas）淨化之研究。

五、汽車柴炭堆積場所之選定問題。

爐之合理設計與製造之材料，正俟吾人研究者極多，尚有爐與發動機配合時之詳細研究，亦爲必要者。

二 煤氣發動機增高性能之方法

發生爐氣與相當數量空氣混合後之發熱量，在乾式情況，爲550–570 $\frac{Cal}{m^3}$。在濕式之情況，爲600–650 $\frac{Cal}{m^3}$。汽油與空氣混合氣（Gasoline and air mixture）之發熱量約爲880 $\frac{Cal}{m^3}$。若假定使用汽油混合氣與使用發生爐氣時其容積效率相同，今以發生爐氣之發熱量與汽油或汽油酒精混合燃料之發熱量（與空氣之混合氣，其單位容積之發熱量和僅爲汽油者比較，殆均相同）作比較，則使用發生爐氣之發動機其輸出力（Power），當減小 63–74%。此種比率均依發生爐氣所得之最大輸出力而論者，實際上發生爐，淸淨器，導管等對於氣體之流動，因有摩擦抵抗之故，致容積效率低下，又由於發生爐內氣體發生狀況不良等之理由，輸出力當較上述比率更爲低下。使用發生爐氣時若令其輸出力與應用汽油之情況相同，其實用之方法，有下列三種。

1. 採用較使用汽油時更大型之引擎。
2. 增高汽缸內之壓縮比。
3. 利用過給機（Super Charger）增高汽缸之給氣壓力。

茲分述之於後：

16670

1.假使應用發生爐氣時，發動機之輸出力較使用汽油時低下65%。若將該汽缸之容積，增大至$\frac{1}{0.65}$即1.54倍（約五成）時，大體上可與汽油引擎，發揮相等之性能。但在此種情況下，發生爐之容量，不得不隨發動機汽缸容積之增大而擴大，其發出之力量若與汽缸容積爲3L級之汽油發動機相匹敵，必須設爲4L級之汽缸容積。然如以後將述及者，汽車發動機所須之全輸出力，不過爲全運轉時間中之極短時間而已，其他運轉只須全輸出力之數分之一。故令煤氣發動機與汽油發動機相匹敵而應用大型發動機，則對消費潤滑油之不經濟情形，需請注意者。

2.就第二種方法之情況論。理論定容循環（Cyvcle）多相變化之指數N=1.3，壓縮比爲6時之理論熱效率爲0.416所以將壓縮比增加至輸出力增大爲50%即五成時，熱效率必須爲0.416×1.5=0.624，因此壓縮比約須爲27以上，採用如是高之壓縮比知爲絕對不可能者，由於壓縮壓力之增大，始動電動機之容量亦須增大，又燃料之自燃與其他困難相伴而來。是故壓縮比之增加極難使煤氣發動機之性能超出汽油發動機性能之上。煤氣之耐爆性較汽油爲高，壓縮比只可由9止於10，再難得到更高者。在此情況輸出力之增加，與壓縮比爲6時相較，約可增至20%，（即二成）。然因熱效率之增加率，每依壓縮比之增高而遞減，所以壓縮比過度增高，反不得計。

3.應用過給機（註二）（Super Charger）之方法計有二種：

一、煤氣發生爐不用吸入式（Suctiou Type）而採用壓力式（Pressure Type）方法。在此情況下，空氣經送風器而送入發生爐，發生爐與由發生爐通至發動機管系內之壓力，皆在大氣壓以上。

二、在發動機與發生爐間，安置送風機法，在此情況下，發生爐爲吸入式作用，無論在何種情形，送氣量與發動機煤氣需要量須相等。然既應用過給機，則須安置煤氣貯存室，貯存相當煤氣以應需要，爲適合汽車之裝備，裝置具有相當貯藏能力之煤氣貯存室，幾近不可能（特別對於吸入式者，根本無討論必要）蓋因送風機須由發動機直接運轉也。

送風機由發動機直接運轉，則在應用壓力式之情況下，因發生爐不接近發動機，徒生管系混亂之象，致各導管內氣體流動之摩擦抵抗增加。尚有對爐下火焰層之給水問題（如向爐中直接給水，須與水一部壓力，故在送風機給氣側按置給水機構，爲一較良之法）與乎爐及各部管系氣體洩漏諸問題，均須考慮者。同容量之送風機，以使用壓力式者，可增加發生爐氣體之量，由此點論之，壓力式送風機較吸入式爲優（吸入式在送風機之吸氣口有抵抗，壓力式在送風機之排氣口生抵抗，同一送風機其迴轉速度相等時，原則上以在排氣口生抵抗之情況下送氣量最多），按實際之設計及構造，煤氣引擎仍以使用吸入式者爲佳。

汽車發動機須要最大輸出力之高性能者爲始動時，加速時，登坡等時。在平地行駛時，汽車最高速度所須之輸出力，與發動機之最大輸出力比較，僅爲數分之一。是故化汽器汽門全開所行走之時間，與整個行駛時間比較，僅極短時間而已，由是煤氣車在平常行駛中，並不需要過給機。

據上述之理，過給機與發動機直聯，因多不需要之機構，

致使機械效率減抵，所以在機構上既有如許困難，必使過給機於必要時始與發動機聯動，其餘時間最好令其與發動機間切離。

三　三方法之比較與結論

比較上述三法，首須考慮以下二事：一、煤氣汽車是否為汽油汽車臨時應急而改裝者。二、抑或煤氣汽車之本身即為煤氣汽車。如為前者，則當改裝時，必須留有重行恢復原狀之餘步，是故在最初設計與製作時，即應將以上二點，先行明瞭。

燃料由汽油換為煤氣，須經分卸，安置，取換，配合等之手續。以各種汽車而論，何者可直接由汽油改用煤氣，何者須將一部零件改裝後始可，更有某種汽車只能應用煤氣，均所不同，是故以國防之見地，暨汽車之動員計劃及資材上之關係，皆須有所規定，而不可冒昧從事。現下所謂代用燃料汽車，均可令煤氣與汽油互換應用，不過在保全火星塞之壽命上，煤氣引擎之火星塞應比使用汽油者，縮小4—5倍，然此種調整，並非必要者，可按行駛情況，便宜行之。

當燃料換為煤氣後，使汽車之性能並不減低，則由前知，汽缸容積必須應用較原來汽油車大約五成之汽缸始可，但如換妥該項發動機後，再欲應用汽油作燃料，則汽油不免消耗過量，此為缺點。

欲使壓縮比增高，在原設計時，即應計劃製作高壓縮比之發動機。然改造汽油發動機之一部另件，而行增高壓縮比，亦有二法：

一、準備二種汽缸蓋，令其可改變普通壓縮比與高壓縮比，而無困難。

二、增長連桿（Connecting rod）之長度或增高活塞頭部之高度（由活塞梢Piston pin之中心線至活塞頂面之距離）。

然活塞到達上方死點（Deadpoint），其頂面至汽缸蓋儲面，有一定限度之距離，不宜多所更動，蓋事實亦如理論，以固定容積之燃燒室為優良也。

茲按前述，將壓縮比增高至9乃至10，則煤氣引擎之輸出力，可增大20%—30%即二—三成。又按前述，增強煤氣輸出力，將汽缸增大至汽油引擎汽缸之五成，於事實上，有很大困難，根據上說，吾人可得結果如下：

如欲煤氣發動機輸出力與汽油發動機之輸出力相近，可行下法，即將壓縮比增高至9—10，更將汽缸擴大至二—三成，則可如願。

然考諸事實，決不如是簡單，加蓋法對設計與製造上，有極大困難也。又在現局下，汽油與煤氣，仍在合用之時，果真在製造上，區分出何種應用汽油，何者應用煤氣，亦非得計。

結論——為增大煤氣引擎輸出力，而使汽缸蓋成局部之另件裝置。或擴大汽缸，或當設計引擎，而區分為煤氣用汽油用二類，均不得策。

最後討論使用過給氣（Super Charger Gas）之問題，汽車發動機，除去競賽用之汽車，利用過給機外，餘者極少應用，在商場上出賣之汽車，備有標準裝置之過給機者，著者知之有限，舊式為 Benz (1926-1927) 新式為 Anburn(1934)。過給機裝於普通之汽車上，是否適當，且作後論。煤氣汽車應用

之將如何？乃需研究者。由前述知煤氣車若行裝置過給機，其目的僅在補充汽車加速時輸出力之不足，是以該機需具有下列之要件；

1.引擎過轉速度在600·900 r.p.m.·低速時，須能發生效能。

2.必要時例如加速，上坡等時，再行應用。

3.煤氣發生爐，須能敏捷適應該機之工作。

除以上之要件外，更須具有（A）構造簡單（B）機能確實（C）重量體積輕小等要件。過給機須連一特殊之克拉子（Clutch），以便隨時可與發動機，同時轉動。據上理由得

結論二——過給機（Super Charger）以應用轉子式（Roots Blower）較爲適宜。

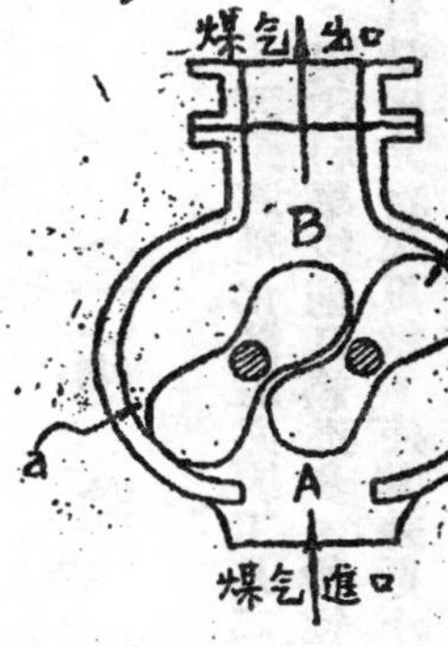

第一圖

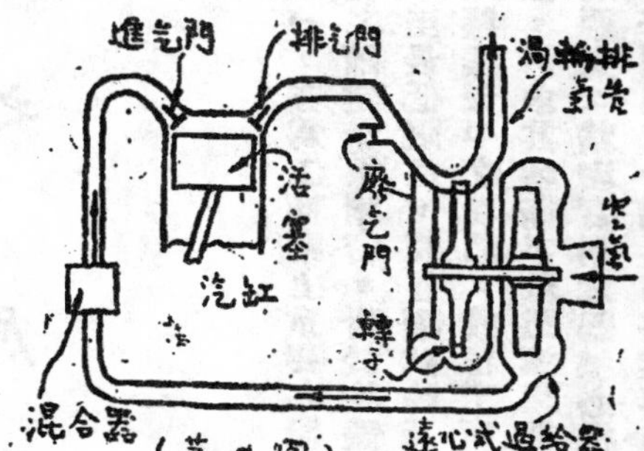

（第二圖）

前述 Benz 式過給機，根據筆者之經驗，甚爲可靠，用之於煤氣車上，可得良好之性能，其構造又極簡單，是以又得

結論三——增高煤氣汽車之性能，吾人當使用與研究過給機。

由以上之方法，應用過給機，可增大煤氣車之性能，並當以汽油作燃料而運轉之時，引擎之性能，更可增高。

（註一）原文爲柴炭汽車，譯者以此種瓦斯與煤氣性質成份相近，故總稱煤氣汽車。

（註二）過給機現下所應用者計有三種，即活塞型（Piston Type）轉子型（Positive Roots Type）與遠心式（Centrifugal Type）是。使用過給機，可使汽缸得良好之容積效率與充塡效率，且可使其輸出力增大50%。上文所述之轉子過給機，應用於煤氣汽車上，恐不甚適宜，蓋煤氣雖經三次濾淸，內中仍不免摻有雜質，如被吸入機中，因二轉子之擠壓，將將器壁如（第一圖）a處，摩出很多細縫，以致高壓煤氣自B室反進低壓室A中，以至效率減低，更或失效。普通飛機上所應用之過給機，如圖二所示，稱爲遠心式過給機，其動力爲一氣渦輪（Gas Turbine），利用廢汽吹動之，而後旋轉過給機，將空氣壓入混合器，再送入汽缸中，所得效果良佳，今利用此種裝置，是否可應用於汽車上，而以煤氣代空氣，倘須研究者，總之現正爲代用燃料車風行之時代，煤氣汽車如何改良，對交通民生均有極大影響，譯者爰譯是篇，以公同好，藉以提起研究興趣。

天平之原理

潘啟宇

（一）總論

天平爲理化試驗必要工具之一，亦爲工商業上重要之衡器。現代科學技術日趨進步，物性之確定尤須精密，對於物體之質量確定務求更精，使其差數小至最低限度，使各項試驗及計算更爲可靠。此皆賴精密設計之懸樑天平之功能。或在工商上之應用，所要求之差數不十分低，但求其稱衡手續迅速以期經濟時間，則架盤天平之應用最爲適宜。精密實用之器械必根據正確之學理，天平之設計爲靜力學應用之一端，玆將其構造原理及應用討論分述於后：

（二）構造

懸樑天平之橫樑在天平之最上部，橫樑之中央及二旁皆裝有刀口，中央之刀口向下擱置於直柱之刀座上，使樑能左右自由擺。二旁之刀口向上以承受刀座，刀座連接於承物盤。直柱通常皆中空，內設置升降橫樑之細樺，於衡物時能任意起落諸活動部份。橫樑之中央有一固定之指針垂直向下，其針頭指於一固定於直柱上之分度牌。牌之中央分度爲零，左右各有相等分度，此爲天平重要各部份之大概，至其詳細情形每因器而異，不能盡述。

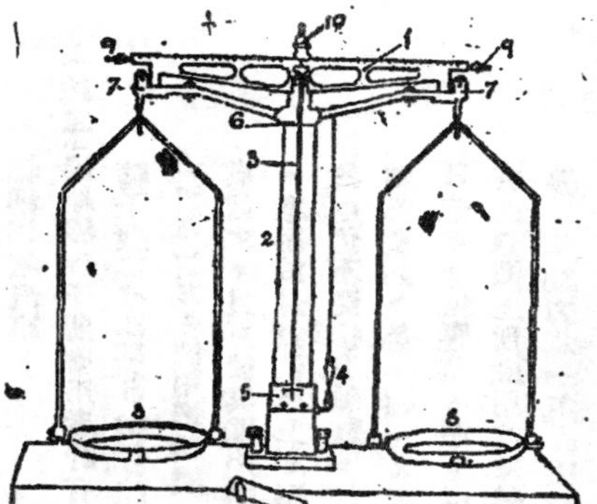

圖一

第一圖說明：1 橫樑　2 直柱　3 指針　4 準垂線　5, 分度牌　6 中央刀座　7 左右刀座　8 承物盤　9 平衡螺絲　10 重心校正螺絲　11 螺旋足　12 升降把

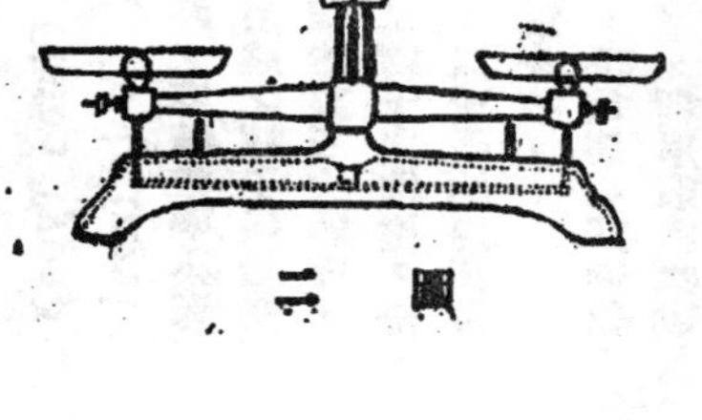

圖二

架盤天平之承物盤，架於橫樑之上。爲保持承物盤架之垂直不傾起見，架之下端另有副樑連接。副樑之中心點固定於天平底盤之中央。副樑隱藏於底盤之下，故不易覺察之。（關於架盤天平之副樑之討論詳後文）。

若天平既經校正，（校正之方法後述）稱衡時以物體置一盤中。另以大約同重之砝碼置於另一盤中漸漸轉動升降器，使天平稍能活動。視其指針之偏向而加減砝碼之多少。最後橫樑完

全能自由活動漸漸校正砝碼，使指針指於分度牌之中央零點，取出砝碼，計算各砝碼之和，即得物體之重量。

(三)天平之原理

(一)靜力平衡之基本條件：

靜力學研究一組力之平衡之基本條件，其結果如下：

(甲)各力之總合力之量爲零。

(乙)各力對於空間任何一點之總合力矩之量爲零。

以代數方程式表示之，設以OX,OY,OZ,爲空間中之三坐標軸。x.y.z.爲各力在此三坐標軸上之投影；Mx, My, Mz，爲合力對於三坐標軸之力矩。則其平衡方程式有六即爲。

$$\begin{cases} x_1+x_2+x_3+\cdots\cdots+x_n=0 \\ y_1+y_2+y_3+\cdots\cdots+y_n=0 \\ z_1+z_2+z_3+\cdots\cdots+z_n=0 \end{cases}$$ （總合力爲零）

$$\begin{cases} Mx_1+Mx_2+Mx_3+\cdots\cdots Mx_n=0 \\ My_1+My_2+My_3+\cdots\cdots My_n=0 \\ Mz_1+Mz_2+Mz_3+\cdots\cdots Mz_n=0 \end{cases}$$ （總合力矩爲零）

以上就最不規則之力組之情形而論，亦即最普遍之情形。

設若各力平行，則其平行方程式爲：

$$z_1+z_2+z_3+\cdots\cdots+z_n=0$$

$$Mx_1+Mx_2+Mx_3+\cdots\cdots+Mx_n=0$$

$$My_1+My_2+My_3+\cdots\cdots+My_n=0$$

其他三方程式自然適合，故可以省略之。

再若各力平行且皆在同一平面，如圖中ZOX面，則其平衡方程式僅爲：

$$z_1+z_2+z_3+\cdots\cdots+z_n=0$$

$$My_1+My_2+My_3+\cdots\cdots+My_n=0$$

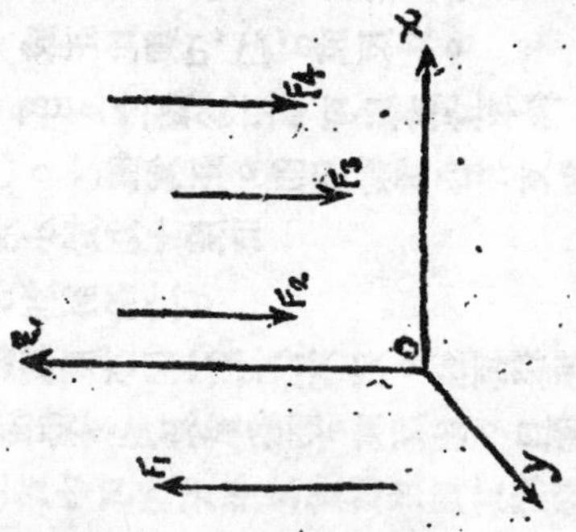

圖三

但各力對於OY軸之力距即爲對於O點之力矩。故後式可書爲，

$$M_1+M_2+M_3+\cdots\cdots+M_n=0$$

(二)天平之原理——槓桿

物質受地球之引力而生重力，重力向地心集中。惟地球半徑甚大，故在短距離間之重力皆可視爲平行向下。

茲有槓桿AOB,O爲支點，A.B爲重點。先設其兩臂不等長，G爲槓桿之重心，亦即W之重，離支點O之水平距離爲e，如圖所示。加相等之重力P於AB二端使槓桿平衡，則得：

$$P\times OB+We-P\times OA=0 \quad (1)$$

另易相等之力P.則：

圖四

16675

$$P_1\times OB+We-P_1\times OA=0 \qquad (2)$$

以二式相減得：

$$(P-P_1)OB=(P-P_1)OA$$

$$\therefore OB=OA$$

代入上二式則知We須爲零。但W不能爲零，故e必須爲零。天平之槓桿爲一橫樑，支點爲一向下之刀口。重點爲二向上之刀口。三刀口同在一垂直平面中，刀口銳堅，磨阻之作用幾無。二端之重力及支點之反應力平行而在同一垂直平面中，故其平衡方程式爲：

圖五

$$P_1+P_2+W-R=0 \qquad (1)$$

$$P_1d_1-P_2d_2=0 \qquad (2)$$

P_1P_2爲兩端之重力。

W爲橫樑及其附件之重。

R爲支點之反應力。

d_1d_2爲支點與重點之距離。

R爲反應力，故(1)式自然適合。若使P_1P_2相等，則(2)式之結果必須d_1d_2相等。故橫樑刀口水平距之相等，爲天平之基本要素，不然則此天平即無效用可言。

設如下圖中：AOB表示天平橫樑。A,B爲二端之刀口。O爲中央之刀口。AOB所成之角度爲2β橫樑及其固定附件之重爲W，其重心點爲G,G點離O點之距離爲e,AO,BO之長爲d。

圖六

天平既經校正，空盤時G點在過O點之垂直線上，以重量P加於A端，又重量(P+f)加於B端。天平因二端重力不同而傾側擺動。

設其靜止後之位置爲A_1OB_1。其傾側之角AOA_1,BOB_1爲α則依靜力平衡之原則可得下方程式：

$$P\,d\sin(\alpha+\beta)+W.e\sin\alpha-(P+f)d\sin(\beta-\alpha)=0$$

$$\text{即}\ Pd\sin(\alpha+\beta)+(P+f)d\sin(\alpha-\beta)+We\sin\alpha=0$$

$$d(2P+f)\sin\alpha\cos\beta-fd\sin\beta\cos\alpha+We\sin\alpha=0$$

以cos α除之(cos α不等於o)

$$(2P+f)d\cos\beta\tan\alpha+We\tan\alpha-fd\sin\beta=0$$

$$\text{故：}\tan\alpha=\frac{fd\sin\beta}{(2P+f)d\cos\beta+We}$$

α角之切線係數與角之大小俱增，天平之靈敏亦即橫樑之傾角大小。故tan之值大，天平之靈敏度亦高。

由上式中可知天平之靈敏度與其橫樑長度d成正比與衡重(p2+f)橫樑重W及重心距e成反比。且衡物之重每次不同，故天平之靈敏度亦因之變化不定。茲再根據上式而依β角及e之變化而分別討論之。

(甲)β角小於九十度時

(1)e之值爲正。即橫樑重心在支點O之下。

tanα之值爲正，可以成立平衡。tanα之值與f,d,β成正比與P,W,e成反比。

(2)e之值爲零。即橫樑重心與支點重合。

代入上式則：

$$\tan\alpha=\frac{f}{2P+f}\tan\beta$$

16676

$\tan\alpha$ 之值仍爲正。天平可以穩定。靈敏度與 d 及 W 無關。而與 f 及 β 成正比，與 P 成反比。

(3) e 之值爲負。卽橫樑重心在O之上。則：

$$\tan\alpha=\frac{fd\sin\beta}{(2P+f)dw\cos\beta-We}$$

欲使 $\tan\alpha$ 之值爲正，則必須

$$(2P+f)d\cos\beta-We>0$$

卽 $2P+f>\frac{We}{d\cos\beta}$

卽稱重大於 $\frac{We}{d\cos B}$ 時始得穩定。

(乙) β 角大於90°度。可分三點討論。

(1) e 之值爲正。$\sin\beta$ 之值爲正。$\cos\beta$ 之值恆爲負。

故 $We+(2P+f)d\cos\beta>0$

卽爲 $2P+f<\frac{We}{d\cos\beta}$ 時天平始能穩定

(2) e之值爲0或小於0 $\tan\alpha$ 恆爲負數，故天平不能穩定。

(丙) 若 β 角等於90°，$2\beta=180°$ 此時三刀口在一直線上。

則 $\cos\beta=\cos 90°=0$　$\sin\beta=\sin 90°=1$

故 $\tan\alpha=\frac{fd}{We}$

(1) e 之值爲正時，則天平穩定。其傾角與橫樑之長度及二衡重之差成正比，與橫樑及重心之垂距成反比，而與二端之衡重無關。

(2) e=0則 $\tan\alpha=\infty$　天平不能穩定

(3) e=0則 $\tan\alpha>0$　天平不能應用

綜合以上之討論，可知以丙項之(1)之情形最爲優良。且傾角與衡物之重無關一點尤爲重要。此可於下文知之。

(四) 天平之稱量與感量：

稱量卽衡器所能稱衡之最大重量。

感量卽衡器應用時所能感覺之最微量也。

天平感量之推算，於天平兩盤置同等重量，適在平衡之時。於右盤中加一最小重量，致天平失其平衡指針向左移動一分度時，則所加之最小重量，卽爲該天平之感量。

天平感量有空盤(不衡物時)感量，及實盤(天平已載稱量時)感量之分別。

若天平構造優良，三刀口在一直線上。且刀口之磨阻力幾近於無。則空盤感量與實盤感量相同。若天平構造不佳，則空盤時之感量微，實盤時之感量大。依據吾國度量衡法之規定，天平之感量應爲秤量千分之一以下。(此指實盤時而言)。通常天平之感量恆在此下，德國各名廠出品之天平，其感量爲秤量之 1/2000000，其精密可見矣。

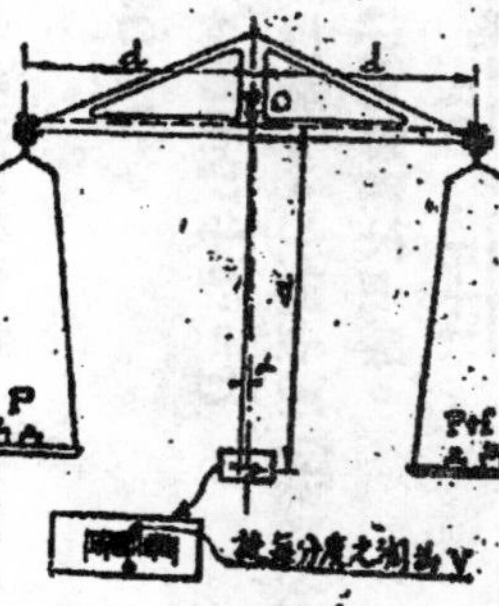

圖七

設 d 爲樑一端之長。W爲橫樑及固定附件之重。

a 爲指針自中央刀口至足端之長。e 爲橫樑重心至中央刀口之距離。

v 爲每格分度之橫距。

$$\tan\alpha=\frac{df}{We}=\frac{v}{a}$$ 放感量 $f=\frac{Wev}{da}$

16677

由上式可知欲使感量微小，則必使W,e,v三者小。而d,a二者大。

故精密天平之構造，必使橫樑之重心略低於中間之刀口處。且樑之中央部有可上下移動之垂錘或螺絲以校正重心之地位。樑之本身重量，力求減輕。縮小分度之距，而另有擴大鏡或電光顯微鏡之設置以視分度牌上指針之移動。又因天平橫樑之長度增加卽須同時增加其强度，因而加其重量。且過長之樑因荷重而易起變形。故樑之長度並不加大而將中間之柱加高，放長指針。其對於天平靈敏之效果一樣，而於其强度並無妨礙。此爲短樑式天平之優點，通常指針之長常倍於樑之全長。

三天平之器差及其免除方法：

天平之器差可分二種，一爲變易器差，一爲恆定器差。

應用天平衡物時因物體在盤中之位置不同，而生差數。是爲變易器差。其原因乃爲刀口與刀架之缺點。精細之天平更因外界之溫度濕度磁力等之變化而影響其秤盤之結果。根據力學之理論，理想之天平之槓桿應爲一幾何直線，而三着力點爲此線上之三幾何點。然此爲在實際構造所不可能。在實際構造中，天平之三刀口應爲一水平幾何平面上三等距離垂直於橫面之平行線。各刀口及刀架之平面不能絕對無疵。三刀口之平行性不能完全正確。物體在盤中之位置更易時，影響刀口上之着力點，致槓桿距離不能始終相同，而產生器差，故改進之方

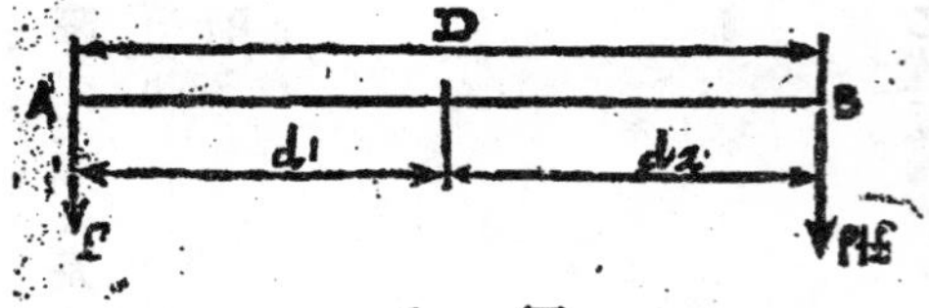

圖八、

法，力求刀口及刀架之完美，用特種之堅鋼，或玉石，瑪瑙等製造。使接觸處平滑，並減少摩阻力。並使刀架與刀口接觸時之位置不變。故良懸樑與刀架之連接裝置。如複式懸架(Compensating suspensions)使其能在各方向自由擺動，則衡物之重力線恆過刀架之中央部。如此則變易器差可以減少矣。恆定器差爲天平刀口距離不相等而生之器差。較上述之器差更爲重要。校驗之法乃以等於天平秤量之砝碼二組加二盤中衡之。再左右互易秤一次。視其二次之結果是否同樣平衡。若否則可知二端刀口距離之不等。

設如圖所示： $AO=d_1$ $BO=d_2$

由試驗知$d_1>d_2$又知總距$d_1+d_2=D$

以同重之砝碼P置二盤中，不能平衡（指針不在0處）乃另加微砝碼f於B盤使之平衡。

則 $d_1P=d_2(P+f)$ 或 $\frac{d_1}{d_2}=\frac{P+f}{P}$

卽 $\frac{d_1+d_2}{d_2}=\frac{2P+f}{P}$

故 $d_2=\frac{(d_1+d_2)P}{2P+f}=\frac{DP}{2P+f}$

$d_1=\frac{D(P+f)}{2P+f}$

二距離之差爲 $d=\frac{f}{2P+f}D$

又因P爲稱量，f爲感量（設指針移動十格）

設 $\frac{f}{P}=n$ 則 $f=Pn$ $d=\frac{Pn}{2P+Pn}D=\frac{n}{2+n}D$

n恆在 $\frac{1}{1000}$ 之下故上式可略書爲 $d=\frac{n}{2}D$

16678

此數値極微小，試舉例說明之。設一天平之刀距總長爲140公厘，感量比數爲1/100000

$$\text{則 } d = \frac{140\times0.00001}{2} = 0.0007\text{公厘}$$

即刀距之差應在0.0007公厘之下，不然即顯恆定器差。

若感量比數更小，則刀距之校正更不易爲。絲忽之微即生器差。此精細天平之所以難爲，其價値所以可貴者也。

(六)架盤天平之器差：

架盤天平爲比較粗陋之儀器。故其易變器差不能觀察。反之因其承物盤在橫樑之上部，各刀口之長度增加。故其相互之平行性更難確實。又因衡物置於刀口之上爲保持承物樑之垂直不傾，乃在天平底部設置副樑以牽制之。如圖所示 AOB 者爲橫樑，A'O'B'爲副樑，O及O'均爲固定，AB及A'B'各處均可活動。故 ABB'A' 組成一可變之四邊形依O,O'二點而迴轉。天平平衡時，ABB'A' 成爲矩形。不平衡時變爲一平行四邊形。

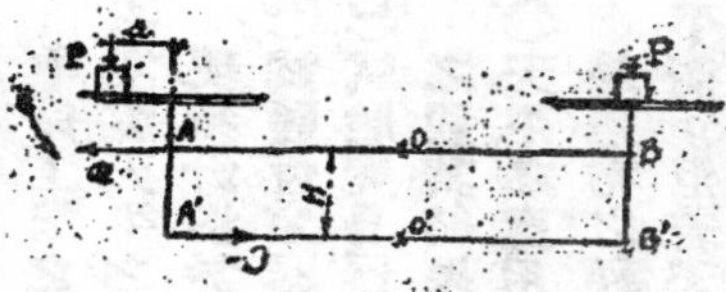

圖九

茲設衡物之位置偏向左右而討論之。

如圖衡物之重爲P,AA'之高爲H，衡物重心之偏距爲d。

衡物在旁，則力不在刀口之上。根據靜力學之原理，若將一力之施力線平行移動至另一施力線處，則應加一力距，其値等於原力，對於新施力線之力距。故設施力線移至中央，則應加一力矩其値爲 p×d。其方向如箭頭所示。此力矩之作用乃使物盤向外傾側。有如於A施一向外之拉力，A'點施一向內之推力。

$$\text{故 } Pd = QH,\quad Q = \frac{Pd}{H}$$

因副樑及橫樑平行此二力Q及一Q直接被固定點O及O'之反應力所抵消。對於天平所受之垂直向下之力並無影響。

若二樑不相平行如圖十。則一力於 A' 處生垂直向下之分力，設樑長爲 L O' 點上下之差距爲 i. 垂直分力之値爲 n = $\tan\alpha$

$$\text{因 } Q = \frac{Pd}{H},\ \tan\alpha = \frac{i}{L}\ \text{ 故 } n = \frac{Pdi}{HL}$$

此分力之作用附加於衡物之重力，致使左盤顯重。而實際上左右同等重也。若同一情形之天平，衡物偏置右方。則分力之方向向上，將衡物之重力減少一部。是即爲盤架天平因正副樑之不平行而生之偏差。亦常見之器差也。此種缺點，可以校正O'點上下之位置而改善之。

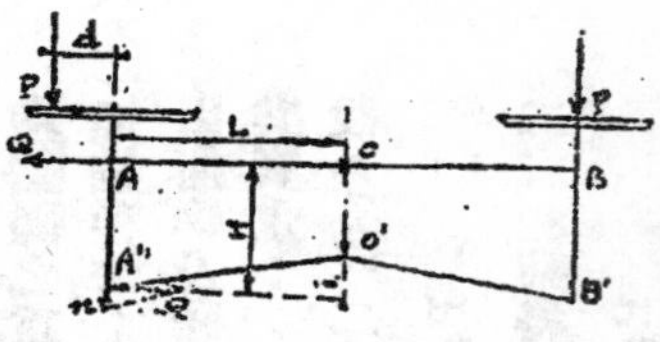

圖十

設若偏心距甚大，A點所受Q之力亦因之增加。此力傳至中間之刀口。若刀之強度不足，則將生彎曲(Flexion)，因之改變左右之槓桿距離。此器差所以產生之又一原因也。改良之法端在加強中間刀之強度。

(七)應用天平時校正之步驟

(甲)校正水準或垂直體——調整其底架之螺旋足，使天平之直

16679

柱保持垂直。

（乙）分度指針之垂直——可量指針尖端至橫樑二端之距離，校之使相等。

（丙）橫樑及其附件之重心地位校正——上下移動指針上或橫樑中央上端之螺旋，使重心在支點刀口下相近處。

（丁）空盤天平之平衡——以平衡螺旋或加微重於輕盤之一方。使指針指於零處。

（戊）試驗恆定器差之有無，其法已如上述。

（己）試驗變易器差之有無——以砝碼置於盤之各不同地位試驗之視其結果是否相同。

（八）天平之應用

最通常之秤法，即以砝碼及衡物分置二盤中，加減法碼使之平衡。但若天平二臂之長不等顯有恆定器差，其結果必誤。但吾人若善知槓桿之原理，則亦可以以不準確之天平，衡得準確之重量其法有二：

（甲）複秤法——以衡物置一盤，另以任何重物置他一盤加減之使平衡。自盤中取出衡物以砝碼置此盤，調整之使平衡。則砝碼之重即衡物之重。

（乙）換盤秤法——先以衡物置一盤中，稱衡之得其重為P_1。取出衡物及砝碼以物置另一盤中再衡之得其重為P_2。茲試計其實重：

設 d_1 d_2 二臂之距，二次之平衡式為：

$P_1d_1=Pd_2$ (1)　$P_2d_2=Pd_1$ (2)

二式相乘得。

$P_1P_2d_1d_2=P^2d_1d_2$

故 $P=P_1P_2$ $P=\sqrt{P_1P_2}$

衡物之實重為二次衡得結果之等比級數之中項。以上所述，就通常實用而言，若精確之衡法非本文範圍所及也。

陳理事長榮任建設部部長

國府為謀強化機構適應戰時體制起見，經國防最高會議之決議，將水利委員會歸併交通部，改稱建設部。本會陳理事長榮任首任部長，已於二月初到部視事，對今後之復興建設事業將有一番新猷。不特為國家民族之福胥，抑亦本會之光榮也。

國內外工程消息

△美國本年度之造船計劃

美國自參加戰事以來，商船之損失甚鉅，據海軍部所發表者已達六百艘之多，故對於今後之添補，頗感棘手，本年一月二十六日美國海事委員會委員長在新聞記者席上發表造船計劃如下：「戰時生產局已將本年度造船所需之鋼鐵一千六百萬噸運交造船所，平均每日能造五艘半。海運委員會對本年度添造船隻一千八百萬噸之計劃，現正考慮鋼鉄之材源問題，並已動員工人十七萬五千名以進行此項計劃。」

△日本完成世界最大之風洞電動機

日本電機公司近已完成一座世界最大之風洞電動機，馬力高達八百匹。當該公司在橫濱工場上作試用實驗時，出席參觀者有陸海軍，工商，鉄道，交通各當局及電氣機械統制會長官等。此風洞電動機實為大東亞航空工程發展之光輝，其主要特徵如下：

(一)速度調整簡單平穩，絕無昇落急驟之弊。

(二)電動機之功能不因速度之調整而而受損失，故於整個變速範圍內效率皆優。

(三)抵禦裝置簡單，機器所佔之面積甚小。

(四)可直接使用交流電。

△大冶鐵鑛輸日之新紀錄

與大東亞戰爭資源有關之大冶鉄礦，最近採量激增，輸往日本之礦石於去年十二月中計達××萬噸之新紀錄。該鉄礦在日本鋼鉄會社經營之下，因勞工薪金之提高，廉價食糧之配給，及起居衛生之注意，故採量將更日見增加。

△豆油之新利用

滿鉄會社中央試驗所錦貫孝治氏等已利用大豆油為原料，製出特殊油類，與滑潤油相混合，而成高度滑潤油。經大連市內公共汽車試用後，頗著成效。

△亞硫酸鈉之新製法

大阪產業研究所室岡夫助氏，在東北帝國大學石川總雄教授指導之下，已利用鋅汞劑，加入酸性之硫酸鈉中，而製成亞硫酸鈉，實為漂染工業上之一大貢獻。

本會三十二年度事業計劃綱要

（一）改建會所

查會所爲本會會員集會及進修之所，亦爲敎請中外著名學者來會演講之所，雖不必過分華麗，究宜粗堪舒適，足使來會者發生賓至如歸之感，現有會所係楊第一屆理事長捐廉興修，當以本會基礎未固，一切從簡，現在會務日益發展，已感不甚適宜，將來收藏圖書日多，更將不敷應用，宜卽籌集經費，從事改建，內部陳設亦應添置。

（二）購置圖書

查中外工程圖書，不特汗牛充棟，抑且日新月異，本會宜逐漸採購，分類庋藏，以供會員進修之用，現在擬暫定採購圖書經費每月以國幣一千元爲度，俟經費充裕後，再事加增，至上海已停頓之各學會所收藏之工程圖書，如可設法使其移轉本會者，亦宜竭力進行。

（三）舉行學術集會

查個人研究之心得，如僅著成論文，登載於刊物，甚難質疑解答，故東西各國之學會每舉行學術集會或座談會，宣讀論文，演講討論，俾會員得同聚一堂，互相切磋，又中外著名工程學者之來當地者，年有其人，本會宜敎請來會演講，以資交換知識，而便聯絡感情，此項學術集會之舉行頗堪增加會員研究之興趣，可分定期與不定期二種，定期者可酌定爲每月一次。

（四）增發刊物

查刊物之功用有二，（一）可使本會會員互相觀摩，（二）可將本會會員之學驗介紹於社會，本會三十一年度已出有工程雜誌一種，此後自宜繼續刊行，原定每年出四期，俟經費充裕，並擬改爲每月一期，俟會務發展至相當程度時，更宜再印各種臨時專册，以應社會之需要。

（五）創辦各種實驗室及試驗所

查工程之研究每需實驗，社會之希望於學會者每爲代作試驗鑒定，在工程學術落後之我國，完備之工程實驗室或試驗所可稱尙未曾有，本會對於此項各種實驗室及試驗所之舉辦，自更屬責無旁貸，雖需款甚鉅，但必需竭力推進，並擬請求各方面予以援助，俾得早日實現。

16682

本會收支報告（三十一年十一月至三十二年二月）

收入之部

楊理事長移交款	八一，〇九
華北建設總署入會及三十一年會費	三〇〇，〇〇
吉金標入會及三十一年會費	一六，〇〇
海軍部三十一年會費	二〇〇，〇〇
陸軍部入會費	一〇〇，〇〇
全國經濟委員一月份會費	五〇〇，〇〇
水利委員會三十一年年會費	一〇〇〇，〇〇
廣東省政府一月份補助費	二〇〇〇，〇〇
安徽建設廳入會及三十二年會費	三〇〇，〇〇
蘇北建設處入會及三十二年會費	二〇〇，〇〇
實業部三十一年會費	二〇〇，〇〇
實業部補助費	五〇〇，〇〇
漢口張市長仁蠡捐款	一〇〇〇，〇〇
江蘇建設廳入會費	一〇〇，〇〇
宣傳部一月份補助費	一〇〇〇，〇〇
徐大使良捐款	一〇〇〇，〇〇
浙江傅省長式說捐款	一〇〇〇，〇〇
安徽高省長冠吾捐款	一〇〇〇，〇〇
湖北建設廳入會及三十二年費會	五〇〇，〇〇
教育部一月份補助費	二〇〇，〇〇
廣東陳省長耀祖捐款	五〇〇〇，〇〇
總　計	一六一九七，〇九

支出之部

三十一年十一月份經常支出	二七三，八〇
十二月份經常支出	一〇四，〇〇
三十二年一月份經常支出	三二五，〇〇
二月份經常支出	三二八，〇〇
總　計	一〇三〇，八〇

收支捐抵結存國幣壹萬伍仟壹百陸拾陸元貳角玖分

編後話

上期因急於出版，校對匆促，以致「汽車專用道路之縱坡度及縱斷曲線形」中的第二圖與三圖互相易置，同時計算公式亦頗多差誤，這是編者應該表示歉意的。好在計算公式，大部係普通應用之三角，讀者不難自行校正。

本期所刊載的「鋼鈑梁之電焊加固」，作者陳侃如兄一向在鐵道及公路機關服務，對橋樑工程頗有研究。這次特爲執筆，使本刊生色不少。以篇幅較長，故分兩期登載。

在集稿中，使編者最感到興趣的，便是投稿的多半係青年技術家。（一般工程界前輩大概因職務繁忙之故，無暇寫作。）上期有許慶潼兄的「汽車專用道路之縱坡度及縱斷曲綫形」，本期有過志洵兄的「煤氣汽車增高性能之方策」及潘啓宇兄的「天平之原理」，下期將有金能始兄的「船體模型試驗錄」，都是很可讀的譯著。編者更希望各地的青年技術家能踴躍投稿，尤所歡迎。

現在國內的工程研究機關大部停頓，歐美的雜誌以戰事關係無法寄來，要完全刊載着研究心得和新穎學說，實屬不可能，因此本刊的內容祇能偏重於譯述。編者以爲在文化飢荒的現時，譯述的文字也很適合一般的讀者的需要。本刊固然是專門性的刊物，不妨在專門中求其普遍。編者便認定這個方向去努力，希望同志能隨時賜教。

簡訊

△廣東省陳省長捐助本會國幣五千元。

△常務理事許公定兄近爲便利辦公起見已挈眷遷居本會會所。按許兄尚抱伯道之憂，編者預祝許兄能一舉獲麟。

△理事湯震龍兄已赴漢口，供職於湖北省政府。湯兄在京時有夫子廟常務委員之雅號，聞現已罷舞云。

△理事金其式兄已辭去中央大學理工院院長，就任建設部簡任技正。

△理事俞梅遜兄以礦稅事務繁忙，辭去實業部職務，常去上海，故京中交際場所近已罕見「娘舅」蹤跡云。

△本會同志中寫作最勤者乃爲許慶潼兄，在雜誌上可時見許兄發表之工程文字。

△最近工程同志之加入本會者更日見踴躍，每次理監事會議輒通過數十人之多。

工程雜誌 民國三十二年二月二十八日出版

發行者 中國工程學會
南京碑亭巷...一二四號

編輯者 任樂天
南京東箭道建設部

印刷者 中華印刷公司
南京建鄴路一三八號

總經售處 中國工程學會

分經售處 國內各大書局

價目 每冊國幣二元（外埠另加郵費）

徵稿簡則

一、本刊歡迎有關工程之論著，譯述，專載等稿件。
二、來稿須繕寫清楚，並加標點，譯稿請附原文。
三、來稿不論刊載與否，概不退還。
四、來稿一經刊載，版權卽歸本刊保有。
五、已刊載之稿件每千字酌酬國幣二十元至三十元。
六、本刊一律用真姓名發表。

△本刊正向宣傳部登記中▽

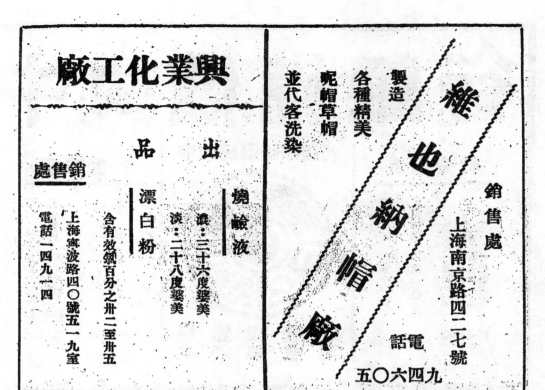

中央儲備銀行

南京總行

行址　中山東路一號

電報掛號　中文五五四四　英文CENREBANK（各地一律）

電話　三三五四一　三三五四二　三三五四三　三三五四四　三三五四五（轉接各部）

中華民國國家銀行

資本總額　國幣壹萬萬圓

上海分行

行址　外灘十五號

電報掛號　中文八六二八

電話　一七四六三　一七四六四　一七四六五　一七四六六（轉接各綫）

蘇州支行

行址　觀前街一八九號

電報掛號　中文五五四四

電話　一八五六　六九五

杭州支行

行址　太平坊大街

電報掛號　中文五五四四

電話　二七七〇

蚌埠支行

行址　二馬路二九四號

電報掛號　中文五五四四

電話　二五八

廣州支行

行址　長堤大馬路二六八號

電報掛號　中文六三二八

電話　一七一三一

漢口支行

行址　湖北街九號

電報掛號　中文一一三五

寧波支行

行址　江廈路十五號

電報掛號　中文五五四四

電話　七六〇　七六五

各地辦事處

地名	行址	電報掛號	電話
蕪湖	二街西首	五五四四	一三五
常熟	老縣場	五五四四	二三一　二三三
無錫	北門內打鐵橋	五五四四	一六三四　一六六一
南通	西大街十八號	五五四四	
嘉興	城基路望吳橋	五五四四	一七七　一七九
揚州	左衛街	五五四四	
太倉	稅務橋東首	五五四四	四四
鎮江	寶塔路三十二號	五五四四	二九二
泰縣	彩衣街	五五四四	
常州	西瀛里	五五四四	
滬西	上海靜安寺路地豐路二九號	〇七四八	
上海	上海法租界邁爾西愛路一二一號	一七一五	
松江	西門外馬路橋大街	五五四四	
崑山	北大街	〇〇〇一	
安慶	國貨街	五五四四	
廈門	海後路廿六號		
東京	麴町區大手町二丁目二番地		

工程雜誌

第二卷

第三期

本期目次

中國工程學會出版

中華民國三十二年三月三十一日

日本國內重要原料之自給狀態

（根據三菱經濟研究所之調查）

一、有輸出餘力者（自給率在一〇〇%以上）

無機原料　銀、硫黃、砒

有機原料　生絲、魚油、樟腦、薄荷、植物油、人造絲

二、能充分自給者（自給率在九〇—一〇〇%）

無機原料　合金鉄、鋼及鋼料、石墨、石膏、黏土及高嶺土、矽砂、石灰石、螢石及冰晶石、明礬、氮化合物、硫化鐵礦

有機原料　革、木材、石炭、潤滑油、瀝青

三、差堪自給者（自給率五〇—九〇%）

無機原料　銑鐵、銅、鉻、鎂、重晶石

有機原料　製紙用木漿、石蠟、獸皮

四、不足自給者（自給率一〇—五〇%）

無機原料　鐵礦，屑鐵、鉛、鋅、錫、錳、鎢、鉬、食鹽

有機原料　獸毛、獸脂、貝殼、麻類

五、自給最貧乏者（自給率〇—一〇%）

無機原料　鎳、銻、汞、白金、鋁、雲母、石綿、菱苦土、燐礦、鉀鹽、硝石

有機原料　橡皮、羊毛、人造絲用木漿、蟲膠及松脂、製革材料、棉花、石油

鋼鈑梁之電銲加固（下）

陳侃如

（乙）主梁之加固

主梁加固之方法，視實際之情況計分：（A）丁形加固法。（B）溝形加固法（C）溝丁合用法三種；要不外增加主梁對於彎曲之抵抗力率而已，茲分述於后：

（A）丁形加固法　當鋼鈑梁之下緣距水面或路面之空間富裕時，則於鋼鈑梁之下突緣，添出一倒式丁形斷面，使梁之高度加大，以增其對於彎曲之抵抗力率見第8圖，此法最為有效且加固時須交通中斷，故尤為有用，茲將此法稍事詳述於下：

選適當之加固高度及斷面，俾上下突緣內最大之抗壓及抗張應力同時各等於其容許之數值，如是即得最經濟之加固斷面，根據此種理論，吾人可以計算如次：（a）先使上突緣之緣纖抗壓應力等於規定的容許抗壓應力以成立一關係式（b）次使下突緣之緣纖抗張應力等於規定之容許抗張應力以成立又一關係式，由此兩關係式即可决定所求之補強斷面。

第8圖　茲令：

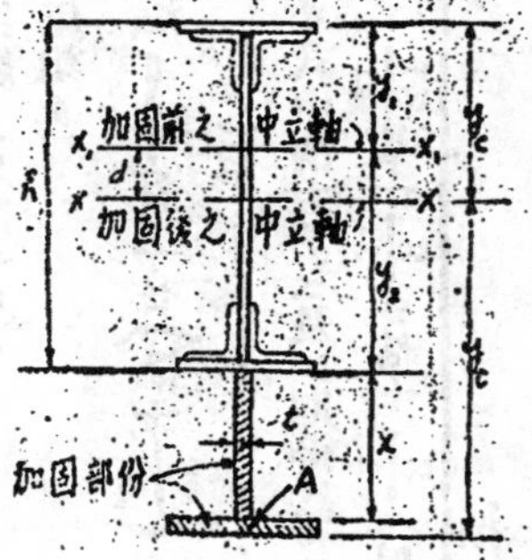

a＝加固前之鋼鈑梁斷面積。

I＝a對於加固前中立軸之慣性力率。

fc＝容許彎曲壓應力。

ft＝容許彎曲張應力。

M＝外力所生之最大彎曲力率。

x＝丁形加固腹鈑之高度。

t＝丁形加固腹鈑之厚度高

A＝丁形加固之突緣斷面積。

I'＝加固後全斷面之慣性力率。

其餘符號如第8圖所示：

緣纖應力f之普通公式為：$f=\frac{M}{I}y$

（a）最初僅使抗壓突緣內之緣纖應力f等於容許彎曲壓應力fc時，則得x與a間之關係式：

令抗壓突緣之緣纖應力 $f=\frac{M}{I'}y_c=f_c$ ……………（1）

由第8圖又得：$y_c=y_1+d$ ……………………（2）

今 加固斷面積＝腹鈑（xt）＋突緣（A）

加固腹鈑距原鈑梁中心軸 $x_1-x_1=y_2+\frac{x}{2}$

加固突緣距原鈑梁中心軸 $x_1-x_1=y_2+x$

故 斷面力率 $=xt\left(y_2+\frac{x}{2}\right)+A(y_2+x)$

加固後之全斷面積＝a＋xt＋A

$\therefore d=\frac{1}{a+xt+A}\left[xt\left(y_2+\frac{x}{2}\right)+A(y_2+x)\right]$ ……（3）

又 加固後之全斷面對於原梁中空軸 x_1-x_1 之慣性力率：

腹鈑 $=\frac{1}{12}tx^3+xt\left(y_2+\frac{x}{2}\right)^2$

16689

突緣 $=A(y_2+x)^2$

原梁 $=i$

由是 $I=\frac{1}{12}tx^3+xt\left(y_2+\frac{x}{2}\right)^2+A(y_2+x)^2+i-(a+xt+A)d^2$ ……………………(4)

以上4式中消去 y_c, d 及 I，則得x與A之關係式：

$$A=-\frac{\frac{t^2}{12}x^4+\frac{t}{3}ax^3+\frac{t}{2}(2ay_2-m)d^2+t\left(ay_2^2+i-m(y_1+y_2)\right)x+a(i-my_1)}{\frac{t}{3}x^3+ax^2+(2ay_2-m)x+ay_2^2+i-m(y_1+y_2)}$$

$$=-\frac{\frac{t^2}{12}x^4+\frac{t}{3}ax^3+\frac{t}{2}px^2+tqx+r}{\frac{t}{3}x^3+ax^2+px+q}\quad\cdots\cdots\cdots(5)$$

其中 $p=2ay_2-m$

$q=ay+i-mh$ 但 $h=y_1+y_2$

$r=a(i-my_1)$

$m=\frac{M}{fc}$

(b) 其次另使抗張突緣內之緣纖應力f等於容許彎曲壓應力ft，則得x與A之又一關係式。

同前： $ft=\frac{M}{I}yt$ …………………………(6)

$yt=y_2+x-d$ ………………………(7)

由(3),(4),(6),及(7)消去yt,d,I則得

$$A=-\frac{\frac{t^2}{12}x^4+\frac{t}{3}ax^3+\frac{t}{2}(2ay_2-m')x^2+t\left(ay_2^2+i-\frac{1}{t}am_1\right)x+a(i-m'y_2)}{\frac{t}{3}x^3+ax^2+2ay_2x+ay_2^2+i}$$

$$=-\frac{\frac{t^2}{12}x^4+\frac{t}{3}ax^3+\frac{t}{2}p^1x^2+tq_1x+r_1}{\frac{t}{3}x^3+ax^2+p''x+q''}\quad\cdots\cdots\cdots(8)$$

其中 $p^1=2ay_2-m^1$

$q^1=ay_2^2+i-\frac{1}{t}am^1$

$r^1=a(i-m^1y_2)$

$p''=2ay_2$

$q''=ay_2^2+i$

$m^1=\frac{M}{ft}$

由(5)、(8)兩式，合之則成x與A之聯立方程式，解之則得所求之A及x之值，且同時滿足下述之二條件：

即、抗壓突緣緣纖應力f=容許彎曲壓應力fc

抗張突緣緣纖應力f=容許彎曲張應力ft

如嫌解算上述兩聯立方程式之繁複，為簡單計，可用圖解法，以各種不同之x值，個別代入(5)式及(8)式而描繪其曲線，其交點處x及A之數值即為吾人所求者，例如第9圖則得 $x=35cm$, $A=20.5cm^2$

第9圖

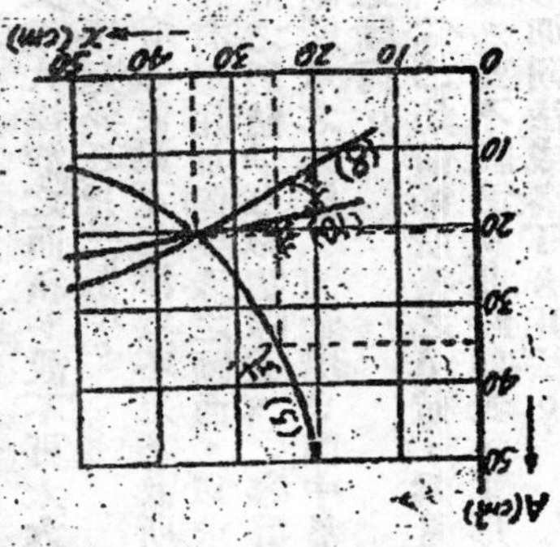

(c) 如令「抗壓突緣內之纖維應力 $f=\frac{M}{I}y_c$」與「抗張突緣內之纖維應力 $f=\frac{M}{I}y_t$」之比例等於容許彎曲應力 f_c 與 f_t 之比例時，則又可成立 x 與 A 間之另一關係式：

茲令 $\frac{M}{I}y_c : \frac{M}{I}y_t = f_c : f_t = n$

$$\therefore \frac{y_c}{y_t} = \frac{f_c}{f_t} = n \quad \cdots\cdots\cdots(9)$$

由(9),(7),(3),(2)四式，則得

$$A = \frac{\frac{t}{2}(n-1)x + (na-th)x + a(ny_2-y_1)}{x+h} \quad \cdots\cdots\cdots(10)$$

由此式所畫出之曲線一定通過(5)及(8)兩式之交點，見第9圖實際上求經濟斷面之手續則以(5)及(10)兩式之交點較為簡單。

(d) 加固後彎曲應力之分佈情況：我國鉄路之現狀，鋼鈑梁之須加固者多指已架於橋墩上而担負通車責任之一種。故於加固之前，該梁對於死荷重早已起應力之變形，是以有充分理由可以假定所有死荷重已由鈑梁之舊斷面全部担負，以後附加之新斷面則全不受死荷重之影響。易言之：加固後鋼鈑梁之全部斷面，僅專抵抗活荷重及衝擊荷重而已。

第10圖表示鈑梁斷面內彎曲應力分佈之情形：

第10圖

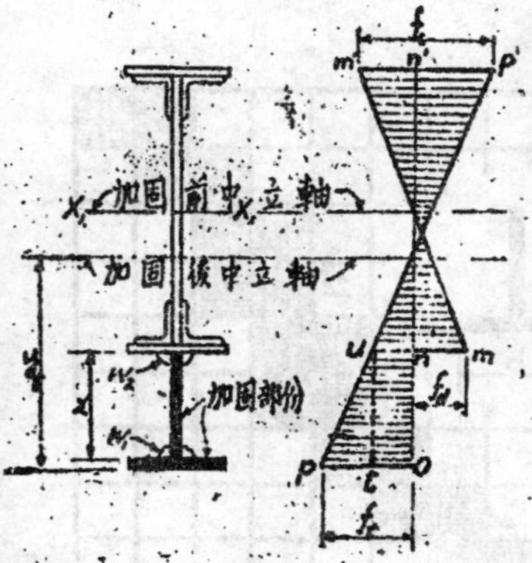

m'n'nm 表示鈑梁舊有部份之死荷重應力之分佈圖。

n'p'po 表示加固後作用於該梁全斷面內之活荷重應力之分佈圖。

橫線面積表示加固後全斷面內合成應力之分佈圖。

由第10圖中可知加固後之最大抗張纖維應力，多在附加之新突緣內而非舊梁之下突緣(吾人加固之目的亦在此！)

即 mu∠OP

亦即公式(8)及(10)成立之基本條件

茲令 f_d = 死荷重之彎曲應力。

則加固後，作用於全斷面內容許應力之可用以抵抗活荷重及衝擊荷重者：

在上突緣內僅為 $f_c - m'n' = f_c - f_d$

在加固新突緣內則為 f_t

倘加固之高度 x 受實際之限制不能充足時，則加固後最大抗張應力或竟不在新突緣而在該梁之下部舊突緣內，當其相等時：

即 $m_u = OP \rightarrow f_t = f_d + \frac{y_t - x}{y_t} f_t = f_d + f_t - \frac{x}{y_t} f_t$

$$\therefore x = \frac{f_d y_t}{f_t} \cdots\cdots (11)$$

當 $x < \frac{f_d y_t}{f_t}$ 時，則最大抗張應力卽不在加固之新突緣內，於是(8)式及(10)式卽不能存在！此時因最大抗張應力產生於該梁之下部舊突緣內，則

$$y_t = y_2 - d \cdots\cdots (12)$$

由 (12),(2),(3),(9)四式，則得

$$A = \frac{\frac{t}{2}(1+n)x^2 - thx + a(ny_2 - y_1)}{x(1+n)+b} \cdots\cdots (13)$$

由是加固之新斷面卽由(5)式與(13)式所畫曲線之交點決定之。

(e) 丁形加固法之適用界限。

(1)由前述各節所定之x值，對梁高h言之如比較的爲數太大時，則實際上熔接之工作將感不便，橋之外形旣不美觀，且又增大塗漆之面積，故不可太大，慣例實際上所取x之數値，以不超過h/2爲原則。

(2)設梁下之淨空不足，致所定之經濟高度x不能採用時，惟有增用加固突緣之斷面，以求該梁上突緣內之壓應力囘至容許之數値f_c茲以實際上x之容許最大數值，直接代入第(5)式則所求之A值，例如第9圖中x=25cm時A=35cm，但非經濟之斷面。

(3)如前節所得之A値，爲量甚大時，則所需之加固物質太重，殊不經濟，此時卽表示丁形加固法爲不適用而必須採用溝形加固法或溝丁合用法。

(4)前數節加固設計所得之結果，(8)，(10)兩式係根據「最大抗張纖維應力係產生於丁形加固之新突緣內」之假定而計算者。故實際上採用之x值必須大於 $\frac{f_d y_t}{f_t}$ 是爲至要。

(f) 設計細則：茲將實際作業上應行注意各點，略述於後：

(1)丁形突緣斷面之全長，任何部份以用整鈑爲宜，均不得添接其長度。

(2)除不得已外，應儘量避免上向熔接，卽應設法須用下向熔接以利工作，且其成績又較堅強可靠。

(3)應儘量避免熔接片與主要抗張材內部應力之方向相垂直，以免進行熔接工作加熱時，該抗張材有突然折斷之危險。

(4)實際上丁形突緣鈑之厚度t與其幅寬b之比例應依照 $b < 20t$ 之規定辦理之。

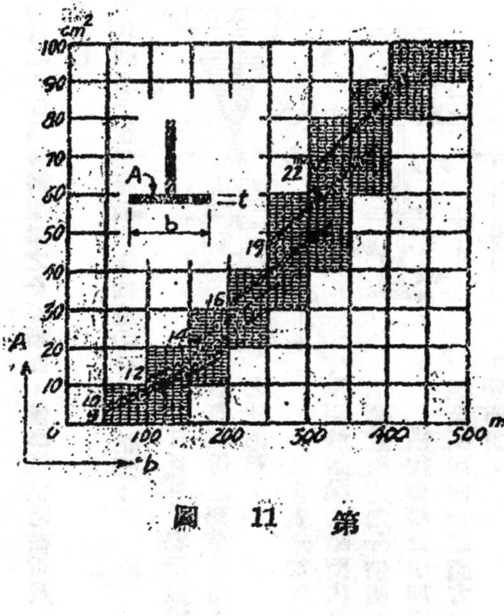

第11圖

16692

茲為便利決定丁形突緣斷面積A之尺寸 bxt 起見，特製第11圖以利實際工作：

例：A=25cm²時，由第11圖得180x14或210x12

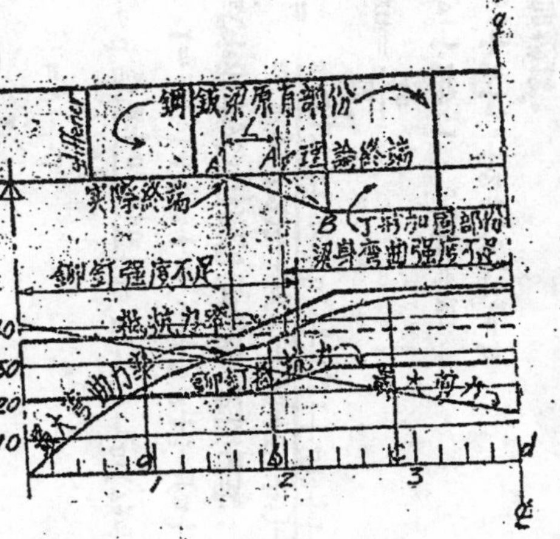

第12圖 (5)

丁形加固部份之長度及其形式應由圖解法依彎曲力率之曲線決定之，見第12圖，由圖可知丁形加固兩端之高度，應由x而逐漸減小，於理論終端A處，加固之新突緣便與鈑梁下部舊突緣相接觸，前者所有之應力亦必於A點完全傳與後者，惟顧及實際上施工之困難及欠準確起見，將其終端由A點延至A'點，為簡單起見，此延長距離L可由下式決定之：

$$L=\frac{F}{\varphi_s}$$

式中 F=丁形蓋鈑A之抗張強度。

φ_s=隅肉熔接之容許應力。

至少於L距離內，隅肉熔接W_1及W_2須為連續熔接，實際上為安全起見，丁形加固斷面之高度漸減區間，W_1及W_2即應全部連續熔接。(W_1,W_2見第10圖)

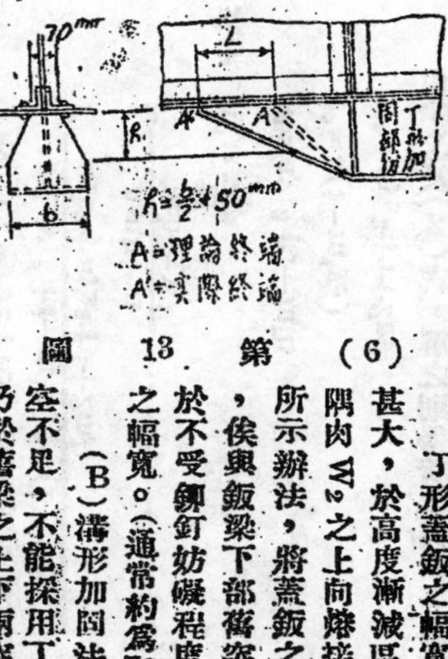

第13圖 (6)

丁形蓋鈑之幅寬，b通常為值甚大，於高度漸減區間，勢將妨礙隅肉W_2之上向熔接。茲如第13圖所示辦法，將蓋鈑之終端次第削狹，俟與鈑梁下部舊突緣相接觸時，於不受鉚釘妨礙程度下，保持相當之幅寬。(通常約為70粍)

(B)溝形加固法，當梁下之淨空不足，不能採用丁形加固法時，乃於舊梁之上下兩突緣同時添入新斷面，使突緣之總面積加大，以增強彎曲之抵抗力率。

當突緣無鉚釘突出時(例如無蓋鈑之鋼鈑梁及I字梁等)則加固部份可以直接銲着於舊梁突緣如第14圖所示，惟鈑梁有蓋鈑時，因受鈑釘之妨礙，則加固部份須呈溝形，故得是名，茲受篇幅限制僅將此種加固法之理論，略述於後：

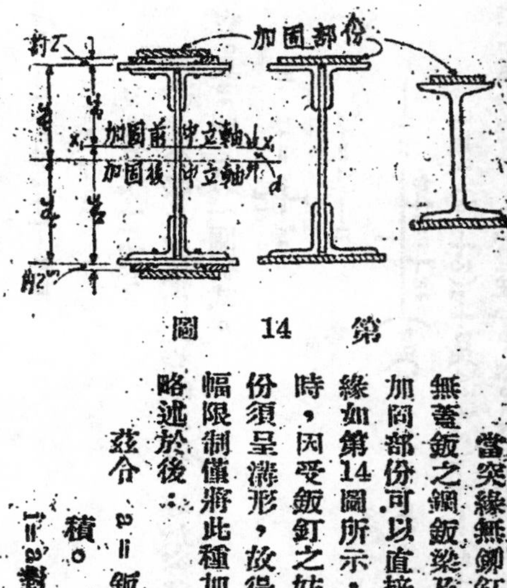

第14圖

茲令 a= 鈑梁之原有斷面積。

I=a對X_1—X_1軸之慣

16693

性力率。

f_c＝容許之彎曲壓應力。

f_t＝容許之彎曲壓應力。

M＝外力所生之最大彎曲力率。

a_c＝抗壓突緣之加固斷面積。

a_t＝抗張突緣之加固斷面積。

其餘符號見第14圖。

（a）先令抗壓突緣內之纖維應力f等於容許彎曲壓應力f_c，以成立a_c與a_t間之關係式：

由 $f_c=\frac{M}{I}y_c$

$y_c=y_1+d$

$-d=\frac{1}{a+a_c+a_t}\left[a_c(y_1+2)-a_t(y_2+2)\right]$

$I=a_c(y_1+2)^2+a_t(y_2+2)^2+i-(a+a_c+a_t)d^2$

以上四式中消去y_c,d,I則得含a_c及a_t之關係式：

$$a_c=\frac{a_t[a(y_2+2)^2-m(y_1+y_2+2)+i]+a(i-my_1)}{a_t[y_1+2+y_2+2]^2+a(y_1+2)^2+i+2m}$$

式中 $m=\frac{M}{f_c}$

茲令 $y_1+2\doteqdot y_1$ ； $y_2+2\doteqdot y_2$

$y_1+2+y_2+2\doteqdot y_1+y_2=h$

則上式即變為：

$$a_c=\frac{a_t(ay_2^2+i-mh)+a(i-my_1)}{a_th^2+ay_1^2+i+2m}$$

$$=\frac{a_tu+v}{a_th+W}\cdots\cdots\cdots\cdots(1)$$

式中 $u=ay_2^2+i-mh$

$v=a(i-my_1)$

$w=ay_1^2+i+2m$

（a）先令張抗突緣內之纖維應力f等於容許彎張應力f_t則得a_c與a_t間之另一關係式。

由 $f_t=\frac{M}{I}y_t$

$y_t=y_2-d$

$-d=\frac{1}{a+a_c+a_t}\left(a_c(y_1+2)-a_t(y_2+2)\right)$

$I=a_c(y_1+2)^2+a_t(y_2+2)^2+i-(a+a_t+a_c)d$

以上四式消去y_t,d,I則得含a_c及a_t之關係式：

$$a_t=\frac{a_c[a(y_1+2)^2-m^1(y^1+y_2+2)+i]+a(i-m^1y_0)}{a_c[y_1+2+y_2+2]^2+a(y_2+2)^2+i+2m^1}$$

$$=\frac{a_c[ay_1^2+i-m^1h]+a(i-m^1y_2)}{a_ch^2+ay_2^2+i+2m^1}$$

$$=\frac{a_cu^1+v^1}{a_ch^2+w^1}\cdots\cdots\cdots\cdots(2)$$

式中 $m'=\frac{M}{f_t}$

$u'=ay_1^2+i-m'h$

$v'=a(i-m'y_2)$

$w'=ay_2^2+i+2m'$

由（1）及（2）式，解之則得所求突緣加固斷面 a_c及a_t之值，惟實際上為設計及作業之便利起見，常使 $a_c=a_t=A$ 則（1）及（2）式各變為：

$$A^2h^2+(w'+u')A+v=0\cdots\cdots\cdots\cdots(1)'$$

16694

$$A^2h^2+(w'+u')A+v=0 \cdots\cdots\cdots(2)'$$

上兩式之選用法，胥由鋼鈑梁之舊有抵抗力率決定之，即抗壓側之抵抗力率較抗張側之抵抗力率為小時，則由公式(1)，以求所需固加之斷面A如前者較後者為大時，則由公式(2)'以求A之值。

(c)溝丁合用加固法：前於丁形加固法之適用界限第(2)項內曾述及：「當鈑梁下端淨空不足，不能達到丁形加固之理想高度時」，以及舊鈑梁之上突緣已腐蝕甚劇時，均可併合前述兩法加固之。

此時之計算方法略述如次：(a)先於鈑梁之上突緣附上適當之溝形加固斷面後，再求其總斷面之慣性力率，中立軸之位置，及上下緣纖與中立軸之距離等等，均須一一算出(b)先後以前節加固後所得之數值為基礎，視作全未加固之舊梁記錄，乃按通常之丁形加固法計算之，玆受篇幅限制算式從略。

丙　鉚釘之加固

鈑梁各部鉚釘之生問題者，不外乎釘頭腐蝕及釘數不足致受超應力(Over-stress)兩種：前者可用熔接法整理其釘頭，補出腐蝕部份；後者須於釘數不足區間施行加固之熔接。

凡須行鉚釘加固熔接之處，通常為梁身之添接點(Splice)及梁端附近之腹鈑與突緣角鉄之連接部；前者從略不述，後者之連結鉚釘受如次之應力：

上突緣因直接承受活載重關係每個鉚釘所受之應力為：

$$F=\sqrt{H^2+V^2} \cdots\cdots\cdots(1)$$

式中　H＝一個鉚釘所受之水平剪力。

V＝一個鉚釘所受之垂直荷重。

但　$H=\frac{P.S.Q}{I}$

式中　P＝釘距，S＝垂直剪力

Q＝突緣斷面對於全斷面中立軸之力率

I＝全斷面之慣性力率

又　V＝vp

式中　v＝輪荷重w直接分佈於突緣鉚釘之單位垂直荷重。

故(1)式又為

$$F=\sqrt{\left(\frac{P.S.Q}{I}\right)^2+v^2p^2}$$

$$=P\sqrt{\left(\frac{S.Q}{I}\right)^2+v^2} \cdots\cdots\cdots(2)$$

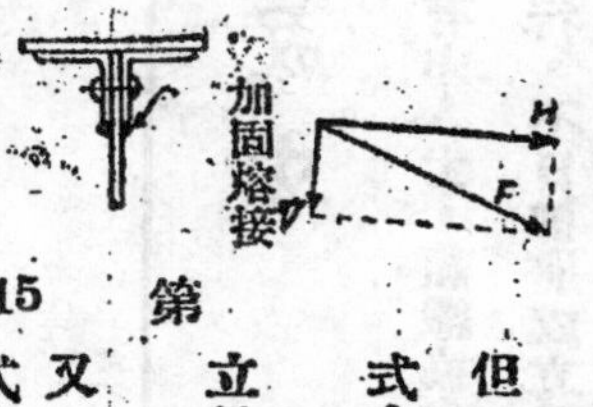

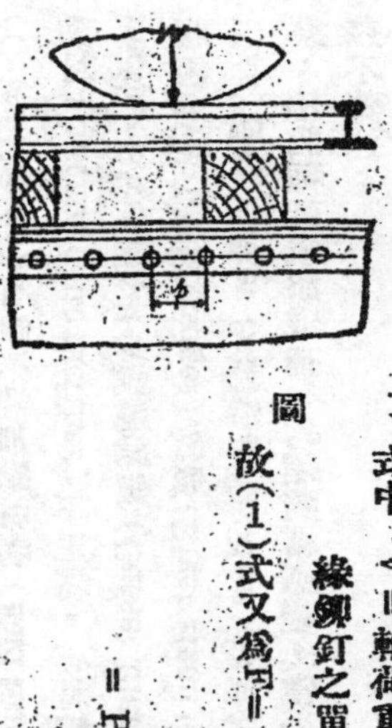

第15圖

下突緣因無直接垂直荷重關係，故V＝0，則由(2)式得

$$\therefore F=H=\frac{P.S.Q}{I} \cdots\cdots\cdots(3)$$

由第(2)，(3)兩式中，可知：當突緣全長內所有鉚釘之斷面相等時，則鉚釘所受之應力，F乃與釘距P及垂直剪力S成比例而增減，惟跨度較小之舊鈑梁橋移其突緣之全長，多為同一之釘距，如是梁端附近承受大剪力之部份，其上下兩突緣之鉚釘即承接超過應力(Overstress)故須予以加固熔接者。

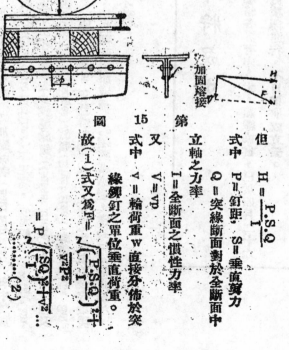

又由(4)式，得 $S=\frac{\sqrt{F^2-v^2P^2}}{P}\cdot\frac{I}{Q}$ ……………(4)

於(4)式中F若為鉚釘之容許應力時，則S即為突緣鉚釘所能抵抗之垂直剪力強度 S_r，茲將 S_r 與作用於鈑梁任何點之剪力S相比較：若 S_r < S 時，即須加固熔接，為簡便起見，此加固區間可用圖解法決定之，見第12圖。

通常鉚釘加固辦法，即於鉚釘強度不足區間，將突緣角鐵與腹鈑相熔合，即是達到加固之目的，如是所加之隅肉熔接片即可協助突緣內之鉚釘以抵抗垂直之剪力，惟於加固之先，鉚釘業已担負死荷重，則於加固之後鉚釘又可與熔接片共同担負活荷重及衝擊荷重，至於後者分担活荷重等之比例，規律迄無定論，茲根據通常設計習慣定為「熔接片担負活荷重及衝擊荷重之2/3其餘1/3則由鉚釘抵抗之」。雖然實際上之計算工作時，則因死荷重，剪力較「活荷重及衝擊荷重」之剪力為值甚小，為簡便計，故又規定「總剪力之2/3由熔接片担負之」亦無大錯。故得：

$$\frac{e}{T}=\frac{2}{3}\cdot\frac{2d\tau}{\sqrt{\left(\frac{SQ}{I}\right)^2+v^2}}=\frac{3d\tau}{\sqrt{\left(\frac{SQ}{I}\right)^2+v^2}}$$

丁　其他各部之加固

鋼鈑梁之主要各部加固法已見前述各節，其次尚須修補加固之處，胥視實際上殘缺破壞之程度而定，不勝枚舉，約言之：有缺橫向禦風架者(Laferal Bracing)，有缺垂直交叉架者(Cross Frame)，有缺梁端加勁材者(End Stiffner)，有中間加勁材(Intermediate Stiffner)不足者，有材端連結鉚釘(Connecting Rivet)數太少或連結鈑(Gusset Plate)不足者；以及腹鈑(Web)，邊緣(Edges)，釘頭(Rivet Head)脚鈑(Bed或 Sole Pbte)錨釘(Anker Bolt)添接(Splices)等部之蝕損破裂等壞現象；凡此種種或添或補，均須隨機應變，當場決定補救辦法，茲不贅述。

中國都市建設協會即將成立

建設部都市建設司負責人員鑒於都市建設之重要，擬聯絡各界有志人士，組織協會，已於四月二十六日下午三時假座建設部禮堂召開發起人會議，推定籌備委員積極進行，不日即將成立云。

船體模型試驗錄

金能始

緒言

近世於研究水流之抵抗，漸講求模型之實驗，蓋自雷諾爾氏(Reynolds)創無單位之雷氏係數(Reynolds no.)之後，相似定律(Dynamical Similarity)之推用，日益趨廣，而模型之實驗，亦見其增進矣。首用之以測定船舶航力抵抗者，則有富路德氏(Flood)。最近日本九州帝大教授上野氏，亦曾於試驗槽中，求平面物體受水流之摩擦抵抗，得下式焉。

$$C_f = \frac{0.2416}{\left(\text{Log}\frac{VL}{\nu}\right)^{2.5}}$$

Cf＝平面之平均摩擦係數　V＝速度　L＝長度(模型)

P＝動黏性係數(Kinetic viscosity) $\frac{VL}{\nu}$＝雷氏係數

此式應用於計算船體模型之摩擦抵抗，有下列諸特點。

一、造波抵抗之動力相似律(Dynamical Similarity)應用範圍，較 Flood 氏計算式爲廣，故最小之雷氏係數亦較低。且此式之應用，亦較適合。

二、在 Flood 氏試驗中，最小之雷氏係數，有隨船型之肥瘦而變異者。船型愈瘦，則此數愈大，苟以 δ 爲肥瘠係數，則

$\delta = 0.835$ 時 $\frac{VL}{\nu} = 1.2\times10^6$　$\delta = 0.555$ 時 $\frac{VL}{\nu} = 2\times10^6$

三、模型之長度，在二米達以上者，在普通速度之中，其造波抵抗，與相似律略能附合。此實與 Flood 氏之實驗有出同軌者也。

上野教授，曾於二百米達長，十米廣，六米深之水槽中，以捕鯨母艦，高速運貨船，及淺水炮艦之模型，共計十八艘，反覆試驗，得此結論。其後山縣昌夫博士，亦曾以貨船及驅逐艦之模型十二艘，試驗如前，用 Flood 氏之計算式，推算摩擦抵抗之最小雷氏係數，所得之値，正與上野教授者同，然較諸得自 Flood 氏之計算式者爲低。玆將新摩擦抵抗計算式之求得，概錄如后。

滑面船型之實驗

日本船舶試驗所，曾以 163.063 米之捕鯨母艦，(肥瘠係數 δ＝0.833)145米之高速貨船，(δ＝0.669)71.4米之淺水砲艦，(δ＝0.555)93米之艦型貨船，(δ＝0.73)與69.2米之驅逐艦，(δ＝0.446)等五艘，作模型試驗，每艘計作六米，五米，四米，三米，二米及一半米之模型船六艘，共計三十艘。先將各模型浮置水面，用普通之方法，使其滑走。乃復於滿載情形之下，作同樣之試驗。運用 Flood 氏之標型試驗法，由各模型所測得之結果，再用相似律，推求實船之摩擦抵抗，互作比較。

摩擦抵抗之算式，其久行於世而得國際間所公認者，莫若 Flood 氏之衡式。全球各試驗水槽中，已明證其確實矣。

$$R_f = \delta\times\left(1+0.0043(15-t)\right)SV^{1.825}$$

Rf＝摩擦抵抗(Kg) δ＝比重 t＝水之溫度(°c)

S＝受水之面積(m^2) V＝速度(m/sec)

λ＝摩擦係數

此摩擦係數者，隨船體之長度，表面之粗細，而定其值者。以表面光滑之蠟製(Paraffin)模型船而論，苟其長爲L米，則其值可以下式表示之：

$$\lambda = 0.1392 + \frac{0.258}{2.68 + L}$$

於模型船測定之總抵抗中，減去摩擦抵抗，卽得造波抵抗。造波抵抗者，乃船於駛行時，所費於衝波突浪之力焉。依據 Flood 氏之相似律，得下式焉。

$$\frac{R\omega}{P\nabla^{2/3}V^2} = f\left(\frac{V^2}{\nabla^{1/3}g}\right)$$

Rω＝造波抵抗 P＝水之密度 ∇＝排水容積 g＝重力加速 f爲函數之表示

若於圖格之中，以$V^2/\nabla^{1/3}g$爲其基線，(Baseline) 造波抵抗係數，$R\omega/(P\nabla^{2/3}V^2)$ 爲其豎軸，通經諸點，聯以平均曲線，可以之作相似模型之比較。在此實驗之中，以六米之模型船爲最大，試驗之水槽與前同，水流之深與廣，亦與前同，故於抵抗之測定，可不受水槽及水流之影響。而 Flood 氏之模型實驗，既屬正確，若相似模型周圍之水流亦同，則所得之造波抵抗係數曲線，亦必完全相同。惟根據實驗，較大之模型船，其曲線雖能一致，然型體愈小，則曲線之位置亦愈高，小若一米半模型船之曲線，其形性(Characteristic)有顯與他船有不同者。至若艦型貨船之一米半模型者，其測定之值，置諸圖格之中，將見其漫無定規矣。無論何如，就大體而論，造波抵抗曲線之一致，有不可否認者。其特不合於小型者，蓋另有其困難之點，足影響於測得之數值，茲不詳論。

所求得之各模型船之最小雷氏係數，茲列其值如下。

船型	肥瘠係數(δ)	最小Reynolds no.
捕鯨母船	0.883	2.5×10^6
高速貨船	0.669	4.3×10^6
炮艦	0.555	5.5×10^6
艦型貨船	0.73	6×10^6
驅逐艦	0.446	9.5×10^6

於圖格之中，苟以肥瘠係數爲基線，標最小雷氏係數於其上。雖不有定律，然肥瘠係數愈大，最小雷氏係數愈低，可作定論也。

據前所論，自大模型船實驗中所得之曲線，似屬正確，然其能否與眞實之船體，聯有確切之關係，尚有闕疑。蓋模型船周圍水流紊亂之情形，固不可謂之與實船全同；苟同矣，則船體表面之粗細，又不可謂之與模型者全同，亦不可謂之無影響於曲線者。更進而言之，則 Flood 氏模型試驗本身之適用，尚待考慮也。

粗面模型之實驗

在滑面模型試驗之末，已論及模型於滑走之中，其周圍之水流，確屬亂流，(Turbulent motion) 固無論矣。然其表面之粗細，予造波抵抗之影響，亦有足關試驗者。在此試驗之中，模型船之表面，順貫於首尾之間，密作紋絡，紋之深爲一粍，而紋與紋之間，相距亦爲一粍。夫如是，則不特於型體之表面

16698

，見其參差不平，且當其航行於水槽之中，水面之上，亦特見其攪擾波亂也。測定抵抗之實驗，其步驟與滑面模型者雷同。

在此試驗之中，Flood 氏之模型試驗法，頗能適合。夫以其周圍水流之湍亂也，摩擦抵抗，當與速度之平方成比例。若造波抵抗，不隨船體表面之粗細而有變者，則自滑面模型船實驗中所求得之造波抵抗係數曲線，於最小雷氏係數以上之一部，得應用於此。所得造波抵抗係數之值，更藉 Flood 氏相似律之推算，可求各模型之造波抵抗。更於各模型所測得之總抵抗中，減除此造波抵抗，可得粗面模型船之摩擦抵抗 R_f。更自此 R_f 之數值，可求得摩擦抵抗係數如下：

$$摩擦抵抗係數 C_f = \frac{R_f}{\frac{1}{2}\rho SV^2}$$

此係數者，無論各模型之速度何如，其值不變。徵諸實驗，若合符節。

模型船之周圍，既起亂流矣；船首鄰近，遂起波線，(pianolines) 是故船體首部之表面，其製作之精細，特宜注意。測定抵抗試驗之範圍，當在前實驗中所測定之最小雷氏係數以上，質言之，當在臨界速度以上焉。(Critical velocity) 摩擦抵抗係數既得，用 Flood 氏之摩擦抵抗計算式，可得實船之造波抵抗。

摩擦抵抗之新算式

按諸前論，最小雷氏係數，與船型之肥瘠，有顯著之關係者。瘦瘠之船型，最短者亦需於五六米左右，始能自最小雷氏係數起，作造波抵抗之試驗。更用 Flood 之相似律，根據三十滑面模型實驗中所測得之總抵抗，求取摩擦抵抗。若於對數圖格上，以雷氏係數為基線，標以摩擦抵抗係數之點，綴此諸點，聯以平均線，則得直線，如一圖以迄於五圖之所示者。當雷氏係數極低之時，則實驗中所測定之點，顯見其分布於另一近乎直線之曲線上，是於驅逐艦，艦型貨船，及高速貨船之諸圖格中，尤顯明也。棄此不論，則通過諸點之平均曲線，能與勃浪特爾平板摩擦抵抗式相符合：

$$C_f = \frac{0.740}{\left(\log \frac{VL}{\nu}\right)^{2.84}}$$

此式乃於平板滑走於水流之中，當其周圍之水流，全屬亂流，反覆實驗而得者。其形式與前所論及上野氏者，頗類同也。

苟以此式與富路德氏之摩擦抵抗計算式聯用，求最小雷氏係數時之摩擦抵抗。更於測得之總抵抗中，減除此項抵抗，即得造波抵抗。此造波抵抗之值，亦可謂之正確矣。蓋以其取用富氏之成式，雖目之與模型船實際之摩擦抵抗有直接之關係者，既無之矣，則若疑平板之摩擦抵抗係數式，與模型船者，有所不同而不適用者，似覺操慮過微矣。惟於模型船中，若其周圍之水流，全屬亂流，所得最小雷氏係數之值，較平板者為低。且型體愈肥者，此值愈低，是已論及於前矣。故於富路德氏之模型試驗中，苟用勃浪特爾之平板計算式，雖當模型船之雷氏係數，較平板之最小雷氏係數尤低時，仍見其有亂流者。是則亂流之摩擦抵抗式、所能適用至最小雷氏係數之值，有減低之必要矣。

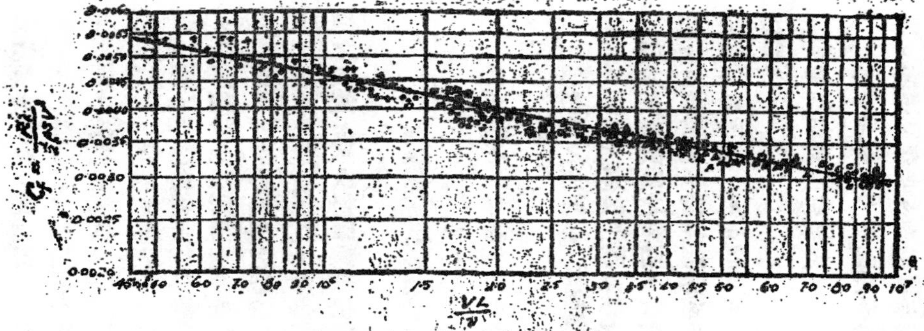

第一圖

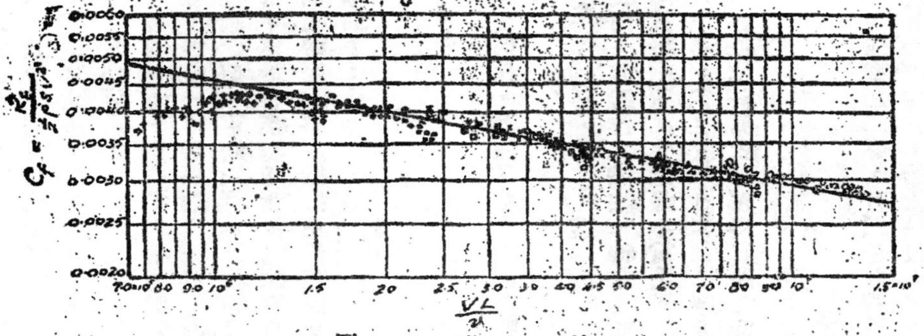

第二圖

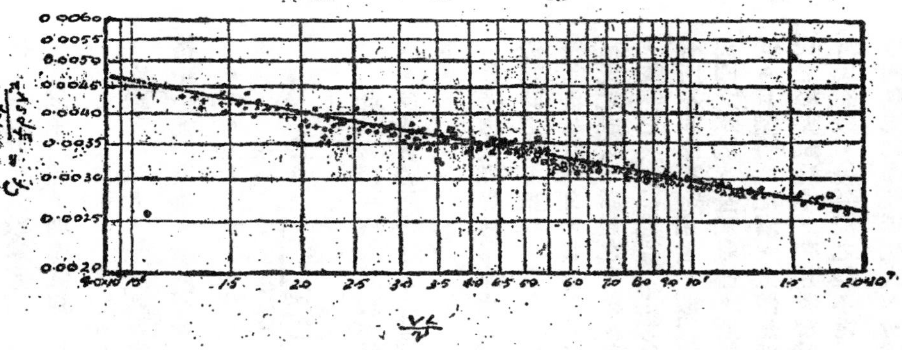

第三圖

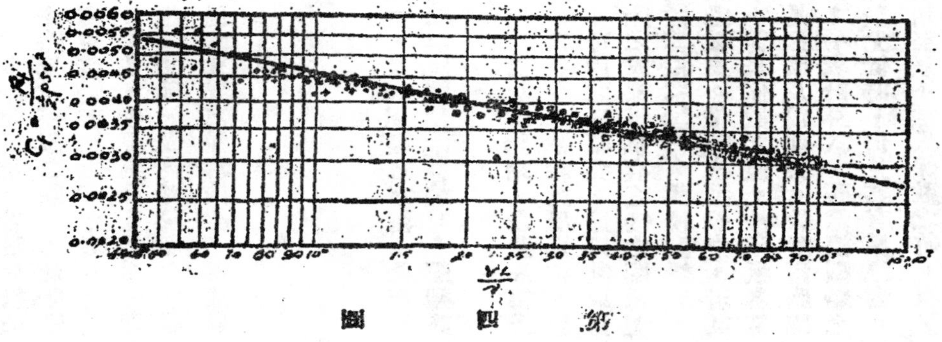

第四圖

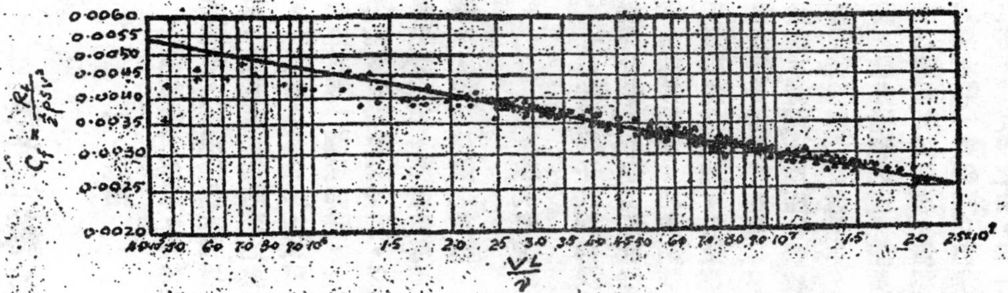

第五圖

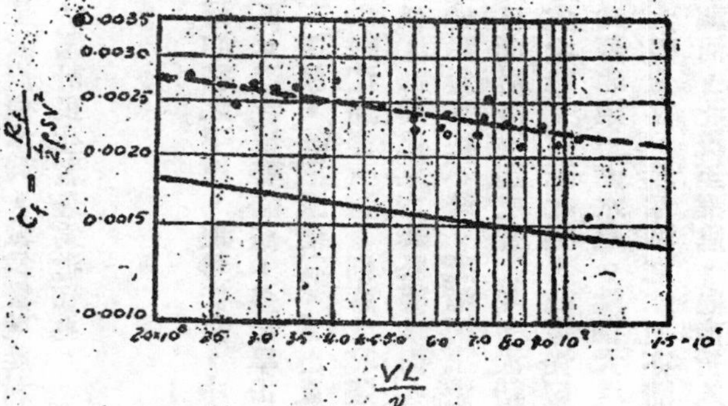

第六圖

國際船型試驗所所長會議之中，凡舉世各水槽所得之實驗報告，莫不詳為檢討，然後取決者。有若富路德氏之摩擦抵抗計算式者是也。今且以新得之摩擦抵式，代富路德氏之舊式何如？

茲先定最小之雷氏係數如下：於捕鯨母艦及炮艦，則取自一米半模型船之最低速度；於高速貨船及艦型貨船，則取自二米模型船之最低速度；於驅逐艦，則取自三米模型船之最低速度；所得之最小雷氏係數如下：

捕鯨母船，炮艦，艦型貨船　$R_n \doteqdot 5\times10^5 - 1\times10^6$

高速貨物船　$R_n \doteqdot 1.3\times10^6$

驅逐艦　$R_n \doteqdot 2\times10^6$

合而觀之，則滑面模型試驗中所得之最小雷氏係數，當為最高。若於此值以上，使用富路德氏式，以求實船之造波抵抗，顯無妨礙。唯在水槽試驗之中，模型船每籍推進器而進者，若然，則推進器之本身，亦有其最小雷氏係數也。是故過小之模型船，特有其困難之點存在矣。

前所論及之平板摩擦抵抗式，與實船之摩擦抵抗，初非大有徑庭者，已詳於前矣。然二者之間，固亦有所差異者，茲考其差異如下：平賀博士，曾以驅逐艦駛航於浪波暴亂之海面上，作測定水抵抗之試驗，所得造波抵抗之值，較模型船試驗所得者為小。以實船之摩擦抵抗而觀之，則可於對數圖格上，以雷氏係數為基線，摩擦抵抗係數為其豎軸，先標實船之測定點於其上，再以平板摩擦抵抗式之曲線，並置其上，可見海上實船所測定之點，顯然高出於此曲線之上，若第六圖中所示者。茍推算其相差之值，則可知實船之摩擦抵抗，約可為平板摩擦抵抗式之一倍半，今且以1.52倍，乘諸前式，可得新式如下：

$$C_f = 1.52\times\frac{0.740}{\left(\log\frac{VL}{\nu}\right)^{2.84}} = \frac{1.125}{\left(\log\frac{VL}{\nu}\right)^{2.84}}$$

以此式算定之曲線，並置第六圖中，若虛線之所示者，顯然可見其約為諸測定點之平均線，則此式之可用於實船也無疑矣。

整理蘇北裏運河以東入海水道芻議

温文緯

一、概論

竊以建設事業，經緯萬端，當今事變初定，百廢待舉，經國之道，誠以提倡水利增加農產。爲維持民生安定社會首要之圖。蓋我國民衆向來抱靠天吃飯主義，平時對於水利不甚講求，一旦遇水旱之災，祇可委之於天，束手無策，其影響於農產物之收獲，關係匪淺，如能及早預防，疏浚河道，修築堤岸，在相當地點設置涵閘，以爲排水及灌溉之用，則農田得水之利無旱潦之災，農產自可豐收，是故提倡水利，誠爲復興農村之基本工作，建國之首要，關係於國計民生者最爲迫切也。

二、水利概況

蘇北爲揚子江淮河及廢黃河沖積之平原，地勢低窪，中以淮河分劃，而別爲淮北淮南兩區。淮北地勢略高，多屬旱田，淮南地勢較低，河流網佈，得天獨厚，故灌溉便利，爲出產水稻及棉麥之區域。若使淮運之水歸江歸海有道，則蘇北裏運河以東，如淮安阜寧鹽城寶應高郵江都興化東台泰縣等地面，不致被水淹沒，農產物豐收，對於民食裨益不淺。查淮河下游爲黃淮所奪者六百數十年，河身日漸淤淺，迨咸豐初年，淤墊更高，已非通利之道，而黃河亦遂北徙，實既北徙，故道淤廢，淮乃壅瀦於洪澤湖，洪澤湖成爲蘇北第一儲水庫。洪湖大堤遂爲蘇北第一重保障。但洪澤湖大堤愈高，洪澤湖之水面亦隨之愈高，其宣洩之路，爲一經張福河，北流至淮陰，向南折入裏運河，一經三河，南流而漫溢於高郵寶應諸湖，故高郵寶應諸湖，又爲蘇北第二儲水庫。高郵寶應諸湖與裏運河，雖有西堤之隔，而港口頗多，計有二十餘處，故水流到處相通，致大水時高寶諸湖與裏運河混成一片，一望汪洋，運東居民，全恃裏運東堤爲屏蔽，故裏運東堤又爲蘇北第二重保障。淮水入高郵寶應諸湖與裏運河後，再求其去路，平時則南由江都縣之六閘分途經三江營瓜洲流入揚子江，開壩則東由高郵縣境之車邏新壩南關三壩流歸黃海。

三、洪澤湖與高寶湖

洪澤湖者，昔爲淮浦縣之洪澤村，其地鄰近淮水，有富陵萬家泥墩諸小湖，自黃河屢次潰決奪淮，洪澤村淪陷，諸小湖合併，面積增大，始名洪澤湖，其全面積計有七千三百三十九方里，容量計九、五七九、八八六、五四三立方公尺。洪湖大堤舊設有閘及引河，分洩洪澤湖之水以入高寶諸湖及裏運河，今諸閘已廢，僅餘三河及張福河二道而已。高寶湖亦逐漸由二十四小湖併合而成大湖，今北部爲白馬湖，寶應湖，中部爲汜光湖，界首湖，南部則爲高郵湖，邵伯湖，總稱爲高寶湖，全面積爲五千七百二十方里，容量爲五、八〇〇、〇〇〇、〇〇〇立方公尺。洪澤湖東下之水，均先注入高寶湖後，由高寶湖而流入裏運河，再流入揚子江或歸海。

四、裏運河

裏運河爲蘇北境內運河最南之一部份，自淮陰之揚莊起，

迄江都瓜洲入揚子江止，計長一百九十七公里，河床傾度小，故水流緩慢，其水源除小部約佔十之一二受於中運河之水外，其大部約佔十之八九得諸淮河。裏運河在蘇北爲航運及灌溉之通渠，本身無害，而以淮河之利害爲利害。自黃河北徙，廢黃河河床淤高，宣洩失效，洪澤湖淮水傾其全量流入高寶諸湖，直迫裏運河，其堤岸當衝扼要，危險萬分，是以每年春修夏防，定爲永例。自民國二十七年間豫境黃河決口，黃淮合流，水量增大，直注裏運，一遇洪水暴發，更恐河床不能容納，堤身不敷捍禦，則危險愈甚，查每屆伏秋大汛時，裏運河水面高出運東地面一丈數尺，在水面下之裏運東隄民衆，全恃裏運東隄爲其寄身之保障，裏運東隄之重要可知。民國二十年洪水橫決，興化高郵等縣，平地積水，深則丈餘，淺亦數尺，居民田地屋宇多被淹沒，貽害之烈實不忍睹，裏運東隄之保固，誠爲蘇北最嚴重之問題，目前根本防禦，尤在堵塞豫黃決口，以減少來水，俾免氾濫而維民生，

五、歸江十壩

裏運河自江都縣之六閘以下，河道紛歧，其間設置十壩，一、壁虎，二、攔江，三、鳳凰，四、新河，五、東灣，六、西灣，七、褚山，八、老壩，九、沙河，十、金灣。伏秋盛漲，各壩開放，以爲淮運入江孔道，冬春水涸，各壩堵閉，以資蓄高水位爲灌溉航運之用。今除西灣壩不堵，灣頭老壩永不啓放，沙河褚山兩壩不輕啓放外，各壩口門共寬計六百公尺，各壩啓放以昭關壩水誌爲標準，近年實測各壩口門共寬約爲九百二十三公尺，洩水最大時，占淮水來源十分之五六，歷年皆築臨時柴土壩，或啓或閉爲操縱蓄洩之機構。

六、歸海五壩

歸海各壩係引淮運入江之餘量而歸之黃海，原設五壩，一曰南關壩，二曰新壩，三曰車邏壩，四曰五里中壩，五曰昭關壩。五壩之中，昭關壩位於江都縣境內，其餘四壩則位於高郵縣境內，今昭關及五里中壩均已廢棄不能利用，實際祇存三壩。每遇淮運大水，開放三壩洩水入海。查南關壩口門寬度爲二百十一公尺，新壩口門寬度爲二百十一公尺，車邏壩口門寬度爲三百零五公尺，三壩合計口門寬度爲六百二十七公尺。依民國二十年紀錄，由三壩洩下之水量最高爲六千四百立公尺，遇淮河水漲三壩開閉，常引起運東運西居民劇烈之爭執，運西居民希望早開，藉以減少沉災，運東居民則希望不開，以免沉溺。但淮水續漲，壩若不開放，則裏運東堤不能播禦，洪水將橫決而下，害及運東更烈，此皆爲河壩水道無正當出路所造成之巨災也。

七、裏運河以東地勢情形

裏運河以東，除范公隄以東沿海一帶地勢較高外，其餘地勢非常低窪，平地均低於運河河床，此爲運東所處之特殊地位，亦即沉災之所由起也。查廢黃河以南，范公隄以西，裏運河以東，通揚運河以北之區域全部地形低窪，四周較高，而興化地居中央尤爲低窪，故有釜底之稱，大水時爲衆流所集，故屆水災之年受害最深。

八、各河道排水情形

裏運河以東各河道縱橫網佈，有東西行者，有南北行者，

其最南而東西行者有通揚運河，次為南澄子河，北澄子河，蚌蜒河，梓辛河，車路河，白塗河，海溝河，興鹽界河，蟒蛇河，子嬰河，涇河，溪河，澗河等，南北行者為串場河。各河水源全恃裏運河之接濟，裏運河河底高於運東陸地，大水時裏運水高及隄頂，則高於運東平地更可知，故裏運東隄為運東各縣最重要之屏障。運隄歸海三壩啓放，其水由引河出南北澄子河，東趨蚌蜒，北經南官河向梓辛車路白塗諸河匯入串場河，一部份出丁溪小海各閘，由竹港王家港入黃海，一部份北流由鬥龍港入黃海，其由興化北流者一部份乃由海溝河出白駒閘由鬥龍港入黃海，一部份由串場河分由新洋港入黃海，其餘北行者經射陽湖，由射陽河入黃海，此裏運以東各河道排水情形也。

九、各水道現狀

甲、各河道現狀

裏運河東隄距海尚約有一百數十公里，其間無特別大河順槽排洩洪水，原有壩下裏運河以東各河道河床狹窄，多無隄防，縱有隄防，隄身又苦低薄，不能如量承受轉輸，水散而不聚。統注入田間，淹害農作，為補救計，壩下各水道應築隄束水，放流歸海，不應任其橫流，瀦積田間，淹沒田廬。查裏運河以東各縣致災之由，全為淮運水漲關係，民國二十年演成空前浩劫，田廬全被淹沒，其損失不可以數計。今淮水尚未整理，裏運河以東各隄不能不以防禦水患為施治根本方針。如河床之疏浚，隄身之修築，閘洞之修理，與夫港口之改善，事關國計民生，豈能視為緩圖哉。

乙、歸海各港現狀

歸海各港引導運東各水以歸黃海，歸海原有五港，一曰竹港，二曰王家港，三曰鬥龍港，四曰新洋港，五曰射陽港。今則加入川東港而有六港，川東最南，為新闢之港，竹港與王家港在歸海各港中最為淤墊，下游高於上游，已幾全無洩水之功用，於民國廿一年曾略加治理，並於港口建閘以防潮水之內灌，鬥龍港河身曲折，亦於民國二十一年曾經浚治，其洩水量較竹港王家港略大，新洋港西接蟒蛇河，全河幅度頗大，故水流較暢，射陽港乃裏運河東最深廣之河道，上游接射陽湖，在歸海各港中最為暢通，惜其下游河身曲折太甚，非大加修治不足以為宣洩之道。

十、施工計劃大概

甲、疏浚河床

小道為排洪之要道，裏運以東各道，以地處窪下，應高築隄岸，當於下節詳論，而范公隄以東河道，以地勢較高，河底日漸淤墊，每當淮運水漲，三壩開放，上壅下塞，致各縣田地淪為澤國，亟宜大加疏浚，早為來水去路之預籌，以洩洪流而免泛濫。根據民國二十年三壩洩水量，每秒六千四百立方公尺，並審度地勢情形，為設計之標準，以求得一最經濟之排洪水道。

乙、修築隄身

裏運以東每當淮運盛漲，奔騰而下，壩下各河道多無束水隄岸以資擋禦，故一經開壩，各縣淪為澤國，為防患計應於壩下審度水勢，利用原有河道，兩岸修築隄防以資束水，免淹田間，遺害農作。查原各河多無隄岸又或式樣參差不齊，高低復不一律，隄身薄弱，應審度土質情形，擬定標準式樣，以為修

築隄身之準則，至坐海迎溜頂冲地勢險要之處，每易塌卸，極易出險，應於隄外加築護岸工程，以固隄身。隄頂高度至小應高出民國二十年最大洪水位壹公尺以上，頂寬最小為四公尺，內坡為一比二，外坡為一比二至一比二．五。

丙、修築各港口水閘

裏運河以東，地勢四周高而中央特別低，有釜底之稱，范公隄以東沿海一帶較高，潮水每有倒灌，為防止海潮之內灌，須研究建築各港口水閘。查各港之中，已築王竹下川四閘，惟因啓閉失時，已漸失其效用，幾致銹損，亦應修理完善。

丁、修築各河洞閘

串場河原設有十八洞閘，今則多半淤廢，所存者亦已損壞，不堪使用。查裏運河南關新壩車邏三壩口門總寬度計六百二十七公尺，而串場河十八閘口門總寬度不過二百三十公尺，上游三壩來水量約三倍於下游十八洞閘洩水量，倘通海各港皆通暢，洩水量尚感不足，何況各洞閘多已淤廢，自應疏通及修理原有各洞閘以資宣洩。

戊、建築防潮隄

范公隄之外海勢東遷，灘地日漸廣漲，荒地未墾者計數百萬畝，近數十年來，大小墾植公司，購地經營，頗著成效，惟海潮倒灌亦足成災，倘能於海濱適宜地點，建築隄岸以防海潮之倒灌，設隄以資宣洩，浚河引港以利灌溉，則數百萬畝荒地可盡成膏腴。

十一、調查及測勘

裏運以東各河水源，悉恃淮運水為挹注，每當盛漲時期，淮運水惟一出路，厥為入揚子江，但入江不足，祇有開放三壩，放水東注以減水勢。惟壩下各河道大多淤淺，不能如量宣洩，且無束水隄防以資屏障，故一經開壩，裏運河以東各縣，淪為澤國，為補救計，應在三壩以下，循水流形勢，修築堅固隄身，束水就範，免溢田間。但各河道之於壩水，能否分注，原有河流，是否適當，何者應整理，及將來如何備潦，如何防旱，如何維持交通，某處河床須浚，某段隄岸須修築，土方多少，應先行調查及測勘為設計之依據。

十二、工程分期實施

下列各河道皆為裏運東之主要排水通渠，恐經費未能充裕，同時進行事實上殊感困難，應分別緩急，權衡輕重，酌定先後，分為兩期實施為宜，茲將施行步驟，分列於后：

甲、第一期

一、南關壩下引河。
二、新壩下引河。
三、車邏壩下引河。
四、南澄子河。
五、竹港河。
六、蚌蜒河。
七、何垛河。
八、串場河南段。
九、王家港。
十、鬥龍港。

乙、第二期

16705

一、新洋港（鹽城至海口）
二、射陽港（射陽口至海口）
三、南官河。
四、上官河。
五、朱灃溝。
六、串場河北段。

十三、測量隊組織

蘇北裏運河以東入海水道之整理，於國計民生關係綦重，其設施辦法，非先從測量入手，不足以期縝密完善，而收推行盡利之效。蘇北裏運河以東農產物豐富，而其水道淤塞情形較他處爲甚，故入海水道整理實爲刻不容緩之舉，茲爲繁榮農村，增加生產解決民生問題起見，合先組織測量隊從事測量水道，以備實施工程其道末由。

測量隊設隊長一人，副隊長一人，測量員五人，測量助理員若干人，事務員若干人，繪圖員若干人，組織之。計分四組，一、導線組二、水準組、三、地形組四、斷面組。導線組由副隊長及測量員一人担任，水準組斷面兩組由測量員各一人分任之，地形組由測量員二人担任之，事務員担任文牘事務，繪圖員担任繪圖。

十四、經費之籌集

各河道之修治，除閘洞外餘皆爲挑土工程，業農者均能任之，應由政府計劃分期進行，訂立徵工章則，依照受益田畝按畝抽夫，或用業食佃力爲原則，或由地方政府按受益田畝收捐雇工修治，按方給資，工作期間，皆以農閒之時爲限，人民必樂於應徵，至其他建築工程，如閘洞等費，可由政府籌備，以應急需。

十五、結論

裏運河以東之病，在淮水無正當出路，加以黃決入淮，黃淮合流，洪水奔騰下注，而裏運河以東各水道，低者無隄高者淤淺，又不能如量容納，若不早爲計劃整理，將來淮黃一有異漲受禍不堪設想，爲維持民生，安定社會計，爰審度實地情形，根據歷年水害狀況，率書整理蘇北裏運河以東入海水道芻議，以期行起國人之注意。

國內外工程消息

美國最新製造之運輸機

美國自參戰以來，對於航空工程之擴展，不遺餘力，最新製造之運輸機有下列三種：

一、Consolidated四引擎運輸機

加利福尼亞州 Consolidated 航空公司製有全金屬四引擎中翼運輸機一種。該機爲雙垂直尾翼式B-24型 Liberator 之改良運輸機，用於北大西洋之橫斷運輸。裝置 Pratt and White 二重星型空冷式發動機四座。每座一千二百匹馬力，使用著名之台維斯翼(Davis Wing)。可容十八人之座位及駕駛員三名。翼寬三三・五三公尺。全長一九・三公尺，高五・四六公尺，總重量二一，三二〇公斤，最高速度每小時四八〇公里，航程四，八〇〇公里以上。

二、Curtiss-Wright Cw20-E型雙引擎運輸機

米蘇里州 Curtiss-Wright 公司 St. Louis 工場製有全金屬雙引擎運輸機一種。該機爲 Cw25-C型之改良機。詳細情形迄未公佈，大致與美陸空軍 C-46 型運輸機相彷彿，從事於英國與冰島間之空中運輸。裝有 Wright double Cyclone 或 Pratt and White 之一八五〇匹馬力空冷發動機。翼寬三二・九二公尺，全長二三・二七公尺，高六・七一公尺。

三、Lockheed "Constellation" 四引擎高速度旅客機

加利福尼亞州 Lockheed 航空公司製有全金屬四引擎之亞同溫層飛行旅客機，可於十六小時半內達到南美任何都市。該機爲TMA航空公司與Lockheed航空公司設計部協力完成之第一種旅客機，於本年一月試驗成功。機內旅客室裝有耐壓設備，飛行高度常在七六二〇至九一四五公尺，此時旅客室內之氣壓僅相當於高度二四四〇至三六六〇公尺間之大氣壓。倘在高度三〇五〇公尺時飛行，則旅客室內之氣壓與地面相同。該機裝有 Weight Cyclone 空冷式二重星型十八汽缸二千至二千五百匹馬力之發動機四座。總重量三五至四〇噸，最高速度每小時五六六公里，尋常速度每小時五四三公里，航程六四四〇公里，昇高度一〇六七〇公尺。每架造價約需一百八十萬金元。

本會第十一次理監事會議紀錄

時間 民國三十二年三月十三日下午三時

地點 建設部會議堂

出席者 陳君慤（尤乙照代），張士俊，尤乙照，顧詒燕，許公定，馬登雲，馮燮，朱浩元，任樂天，張瀛曾，梁梅初，金其武，俞梅遜，周平，康壽曼，汝萬青，賈存鑑等十七人

主席 陳君慤（尤乙照代） 紀錄 徐硯農

甲、報告事項

（一）本會經費收支報告（三十一年十一月至二月）

乙、討論事項

（一）常務理事提 奉交審查新會員金濤等二十四人擬具審查意見請 公決案

決議 照審查意見通過金濤陶泰基陳志靜查委平徐穉唐温德眷蘇壽祺韓春第張一烈潘山孟梓徐映奎趙曾鑑丁子實胡家法徐鼎丘日新等為正會員

（二）理事長交議 據張泳棠等四十人請求加入本會附具履歷表及入會志願書請 審查案

決議 通過王家琿孫亦凡凌斐張拼傅崇德王景文赫贋厚瞿曉東喻秋明謝雪樵阮效禹陶貽廣許銘第陳志翔汪文杰承啓棠徐少海張叔如黃載邦王鶴年王鴻恩等為正會員劉大可沈洪平樊魯生夏寄壓朱孝若武石渠唐松濂等為會員姚彥怡姚剛毛震寰錢世珂秦懋祿周文保湯祥慤郭明震杜松坡韓茂鈞張泳棠吳逸民等為仲會員

（三）理事長交議 擬具本會工程雜誌改編計劃請 公決案

決議 照案通過並組織編輯委員會附帶負責徵訂有關工程書籍所有編輯人選及稿費數目由總編輯擬訂請 理事長核定

（四）理事長交議 第十次理監事會小組會議議決增收會員會費辦法一案經以通信方法徵求會員同意去後茲接會員周迪平等函復多數均屬同意應否照案增收請 公決案

決議 自本年度起照案增收並修正會章

丙、臨時動議

（一）金理事提 擬自本年四月起每月召集學術座談會一次

決議 通過

16708

工程雜誌 民國三十二年三月三十一日出版

發行者 中國工程學會 南京瞻園路敎敷營二二四號

編輯者 任樂天 南京東箭道建設部

印刷者 中華印刷公司 南京建鄴路一三八號

總經售處 中國工程學會

分經售處 國內各大書局

價目 每冊國幣二元（外埠另加郵費）

徵稿簡則

一、本刊歡迎有關工程之論著，譯述，專載等稿件。
二、來稿須繕寫清楚，並加標點，譯稿請附原文。
三、來稿不論刊載與否，概不退還。
四、來稿一經刊載，版權即歸本刊保有。
五、已刊載之稿件每千字酌酬國幣二十元至三十元。
六、本刊一律用眞姓名發表。

△本刊正向宣傳部登記中▽

16710

工程雜誌

本期目次

第二卷

第四期

中國工程學會出版

中華民國三十二年四月三十日

本會收支報告

三十二年三月份

收入之部

上月結存	一五，一六六・二九
廣東省政府二月至五月份補助費	八，〇〇〇・〇〇
全國經濟委員會二三月份會費	一，〇〇〇・〇〇
宣傳部二月份補助費	一，〇〇〇・〇〇
教育部二月份補助費	二〇〇・〇〇
浙江省建設廳入會及三十二年會費	二〇〇・〇〇
正會員張士俊永久會費	一〇〇・〇〇
總計	二五，六六六・二九

支出之部

員工津貼	二九五・〇〇
郵票	一〇・〇〇
書報	五〇〇・〇〇
紙張	七，〇六〇・〇〇
銅鋅版	二，四〇〇・〇〇
購置	一，三〇六・〇〇
裝修電燈	四八・五〇
修理房屋	四一〇・〇〇
歸還前常務理事尤乙照張士俊湯震龍墊款	一，〇五三・〇〇
雜支	一二七・〇〇
總計	一三，二〇九・五〇

收支相抵本月結存國幣壹萬貳千肆百伍拾陸元柒角玖分

日本水路部三角點之經緯度及真方位推算公式的理論和應用(上)

徐天懷

用Puissant氏公式已能充分精密，如兩站間之距離至300英里，用Clarke氏公式精密程度較增，如距離過長，則需更直接之解法，Bessel 1826 Helmert 1880，兩氏之解法即用於長距離者，水路測量工作中所用之公式常爲Puissant氏公式，此法亦可適用於100英里之遠距離，惟精度稍遜耳，用波氏(即Puissant下倣此)解法頗便利，因僅用七位對數表已足，而克氏(即Clarke)則非有九位之對數，不能適用也。

本篇所論，僅限波氏解法 在研究波氏公式之前，須先解決微分球面三角形，此球面三角形，以兩點及極組成之，圖如下。

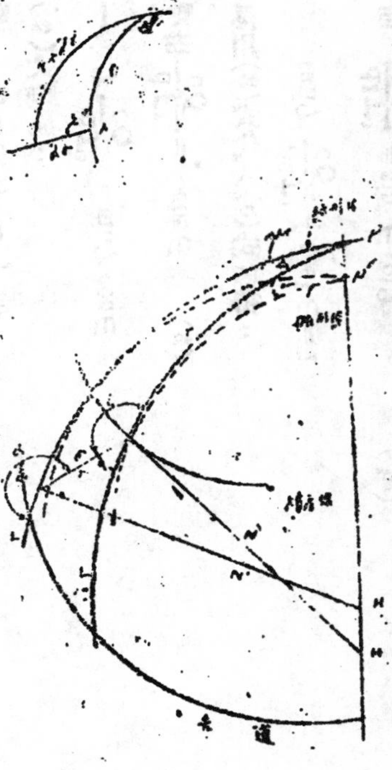

2.緯度差

上圖P'爲橢圓體之極，P爲球形體之極，球形體與橢圓體

公式中應用之符號：

K——二點間之距離(meters)

L——基點之緯度(北緯爲正)

M——基點之經度

Z(由南起算)——從基點他測點之眞方位(由北向東迴轉，角度自0°至360°，此角度之正弦餘弦之正負記號，計算時最應注意)

Rm——在基點子午線之曲率半徑(meters)

N——在基點與子午線成垂直之垂直斷面之曲率半徑(meters)

他測點之經度緯度及其他上記各項之符號以L',M',Z',N',Rm'示之。

$(Lm)=\frac{1}{2}(L+L')$ 二測點間之中分緯度

$Zo=\frac{1}{2}(Z+Z'-180°)$ 二測點間之漸長方位角

1.計算緯度及經度之方法

設測點(A)之經度緯度爲已知，從已知測點至他未知測點之距離及眞方位角亦爲已知，現在吾人即須研究計算未知測點之經度及緯度的方法及公式，計算未知測點經緯度的公式有Clarke氏，Puissant氏，及Bessel氏，Helmert氏等公式，如兩站之弧距離不足1°即60英里(計算誤差自0.001至0.003秒)

16713

相切於經過A點之緯度線，如圖所示。球形體之半徑為N，中心點H，設A為已知測點（基點）B為未知測點，從P至A之角距為γ至B為γ'，σ為AB之角距，α為從基點望他測點之真方位角，$\epsilon=180^\circ-\alpha$，設由球面三角形ABP直接計算$\gamma'$，則須用十位對數表方能達到所需要之精密之程度。惟在短距離測量中可用求緯度差（即$\gamma-\gamma'$）之公式間接求得γ'，既較便利，又甚精密。直接計算γ'之球面三角形之公式如下：

$$\cos\gamma'=\cos\gamma\cos\sigma+\sin\gamma\sin\sigma\cos\epsilon \qquad (a)$$

因γ'為σ之函數，其值可用 Maclaurin's formula，以收斂級數表示之如下：

$$\gamma'=\gamma'_{\sigma=0}+\frac{d\gamma'}{d\sigma}_{\sigma=0}\cdot\sigma+\frac{1}{2}\cdot\frac{d^2\gamma'}{d\sigma^2}_{\sigma=0}\cdot\sigma^2+\frac{1}{6}\cdot\frac{d^3\gamma'}{d\sigma^3}_{\sigma=0}\sigma^3+\cdots\cdots\cdots\cdots(b)$$

以(a)式連續微分三次，並以$\sigma=0$代入，即可求得(b)式之三個微分係數。

第一第二兩微分如下：

$$-\sin\gamma'\frac{d\gamma'}{d\sigma}=-\cos\gamma\sin\sigma+\sin\gamma\cos\sigma\cos\epsilon \qquad (c)$$

$$-\sin\gamma'\frac{d^2\gamma'}{d\sigma^2}-\cos\gamma'\left(\frac{d\gamma'}{d\sigma}\right)^2=-\cos\gamma\cos\sigma-\sin\gamma\sin\sigma\cos\epsilon$$

$$=-\cos\gamma'\text{【用(a)式】} \qquad (d)$$

再將(a)式寫成下式：

$$\tan\gamma'\frac{d^2\gamma'}{d\sigma^2}+\left(\frac{d\gamma'}{d\sigma}\right)^2=1 \qquad (e)$$

即將(e)式微分之，即得：

$$\tan\gamma'\frac{d^3\gamma'}{d\sigma^3}+\sec^2\gamma'\frac{d\gamma'}{d\sigma}\cdot\frac{d^2\gamma'}{d\sigma^2}+2\frac{d\gamma'}{d\sigma}\cdot\frac{d^2\gamma'}{d\sigma^2}=0 \quad (f)$$

當　$\sigma=0$，$\gamma'=\gamma$ 時

(c)式變成：

$$-\sin\gamma\frac{d\gamma'}{d\sigma}=\sin\gamma\cos\epsilon$$

故得$\frac{d\gamma'}{d\sigma}=-\cos\epsilon \qquad (g)$

再用(g)式代入(e)式即得：

$$\tan\gamma\frac{d^2\gamma'}{d\sigma^2}+\cos^2\epsilon=1$$

即　$\frac{d^2\gamma'}{d\sigma^2}=\sin^2\epsilon\cot\gamma \qquad (h)$

因(g)及(h)兩式，(f)式可變成：

$$\tan\gamma\frac{d^3\gamma'}{d\sigma^3}+\sec^2\gamma(-\cos\epsilon)(\sin^2\epsilon\cot\gamma)+2(-\cos\epsilon)(\sin^2\epsilon\cot\gamma)=0$$

故得$\frac{d^3\gamma'}{d\sigma^3}=\cos\epsilon\sin^2\epsilon\cot^2\gamma(2+\sec^2\gamma)=(2\cot^2\gamma+\csc^2\gamma)\sin^2\epsilon\cos\epsilon=(1+3\cot^2\gamma)\sin^2\epsilon\cos\epsilon \qquad (i)$

將所得之(g,(h)及(i)諸結果，代入(b)式即(Maclaurin's級數)即得：

$$\gamma'=\gamma-\sigma\cos\epsilon+\frac{\sigma^2}{2}\sin^2\sigma\cot\gamma+\frac{\sigma^3}{6}(1+3\cot^2\gamma)\sin^2\epsilon\cos\epsilon\cdots\cdots\cdots\cdots(j)$$

將下式代入(j)式，即得緯度與真方位之關係矣。

$$\gamma'=90^\circ-L'$$

16714

$\gamma = 90° - L$

$\theta = 180° - \alpha$

(j 式變成：

$$L - L' = \sigma \cos\alpha + \frac{\sigma^2}{2}\sin^2\alpha \tan L - \frac{\sigma^3}{6}(1 + 3\tan^2 L)$$

$\sin^2\alpha \cos\alpha$ ……(k)

上之緯度差，以徑(radians)爲單位。

現在進一步，即須將三角點之經緯度，由球形的化成橢圓體的，假定球形體的半徑爲 N 其中心點爲 H，又設球體與橢圓體之軸適相一致，則經過A點之平行緯度線亦相符合，因橢圓體，適沿此緯度線，與球體相切也，因此兩體之緯度(L)亦必符合，而A,B之距離及其方位，在兩體者，亦僅相差一極少量而已，故可使 $\sigma = \frac{K}{N}$，K爲AB間之線距，Clarke氏精密計算 σ 之公式爲：

$$\sigma = \frac{S}{N\sin 1''} + \frac{e^2\sigma^3 \sin^2 1''}{6(1-e)^2}\cos^2\Phi \cos^2\alpha,$$

則(k)式變成：

$$L - L' = \frac{K\cos\alpha}{N} + \frac{K^2}{2N^2}\sin^2\alpha \tan L - \frac{K^3}{6N^3}\sin^2\alpha$$

$\cos\alpha(1 + 3\tan^2 L)$ …………………… (1)

然緯度差應在曲率半徑Rm之曲線上算之（Rm爲橢圓的子午線之曲率半徑），即應在上圖子午線 P'A 上量之，在橢圓的子午弧上一短弧可視爲半徑 Rm 之正圓之一短弧，其誤差甚小，弧長爲

$S = Rm\Delta L$

若 ΔL 以秒爲單位，

$S = Rm\Delta L''\mathrm{arc}1''$【arc1''爲1''之弧度(radian)】

然橢圓體及球形體面上緯度差之線距可視爲相近似，故

$S = (L - L')N = \Delta L''\ RM\mathrm{arc}1''$

故 $\Delta L'' = (L - L')\frac{N}{RM\mathrm{arc}1''}$ …………………(m)

$\Delta L''$爲橢圓體子午線之弧長以秒爲單位，RM 爲經過AB兩點之平行緯度線中點之曲率半徑，即中緯度處子午線之曲率半徑，故緯度差 $\cos\alpha$ 爲正，則B點之緯度變小，$\cos\alpha$ 爲負，B點之緯度變大，（應切實注意）應改用下式求之。

$$-\Delta L'' = \frac{K\cos\alpha}{RM\mathrm{arc}1''} + \frac{K^2\sin^2\alpha \tan L}{2NRM\mathrm{arc}1''} -$$

$$\frac{K^3\sin\cos\alpha(1 + 3\tan^2 L)}{6N^2RM\mathrm{arc}1''}$$ …………………(N)

（$\Delta L''$前之負號，乃示 α 在第一第四兩象限時，$\cos\alpha$ 爲正，兩緯度差爲負也）

然在開始計算時，中緯度爲一未知數，爲方便計可先用已知點A之 Rm 以求得緯度差之近似數，可名之曰 $\delta L''$ 再用半徑之反比例乘 $\delta L''$ 求得 $\Delta L''$

因 $\frac{\delta L''}{RM} = \frac{\Delta L''}{Rm}$

$$故\ \Delta L'' = \delta L''\frac{Rm}{RM} = \delta L''\left(1 - \frac{RM - Rm}{RM}\right)$$

$$= \delta L''\left(1 - \frac{\Delta RM}{RM}\right)$$

$$= \delta L''\left(1 - \frac{dRm}{RM}\right)（近似）$$

16715

上式 $\delta L''\frac{dRm}{RM}$ 爲第一數之更正值

因 $R_m=\frac{a(1-e^2)}{(1-e^2\sin^2L)^{\frac{3}{2}}}$

$dRm=\frac{a(1-e^2)\cdot 3e^2\sin L\cos L dL}{(1-e^2\sin^2L)^{5/2}}$

因 dRm爲自基點至中點之改變數，故微分 dL 卽可視爲緯度差的半

卽 $dL''=\frac{\delta L''\operatorname{arc}1''}{2}$

故 $\delta L''\frac{dRm}{Rm}=\frac{3e^2\sin L\cos L\operatorname{arc}1''}{2(1-e^2\sin^2L)}(\delta L'')^2$

$=D.(\delta L'')^2$ …………… (o)

設爲簡省明瞭計，使 $\frac{1}{Rm\operatorname{arc}1''}=B$，

$\frac{\tan L}{2NRm\operatorname{arc}1''}=C$，

$\frac{K\cos\alpha}{Rm\operatorname{arc}1''}=h=B\cdot K\cdot\cos\alpha$；

$\frac{1+3\tan^2}{6N^2}=E$， 則(n)公式可變成

$-\Delta L''=K.B.\cos\alpha+K^2.C.\sin^2\alpha$

$+(\delta L'')^2\cdot D-h.K.^2E.\sin^2\alpha$ ………(i)

$\delta L''$約等於(L－L')，由公式(n)，

$\delta L''$約爲 $\frac{-K\cos\alpha}{Rm\operatorname{arc}1''}$

$(\delta L'')^2=\left(\frac{-K\cos\alpha}{Rm\operatorname{arc}1''}\right)^2=\left(\frac{1}{Rm\operatorname{arc}1''}\cdot K\cos\alpha\right)^2$

$=(B.K.\cos\alpha)^2$

$\therefore -\Delta L''=K.B.\cos\alpha+K^2.C.\sin^2\alpha$

$+(B.K.\cos\alpha)^2D-(B.K.\cos\alpha)K^2$

$E\sin^2\alpha$.

(現 $-\Delta L''=L-L'$，卽 $L'-L=dL''$，設以 (Z＋180) 代 α 則上式變成 $L'=L+K.B.\cos Z-K^2.C.\sin^2Z-(B.K\cos Z)^2D-BK\cos ZK^2E\sin^2Z$) 緯度差現以秒(") 爲單位，則未知測點之緯度爲：

$L'=L+\Delta''L''$ ………………(2)

水路部刊行之水路測量路用表 Table L,M, Z, 載有緯度自0°至70,°A,B,C,D,E諸因子之對數數，其單位爲meters,其橢圓體爲Clarke spheroid(1866)

(1)式中，因D項數目常較E項爲大，故録於前，如 log 小於4.23,E項可省，logK小於2.31, D項可省，小於4.93時，h²可以($\delta L''$)²代之，其第四次微分係數可以省而不用，惟極長距離又當另論耳，(參觀 Coast Survey Report,1894年,P.284)又(1)式，方位角 α 小於90或大於270(SW或SE)時，B項常爲正。C項及D項不論何角常爲正數，故須加於B項，E項(h爲正時)則從B項減去，α 在90與270(NW或NE)之間時 B項爲負 C項D項E項均由之減去(E項變正)

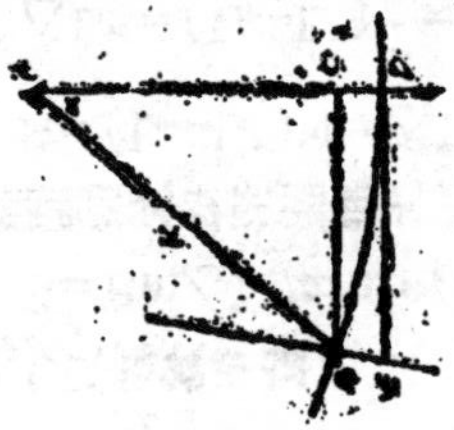

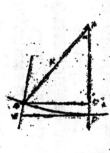

設由B引一垂直線BC至經過A點之子午線，即可知上述淺數之第一項(B項)幾等於AC射影線，此與平面測量中之縱距Latitude相同，所不同者，僅單位已由B因子而化為秒數耳。然AB兩測點之緯度差並非AC，而為A點與經過B點之緯度線間之距離，即AD是也，故AC須再加CD之距離，此與自切於緯度線之切線DE至B點B，所引之支距(offset)極相近似。此數即為C項，此項與BC或DE之距離之平方成正比例。

3.經度差

經度差為一極小之角度，可用球面三角形 PAB 直接計算之，對數表僅用7位者已足，設經度為$\triangle M = M' - M$

應用 Law of sines,

$$\sin\triangle M = \frac{\sin\sigma\sin\alpha}{\cos L'}$$

現所用之球體其半徑為 N' 而其中心則在 H' 矣。

如前，設：$\sigma = \frac{K}{N'}$

故 $$\sin\triangle M = \sin\frac{K}{N'}\cdot\frac{\sin\alpha}{\cos L'} \qquad (p)$$

實際，解決上方程式，可用下式：

$$\triangle M''\,\mathrm{arc}1'' = \frac{K}{N'}\cdot\sin\alpha\sec L'$$

再加sin與arc間之更正，即得正確之結果矣，於是上式可寫成下式：

$$\triangle M'' - \mathrm{corr.}\log\triangle M = \frac{K}{N'\mathrm{arc}1''}\cdot\sin\alpha\sec L' - \mathrm{corr.}\log K$$

設 $\frac{1}{N'\mathrm{arc}1''} = A'$，則，

$$\triangle M'' = A'.K.\sin\alpha\sec L' + \mathrm{corr.}\log\triangle M - \mathrm{corr.}\log K \cdots (3)$$

上式之改正乃用於對數者，

logA' 之值可在水路部水路測量諸用表中查得之

設 K為球面三角之一邊長，K' 為其補助平面三角形之相當邊，如下圖，R為球體之半徑，則

$$\log\frac{K'}{R} = \log\sin\frac{K}{R} = \log\frac{K}{R} - \frac{MK^2}{6R^2}, \quad (M = \log_{10}e = 0.4342945)$$

即得下式：

$$\log\frac{K}{R} - \log\sin\frac{K}{R} = \frac{MK^2}{6R^2}$$，(此即弧與弧之正弦間之差數也)

設 $\frac{K}{R}$ 為一角度，以秒為單位，則上式變成

$$\log\frac{K}{R} - \log\sin\frac{K}{R} = \frac{M\left(\frac{K''}{R}\right)^2\mathrm{arc}^2 1''}{6}$$

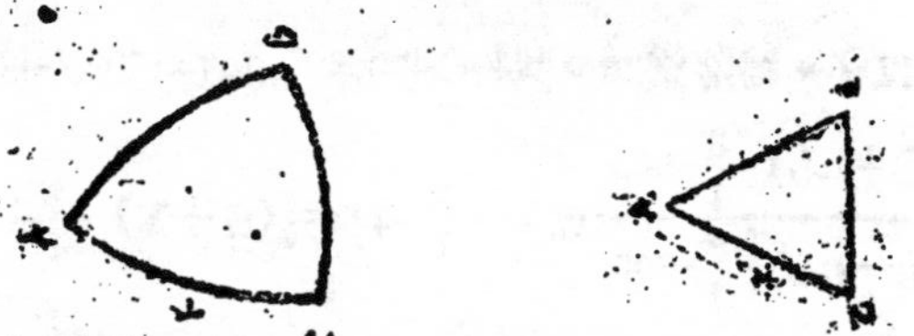

取上式兩邊之對數，

$$\log(\text{diff of logs}) = \log\left(\frac{M\mathrm{arc}^2 1''}{6}\right) + 2\log\left(\frac{K''}{R}\right)$$

先用上之差數，以更正即得

$$\log(\text{diff of logs}) = 8.2308 + 2\log\triangle M'', \qquad (q)$$

再更正$\frac{K}{N'}$，惟上之第二項$2\log\left(\frac{K''}{R}\right)$（因球體半徑，前已定為N）即為：

$2\log\frac{K}{N'\text{arc}1''}$即得

$\log(\text{diff. of logs})=8.2308+2\log K+2\log A'$ (r)

假定$\log A'$之值為8.5090，上式$=5.2488+2\log s$

此更正數應從原數減去，應$\frac{K}{N'}$弧較$\sin\frac{K}{N'}$為大也，上兩種之改正數可製成一表，（水路測量諸用表，尚缺此項改正表），以示同一log diff.之logK及$\log\triangle M''$之值。logs之改正為負，$\log\triangle M''$之更正為正，加於$\log\triangle M''$之改正，此即二改正數之代數和也。

（表中相當於log K及$\log\triangle M'$之log diff即為更正數，K或以S表之，M或以λ表之）。

附錄之計算實例即示此項改正之算法，可參觀也。

未知測點之經度M'如下

$$M'=M+\triangle M''\text{..................}(4)$$

公式 $\triangle M''=\frac{K}{N'\text{arc}1''}\sin\alpha\sec L'$

其中，$K\sin\alpha$為平面測量中之「橫距」(departure)以直線單位表示之，所不同者，此則已由$N'\text{arc}1''$因子改為秒耳，以橫距再乘$\sec L'$即可改為平行緯度上之弧度秒數矣。

西徑，則$\sin\alpha$之符號為正，（α在0°與180°之間），經差亦為正，α在180°與360°之間，sin α為負，而未知測點之經應減少矣。

3. 向前與向後之方位角

因子午線有收斂現象之故，一測線之向前與向後之方位角相差數不能如平面角適等於180°，收斂之數量，如下法計算之。

在三角形PAB中，用Napier's analogies,

$$\tan\frac{1}{2}(A+B)=\cot\frac{1}{2}\triangle M\frac{\cos\frac{1}{2}(\gamma'-\gamma)}{\cos\frac{1}{2}(\gamma'+\gamma)}$$

使$A+B+\triangle\alpha=180°$，並代入上式，且須注意，△M增，則△α減，

$$-\cot\frac{1}{2}\triangle\alpha=\cot\frac{1}{2}\triangle M\frac{\cos\frac{1}{2}(L-L')}{\sin\frac{1}{2}(L+L')}$$

因之 $$\tan\frac{1}{2}\triangle\alpha=\tan\frac{1}{2}\triangle M\frac{\sin\frac{1}{2}(L+L')}{\cos\frac{1}{2}(L+L')}$$

$$=\tan\frac{1}{2}\triangle M\frac{\sin Lm}{\cos\frac{\Delta L}{2}}$$

故$\frac{\triangle\alpha}{2}=\tan^{-1}\left(\tan\frac{\triangle M}{2}\cdot\frac{\sin Lm}{\cos\frac{\Delta L}{2}}\right)$

以下之級數代$\frac{1}{2}\triangle\alpha$

$$\left(\tan\frac{1}{2}\triangle M\frac{\sin Lm}{\cos\frac{\Delta L}{2}}\right)-\frac{1}{2}\left(\tan\frac{1}{2}\triangle M\frac{\sin Lm}{\cos\frac{\Delta L}{2}}\right)^3+\text{......}$$

16718

並以下之級數代$\tan\frac{1}{2}\triangle M$,

$$\frac{1}{2}\triangle M+\frac{\left(\frac{1}{2}\triangle M\right)^3}{3}+\cdots\cdots$$

則$-\frac{1}{2}\triangle L=\left\{\left(\frac{1}{2}\triangle M+\frac{\triangle M^3}{24}\right)^3\frac{\sin Lm}{\cos\frac{\triangle L}{2}}\right\}$

$$-\frac{1}{3}\left\{\left(\frac{1}{2}\triangle M+\frac{\triangle M^3}{24}\right)^3\frac{\sin Lm}{\cos\frac{\triangle L}{2}}\right\}^3+\cdots\cdots\cdots$$

$$=\frac{1}{2}\triangle M\frac{\sin Lm}{\cos\frac{\triangle L}{2}}+\frac{\triangle M^3}{24}\cdot\frac{\sin Lm}{\cos\frac{\triangle L}{2}}-\frac{\triangle M^3}{24}\frac{\sin^3 Lm}{\cos^3\frac{\triangle L}{2}}+\cdots\cdots$$

上式乘2,並分解$\frac{\triangle M^3}{24}$之因子,

$$\triangle\alpha=\triangle M\frac{\sin Lm}{\cos\frac{1}{2}\triangle L}+\frac{1}{12}(\triangle M)^3\left(\frac{\sin Lm}{\cos\frac{1}{2}\triangle L}-\frac{\sin^3 Lm}{\cos^3\frac{1}{2}\triangle L}\right)$$

使$\cos\frac{1}{2}\triangle L=1$,並代入數目較小諸項中,再變$\triangle\alpha$及$\triangle M$為弧之秒數

$$-\triangle\alpha''=\triangle M''\frac{\sin Lm}{\cos\frac{1}{2}\triangle L}+\frac{1}{12}(\triangle M'')^3\sin Lm\cos^2 Lm\,\mathrm{arc}^2 1''$$

$$=\triangle M''\sin Lm\sec\frac{\triangle L}{2}+(\triangle M'')^3\cdot F\cdots\cdots\cdots\text{(5)}$$

$$F=\frac{1}{12}\sin Lm\cos^2 Lm\,\mathrm{arc}^2 1''$$

F亦可由表查得(水路部表無此表)

$\log\triangle M''=3.36$時,F項僅有0.01″故可省略

故向後視之方位角為

$$\alpha'=\alpha+\triangle\alpha''\pm180^\circ\qquad\text{(III)}$$

上式中之第1項(如省去$\sec\frac{\triangle L}{2}$因此因子常近於1),即$\triangle M'\sin Lm$,與求兩子午線收斂角之公式相同。附圖,設$\alpha$小於180°,即B在A之西,則$\triangle\alpha$必自$\alpha$減去(再加180°)以求得$\alpha'$上述L′,M′,之計算,可從大地三角形之兩線求得同一之L′,M′,以校驗其有無錯誤差。後視方位,可視其兩方位角之差與新測點之球面角相等與否校驗之。

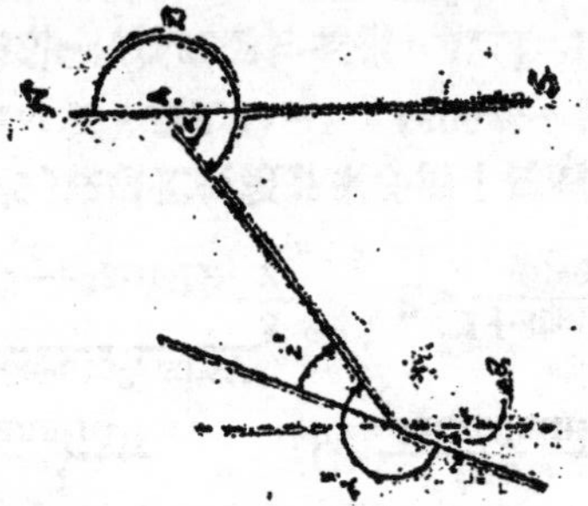

4. 公式總論

16719

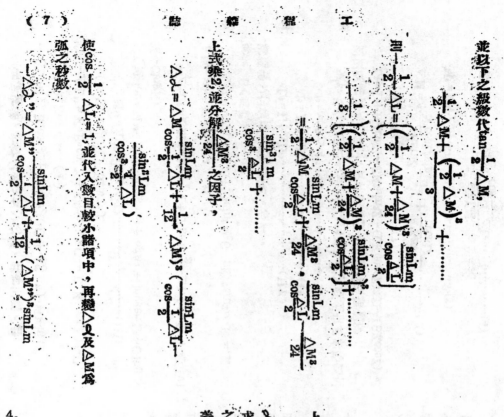

由前所述，計算大地位置之公式，共有三個，即

$-\triangle L'' = K.B.\cos\alpha + K^2\sin^2\alpha.C + (\delta L'')^2.D - h.K^2.\sin^2\alpha.E$ ....(I)

(或 $-\triangle L'' = K.B.\cos\alpha + K^2\sin^2\alpha.C + (B.K.\cos\alpha)^2.D - (B.K.\cos\alpha)K^2.E.\sin^2\alpha$)

$\triangle M'' = A'K.\sin\alpha\sec L'$ ....(III)

(或 $\log\triangle M'' = \log K + \log\sin\alpha + \log A' + \log\sec L' + C\log\triangle M - C\log K$)

$-\triangle\alpha'' = \triangle M''\sin\frac{1}{2}(L+L')\sec\frac{1}{2}\triangle L + (\triangle M'')^2 F$ (V)

上第一式 $h = K.\cos\alpha.B$

$-\triangle L'' = K.\cos\alpha.B + K^2\sin^2\alpha.C - hK.^2\sin^2\alpha.E = K.\cos\alpha.B$ (近似)

新測點之位置及後視方位角，如下：

$L' = L + \triangle L''$ ....(II)

$M' = M + \triangle M''$ ....(IV)

$\alpha' = \alpha + \triangle\alpha'' + 180°$ ....(VI)

東京水路部應用上述公式時除以Z代α並除去加於經度之更正及計算方位角之F項其餘相同，茲錄之以備參考

$L' = L + BK\cos Z - CK^2\sin^2 Z - (BK\cos(Z))^2 D - (BK\cos Z)(K^2\sin^2 Z)E$ ....(1)

$\triangle M = +\frac{K\sin Z}{N'\cos L'\sin 1''} = +\frac{A'K\sin Z}{\cos L'}$ ....(2)

$M' = M + \triangle M$ ....(3)

$Z' = Z + 180° + \triangle M\frac{\sin LM}{\cos\frac{1}{2}\triangle L}$ ....(4)

$A = \frac{1}{N\sin 1''}$ $A' = A$(對L'言)

$B = \frac{1}{Rm\sin 1''}$ $C = \frac{\tan L}{2RmN\sin 1''}$

$D = \frac{3e^2\sin^2 L\sin 1''}{4(1-e^2\sin^2 L)^{\frac{3}{2}}}$ $E = \frac{1+3\tan^2 L}{6N^2}$

公式(1)括弧內之數字表示該一項應不再小於0.005"時，logK應有之數，如3.11＝log 1300米，即K之距離小於1300米時第二項以下之數目均可捨去，4.14＝log 14,000，即K小於14,000米時，第三項以下之數目捨去，4.38＝log 24000，即K小於24,000米時，第四項可捨去而其結果，尚不致發生0.005"以上之誤差，又上式，K＝100海里之距離，可不致發生$\frac{1}{10}$、秒以上之誤差，故此公式，雖為近似的計算，可充分適宜於實用也。

計算緯度，如欲得更精密之結果，可加入計算下之一項，即

$-\frac{1}{2}K^2T.E + \frac{3}{2}K^2\cos^2\alpha T.E + \frac{1}{2}K^2.\cos^2\alpha\sec^2 L.A^2.T.\mathrm{arc}^2 1''$

$T = K^2\sin^2\alpha c$

(5)漸近的計算法　普通水路測量基線的長度超過10海里者甚稀，故除應用上公式直接計算經緯度與方位角外，尚可應用漸感的計算法，凡K之距離在40海里內者，可與用上式得同一精密度之結果，茲述漸近推算法如下：

$\triangle L = KBm\cos(Z + \frac{1}{2}\triangle Z)$

16720

$$L' = L + \triangle L$$

$$Lm = L + \frac{1}{2}\triangle L = \frac{1}{2}(L + L')$$

$Bm = \frac{1}{Rm\sin 1''}$，Bm為緯度L=Lm（中緯度）時查得之數，

$$\triangle M = KA'\sec L'\sin Z$$

$$M' = M + \triangle M$$

$A' = \frac{1}{N\sin 1''}$，A'為Latitude=L'時查得之數。

$$\triangle Z = \triangle M \frac{\sin Lm}{\cos\frac{1}{2}\triangle L}$$

$(\cos\triangle L = 1.000000$，在$\triangle L < 10'$時$)$，

$$Z' = Z \pm 180° + \triangle Z$$

Bm, A'之值從 L.M.Z.來查得之。

演算第一次漸近法時，可以B代Bm，以Z代$Z + \frac{1}{2}\triangle Z$，以算出L', Lm, $\log\triangle M$, $\triangle Z$, $Z + \frac{1}{2}\triangle M$之近似值，第二次漸近法演算時，用同一手續算出Lm及$Z + \triangle Z$，$\triangle L$在30分以下，用第二次，已足敷精密之需要矣。（未完）

特殊擁壁之新設計法

許慶潼

要旨

值此戰爭聲中，土木工程之材料，急宜節省，雖至於一峯一撮之微，亦攸關國防經濟之重者，是以目下建築之前途，歸趨於簡廉而耐固，於是有利用產量豐富之石材作最小限度之混凝土體積，Concrete Volume 利用竹筋代鋼骨以强之，此實合於國防計劃中之新建築，茲述其理如下：

(1)設計要項

擁壁高　$h=5.0m$

載重　$p=500kg/m^2$

土之安息角(Retaining Angle) $\phi=30°$

土之單位重量　$W=1,600kg/m^3$

碎石每單位之重量　$W_1=1,800kg/m^3$

竹筋混凝土及混凝土之單位重量 $W_2=2,200kg/m^3$

許容應力：

混凝土之壓應力　$\sigma ca=45kg/cm^2$

竹筋之應力　$\sigma ba=300kg/cm^2$

混凝土之剪應力　$Ta=4.5kg/cm^2$

地盤之支持力　$F=50ton/m^2$

混凝土與混凝土及壁體間之摩擦係數　$f=0.65$

(2)擁壁之外坡度及裏坡度

擁壁之外取用35cm之石材，擁壁之內施以厚30cm之1：3：6之混凝土，底幅厚65cm，全幅假定其為1.0m，擁壁當無頭覆之虞，茲求其最大限度之坡度摘解如下：(參考圖1)

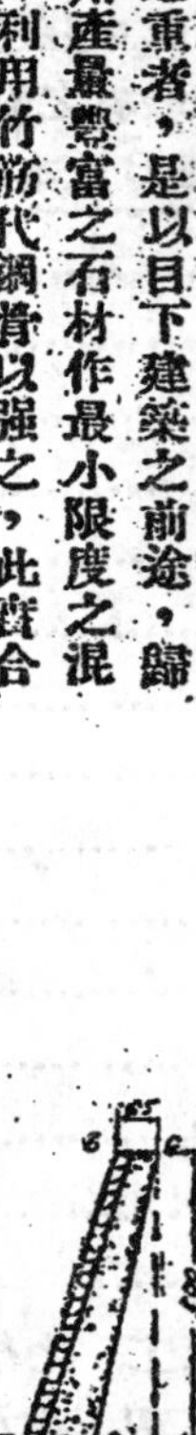

(一圖)

從cd軸到梯形abcd之重心垂直距離

$$x_1=\frac{(bc+ab)^2-bc\times ad}{3(bc+ad)}=\frac{x^2+2.65x+2.075}{3(x+1.65)}$$

設 $Gy=Ax$，則Gy當為以cd軸斷面為標準之第一次m，其中A為梯形abce之面積

x為cd軸到梯形abce重心之垂直距離

梯形abcd之面積

$$a_1=\frac{1}{2}(0.65+1.0+x)\times 5.0=2.5(x+1.65)m^2$$

三角形cde之面積

$$a_2=\frac{1}{2}\times 5.0\times x=\frac{5x}{2}m^2$$

因此

$$Gy=2.5(x+1.65)\times\frac{x^2+2.65x+2.073}{3(x+1.65)}-\frac{5x}{2}\times\frac{x}{3}$$

$$=(2.207x+1.726)m^3$$

既知

$A_\circ x = \left\{2.5(x+1.65) - \frac{5x}{2}\right\} x = 4.125 \text{m}^3$

$\therefore 2.207x + 1.726 = 4.125x$

可求得

$x = \frac{1.726}{1.918} = 0.90\text{m}$

於是：—

外坡度 $(0.90+1.00-0.65)/5.00 = 0.25$ 卽2分5厘坡度

裏坡度　$0.90/5.00 = 0.18$　卽1分8厘坡度

（3）水泥板

碎石之裏坡度 $= (0.9+0.3-0.7)/5.0 = 0.1$ 卽1分坡度

$ad = 2.5\times0.18+0.3 = 0.73\text{m}$

$de = 2.5\times0.1 = 0.25\text{m}$

（圖二）

從y軸到梯形abcd重心之垂直距離

$x_1 = 0.75 - \frac{(0.30+0.75)^2 - 0.30\times0.75}{3(0.30\times0.75)} = 0.471\text{m}$

從y軸到梯形abce重心之垂直距離，x之値求得如下：

$Gy = \frac{1}{2}(0.3\times0.5)\times2.5\times0.471 - \frac{2.5\times0.25}{2}\left(0.75 - \frac{0.25}{3}\right)$

$= 0.262\text{m}^3$

$A = \frac{1}{2}(0.3+0.5)\times2.5 = 1.0\text{m}^2$

$x = \frac{Gy}{A} = \frac{0.262}{1.0} = 1.0 = 0.262\text{m}$

假定水泥板厚16cm，略去其底部之碎石，計算其因自重而彎曲之力矩

則　$M_1 = 0.50\times0.16\times2.200\times0.25 = 4.400\text{kg-cm}$

碎石所生之彎曲力矩

$M = \frac{1}{2}(0.3+0.5)\times2.5\times6800\times0.262 = 47,160\text{kg-cm}$

故最大彎曲之力矩爲

$M_{max} = M_1 + M = 51,560\text{kg-cm}$

最大剪力

$S_{max} = 0.50\times0.16\times2,200 + \frac{1}{2}(0.3+0.5)\times2.5\times1,800$

$= 1,976\text{kg}$

所須之有效高度d可由彎曲力矩中求得

$d = C_1\sqrt{\frac{M}{b}}$

但　$C_1 = \frac{\sigma_{ba} + n\sigma_{ca}}{n\sigma_{ca}}\sqrt{\frac{bn}{3\sigma_{ba} + 2n\sigma_{ca}}} \fallingdotseq 0.79$

於此，$\sigma_{ca} = 45\text{kg/cm}^2$

$\sigma_{ba} = 300\text{kg/cm}^2$

$n = 1.0$

$\therefore d = 0.597\sqrt{\frac{51,560}{100}} \fallingdotseq 13.5\text{cm}$

16723

以彎力計算之則

$$d=\frac{S}{Tajb}=\frac{1976}{4.5\times 7/8\times 100}\doteqdot 50cm$$

故有效高爲13.5cm，鐵筋之被覆厚度爲2.5cm，總高度當假定其爲16cm。

竹筋量 $Ab=C_2\sqrt{M.b}$

但 $C_2=\frac{\sigma ca}{2\sigma ba}\sqrt{\frac{6n}{3\sigma ba+2n\sigma ca}}\doteqdot 0.00584$

$$\therefore A_b=0.00584\sqrt{51,560\times 100}\doteqdot 13.26cm^2$$

使用A N。5之主竹筋爲硬化竹筋則成每根之斷面積爲2.0cm. 其間隔之距離S=100÷13.26/2.0÷15.1cm 爲安全起見若採用14cm所用竹筋量則得

$$Ab'=(2.0\div 100\ /14=14.28cm^2$$

茲求其作用應力如下

$$p=\frac{Ab'}{bd}=\frac{14.28}{100\times 13.5}=0.0166$$

$$k=\sqrt{2np+(np)^2}-np=0.136$$

$$j=1-\frac{k}{3}=0.955$$

$$\sigma c=\frac{2M}{kjbd^2}=\frac{2\times 51560}{0.136\times 0.955\times 100\times 13.5^2}$$

$$=43.6kg/cm^2<45kg/cm^2$$

$$\sigma b=\frac{M}{Ab'jd}=\frac{51560}{14.28\times 0.955\times 13.5}$$

$$=280kg/cm^2<300kg/cm^2$$

$$T=\frac{S}{bjd}=\frac{1976}{100\times 0.955\times 13.5}$$

$$=1.53kg/cm^2<4.5kg/cm^2.$$

補助竹筋量若爲主竹筋之1/3則得13.26/3=4.42cm² 故於硬化竹筋AN。2中(每根之橫斷面積爲1.0cm²)若補以2.0cm間隔之補助竹筋，則使用竹筋量爲

$$Ab'=(1.0\times 100)/20=5.0cm^2>4.42cm^2$$

得充分安全矣。

（4）土壓

（A）土壓力之計算

$$E=\frac{1}{2}W'h^2\sec\beta\ \ \operatorname{cosec}^2\theta\ \ V^2$$

但 $V=\frac{\sin(\Phi+\theta)}{\left[1+\left(\frac{\sin(\Phi+\delta)\sin\Phi}{\cos\beta.\sin\Phi}\right)^{\frac{1}{2}}\right]}$

於此 $\Phi=30^\circ$

$$\delta=\frac{2}{3}\Phi=20^\circ$$

$$\theta=\tan^{-1}\frac{0.9}{5.0}+90^\circ=10^\circ12'+90^\circ=100^\circ12'$$

$$\beta=90^\circ+\delta-\theta=9^\circ48'$$

$$W'=W+\frac{2p}{h}=1,600+\frac{2\times 500}{5.0}=1,800kg/m^3$$

故 $V=\frac{0.764}{1.629}=0.469$

$$\therefore E=\frac{1}{2}\times 1800\times 5.0^2\sec 9^\circ 48\times \operatorname{cosec}^2 100^\circ 12'$$

$$\times 0.469^2=5,910kg$$

16724

(B)滑動面位置ce之計算(參考圖-3)

$$ce = IV\left(\frac{\sin(\Phi+\delta)\sin\Phi}{\cos\beta\ \sin\Phi}\right)^{\frac{1}{2}}\frac{1}{\sin\Phi} = 0.590l$$

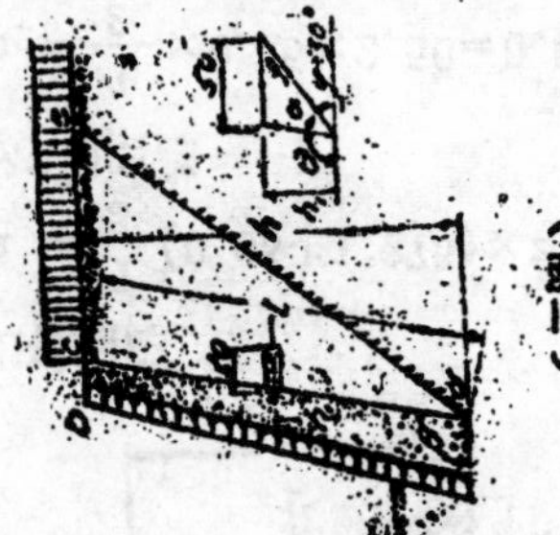
(圖三)

若水泥板之長度爲50cm則h_1可定値如下

$$h_1 = \frac{0.50l}{0.590l}\cos 10°12' = 0.836m$$

(C)檔板活動之一端設Φ=30°土壓力可計算如下:

$$\alpha = 180° - (\theta + \Phi) = 49°48'$$

$$h_2 = \frac{0.5\sin\Phi}{\sin\alpha}\times\cos 10°12' = 0.322m$$

$$E = \frac{1}{2}\times 1,600\times 0.3322^2\sec 9°48'\operatorname{cosec}^2 100°12'$$

$$\times 0.469^2 = 19\ kg$$

(D)土壓力之分布圖(參考圖-4)

$$ag = (2\times 5,190)/(1,600\times 5.32) = 1.220m$$

cg之坡度$(1.22\times 100)/5.32 = 22.9\%$

$$bc = 0.32\times 0.229 = 0.073m$$

$$dd' = 2.82\times 0.229 = 0.646m$$

$$ee' = (2\times 19)/(1,600\times 0.322) = 0.074m$$

$$ff' = 3,656\times 0.229 = 0.837m$$

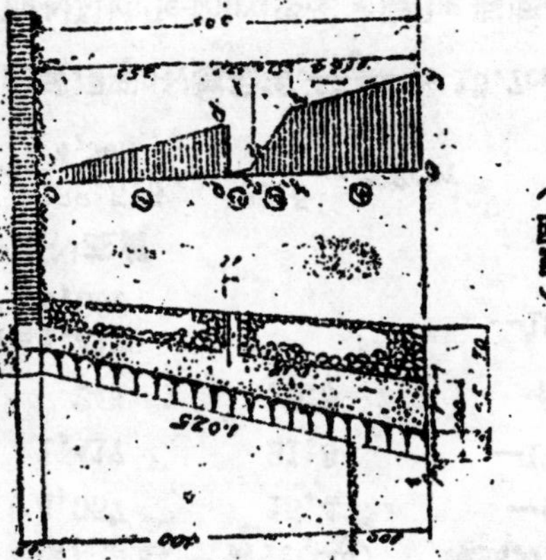
(圖四)

(1)格間之水平土壓Ph;垂直土壓Pv及重心之位置:,可求得如下:—

$$Ph = \frac{1}{2}(0.073+0.646)\times 2.5\times 1,600\cos\beta$$

$$= 1,417\ kg$$

$$Pv = \frac{1}{2}(0.073+0.646)\times 2.5\times 1,600\sin\beta$$

$$= 245\ kg$$

$$y = \frac{2.5\ 0.646\times 2\times 0.073)}{3(0.646+0.073)} = 0.918m$$

16725

根據該項計算法求各格間之值，列於下表

格間號數	Ph(kg)	Pv(kg)	y(m)
(1)	1,417	245	0.918
(2)	19	3	0.107
(3)	369	64	0.185
(4)	2,698	466	0.780

(5)擁壁安定之檢討

(A) h＝2.5m觀察bg之斷面（參考圖-5）

$bg=2.5(0.25-0.18)+0.65=0.825m$

$gi=2.5\times0.18=0.45m$

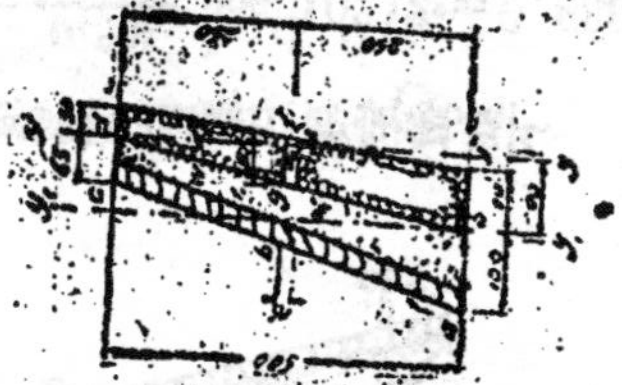

（圖五）

梯形bcdi之面積

$$a=\frac{1}{2}(0.65+1.275)\times2.5=2.406m^2$$

三角形gdi之面積

$$a_2=\frac{1}{2}\times0.45\times2.50=0.562m^2$$

梯形bcdg之面積

$$A=a_1-a_2=1.844m^2$$

從y軸到梯形bcdi之重心垂直距離

$$x_2=\frac{(0.65+1.275)^2-0.65\times1.275}{3(0.65+1.275)}=0.498m$$

$$Gy=2.406\times0.498-0.562\times\frac{0.45}{3}=1.114m^3$$

$$\therefore x_1=\frac{Gy}{A}=\frac{1.114}{1.844}=0.604m$$

故從 g 點到梯形 bcdg 之重心垂直距離 $x=0.604-0.45=0.154m.$

梯形bcdg之重量$W_1'=1.844\times2,200=4,057kg$

若g點爲彎曲力矩之中心則可求值如下表

符號	重量及土壓 (kg)	以g點爲中心 臂長(cm)	彎曲力矩(kg.cm)
W_1'	4,057	15.4	−62,478
Ph	1,417	91.8	−130,081
Pv	245	16.5	+4,043
M	Rh＝1,417 Rv＝4,302		−188,516

(a)傾覆之討論

$$偏心距離e=\frac{188,516}{4,302}-\frac{82.5}{2}=2.6cm$$

自tbg之中點起偏距e之值卽爲 $\frac{82.5}{6}=13.7cm$ 若小於此則合成力R當在bg之Middle-third以內，而 bg 斷面之內僅存壓力當無傾覆之虞

(b)壓挫之討論

$$F=\frac{Rv}{b}(1+\frac{be}{b})=\frac{4,302}{0.825}(1+\frac{6\times0.026}{0.825})$$

$$=6,200kg/m^2$$

$$F_2=\frac{Rv}{b}\left(1-\frac{be}{b}\right)=4,229kg/m^2<450,000kg/cm$$

所得之值混凝土當能安持之

(c)滑動之檢討 $Rv.f>Rh$

$4,302\times0.65=2,796kg>1,417kg$

安全率$=2,796/1,417=1.97$

故於滑動一端論安全無虞

bg斷面既如上述當能滿足重力擁壁之各種安定條件無庶採用矣

(B) h=5.0m 觀察ah之斷面(參考圖-5)

從y軸至梯形abdj重心之垂直距離

$$x'=\frac{(0.65+1.90)^2-0.65\times1.90}{3(0.65+1.90)}=0.689m$$

梯形acdi之面積

$$a_1=\frac{1}{2}(0.65+1.90)\times5.00=6.375m^2$$

三角形hdj之面積

$$a_2=\frac{1}{2}\times0.9\times5.0=2,200m^2$$

梯形acdh之面積

$$A=a_1-a_2=4,125m^2$$

$$Gy=6.375\times0.689-2.250\times\frac{0.90}{3}=3,717m^3$$

$$\therefore x=\frac{Gy}{A}=\frac{3.717}{4.125}=0.901m$$

故從h點到梯形acdh之重心垂直距離$x_5=0.901-0.900=0.001m$

(a) W_1W_2及W_3之重量及從y，軸至各重心垂直距離之計算(參考圖-5,6)

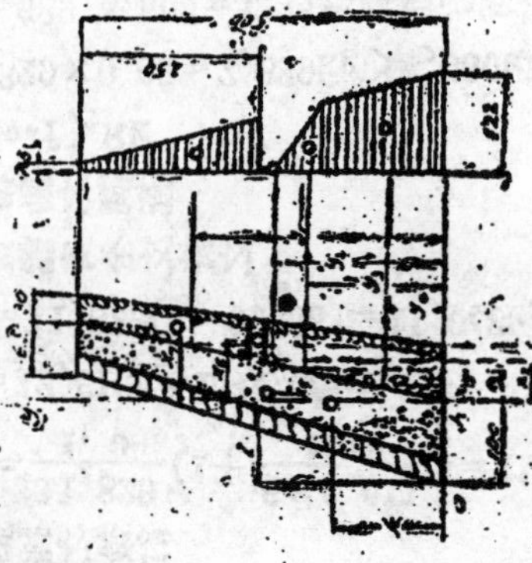

(六圖)

梯形acdh之重量

$$W_1=\frac{1}{2}(0.65+1.00)\times5.00\times2,200=9,075kg$$

梯形gdef之重量

$$W_2=\frac{1}{2}(0.30+0.50)\times2,50\times1,800=1,800kg$$

水泥板之重量

$$W_3=0.50\times0.16\times2,200=176kg$$

$x_5=0.001$

$x_6=2.50\times0.18+\frac{1}{2}\times5.00=0.700m$

$x_7=2.50\times0.18+0.262=0.712m$

(b)自h點至各格間土壓力作用點之垂直及水平距離之計算(參考圖-4,6)

根據表-1y欄內之各值列計y_1至y_4各值如下

$y_1=2.50+0.918=3.418m$

$x_1=3.418\times0.18=0.615m$

$y_2=1.664+0.514+0.107=2.285m$

$x_2=2.285\times0.18=0.411m$

$y_3=1.664+0.185=1.849m$

$x_3=1.849\times0.18=0.333m$

$y_4=0.780$

$x_4=0.780\times0.18=0.140m$

（c）偏心距離e之計算

符號	重量及土壓 (kg)	以b點為中心 臂長(cm)	以b點為中心 彎曲力矩(kgcm)
W_1	9,075	0.1	—908
W_2	1,800	71.2	+128,160
W_3	176	70.0	+12,320
P_1h	1,417	341.8	—484,331
P_1v	245	61.5	+15,068
P_2h	19	228.5	—4,342
P_2v	3	41.1	+123
P_3h	369	184.9	—68,228
P_3v	64	33.3	+2,131
P_4h	2,698	78.0	+210,444
P_4v	466	14.0	+6,524
M	Rh= 4,503 Rv=11,829		—603,927

於是偏心距離e=603,927/11,829-100/2=11cm若與基底幅中點之100/6=16.6cm之距相比得值為小，故全合成力R當在Middle-third之內，保無顛倒之虞，而底面上之基礎應力亦之起張力。

（d）顛倒之調查（參考圖-6）

$Rv\cdot l>Rh\cdot k$

從b點至Rh之垂直距離

$$k=\frac{603,927}{4.503}=134.1cm$$

由此 $$l=\frac{4,303\times134.1}{11,829}-1.1+\frac{100}{2}=99.9cm$$

$\therefore 11,829\times0.999=11,817kg.m>6,039kg.m$

$=4,503\times1.341$

故安全率$=11,817/6,039=1,96$保無顛倒之虞

（e）壓摧之檢討

$$F_1=\frac{11,829}{1.0}(1+\frac{6\times0.011}{1.00})=11,829(1+0.666)$$

$=12,610kg/m^2<50ton/m^2$

$F_2=11,829(1-0.666)=11,048kg.m$

此力地盤當能安全支持之

（f）滑動之調查

$Rv\cdot f>Rk$

$11,829\times0.65=7,689kg>4,530kg$

安全率為7,689/4,503=1.71故滑動方面亦極安全

以上所論凡bg及ah之斷面均稱完善，故於設計之中可做照其尺寸而施諸實用也。

16728

美國造船工業實況

蘇俊

根據美國海事委員長愛默利，蘭特的發表，美國在去年完成的船舶，其總數是七百四十六隻，計八百零九萬零一百載重噸，約合五百五十萬英噸，其內容如左：

自由型貨物船	五四二隻
油槽船	六二隻
C型貨物船	六二隻
交付英國	五五隻
沿岸用貨物船	五隻
礦石輸送船	五隻
特殊型船	一五隻
共計	七四六隻

美國在一九四一年的造船額不過九十五隻，計一百零八萬八千載重噸。一九四二年的造船的擴充如此顯著，其各造船所的造船能力狀況如左：

惡萊康造船公司（在Portland）建造自由型貨物船一一三隻（約八〇萬英噸），成績第一。

加里富尼亞造船公司（加州烏爾明頓）建造自由型貨物船一〇九隻，爲第二位。

佩斯萊姆，非阿非爾特造船所（在白爾的毛）完成自由型貨物船七七隻。該所造船額據說以超過一百隻，因爲在建造能率達最高時，造船設備之相當部份用作造船以外的作業，所以建造船隻數目減少。

設將地域區別造船噸數，則如下表：

太平洋沿岸	四三%
大西洋沿岸	三八%
墨西哥灣岸	一二%
大湖地方	七%

還有海事委員會定造船隻的造船所，其數目已超過六十以上了。

根據海事委員會兼戰時海運局長官愛默利，蘭特的發表，美國造船工人的現況如次：

一、一九四三年初美國男女造船工人總數是五十萬。但這僅是指實際建造船隻者而言。

二、依據新造船計劃，到明年五月達最高潮時有造船工人一百萬以上。

三、依照海事委員會的工場分散計劃，要將八百以上的工場分散於全美從事造船資材及零件的製造。

四、這些工場生產的資材要送至遠隔數百哩的沿岸造船所，在造船所附屬的零件工場裝配起來。

五、這樣在直接造船以外要使用勞工約一百萬。

速成船的缺陷

美國造船工業，依照一部份英國人的批評，據說根據美國「船體裝配工業」的最近新紀錄，在西岸一處造船所自由型船船以四日十五時半完成，在其他造船所則四千噸級的船舶是三

16729

日八時半完成。這樣速成的船舶容易出毛病巳是一般人都知道的了。例如油槽船「斯該納古他台」號之沉沒事件便是最好的例子。美國海運有關係的各報紙到底亦相當衝動的。

「斯該納古他台」號是卡開爾營的加里富尼亞造船公司所屬斯汪島的造船所建造的，爲總熔接的大型油槽船，該船於一百十五日內完成的。同樣的油槽船在東岸地方造船所建造平均要二百日，在墨西哥灣沿岸地方建造需要三百三十日，所以「斯該納古他台」號的建造日數是非常的短。但完成之後放在船塢中的「斯該納古他台」號分裂爲二而沉沒了，這事件的原因看起是很複雜的，所以亦沒有最後的報告。然而最近的商業新聞報認爲這件意外事故的原因恐怕是從事員工的不熟練和建造方法有重大缺陷。該新聞報又認爲建造速度有問題，據稱，「建造太速也許是這意外事故的原因，因爲其他速成船舶亦暴露種種缺陷的」，由此觀之，較普通船舶更速成的船舶當然有更多的缺陷。又關於這一點，英國雜誌 Fair Play 會諷刺地說，「造船太急速，常有不注意技術的顧慮，無論如何卡開造船所以紀錄的速度完成的船舶的性能良好與否，有待證明的必要」。

美國的造船費用

美國造船費用達到什麼程度亦是頗堪注目的，關於這一點，美國海事委員長蘭特在本年二月曾有下面的說明：

「迄一九四四年爲止美國共有二千二百四十二隻新船在計劃建設中。其中五百五十四隻在本年一月以前交付了。但是因爲有促進造船的必要，要擴張計劃，到一九四三年末還要加造二千一百六十一隻。所以新計劃預定造船四千四百零三隻，其費用是一百零七億八千八百萬六千三百五十七元。根據上述計劃，造船額以噸數計算是約爲四千四百萬載重噸」。

徵諸以上說明，美國的造船費用是每載重噸大概是二百四十五元。

英國的造船費用

英國造船費用並不十分明瞭，根據 Fair Play 的說法則七千五百載重噸級 Single deck 汽船一隻的標準船價約爲十六萬鎊。即該雜誌上所述有權威的一隻船「波洛卡」號如次：

「要計算七千五百噸級船舶的基準船價還沒有正確的資料，………依我們的計算，七千五百噸級的船價是在十五萬七千九百鎊和十六萬三千八百鎊之間」。

根據上述推算，則英國的造船費每一載重噸爲二十二鎊弱，實際也許還高一點罷。

關於英美的造船費用，瑞典新聞紙「該特雅利漢特爾斯」曾有如次的報導：

「英國著名造船技師湯姆孫及哈利，漢諾最近調查英美兩國造船所的造船費。他們爲比較美國自由型貨物船起見，先選擇英國建造所的標準簡素的遠洋貨物船。這種船大體是和自由型貨物船有同樣的性能的，體長一百二十六公尺，闊十七公尺，高至上甲板是十一．三六尺。英國造船所建造的時間平均爲三十三萬六千勞動時間，其中包括機械安裝之時間但不包括附屬品之生產時間。這附屬品生產需要的時間又要加上百分之五到百分之十。則到完成所需的勞動時間總計是三十六萬時」。

又加拿大的造船歷史不長，因此其建造費較其他國家相當高，普通型蒸氣貨物船之建造所要總勞動時間是六十萬時。

美國的造船時間

關於美國造船所的勞動時間的計算，上述新聞紙曾引用紐約新聞的意見述之如次：

「美國貨物船建造所需要的勞動時間到數年前爲止在九十萬時以上。現在自由型貨物船約需四十五萬時、又最近樹立三十七萬五千時的記錄」。

上述數字不過是指大的裝配所需要的勞動時間而言，因此要計算建造所需的總勞動時間至少在上述的勞動時間加上百分之二十。故所需要的總勞動時間是四十五萬時，較諸英國造船所建造同型船舶所需的時間多百分之二十。

英美造船法的差異

關於這一點，最近英國下院曾有說明如左：

「本來使用熔接法是因爲釘接熟練工人不足之故，有人以爲在英國熔接船比釘接船所需要的建造時間爲短實在是錯誤的」。

依照美國的造船法，每一造船台同時可以有二千人工作，英國的造船所同時有二百工人便不可能了。然而美國的造船組織並沒有減少本身所需要的勞動時間。

美國的工資是英國的二倍半

造船工人的工資是美國比英國高得多。現在美國太平洋岸造船所的熟練工人每小時的工資合英國貨幣是五先令六便士，[illegible]熟練工是四先令三便士，英國熟練工的每小時工資僅一先令九便士，換言之便是美國造船所的工資比英國高二倍半。故瑞典新聞紙曾有如次的結論：

「若是上述評價是正確的話，美國的造船及海運業的前途由於下述理由較之歐洲各國更爲不安：

1. 美國造船所[illegible]總勞動時間比英國多
2. 工資比其他各國高得多。

當然美國造船技術的發達亦是要考慮的，像卡爾就曾誇口說要把美國造船所需的總勞動時間從四十五萬時削減爲三十萬時，以便將建造費減到和歐洲各國一樣程度。但是這種意圖能否實現還是問題，尤其是戰後船主方面希望的特殊型船舶更非[illegible]明，這種特殊型船舶不是美國式的大量生產法所能建造的」。

這也許是因爲瑞典報紙有親英的傾向故有這樣的結論：

英國現在相信能夠以每年一百五十萬英噸的比例開始建造船舶。又英國造船業者之間對於船舶建造上電氣熔接的使用增大了。關於這一點英國雜誌 Fair Play 曾說，「熔接作爲釘接的補助方策，其使用昂貴，這是因爲英國造船勞力不足，難以採用美國式零件預備裝置法之故」。又說，「熔接在工程上需要零件的預備裝置，而且是相當大的裝置。因此造船台的兩端及側面比釘接的場合需要更廣的面積。但是英國造船所的場所全然不合用，把造船台擴充，勢必犧牲既存造船台的一部份，所謂大量生產在英國造船所因爲場所的關係上是不可能的」。Fair Play 對於現在的英國造船法認爲滿足，但對於燈火管制的頻發及冬季嚴寒妨害屋外作業，另一方面熟練勞力之不足，能率之不增進，官僚主義的造船管理等深致其不滿。

據傳英國爲對抗美國大量建造低速度船，正在努力建造高速度船，時速十五海里及以上的船舶現佔英國建造中或訂造中的全船舶之三分之一。瑞典之某雜誌最近曾述之如次：

「戰後各種定期客船，肉類及果實運送用的特殊船，油槽船等也許要不足。旅客輸送雖可由飛機爲之，但打擊，究竟甚大」。

美國相信到今年年中要成爲有世界最大商船隊的大海運國，英國的船主們尤其是不定期貨物船主們對於美國的邁進大感不安，認爲不可輕侮的呢。

現在美國和英國一樣要求戰後私有企業的自由發達之呼聲甚高。又戰爭的非常事態終了時，把海運從政府的統制解放出來後歸爲私有企業，是美國議會及海事委員會的意向，政府當局亦承認的了。

美國商業新聞紙曾有以下之評述：

「戰時海運局指定六十九公司爲代理機關，可以說是鞏固平時所有的海運事業的重要機構的基礎。同時亦可以說海運局爲推廣新船的市場。

戰時海運局的政策有二個方針，即：

一、在戰時使船舶的使用盡其最高度的能率。

二、在和平恢復時以美國國籍的船舶均充本國海運界之用。

但是美國船主們要求戰後自由的私有企業已如上述，他們亦已要求政府交付海運助成金，紐約州商會會長最近公然詰責政府對於戰後的海運何故不交付助成金，並且說「政府現在不是對於農業及銀礦交付助成金，用保護關稅助成製造工業者的嗎」？

假使從美國海運業現在成本高還一點來判斷，政府總要在戰後交付助成金保護海運業的。果爾如此，那麽英國及其他各此亦要做效的罷。

（本文材料取自世界週報第二十四卷第十八期的「一九四二年的美國造船實況」，該文原爲同盟社瑞典通訊）

簡訊

一、理事湯震龍現任湖北省政府技術室主任

一、理事孫瑞林原任華北交通股份有限公司理事茲以四載期滿退職現任華北政務委員會備任技正在政務廳服務並遷居北京內六區右府街石板房三條胡同三號

一、候補理事朱墉原任南京特別市政府地政局科長最近已辭職赴杭就任浙江省建設廳第三科科長

一、正會員孫亦凡原任建設部水利署技正現任浙江塘工水利局科長

一、仲會員湯辭懿現任江蘇省建設廳東太湖尾閭測量隊副工程師又仲會員姚彥怡亦任該隊佐理工程師

工程雜誌 民國三十二年四月三十日出版

發行者 中國工程學會 南京護國路敎敷營一二四號

編輯者 任樂天 南京·東箭道建設部

印刷者 中華印刷公司 南京建鄴路一三八號

總經售處 中國工程學會

分經售處 國內各大書局

價目 每册國幣二元（外埠另加郵費）

徵稿簡則

一、本刊歡迎有關工程之論著，譯述，專載等稿件。
二、來稿須繕寫清楚，並加標點，譯稿請附原文。
三、來稿不論刊載與否，概不退還。
四、來稿一經刊載，版權即歸本刊保有。
五、已刊載之稿件每千字酌酬國幣二十元至三十元。
六、本刊一律用真姓名發表。

△本刊正向宣傳部登記中▽

中央儲備銀行

中華民國國家銀行

資本總額國幣壹萬萬圓

南京總行

行址　中山東路一號
電報掛號　中文五五四四　英文CENREBANK（各地一律）
電話　二三五四一　二三五四二　二三五四三　二三五四四　二三五四五（轉接各部）

上海分行

行址　外灘十五號
電報掛號　中文八六二八
電話　一七四六三　一七四六四　一七四六五　一七四六六（轉接各綫）

蘇州支行

行址　觀前街一八九號
電報掛號　中文五五四四
電話　一八五六　六九五

杭州支行

行址　太平坊大街
電報掛號　中文五五四四
電話　二七七〇

蚌埠支行

行址　二馬路二九四號
電報掛號　中文五五四四
電話　二五八

廣州支行

行址　長堤大馬路二六八號
電報掛號　中文六三二八
電話　一七一三一

漢口支行

行址　湖北街九號
電報掛號　中文一一三五

寧波支行

行址　江廈路十五號
電報掛號　中文五五四四
電話　七六〇　七六五

各地辦事處

辦事處	行址	電報掛號	電話
蕪湖	二街西首	五五四四	一三五
常熟	老縣場	五五四四	二三一　二三三
無錫	北門內打鐵橋	五五四四	一六三四　一六六一
南通	西大街十八號	五五四四	
嘉興	城基路望吳橋	五五四四	一七七　一七九
揚州	左衛街	五五四四	
太倉	稅務橋東首	五五四四	四四
鎮江	寶塔路三十一號	五五四四	二九二
泰縣	彩衣街	五五四四	
常州	西瀛里	五五四四	
滬西	上海靜安寺路地豐路二九號	○七四八	
上海	上海法租界邁爾西愛路一二一號	一七一五	
松江	西門外[illegible]路橋大街	五五四四	
崐山	北大街	○○○一	
安慶	國貨街	五五四四	
廈門	海後路廿六號		
東京	麴町區大手町二丁目二番地		

工程雜誌

△宣傳部登記證京誌字第一六五號

本期目次

第二卷
第五期

中國工程學會出版

中華民國三十二年五月三十一日

本會收支報告

三十二年四月份

收入之部

上月結存	一二四五六、七九
宣傳部三月份補助費	一〇〇〇、〇〇
教育部三月份補助費	二〇〇、〇〇
江蘇省政府四月份補助費	二〇〇〇、〇〇
全國經濟委員會四月份會費	五〇〇、〇〇
漢口市工務局入會費及卅二年上半年會費	三〇〇、〇〇
李省長士羣捐款	五〇〇〇〇、〇〇
蔡大使子平捐款	一〇〇〇、〇〇
周作民先生捐款	二〇〇〇〇、〇〇
唐壽民先生捐款	三〇〇〇、〇〇
總計	九〇四五六、七九

支出之部

員工津貼	三〇五、〇〇
郵票	一〇、〇〇
紙張	三三五、〇〇
印刷	二六〇、〇〇
雜支	一六五、三〇
總計	一〇七五、三〇

收支相抵本月結存國幣八萬九千三百八十一元四角九分

日本水路部三角之經緯度及其方位推算公式的理論和應用(續)

徐天懷

6.計算實例

A 第一級三角點大地位置實例

α	Waldo to Meade's Ranch	255° 17' 17".52	
L	Meade's Ranch and Bunker Hill	86 20 54. 50	
	Waldo to Bunker Hill	341 38 12. 02	
α		+ 4 43. 09	
$\Delta\alpha$		180°	
α'	Bunker Hill to Waldo	161 42 55. 11	
	Third angle	38 08 34. 09	

L	39° 09' 55.645	Walds	M	98° 49' 50".128
ΔL	−17 39.209	K=34407.64M	ΔM	−07 29. 652
L'	38° 52 16.436	Bunker Hill	M'	98 42 20. 476

K	4.5366549	K^2	9.07331	$(\delta L)^2$	6.0499	−h	3.0249n
cosα	9.9773018	$\sin^2\alpha$	8.99674			$K^2\sin^2\alpha$	8.0700
B	8.5109150	C	1.31553	D	2.3832	E	6.0871
h	3.0248717		9.38558		8.4331		7.1820n
1st term	1058".9409	3rdterm	+0.0271			$(\Delta M)^3$	7.959
2nd term	0.2429	4th term	−0.0015			F	7.872
	1059.1838		+0.0256				5.831
3rd and 4th terms	+ .0256						
−ΔL	1059.2094	K	4.5366549	自變數 (arg)	log diff	ΔM	2.652877n
½(L+L')	39°01'06".04	sinα	9.4983680n			sin½(L+L')	9.799043
		A'	8.5091469	K	−21		
		secL'	0.1087088	ΔM	+03	sec½(ΔL)	1
			2.6528786	corr	−18		2.451921n
			18			−$\Delta\alpha$	−283".09
			2.6528768n				
		ΔM	−449".652				

16737

α	Mead's Ranch to Waldo	75° 28' 14."52
L	Bunker Hill and Waldo	55 30 33. 73
α	Meade's Ranch to Bunker Hill	19 57 40. 79
Δα		—06 11. 66
		180
α	Bunker Hill to Meade's Ranch	199 51 29. 13

L	39° 13' 26."686	Meade's Ranch	M	98° 32' 30.506
ΔL	—21 10. 250	K=41661,11M	ΔM	+09 49.969
L'	38° 52' 16. 436	Bunker Hill	ΔM'	98 42 20.475

K	4.6197308	K²	9.23946	(δL)²	6.2076	—h	3.1037n
cosα	9.9730924	sin²α	9.06649			K²sin²α	8.3660
B	8.5109164	C	1.31644	D	2.3835	E	6.0882
h	3.1037337		9.62239		8.5911		7.4979n
1st term	+1269.795	3rdterm	+0.0390			(ΔM)³	8.312
2nd term	0.419	4th term	—0.0031			F	7.871
	+1270.214		+0.0359				6.183
3rd 4th term	+ 0.036	K	4.6197308	自變數	log diff	ΔM	2.770830
—ΔL	+1270.250	sinα	9.5332455	(Arg)		sin ½ (L+L')	9.799317
		A'	8.5091469	K	—31	sec ½(ΔL)	2
½ (L+L')	39°02'51",5	secL'	0.1087088	ΔM	+06		2.570149
			2.7708320	Corr.	—25		
			—25			—Δα	371".66
			2.7708295				
		ΔM	+589".9694				

上兩計算實例，第一例之已知站爲 Waldo,未知站爲 Bunker Hill 欲求Δα之値，必先求得ΔM之値，而欲ΔM之値，又必須求得L';故全部計算工作，應分三部份，順序進行，求ΔL時，可從L,M,Z表查得已知緯度L之B,C,D及E之數D項之(δL)常以本級數之第一第二項之代數和代之，如E項數目頗大，亦不可略去：E項之h,僅以(B)項代之可矣，α函數之代數記號極爲重要，須留意焉，計算ΔM時，L'已經求得，log A'之因子，應由新緯度數L',查表求得，而決不能用L故A上角加一分號(')，所以引起注意也。改正弧與正弦之相差數，可以 log ΔM 及 log K 爲自變數(arguments)，相差數爲被變數，由表查出，查得之兩"log diff"之代數和卽爲加於 log ΔM之更正數。Δα可於最後一步求得之。L'及M'之正誤，可再從L'M'求L,M之相反之計算，驗所求得之L'及M'及L,M之是否一致以決定之。正反兩方位角之差應適爲兩測點之輳

面角，卽以此校正△α之正誤。

B,次級三角點之計算實例

下之二例，其一採自水路用表，一自 Coast and Geodetic Survey Special Publication No. 8.

標名	地名	A
Lat 44° 7' 23''.99	Long	144° 5' 36''.
測點	自(A) 至(B)	
Lat, L= 44° 7' 23''.99	Azto B=	Long =144° 5' 36.77
ΔL=+1° 14' 14''.49	angle =	ΔM =−1 55 44.06
	Z = 312° 39 54.1	
L'= 45° 21 38. 48	+ 80 0 0	M' =142 9 52.71
Log K =5.3128189	= 132 39 54.1	2log P =10.35860
Log cos Z=9.8310445	ΔZ =− 1 21 28.3	log 1st term= 3.654
,, B=8.5105791−10	Z' = 131−18−25.8	,, E = 6.193−20
1st. term=3.6544425	log K=5.3128189	,, 4th term=0.206
1st. term+4512''.762	log s. Z=9.8664813	4th term =1.607
2log 1st term=7.3089	P=5.1793002 n	L₀ =44° 44' 31''.2
log D =2.3869	2log P=10.35660	½ΔL = 37' 7''.2
,,3rd term =+0''.496	,, C=1.39091−10	log ΔM= 3.8416132
+1st torm=+4512.762	log 2nd term =1.74951	log s,L₀= 9.8475205
−2nd term=− 46.171	2nd term=56.171	,, sec ½ΔL=0.0000253
−3rd term=− 0.496	log P =5.1793002	ΔZ =3.6891590
−4th term=− 1.607	,, A' =8.5090467	
+ ΔL =+4454.488	,, sec L'=0.1532663	ΔZ =−1° 21' 28''.3
=+1°14'−14''.49	ΔM =3.8416132	
	+ΔM =−6944''.055	

		° ' ''
α	Sand Point to La Salle.	8 43 57.0
L	La Salle and Indianola	44 46 17.3
α	2 Sand Point to Indianola	53 30 11.3
Δα		1 54.7
		180 0 0
α'	1 Indianola to 2 Sand Point	233 28 16.6
	Third angle of Δ.	77 56 09.6

	° ′ ″			° ′ ″
L	28 35 02.377	2 Sand point	M	96 26 59.604
△L	− 2 36.205		△M	+ 3 59.900
L'	28 32 25.572	1 Indianola	M'	96 30 59.504

	° ′ ″						
½(L+L')	28 33 44	K	3.909175	K²	7.818		
		cos α	9.774355	sin²α	9.810	h	4.39
		B	8.511666	C	1.142	D	2.32
1st term	″	h	2.195196		3.770		6.71
2nd and 3d	+ 156.7458				0.0589		0.0005
terms	+ .0594						
−△L	+ 156.8052						

K	3.909175		
sin α	9.905196		
A'	8.509391	△M	2.38003
sec L'	0.056268		9.67953
	2.380030	sin½(L+L')	2.05956
△M	+239″.900		+ 114″.7

C 漸近計算法之實例

L = 37° 32′ 29″,99
M = 138° 40′ 47″,28
First approximation
log K = 4.839424
,, B = 8.511074
log cos Z = 9.956800
,, △L = 3.307298
,, △L = +2029″,1
= +33′ 49″,1
L = 37° 32′ 30″,0
L' = 38° 6′ 19″,1
(L₀ = 37° 49′ 24″,6)
log K = 4.839424
,, A' = 8.509229
,, sin Z = 9.628124 n
和(sum) = 2.976777 n
log sec L' = 0.104092
,, sin L₀ = 9.787624
,, cos ½L₀ = + 5
log △Z = 2.868498 n
△Z = −738″,8
= −12′18″.8
½△Z = − 6′ 9″.4
Z = 334°51′56″,6
Z + ½△Z = 334°45′47″,2

Z = 334° 51′ 56″,6
log K = 4.839424
second approximation
log K = 4.839424
,, B_0 = 8.511053
log cos(Z + ½△Z) = 9.956434
log △L = 3.306911
△L = +2027″, 27
= +33′ 47″27
L = 37° 32′ 29″99
L' = 38 6′ 17″,26
L_0 = 37° 49′ 23″,63
和 (sum) = 2.976777 n
log sec L' = 0.104090
,, △M = 3.080867
,, sin L_0 = 9.787622
log sec ½△L = + 5
log △Z = 2.868494
△Z = −738″, 7
= −12′18″.7
Z = 334°51′56″,6
Z' = 154°39′37″,9

△M = −1204″, 67
= −20′ 4″, 67
M = 138°40′47″.28
M' = 138°20′42″.61

(未完)

16740

重油輪機（Marine Diesel Engines）動力之增進

金能始

一、動力(Power)增進之目標

普通引擎動力之增進，咸以機體與機重為其準則，於固定之機體與機重之下，儘量發揮其動力之生產，羅昔早有研究，蓋不獨於船舶所用之重油機而然也，其標的則不外乎減小機體機重，增加機速，及提高平均有効壓力（Mean Effective Pressure or M.E.P）三者而已耳。

上述三法中，第一法於引擎之設計，已行考慮及之矣，諸若其操作之情況，以及其製造之簡康，莫不深思於先而精度於後，務使其機體之輕削。於可能範圍中，儘量減縮，惟該項研究，於今幾及乎登峯造極，所能改進去幾希矣，蓋若復斤斤於改進機體之輕便，而不顧乎機體之耐用，製工之勃增，與夫完竣之費時者，則將不免乎得不償失，求進益退，反見其拙矣。

第二法輪機之速率，因受推進器（Propeller）効率之限制，勢不能任意高增，玆將最近重油機船舶推進器之速度，略列如左：

大型商船　100—150 rpm.
小型商船　200—300 rpm.
特殊快艇　300—500 rpm.

推進軸（Propeller Shaft）之轉速，在上列數值之左右或較之低下者，則於推進器之效率及機體之保存，均屬有利，然欲增高引擎之速率，以求機體與機重之減縮，則有不得不採用齒輪以減速者，（Reduction Gears）齒輪與引擎之間。設置流液或電磁之關絡，（Hydraulic or Electro-Magnetic Clutch）以利操駛，圖一所示者，為美國C5型標準貨船之主機Busch Sulzer

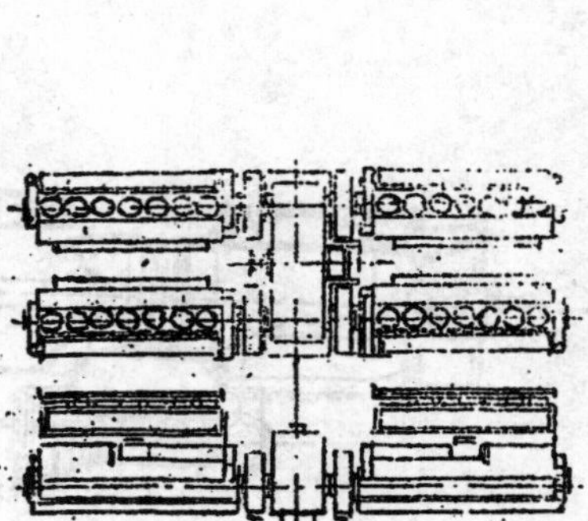

（圖一）

係二衝程單動式引擎四具所構成，引擎與減速齒輪裝置之間，介以電磁之關絡．每引擎各具 2250 B.H.P，速度達240 rpm，經齒輪之減速，降至 85 rpm，該項設計，蓋有利於特種情形之下者，然以齒輪導動之精密，與夫電氣機械配置之複雜，及其於動力之涵受，皆於製造之上，諸多困難，且夫藉電機之推進者，則必具形體相若，動力相衡，及數量相等之發電機與電動機，以合乎輸求相應之原則，故凡於價格、重量、大小、以及製造之歲期等諸條件，均需縝密考慮，有利

16741

有不利者，蓋求其補捲於損失。

就引擎中活塞之速度而論（Piston Speed）重油輪機約得紀錄如下：

大型商船　4.5—5.5m/sec.

小型商船　5—7m/sec.

特殊快艇　6—8.5m/sec.

活塞之速度，當可遠超此值而上之，然機身之振盪，強度之不足，以及活塞與汽缸蓋之凍冷，咸成問題，蓋根據各方之研究，該諸條件，有與速度之昇高，並進直上之傾向者。

所謂平均有效壓力之上昇，根據近代重油輪機之平均紀錄，在力足運暢時，四衝程者，平均有效壓力在5.5kg/cm²左右，二衝程者，在5.0kg/cm²左右，然二衝程之平均有效壓力5kg/cm²，適當於四衝程之10kg/cm²，則就有效壓力而論，二衝程機蓋優於四衝程矣，惟以其不利之處，亦足多者，故四衝程機亦有其立場矣，尤以二千至三千馬力以下之小引擎，採用四衝程者，較爲適宜。

平均有效壓力之增加，在汽缺容積固定不變之下，惟有藉燃料之增加，爲之臂助，燃料旣增矣，則空氣之輸入，亦必相應而勃增，以求達乎燃燒之完善，是則於汽缸之內，有輸給過量空氣之必要，此卽所謂過給（Supercharge）者是也。

二、重油機之過給

重油機之過給法，繁且複矣，過給機之普於實用而卓有成績者，則以鼓風機（Blower）與排氣渦輪（Exhaust-Gas Turbine）爲主，送風機之著於世者，則有二焉，一爲Root's Blower，一爲離心送風機（Centrifugal Pump），其特殊新穎者，則若Werkspoor式發動機，於活塞之下側，附有滑節（Crosshead），引以爲過給之唧筒（Pump），凡過給之送風機，莫不借用引擎本身之動力，爲其驅動之源者，故於燃料消費量之增加，在所不免，其所耗費者，約等於軸馬力（Shaft H.P.）之百分之十。

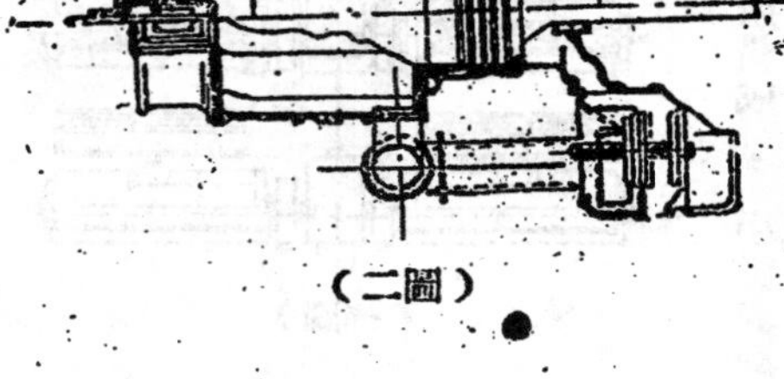

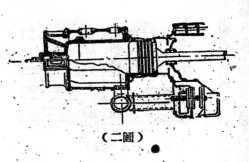

（圖二）

圖二所示者，爲Werspoor式過給引擎汽缸之切面，過給唧筒中，旣無出入氣瓣，以及其他特別之構造，故不見其複雜也，若Root's blower者，則因其驅動裝置之設計，煞費苦心，而其足可信賴者且微，蓋與離心過給機，有同病也。

其次爲排氣渦輪之過給，以其能利用引擎排氣之動能與熱能，爲其驅動之源，化廢爲用，蓋能盡去機械驅動送風機之弊

矣，既能節用燃料，且於引擎與過給器間連絡之機械裝置，盡能省略，因而障膜清除，更無複結之病矣，前 Buchi Rateau 亦曾悉心研究之矣，而近代四衝程之重油機，不論水陸，均用之矣，一九四〇年末，推行於世者，已達千五百輛之夥，所發之動力，計共15×10^5B.H.P.

三、四衝程排氣渦輪重油機之性能（Characteristics）

重油機之用於船舶者，壓力在5.5kg/cm²左右，已如前述，苟於同一輪機之上，附有排氣渦輪，以備過給者，則有效平均壓力，普通能增至8—8.5kg/cm²，即於相同速率之下，增產百分之五十之動力，易如反掌，此實樣完備之計劃也，實際所得之平均有效壓力，能踰9kg/cm²而上之者，根據一千八百馬力過給四衝程重油機之實驗，能高達20kg/cm²此蓋於實用之數值中，已登峯極矣。

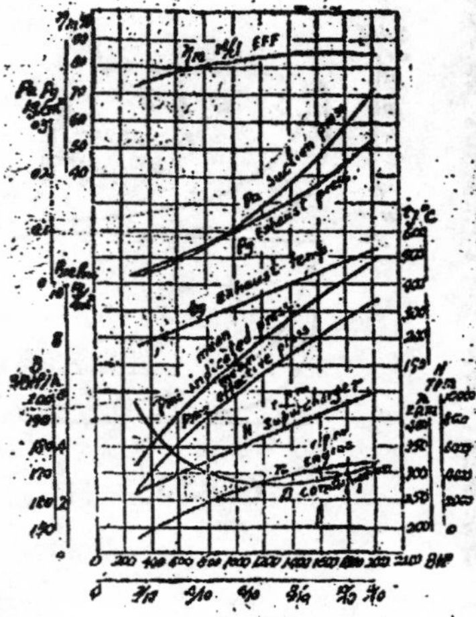

（圖三之一）

圖三所示者，乃該機應用於發電之動源，恆定於300 r.p.m.之下，就其操作之成績，錄爲圖表，橫標所示者爲軸馬力，縱爲平均有效壓力Pme，縱標所示者，乃由試驗所求得之各種數值，圖中所示燃料費量之最經濟者，適當於Pme＝7kg/cm²，實用時當以此爲最宜，排氣之溫度，雖於平均有效壓力高達10kg/cm²時，亦僅達520°C，重油機與排氣渦輪既能耐受高熱，則在此溫度之下，當無熱應力（Temperature Stresses & Creep）之虞矣，圖四示該機於Pme＝10kg/cm²某時間之指示圖（Indicator Card），平均指示壓力之平均值（The Average of Mean indicatd Pressure）爲11.6kg/cm²，汽

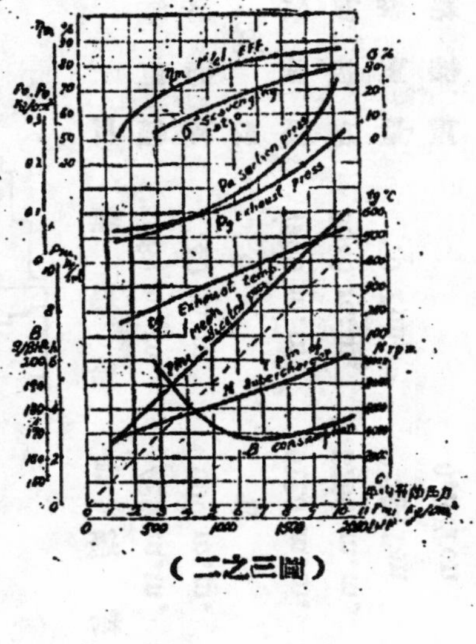

（圖三之二）

16743

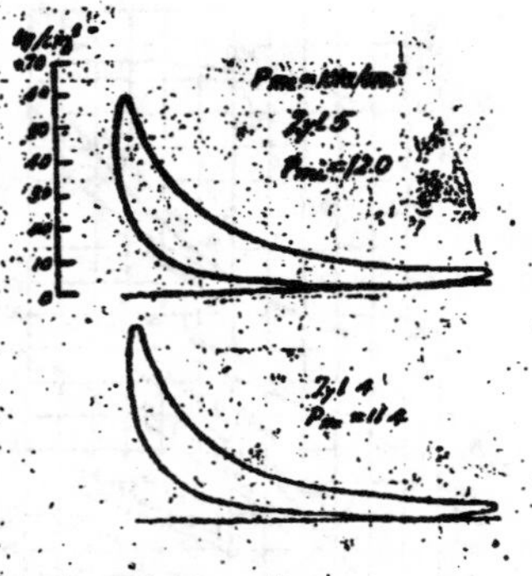

（四圖）

缸中之最高衝為12kg.cm²，最強之燃燒壓力（Ignition Pressure）在60kg/cm²左右，是於引擎之強度，可保無虞，蓋可與不備過給者之構造，無甚異致矣，圖六所示者，乃前述受試之一千八百馬力之重油機，在定速320r.p.m.之下，所得之操作成績圖表也，其推進器之特性，則為轉速之三乘比與軸馬力成比例，自此試驗中，可知當平均有効壓力Pme=9.4kg.cm²時，排氣溫度及其他各值，均能衡持適中，確保安全，上述之實例中，因採取排氣渦輪之過給，故其出力之增加，達百分之五十以上，毫無困難，然機體之較無過給者為重，在所不免，顧於機材之節約，益補實鉅，尤以船舶之輪機，其週轉速度，頗為適則，變化寶微，故益顯其長矣。

四、過給重油機之體重

四衝程過給重油機之平均有效壓力，較諸非過給者，能高增百分之五十以上，故於定速之輪機，利用過給者，能將汽缸之直經縮小，數目減少，以及活塞之衝程（Piston Stroke）截短，故而機身之全長，機艙之佔位，以及機材之耗費，皆能盡節約之能事矣，圖五示1500 B.H.P./250 r.p.m.之重油機，細線所示者，乃無過給之機體，如採用排氣渦輪之過給，則機體縮小，將若粗線之所示，茲將其各項要目，比錄如次，以明示其減縮。

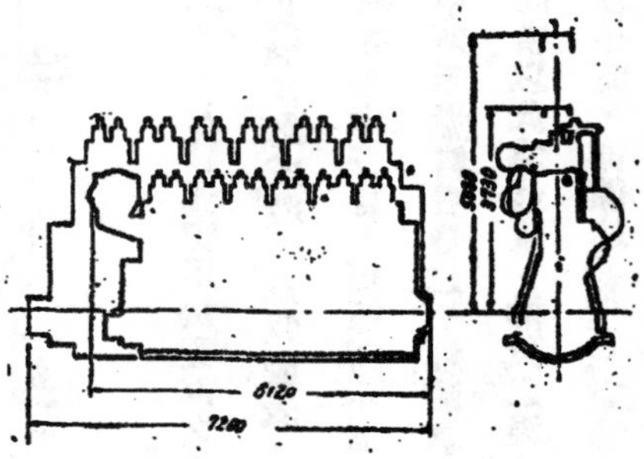

（五圖）

項目	無過給	有過給
汽缸直經	530 m.m.	480 m.m.
活塞衝程	740 m.m.	600 m.m.
汽缸數	6	6
引擎全長	7200 m.m.	6120 m.m.
活塞拔高	5080 m.m.	3730 m.m.
引擎重量	70 Ton	38 Ton
過給機重		0.9 Ton
單位馬力之重量	46.7 kg/B.H.P.	25.9 kg/B.H.P.

16744

由此觀之，過給之功，不僅於引擎之全長，與活塞之拔高，大有裨益，即於機重之減輕，約能當百分之四十五，而過給器之重量，則約僅全重之四十分之一，而製造之價格，亦能節約百分之三十至四十。

五、二衝程與四衝程機之過給

重油輪機，多屬 3000 B.H.P. 級者，以二衝程單活塞（Single Crank Piston）為常，有如 Burmeistu,Man,Sulzer 等是也，然四衝程排氣渦輪之輪機，其漸臻普用，蓋或亦不弱於斯者，二者相形之下，則二衝程之平均有効壓力，以 4.5-5.0 kg/cm² 為限，若四衝程過給機者，則能達80 kg/cm²，故於轉速相同，汽缸之大小相若時，機體之全型，以二衝程者為長，有如圖六之所示者，蓋汽缸之間距，因受氣口

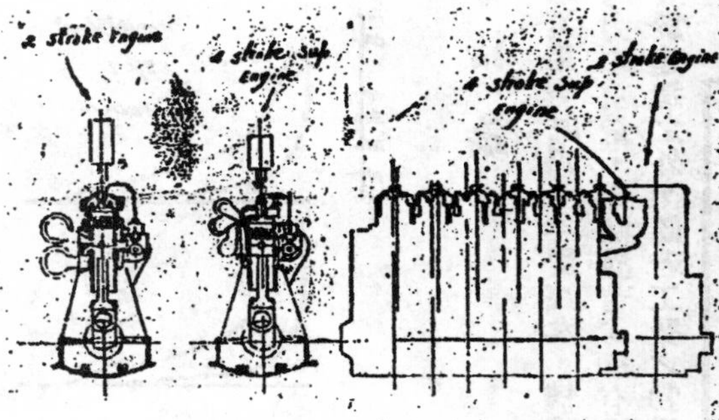

（圖六）

（Povts）與空氣唧筒（Air Pump）等裝置之限制，不得不展延其地位，就其活塞之拔高而論，則以其於上靜點（Upper Dead Center）時，活塞之邊緣（Piston Skirt），有必掩塞氣口者，故其長度之增加，在所不免，就燃料之消費而論，則以其有掃氣機（Scavenging Pump）之存在，故較諸四衝程者，每多百分之五十至十，而燃燒之完成，亦較四衝程者為難，尤甚者，則莫若潤滑油（Lubricating Oil）之消失，因此氣口之間，時需清檢，以防油滓煙膠之窒塞，就氣缸壁層（Cylinder liner）致排氣閥（Exhaust Valve）之磨損而論，則以二衝程機之溫度既高，當較衝四程過給機者為烈，且以四衝程機中空氣之滌盪（Scavenging），較為清澈，故於壁層之耗損，特有祛却之成效，與二衝程者相較，則僅當其三四分之一耳，夫四衝程過給之輪機，其卓越於斯者蓋既明效大驗矣，故其取用之廣普，非偶然者矣。

四衝程之過給機，其普行於此者，既成效卓著矣，然二衝程之過給機，亦未始無足與之頡頏者，尤以其動力之增進，大有足以獨步舉此者，故雖遠於數十年前，攻琢於此者，已不乏其人，然迄未施諸實用也，最近歐洲於船舶輪機製造之研究，於此仍有步趨日蒸之勢，於特殊設施之中，蓋已付諸實用，其所能冀希於成功者，蓋非待鮮也，最近於實驗之成功，所得平均有效壓力之數值，能高達於10 kg/cm²，蓋與四衝程過給輪機之最高值，有同效矣，圖十示此實驗時所得之指示圖。

六、結論

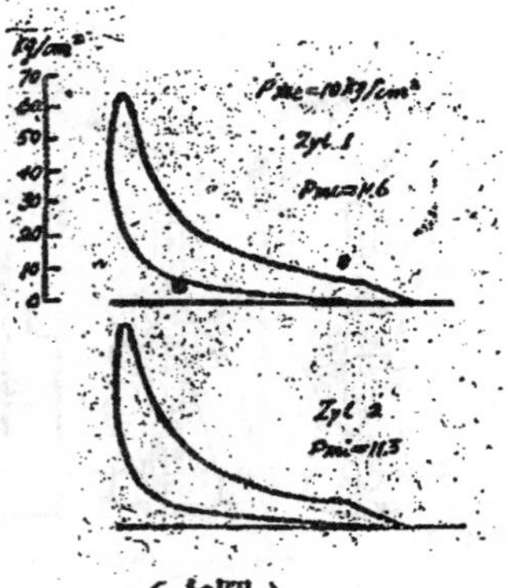

(圖七)

重油機之運用，既四十年於玆矣，機體之減輕，已極其能事，故單位馬力之重量，比諸曩昔，顯有進步，苟復欲求其輕小，則除特宜於建造之外，餘若工費之勃增，機身之耐用，皆足以影響之者，目今商船之輪機，已深造其理者，巨者在50-60 kg/B.H.P.左右，小者在30-25 kg/B.H.P.左右，若夫輪機之轉速，則因嚴受船舶行駛效率之約束，所能改進者殊希，且無足以左右其勵力者，然則所能冀希於輪機馬力之增進者，莫若採取平均有效壓力之上昇矣，尤以燃料消費量之遞減，與機體之得以確保安全，排氣渦輪之過給，有獨到之功者，是於四衝程機者，行世也久矣，二衝程者，則於過給之研究，方萌發於試驗之中，其益騰遠翥，睥睨一切之望者，蓋有待乎來日也，夫其出力之巨，相當乎四衝程之三倍，則將來巨舶輪機之重量，能豫計其低達於30 kg/B.H.P.者，而體質輕之快艇，所用之引擎，在500 r.p.m.以下者，亦能低及10 kg/B.H.P.，甚或至於5 kg/B.H.P.者，其嘗行於世者，蓋非久遠矣。

中央大學生物系兩種研究

殺虫皂與食幼蚊魚

首都中央大學生物系教授吳振鐘氏，近用簡便而經濟之方法，自除虫菊內抽出殺虫成分，和以牛油，製成肥皂，應用時將該肥皂切成小塊，溶於水內，即可噴殺害虫。現據該系羅延俊氏實地試驗，證明該項肥皂適於保存，便於運輸，易於使用，撲滅蚜虫尤見奇效。又該系動物實驗室朱承琯氏，發現一種小魚，學名Wacrop-odns sinensis，體長二寸左右，嗜食孑孓，平均每日能捕食幼蚊百餘隻，雄魚背鰭及臀鰭尖長，體色稍帶紅色，雌魚呈淡灰色或褐色。現經朱氏種種試驗及調查，知該魚最大不過三寸，行動活潑，耐飢耐飽，在缺少氧素之水中亦能生活，在淺水中仍能行動自如，極適於撲滅瘧蚊，朱氏最近正調查其產卵情形，謀用人工方法廣為繁殖云。

16746

冷凝劑

任樂天

新興冷凝工業與化學有密切之關係，良以一切冷凝劑均由化學方法得來。故凡製作冷凝機之工程師，僅持臨時之化學知識已嫌不敷，必須對冷凝劑與金屬，滑潤油，填料，等各種機材間之化學反應能瞭如指掌。

最早之大規模冷凝設計係供造冰之用。當時動機起於天然冰之缺乏。冷凝劑爲氨。此項機器之構造甚爲笨重，堅固，而現粗俗，旋轉速度每分鐘約六十至九十次。不論立式或臥式，悉係摹做當時流行之蒸汽機設計，用外彎地軸，滑頭，及作用於飽汽室之滑動活塞桿。所異者，活門可籍壓力之差別而啓閉，不另用機械力。

厥後冷凝用途日廣，對機器所佔之地位力求縮小。於是採用包藏之立式機，同時以活門設計較爲輕便精良，旋轉速度亦見增大。此項包藏式機係摹做煤氣機，裝有汽車用之活塞，將彎地軸及聯接桿包藏於彎地軸箱內，實開商用及家用冷凝機之先河。

經五十餘年不斷之改良，冷凝壓縮機之旋轉速度逐漸增加。以前每分鐘不滿一百次，現倘用往復機可增至每分鐘一千八百次，倘用離心機可增至每分鐘五千次甚或一萬次。其結果能在狹小地位之限度內，裝置冷凝量甚大之機器設備。

習用之冷凝劑

冷凝劑種類甚多，其中現時最習用者莫如氨，二氧化碳，二氯二氟化甲烷（別名 Freon），二氧化硫，一氯化甲烷，二氯化甲烷，三氯一氟化甲烷（別名 F-11）以及幾種其他氟化合物。下表所示，係八種不同冷凝劑之性質：

名稱	常壓下之沸點°F.	表壓 lb./sq. in.				冷凝效力		冷凝循環 Cu.ft./min./ton	
		5° F.	86° F.	40° F.	100° F.	85° F.時凝結 5° F.時蒸發	100° F.時凝結 40° F.時蒸發	85° F.時凝結 5° F.時蒸發	100° F.時凝結 40° F.時蒸發
二氧化碳 CO_2	−108.4	319.7	1024.3	553.1	超過界限	55.5	……	0.960	超過界限
氨 NH_3	−28.0	19.6	154.5	58.6	197.2	474.4	467.8	3.44	1.696
二氯二氟化甲烷 CCl_2F_2	−21.7	11.8	93.2	37.0	117.0	51.1	51.5	5.815	3.075
一氯化甲烷 CH_3Cl	−10.6	6.2	80.8	28.1	102.3	148.7	150.8	6.10	3.60

16747

二氧化硫 SO_2	14.0	5.9*	51.8	12.4	69.8	141.4	138.5	9.08	4.17
三氯一氟化甲烷 CCl_3F	74.7	–23.8*	3.6	15.5*	9.0	65.4	67.9	37.0	16.1
二氯化甲烷 CH_2Cl_2	104.9	27.39	9.62*	23.07*	2.67*	134.6	136.0	74.0	27.6
水 H_2O	212.0	固體	28.56*	29.67*	27.99*	....	1008.9	固體	484.0

*低於大氣壓之水銀柱英寸數

二氧化碳

二氧化碳在常壓下祇有氣體及固體兩形態，欲得液體，除非將壓力增大至表壓每方英寸六十磅以上（約相當於70°F.），但在88°F.以上則永為氣體。因此二氧化碳被視為低溫之冷凝劑，用於壓縮循環內，可得—70°F.左右，於常壓下，可得—180°F.二氧化碳之界限溫度雖低僅88°F.倘於凝集時加以超壓力，卽逾此溫度，亦能使用。

二氧化碳冷凝機之機身，接管，器具等必須能忍受高壓，壓縮器活門之設計，須能操持此重的氣體，以其循環容積較小，故可用較小之唧筒以推動往復機。

乾操之二氧化碳與金屬絕無化學反應，又以其不溶解於油，不若他種冷凝機之須將壓縮器內流出之油自蒸發器內設法索回。且二氧化碳不着火，不爆炸，更無臭味，故除用於低溫冷凝工業外，凡航輪，戲院等必備安全條件者亦屬適用。

固體二氧化碳，一名乾冰，在商業上用於冰凍食物之製藏。其製法先將二氧化碳氣體，壓縮凝集而成液體，再將壓力解除卽得乾冰，然後壓成塊狀。在實際應用上，二氧化碳氣體

之冷凝溫度不能低於—65°F.，設用乾冰，在真空內可低至—160°F.。

氨

氨乃最早應用之冷凝劑，蓋其熱力學性能最為經濟，故至今在一切冷凝劑中仍高踞首位。不但每磅之冷凝効力較大，且所需之循環容積亦甚小，用於往復壓縮機，僅需甚小之汽缸。又壓縮器之活門操持此輕的氣體，在設計上亦易求安全。

氨對於鋼鐵不起化學反應，苟不含水份，則黃銅或青銅均可用作機材。又在油中之溶解性甚小。

氨之冷凝溫度不能低於—50°F.在工業上應用甚廣，冷凝量可達數百嘣之鉅。

氨之來源通常取給於煤氣廠，蓋為煙煤蒸溜時之副產物。近十餘年來，以合成法成功，所產之氨已大量見用於冷凝工業。

二氯二氟化甲烷

晚近化學家對於新冷凝劑之研究咸集中於烴族之氟化合

物。其中最重要而已應用者爲二氯二氟化甲烷，商業名稱爲Freon。

Freon之熱力學性能適合於往復機。所需容積較氨約大百分之六十至七十。以其所受壓力不甚大，機材間可採用較輕之金屬。惟壓縮器活門之設計與二氧化碳相同，須能操持此重的氣體。

Freon爲一活潑之清潔劑，故在裝入冷凝機之前，必須將機身內部先行清潔。又以其與水不相混和，在冰點下應用時，機身內部必須不含水份。

Freon與油不論任何成份均可混和，故蒸發器之設計必須使混和之油易於索回至壓縮機之彎地軸箱內，如是可使油不致損失。以其無臭無毒，故廣用於較小之冷氣設備。此項壓縮冷凝機之冷凝量最大者已至五百噸之鉅。惟尋常大率爲小型者，冷凝溫度不能低於－30°F。

一氯化甲烷

一氯化甲烷之熱力學性能頗合小型往復機之用，所需汽缸容積較氨大一．八倍。以其所受壓力不大，機材可用輕金屬。

一氯化甲烷與油在任何成份下均可混和，故蒸發器須有索回油之設計，其用途限於較小規模之冷凝，溫度不能低過－20°F.。

一氯化甲烷冷凝機已廣用於商業上，馬力約二十至三十五匹，冷藏魚，肉，牛乳，冰淇淋，鮮花等物品。同時充爲家用，僅次於二氯化硫。當一九三〇年時歐洲已盛用之。

一氯化甲烷之製法有二：一在觸媒劑下將氯化氫與甲醇反應；一自天然煤氣中將甲烷分級餾出，與氯反應。

二氧化硫

二氧化硫爲商用及家用之良好冷凝劑。其熱力學性能所需之汽缸容積較氨大二倍半至三倍，故僅能用於冷凝量較小之往復機。機材可以輕金屬構成。

二氧化硫略溶解於油內，但因密度較油爲重，苟有油自機內流出將浮起於液體二氧化硫之上面，故蒸發器之設計須能索回此浮起之油。

最應注意者，二氧化硫冷凝機內不容許有水份存在，否則將生成亞硫酸而與金屬起反應。二氧化硫之刺激性甚烈，故倘有走漏，極易嗅到。其應用限於小型之冷凝機，溫度不得低過－20°F.。

尋常工業上所得之二氧化硫，不夠純潔乾燥，故冷凝機之製造家須多費一番提煉手續。大概冷凝用之二氧化硫含水份約百萬分之二十。

三氯一氟化甲烷

與Freon同族之冷凝劑，有三氯一氟化甲烷，商名F-11，用於高溫之冷氣設備。

三氯一氟化甲烷之性能與Freon大致相類，不同者爲熱力學性能。以其所需之循環容積較氨大過十一倍，故不能用於往復機，必須改用迴轉或離心式之壓縮機，始足以循環。

此項冷凝機之蒸發方面一切在真空中進行，而凝集方面所用壓力僅略高於大氣壓，故須增多一抽除空氣之步驟。

F-12與油不論任何成份均能混和，因此蒸發器之設計須能將逸入之油索回。至其冷凝溫度通常不得低於-5°F.。

二氯化甲烷

二氯化甲烷為離心式冷凝機之主要冷凝劑，以其熱力學性能需甚大之循環容積，較氨約大二十倍。在應用上壓力幾均在大氣壓下，故機內空氣必須抽除。壓縮器速度須能操持此大量之二氯化甲烷，故常加添齒輪，以增大發動機速度。

二氯化甲烷廣用於冷氣設備。近年已製有家中之二氯化甲烷冷凝機。其冷凝溫度不得低於5°F.。

水

最近工程專家對採用水為冷凝劑甚感興趣，且已製成幾種用水之冷氣設備。果然，水係最低廉之冷凝劑，又無毒性，惟在熱力學性能上尚有若干困難問題。

水既在32°F.時凝固，故決不能用作低溫冷凝劑。在40°F.時，冷凝所需之氣體容積較氨約大二百八十五倍。如此大量之容積祇能應用高速之離心力機或水汽噴射。蒸發與凝集所需壓力不能在二十八英吋之真空以下，故設計須極精巧，方能收成效。

水祇能用作冷氣設備之冷凝劑，溫度不得低於40°F.。

馬來橡樹野草研究製紙成功

刻正大量生產中

據昭南市中央社電，馬來內格利森美蘭州政廳產業部，為謀確保紙之自給自足起見，前曾經營紙廠，並研究以橡樹及塔先拉（馬來半島野草名）為原料，精製各種特質紙張，已告成功，刻正大量生產中。

德國國營汽車路建設事業

蔣遇圭

德國最初的汽車專用道路，便是第一次大戰後築成的「奧斯」(AVUS)。奧斯汽車道在柏林西南郊外，南起烏完湖東岸，北迄芬克多福，是長約十公里的鋪裝道路。當時係汽車交通道路有限公司(Automobil Verkehrs Und Strasse A.G. 路稱AVUS)所建築，和現在納粹德意志國營汽車專用道路同一方式，卽中央鋪設草壇，以防止反走交通。

一九三三年希特勒握得政權後，以德國機械化爲國策，創設四年計劃。這計劃中便包含着建設全國汽車道，而取範於「奧斯」。當一九三三年五月一日第一次德國民族紀念慶祝日，希特勒在柏林對數百萬民衆發表國營汽車道的大計劃，同時宣稱建設遺貽留後世的近代道路網，更是撲滅失業者的一個對策。繼之於六月廿七日，希特拉署名於設計書，以五千萬馬克爲資金，設立"Reichsautobahn"於德國國營鐵道公司(Deutsche Reichsbahn-Gesellschaft)之下，委以建設幷經營德意志國內汽車，摩托車專用道路的全權。同時並設置直屬於希特拉的德意志道路總監(Generalin-Spektor des deutsche Strassenwessens)任多特博士爲第一任總監。多特博士先決定汽車道路的路線計劃和其構造，務求適合於機械化交通的需要，以及道路建築設計的現代化，更糾合關係建設汽車道路的官廳及民有公司，設立國營汽車道路籌備公司(Gesellschaft Zur Vordereitung des Reichsautobahn)，不必等待"Reichsautobahn"的發展，直接使有流動性的私有機關瞭解汽車道路網計劃。如是在一定期間內，利用既存機關與人員貫徹其計劃於關係者後，又解散此國營汽車道路籌備公司，分全國爲十五區，設以國營汽車道路上級建設事務處(Obers Bauleitung fur dem Bau des Reichsautobahn)實行計劃。凡設計完了的計劃由總監親自檢閱訂正後，將圖樣送往地方警察局，使其注意與國營汽車道所交叉的道路，河流，電線，煤氣管，自來水管，鉄道等，更以之公開徵求一般民意，再利用收買或交換方法，取得必要的民間土地。

"Reichsautobahn"的諮詢機關爲顧問委員會，委員任期三年，委員長係交通部長，又"Reichsautobahn"的職員多由德國國有鉄道職員充任，利用國有鐵道的技術與經濟研究所，以研究汽車道路的建設。上級建設事務處，聘有必要的技術家和事務人員，共有柏林，布勒斯勞，多萊斯典，愛申，哈雷，漢堡，哈諾法，凱塞爾，凱侖，明希等十七處，各上級事務處之下又設有若干分處，連同上級事務處共有百餘處。

總監於國營汽車道路的建設組織完成後，便立刻着手工程。一九三三年九月廿三日希特拉於富蘭克夫，亞姆麥因舉行入鍬式，開始富蘭克夫，亞姆，麥因至達姆宿特間的第一期工程。一九三四年三月廿一日更於明希附近文塔哈新國營汽車路工程場舉行一九三四年度失業救濟事業的開幕儀式。希特拉總統

親自臨席，報告於一九三三年已經依納粹各項政策救濟了二百七十萬失業者，並要求勞働者於一九三四年一致團結以期收更大效果。同年五月十九日富蘭克夫，亞姆，麥因至達姆宿特間第一期計劃的汽車道路已告竣工，希特拉再親臨演說強調國營汽車道路的民族的文化的重要性，更對勞動者論功行賞。

這樣，到一九三六年三月完成一百二十公里工程，其後更因資材勞力齊備，工程機械完整，進展更速，每年平均可完成一千公里之多。一九三六年九月廿七日完成最初的一千公里，一九三七年三月完成一千零八十六公里，迨一九三九年三月又完成三千六十五公里。現尚有一千六百八十九公里工程正在進行中，又有二千四百四十九公里正在準備開闢中。一九三三年多特博士計劃的七千公里已延長至九千公里，所以總路線延長共約一萬四千餘公里。

德國在發表如此大計劃時，以經濟力判斷似不能籌出二十五億馬克經費，即技術方面也不致預定每年能完成一千公里，但由於希特拉總統的毅力統制經濟的功效以及多特博士的天才，如此艱難事業得依次推進。

德國汽車道路具備各種遠距離交通高速化的設備，如今日汽車道路特徵的路面立體交叉，恐通過都市村鎮妨害交通速度而設車路於郊外，特向市內設分歧路，更於柏林，漢堡，明希等大都市，於其周圍設環狀汽車道路，以便從各方面出入汽車，更注意及不使因建設汽車路而損及自然優美風景，適合地形設計道路，即有谷則下，有岡則登，除山嶽溪谷外力求與自然調和，至於鋪裝的完整，凡經其路者莫不贊嘆；其曲線部傾斜面合力學原理，在曲線上毋須駕駛者另外操作其把手，又較大曲線除大都市附近絕對避免，所以很少因曲線而減小速度。

國營汽車道路工程由"Reichsautobahn"包工給土木建築公司，各承包的公司雖各用特殊方法，但大體施工方法及其使用機械都有統一規定，因為德國多砂地，工程比較容易，先將豫定路線範圍削平，墊起；途中沼地用爆炸藥炸去底部泥土，所謂排泥工程，再添以砂土用特殊機械壓平，此種機械由活塞（Piston）及唧筒（Cylinder）構成，重五百瓩或一噸，用電池，操縱將手按電鈕，則唧筒內內部煤氣爆炸而自行舉起，利用其落下，搗平地面，活塞上下一次即向前走一距離，故又一名為「蛙」。

地面搗平後，再用機械將路面展平，覆以特殊之紙，按上膨脹接手鐵筋，再用混凝土混合機車徐行鋪裝厚二十二糎至二十五糎的混凝土，此機車後部更有錘體，隨時打搗混凝土，使其增加強度，復有泥水工車載來泥水工，用手刀修整平面，完成受檢查員檢查之後，上面覆以木板，俟其凝固再用撒水車來撒水洗滌路面，因為工程如此機械化，所以每處工程場一天都可完成三四百米自動車路。

此種汽車路之闊度為一側七·五米，有兩條跑路可以從容行駛汽車，中央隔以白線使兩跑路分明，普通多走右路，追趕前車時可上左路，追過後再回右路，每條跑路則寬三·七五米，按德國法規所規定之最大闊度僅為二·五米則已餘裕一·二五米，故將來交通亦可安全，又左右兩側七·五米道路內側更設有〇·四米之柏油路，再內即全路中央，有四·二米草坪，豫防往返汽車反走危險，美國也只紐約市內韓達遜，巴克路中央植有草坪而已，此點德國公路很有近代特徵，又道路左右外

邊還有摩托車用一米鋪裝，再外也有一米草坪小徑，卽速轉失衝走出道外也無危險；此外還有一特徵便是路面兩側各向外有$\frac{15}{100}$的傾斜。

其後兩外側鋪裝路擴爲二・二五米，最近外側草坪也改爲二米，則全路共寬二十八米半，但跑路却始終爲三・七五米。又有些地方，恐防礙高速交通，建築三條跑路專供低速貨物車行駛，例如明希環狀線，威茵至威那間，諾斯達特間等卽是，此等路寬三十七米，中央草坪五米，比無草坪的美國三跑路汽車道還要壯觀。

國營汽車路鋪裝大多數爲混凝土，山坡道則以石子鋪裝代之，一九三八年末完成的三千零六十五公里中，混凝土鋪裝二千七百六十一・四公里，柏油路二百四・二公里，石道九十九・四公里。

國營汽車路的設計依着天然地形已如上述，一九三七年三月廿三日道路總監更訓令。分汽車道爲三種 ，並決定其凸面半徑，凹面半徑及曲線的曲率半徑以及許容斜度；卽第一種道路凸面半徑一萬六千米以上，凹面半徑八千米以上（特別情勢許至五千米），曲線曲率半徑一千八百米以上（特別情勢許至千二百米），斜度百分之四以下；第二種凹凸面半徑各爲九千米，五千米（三千），一千米（八百米），斜度百分之六；第三種凹凸面半徑各爲五千米，三千米（一千），六百米（四百）・斜度百分之九（八）；第一種道路容許每小時速度一百六十公里，路面摩擦係數〇・四〇，第二種時速一百四十公里，摩擦係數〇・四五，第三種時速百二十公里，摩擦係數爲〇・五〇，至於凸面半徑乃由凸面遮蔽之障礙物或車體忽然發現，急停止時所跑距離所算出者，更用上述速度算出許容曲率半徑與路面傾斜，更規定由平跑路移行曲線傾斜之斜度爲二百分之一至百六十分之一，因爲是合於力學原則，走於曲線上，幾毋庸操作把手。

國營汽車道之直角交叉點，多採用克維巴型導入路；凱侖，的赤塞爾多夫間，阿新，烏必達，的爾特門特間則試用勞特利式分配路，至汽車道的分歧點或銳角交叉點，則配置喇叭型或三角型連絡路，至汽車路往其他地方道路的分歧點，則如附圖多爲大型雜特列交叉並設有急傾斜面，可以高速行駛。

其他立體交叉所用的跨線橋，路橋的工程也很重要，一九三九年三月完成五千二百十二座跨線橋，尙有九百五十二座正在建造中，此等橋梁中的鐵筋混凝土橋則爲節約鐵材，用特殊鋼筋，研究可多受應力的特殊構造法，至於鋼構橋則多用德國特有的構造用特殊鋼 St.25；此外鐵筋混凝土橋，石橋等之設計均極美觀。

一九三九年三月完成汽車路的表面積爲六千六十四萬四千平方米，其勞働日數爲一億二千五百四十四萬一千日，共移動二億八千二十六萬四千立方米泥土與岩石，剷去一億五千二百二十八萬立方米大地，共使用水泥五百三十九萬一千噸，砂及砂石三千四百二十九萬六千立方米，碎石八百四萬六千噸，鋪裝用石子一百六十八萬噸，石塊四百十九萬一千噸，鋼材二十六萬九千九百二十四噸，鐵二十七萬三千三百六十八噸；同時這些資材全爲國產・於一九三九年初冬此國營汽車道路工程所使用的運土車共四千七百列，每列均由二十五輛運土車與一機

關車構成，工程用軌條延長一萬二千八百公里，掘土機二千七百架，混凝土混合機一千二百架，搗固錘二千座，唧筒一萬架，空氣壓縮機等一千三百架，六年間，使用於國營自動車道的建設費，共三十億八千九百五十萬馬克之多；此中二十五億二千五百萬爲建設費，九億四千八十萬爲土壤及岩石移動費，九億九千八百八十萬馬克爲橋梁建築物的附帶設備，五億八千五百四十萬馬克爲道路建設費。

國營自動車道的勞働者於一九三四年秋爲七萬人，一九三六年八月已達十一萬四千六百三十三人；此中亦有多數義大利人；因國營自動車道工程遠離都市村鎮，故建有勞働者宿舍於工程場地附近，築有花壇草坪，以及社交室，運動室，醫療處，家庭談話室，廚房，電灶等無所不備；食料則貯藏多量德國所感覺不足的咖啡黃油等，盡力優待這羣國策前線勞働者，更常使彼等有利用國營自動車送之旅行及參加地方運動會，慰安音樂會等，至一九三九年此等宿超全國已有三百三十處。

國營自動車 道的附 帶設備也 很完善 ， 燃料補 給所由"Reichs autobahn"直接經營，每隔三十公里或五十公里則設一處，至一九三九年三月共設立了八十八處，尚有十處在建設中，燃料補給所的給油塔共二百零九個，貯油量共二百七十四萬立升，此等燃料補給所更設有四十座汽車修理用的抬上機。

更在風景區如森林等地設有小叉路，修築停車場設有長椅，家族旅行者可以攜帶飯盒在新鮮的大氣與日光下進餐，更於此等處所設有駐車場 (Parkplatz) 或休息場 (Rastlatz) 以備長途旅行者休息，一九三八年末已竣工八百五十處，可以收容一萬輛汽車，尚有三百處駐車場及休息所正在建築中，又在途中設有休息所(Raststatt)可以略進清涼飲料及咖啡。

更爲遠距離旅行者計於途中設有旅館，每隔一百五十公里或二百公里，以貨物自動車駕駛員爲主的旅館叫 Rasthof (休息所)，高等自動車乘客的旅館叫 Rasthaus (休息室) 如蘇爾赤布附近休穆湖畔，明希北方好萊達的 Rast-haus 尤稱完備，休穆湖畔的旅館在湖南岸，沿自動車道一公里，可兼用其游泳池，浴室，運動場；於一九三七年八月二日開始奠基工程，一九三八年八月二十七日竣工，除五十間客室及數間食堂等，尚有可供一千四百五十人洗浴，更修有汽船塢，划艇帆艇繫留處，自動車停車場等，其他自動車場附近之有湖水者，也多設有游泳池，以備旅客隨時下車休息。

又自動車道路上的指道標也非常仔細，駛出柏林而至萊布其，紐侖伯希，明希等地距離均用白字寫於綠色道標上，途中過有都市村鎮時，於千米之前也寫出地名以及左邊右邊，旅館，休息所，駐車場，燃料補給所等一目瞭然，沿途又設有公用電話，每五公里則有一處遇意外時可隨時通知的道路監廳，其處也有綠牌板，畫一紅十字及手。

德國多野生的鹿，其鹿之通過處及野豬等常通過地方也並有路標，又每隔半公里則立一自柏林環狀線起始的路程標，可以測定速度。

希特拉於一九三四年汽車摩托車展覽會的開會式裏宣言廉價配給國民以最新式汽車，用此可利用希持拉賜予的星期或節日去郊外遠足，愉快的消磨一天，但由於德國機械化的進展，實現國民汽車以前，於星期或節日汽車早已成羣結隊的奔馳於汽車路上了。

汽車路由汽車道路警察隊担任警備；因爲汽車路上發生意外會失去汽車路的價值，且汽車路上的犯罪更爲違反國策，特處以極刑。

汽車路每隔六十公里或八十公里設有汽車道路監察所，此處更放置各種器械，一九三八年米時，監察所有特殊乘用車四十二輛，監察官用特殊乘用車三十一輛，貨物汽車二百零三輛，除雪汽車七十二輛，機械清掃車六十三，人員移動用車二十一輛，摩托車四十一輛，除雪機六十八架，再加定製中的價格共達六百萬馬克。

國營汽車路於一九四一年約完成四千公里，這裏最長的路線要算東北部自羅倫斯克爾哥通過斯坦丁過柏林環狀線再南下萊不赤，紐倫貝爾至明希更在轉入南部山嶽地帶止於札爾赤布；共七百八十二・二四一公里；使柏林以南一段也有六百四十六・七公里之長，此外更完成自戈其根經加爾斯萊至明希六百三十・七公里，至於自柏林西向經哈諾法，過凱侖東南下萊因蘭工業地帶的汽車路於此次大戰勃發前已完成一部，及大戰勃發乃更加工，至一九三九年九月二十三日國營汽車路起工六週年紀念日便全部完成，經荷蘭的道路立刻開通，一九三八年奧大利合併，汽車路計劃更向此方延長，威茵，林亦，明希等處上級事務處動員二萬二千勞働者，增築二百九十公里道路，尤以札爾赤布克威茵間汽車道路，基於總統的希望，緊急加工，豫算於一九四一年四月八日起工後三完年成，此等道路當然爲進攻巴爾幹的要道，輸送物資的動脈，與大利南部阿爾須斯山嶽地帶更建有加帶爾・好斯(八・八公里)，萊丘非特(七・六)，芬斯他爾賓(五・三)，加丘比爾哥(四・七)等隧道，工程相當困難，又於一九三八年十一月十九日與捷克間，成建立設布里斯拉，烏不林威間汽車路的協定，其後合併波蘭，更計劃自布勒斯勞北上至但吉；柏林至里赤斯曼斯坦特間的路線。

一九三九年冬所有汽車路都能行駛每小時百公里以上的速度，不僅高級汽車卽小型如「奥比加特」，「D，R，W」等在平坦道路都可於一小時內駛行百餘公里，所以自柏林至明希道上，卽在駐車場休息，休息所進餐，燃料補給所補添燃料，也可平均時速八十公里，不過此路因高喊德國汽車化，技術未精的也都拼命行駛，故屢出事故，最近已限制時速百公里，然而卽此也比急行火車迅速多多，且可適合自己時間，希特拉所謂交通上個人的自由意亦在此。

此汽車路於德國資材經濟上意義委實重大，據一九三七年"Reichsautobahn" 的實驗，國營汽車路不僅比其他地方道路節省百分之五十的時間，燃料消費量也可節省百分之四十七，且表面平坦無平面交叉又加路幅寬廣，把手操作可減六十分之一，此外汽車路更影響及汽車的設計，因爲路面坦平摩擦抵抗甚小，而爲高速行駛又必力圖空氣抵抗減低，所以流線需要增加，更須研究長時間高速行駛的性能。

國營汽車路的民族的意義，則爲使大衆利用汽車而消滅國內分立的意識；其於交通及產業上的意義則爲使交通量一見明瞭，自國營汽車路開通以來 "Reichsautobahn" 每月調查其交通量，據云已年年增加，一九三七年度每日交通量爲一萬二千輛至一萬五千輛，尤以一九三九年復活節的禮拜日在的赤塞爾多夫，凱侖間的奥布拉丁二十四小時內竟有二萬七百二十二輛之多，貨物輸送量於一九三七年也達一千五百二十萬噸，其交

化的意義則爲使人民接近自然，從都市走出路兩旁儘是天然美景，可使精神爲之融化，由對自然的戀愛而延及愛護祖國的心理。

最近德國更整理公共汽車交通網，如美國然，可以利用國營汽車路作低廉旅行，德國道路總監多特博士的道路計劃中除上述國營汽車路外，更有國道（Reichsstrasse），地方道路（Landstrasse）及經濟道路（Wirtschaftstrasse）以期完成第三帝國道路網，此等道路計劃也與國營汽車路計劃調和，國道於一九三七年四月一日動員一萬六千勞働者，只一九三八年度便用一億七千萬馬克，一千二百九十五公里路線，幅員擴至六米餘，共鋪裝八百三十萬二千平方米；一級地方道路則一九三八年度共費一億二百六千萬馬克，六米寬線路二千五百六十二公里長鋪裝一千二百十三萬五千平方米，從事於此工程的勞働者則一九四一年當時約一萬三千人；但迄一九三八年三月底止國道已總延長四萬一千三百四十公路，一級地方道路八萬四千二百五十七公里，二級地方道路八萬七千二百五十五公里。

日發明由生皮橡中提煉潤滑油法

據東京中央社電，日商工省燃料局人造石油課之岡雅一技師，近應用一種特殊化學製造法，由生橡皮中提煉潤滑油，至於粘度亦可用該法任意調節，且價格頗爲低廉，利用現有之製造公司設施，即可大量生產，其對於日本戰力之强化，定有莫大貢獻，按現在馬來各地正於日本科學人員之指導下研究由生橡皮中提煉汽油及發揮油之方法，且已能製造少量之揮發油及引火點較低之汽油云。

工程雜誌

民國三十二年五月三十一日出版

發行者 中國工程學會 南京聯國路敦敬營二二四號

編輯者 任樂天 南京東箭道建設部

印刷者 中華印刷公司 南京建鄴路一三八號

總經售處 中國工程學會

分經售處 國內各大書局

價目 每冊國幣二元（外埠另加郵費）

徵稿簡則

一、本刊歡迎有關工程之論著，譯述，專載等稿件。

二、來稿須繕寫清楚，並加標點，譯稿請附原文。

三、來稿不論刊載與否，概不退還。

四、來稿一經刊載，版權即歸本刊保有。

五、已刊載之稿件每千字酌酬國幣二十元至三十元。

六、本刊一律用真姓名發表。

16757

中央儲備銀行

中華民國國家銀行

資本總額國幣壹萬萬圓

南京總行

行址　中山東路一號

電報掛號　中文五五四四　英文CENREBANK　（各地一律）

電話　二三一五四一　二三一五四二　二三一五四三　二三一五四四　二三一五四五　（轉接各部）

上海分行

行址　外灘十五號

電報掛號　中文八六二八

電話　一七四六三　一七四六四　一七四六五　一七四六六　轉接各綫

蘇州支行

行址　觀前街一八九號

電報掛號　中文五五四四

電話　一八五六　六九五

杭州支行

行址　太平坊大街

電報掛號　中文五五四四

電話　二七七〇

蚌埠支行

行址　二馬路二九四號

電報掛號　中文五五四四

電話　二五八

廣州支行

行址　長堤大馬路一六八號

電報掛號　中文六三二八

電話　一七一三一

漢口支行

行址　湖北街九號

電報掛號　中文一一三五

寧波支行

行址　江廈路十五號

電報掛號　中文五五四四

電話　七六〇　七六五

各地辦事處

地點	行址	電報掛號	電話
蕪湖	二街四首	五五四四	一三五
常熟	老縣場	五五四四	二三一　二三三
無錫	北門內打鐵橋	五五四四	一六三四　一六六一
南通	西大街十八號	五五四四	
嘉興	城基路望吳橋	五五四四	一七七　一七九
揚州	左衛街	五五四四	
太倉	稅務橋東首	五五四四	四四
鎮江	寶塔路三十一號	五五四四	二九二
泰縣	彩衣街	五五四四	
常州	西瀛里	五五四四	
滬西	上海靜安寺路地豐路二〃號	〇七四八	
上海	上海法租界邁爾西愛路一二一號	一七一五	
松江	西門外馬路橋大街	五五四四	
崑山	北大街	〇〇〇一	
安慶	國貨街	五五四四	
廈門	海後路廿六號		
東京	麴町區大手町二丁目二番地		

工程雜誌

△宣傳部登記證京誌字第一六五號

本期目次

第二卷

第六期

中國工程學會出版

中華民國三十二年六月三十日

本會收支報告

三十二年五月份

收入之部

上月結存	八九三八一、四九
宣傳部四月份補助費	一〇〇〇、〇〇
教育部四月份補助費	二〇〇〇、〇〇
建設部五月份會費	一〇〇〇、〇〇
全國經濟委員會五月份會費	五〇〇、〇〇
正會員朱浩元何忭汪克正郭樂畬卅二年會費	八〇〇、〇〇
總計	九二一六一、四九

支出之部

員工津貼	三二〇、〇〇
郵票	二〇、〇〇
文具	五七、六〇
第二卷第一期工程雜誌印刷費	九七六、〇〇
第二卷第一期工程雜誌稿費	一八〇、〇〇
銅鋅版	二四〇〇、〇〇
修繕房屋	六五、〇〇
雜支	二三七、八〇
總計	四二五六、四〇

收支相抵本月結存國幣捌萬柒千玖百零伍元零玖分

日本水路部三角之經緯度及真方位推算公式的理論和應用(續)

徐 天 懷

7.問題之倒求法

有時，已知兩測點之經緯度，而倒求兩測點之間距離及其眞方位角，亦爲數見不鮮之事，故倒求法亦應加以硏究焉，下之二法，一較簡單，另一係水路部所用，較精密，今先述較簡單之方法如下：

設 $x=K\sin\alpha$，$y=K\cos\alpha$，代入求 $\triangle M''$ 及 $-\triangle L''$ 之

公式而得 $X=\dfrac{\triangle M''\cos L'}{A'}$

及 $y=-\dfrac{1}{B}\left[\triangle L''+CX^2+D(\delta L'')^2+E(\triangle L'')X^2\right]$

由之， $\tan\alpha=\dfrac{x}{y}=\dfrac{\triangle M\cos L'B}{A'h}$

$$\left.\begin{aligned}K&=y\sec\alpha\\&=x\operatorname{cosec}\alpha\end{aligned}\right\}$$

問題之倒求與順求法相同，惟次序略異，第一步先求得x' 於是計算C, D, (及E)各項，以求得y, 眞方位可從 $\tan\alpha$ 求得之K可從x項或y項求得之，再計算 $\triangle\alpha$ 以求得 α', 計算例從略。

8.水路部倒求天測基線(Astronomical Base)之公式

經度及緯度之差各在約 30' 以內之二測點距離，欲從已知之經緯度及眞方位求得兩點間之距離之算式如次。

1.經緯度基線(Latitude and logitude Base)。

二點之經緯度LL'MM'爲已知，求距離及眞方位。

$\triangle L=L'-L$，　$LM=\frac{1}{2}(L'+L)$，　$\triangle M=M'-M$，

$\dfrac{B}{2}=\dfrac{e^2(\triangle L\text{ in sec})\cos^2 Lm}{2}$ (與前公式不同處在此)

$L=L+\dfrac{B}{2}$，　$L'=L'-\dfrac{B}{2}$，

$x''=(\triangle M\text{ in sec})\cos L''$，

$y''=(L'-L)\text{ in sec}+\frac{1}{2}\sin 1''x''^2\tan L$，

$\tan Z=\dfrac{x''}{y''}$　$K=\dfrac{y''}{A\cos Z}=\dfrac{x''}{A\sin Z}$，

$A=\dfrac{1''}{N\sin 1''}$ (對於緯度Lm而言)

16761

Z在各象限，x''y''之正負號如下表所示：

Z 之象限	I	II	III	IV
x'' 之正負	＋	＋	－	－
y'' 之正負	＋	－	－	＋

2.緯度基線 (Latitude Base)

二點之緯度L，L'及從一點望他點之眞方位爲已知，求距離K

$$\frac{B}{2}=\frac{e^2\ (\triangle L \text{ in sec}) \cos^2 Lm}{2}, \quad L=L+\frac{B}{2}, \quad L'=L-\frac{B}{2},$$

$$x''=\left\{ (L'-L)\text{insec}+\tfrac{1}{2}\sin 1'' x''^2 \tan L \right\} \tan Z$$

$$y''=(L'-L)\text{insec}+\tfrac{1}{2}\sin 1'' x''^2 \tan L$$

$$K=\frac{x''}{A \sin Z}=\frac{y''}{A \cos Z}$$

計算x''時，先使x''，=(L'—L)tan Z，作爲x''之第一略近値，再以x''，代入(x'')式之第二項，以求得第二略近値x_2''如此計算至求得x''之定値爲止，通常至第二次足精密之程度。

3.經度基線 (Longitude Base)

二點之經度M，M'，一點之緯度L，及自同點望他點之眞方位Z爲已知，求距離K

$$\tan \varphi=\sin L \tan Z$$

$$\tan L''=\frac{\tan L \sin(\varphi+\triangle M)}{\sin \varphi}$$

$$B=e^2(L''-L)\cos^2\tfrac{1}{2}(L+L'')$$

$$L'=L''+B, \quad L=L+\frac{B}{2}, \quad L'=L''-\frac{B}{2}$$

$$K=\frac{\triangle M \cos L'}{A \sin Z}$$

9.倒求法計算實例——水路部所用天測基線公式計算實例

(a) 由經度及緯度之差求天測基線

L= 37° 32' 29''.99
L'= 38° 6' 17''.09
L₁= 37° 49' 23''.54

$\tfrac{1}{2}\triangle L$= 16' 53''.55 = 1013''.55

Value of B

log e² = 7.8305
log ½△L = 3.0058
2 log cos Lo = 9.7951

M = 138° 40' 47''.28
M' = 138 20 42''.79
△M = —20' 4''.49
= —1204''.49
L=37° 32' 29''.99
B/2 = ＋ 4''.28
L = 37° 32' 34''.27
L'=38° 6' 17''.09
−B/2 = — 4''.28

16762

$\log \frac{1}{2}B = 0.6314$

$\frac{B}{2} = +4.''28$

Value of x''

log(△M in sec) = 3.0808032n

log cos L' = 9.8959178

log x'' = 2.9767210

x'' = −947.''81

log x'' = 2.9767210

log y'' = 3.3053966

log tun Z = 9.6713244n

Z = 334°51'56''.6

colog A = 1.4907641

log x'' = 2.9767210

log cosec Z = 0.3718759

log K = 4.8393610

L' = 38° 6' 12''.81

Value of y''

$\log \frac{1}{2} \sin 1''$ = 4.3845

2 log x'' = 5.9534

log tun L = 9.8857

log 2nd term = 0.2236

2nd term = 1''.67

L'−L = +33'38''.54

= +2018''.54

2nd = + 1''.67

y'' = + 2020''.21

colog A = 1.4907641

log y'' = 3.3053966

log sec Z = 0.0432003

log K = 4.8393610

K = 6908'.4 meters.

(b) 由二點之緯度及一眞方位求天測基線

L = 37° 32' 29''.99

L' = 38 6 17. 09

Lm = 37 49 23. 54

Z = 334° 51 56''.6

Value of B

log e^2 = 7.8305

$\log \frac{1}{2}$△L = 3.0058

2 log cos Lm = 9.7951

$\log \frac{1}{2}B$ = 0.6314

$\frac{1}{2}B$ = +4''.38

log(L'−L) in sec = 3.3050396

log tan Z = 9.6713246n

log x''_1 = 2.9763642n

log y''_1 = 3.3053966

log tan Z = 9.6713246n

log x''_2 = 2.9767212n

L = 37° 32' 29''.99

$\frac{1}{2}B$ = + 4''.28

L = 37° 32' 34''.27

L' = 38° 6' 17''.09

$\frac{1}{2}B$ = − 4''.28

L' = 38° 6' 12''.81

$\log \frac{1}{2} \sin 1''$ = 4.3845

log tan L = 9.8857

$\log \frac{1}{2} \sin 1'' \tan L$ = 4.2702

2 log x_1'' = 5.9527

log 2nd term(y''_1) = 0.2229

+2nd term = +1''.67

L'−L = +2018''.54

y'' = +2020''.21

$\log \frac{1}{2} \sin 1'' \tan L$ = 4.2702

2 log x_2'' = 5.9534

log 2nd term(y''_2) = 0.2236

+ 2nd term = +1''.67

L'—L =	+2018".54
y_2" =	+2020".21

玆因y_1"y_2"已相一致，故卽可以x_2"y_2"之值定爲x"y"之決定值

colog A	=1.4907641	colog A	=1.4907641
log x"	=2.9767210n	log y"	=3.3053966
log cosec Z	=0.3718759	log sec Z	=0.0432003
log K	=4.8393610	log K	=4.8393610

K=99081.4 meters

(c) 依二點之經度及一點之緯度眞方位求天測基線

L =	37° 32' 29".99	M =	138° 40' 47".28
Z =	334° 51' 56".6	M' =	138° 20' 42".79
log sin L	=9.7848583	△M	=—20'4".49=—1204".49
log tan Z	=9.6713244n	log tan L	=9.8856343
log tan φ	=9.4561827n	sin (φ+△M)	=9.4478963n
φ	=—15°57'14".89	log cosel φ	=0.5608762n
△M	= —20' 4".49	log tan L"	=9.8944088
φ+△M	=—16°17' 19".38	L"	=+ 38°6'8".59
log e^2	=7.8305	L	= 37°32'29".99
		L"—L	=+ 0°33'38".60
log(L"—L)insec	=3.3051		=+2018".60
2 log cos ½(L"+L)	=9.7952	½(L"+L)	= 37°49'19".29
log B	=0.9308	L"	= 38° 6' 8".59
B	=+8".53	B	= + 8".53
½ B	= 4".26	L'	= 38° 6'17".12
		½ B	= — 4".26
colog A	=1.4907641	L'	= 38° 6'12".86
log(△M in sec)	=3.0808032n		
log cos L'	=9.8959177		
log cosel Z	=0.3718759n		
fog K	=4.8394236		

K=69081.4 meters

10. 利用各地弧長，計算地球形狀之白塞爾 (Bessel's) 及克拉克 (Clark's)兩氏之決定數。

地球橢圓球常用者爲白塞爾(1841)及克拉克(1866)兩氏計算所決定之兩種。白塞爾氏所決定者，係根據 Peruvian, French, Eenglish, Hanovian Danish, Prussian Russian, Swedish, 及兩 Jndian 各地之弧長其計算之結果至現在止尙在歐洲各地，普遍應用，在 1880 年前，亦曾爲美國所採用克拉克氏所計算而得之橢形體，(1866)係根據，French, Engish, Russian, South African, Indian, and the Peruvian 各地

之弧長其計算之地域廣至 76°35′ 克氏所計算之橢形體，較白氏者，爲大而扁，彼之决定數於1880年後爲美國海岸大地測量局所採用，因彼時已證明該部地形實較白氏計算之弧度爲平坦也。兩氏計算之橢形體之長短軸及 (Ellipticity) 列爲下表，其單位根據克氏所規定米達之數值，卽 $1^m = 39.370432$ 吋

	a (metter s)	b (metter s)
Bessel (1841)	6 377 397	6 356 079
Clarke (1866)	6 378 206	6 356 584

用兩氏外尙有根據其他各地弧長所計算之橢形體，但不甚用於測量工作中耳

11. Clarke 表值改算爲 Bessel 表値之方法

日本大地經緯度計算以 Bessel 橢形體爲基礎，而其水路測量諸用表所記載之値，乃根據 Clarkc 氏而算出，該國中野技師，曾用下法製成簡表，俾作改算之用。

改算表之原理

用公式計算經緯度時，Clarke 及 Bessel 之橢形均可適用，惟因兩橢圓形之 Rm，及N之數值微有不同，因此公式中 A, B, C 等因子之數値，亦各不相同，由前知

中緯度$(L+\frac{1}{2}\triangle L)$之A,B之値爲

$$B=\frac{1}{Rm\ Sin\ 1''}\quad,\quad A=\frac{1}{N\sin 1''}$$

改經緯度差自克氏化爲白氏，可用下式求之，卽

$$\triangle L\ (Bessel)=\triangle L\ clarke\times\frac{B\ Bessel}{B\ clarke}$$

$$=\triangle L\ clarke+\triangle L\ clarke\times\delta B$$

$$\triangle M\ (Bessel)=\triangle M\ clarke\times\frac{A\ Bessel}{A\ clarke}$$

$$=\triangle M\ clarke+\triangle M\ clarke\times\delta A$$

$$\triangle Z\ (Bessel)=\triangle Z\ clarke\times\frac{A\ Bessel}{A\ clake}$$

$$=\triangle Z\ clarke+\triangle Z\ clarke\times\delta A$$

$$1+\delta B=\frac{B\ Bessel}{B\ clarke}\quad,\quad 1+\delta A=\frac{A\ Bessel}{A\ clarke}$$

δB 及 δA 爲由緯度徐之變化之結果所生兩氏橢形中 A,B, 之小量差如下改正表所列。

改 正 表

L	δB	δA	L	δB	δA
0°	+0.0019	+0.0076	30°	+0.0040	
1	19	76	31	42	83
2	19	76	32	43	84
3	19	76	33	44	84

16765

4	19	+0.0076	34	46	85
5	+0.0020	76	35	47	85
6	20	77	36	49	85
7	21	77	37	50	86
8	22	77	38	52	86
9	+0.0022	+0.0076	39	53	87
10	23	76	40	55	88
11	23	77	41	56	88
12	24	77	42	57	88
13	+0.0025	77	43	59	89
14	26	+0.0077	44	61	89
15	26	77	45	62	90
16	27	77	46	64	91
17	28	77	47	65	91
18	+0.0029	77	48	67	91
19	30		49	68	92
20	31		50	69	92
21	32		51	71	95
22	33		52	72	95
23	+0.0034		53	74	96
24	35		54	75	95
25	36		55	76	95
26	37		56	78	95
27	38		57	79	96
28	39		58	80	97
29	+0.0040		59	82	97
30			60	+0.0083	+0.0097

具體之改算方法

以第一測點之經緯度 L,M 為根據，由距離及方位角以決定 clarke 橢球體上第二測點之經緯度及倒方位角 L',M',Z' 後再改成 Bessel 橢球體上之L',M',Z'可依下法計算之惟距離在40海里以內者方能適用。

L'+(△L)'§B, M'+(△M)'§A, Z'+(△Z)'§A三式中之

(△L)', (△M'), (△Z')各等於 L'−L, M'−M, Z'±180−Z

( )'表示其單位為分。

相等於½(L+L')之§B, §A, 及改正量 (△L)'§B, (△M)'§A 皆以秒為單位表示之。

改正法計算實例如次由陸地測量部所得結果

16766

起點餘岳　L＝44°20'24".16N　　M＝146°15'0"82E

斜古丹山之方位及距離

Z＝136°57'31".31　　log K＝4.8551152

依據水路測量諸用表，算得 clarke 楕球上之經緯度及方位角如下：

第二點斜古丹山

L'＝43°52'2".06　　M'＝146°—51'30".34　　Z＝317°22'55".14

(△L)'＝—28".4　　(△M),＝＋36.5　　(△Z)＝＋25."4

由前表查得$\frac{1}{2}$(L＋L')＝44°.6　之§B＝0".0060　§A＝＋0".0090　依此得改正如下：

Clarke 球之值	L'＝43°52'2".06	M'＝146°51'30".34	Z'＝317°22'55"14
改正量	(△L)'§B＝　0.17	(△M)'§A＝＋　0.33	(△Z)'§A＝＋　0.23
Bessel 楕球之值	L'＝43°-52'-1".89	M'＝146°-51'-30".67	Z'＝317°-22'-55".37
陸部測量部之結果	L'＝(同上)	M'＝(同)　30.66	Z'＝(同上)

最近上海市機器廠業概況

上海市機器廠業現時加入同業公會者計有八百五十餘家，其中規模較大者約有五十家。原均加入日華機器同業公會，自商統會成立後分出獨立。一切材料均感缺乏，大部仰給存貨，或向黑市收購。出品以受限價之約束，故多製定貨。除紡紗機等外其餘均可自由運銷市外。

16767

彎道內雙支承鋼梁橋之應力分析

陳　侃　如

(一)導言

彎道上之鐵路鋼梁橋，因軌道中心線與橋梁中心線不相重合時所生之偏距以及活荷重移動時所生之離心力，均使彎道內外側兩主梁承受不同之剪力及彎曲力率，故於鋼梁之設計上及裝設上均甚複雜，稍一疏忽，易生危險。是以我國鐵路界以往之慣例，對於彎道上之鋼梁橋，恆懸為禁例；常規定鋼梁橋之位置，須放在直道上。此種主張純就兩主梁之應力上以及行車安全上着眼。在平原區域築路時固屬賢明之條規；然在山嶺區域築路，苟受地形限制，路線必須彎曲橫跨河道或谷道時，如根據此項法規，則必須改變兩岸之引線(Approach)，俾通過河道部份為直線，其影響所及，常使橋之兩岸發生大塡(High Filling)，大切(Deep Cutting)或生隧道(Tunnel)，而線性(Alignment)並無若何良好處，惟於建築經費上則增加極巨！當路線橫跨分水嶺時所採之展線法(Development)時，此種情況，尤所常見。如能採用彎道鋼梁橋，則河道或谷道兩岸之隧道，恆可因此變短或竟可省去。凡在山嶺區域有鐵路定線之經驗者，莫不重視此點。

彎道上鋼梁橋之所以異於直道上鋼梁橋者已如前述，不過中心線之偏距以及活重之離心力兩者而已。此兩者對於內外側兩主梁內部應力之如何影響，吾人實不應因其繁複而不加以研究及採用。苟有理論根據，吾人自能切實設計與精確裝設，則鋼梁橋之在彎道上亦極安全可靠，毫無問題。如是對於定線之經濟上至有裨益。此篇之作，即以此為目的。

(二)概論

兩主梁間之距離，彎道橋所受之橫向外力除如直道梁承受風力及機車橫向擺動力外，最大者厥為活荷重之離心力。此等

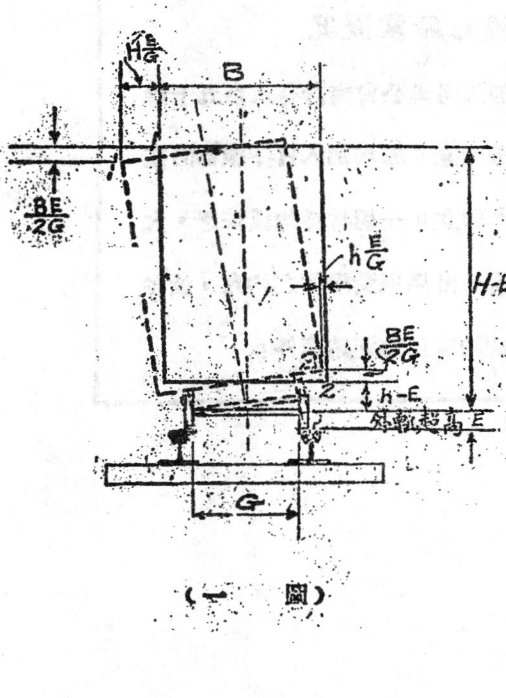

(圖一)

16768

力均有使車輛及鋼梁向彎道外側轉倒之傾向，故主梁間須有充分之距離以對抗之。後者抗顛覆之力率與前者向外顛覆力率之比例值稱為「顛覆安全率」，通常須在1.4以上。在上承鋼梁橋尤須核算此率之數值。

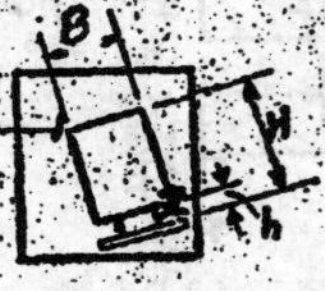

下承鋼梁橋

因使車輛在兩主梁間安全通過，無互相衝撞之虞，故彎道下承梁兩主梁間之距離除顧及車輛之淨空外，復須加算彎道之偏出距離以及升軌超高度所生之車輛傾斜距離。

茲令：車輛之長度為A，寬度為B，(1)點及(2)點（見第二圖）與鋼軌頂面之高度各為H及h，輪架中心豎軸間之距離為T；車頂（1）點橫掃主梁時出入端柱外面所經之長度為ℓ；端柱之寬度為t_1；主梁在跨度中央處之寬度為t_2；由ℓ弦，T弦及A弦至圓弧之矢長（Middle Ordinate）各為C_1，C_2及C_3，則：

（圖二）

第一圖表示車輛因外軌附有超高度H時各部之偏距數值。第二圖表示車輛通過下承鋼梁時車身（1）及（2）點向橫面所繪之軌跡。由是可知：

$$R=\frac{t_1}{2}+C+C_1+C_2+\frac{B}{2}+\frac{HE}{G}$$

$$L=\frac{t_2}{2}+C-C_2+C_3+\frac{B}{2}-\frac{hE}{G} \quad \cdots\cdots(1)$$

兩主梁間最小距離 = b = R + L

橋面軌道佈置法　軌道中心線與橋梁中心線間之關係常佈成如第三圖所示之位置。其中f為圓弧對跨度之正矢。我國鐵道部頒佈之鋼橋設計規範書內之規定為$t_1=\frac{f}{2}$

（三）主梁應力之分析

作用於彎道橋梁之活荷重可分成水平離心力F及其垂直重力W兩分力，前者與主梁下弦中心線恆保持一定之高度S。（見第四圖）且其值為：

$$F=\frac{V^2}{gR}W=CW$$

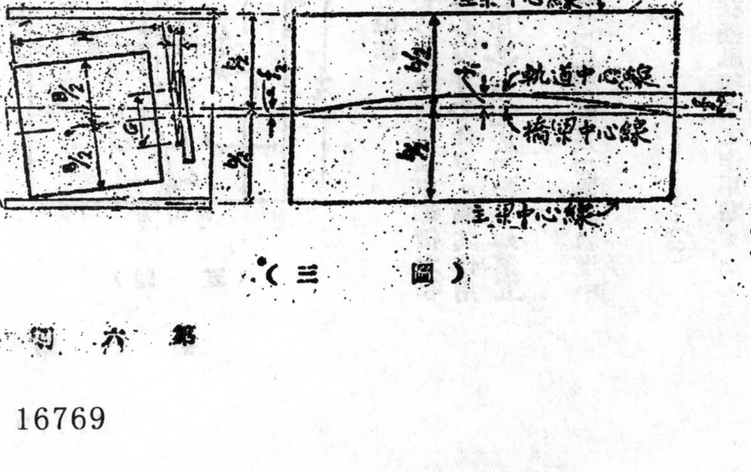

（圖三）

在某一定彎道半徑 R 及某一定列車速度 V 下恆爲定數。由是傾覆力率 FS 亦爲一定數。易言之：離心力 F 對於分配荷重於左右兩主梁之影響恆爲一定，由是進而分析主梁之應力至爲簡便。至於後者 W 分配於左右兩主梁之分力可書爲：

$$W_1 = \frac{W}{2} - W\frac{e}{b}$$
$$W_2 = \frac{W}{2} + W\frac{e}{b}$$
$$C = \frac{b}{2} - (L + e')$$
$$e' = h_1\frac{E}{G}\left(\doteqdot 1.8\,m\frac{E}{G}\right) \qquad \cdots\cdots(2)$$

上式中因 e 值係由正數變至負數，則 W_1 及 W_2 中之 $W\frac{e}{b}$ 一項之數值，甚難求出；由是主梁各節點之荷重亦難決定。對於確定主梁活荷重應力之分析至感棘手。此爲吾人望而却步，寧願放棄彎道橋梁之一理由。

兹放棄上述分析方法，另由別途求其解答。近有德人（Kommerell）氏發表之近似法，以及影響線之精算法。前者適用於跨度較小之橋梁，甚爲簡便可靠；後者適用於跨度較大之橋梁，供精確之核算。今分述於後：

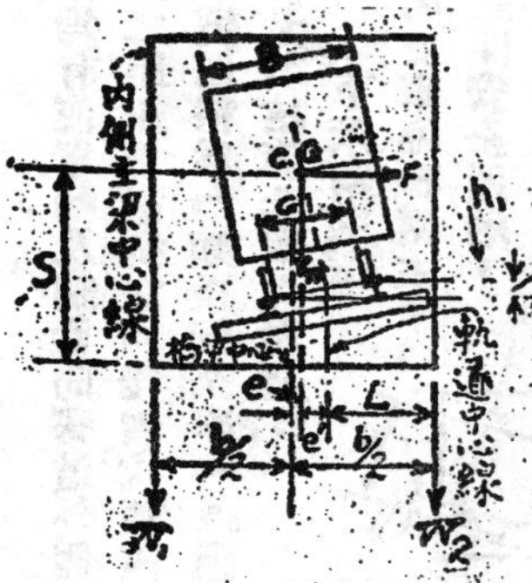

（四 圖）

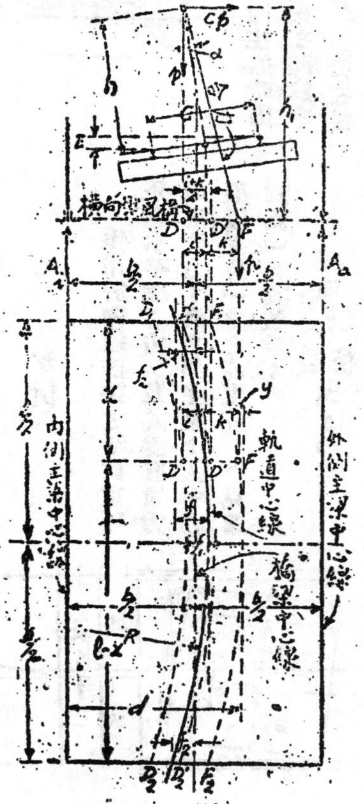

（五 圖）

（甲）Kommerell 氏之近似法

爲使計算工作簡易計，兹將列車之集中荷重暫以等價之等佈荷重 p 代替之。垂直荷重 p 與其離心力 cp 之合力，順其作用線之方向與橫向禦風構（Wind Bracing）相交於 F 點，如第五圖所示（其中 $C = \tan\alpha$）

又垂直荷重 p 與禦風構之交點爲 D，則 F 點及 D 點與軌道中心線之距離各爲：

$$k = Ch_1 - E\frac{h_1}{G}, \quad i = E\frac{h}{G} \qquad \cdots\cdots(3)$$

急行列車駛經鋼梁時，其合力在禦風構上之作用點，F_1 所繪出之軌跡係一以半徑爲 R＋k 而與彎軌同圓心之圓弧 F_1—F_2；而靜止荷重 p 之軌跡則爲半徑爲 R−i 之同心圓弧 D_1—D_2。

外側主梁在急行列車通過時，亦即當載重曲線 F_1—F_2 作用時承受最大之內應力。至於內側主梁發生最大內應力之條件，則有下述兩情況：

(i) 靜止荷重，不加計衝擊率時（即載重曲線 $D_1—D_2$ 作用時）

(ii) 列車以中等速度通過而加計衝擊率之全部數值時（此時離心率係數變為 $\frac{C}{2}$）。此種情況之載重曲線於第五圖中以 $D_1'—D_2'$ 表示之。此曲線適在載重曲線D及F之中央。茲分數則研述於後：

(A) 外側主梁之彎曲力率

活載重p傳於外側主梁之分力為 $p_a=\frac{p}{b}(d-y)$。因實際上橋面內軌條之彎曲角度不大，吾人如視圓弧 F_1FF_2 為一拋物線時，亦無若何差誤：由是吾人可令

$$y=\frac{4f}{\ell^2}\left(\frac{\ell}{2}-x\right)^2$$

其中

$$f=R-\sqrt{R^2-\frac{\ell^2}{4}}$$

外側主梁之全長滿載荷重 p_a 時之梁端支承力 (End Reaction) 為：

$$A_a=\int_0^{\frac{\ell}{2}}p_a\,dx=\frac{p}{b}\int_0^{\frac{\ell}{2}}\left[d-\frac{4f}{\ell^2}\left(\frac{\ell}{2}-x\right)^2\right]dx=\frac{p}{2b}\ell\left(d-\frac{f}{3}\right)$$

於距梁端支承點x處之彎曲力率為：

$$M_x^a=A_a\,x-\int_0^x p_a\,(x-X)dX$$

（此時假設梁長x暫時為不變數，可變之梁長暫以X表示之）以 A_a 及 p_a 之值代入上式後則得：

$$M_x^a=\frac{p}{2b}x(\ell-x)\left[d-\frac{f}{3}+\frac{2}{3}\,\frac{f}{\ell^2}x(\ell-x)\right]$$

若直道主梁承受等佈荷重p時，則距梁端支承點x處之彎曲力率為：

$$M_x=\frac{p}{2}x(\ell-x)$$

以此式代入 M_x^a 式中，由是可得：

$$M_x^a=\frac{M_x}{b}\left[d-\frac{f}{3}+\frac{2}{3}\,\frac{f}{\ell^2}x(\ell-x)\right]$$

但因 $d=\frac{b}{2}+f_1+k$ 故上式變為。

$$M_x^a=M_x\left[\frac{1}{2}+\frac{1}{b}\left\{f_1+k-\frac{f}{3}+\frac{2f}{3\ell^2}x(\ell-x)\right\}\right]\cdots\cdots\cdots(4)$$

當 $f_1=\frac{f}{3}$ 時，(4)式可化成：

$$M_x^a=M_x\left[\frac{1}{2}+\frac{1}{b}\left\{k+\frac{2f}{3\ell^2}x(\ell-x)\right\}\right]\cdots\cdots\cdots(4')$$

但等佈荷重p對於主梁彎曲力率與列車集中荷重羣為等價，易言之：於距梁端支承點x處由於前者所生之彎曲力率Mx，即與後者所生之彎曲力率全相等。由是可知於(4)及(4')式中之Mx可視為直道橋梁內每股車道(One Track)於距梁端支承點x處由於設計時之標準列車集中荷重羣所生之彎曲力率，通常可由

16771

圖表查得之。

(B)內側主梁之彎曲力率

假設列車之速度爲零時，則靜止等佈荷重p傳於內側主梁之分力爲：

$$p_i=\frac{p}{b}\Big[b-(d-y)+k+i\Big]=\frac{p}{b}(b+k+i)-pa,$$

於上式中，p_i內之第一項係一不隨x值變化之等佈荷重，由是於距支承點x處之彎曲力率M^i_x即爲：

$$M^i_x=p\frac{b+k+i}{2b}x(\ell-x)-M^a_x$$

此係顯而易見者。仿前法，令 $Mx=\frac{p}{2}x(\ell-x)$，於是：

$$M^i_x=\frac{b+k+i}{b}Mx-M^a_x,$$

以(4)式代入上式後，則得：

$$M^i_x=Mx\Big[\frac{1}{2}-\frac{1}{b}\Big\{f_1-i-\frac{f}{3}+\frac{2f}{3\ell^2}x(\ell-x)\Big\}\Big]\cdots\cdots(5)$$

當 $f_1=\frac{f}{3}$時，則：

$$M^i_x=Mx\Big[\frac{1}{2}-\frac{1}{b}\Big\{-i+\frac{2f}{3\ell^2}x(\ell-x)\Big\}\Big]\cdots\cdots(5')$$

當列車以中等速度駛行時，吾人可仿前法，則得：

$$'M^i_x=\frac{d+\frac{i+R}{2}}{b}Mx-M^a_x$$

以M^a_x之值代入上式後，則得：

$$'M^i_x=Mx\Big[\frac{1}{2}-\frac{1}{b}\Big\{f_1+\frac{k-i}{2}-\frac{f}{3}+\frac{2f}{3\ell^2}x(\ell-x)\Big\}\Big]\cdots\cdots(6)$$

如令 $f_1=\frac{f}{3}$時，則得：

$$'M^i_x=Mx\Big[\frac{1}{2}-\frac{1}{b}\Big\{\frac{k-i}{2}+\frac{2f}{3\ell^2}x(\ell-x)\Big\}\Big]\cdots\cdots(6')$$

(C)外側主梁之剪力

外側主梁於距梁端支承點 x 處起至 ℓ 止一段內滿載荷重pa時，則：

$$Q^a_x=\frac{1}{\ell}\int_x^\ell pa(\ell-X)dX=\frac{p}{b\ell}\int_x^\ell\Big[d-\frac{4f}{\ell^2}\Big(\frac{\ell}{2}-X\Big)^2\Big](\ell-X)dX$$

$$=\frac{p}{2b\ell}(\ell-x)^2\Big[d-\frac{f}{3}+\frac{2f}{3\ell^2}x(2\ell-3x)\Big]$$

每一等佈荷重 p，均與其相當之設計活載重發生同一之剪力Qx；由是將：

$$Qx=\frac{p(\ell-x)^2}{2\ell}\quad 及\quad d=\frac{b}{2}+f_1+k$$

兩式代入上式中，則得：

$$Q^a_x=Qx\Big[\frac{1}{2}+\frac{1}{b}\Big\{f_1+k-\frac{f}{3}+\frac{2f}{3\ell^2}x(2\ell-3x)\Big\}\Big]\cdots\cdots(7)$$

如令 $f_1=\frac{f}{3}$ 時，則得：

$$Q_x^a=Qx\left[\frac{1}{2}+\frac{1}{b}\left\{k+\frac{af}{3\ell^2}x(2\ell-3x)\right\}\right]\cdots\cdots\cdots(7^1)$$

(D)內側主梁之剪力

當活載重於橋面靜止時，則：

$$p_i=\frac{p}{b}(b+k+i)-p_a$$

由是內側主梁內之剪力為：$Q_x^i=\frac{b+k+i}{b}Qx-Q_x^a$

終得：

$$Q_x^i=Qx\left[\frac{1}{2}-\frac{1}{b}\left\{f_1-i-\frac{f}{3}+\frac{2f}{3\ell^2}x(2\ell-3x)\right\}\right]\cdots\cdots\cdots(8)$$

如令 $f_1=\frac{f}{3}$ 時

$$Q_x^i=Qx\left[\frac{1}{2}-\frac{1}{b}\left\{-i+\frac{2f}{3\ell^2}x(2\ell-3x)\right\}\right]\cdots\cdots\cdots(8^1)$$

當列車以中等速度前進時，則：

$$'Q_x^i=\frac{b+\frac{1}{2}(i+k)}{b}Qx-Q_x^a$$

由是則得

$$'Q_x^i=Qx\left[\frac{1}{2}-\frac{1}{b}\left\{f_1+\frac{k-i}{2}-\frac{f}{3}+\frac{2f}{3\ell^2}x(2\ell-3x)\right\}\right]\cdots\cdots\cdots(9)$$

如令 $f_1=\frac{f}{3}$ 時，則：

$$'Q_x^i=Qx\left[\frac{1}{2}-\frac{1}{b}\left\{\frac{k-i}{2}+\frac{2f}{3\ell^2}x(2\ell-3x)\right\}\right]\cdots\cdots\cdots(9^1)$$

(E)等強設計(Balance Design)

以前各節所得之公式可以幫助吾人決定「內外兩主梁承受相等彎曲力率」時之「軌道中心線在橋面之位置」此條件為：

$M_x^a=M_x^i$（內側主梁承受靜止活重時）

亦即：

$$Mx\left[\frac{1}{2}+\frac{1}{b}\left\{f_1+k-\frac{f}{3}+\frac{2f}{3\ell^2}x(\ell-x)\right\}\right]=$$

$$Mx\left[\frac{1}{2}-\frac{1}{b}\left\{f_1-i-\frac{f}{3}+\frac{2f}{3\ell^2}x(\ell-x)\right\}\right]$$

由是則得：

$$f_1=\frac{f}{3}\left[1-\frac{2x(\ell-x)}{\ell^2}\right]-\frac{k-i}{2}\cdots\cdots(10)$$

上式所示之 f_1 值隨x發生變化，在每一指定點上所算出之 f_1，始可精確滿足上述之條件。由是可知跨度內之各不同點，各有其不同之 f_1 值。為求比較經濟的之橋面佈置起見，在(10)式中所算出諸 f_1 值，可用其平均值。由是：

$\frac{x}{\ell}=0.1$ 時 $f_1=\frac{f}{3}(1-2\times0.1\times0.9)-\frac{k-i}{2}$

$\frac{x}{\ell}=0.2$ 時 $f_1=\frac{f}{3}(1-2\times0.2\times0.8)-\frac{k-i}{2}$

$\frac{x}{\ell}=0.3$ 時 $f_1=\frac{f}{3}(1-2\times0.3\times0.7)-\frac{k-i}{2}$

其平均值為：

$$f_1=\frac{f}{3}\left[1-\frac{4}{9}(0.09+0.16+0.21+0.24)\right]-$$

16773

$\frac{2}{9}\times 0.25\Big] - \frac{k-i}{2}$

或 $f_1 = 0.211f - \frac{k-i}{2}$ ……………………(11)

仿前法，使「外梁之彎曲力率」與「內側主梁在中等速度時（另須加算衝擊力）之彎曲力率」相等時所得之f_1數值，當其為最合用時(Günstigster Wert)：

$f_1 = 0.211f - \frac{3k-i}{4}$ ……………………(11')

將(11)及(11')兩式代入(4)至(9)式中則得與其相應之內外兩側主梁之彎曲力率及剪力。均詳於附表內。

列車之離心力係由直接承受軌床之橫向聯風構抵抗之，因此遂使主梁緣部另外加受一種外力。茲令離心力之係數為C，設計活載重對於直道橋梁之彎曲力率為M_x，其橫向之彎曲力率即為CM_x，則主梁緣部另加之應力不難求出。

（乙）影響線分析法

於第五圖中，距梁端支承點x處之集中荷重P，其分給與外側及內側主梁之分力令其各為P_a及P_i。此兩者之數量由載重曲線F及D（或D'）之位置決定之。而載重曲線之位置則由距離f_1及偏距k及i決定之。

第六圖之上部表示彎道橋梁平面圖，內含計算外側主梁所用之載重曲線F。該圖之下部則示某一種作用對於主梁內某一點之影響線。

茲就外側主梁加以研究如下：設載重曲線F於x點處與內側主梁之距離為y_E；同跨度直道主梁影響線之縱向坐標為η；兩主梁間之距離為b，則於載重曲線F內距梁端為x處之軸重p即使外梁承受$p_a = p\frac{y_E}{b}$利用直道影響線（a），此力對於外梁之某種作用影響W，即為：

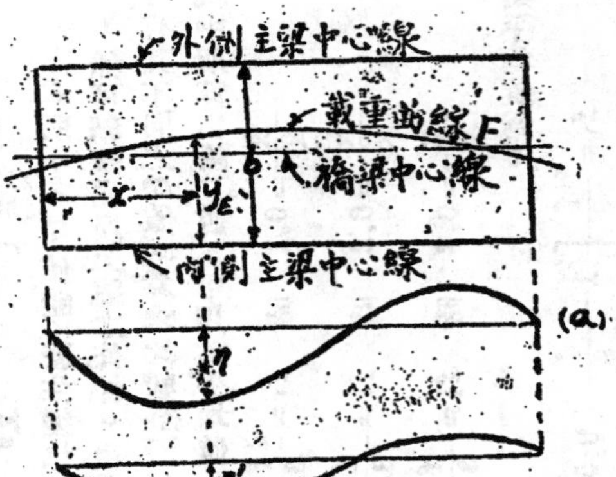

（圖　六）

$$W = \left(p\frac{y_E}{b}\right)\eta = p\left(\frac{y_E}{b}\eta\right)$$

由上式可知：吾人苟將直道梁影響線(a)之坐標，用係數$\frac{y_E}{b}$乘之：

即 $\eta' = \frac{y_E}{b}\eta$

使之為同距離x處新影響線(b)之坐標，則所得之新影響線(b)即為彎道外梁之影響線，其於應用上與直道梁影響線(a)有同樣之性質，故甚簡便精確，誠屬良策。

仿同法，吾人可以繪製內側主梁之縮製影響線(Reduced Influence Line)其法，即將載重曲線F換以曲線D或D'，而使之與外側主梁之距離為y_D；由是此所求之新影響線，於其同

彎 道 內 主

跨度中央處之軌道中心線與橋梁中心線之距離，f_1	活 載 重 及 其 外 側 主 梁
f_1為任意數值	$M^a_x = Mx\left[\frac{1}{2}+\frac{1}{b}\left\{f_1+k-\frac{f}{3}+\frac{2f}{3\ell^2}x(\ell-x)\right\}\right]$
$f_1=\frac{f}{3}$	$M^a_x = Mx\left[\frac{1}{2}+\frac{1}{b}\left\{k+\frac{2f}{3\ell^2}x(\ell-x)\right\}\right]$
$f_1=0.211f-\frac{k-i}{2}$	$M^a_x = Mx\left[\frac{1}{2}+\frac{1}{b}\left\{\frac{i+k}{2}-0.122+\frac{2f}{3\ell^2}x(\ell-x)\right\}\right]$
$f_1=0.211f-\frac{3k-i}{4}$	$M^a_x = Mx\left[\frac{1}{2}+\frac{1}{b}\left\{\frac{i+k}{4}-0.122f+\frac{2f}{3\ell^2}x(\ell-x)\right\}\right]$

跨度中央處之軌道中心線與橋梁中心線之距離，f_1	活 載 重 及 其 外 側 主 梁
f_1為任意數值	$Q^a_x = Qx\left[\frac{1}{2}+\frac{1}{b}\left\{f_1+k-\frac{f}{3}+\frac{2f}{3\ell^2}x(2\ell-3x)\right\}\right]$
$f_1=\frac{f}{3}$	$Q^a_x = Qx\left[\frac{1}{2}+\frac{1}{b}\left\{k+\frac{2f}{3\ell^2}x(2\ell-3x)\right\}\right]$
$f_1=0.211f-\frac{k-i}{2}$	$Q^a_x = Qx\left[\frac{1}{2}+\frac{1}{b}\left\{\frac{i+k}{2}-0.122f+\frac{2f}{3\ell^2}x(2\ell-3x)\right\}\right]$
$f_1=0.211f-\frac{3k-i}{4}$	$Q^a_x = Qx\left[\frac{1}{2}+\frac{1}{b}\left\{\frac{i+k}{4}-0.122f+\frac{2f}{3\ell^2}x(2\ell-3x)\right\}\right]$

（註）（1）Mx及Qx係單軌直道梁於x處斷面內

（2）i及k見前述（3）式。

附　　表

梁之彎曲力率及剪力表

（Kommerell 氏）

離心力於 x 斷面處所生之彎曲力率（一）	
內側主梁	
靜止之活重	中等速率之活重
$M^i_x = Mx\left[\frac{1}{2}-\frac{1}{b}\left\{f-i-\frac{f}{3}+\frac{2f}{3\ell^2}x(\ell-x)\right\}\right]$	$M^i_x = Mx\left[\frac{1}{2}-\frac{1}{b}\left\{f_1+\frac{k-i}{2}-\frac{f}{3}+\frac{2f}{3\ell^2}x(\ell-x)\right\}\right]$
$M^i_x = Mx\left[\frac{1}{2}-\frac{1}{d}\left\{-i+\frac{2f}{3\ell^2}x(\ell-x)\right\}\right]$	$M^i_x = Mx\left[\frac{1}{2}-\frac{1}{b}\left\{\frac{k-i}{2}+\frac{2f}{3\ell^2}x(\ell-x)\right\}\right]$
$M^i_x = Mx\left[\frac{1}{2}+\frac{1}{b}\left\{\frac{i+k}{2}+0.122f-\frac{2f}{3\ell^2}x(\ell-x)\right\}\right]$	—
—	$M^i_x = Mx\left[\frac{1}{2}+\frac{1}{b}\left\{\frac{i+k}{4}+0.122f-\frac{2f}{3\ell^2}x(\ell-x\right\}\right]$

離心力於 x 斷面處所生之剪力（二）	
內側主梁	
靜止之活重	中等速度之活度
$Q^i_x = Qx\left[\frac{1}{2}-\frac{1}{b}\left\{f-i-\frac{f}{3}+\frac{2f}{3\ell^2}x\ 2\ell-3x)\right\}\right]$	$Q^a_x = Qx\left[\frac{1}{2}-\frac{1}{b}\left\{f_1+\frac{k-i}{2}-\frac{f}{3}+\frac{2f}{3\ell^2}x(2\ell-3x)\right\}\right]$
$Q^i_x = Qx\left[\frac{1}{2}-\frac{1}{b}\left\{-i+\frac{2f}{3\ell^2}x(2\ell-3x)\right\}\right]$	$Q^a_x = Qx\left[\frac{1}{2}-\frac{1}{b}\left\{\frac{k-i}{2}+\frac{2f}{3\ell^2}x(2\ell-3x)\right\}\right]$
$Q^a_x = Qx\left[\frac{1}{2}+\frac{1}{b}\left\{\frac{i+k}{2}+0.122f-\frac{2f}{3\ell^2}x(2\ell-3x)\right\}\right]$	—
—	$Q^a_x = Qx\left[\frac{1}{2}+\frac{1}{b}\left\{\frac{k+i}{4}+0.122f-\frac{2f}{3\ell^2}x(2\ell-3x)\right\}\right]$

由於設計活載重之彎曲力率及剪力。

距離處之坐標爲：$n' = \frac{yD}{b} n$

(四) 結論

彎道內橋梁之本身，通常恆屬直體，而軌條則屬彎曲，不論何點，軌道之中心與橋梁之中心自不一致；遂使活載重之分配於左右兩主梁之分力，不相平等，此殆係必然之結果，茲根據前述力學上之分析約得後述之結論：

(1) $f_1 = \frac{f}{6}$ 時：左右兩主梁於跨度中央處之彎曲力率大致相等。

(2) $f_1 = \frac{5}{24} f$ 時：左右兩主梁於跨度 $\frac{1}{4}$ 處之彎曲力率大致相等。

(3) $f_1 = \frac{1}{3} f$ 時：左右兩主梁於梁端支承點之剪力大致相等。

總之：橋面內之如何安裝軌道，最好個別決定之，通常爲簡易計，多採用下述之辦法，亦頗適當。即：

上承梁　宜採用 $f_1 = \frac{5}{24} f$ 此時左右兩主梁內之彎曲力率微有不同，如兩主梁採用同一之斷面時，尙屬經濟。

下承梁　因兩主梁間之距離甚大，由於軌道之偏距所生之影響，尙不甚大，故寧願採取 $f_1 = \frac{1}{2} f$ 由是可使兩主梁間之距離盡量變小，對於橫牀梁 (Floor Beam)，橋台，橋墩等均屬經濟。

最近上海市電機廠業概況

上海市電器廠業現時加入同業公會者有一百六十九家，分電器，電線，電燈泡，無線電，膠木，電筒電池等六組，電器組計有五十九家，電線組計有十六家，電燈泡組計有二十二家，無線電組計有十八家，膠木組計有二十六家，電筒電池組計有二十八家。製造所用材料均感缺乏，大部賴存貨維持。又以出品限價及銷路阻滯，故產量銳減云。

16777

銅和戰爭

蘇俊

銅不僅在平時，在戰時亦是有重要意義的一種資源，第一次世界大戰的四年中，直接消費於兵器彈藥生產的銅約二百萬噸。其時世界上所有的精銅量是六百萬噸。

根據美國某軍事技術家的計算，美國爲維持戰爭經濟和潛在戰力而不得不將平時消費的銅百分之八十移用於戰時絕不可缺的生產部門。

銅是對於保證軍隊和軍需工業的經濟部門，動力，運輸，交通，通訊連絡等經濟部門都是極端要的。

一九三九年美國消費的銅不到八〇萬噸，其中百分之二三係用於電氣技術工業，百分之十以上用於自行車製造工業，約百分之五用於電信，電話設備之製作，無線電收音機製造使用百分之三．五，而送電線則消耗百分之八．五。

戰時銅的主要用途是製造彈藥。根據美國新聞的報告，一百萬發槍彈的藥包使用銅一二．五米達噸，七五耗砲彈二二五顆需要銅一噸。

第一次世界大戰後期的十九個月間，聯合國軍隊製造彈藥所消耗的銅約五十二萬噸，德國在第一次世界大戰前十年間輸入銅二百萬噸，所以國內保有大量的銅，並且爲使用銅屑起見大規模地收回寺院的銅板，銅像，屋頂上的銅板，廚房等處的銅器。

德國在第一次世界大戰中從銅屑生產的再生銅估計極少大約五十萬噸。因之德國粗銅生產量並不大。

第一次世界大戰的末期，聯合國及美國銅的貯藏量達六九——七〇萬噸。這銅的貯藏量相當於第一次大戰前全歐洲一年內的需要量，反之，德國在第一次大戰末期銅的資源使用殆盡，第一次世界大戰期間全世界粗銅生產甚旺，較諸一九一三年增加百分之四十五，茲將第一次世界大戰期中粗銅生產狀況表列於左：

第一次世界大戰期間粗銅生產量（單位—千米達噸）

	一九一三年	一九一七年	一九一八年	一九一三—一九一八年全期間
全世界	一，〇〇六	一，五九九	一，五六二	八，一二九
聯合國×	九〇四	一，三六三	一，三四九	六，八三一
同盟國△	三四	六三	四七	二七三

×包括美國，俄國，英國，加拿大，智利，祕魯，澳洲，南北羅台西亞，南非聯邦及日本。

△包括德國，奧匈帝國，巴爾幹各國。

第二次世界大戰開始銅之需要急劇增加。德國戰時需要量是一年五十九萬三千噸，意大利銅的需要量是十六萬二千噸，還有法國，比利時，及其他和德國經濟上有密切關係的歐洲各國每年銅之需要量達若干萬噸，其中一部份只得使用代用金屬（如鋁）。

現在銅的資源及其分佈狀態如次：

世界銅的資源（蘇聯除外）（單位百萬噸）

國	鑛藏	國民經濟內部	共計
美國	二二	一一	三三
加拿大	六	—	六
拉丁美洲	三七	—	三七
非洲	二九	—	二九
亞洲及澳洲	一	一	二
歐洲	一	一六	一七
共計	九五	二八	一二三

現在試掘的埋藏銅資源（蘇聯除外）差不多依賴美國，拉丁美洲和非洲。西歐銅的資源是貧弱的，但是各國及其國民經濟（工業，電氣，家庭生活用品等等）蓄積著大量的預備銅資源。

第二次世界大戰反軸心各國粗銅生產佔世界產額約百分之九〇（一九一三——一九一八年是百分之八十四）。關於第二次世界大戰期中各交戰國粗銅之生產與消費如下表（表內單位一千米達噸）：

甲 生產

	一九三七年	一九三八年	一九三九年	一九四〇年	一九三七——一九四〇年
反軸心國家×	二，一四五	一，七七七	一，九八六	二，一六三	八，〇七一
軸心各國△	二二一	二四三	二四五	二三九	九三八
全世界（蘇聯除外）	二，三六六	二，〇八八	二，三〇三	二，四五二	九，二〇九

乙 消費

	一九三七年	一九三八年	一九三九年	一九四〇年	一九三七——一九四〇年
反軸心國家%	一，一七七	八〇八	一，〇九八	一，四二五	四，五〇八
軸心各國∴	九〇二	九六二	九七二	九四六	三，七八二
全世界（蘇聯除外）	二，〇二七	一，八〇二	二，一〇九	二，四二三	八，三六一

×包括美國，英國，加拿大，墨西哥，智利，祕魯，印度，澳洲，比屬剛果，羅台西亞。

△包括德國，巨哥斯拉夫，挪威，日本。

%包括美國，英國，澳洲。

∴包括德國，法國，比利時，魯森堡，波蘭，捷克斯拉夫，其他歐洲各國及日本。

德國銅的生產和消費相差甚鉅，幸戰前貯藏較豐，德國在戰前七年即一九三〇——一九三九年間輸入銅甚多，但德國經濟內部所蓄積之銅在過去的戰爭中消耗甚多，又送電網及新部門（如無線電）之發展需要多量的銅。根據美國新聞紙之計算，一九四一年初德意兩國銅的貯藏量如次。

德國國內銅之貯藏量（單位千噸）

年次	生產	輸入	輸出	國內保有量
一九一三 第一次世界大戰武器生產達最高時期	四一	二二五	七	二五九
一九二七 景氣時期（最頂點）	五三	二三一	一九	二六五
一九三二 恐慌時期（最低點）	五一	一三一	四五	一三七
希特勒政權確立後擴軍時期				
一九三三	五〇	一五五	三五	一七〇
一九三四	五三	一八〇	一二	二二一
一九三五	五六	一五三	一	二〇八
一九三六	六〇	一二八	四	一八四
一九三七	六〇	一九五	一	二五四
一九三八	六〇	二一六	一	二七五
一九三九	六〇	二二〇	一	二七九
一九三三—一九三九共計	三九九	一，二四七	五五	一，五九一

一九三三年——一九三九年間非軍事的消費（以一九三二年恐慌時期國內保有量爲每年平均消費量，實際亦不會超過此數）即一三七乘七爲九五九（千噸），可用於兵器生產的銅爲六三二（千噸）。一九三三年——一九三九年間德國製造戰車，飛機，兵器彈藥（包含送往西班牙的武器）消費的銅推定爲二〇〇千噸，故殘存之銅在一九四〇年初爲止爲四三二千噸。

德意銅之貯藏量（一九四一年一月一日爲止）（單位千噸）

德意二國銅之保有量

一九三三——一九三九年（生產十輸入——輸出）……二，四九三

同時期內之消費……二，〇四四

差額（一九四〇年初爲止）……四四九

在歐洲各國獲得的銅貯藏量……五〇〇

歐洲被占領地銅之生產量……一九二

一九四〇年意大利之銅輸入量……五二

一九四〇年收回之屑銅……一九三

一九四〇年銅之保有量共計……一，三六八

一九四〇年估計之消費量……五六八

一九四一年一月一日爲止之差額……八〇八

在德國以生產鋁所需的電力資源許可以內銅是以鋁來代用了。主要的是送電線。代用一噸的鋁的生產需要一萬基羅瓦特時之電力。德國在占領地內儘量利用電力資源，但是德國及美國的技術家對於德國能否利用這種方法克服銅的困難問題抱着懷疑。

根據外國新聞紙的種種報道，德國最高軍司令部在歐洲各國國民經濟內部儘可能將銅收回，爲了達到這目的德當局已講求種種手段。

智利，南非，羅台西亞，比屬剛果銅之採掘工業的生產能力因爲加推爾協定在一九三七年是在百分之六十以上。

美國受政府財政部援助的特殊公司購買到手的銅，其貯藏量在一九四一年十月二十二日已達三三萬三千噸。又美國禁止非軍事的自行車之製造，使軍需用的銅更加裕如，爲增強銅之生產起見，美國曾講求種種方法，如設立銅之精煉工場等。此外美國再生銅之生產，在第一次世界大戰後甚爲發達，一九一八年爲原銅生產額之百分之二二·四，一九二九年是百分之三三，一九三九年增加爲百分之六十三，其他銅之埋藏資源，工場生產能力之增大等都是値得注意的。

工程雜誌

民國三十二年六月三十日出版

發行者 中國工程學會
南京碑國路敎敷營一二四號

編輯者 任樂天
南京東衛道建設部

印刷者 中華印刷公司
南京建鄴路一三八號

總經售處 中國工程學會

分經售處 國內各大書局

價目 每册國幣二元（外埠另加郵費）

徵稿簡則

一、本刊歡迎有關工程之論著，譯述，專載等稿件。
二、來稿須繕寫清楚，並加標點，譯稿請附原文。
三、來稿不論刊載與否，概不退還。
四、來稿一經刊載，版權即歸本刊保有。
五、已刊載之稿件每千字酌酬國幣二十元至三十元。
六、本刊一律用眞姓名發表。

中央儲備銀行

中華民國國家銀行

資本總額國幣壹萬萬圓

南京總行

- 行址：中山東路一號
- 電報掛號：中文五五四四　英文CENREBANK（各地一律）
- 電話：二三五四一　二三五四二　二三五四三　二三五四四　二三五四五（轉接各部）

上海分行

- 行址：外灘十五號
- 電報掛號：中文八六二八
- 電話：一七四六三　一七四六四　一七四六五　一七四六六　轉接各綫

蘇州支行

- 行址：觀前街一八九號
- 電報掛號：中文五五四四
- 電話：一八五六　六九五

杭州支行

- 行址：太平坊大街
- 電報掛號：中文五五四四
- 電話：二七七〇

蚌埠支行

- 行址：二馬路二九四號
- 電報掛號：中文五五四四
- 電話：二五八

廣州支行

- 行址：長堤大馬路二六八號
- 電報掛號：中文六三二八
- 電話：一七一三一

漢口支行

- 行址：湖北街九號
- 電報掛號：中文一一三五

寧波支行

- 行址：江廈路十五號
- 電報掛號：中文五五四四
- 電話：七六〇　七六五

各地辦事處

地名	行址	電報掛號	電話
蕪湖	二街西首	五五四四	一三五
常熟	老縣場	五五四四	二三一　二三三
無錫	北門內打鐵橋	五五四四	一六三四　一六六一
南通	西大街四十八號	五五四四	
嘉興	城基路[illegible]橋	五五四四	一七七　一七九
揚州	左衛街	五五四四	
太倉	稅務橋東首	五五四四	四四
鎮江	寶塔路三十一號	五五四四	二九二
泰縣	彩衣街	五五四四	
常州	西瀛里	五五四四	
滬西	上海靜安寺路地豐路二九號		
上海	上海法租界[illegible]西愛路一二一號	〇七四八	
松江	西門外馬路橋大街	一七一五	
崐山	北大街	五五四四	
安慶	國貨街	〇〇〇一	
廈門	海後路廿六號	五五四四	
東京	麴町區大手町二丁目二番地		

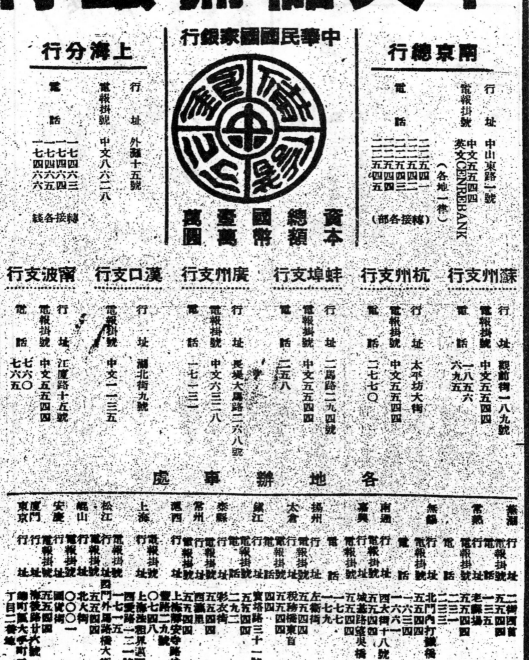

工程雜誌

第三卷

第一期

本期目次

中國工程學會出版

中華民國三十三年二月二十九日

淤淺湖沼之存廢問題

馬遠明

一、流水之搬運工作

山水下注，其勢建瓴，恆藉其萬鈞之力，挾無量數之泥沙與俱。迨流至中下游時，則因地勢漸轉平衍，流速趨緩，故所挾帶之泥沙，遂逐漸沉降，尤其當水流經過湖泊之時，與入海之際，因其流速驟減，而泥沙之沉澱亦愈速，前者使湖泊淤淺，浸成平陸。後者使海口淤積，成爲廣大之三角洲。此項工作進行不輟，久而久之，勢必使上游之高地日以卑，而下游之低區日以昇。推測大自然之意向，似已賦予混混原泉以一種重大之使命。此使命維何，卽令其担任「削高補窪」之工作，使崎嶇不平之地表，日趨渾圓光潔是也。

大自然既賦予流水以上述之使命，同時並充份支維其搬運工作進行之順利。例如一河之下游河床，當淤積至相當程度時，卽感河底傾斜過微，流速遲鈍，而搬運之功能不足，有不得不加以重行調整之勢。其時該河卽利用其流域內十年或二十年一遇之暴洪，使自上游山鄉奔騰而下。俾下游淤塞之河床，得到一次之洗刷，以增加河底之勾配，而恢復其原有之搬運力。設或不能，則潰決四溢，改覓勾配較陡之新道，以達到其所期望之目的。並於潰流之際，漸漸將洪水中所挾帶之泥沙，停積於隣近之低區，使前述之削高補窪工作，更爲廣泛平勻而普遍。例如黃河，若屢決不已，則在億萬年後，該河流域之下游平原，將因之而普遍增高。

大自然之「削高補窪」工作，進行既如此其積極。卒使多數湖沼，淤成平陸。其存者，亦日就淤淺。從可推知一般人所主張之「廢田還湖」政策，勢不可能。

二、廢田還湖之難以實行

多數淤淺之湖沼，每當乾旱之季，其湖底已顯露水面之上。於是附近農民利其土性之肥沃，相率乘機築圩，從事私墾。至於官廳方面，則並不爲之妥善計劃，但拘泥我國向來傳統的治水策略，不問其利害若何，一律加以禁墾，其宗旨則爲「廢田還湖」。今在各地縣志中，可以覓得甚多關於此類禁墾文章，綜其關於還湖之實施步驟，則不外(一)浚深湖底與(二)鏟除茭蘆之兩途。

關於浚深湖底之困難，計有三點。(一)功效不能持久。蓋湖中流緩沙停，易於淤復。(二)浚出之土，無處堆積。(三)土工過鉅，無法實施。試以下例明之。設有一淤淺之小湖，其面積僅一萬市畝。若欲浚深兩公尺，卽須去土一千三百萬公方。設運土距離爲三市里，每人每日能出土1/3公方，又設在湖之隣近，能以征工方法，征得與該湖有利益關係之壯丁六千人，則須工作6500晴天，方能完成。再若每年僅於農暇時工作100晴天，如此民力已覺不勝負担，然完工之期，尚在65年之後。故凡欲以疏浚方法，恢復已淤之湖身，以及欲以疏浚方法，解救巨大江河之水災者，皆爲不可能之事。竊以爲「挖去一公方

土，以容納一公方水」之蓄水辦法，雖可施用於田畦間之小池塘，但決不能施用於範圍稍大之湖泊。過去曾見有建議「疏浚太湖」及「疏浚鄱陽湖」，以冀減少其水害之文章，是其離奇滑稽，直與疏浚東海無以異也。

關於鏟除葑蘆之建議，亦同樣爲不可能之事。葑茭蘆滋長甚速，苟湖不加深，流不加速，即葑蘆無一鏟而不再生之理，其難以奏效可知。

三、泛論治水策略與時代之關係

古時人口稀少，衣食充足。人民多生養棲息於高地之上，以避水患。其時人民之心理，但求人高於水，水不我傷，於願已足。故其對於治水意見，至爲單純。無非「曲者直之，淺者深之，狹者廣之」而已。所謂「水就地中行」「毋與水爭地」是也。降及近代，情勢已大不相同。人口繁衍，糧食不充，經濟重心，逐漸由上游向下游推移。地勢愈低，文化反愈見發達。今長江淮河兩岸，無限之肥美良田，與夫江南廣大魚米之鄉，古時皆沼澤之區，昔人所認爲蓄水之地者，其後因受大自然之逼迫，遂經歷朝人民逐漸墾種成田。同時大自然之趨向，亦不斷自上游搬運泥沙，隨混混原泉而東下，沉積於湖泊，沉積於海口，其意似欲擴大吾人生養棲息之地盤，使之衣食無憂也者。今若果一旦舉全國之湖田而廢之，則飢饉且立至，可知治水策略，當隨時代爲轉移，若處今之世，而猶膠執古人之見，修隄廢田還湖，是與時代之進化，適相背馳，其難以順應潮流，至爲顯然也。

且盡信書不如無書，典籍所載，數千年前事，其時地理之情形若何，政治之背景若何，吾人未能完全明瞭。故其所記載者，是否確實，殊不易判斷。世稱鯀堙洪水而敗，禹循疏決而成，故後世言水利者，莫不以疏浚爲主，盛稱爲治本之方。至於切實有效之築堤防水，反視爲治標之法。然吾人對於上古治水之記載，不免有疑焉。夫疏浚之困難，既略述如前。夏禹之時，人口既稀少，如何有如此偉大之人力，能疏通九州之巨川。且其成功之速，不過十三年，究竟當時如何施工，實令人難以想像置信。古籍稱有神助，則無非附會煊染之辭而已。至於鯀堙洪水一說，若以常理衡之，則鯀雖至愚，斷不至堙遏洪流，使勿歸海。其所築者或係堤防耳。若所推果中，則上古治水之功，當歸於鯀，而非禹也。何則，吾人試設想上古時之洪水，若猶見於今日，浩浩滔天，全國陸沉，民不得一日安居，當斯環境，若果集全國之工程師而謀之，則必曰當先築堤防，使水流就範，而民得暫時安居。然後藉堤束水，束水攻沙。由是江河以成，洪流以去。此乃不易之法，然典籍所載，則反讚禹而罪鯀，何其惑也。後世之泥古者不察，復相率引之爲例證。又一談及水利問題，動輒謂非加以「疏浚」不可。然事實上疏浚又往往爲不可能之事。且常因此項傳統謬見之存在，每使士大夫間引起無謂之紛爭，終使良好計劃，反而擱棄不行，實爲我國歷朝水利事業之一大障礙也。例如關於導淮問題，清時河督靳輔所主張之「束堤歸海」辦法，費輕易舉，收效最宏。設當時能加以實施，則淮河下游之災害問題，早已大體解決。惜當時朝臣，泥古不化，以爲築堤不足恃，必欲進行古時疏浚方法，乃自海口挖鑿若干港道，冀用以排洩洪流。不意此項港道，不久即見淤塞，而淮河之災害如故。由此觀之，凡言水利者，

爲可不按事實立論，而株持過去之傳統謬見哉。

四、治水策略當以數字爲根據

往昔測量之學未精。凡地勢高下，流量多寡等等，皆無確實數字爲依據。對於水利問題，率憑各人之所臆想者，以爲論斷。故凡河臣有所奏請，則朝廷中即聚訟紛紜，莫衷一是。近世測量之學，雖已昌明，然地方士紳，其有不明計劃之眞相者，仍往往以其「無數字作根據」之意見，奔走呼籲，視爲大難將臨。倘若因施工之結果，江湖之水面或當稍增高，則不問其所增高者幾何，輒聲言將有「其魚」之厄。反之，若江湖之水面當稍降低，則不問所降低者幾何，即疾呼有「旱魃」之虞。同時居上者又不敢違拂民意，結果每使良好計劃不能實行。此亦過去水利事業之一大障礙也。

五、山鄉之淤水湖沼不宜聽其廢棄

此等屬於高地之湖沼，其勢大抵三面環山，一面築堤，因而積水成湖。其作用與蓄水庫相等，具有供給灌溉水之功能，竊以爲此等湖泊，斷不可加以墾闢而廢棄之。例如在浙江省之餘姚縣，舊稱共有七十二湖，大抵皆沿山築堤攔水，爲人工所成。今多湮沒，存者僅七，亦甚淤淺。對於此等湖泊之改善問題，論者甚多，大率非主浚即主墾，實則浚與墾兩不可行。此外更有因浚出之土，無處堆積，乃建議築窰燒磚，俾資容納者，是誠荒謬之談矣。惟查餘姚縣志載有前人論文一篇，其意以爲「山鄉之湖，不患其高。若湖淤一尺，則堤可增高一尺，而湖之蓄水如故。堤漏加以修補，則蓄水何嘗少減」。此論扼要精闢，實具獨到之見。（因是連想到我國凡災害較大之河流，例若淮河黃河等，其最善之敉治策略，未嘗不經前賢道破，惜當時格於衆議，無法實行耳）。又如丹陽之練湖，爲其鄉近田畝灌溉水之惟一源泉。亟須修築堤防，導上游山水，瀦蓄其中，以備灌溉之用。其性質與高地湖泊相同，斷不可任其廢棄。

六、對於在低原之淤淺湖泊若不妨害蓄洩問題時應毅然施行浚墾

湖泊有蓄積洪水之功能，此理人皆知之。然在暴洪未至之前，湖中先已有積水頗多，並非全部空虛者，故其蓄洪能力，遂因之大減。例若東太湖，在民國二十年大水時，平均有水深2.5公尺，然在大雨之前，該湖原已有積水深1.2公尺，故其所能蓄積洪水之深，僅爲1.3公尺，算得其全蓄水量爲二萬三千萬公方。又該墾區之面積計爲181平方公里，僅佔整個太湖的十二分之一。故因墾去東太湖而損失蓄水量之結果，理論上將使太湖之洪水位增高13公分。然大水不常遇，往往十年一次。今若在墾區內指定70平方公里之面積，作爲大水之年意外臨時蓄洪庫，則因該庫內係田地，積水無多，故可有一萬萬公方之蓄洪量。上述太湖洪水位將增高13公分問題，將因此臨時蓄洪庫之開放，而自然消滅。

按在事變前數年，華中地區有三處，規模宏大之浚墾計劃。其一，爲已完成之湖北金水閘工程計劃，增加湖田九十萬畝。其二，爲因事變中輟之華陽閘工程計劃，擬增加湖田一百十萬畝，兩處皆係全國經濟委員會所主持者。其三，爲高郵湖

實應湖之浚墾計劃，則望增加湖田一百萬畝，則係導淮委員會所主持者。以上三種計劃，各有使其附近之長江洪水位增高 0.2 至半公尺之可能。瀕江人士頗多疑慮。然愚意以為長江河床有隨時自動刷深之可能，故長江洪水位之增高，事實上未必即達到所計算之數。

湖泊之存廢，對於其鄰近農田之灌溉水供給問題，大有關係。故在決定計劃之先，須考慮此項灌溉水，有無其他來源。例如東太湖在大旱時，其東北部湖底已露出水面二公寸，僅西南部尚有水深三公寸，且該湖僅佔全太湖面積十三分之一，故蘇州一帶農田所需之灌溉水源，實際上係仰給於大太湖者。在民國二十三年大旱時，大太湖蓄水甚富，仍有取之不竭之勢，惜因東太湖業已斷流，故灌溉水不得源源而東，然則存東太湖而斷流，誠不若廢東太湖而闢一深水道，以輸送太湖灌溉水之有益其他農田也。

淤淺湖泊若施行墾植，往往須計劃開闢一深泓，以宣洩自上游來之暴洪，兼使通過鄰近農田旱季所需之灌溉水。例如在東太湖計劃書內所規定之深泓，廣自 500 至 700 公尺，其排洩洪水量為每秒 453 立方公尺。又擬於該泓之底，挖一深水道，大旱時其水深為二公尺，使自大太湖東流之灌溉水源，永不斷絕。

七、蓄水於下游湖泊與蓄水於山谷之比較

下游地價昂，而山谷地價廉。下游湖泊所能有之蓄洪深度少，而山谷間蓄水池內所能有之蓄洪深度大。設前者之深度為 1.5 公尺。後者之平均深度20公尺，則山谷間每廢去一畝之地，下游可增加良田十三畝。山谷間蓄水池之壩工雖頗鉅大，然因位據高原，故能充份調節上中下三游之水量，使全河之灌溉，航行，防洪，水電等問題，皆得順利解決。至於水位高低之意見，古人與今人根本不相同。古人對於水位，務求其低，低則不為人患，而不計其利。今人則不然，山谷之水，每蓄之數十丈之高，以調節下游水量，且便水力發電。河之上中游，常節節築壩，使增高水位，以便航行。農田用水，當使高於阡陌，方便灌溉。城市用水，當使高於樓閣，方便汲取。就種種方面觀察，皆覺當今之世，水位斷不可使之過低，低則不能享其利。同時又須另闢渠道，引多餘之水，歸入下游，以資排洩。恐洪水氾濫也，則須依照流量為標準，伐江河兩岸，築高寬合度而距河稍遠之大堤以保障之，使水不為人害。此古今對於治水意見，根本不同之點，不可不察也。現查國內各處河道之水量，均缺乏調節，故上游蓄水池之建設，實不容緩。今若以下游浚墾所得之餘利，從事上游蓄水池之建設，則不特水利前途，將大見進展，而一般人所認為「因湖沼開墾而損失蓄水量」之疑慮，亦得盡釋矣。著者於此，竊以為上古之時，蓄水之湖泊多在下游，而人類則居高原，以避水患。今因環境之推移，人類羣趨下游，故須以人工方法，將蓄水湖泊遷往上游山谷之間。此非人與水爭地，乃人與水易地而已。

太湖上游擬建之蓄水庫，曾由前太湖流域水利委員會技術長莊秉權君加以調查設計。其計劃大意，擬在浙江餘杭縣附近東苕溪中苕溪南苕溪之山谷間，各築蓄水庫一處。其總容水量

為五萬萬公方，總面積僅占山地三十平方公里，估計須收地及遷移等費一百十萬銀元。又建築二十公尺高（最高處）混凝土壩三處，合計一百八十萬銀元，兩共二百九十萬銀元。合近今幣值約為六萬萬元。若以後墾東太湖所得每年二萬萬元之溢利，撥充是項蓄水庫經費，則三年之內，可以成工。

八、官營蓄洪墾區（平時借湖成田，潦年廢田還湖。）為處置淤淺湖沼最合理辦法。

大水不常遇，十年或二十年一見而已。其在平常之年，實不妨借湖成田，以免利棄於地。設遇潦年，水位漲至預定高度時，則可任外水由滾壩自由溢入，此時即以湖田暫充蓄洪之用，故可稱為「蓄洪墾區。」按湖田之中，並無積水，故該湖之蓄洪量，較之未墾時為尤大。若僅以不失原有之蓄洪量為限，則所犧牲之田畝僅需半數，其餘一半田畝，無須放水入內，仍可收穫。再湖沼改為蓄洪區之後，則湖底既不再如過去之逐年淤高，故該湖之蓄洪能力，兼可保持久遠。此法我國頗有行之者，惟以田非官有，管理不得其法，成效未著。今當注意下列四點，即（1）墾區須由官營（2）農民之住所，須預先填高。（3）設立穀倉防饑。（4）水由滾壩自由溢入，避免任何人為之操縱。此與外國蓄水壩下僅設涵洞而不裝門，以免水流為管理人所壟斷之意義相同。

關於借湖成田之法，前太湖流域水利委員會祕書長孫輔世君曾特往湖南省參觀，其記載見「水利」第十二卷六期「國營蓄洪墾區之研究」一文。又美工程師蕭爾士君，在其餘杭縣南北湖（位於太湖上游）計劃書中，亦論述甚詳。玆摘錄一段於後，以供參考。

「湖底尚未淤積甚高，完全失卻蓄洩之功，惟其容量有限，祇可作為其他大計劃之輔助而已，故當規定最後計劃時，雖仍不妨利用兩湖，蓄納洪水，但不能永久用之。俟湖底淤積至預定之高度時。應封鎖其口，不為水浸，藉作尋常時耕種之用，惟當洪水危急之秋，則仍宜開放，以殺水勢，蓋彼時土地之作耕種用與土地之作救濟水災用，互相比較，應以後者為重要也。

不過須知所謂繼續利用南北湖以救濟水災者，並無含有用人工疏浚兩湖以恢復其深度之意，疏浚南北湖之不當，在太湖流域水利委員會報告書中，言之瞭然，本無贅述之必要，惟歷年以來倡議疏浚兩湖者，時有所聞。近且認為救濟浙西一帶水災之良策，殊不知凡作調節洪水之湖泊，若加疏浚，以增其容量，無論在何種情形之下皆不經濟，全世界早有證明矣。吾人亦無可否認之。蓋按防災立場而言，決不能保證挖掘及移去一立方公尺之土後必可多容一立方公尺之水。而於南北湖之情形，尤為顯明。即從事開浚，經數次洪水，必可淤積復原，盡失其效。故浚湖之說其應永久放棄，殆無可疑。

一、北湖之全部，及南湖之大部，實已淤至可以耕種之高度，併已有人實施耕種。

二、在水患不及時，須儘量施以耕種，蓋該處土質肥沃，不應任其荒廢。

三、若南北湖僅在洪水最危急時，供蓄水之用，則偶然之

16789

損失雖大，但耕種所穫，償之有餘。

惟欲使南北湖既不失蓄水之功，而同時可收地盡其利之效。則在湖與溪通流之處，宜有相當之操縱設備，以調節湖水之進出。此項設備。恐須建築人工啓閉之寬大閘門。在較大之湖泊，雖有建築二三處閘門之必要，但苟能使其集於一處，更為相宜。此等閘門，當河水位高出湖底時，仍應緊閉，必待河水位高至某種程度，入湖之需要不可再緩時，始可開放。因其拒水不納，直至河水將近危急時，始啓閘門，故閘門必須寬大，庶水勢可立即減殺，而其收效亦特佳」。

九、淤淺湖泊當由官墾

上古地廣人稀，民食充裕，故對於垂淤湖泊，率皆棄置不顧。厥後人口日繁，民食漸感不足，於是江淮兩岸以及太湖流域內低窪沼澤之地，迭經歷朝人民相繼墾拓成田者，為數不下數千萬畝。然歷來官廳對之，或則一任人民私墾，不加聞問，或則略征小費，即放棄官有之權。即在言水利者，亦多好作紙上空談，鮮有思及為水利經費闢一新源，照垂千百年之大計者。卒致我國水利事業，迄今尚處於幼稚時代，且有每況愈下之勢。撫今追昔，竊以為倘能自始即將歷來因垂淤而被墾佔之湖泊，全部保持官有。則水利經費當不至如今日之匱乏。此過去之失計，不可不加以糾正者也。

十、開墾淤淺湖沼對於增產之貢獻

墾湖所以增產，然其最大効益，則並不以該湖所能產生之穀物價值為限。例如東太湖之開墾，希望每年可產米五十五萬石，今若以之供給上海全市之需，將僅足兩月之用，似其效用甚微。然若以墾種該湖所可得之溢利每年二萬萬元，不斷舉辦太湖流域之各種水利工程，使其利益，普遍及於其他一般農田。如此逐漸發展，則不久對於增產方面，必有偉大之貢獻矣。（年來幣值不斷變更，然浚墾所得之溢利，因可依照穀米价值計算，不受影響）。

十一、結論

夫治水猶治病也，工程師所舉行之水文側量與地形側量，相當於醫者之臨床測驗，迨河川之病原既明，始可加以針治。故吾人對於一切水利事業之設施，務須祛除往昔傳統的，猜想的習慣，而採取現實的，數字的，且近於機械式的措置。

譬到水利的「利」字，吾人將立刻連想到自來水的便利。今可以自來水為例，與水利「極治狀況」作一比較。夫關於自來水之構造，有蓄水池，有輸水管，有啓閉閥，有排水道，全部機構，均得由吾人任意操縱，故覺其利。將來極治時代之水利亦然，其對全國之水，將成為吾人之忠僕，招之即來，揮之即去，並藉電力操縱各處閘門，吾人儘可安坐室中，而江河溪澗之水流，悉聽命於吾人指掌之間，始得謂之「利」。夫山谷間之蓄水庫，可比諸自來水廠之蓄水池。而沿河之堤防，則相當於自來水管也。堤防潰決，猶之自來水管破裂，吾人並不因自來水管之有時破裂，而厭惡自來水，甚至於提倡改用井水。夫「改用井水」，觀念，實與「欲用疏浚方法，使水就地中行」的理想，一樣陳舊而錯誤。反之吾人當講求如何使堤防建築合法而堅固。凡防禦平常大水之隄防，固可切近河邊建築，以

16790

保護全部之農田。但防禦非常暴洪之堤防，則必須築於離河稍遠之處，以適應暴洪之流量。至於小水時之水道，則當使之適當彎曲，並以挑水壩約束河身，使流速增大而河底自然刷深。再所謂大水道，中水道，小水道三者，當予以分別治理是也。故自來水之便利，大部份由於自來水管之位置有相當的高度。故江河之水面，亦不可使之太低。須在河中築若干活動壩，俾在中小水時，得利用之以節制水流，而抬高水面。庶灌溉航行，兩皆便利。遇大水時則啓之，以暢宣洩。並於河中築船閘以通船隻。

位於河漫低地之支流，及灌溉餘水，則當開鑿溝渠，引入下游，其意義與自來水用後之放入陰溝管相同，而沿河之閘壩，則可比之自來水之啓閉閥也。

自來水之水源，若被山陵阻隔時，則往往鑿隧道以通之，水管經過溪流時，則往往架橋以渡之。水利工程亦然，吾人每須開鑿隧道，或架設棧橋，以棧通運河之水，或農田灌溉用水，使各地水流，若人身脈絡之通連，無高勿至無遠勿屆，而仍得指揮於吾人指顧之間，始可稱盡水之利。

按我國之河川，概少山谷間之蓄水庫，且缺乏閘壩之操縱，而所築隄防，亦距離標準太遠，不能視為安全。故災害瀕仍，水利不興，是大有待於工程界之努力。

至於河川下游低區之防災問題，則「清朝靳輔所提倡之束堤歸海」辦法，最易見效。夫水性本就下，導入低區。自屬易事。同時築大堤以障之即成一費用最省之巨大排洪道矣。

綜上所論，未來之水利事業，有百廢待舉之勢。而經費所自來，則當自淤淺湖沼之浚墾始。

本會會員赴滬出席中支技術協議會年會

本會為與友邦技術人士探討學術聯絡感情起見，經理監事會之決議，由理事長指派陳昌祖，王家俊，汪德璇，尤乙照，許公定，任樂天，王學農，胡懷喬，俞梅遜，陳天培等參加中支技術協議會為會員。並於二月十九日由理事長率同王家俊，汪德璇，尤乙照，許公定，任樂天，王學農，胡懷喬，俞梅遜等赴滬出席該會第四屆年會，雙方至為歡洽。聞該會不久亦將指派會員加入本會云。

噴射推進法之理論

許慶潼

CAMPINI

Campini 噴射推進法，乃用普通發動機之原動力，運轉軸流壓縮機，復賴排氣以排熱，此能利用爲有效之推進力之外，又能助冷却之作用，蓋亦冷却器利用之一法也。

本文中不僅論述此法而已，尚有其他兩類之噴進法，亦附此說明。

(1)單純噴流推進法

此法最屬簡單，無需壓縮機之壓縮，爲其推動之原動力，僅憑燃料之燃燒，及利用氣體之膨脹，推動機體。

(2)瓦斯TUBINE噴流推進法

此係於純粹噴流之推進法中，另裝一瓦斯Turbine，其主軸與軸流壓縮機之主軸相聯貫，藉瓦斯之噴入，因而轉動，復利用Turbine中所排出之高熱空氣中所含之熱量及動能，藉以推進之。

茲爲明瞭起見，先以最簡單之方法計算之，并將全部意義說明之，Locate者，初無足視爲神奧者也。即噴流推進法之謂也。燃料因燃燒，將所持之化學能（Chemical Energy），化爲推動之動力，產生工作，此實一最簡單之方法也。

近代飛機所用之發動機，多採取 Propeller 推進法。其機械部分，是稱簡單，無非併合發動機與Propeller，藉燃燒作用，發生動力賴以推進者也。

前所述者乃將空氣與燃料，輸入發動機之氣缸內，因壓縮而燃燒，復因燃燒而發熱，空氣膨脹，推動活塞，迴轉彎地軸。彎地軸之轉動，藉減速齒輪之傳導，以達於推進器，復因推進機迴轉之力，激盪空氣，增加速度，運動量既受變化，即生推力。在長程進行中，每因迴轉及潤滑部份之過多，故潤滑之問題，頗稱複雜。今若用噴進法，則空氣因飛機之壓縮速動，而受壓縮，且有時欲使其效率之增加，施用機械壓縮者，導入燃料，使之燃燒，流動之空氣，因而膨脹。採用此法者，不必直接利用活塞彎地軸及推進器，而能利用增加空氣之運動量，產生推動力，並以其能減少機械之複雜，其利蓋足多也。然噴進法之所以直至最近始得受人注意者，以其在低速進行之中，全效率頗微，非得在時速約1,000公里以上，始能與推進器之推進效率相抗衡。故噴流推進理論之研究，在機械之觀點而論，實或微不足道。夫其學理上之所涵蘊者，幾盡屬於空氣力學及空氣之熱力學；蓋其燃燒之現象，直等於空氣受熱後混度之上昇，則是其義理之所在，可盡以空氣力學說明之。

曩昔於研究推進器理論之初，其運動量之理論，有與噴進法之理論完全相同者，故可先假定機體之進行，而使用 Campini之計算。茲爲便利起見，假定空氣爲非壓縮體；然欲求正確之計算，則當視之爲易受壓縮之氣體。惟其壓縮性之是否顧慮實無足輕重，蓋其數值之相差甚微。然苟假定其爲單純之流動，則將與實際之結果，相差甚大。若以之推算推進器之效率

，則所得之值，較諸實驗值可大至10%者，而於Campini則僅能得其近似值而已。欲矯此弊，於是有實驗係數之採用。本文因偏重於純粹之理論，故凡屬此類係數，一概不論，故其所得之效率，亦因而較實際者爲大，此則讀者宜注意者也。

（一）單純噴進法

在闡述Campini推進法之前，當先以藉燃燒之膨脹力而噴進之空氣力學，予以研討：

假定空氣爲非壓縮體，則於處理方面，足稱簡易。圖-1中有下列之假定：

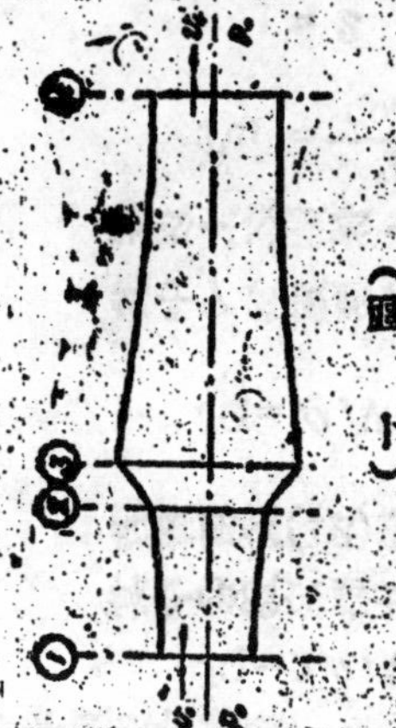

圖（一）

（1）爲前方之截面，（2）爲擴散筒之終了部份，（3）爲燃燒之終了，（4）爲吹出口於此則靜面與大氣壓相等。

p＝靜壓

q＝動壓

V＝速度

ρ＝密度

T＝絕對溫度

S＝斷面積

以1,2,3,4,表示各截面之指數。蓋燃燒中壓力一定，則速度亦定，故能前進。燃燒之後，截面擴大。

在（1）——（2）截面之間，應用Bernullilis Theorem則：

$$\left.\begin{array}{l} p_0+\frac{1}{2}\rho_0 V_0^2=p_1+\frac{1}{2}\rho_1 V_1^2 \\ \rho_0=\rho_1 \end{array}\right\} \quad (1)$$

（2）——（3）之間，因受熱而空氣膨脹，蓋假定其壓力與體積有下列之關係：

$$p_1=p_2, \quad V_1=V_2,$$

并假定溫度爲T_2同時

$$\lambda T_2=T_1, \quad (3)$$

則根據完全瓦斯式

$$\frac{p}{\rho}=RT\text{（R爲瓦斯定數）}, \quad (4)$$

可得

$$\frac{T_1}{T_1}=\frac{\rho_2}{\rho_1}=\lambda=\frac{\rho_2}{\rho_0}。 \quad (5)$$

若於(3)——(4)之間，假定空氣爲非壓縮體，

則

$$p_2+\frac{1}{2}\rho_2 V_2^2=p_0+\frac{1}{2}\rho_3 V_3^2, \quad (6)$$

但

$$\rho_2=\rho_3,$$

故由連續式得

$$\rho_0 V_0 S_0=\rho_1 V_1 S_1=\rho_2 V_2 S_2=\rho_3 V_3 S_3。 \quad (7)$$

根據以上之關係，可得下列各式：

$$V_1^2=V_0^2\left[1-\frac{p_0(\gamma-1)}{q_0}\right] \quad (8)$$

既因$\gamma=\dfrac{p_1}{p_0}$

$$\therefore V_3^2=V_0^2\left[1+\frac{p_0(\gamma-1)(1-\lambda)}{\lambda q_0}\right], \quad (9)$$

其次因推力相等於運動量之變化，故自(1)——(4)截面中考求之，則得

$$T=\rho_1 V_1 S_1(V_3-V_0)。 \quad (10)$$

16793

至於運動量之變化，可於同一截面中考求之

$$E=\frac{1}{2}\rho_1 V_1 S_1 (V_3^2-V_0^2) \tag{11}$$

(2)——(3)之間所受空氣之熱量，即為工作之單位，每秒中所受之熱如下：

$$JQ=J\rho_1 V_1 S_1 c_p (T_2-T_1), \tag{12}$$

其中cp為定壓比熱(Specific Heat under const. Press.)若將項式(12)變換，而以V_0之音速a列於式中，則

$$JQ=\rho_1 V_1 S_1 \frac{a^2}{\gamma-1}, \frac{1-\lambda}{\lambda} \tag{13}$$

其中γ為定壓定積兩比熱之互比值，從以上之關係，可得下列之結果：

$$Tc_1=\frac{T}{q_0 S_1}$$

$$=2\sqrt{1-\frac{p_0(\gamma-1)}{q_0}}\left[1+\frac{p_0(\gamma-1)(1-\lambda)}{\lambda q_0}-1\right] \tag{14}$$

全效率者，乃以有效工作 V_0T，除以全熱量，所得之值即是。$\eta=\frac{V_0 T}{JQ}$

若細辨明析之，則η實為兩種效之乘積，

$\eta=\eta i\times\eta e$，

ηi為推進裝置內部之效力，即自供給全熱量中之一部份化作推進之運動力者，所當於全熱量之比值，若以之與發動機推進者相比，則該項效率，相當於發動機本身之熱效率。

ηe為外界效率，以所得空氣動勢之一部，化成有效工作V_0T之比率表示之，於發動機推進者，即相當於推進器之效率。

$$\therefore \eta e=\frac{V_0 T}{\frac{1}{2}\rho_1 V_1 S_1 (V_3^2-V_0^2)}=\frac{2V_0}{V_3+V_0}$$

$$=\frac{2}{1+\sqrt{1+\frac{p_0(\gamma-1)(1-\lambda)}{\lambda q_0}}} \tag{17}$$

$$\eta i=\frac{M^2(\gamma-1)p_0(\gamma-1)}{2q_0} \tag{18}$$

$$\eta=\frac{\frac{\lambda M^2(\gamma-1)}{1-\lambda}}{\left[\sqrt{1+\frac{p_0(\gamma-1)(1-\lambda)}{\lambda q_0}}-1\right]} \tag{19}$$

$$=\frac{M^2(\gamma-1)p_0(\gamma-1)}{q\left[1+\sqrt{1+\frac{p_0(\gamma-1)(1-\lambda)}{\lambda q_0}}\right]} \tag{19'}$$

$$M=\frac{V_0}{a}$$

是以單純噴進法之所能剖決疑慮，主握一切，為整個方略之主幹者，厥為速度耳，於上式中即以M或q_0表示之，而M及q_0亦可轉以熱量λ運動壓縮比γ氣壓P之函數表示之。

壓縮比γ與闡述於下節中發動機之壓縮比，時有小異，蓋受運動之影響故也，故夫進行之速度，或加入之熱量，每因噴口之燃燒，影響其截面積，今設棄速度而不論，僅注意其截面積之調節，則得結果如下：

16794

$$M^2/q_0 = \frac{2v_0^2}{a^2\rho_0 v_0^2} = \frac{2}{a^2\rho_0}。$$

內部之效率遂爲：

$$\eta i = \frac{(\gamma-1)(\gamma-1)}{a^2}\frac{p_0}{\rho_0} = \frac{(\gamma-1)(\gamma-1)}{\gamma} \quad (20)$$

由此觀之，速度之增減，與熱量之供給，無甚關切，就上式所論，γ愈大，即壓縮比愈高，效率愈增。

就外部之效力而論，則速度愈高，壓縮比反見其減小，供給之熱量，因而節省，效率亦因此增加。

壓縮比與熱量既減，推進之力亦見弱，此蓋與推進器效率之變化有相同者，推進器效率之中，若以後流之速度爲V_3，進行之速度爲V_0，則所得之效率，有與外界效率相合者，可以

$$\eta p = \frac{2v_0}{v_0+v_3} \quad (21)$$

表之。

下表所列，即以推進法與發動機兩相比較而所得之結論也。發動機者，即利用推進器以推進者也。

表—1

	推進法	推進器推進法
使無內部效率	壓力比高，出力無關，速度無關	壓力比高，出力無關，速度無關
使無外部效率	速度大；推力小	速度大；推力小

根據上表之比較，則此二者全相吻合。

在形體有定之噴進裝置中，壓縮比有如前述，每因速度而生變化，其相互間之關係，可以下式表示之：

$$\frac{p_0(\gamma-1)}{q_0} = \beta$$

$$\eta i = \frac{M^2(\gamma-1)\beta}{2}。 \quad (22)$$

$$\eta e = \frac{2}{1+\sqrt{1+\frac{\beta(1-\lambda)}{\lambda}}}。 \quad (23)$$

$$Tc_1 = 2\sqrt{1-\beta}\left[\sqrt{1+\frac{\beta(1-\lambda)}{\lambda}}-1\right]。 \quad (24)$$

連續式 $\rho_0 v_0 S_0 = \rho_3 v_3 S_3$，

則得 $$\frac{S_0}{S_3} = \frac{\rho_3 V_3}{\rho_0 V_0} = \lambda\sqrt{1+\frac{\beta(1-\lambda)}{\lambda}} \quad (24')$$

從(1)式及連續式可求β之值如下：

$$S_0 v_0 = S_1 v_1$$

$$\therefore \beta = 1-1\left(\frac{S_0}{S_1}\right)^2 \quad (25)$$

復從(24)(24')得

$$s_1 = \left(\frac{S_3}{S_1}\right)^2；s_2 = \left(\frac{S_3}{S_2}\right)^2$$

$$\beta = \frac{1-\lambda^2 s_1}{1+\lambda(1-\lambda)s_1} \quad (26)$$

或 $$\beta = \frac{1-s_2}{1+\frac{1-\lambda}{\lambda}s_2} \quad (26')$$

僅噴進裝置之外形而論，目不能決定S之數量，而S_1，S_2，S_3既爲定數，則β之所賴以變化者，僅爲λ耳。即若熱量有定，β之值亦可決定。然以$s_1 s_2$之小者，或熱量之小者

16795

，B之值反見增大，即噴流外形之S_1/S_2若定，則內部之效率，與M之自乘成比例，又既與B成比例，故內部之效率，當以速度高大，供給熱度低小者爲佳。

且S_3，S_2愈小，則噴出口愈小，效率因亦愈高，且散擴倘之壓力比，不以前端空氣之入口面積與燃燒面積之比值而定者，蓋全取決於加速度與噴出口掩閉程度之比值，空氣入口裝置前端之形狀，及其氣流之順逆，皆與空氣之抵抗，有莫大之關係在也。此或非僅賴通常之理論，所能臆斷者。

內部效率中，若B＝1即噴口之關閉有甚於無限之值者，M＝1即機行之速率有與音速相等者，（實際上不可能）則其應得之值將爲$\frac{\gamma-1}{2}$。計不過0.2耳。最近發動機之實驗值，尙不及0.25～0.30，而實際所得者更小，故就效率而論，更非單純噴進發動機所能敵矣。

惟其構造簡單，體質輕形小，而動力不弱，則其優越卓著之處，蓋非淺鮮也。

今若 $T_{C_2}=\frac{T}{q_0S_2}$

則 $$T_{C_2}=2\lambda\sqrt{1-B}\left[\sqrt{1+\frac{B(1-\lambda)}{\lambda}}-1\right] \quad (27)$$

若假定 $s_2=0.4$；$S_3/S_2=0.63$；$\lambda=0.5$；$M=0.7$；

則 $B=0.43$；$\eta_i=0.042$，$\eta_e=0.91$；

$\eta=0.038$；$T_{C_2}=0.15$

若 $S_2=1m^2$，$\rho=\frac{1}{8}$（地上）

則 $T=525kgs$；$S_1=\lambda S_2=0.5m^2$

故 $\Delta p=1500kgs/m^2$

$p_0=10^4kgs/m^2$

$\gamma=1.15$

裝置中入口之速度，適足爲決定V_1入口之面積$S_1{}^1$茲求得其值如下：

$$S_1=\frac{V}{V_0}S_1=0.33m^2$$

於是其外形之測定可得：

若以推進器之推進力估計之，則假定推進器之效率爲75%，發發動機之動力相當於約2200馬力，其全效率既僅爲0.038，則汽油之消費量，有足當推進器推進時之五倍者。

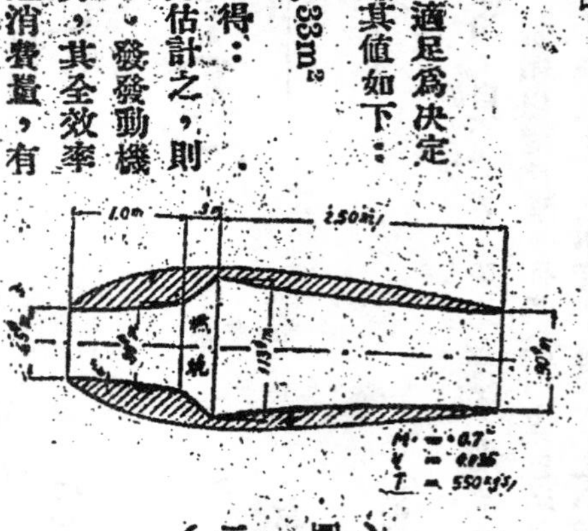

（圖二）

（二）發動機噴進法（Campini噴射推進法）

此法之特點，蓋在運動壓縮與燃燒行程之間，藉軸流送風機而產生機械壓縮者。軸流送風機之轉動，全賴乎發動機之原動力。於是將難於取用之熱能，在燃燒之時，使之得有效之使用。

在計算機械壓縮行程之中，假定速度與密度有定，所幾異者，僅爲壓力之上昇，則其計算之原理，與前雷同，故凡演化之法，均予省略，僅錄其結果如下：

$$T_{C_1}=2\sqrt{1-B}\left[\sqrt{\frac{\Delta p^1+B(1-\lambda)}{\lambda}+1}-1\right] \quad (28)$$

$$Tc_2=2\lambda\sqrt{1-\beta\left[\sqrt{\frac{\Delta p^1+\beta(1-\lambda)}{\lambda}}+1-1\right]} \quad (29)$$

$$\eta e=\frac{\quad}{1+\sqrt{\frac{\Delta p^1+\beta(1-\lambda)}{\lambda}}+1} \quad (30)$$

$$\eta i=\frac{M^2(1-Ze)(\gamma-1)}{2}\left[\frac{\Delta p^1}{1-\lambda}+\beta\right] \quad (31)$$

其中 $\Delta p^1=\frac{\Delta p}{q_1}$

若假定在發動機上供給之熱量爲 Q_1，直接燃燒所用之熱量Q_2，全熱量爲Q，則：

$$\left.\begin{array}{l}Q=Q_1+Q_2\\ Q_1=ZQ\end{array}\right\}。 \quad (32)$$

而Z與Q間之關係因而有定。

若e爲發動機內部之效率，則

$$Ze=\frac{\Delta p^1\lambda(\gamma-1)M^2}{2(1-\lambda)+\Delta p^1\lambda M^2(\gamma-1)}。 \quad (33)$$

就此式而論，若發動機之出力爲P，則能假定

$P=V_1S_1\Delta p$，

該項假定，在此計算之原理中，實屬正常，若以一般送風機之效率爲ηc，則

$\eta cP=V_1S_1\Delta p$。

λ之值可由送風機前與燃燒後之溫度中，根據下式決定之：

$$T_1=\lambda T_4。 \quad (35)$$

其中因含有發動機之廢熱，故於非直接燃燒情形之下。$\lambda \neq 1$

若$\lambda=1$，則相等於Z=1此時λ之值，將爲

$$\lambda_0=\frac{2q_0e}{\Delta p(\gamma-1)M^2(1-e)+2q_0e}$$

$$=\frac{2e}{\Delta p^1(\gamma-1)M^2(1-e)+2e}。 \quad (36)$$

其次爲β之值，若 $S_2=\left(\frac{\text{噴出口之面積}}{\text{燃燒後之面積}}\right)^2$，則：

$$\beta=\frac{1-\left(1+\frac{\Delta p^1}{\lambda}\right)s_2}{1+\frac{1-\lambda}{\lambda}s_2}。 \quad (37)$$

自(28)至(30)式中，若參以機械之壓縮，則內部效率，因而增高，而外效率則同時低下，就全體而言，則盈虛相衡之下，全效率仍屬高昇。同時於推力之增加，亦非常有利，蓋動壓縮，則因機械壓縮之增加，而形減少。

例如$s_2=0.4$，$\lambda=0.5$，$M=0.7$，$\Delta p^1=0.5$，$e=0.20$

則 $\beta=0.111$，$Ze=0.049$，$\eta i=0.094$，$\eta e=0.81$，

$\eta=0.076$

$Tc_2=0.87$，T=3050kgs.。

若Z=1，即若直接燃燒，則

$\lambda_0=0.84$，$\beta=0.36$，$\eta i=0.27$，$\eta e=0.85$

$\eta=0.23$，$Tc_2=0.48$，T=1680kgs.。

(三)瓦斯 Turbine 噴進法

此法中，軸流送風機常運不息，發動機則予停止，壓縮機

則與瓦斯臥軸聯貫，瓦斯之進出於臥軸中也。其速度之差，實相當於壓力之下降$\triangle p_2$，因而產生$V_4S_4p_2$之力者。V_4及S_4為利用Turbine時之風速及面積，其值假定於燃燒後，相等不變。若軸流壓縮機之入力相等於Turbine之出力，則根據前述之計算中，得下列結果

$$Tc_2 = 2\lambda\sqrt{1-\beta}\left[\sqrt{\frac{1-\lambda}{\lambda}(\triangle p_1{}^1+\beta)+1}-1\right] \quad (38)$$

$$\eta i = \frac{M^2(\gamma-1)(\triangle p_1{}^1+\beta)}{2} \quad (38)$$

$$\eta e = \frac{2}{1+\sqrt{\frac{1-\lambda}{\lambda}(\triangle p_1{}^1+\beta)+1}} \quad (40)$$

若以Turbine所吸收之熱量，與全熱量相互間之比率為Z，則

$$Z = \frac{\lambda M^2(\gamma-1)\triangle p_1{}^1}{2(1-\lambda)} \quad (41)$$

其中$\triangle p_1$為軸流壓縮機所生之壓力差，故

$$\triangle p_1{}^1 = \frac{\triangle p}{q_0}。$$

其與Turbine之壓力差$\triangle p_2$間之關係為

$$v_1S_1\triangle p_1 = v_4S_4\triangle p_2。 \quad (42)$$

v_1s_1則為利用壓縮機時之風速及面積，而β則可以表示之。

$$\beta = \frac{1-\left(1+\frac{1-\lambda}{\lambda}\triangle p_1{}^1\right)s_2}{1+\frac{1-\lambda}{\lambda}s_2} \quad (43)$$

茲將各式間之研究，歷述如下：

於(43)中若s_2與λ之值有定，則$\triangle p_1{}^1$越大，β之值愈小，故$\triangle p_1{}^1+\beta$之值當為

$$\triangle p_1{}^1+\beta = \frac{\lambda(\triangle p_1{}^1+1-s_2)}{\lambda+(1-\lambda)s_2}。 \quad (44)$$

而ηi之值，自(39)中觀之，可知$\triangle p_1{}^1$愈大愈佳，即以軸流壓縮機之壓力比高大者為上。外部效力ηe則反之，$\triangle p_1{}^1$愈小者效率愈佳。總之$\triangle p_1{}^1$之增大至相當程度，全效率當可轉佳。

就效率而論，速度方面，則越高越妙，而加入之熱量，則以越少越佳，是與前述者相同。

例如$\triangle p_1{}^1=0.5$，$s_2=0.4$，$\lambda=0.5$，$M=0.7$，

則 $\beta=0.286$，$\eta i=0.077$，$\eta e=0.86$，$\eta=0.666$，

$Tc_2=0.58$，$s_2=1m^2$，P=[illegible]，

則 T=2050kgs.

若於計算Turbine所能吸收工作之中，採取全熱量之工作為單位，則計算所得之值，約等於0.040。

其次若以瓦斯Turbine與普通發動機推進器相比，則根據(39)，內部效率可得：

$$\eta i = \frac{(\gamma-1)[\triangle p_1+p_0(\gamma-1)]}{\rho_0 a^2}。 \quad (45)$$

16798

研究上列之公式，可知其與速度及出力，無甚關係者，若進行之中，時予調節，使擴散筒之壓縮比保持一定，則可知η_i所得之效力，速度及出力無關係，而以壓縮比γ之高者，或機械壓縮Δp_i之強者為佳，

至於外部效率，自(28)式中，可知加熱及出力兩者並小，速度高大者，則入之值近似於1，在此情形之下，當為最佳，內部效率之傾向，則與單純噴進法及發動機之熱效率相同。

（四）結論

上述之演算中，視空氣為非壓縮體，以闡述噴流推進之空氣力學原理。

就此三種噴進法而論，以發動機噴進法之效率為最高，瓦斯Turbine法者次之，單純噴進法之效率最為低下。然就機構而論，則以單純噴進法最為簡單，是其利也。

最主要者莫若噴進法之取用適當，以求合乎實用。例如雖於低速之進行中，而欲保持其效率之不減，苟屏絕推進器之併用，則不能不採用發動機噴進法（Campini噴進法），以備於短時間內，補助其不足，則單純噴進法之使用，亦無不可者矣。

本會第十七次理監事會議紀錄

時間　民國三十二年十二月二十六日

地點　假座水利署靜妙齋

出席者　陳君慧　王家俊　陳昌祖　許　英　汪德璇　任樂天

張　鑾　汝萬青　馮　斐　鄭源深　尤乙照　胡毓璋

溫文緯　潘孟華　許公定　馬登雲

主席　陳君慧　紀錄　徐硯農

甲、討論事項

一、請推定理事長副理事長案

決議　推定陳君慧為理事長，陳昌祖為副理事長

二、請推定常務理事案

決議　推定王家俊，汪德璇，尤乙照，許公定，任樂天為常務理事。

小型造紙廠計劃書

鄭源深

一、緣起　值玆戰爭時期，物資缺乏，紙爲日用之品，頗有供不應求之勢，爰籌辦小型造紙廠，以應社會之需要，其計劃如下。

二、製品　暫時採取廢紙爲原料，專製包裝用紙，以期減低成本，俟將來資本充裕，擴充設備，則從事製造上等紙及新聞紙。

三、製法　採用中國手工造紙法，收買紙頭，紙心，以及已用之廢紙，分類浸漬，搗踹成漿，以竹簾撈製成紙，經乾燥後，切成規定尺寸，分類包裝出售。

四、廠址　廠址宜備以下各條件。

A廠屋以租用舊廟宇或公所會所爲最宜。

B有廣大之空地作晒場。

C有較多之牆壁。

D鄰近水源。

五、工廠組織及設備。

甲、工廠組織　設廠長一人，掌理本廠內外事務，事務員二人，承廠長之命，分別辦理文書會計庶務廠務事宜，工頭一人，承廠長之命，辦理有關技術事務及管理工人事務。工人十人至十五人，承工頭之命，辦理技術事務。

本廠辦事細則，營業章程，工廠管理辦法另訂之。

乙、工廠設備。

品名	式樣
a 化紙池	五呎方四呎半深四壁用磚砌外粉水泥
b 石碾及石滚	同普通碾米用碾
c 踹缸	普通小缸
d 抄紙槽	小號上口長四四吋 下底三八吋 寬三九吋 下底三六吋 高二二吋 大號上口長六〇吋 下底五四吋 寬同小號 下底同小號 高同小號

用途	數量	備註
浸廢紙用	三	
碾廢紙用	一	另備騾或驢一頭
踹廢紙用	十	c j h 每工人一套
撈紙漿用	十	

16800

e 抄紙簾	竹製一號長四〇吋寬二四吋 二號長三二吋寬二四吋	撈紙漿用	十	
f 簾架	木製尺寸合於上述二種竹簾形 如十行紙格狀	撈紙漿用	十	
g 榨附托盤	榨與普通之小形榨相同托盤則 較紙周圍大一至二吋有溝可以 去榨出之水	去紙中之水份	十	
h 大缸	普通大型廣口水缸	盛紙漿用	十	
i 晒紙板	大小以一面能晒紙三張為度兩 面均可用	晒紙用	二十	愈多愈好
j 毛刷	排筆式樣	糊紙用	十	
k 水桶	普通水桶	挑水用	二	連扁担繩子

六、進行步驟 分籌備，試製，正式製造三期，各期工作分配如下。

甲、籌備時期 暫定一個月

a 招集資本
b 勘定廠址
c 整理廠屋
d 購置工具及一應傢具
e 採辦原料
f 招集工人
g 佈置工廠

乙、試製時期 暫定半個月

a 收購廢紙
b 廢紙分類
c 浸漬廢紙
d 蹋爛浸漬廢紙
e 碾碎浸漬廢紙
f 製漿
g 撈製
h 榨水
i 張貼
j 晒乾

丙、正式製造時期 工作與試製同，惟須加以選擇，分類，裁切，及裝紮等工作，以便出售。

七、產額 本廠初辦之時，擬僱傭用製紙工人十人，以每工人每日平均製五百五十張計算，則每日可製紙五千五百張。

八、資本及盈餘之估計。

甲、資本估計

(一)設備費

16801

項目	金額	備註
甲、房屋修繕及改裝費	二〇〇〇〇．〇〇元	廠址未定約估如上數
乙、製紙工具費	一二〇〇〇〇．〇〇元	另詳估單
丙、傢具及零星物件費	二〇〇〇〇．〇〇元	另詳估單
丁、籌備時期特別費	一〇〇〇〇．〇〇元	

設備費共計國幣十七萬元正

（二）流動資金

項目	金額	備註
甲、原料費	五二五．〇〇元	以每日收舊紙一担半計算約估如上數
乙、薪工	八六七．〇〇元	廠長月支四千元事務員月支二千元工人每日支四十元每日薪工合支如上數
丙、房租	四〇．〇〇元	每月房租一千二百元
丁、雜費	二〇〇．〇〇元	牲畜口糧茶水燈火等
戊、利息	七〇．〇〇元	每月一分計二十萬利息約計如上數
己、折舊		以一分計算日利約計如上數

流動資金每日計需國幣一千七百零二元正

每月應需流動資金計國幣五萬一千零六十元正

以三個月為週轉期計需流動資金國幣十五萬三千一百八十元正

（三）預備費　二萬元

總計資本需國幣三十四萬三千一百八十元正

（一）設備費　170000.00元

（二）流動資金　153180.00元

（三）預備費　20000.00元

資本 20000.00元

乙、盈餘估計

每張紙之成本　〇．三一元

每張紙出售價格　〇．四〇元（假定）

每張獲利　〇．〇九元

每日獲利　四九五．〇〇元（每日製五千五百張）

每月獲利　一四八五〇．〇〇元（以卅日計算）

每年盈餘　一四八五〇〇．〇〇元（以十個計算）

本刊自本年起將月刊改為兩月刊，每期增加篇幅，充實內容，務希　諸同志不吝指教，並惠賜大作為感。

編者

旋風（即温帶低氣壓）

岡田武松著
陳天培譯

一、旋風

發生於熱帶以外的地方的暴風雨系統，總叫做温帶低氣壓，又叫做旋風。這個名稱是徐家匯氣象台所定的，曾經載在它刊行的「報風要則」之中，重在以寒冷季節之中自西比利亞方面經過滿洲、日本海和日本北部的暴風雨，叫做旋風。又冬季自北太平洋的北部，吹襲美國、德國、斯干的那維亞和蘇聯等的暴風雨，也是旋風。又冬季吹襲北美合衆國和坎拿大的，大概也是旋風。但是旋風的名稱，現在還沒有通用。

旋風也是大氣旋渦的一種，在它的區域裏，風的迴轉方向，和颶風一樣。但是它的區域，比較颶風却非常之大，例如颶風的中心在九州南部時，京阪地方，雖然也在它的區域之內，可是東京附近，並沒有風，天氣晴朗，毫不介意。假使旋風在北海道北部時，雖至九州，也受它的影響，風力很强。旋風區域的大小，由此可以明白了。

二、旋風内的氣壓

旋風的等壓線，多不成正圓狀，普通成不規則的橢圓狀，所以旋風的中心和橢圓的中心，並不一致。等壓線的長軸和短軸的比，據高谷靜馬氏自海洋氣象台出版的北太平洋天氣圖上所測算的，日本近海的旋風是一·三。又據盧密司氏自天氣圖上測算的，美國的旋風是一·九。大西洋的旋風是一·七。又倍派氏就歐洲的旋風所測算的是一·八。

等壓線長軸的方向在日本近海是北偏東三〇度，美國是北偏東三六度，大西洋是北偏東三五度，歐洲是東北乃至正東。這種方向，並不因季節而有變化，無論在遠東，在美國和在歐洲，都沒有大差。但是地球上爲什麽原因而發生這種現象的，還不明白。

旋風的區域，非常之大，它的直徑依定義也不同。高谷氏就日本近海的旋風，以每二毫米等壓線作成的橢圓形最大示度的等壓線裏面，作爲旋風的區域，測算得長軸是一一六〇仟米，短軸是九七〇仟米左右。據盧密司氏的測算，美國旋風的七六〇毫米等壓線的直徑，是二五〇〇仟米，大西洋的是三二〇〇仟米，歐洲的旋風區域也很大，全歐洲固然在它的區域之內，北大西洋的大部分，在它區域之内的而不少。

旋風内的氣壓傾度，據克雷明德呂氏的測算，歐洲西部和西北部，以旋風的東南和西南之間爲最峻，氣壓傾度的值，有每一一一仟米爲三，四毫米的。美國以旋風的西側爲最峻。日本的旋風，據高谷氏之測算，以西北偏北爲最急峻，西南偏南爲最緩，每一〇〇仟米爲二，四毫米左右。

旋風示度之深的，在日本爲大正四年十二月十四日吹襲樺太的旋風，當時宗谷氣壓降至七一六·七毫米，大泊降至七二

一•一毫米。在歐洲也有很深的，冰洲當一八三四年三月四日旋風襲來時，雷克雅未克氣壓降至六九二•〇毫米，這是施過高度訂正而沒有施過重力訂正的。蘇聯當一八八四年一月二十六日旋風襲來時，啓爾克里根氣壓降至六九三•九毫米，這都是旋風中示度之深的。

今為便於參考起見，列表在下面：

年號	西曆	月日	時分	示度	地區	觀測地點
明治17年	1884	1月26日	午後8時30分	*693.9	蘇聯	啓爾克里根
明治19年	1886	12月8日	午後1時30分	*695.4	愛蘭	貝爾伐司特
明治21年	1888	12月23日		*696.6	冰洲	雷克雅未克
大正4年	1915	12月14日	午後4時	716.7	北海道	宗谷岬
大正15年	1926	1月20日	午後2時	717.3	千島	紗那
大正5年	1916	3月24日	午後2時	722.3	千島	紗那
大正9年	1920	11月25日	午後9時	724.6	北海道	根室
明治43年	1910	1月31日	午後3時	728.7	樺太	大泊

表中附有*號的示度，是沒有施過重力訂正的。

三、旋風內的溫度

旋風內溫度的分布，重在視流入的氣團而定，所以旋風的南側有溫暖區域，北側有寒冷區域，兩區域之間，溫度確不相連續。吹襲日本的旋風，這兩種區域，很是顯明。旋風區域內的等溫線，大體自西南趨向東北，但是在溫暖區域之內，顯然向中心的東方伸展，在中心的北方，溫度比較高些，而溫度最低的地方，是在中心的西北方。

四、旋風內的風向

旋風內風向的分布，歐洲的旋風，有一八七七年英國克雷明德呂氏的考察。美國的旋風，有一八七四年盧密司氏的研究。據克雷明德呂氏分旋風區域為八等分，各部分內風的傾角，如下表所示，表中N表示北和西北之間，NE表示東北和北之間。

地上之風向

部分	N	NE	E	SE	S	SW	W	NW
內域	65°	53°	58°	55°	64°	74°	77°	81°
外域	62	52	48	54	66	76	79	80

雲向

部分	N	NE	E	SE	S	SW	W	NW
內域	172°	130°	135°	102°	73°	51°	90°	106°
外域	5	163	152	146	124	101	96	99

上面的結果，是以旋風區域，分為內外而考察的，平均傾

16804

角爲六五度。以後雖有多數學者考察的成績，却都是大同小異。美國的旋風，就盧密司氏考察的結果來說，它以旋風區域分爲E·W·S·N·四象限來求傾角。結果各爲四三度，四〇度，五八度，三一度，平均爲四三度，傾角却較歐洲旋風特小。這是因爲克雷明德呂氏的考察，係採用海岸測候所的觀測居多，而盧密司氏却採用內陸觀測的緣故。依理論上講，摩擦大的內陸，傾角當然較小。

五、旋風的流線

吹進旋風區域內的空氣流線，有一九〇三年英國蕭氏及楞普而得氏就若干旋風自天氣圖上實地畫成功的，如第一圖就是表示一九〇三年九月十日至十一日經過英國的旋風流線，由這張圖看下來，就可以曉得吹進旋風內的空氣呈環狀曲線的樣子。普通自中心的南側吹進旋風內的空氣路徑，比較短些，這是因爲它成了昇騰氣流的原故。又行動很快的旋風，空氣自前面的右象限進來，而同量的空氣，自後面的右象限出去。在中心的周圍，成功環狀的軌道。然而行動很慢的旋風，空氣自南方雖直接吹進中心去，而自北來的空氣，却迴轉在中心的後方。

（圖一）

六、旋風內的風速

旋風內風速的分布，很不規則，最大風速並不限定在中心附近，多在區域的外緣和高氣壓接近的地方，然而大體仍是自外緣越近中心而風速越大。據高谷氏的考察，日本近海的旋風，最大風速的區域，由中心向西北和西南延長，並且向東北和東南延長，恰成十字形。最小風速的區域，在北部和南部的外緣。又據盧密司氏的考察，美國的旋風，風速以北側最小，西側爲最大，其差在百分之二〇以上。

七、旋風的雲和雨

日本近海旋風的雲量，據高谷氏的考察，在旋風內的北乃至西北部，雲量較多，雲量九的區域，遮蔽了全區的北半部，南和西南部，雲量最少，大約有六。其他東南偏東和西部，雲量很少的地方也有。又東南區域，有極少的部分，雲量達九的。總之，溫帶低氣壓多雲的區域，占它的北部，中心地方，僅有極小區域是多雲的，這是和熱帶低氣壓不同之點。歐洲的旋風，據卡斯脇氏的考察，旋風區域內雲最多的，在進行方向的前方，雲最少的却在後方，所以旋風在陸上的時候，比它

在海上的時候，大概是多雲。

日本旋風的雨雪區域，據高谷氏的考察，降水最的頻度，在中心的東北偏北方面爲最多，有百分之七〇，在西南偏南方面爲最少。又據盧密司氏考察美國旋風的結果，在旋風的中心，降水頻度是百分之二四，在東北象限裏是百分之三〇，東南象限裏是百分之二八，西北象限裏是百分之九，西南象限裏也是百分之九。

八、旋風的次數

吹襲日本的旋風，以自亞細亞大陸來的爲主，可以區別爲四種，就是(一)自西比利亞來的，(二)自中國北部(卽蒙古和黃河流域)來的，(三)自揚子江(卽長江流域)來的，(四)自中國南部(卽長江流域以南)來的。現在將明治四十一年至大正六年的十年間各種旋風的總次數，列表在下面：

出現區域	1月	2月	3月	4月	5月	6月	7月	8月	9月	10月	11月	12月	全年
西比利亞	11	16	13	16	12	12	2	2	9	6	27	28	154
中國北部	1	4	4	6	5	4	10	6	4	4	4	—	52
長江流域	18	13	17	18	15	19	12	1	5	9	11	14	152
中國南部	3	5	5	8	6	5	—	1	3	1	3	—	40
合計次數	33	38	39	48	38	40	24	10	21	20	45	42	396

看了這張表，就可以知道自西比利亞來的旋風，冬季多，夏季少。自中國北部來的，夏季多，冬季很少。自揚子江流域來的冬季多，盛夏時候雖少，可是六月最多，這是以發生梅雨的旋風爲主。

美國的旋風，據賴守爾氏的考察，自一八八二年至一八九一年的十年間發生的次數，列表在下面：

月次	1月	2月	3月	4月	5月	6月	7月	8月	9月	10月	11月	12月	全年
次數	63	62	69	50	49	33	45	47	42	54	52	71	637

九、旋風的進路

日本旋風的進行，很爲單純，自西比利亞中部來的，向東南偏東進行，越過滿洲或朝鮮北部，入日本海，復轉向東北偏東，向樺太或千島方面而去。它的進路，呈扁平的拋物線狀，然而和颱風不同，它的路徑向南方凸出，它的軸和南北線是相合的。自揚子江流域來的旋風，沿江東進，在東海上轉向東北偏東，經過日本或附近的海洋上。自黑龍江沿洲來的，向東南前進，橫過樺太和千島南部，而入太平洋。第二圖就是表示這些進路的，圖中的粗線，表示旋風的通常路徑，點線表示異常路徑，但是極其稀少。

1. 明治四十五年四月六日至十一日的旋風
2. 大正五年五月二十四日至二十五日的旋風
3. 大正三年一月六日至九日的旋風

16806

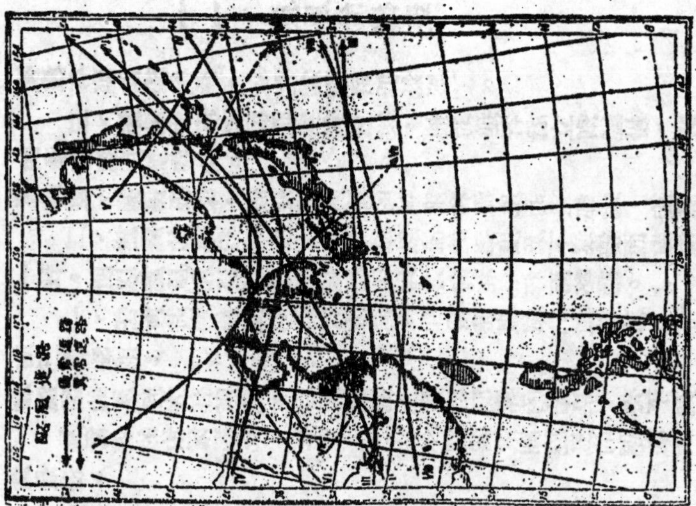

（圖二）

4.大正六年二月十一日至十三日的旋風

5.明治四十二年二月十一日至十二日的旋風

6.明治四十五年五月三日至四日的旋風

7.明治四十一年十月二十三日至二十六日的旋風

8.大正三年三月十二日至十五日的旋風

自大正十五年至昭和四年的四年間，在北太平洋天氣圖上追跡所得的日本近海旋風一〇六次，高谷氏將本日正午至次日正午它的中心移動方向，加以統計，所得的結果，列表在下面，但是除去向西北移動的一次。

方向	北	東北偏北	東北	東北偏東	東	東南偏東	東南	合計
次數	4	8	29	35	25	3	1	105

由上表看來，旋風向東北偏東進行的最多。

歐洲的旋風，普通向東北進行，然而在冬季有向東南進行的，至於向西進行的雖少，可是不在極短距離間移動。北美自西海岸進來的旋風，多向東南進行，到了西經八五度附近，就轉向東北，它的進路，也呈一種拋物線狀，至於以異常路徑進行的，固然也不在少。

普通說旋風的進行，視高氣壓在右手的方面，然而高層的氣壓分布，也能改變它的進行。元來過溫的區域，因為氣壓依高度而遞減之比例小，故在高壓中，此高溫區域之上，有高氣壓，所以也可以說旋風的進行，視高溫地方在右手方面，

一〇、旋風的進行速度

旋風的進行速度，因季節而不同，大概冬季較大，夏季較小。今就經過日本及近海的旋風，取明治四十一年至大正六年的十年間的統計，將它的速度，列表在下面，表中的速度用每時仟米表示。

出現區域	1月	2月	3月	4月	5月	6月	7月	8月	9月	10月	11月	12月	全年
西比利亞	44.8	38.8	38.5	42.6	37.5	36.6	29.3	43.6	43.6	35.7	45.2	44.4	40.0
中國北部	51.1	43.3	43.7	44.5	41.8	43.6	35.5	31.4	45.3	50.5	47.2	—	43.3
長江流域	51.8	43.7	40.4	39.3	35.5	34.6	34.9	12.5	32.2	42.0	37.3	58.9	38.6
中國南部	41.6	49.6	49.6	40.6	37.2	38.4	—	40.0	40.2	58.5	61.1	—	45.6

旋風各個的速度，大不相同，所以這十年的統計，還不能充分窺見他的平均狀態。今將各國旋風的進行速度，列比較表在下面：

地方	日本	美國	西歐	歐俄	北大西洋	白令海
冬季	46.6	56.2	28.8	38.9	29.5	30.6
春季	40.9	44.3	25.9	33.1	29.9	30.6
夏季	34.6	39.3	23.8	28.8	26.6	37.1
秋季	44.8	44.3	29.5	34.6	29.9	33.5
全年	41.7	46.0	27.0	33.8	29.0	32.9

看了上面的表，可以知道旋風的運動，在日本，美國和歐俄都以冬季為最速，夏季為最慢。然而在西歐和北大西洋，却以秋季為最速，夏季為最慢。可是白林海以夏季為最速，冬季為最慢。

赫爾森的怕爾閟氏，在一九二六年認為歐洲旋風的運動，和溫域的風向大有影響，自天氣圖上實地測算的結果，得下列的三種法則：

一、任何時刻旋風的進行方向，和當時溫域的氣流方向相一致，所以旋風和溫域等溫線的平均方向相平行而移動。

二、旋風的進行速度，和溫域氣流的速度及不連續面處溫度的差，關係很深，假使這氣流的速度和溫度的差都大，旋風的進行速度就很快。

三、旋風中沒有溫暖空氣以後，他的進行就立刻變慢，假使沒有副前線復生，就化為滯留低氣壓了。

二、旋風的構造

試看天氣圖，在旋風區域之南，約有半部分，比較其他部分有顯著的高溫空氣，自西南流來，他的流線，自西南趨向東北，到旋風東部的暖氣前線的不連續線上為止。此暖氣前線，自旋風中心出發，趨向東南。又旋風西部的西南側，吹着溫度低的西北風，流線到寒氣前線的不連續線上為止，就是這寒氣前線是西北的寒冷氣流，遇着西南的溫暖氣流，而潛伏在他下面的地方，也是一種不連續線。在暖氣前線的地方，有自西南來的溫暖氣流，流到行向東乃至東北的寒冷氣流的上面，進行比較緩慢，所以在這裏有地雨式的雨，繼續下降。然而在寒氣前線的地方，有自北乃至西北來之寒冷氣流，因為他的密度很大，所以闖進自西南來的溫暖氣流的下面，而這溫暖氣流，給他推到上面去，因為這西北來的氣流速度大，溫度又低，所以這裏不連續面的傾斜特大，很不安定，因而所下的雨，大概是驟雨式，斷續下降，假使將這種情形

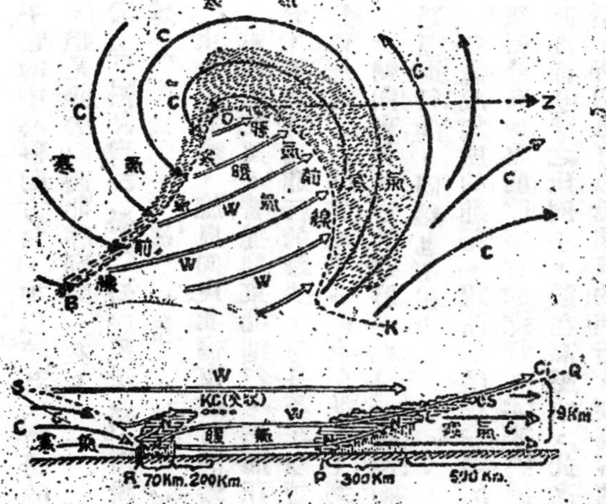

（三 圖）

16808

用圖案式來表示，就如第三圖的樣子，圖中的W，表示溫暖空氣的流線，C表示寒冷空氣的流線，OK表示暖氣前線，OB表示寒氣前線，又OZ表示旋風系的進行方向，盡密線的地方表示有雲區域，在這裏還有雨下降，底下的幅圖，表示垂直切斷面。

當旋風行來的時候，他前面的地方，先有寒冷空氣，天氣晴好，吹着西風，仰視天空，先見卷雲出現，氣壓表開始下降，繼見卷層雲和高層雲等起現，風的方向變爲東南乃至正南，然後有雨層雲出現而下雨，溫度上昇，這就是暖氣前線經過終了的時候，不久雨止天晴，又沒多時，寒氣前線接近，有黯黑的雲出現，風向變爲正西或西北，溫度急降，氣壓表急昇，有驟雨式的雨下降，不久復轉晴天。圖中的PQ，爲暖氣前線處的不連續面和垂直面的交線，他的上面，有溫暖氣流匍匐，下面有寒冷氣層存在。又RS爲寒氣前線處的不連續面和垂直面的交線，他的上面，有溫暖空氣，下面的寒冷空氣，恰呈楔形狀態而存在。這不連續面和地面相交的地方，是有雲區域有雨層雲存在，且下着雨，雨層雲的前面，有莢狀的高積雲，點點出現在空之中。

就歐洲的旋風，試探求寒暖雨前線相會的空氣來源就知道溫暖空氣，自溫帶高氣壓帶流出，寒冷空氣自寒帶地方流來，就是前者因自赤道方面流來所以稱他叫赤道氣流，後者因自極地方面流來，所以稱他叫做極地氣流，由這一點看下來，和古時德國的氣象學者多甫氏稱一八二七年的旋風，是在自赤道地方來的氣流和自極地來的氣流相接而流動的地方所生成的，很相近似。

再赤道氣流和極地氣流，雖流經長遠而來，但是大體上都不失却他的特性。元來極地氣流，在極地出發時，全體固然寒冷，可是流經大西洋上而來時，因爲和比較溫暖的海面相接觸，所以氣流的下層，漸變溫暖，因而氣流中的溫度遞減率漸增，就是下面的溫度因爲越常而成高溫，以至於這空氣漸不安定，上下的空氣，發生轉換，這種空氣在沒有到達寒氣前線而和溫暖氣流遭遇之前，自身就成爲昇騰氣流，而呈醞釀局部驟雨的樣子了。（未完）

陳副理事長榮任國立中央大學校長

本會副理事長陳昌祖先生最近奉命榮任國立中央大學校長，對此最高學府將有一番刷新。陳副理事長爲專心辦學起見，已辭去陸軍部修械所所長之職，遺缺由副所長本會常務理事汪德璇先生升任云。

本會第二屆年會紀錄

日　期　民國三十二年十二月二十六日下午一時

地　點　南京建設部水利署禮堂

出席者　陳君慧　王家俊　查季平　許公定　徐守志　溫文緯
汝萬青　許　英　徐信孚　胡良恕　江丕謨　鄭源深
郭樂書　張安仁　王念慈　李景杭　胡毓璋　趙曾隆
吳怡盦　夏寄塵　胡庭松　張泳棠　朱孝若　秦琳棣
周文保　陳天培　姚　剛　錢　銘　高之濬　何　忭
劉逸寒　馬登雲　郭明震　陳昌祖　汪德璇　張一烈
薛邦邁　梅景才　吳逸民　朱子鋒　張　鑾　馮　燮
朱逢庚　任樂天　吳英劍　任君平　潘孟華　陳雨三
尤乙照　王鶴年　楊大成　高廷桂　楊其觀　韓春第
溫德春　陳憲勛　邱錦鐄　汪　明

主　席　陳理事長　　紀　錄　徐硯農

一、陳理事長致開會詞

本會自三十年五月由第一屆理事長楊翰西先生創立以來，已有兩年半之歷史，去年十一月一日曾召開第一屆年會，此次召開第二屆年會，相距約有一年，過去一年，鄙人辱承不棄，推爲理事長，貢獻殊少，慚愧之至，値茲年會開會之時，得與諸君共聚一堂，實深欣幸，謹就本人對於中國工程界人士之感想及期望略述數語：

十年前技術經濟（Technocracy）之說盛傳一時，其主張以爲一切經濟活動應以工程部門爲主要，經濟上一切評價應以工程上之工作效能爲標準，其立論不無偏頗，但工程部門在整個經濟活動上所佔之重要性，實不容否認，就吾國情形言之，經濟落後，厥因雖多，然謂爲工程部門未能發達所致，亦不爲過，良以經濟發展過程中，社會各種事業間之消長均衡，實爲不易之定律，農業雖爲吾國立國之本，但如交通不便，工礦不興，則農業之發展必受牽掣，難達最高之標的，何況農業本身之發展，亦有賴於機械之改良，科學之進步，其與工程部門關係之密切，固不待論，以吾國土地廣大，天賦不爲不厚，所惜未能積極開發，事事落後，委財富於地而不用，人民窮苦至於斯極，工程界素以利用自然，改造自然，使民生向上爲職志，自應本立已立人之旨，利用厚生，爲大衆謀幸福，爲國家立基礎，鄙人願與工程專家諸君共體斯旨，努力爲之。

更有進者，今日之戰爭爲科學之戰爭，其與工程之關係至爲深切，大東亞戰爭之勝利，爲吾國復興與東亞共榮之所繫，不勝則敗，不生則死，其如何貢獻吾人之心力體力，以完成此偉大之使命，尤爲吾人所應朝夕警惕共圖奮發者也。

故爲民生之安定，爲國家之復興，爲人類幸福之向上，工程界諸君實責無旁貸，尤應洞察物質之建造，在在需時，今日不做，等於虛廢，此時不進，等於後退，權衡事理，實無徘徊瞻顧之餘地，吾人其能諉卸天職，不爲民生

16810

，不爲國家，不爲人類設想乎。

今日工程學會舉行年會，其意義與創立工程學會之意義相同，即提倡工程學術，結集工程界人士，負起上述工程界所應負之責任，尤有進者，我國工程人才優秀者固多，但以一國之大，需求之衆，區區之工程人才，實屬缺乏，至一般民衆對於工程之意念尤爲薄弱，我國至今仍迴旋於農業經濟階段，一貧不振，揆厥所由，此殆爲最主要之因素，希望今後本會及各界人士，務必竭力提倡技術教育，盡量廣播技術智識，除爲研究而研究之外，盡其所能，貢獻於國家與人類，如此才不負國家養育人才之本旨，與全世界人類之寄望，時間無多，僅略所懷，藉相共勉。

二、建設部部長陳春圃演講

三、社會福利部代表孫育才致詞

四、名譽理事諸青來致詞

五、名譽理事趙正平致詞

六、宣讀年會論文

(1)汰除食鹽中雜質之研究　潘孟華

(2)淤積湖泊存廢問題之研究　馬登雲

(3)蘇北經濟建設計劃大綱　鄭源深

(4)土壤性質與修築公路之關係　張鑾

七、理事長報告

八、討論提案

(1)用大會名義肅電　主席致敬擬具電稿請　公決案（常務理事提）

決議　通過

(2)擬在本會之下設立會員職業介紹組提請　公決案（提案人馮　雯）

決議　通過　交理事會辦理

(3)擬徵求「戰時增產計劃」提請　公決案（提案人馮　雯）

決議　通過　交理事會辦理

(4)擬組織工程考察團考察華北滿洲及日本建設工程事業提請　公決案（提案人鄭源深）

決議　原則通過　交理事會酌辦

(5)擬呈請　中央政府提高技術人員待遇案（提案人鄭源深）

決議　交理事會酌辦

(6)擬修正會章改設常務理事五人是否有當提請　公決案（常務理事提）

決議　通過　並將章程第三章第八條條文改爲「理事會由理事長一人副理事長一人常務理事五人理事十四人組織之……（以下仍如原文）

九、臨時動議

(1)如何調節建設資材以應付戰爭時期之需求請就工程技術方面討論具體辦法（建設部提）

決議　交理事會酌辦

(2)請推選會員二人審查本會財務賬目案（常務理事提）

決議　推馮登雲馮　雯審查

十、改選第三屆理事及基金監

經以票選方法，選舉結果，以陳君慧，尤乙照，王駿

俊，任樂天，金其武，許公定，楊惺華，張士俊，湯震龍，陳昌祖，周迪平，朱浩元，屠慰曾，許慶濬，王學農，張瀛曾，汪德璇，俞梅遜，潘孟華，胡鐵華，張雯等當選為理事，張一烈，謝學瀛，張賚平，鄒源深，賈存鑑，顧詒燕，周平，溫文緯，嵇銓為候補理事，馬登雲，馮斐，汝萬青當選為基金監，許尙賢為候補基金監。

本會收支報告

三十二年六月份

收入之部

上月結存	八七九〇五、〇〇
江蘇省政府五月份補助費	二〇〇〇、〇〇
宣傳部五月份補助費	一〇〇〇、〇〇
教育部五月份補助費	二〇〇、〇〇
建設部六月份會費	一〇〇〇、〇〇
全國經濟委員會六月份會費	五〇〇、〇〇
正會員孫瑞林永久會費	一〇〇、〇〇
正會員傅崇德凌雲楊文淵徐映奎入會費及三十二年費	一二〇、〇〇
會員蘇野樵入會費及三十二年會費	三四、〇〇
仲會員張安仁三十二年會費	五、〇〇
正會員李瑞珊入會費及三十二年會費	三三、〇〇
仲會員吳逸民入會費及三十二年會費	七、〇〇
工程雜誌售款	二六五、〇〇
江蘇省地方銀行存款息金	九一一、六七
總計	九四〇八一、二六

支出之部

員工津貼	三一〇、〇〇
郵票	五〇、〇〇
第二卷第二期工程雜誌印刷費	一六三五、〇〇
第二卷第二期工程雜誌稿費	二二〇、〇〇
紙張	一六八〇、〇〇
會所門前裝置木棚門	六〇〇、〇〇
雜支	二七一、〇〇
總計	四七六六、〇〇

收支相抵本月結存國幣捌萬玖千叁百拾伍元貳角陸分

16812

工程雜誌 民國三十三年二月二十九日出版

發行者 中國工程學會 南京[illegible]國路數敬堂一二四號

編輯者 任樂天 南京成賢街實業部

印刷者 中華印刷公司 南京建鄴路一三八號

總經售處 中國工程學會

分經售處 國內各大書局

價目 每册國幣五元（外埠另加郵費）

徵稿簡則

一、本刊歡迎有關工程之論著，譯述，專載等稿件。

二、來稿須繕寫清楚，並加標點，譯稿請附原文。

三、來稿不論刊載與否，概不退還。

四、來稿一經刊載，版權即歸本刊保有。

五、已刊載之稿件每千字酌酬國幣三十元至五十元。

六、本刊一律用眞姓名發表。

本會徵文啟事

本會爲研究工程學術提倡戰時增產起見，爰有「戰時工業增產計劃」論文之徵集，凡我同志，務希不吝惠賜鴻著，以資攻錯爲幸。茲將徵文辦法刊佈如左：

(一) 內　容　文體不拘，以二萬字爲限。

(二) 截止日期　三十三年五月三十一日止。

(三) 收件處　南京瞻園路敎敷營一百廿四號本會。

(四) 酬　報　經本會聘請專家評定，第一名酬國幣三千元，第二名酬國幣二千元，第三名酬國幣一千五百元，並在本刊陸續發表。

工程雜誌

△宣傳部登記證京誌字第一六五號

本期目次

第三卷
第二期

中國工程學會出版

中華民國三十三年四月三十日

16815

本會副理事長陳昌祖先生

土壤性質與修築公路之研討

張 瑩

概論

著者最近徇上海申報年鑑編輯部，及本京國立交通大學同學會建設出版社之請，曾不自揣謭陋，先後撰「公路」及「事變後之華中公路」各一編，以貢獻於世之留心公路事業者。茲復承中國工程學會不以爲不文，而徵文於著者，爰就平時執業所研討，關是修築公路之問題，略述一二，以就商於工程學者。

公路修築之良否，關夫路線之勘定，設計之周密，用料之審擇，施工之適當，事理至繁，原因複雜，凡此種種，姑不具論。抑公路自經事變以後，什九損壞，修復之不暇，遑論興築。顧在修復中，有宜加以注意者，嘗見道路原屬完好，然經嚴冬冰結，一屆春季解凍，則路面破皺，溶水上浸，亦有地近河窪，一經汎水，路面低陷，維持修養，殊不經濟，修治之方，水位與土質之測驗尚焉。地下水位之測定，方法較爲簡單，惟地下土質之採取，土壤之試驗，難得具體之辦法。且現在尚無材料試驗室之設備，對於土壤之試驗，亦有困難，茲就現在所易舉辦者，列舉管見所及如下：

土壤性質區分

現在公路建設，注重於蘇浙皖京滬五省市，故土壤之試驗，亦擬先從五省市範圍以內着手，按照以前地質調查報告，及各地土壤性質，可將五省市地方大別爲六區，繪製草圖並列表於後：

第一區——一般情形爲無石灰性沖積土
第二區——一般情形爲含鹽沖積土
第三區——一般情形爲灰化紅壤
第四區——一般情形爲石灰性沖積土
第五區——一般情形爲灰棕色粘磐土
第六區——一般情形爲灰棕壤

調查地帶之擬定

五省市之地域廣大，各地質區之範圍亦不小，而試驗之土壤，須能代表一般之地質，故就各地區之情形，路線之地點，考慮選擇，酌定地帶，擬先在下列各地帶實地調查，採集土壤，以供試驗，然後按照試驗結果，將每區內之土壤性質，詳細比較，以作公路工程設計施工之根據。

第一區——龍潭至下蜀之間，江寧至秣陵關之間，申港附近。蔣墩附近。

第二區——金山至乍浦之間，海門附近，川沙至南匯之間。

第三區——紹興附近，於潛至天目山之間，南陵至涇縣之間，鄞縣之東。

第四區——揚舍至鹿苑之間，杭州至喬司之間，東台附近。

第五區——來安附近，天長至鄭家集之間，合肥至店埠之

間。

第六區——天王寺至上與埠之間桐廬之南，富國至胡東可之間。

採取土樣之方法

調查地質及採取土樣，應先就每一地帶內之土質普遍調查，儘密觀察，而後決定採取之地點，所採取之試料，須足以代表附近一般土質，凡局部變質及有人工混合物與特殊部份之土質，皆在不採之列。試料採取後，裝運之器具，擬規定使用下列四種：

種類	形狀	尺寸	材料
本箱	內徑二十公分之立方形板厚二公分		木材油紙

自重	內容重量	備考
約三、〇〇〇克	約九、〇〇〇克	備試驗自然狀態土質之用便於鐵道運輸

種類	形狀尺寸	材料
洋鐵箱	直徑十公分高二十公分圓筒型	洋鐵
約二二〇克	約二、〇〇〇克	備含水率測定之用
布袋	寬二十公分長三十三公分	棉布袋附繩帶
約三〇克	約三、〇〇〇克	長途旅行時可收入
紙袋	寬二十二公分長三十二公分	厚牛皮紙
約一〇克	約三、〇〇〇克	同右

當採取時，須將下列各項，詳加記錄：

（一）採取地點（地名、處所、及距離地面之深度）

（二）採取時間

（三）天氣（自然狀態）

（四）採取者姓名

（五）攝影（爲表示原物之大小須配以尺寸俾具入物等）

試驗種類及所需之器械材料

土壤試驗，種類頗多，目前因試驗器械及應用材料之缺乏，頗難全部實施。凡對於築路關係頗微而需費殊鉅者，如土壤之化學分析等等，不擬試驗外，其與築路極有關係之試驗，在可能範圍內，擬設法一一實施，茲規定如下：

（一）顯然比重及豆型剪斷試驗

（二）含水量，含水率，含水比之計算

（三）實在比重之測定

（四）間隙率，間隙比之計算

（五）成形限界及流出限界

（六）機械分析

（七）路床耐荷力試驗

爲求完成上述各種試驗，必須購置下列各項器械材料：

品名	
（一）大乾燥箱	一只
（二）小乾燥箱	一只
（三）銅質切土方筒	四只
（四）豆型剪斷試驗機	一具
（五）比重瓶	二只
（六）分水管	二具
（七）小磁鉢	五只
（八）流出限界試驗器	一具
（九）V形銅片	一片

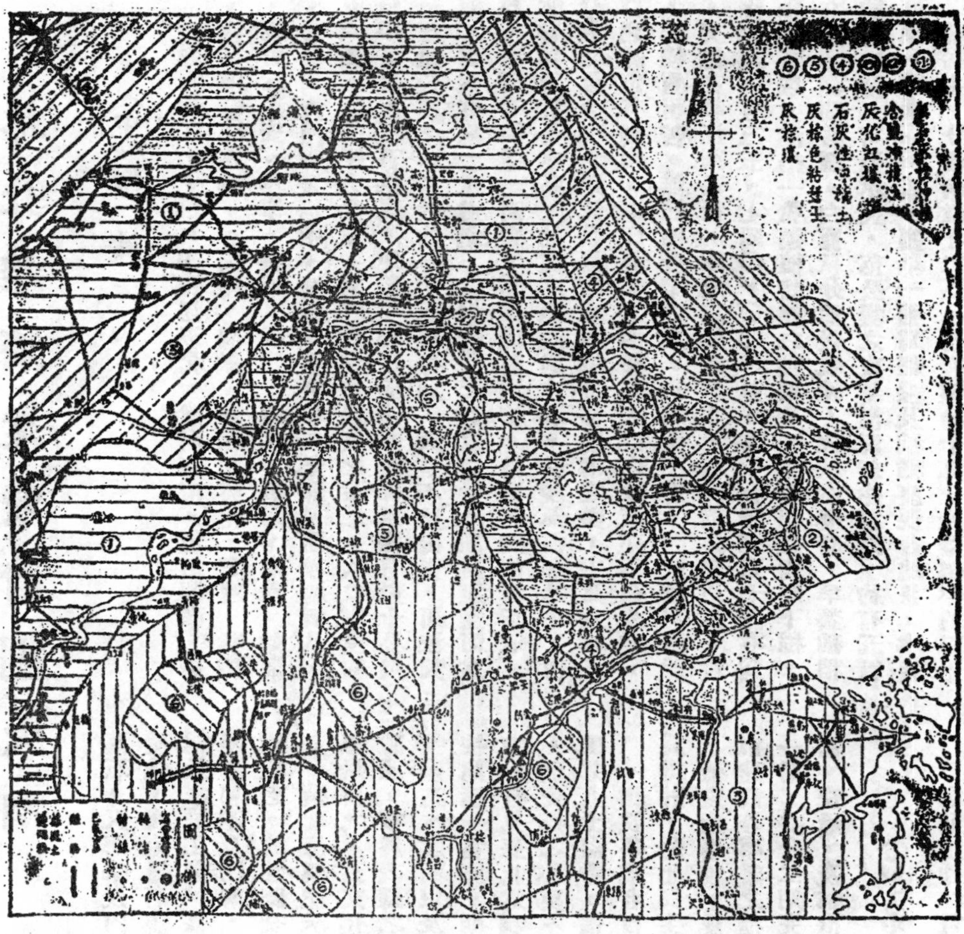

(十)十一公分高玻璃杯　四只
(十一)六公分高玻璃杯　四只
(十二)玻璃棒　二根
(十三)過篩器　一套
(十四)虹吸管　一具
(十五)路床耐荷力試驗器　一具
(十六)天平　一具
(十七)跑錶　一只
(十八)機器油　一箱
(十九)棉絲布　三十磅

結論

路線經行之地點，所有地下水位之高低，土樣之性質，及其堅度黏力耐荷力既已測定，則路面路床均能作合理之設計，在施行地質調查中，同時可將各地出產之碗石碎石木材砂子，屬於修築公路之資材，分別詳查，則施工所需之材料，亦可作適宜之措置，土壤性質之關係於修築公路者如此，其關於農林畜牧之增產，礦工各業之開發，尤爲重大，願與熱心研究學術者共同商榷焉。

16819

蘇北經濟建設計劃大綱

鄭源深

(甲)概論

蘇北乃江北平原，在長江以北，淮河以南，包括舊淮、揚、通、海(門)四屬，(揚州、儀徵、高郵、興化、寶應、泰縣、東台、淮安、阜寧、鹽城、淮陰、漣水、泗陽、南通、如皋、泰興、海門)及揚中、靖江、啓東等二十縣，面積約四八、五六四•六一平方公里，爲江蘇省中最廣之區域，人口密度約每平方公里三百餘人，地勢平坦，除南都西部邊緣有數十公尺至百餘公尺之小丘散佈外，其餘各地，數里不見山影，河流四達，爲蘇省第二水道網，以運河串場河爲經，淮河運鹽河爲緯，淮河有洪澤、高寶，爲其瀦蓄湖泊，惜淮河無出海正道，故影響及於全水系，往往水患超過水利，全境氣溫和適中，雨量愈北愈少，北端氣候呈江城河域推移地帶之勢，十萬左右人口之城市有揚州、清江浦、其他數萬人口之城市亦不在少數，人民樸質耐苦，無江南奢華之風，以物產不豐，生活較爲困難，文化亦較江南落後，產業以農產爲主，境內范公提以西，耕稼之地約有三五、七四〇、〇〇〇畝，其中百分之五十左右爲秈稻區域，淮揚一帶還植短期之秈稻，歷年清明穀雨間下種，立夏小滿間移種，白露秋分前後收穫，故秋水發時，早熟秈稻業已登場，可免水災，范公提之東爲沿海新冲積地，約有五百萬畝，爲產棉區域，鹽阜一帶爲雜糧及秈稻麥混合地帶，水產以鹽爲主，分淮南淮北二區，昔有鹽場十九，產量每年約三千萬石，又海味及內河魚蝦出產亦多，惜無統計數字，工業不甚發達，僅南通有規模較大之紡織紗廠外，其他各處，僅有手工業及家庭工業，甚爲幼稚，交通以水路爲主，但因水患關係舟運之利不及江南，陸路交通，僅有短距離之汽車路，因事變汽油缺乏，故陸路交通不若水路之便利，此蘇北之大概情也。

蘇北原爲肥沃之地，惜歷年以來，治蘇者每多重視江南而忽於蘇北，致文化落後，物產不豐，民生凋敝，農村經濟瀕於破產，實爲我國之大患，若果統籌大計，力謀建設，舉凡交通、產業、工商以及都市等各項建設事業，分別厘定具體計劃，按期逐一實施，則將來之進展實未可限量，事在人爲，羣策羣力，行見蘇北爲我國首富之區也，余蘇北人也，愛國之心甚切，而愛鄉之心更不願後人，因草擬蘇北經濟建設計劃大綱，以供邦人士參考，惟管窺之見，失策之處必多，幸匡正焉。

建設事業名目繁夥，要在因地制宜，分別緩急而施行，方爲得計，蘇北民生凋敝，農村經濟破產，故必先從事農業建設，使農產增收，農村經濟復興，然後從事交通、工商、以及都市建設等事業之推進，本此方針，擬計劃分期實施，以五年爲一期，共分二期完成，第一期爲農業建設時期，第二期爲工商業、交通、及都市建設時期，茲將各期工作規劃如下：

(乙)第一期　農業建設時期

本期工作注重農業建設，擬先確定農業行政系統，及農業

政策，蓋農業行政系統爲實施農業政策之機構，而農業政策，乃農業建設之指針，今分別將其綱要敍述如下：

一、農業行政系統　擬於境內最高行政機關內特設農業處，下置若干科，分掌農事改良、農業研究、農業整理、農田水利、及其他有關事項，遇有特別事務，另設專門局所，或委員會辦理之，於各縣特設專科，或由農業處特派專員担任指導工作，並將全境分爲泰、（泰州、東台、如皋、泰興、靖江、）寧、（阜寧、鹽城、淮陰、漣水、泗陽、）淮、（淮安、興化、寶應、高郵、）揚、（揚州、儀徵、揚中、）通、（南通、海門、啓東、）五區，以泰淮二區爲模範區，各區內分別設立農業專門技術，或研究指導機關，以及特資實驗村，或自興村，以便推行農業政策，以及辦理有關一切事務。

二、農業政策　農業政策以統制及振興農業爲主要目的，同時注重基本工作，本此政策，擬定以下工作項目：

（一）恢復治安　蘇北地域遼闊，交通不甚便利，寧淮一帶人民生活艱難，故挺而走險爲害地方，農民不能安居，則不能從事耕稼，故必先恢復治安，肅清匪患，嚴厲推行保甲制度，訓練壯丁以衞鄉土，可於模範區內先行舉辦，然後逐漸推廣，於二年以內完成

（二）整理土地　歷年以來，土地未經丈量，故熟田荒地之確實數字無從查考，擬用飛機採大三角測量法，將地積地籍分別整理，將不必要之田埂除去改爲耕田，並將農民村落合併，則必溢出空地不少，亦可改爲農田，此種工作，實爲振興農業之基本工作，似可先行舉辦，擬先於模範區內擇其首縣先行試辦，全境二十縣，於三年以內分別辦理完竣。

（三）調整田賦　田畝丈量未清，故田賦繳納無一定準繩，加之歷年政治未入正軌，弊端百出，爲國家財源之一大損失，擬參考現行比率，按照清丈田畝之產量多寡，分別核實徵收，此項工作亦可於模範區內先行辦理，於三年以內全境辦理完竣。

（四）整理佃農制度　佃租制度約分五種甲、地主僅供給土地，乙、地主兼供給農舍，丙、地主除供給土地房屋之外，兼供給農具牲畜肥料種子，丁、地主自行下種，然後交佃戶任耕鋤之責，戊、土地所有權不在地主，而有一部份屬於佃戶，此種制度極爲不良，對於納賦完租均受影響，實有整理之必要，擬先行從事詳細調查實況，然後切實研究整理辦法，將灌溉系統操於政府管轄之下，務使地主佃農及政府之利益平均分配而無偏袒之弊，此項工作，亦可在模範區內先行舉辦，三年以內全境辦理完成。

（五）設立農業指導所　我國農民大都墨守成法，對於農業技術不知改良，擬特設指導機關，從事農業訓練及實驗，並改良農村社會機構，指導農民實行農村公會制度，或附設農具改良製造工場等，以期改進農村社會組織，及增進耕種技術，此種機關，可於模範區內先行設立，併與中央主管農業機關共同組織，俾工作易於推進，成效易見。

（六）設立農業金融合作社　設立農業金融合作社，以應付

農村經濟需要，實施農業貸款，肥料廉價配給，並與其他金融機關密切合作，以期農業金融圓滑，擬暫於揚州泰州二處先行設立，將來視業務進展情形，於各縣設立分社

（七）設立農事合作社　於各區內設立農事合作社，以各縣合作社爲基本，次第普及於各農村，各合作社所作之事業大體如下：農產物之檢查、貯藏、搬運、調製、加工及販賣、農業倉庫之經營、生產之分配工作、儲金之接受，資本之通融，及其他必要之設施等。

（八）設立實行合作社　於農事合作社設立實行合作社，其辦理事業如下：共同出貨之介紹推獎、生產之指導、農業倉庫入庫品之介紹推獎、共同利益設施、共同購買之介紹推獎、金融之介紹推獎、生產之指導、及其他協助合作社之事業等。

（九）設立特殊合作社　例如棉花合作社、穀糧合作社等、辦理特產之交易輸出品質之檢查、促進生產、調查統計等工作。

（十）興辦水利工程　按水利工程中灌漑航運二項，對於農產品增收及運銷關係甚大，尤以蘇北水系紊亂，爲害農田，故必加以整理，興辦水利工程，擬先從事詳細調查，蒐求以往文獻，將境內河道狀況，田畝灌漑情形，以及已辦之水利工程，分別繪製圖表，以便釐訂灌漑及航運工程計劃，分期實施，茲將計劃綱要暫定如下，以作參考。

與辦水利工程計劃綱要

甲、調查及測繪境內各河道湖泊，及已辦水利工程之現狀。

乙、擬訂疏濬或開挖河道工程計劃。

丙、擬訂修建壩閘圩堤工程計劃。

丁、擬訂工程實施辦法。

戊、規劃航運路線，及航運工程計劃。

巳、估計工程經費，及擬訂籌措辦法。

庚、規定水利工程經常管理及使用辦法。

辛、其他一切有關水利工程事項之擬訂。

查境內淮河無洩水正道，水位上漲之時，其他各河受其影響甚大，每致釀成水患，往昔有導淮委員會之組織，訂有工程計劃，頗爲詳盡，並已實施一部份工程，嗣後是否必要按照原訂計劃實施，或加以改變，均需切實研究，以期節省人力、物力、及時間，於短期內可操縱水利田之主要目的，同時可得舟運之便，該項工作至爲繁重，擬與中央主管水利機關密切合作，同時曉諭民衆，得知水利工程之重要，協助政府完成此偉大之工作，行見蘇北區水患永除，農田受益非淺也。

（十一）設立農業研究機關　設立農業研究機關，從事各種農業試驗研究，俾種仔得以改良，耕種方法得以改善，擬於泰州先行設立，然後逐漸擴展至各區，並與中央農業研究機關連絡，互相交換試驗成績，以期更獲得圓滿之效果。

（十二）設立氣象觀測所　農業與鑛工業不同，非僅人力所能增產，蓋對於氣候之變化有莫大之關係，故擬設立氣

象觀測所於泰州、及淮安二處，觀測報告氣候，使農民可預知氣候之變化，而耕種工作有所準繩也。

(十三)開拓荒地　境內荒地無精確之調查，沿海一帶，空曠一無人煙，蓋以土地含有鹹性，又有多處低窪濕地，草木不生，此種土地均不宜種植，但若施以灌溉，排水，及防洪等工程，僅可改良為肥沃之地，擬組織拓殖公司，先行派員調查研究，然後從事水利工程，移民開拓，農田面積增加，產量亦必增多。

(十四)興辦農村教育　我國農民知識淺薄，皆因農民未受教育，故擬興辦農村教育，惟在國家財政困難之時，難於普遍推廣，最好由農村內有識之士自行提倡，國家處於指導地位，則易於舉辦，昔廣東東潮安縣峙溪村中私立安溪小學，由地方數人創立，慘淡經營，歷十餘年之努力，覺規模粗具，並得境內農民之信仰，舉凡田地紛爭，家庭糾葛，以及公益事業，均由該校公斷或主持，實為最好之先例，可以效法，對於農村復興工作，有絕大之幫助也。

(十五)設立牲禽飼養指導所　家畜及禽類，為農家副產品，蘇北境內，產量甚豐，每年運往江南各地為數甚多，惟一般農民對於詞養之方法不良，以致每多死亡，或因不知改良品種，以致有礙銷路，擬設立牲禽飼養指導所，其工作如下：一、指導農民飼養牲禽方法，二、改良品種，並推廣普及，三、醫治牲禽疾病，並指導預防方法，四、負責介紹推銷，五、飼料研究及製造，擬先於模範區內先行舉辦。

(十六)設立農民住屋改進社　農民住屋類多簡陋不堪，不宜居住，固為經濟所限，但以農民智識淺薄，對於房屋不善經營，土壁茅屋，實為建築房屋材料中最適宜最經濟者，要皆不知房屋建築原理，而施以適宜之施工耳，故擬設立農民住屋改進社，其工作如下：

甲、研究現在農民住屋之結構，及材料，以確定改進方法。

乙、擬訂住屋標準圖樣，指導農民改建。

丙、代辦農民住屋修繕事宜，及有關事件。

丁、答復農民諮詢住屋改進事宜。

戊、代辦建築費用之貸款。

擬於模範區內先行舉辦然後普及於各區。

(十七)設立醫務所　農民對於疾病不知預防方法，待罹病以後，又無良醫醫治，影響農民生命甚大，擬廣設醫務所於各村鎮，或因經費難以舉辦，可採用流動方式，醫務所可設於特製之車中，或舟中，如是則窮鄉僻壤間可以到達，實為最善之策。

(十八)設立圖書室及娛樂場　設立圖書室於各大鄉村，以便農民觀覽圖書，若因經費困難，亦可採用流動式以車載圖書，活動於各村鎮之間，並可於村鎮中擇一空地作為娛樂場，以便映放電影，或演戲劇，或農民於農閒之時，作為娛樂聚會之用。

各項工作，互相有連帶關係，故在未實施以前，自應權衡事實，分別先後舉辦，可先分別厘訂詳細計劃，然後統籌辦理，庶不致有各自為政，缺乏連繫之弊，我國農村建設運動雖政

府倡導數十年，但成績寥寥，幾無可舉者，其因何在，概因計劃多未週詳，未將各地農村實際狀況調查詳盡，對症下藥，故以往計劃實施以後，不切實用，加之經辦人員視爲普通行政，類多從事敷衍塞責，或視爲發財之途徑，去本旨甚遠，於農業何益，今後應力除前非，努力實際工作，事先詳細認眞調查計劃，實施時切實審愼辦理，而在上者貴以身作則，嚴厲督率下屬，其担任下層工作者，尤應本諸愛國思想，承受在上者之指揮，努力善意指導農民從事耕稼，如是則農村復興有望，農民經濟復見裕如，則可努力於其他各項建設事宜矣。

本期內雖注重農業建設，但於其他各項建設，正可同時進行調查設計工作，以便於第二期內實施，其辦法詳各項建設計劃內，玆不贅述。

(丙)第二期　工商業交通及都市建設時期

農村復興，經濟活躍，則可從事工商交通及新式都市之建設，以謀全面發展，蓋農產豐富，則可加工製造，轉運他方，交換物資，故工商機構必需健全，交通設備必需完善，方能荷此重任，同時建設新式都市，以增進人民生活而爲農村之模範，玆將各項建設計劃分別略述如下：

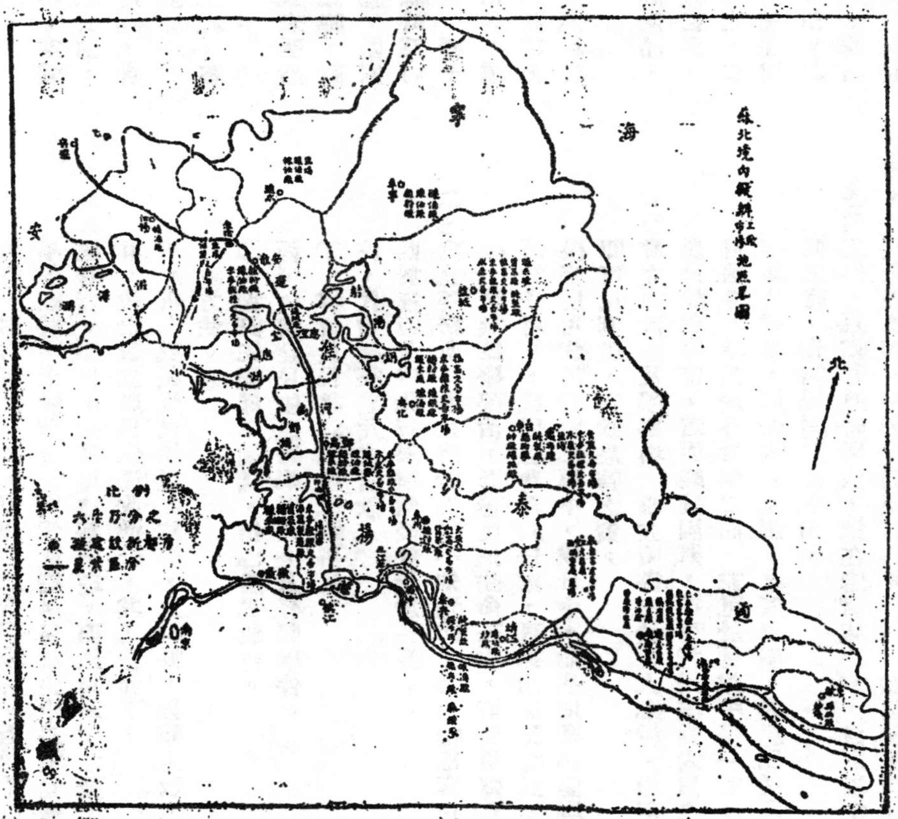

16824

一、工商業建設計劃

甲、工業

蘇北唯一之產物爲農產品，故工業以農產品加工製造爲主要工業，附設其他附屬工業，查境內各地原已設有小規模之工廠，惟年來因材料缺乏，金融紊亂，致各工廠均呈不景氣象，或因以倒閉，實爲工業前途之危機，擬於各地添設新廠，及改組現有之工廠，將組織系統劃一，以便統制經營，於各同業工廠分別設立一母廠，餘爲子廠，務使原料及出品作合理之支配，避免畸形發展，對於一切手工業設法增加其資本，採用機械代理人工，以增加其產量，同時對於家庭工業使其社會化，以謀產品精良，產量增加，玆按各地產物生產狀況，設立下列工場於各地，分述之如下：

一、紗廠及繅絲廠　設紗廠於產棉區城內，如南通、海門、啓東、東台等處，以南通紗廠爲母廠，餘爲子廠，並於靖江南通等處設立繅絲廠，以南通繅絲廠爲母廠，計共六廠。

二、碾米廠　採用機器碾米，設碾米廠於下列各處，揚州、高郵、泰興、興化、南通、鹽城等處，以泰興碾米廠爲母廠，餘爲子廠，計共六廠。

三、麵粉廠　採用機器製麵粉，設麵粉廠於揚州、高郵、泰縣、興化、南通、淮安、阜寧、東台等處，以高郵麵粉廠爲母廠，餘爲子廠，計共八廠。

四、醃製廠　境內家禽家畜以及海味出產甚豐，年銷至江南各地爲數甚夥，惜醃製方法未盡精良，致儲藏時間不久，有礙銷路，擬設立大規模之醃製廠，採用新式科學方法從事醃製罐裝，以便行銷較遠之地，其設立地點如下：於鹽城東台設立海味醃製廠，如臯，泰興，鹽城設立家畜及家禽醃製廠，計共五廠。

五、煉油廠　設立煉油廠，採用科學機械方法精煉植物油類，設廠地點如下：淮安，阜寧，漣水，南通，興化，高郵等處，以興化煉油廠爲母廠，餘爲子廠，計共六廠。

六、織布廠　設立大規模之織布廠，採用機械織造，設立地點爲南通，東台，泰興等處，以南通廠爲母廠，餘爲子廠，計共三廠。

七、醬菜廠　設立醬菜廠於揚州，泰州，鹽城等處，採用科學方法人工製造，並用機器罐裝，計共三廠，以揚州廠爲母廠，餘爲子廠。

八、釀酒廠　於雜糧區內設立釀酒廠，從事製酒、設立地點爲阜寧，泗揚，漣水，泰興等處，規模毋使宏大，以求節雜糧之消耗，計共四廠。

九、麻織廠　設立麻織廠從事麻織物之製造，設立地點爲泰興。

十、鹽場　鹽爲本區主要物產之一，舊有鹽場十九處，年產三千萬石，邇來治安不良，鹽圩爲風浪擊毀之處甚多，故產量大減，擬於如臯，漣水，東台，淮陰等處設立鹽場，將原有鹽場從事整理，採用科學原理改良土法，增加生產，並對於運銷途徑亦須通盤籌劃，以求供應圓滑。

十一、水發電廠　利用水力發電乃近代新興工業，歐美各國及日本均早已普遍設立，而使一切工業電氣化，故欲發展蘇北工業，首宜創立水力發電廠，擬於三河壩設一座五萬馬力

16825

左右之電廠，浮山，洪河口間及微山湖亦可設較小之水電廠，其他各處，凡水位終年有高底之差者，均可設立，至詳細計劃，可待專家研究。

十二、火柴廠 南通有通燧火柴廠，近年營業如何，尚未有調查，擬就該廠整理擴充為母廠，於如皋泰州等處設子廠，計共三廠。

十三、漆器製造廠 揚州在昔漆器製造甚精，今該業已凋敝不堪，擬籌設製造廠一所，僱用名匠，改良土法，從事製造美術漆器，提倡中國原有藝術。

十四、造紙廠 採蘆葦製漿造紙，設廠於高郵，寶應，興化等處以高郵為母廠，餘為子廠。

十五、機械製造廠 近代工業採機械代替人工，遂能大規模生產，故欲工業進步，必須製造各種機械，以備各工廠應用，擬於南通設立機械製造廠一所，不妨就原有之資生鐵廠整理擴充之，南通離上海甚近，交通便利，材料及工人均易招致，初創之時，不妨規模略小，僅製造簡單之農具及農產品加工製造機械，然後逐漸擴充，以供給全境之需求。

乙、商業

蘇北商業蔓無組織，易為少數人所壟斷，為商業之大害，擬由國家統制經營，以求綜合發展，茲按物品產銷狀況舉辦下列機構。

一、設立大規模公營企業公司 為求國家統制金融運用，設立大規模之公營企業公司，其經營事業如下：

甲、運輸事業之投資，或直接經營。

乙、各項工業之投資，或直接經營。

丙、通訊事業之投資，或直接經營。

丁、公用事業之投資，或直接經營。

戊、拓殖事業之投資，或直接經營。

已、其他一切企業之投資，或直接經營。

擬於泰州設立母公司，按事業之需要情形，於各地設立子公司，或專營公司。

二、設立大規模運輸公司 為求物品運輸圓滑，運輸工具及人員統籌分配，實施統制運輸，擬設立大規模之運輸公司，其組織系統如下：

蘇北運輸公司（暫定名稱）
- 陸運公司
  - 汽車公司
  - 馱運公司
- 航運公司
  - 輪船公司
- 水運公司
  - 民船公司
- 水陸聯運公司
  - 聯運公司
  - 轉運公司
- 服務社——營業所
- 空運事務暫不經營

其業務如下

一 境內貨物及旅客運輸事業之經營。

二 碼頭倉庫事業之經營或投資。

三 水道公路建設事業之投資。

四 造船造車廠之經營或投資。

五 其他有關運輸事業之投資。

三、設立水產公司 蘇北沿海及內河一帶水產甚豐，擬設水產

公司於東台，其經營事業如下：

一、水產物採集事業之經營。

二、水產物產銷事業之經營。

三、水產物加工製造事業之經營。

四、其他一切有關水產事業之經營或投資。

必要時在其他適宜地點設立子公司。

四、設立商業總公會　各業自行組織各業公會，由各地方商會，統一管理，更由各地商會推舉代表，組織商業總公會，以謀一般商業之改進及政府統制經濟政策實施之便利。

五、設立各業交易市場　為求取締秘密買賣，統制產物集散，使供求合理化起見，由政府設立各業交易市場於境內，茲擬定如下：

南通——棉花交易市場。

泰州，南通，揚州，淮安，高郵，興化，鹽城，東台——米麥及雜糧交易市場。

淮陰，東台——食鹽交易市場。

東台，鹽城，高郵——水產交易市場。

泰州，南通，興化，泰興，靖江，鹽城，如皋——牲畜交易市場。

六、設立中央銀行蘇北分行　由中央銀行總行設蘇北分行於泰州（或揚州）並於各區內設立支行，從事境內金融之調劑，及其他公營及民營金融機關之指導及協助，求金融機構健全，促進經濟建設事業。

七、設立物價統制機關　由官民混合組織物價統制委員會，頒訂「物價政策大綱」，對於生活必需品之價值公定劃一，對於重要之產業強制執行統制，以免除物價上騰，而求節約消費。

八、設立勞働服務社　勞働服務者可分工業，商業，農業，均以手足勞力謀生，若輩智識淺薄，腦筋單簡，故必施以保護及救濟，擬設立勞働服務社於各區，並設立各分社於必要場所，由政府頒佈「勞働統制法」使勞働需求圓滑，並設立服務社，指導勞働者組織勞働協會，以謀勞働者之福利，及保障勞働者應有之權利。

九、設立專賣局　由政府設立專賣總局于泰州，並于揚州，南通，實應設立專賣局，于各縣設立專賣分局，從事日用必需物品之配給，若米，鹽，油，麵粉，肥皂，洋燭，火柴，等物品均為日用必需之物，易為囤積操縱，若由政府專賣，或委託大貿易公司代理，政府處于指導監督地位，則供求圓滑，無慮其他不良事件發生矣。

十、設立經濟研究所　由政府設立經濟研究所，研究境內經濟實況，以謀改進，同時研討國內其他各地及世界經濟變化，以求適應環境，將研究所得資料，供獻政府參考實施。

商業建設非徒空談，而重實施，尤宜注重商業道德，否則政策雖好，方法雖佳，亦難期收效，余意欲求商業建設成功，非由商業從業人員自身力謀改進不可，政府僅處于指導監督地位，是故商業之從業人員必須有相當之智識，及嚴格之訓練，以國家為前題，非僅謀個人之利益而已也。

丙　交通建設計劃

交通建設分水路，陸路及通訊，今分述如下：

（A）水路交通建設

蘇北乃江蘇省第二水道網，故交通水路較陸路發達，水路分長江航線，及內河航線，內河航線又可分小輪船航線，及民船航線，長江航線四時可通吃水十二英尺至十七英尺之大輪船，停泊口岸，有南通、江陰、口岸，海門、霍家橋、十二圩、泗源溝等處，主要航線有（一）上海揚州（霍家橋）線（二）上海通州線，此乃直接航路，尚有上海漢口線，路經各沿江口岸均有停靠，各航線中以上海揚州線爲最佳，在昔爲全國最好之航路，載運蘇北裏下河一帶之土產，若海味、家畜、以及農產物品往上海，轉運沿海各地，昔由英商大達公司經營，造有特別船隻，以載運，可見業務之發達，內河航線無一定之中心地點，且因河道失修，每年通航僅七八個月，冬季水落，舟行不便，夏季水漲，舟浪擊堤，亦禁航行，實爲航運之大患，主要輪船航路有鎮揚清江線，鎮揚泰州線，南京揚州線清江宿遷線，東台海安線，鹽城阜甯線，帆船無一定之航線，在昔由人民自由經營，故蔓無統系，有礙航運之安全，現各航路均由東亞海運，及中日合辦公司之中華輪船公司經營長江航線，內河輪船公司經營內河航線，尚有民船公會經理民船，該公司公會等僅維持航運，借無遠大計劃，對于區內航線多爲無定期，或因缺乏船隻而停駛，或因水淺而止航，或因攔水築堤壩而必須換舟，是皆不利于航運事業，故必需加以整頓，茲擬具整理計劃綱要如下，以供參考。

一、規定航運行政系統　航運事業應由政府統制經營，以謀綜合發展，擬由境內最高行政機關內置交通科，下設航運股，主管一切有關航運行政事務，遇有特別事務，另設處所，或委員會辦理，各縣政府內暫不設科，可指派專門人員負責辦理。

二、規劃航運路線　內河航線以泰縣、揚州、爲小輪及民船航線之中心，計分主要航路十線：

一、泰州南通線　由泰州經如臯至南通新生港

二、泰州鎮江線　由泰州經江都至鎮江

三、泰州鹽城線　由泰州經海安東台至鹽城

四、泰州興化線　由泰州至興化

五、泰州淮陰線　由泰州經高郵寶應至淮陰

六、泰州三江營線　由泰州至揚州之三江營（此線係擬開挖之運河爲江北通江南之捷徑）

七、揚州南京線　由揚州經瓜州、十二圩、泗源溝、大河口至南京下關

八、揚州淮陰線　由揚州經高郵寶應淮安至淮陰

九、揚州鎮江線　由揚州經瓜州至鎮江

十、揚州蔣壩淮陰線　由揚州經邵伯蔣壩高良澗至淮陰（爲洪水時期之航線）

次要航線共十線：

一、高郵鹽城線　由高郵經興化至鹽城

二、東台興化線　由東台至興化

三、阜東線　由阜寧至東溝

四、坎湖線　由東坎經阜寧至湖垜

五、湖泰線　由湖垛經興化至泰州
六、岔沙線　由沙溝至阜寧之岔林
七、淮雲線　由淮陰西壩至漣水灌雲
八、揚遷線　由揚莊至宿遷
九、漣海線　由漣水至海州（海道）
十、海東線　由海門至啓東達上海

長江航線

一、揚滬線　由揚州霍家橋經口岸揚中新生港南通海門至上海
二、通滬線　由通州經新港至上海
三、揚寧線　由揚州霍家橋經鎮江瓜州十二圩至南京

三、設立大規模航運公司　爲求實行航運統制經營起見，由政府設立大規模航運公司，其組織系統如下：蘇北航運公司（暫定名稱）長江航運公司——經營長江航線。內河航運公司——經營內河輪船航線。造船公司——製造民船及小輪船。民船航運公司——經營內河各民船航線。

其業務如下：

一、蘇北境內長江輪船航運事業之統制經營。
二、蘇北境內內河輪船航運事業之統制經營。
三、蘇北境內民船航運事業之統制經營。
四、蘇北境內碼頭倉庫事業之統制經營。
五、蘇北境內一切航運附屬事業之統制經營。

四、興辦航運工程　境內河湖均爲天然水道，雨季來源暢盛，則水深廣闊，較大之船舶均能行駛，一遇乾旱，來源枯涸，僅存之水量奔赴江海，斯時即淺灘畢露，而航運爲之阻斷，水運事業因以受其影響，故爲航運計，河道必須常年保持河流之相當深度，而欲求常保河流之深度，必需興辦航運工程，設置船閘及活動壩以節制水量，玆將前導淮委員會所擬航運工程計劃略述如下，以供參考。

一、運河自微山湖至三江營設航閘凡五
二、爲求通揚運河串場河運河成爲互相溝通之航道設船閘凡二
三、爲求關洪水期內淮河通江航運設船閘凡一
四、航渠之橫剖面規定　河底寬爲二十公尺，最低水位時深水三公尺。

（係按九百英噸之船兩隻併行計劃此種規定是否稍大，擬仍須考慮）

該項工程計劃一部份業已實施，將來宜若何繼續進行，擬先從事調查研究，然後決定方策，玆將進行步驟擬具如下：

一、聘請水利專家組織航運工程委員會，主辦航運工程一切事務。
二、調查境內河道之現狀，及以往有關文獻（包括雨量，流量，流速等）。
三、調查各河道內之運輸狀況，及將來發展之預測。
四、擬具航運工程計劃，實施辦法，及經費之預算。
五、完工驗收後之管理辦法。

五、設立民船工廠　事變以後，民船數量減少，而同時損壞者日漸增多，船民修理技術不良，又限於經濟，故因陋就簡

16829

，未能徹底修復，其害甚大，擬設立民船工廠專營製造修理，及改良民船事務，由政府出資或官商合辦，設立地點暫定于揚州之三江營，將來視實際情形，設分廠于適合地點，該廠內並可暫時附設小輪船修理工廠，從事小輪船簡單修理工事。

六、設立航運公會　由政府指導各從事航運事務人員組織航運公會，以謀航運事務同人之福利，如籌辦職工學校，合作社、俱樂部、公寓、等事業。

七、規定運價　現時航運價格極不統一，擬先調查現在狀況，公定價格，各船務需一律遵守。

八、設立航運人員養成所　航運人才極感缺乏，擬設立航運人員養成所，招收學生，分班訓練，教授航運技術，造船術，及航運管理等學識，畢業以後，分派于各航運機關中服務，

九、開挖運河　擬於泰州與三江營之間開挖運河一道，約長二十餘公里，爲泰州通江之捷徑，開挖以後，對於裏下河一帶之交通運輸，必便利甚多。

(B)陸路交通建設

陸路交通建設可分公路及鐵道今分述之。

A公路交通建設

蘇北陸路交通不若水路之發達，蓋水路河道四達，運價較廉，自應捨車而取舟以代之，境內道路可分二類，一爲新築之公路，可行汽車，一爲舊清代所築所謂官馬大道，昔爲國家公文傳遞要道，按站設驛，故亦名驛道，其主要路線約分四道，一，自瓜洲起沿運河之清江浦北達山東沂州，二，由清江浦北達山東日照，三，自揚州西南經儀徵，一至安徽之天長，一至六合，四，自阜寧沿范公堤至呂四。

今將事變前蘇北境內公路狀況調查列表如下：

路線名稱	各段起訖	公里程	狀況
六啓支線	六合　江都	六三	土路通車
	江都　清江	一〇三	路面通車
	清江　平湖	五五	土路通車
	平湖　南通	一八	路面通車
	南通　海門	三七	土路通車
	海門　啓東	六二	土路通車
鎮沭支線	六圩　江都	一七	路面通車
	江都　沭陽	二三八	土路通車
東口支線	口岸　泰縣	二三	路面通車
	泰興　東台	五二	未興築
南贛支線	平湖　海安	六五	土路通車
	海安　鹽城	一一〇	土路通車
	鹽城　阜寧	五四	土路通車
	阜寧　大伊山	六六	建築中
	大伊山　新浦	六〇	土路通車
	新浦　點馬廠	六一	土路通車
淮陳支線	淮陰　新安鎮	七三	土路通車
	大新集　陳家港	五八	土路通車

（未完）

16830

戰時工業增產計劃

甲、言緒

關於吾國增產工作，積極推進，已歷歲月，其所以收效遲遲未能達到理想目的者，不外乎全國上下尚未能一心一德分工合作耳，故政府方面應即設法鼓勵民衆自動參加增產工作，使增產國策，得以迅速完成同時並負指導督促之責，而使事權專一，惟我國民衆教育水準低落，必須以循循善誘之態度，由簡入繁方可收事半功倍之效，然後再求農村科學化，手工機械化，並將目前最感需要之各項工廠，積極設立，儘量供給所需，庶幾增產可期，民生得以安定，茲根據戰時體制下之經濟原則，並參酌目前實際狀況，謹抒管見於後：

乙、兩年工作計劃：每半年為一期，共分四期完成

（一）第一期：

一、技術工作人員之訓練：創辦中央技術專門學校。

二、木鐵合製機械之創造及提倡：

試製各項急需木質機械，於可能範圍之內，儘量以木代鐵，並對於成本及效力等詳加研究，其功效至少應較舊有者增高數十倍，功效及產量亦應設法使之加增，如此則易於推廣，而一般人民（或農民）對於成本或將樂於負担。

（一）研究期：第一、二個月用實驗方法改良各項機械，如紡紗，織布，水力，農具及農品加工機械等等，同時準備籌設工廠，擬訂計劃及研究各項先決問題等。

（二）籌辦期：第三、四個月將研究期間所得效果付之實施，並設立工廠及準備開工時必需之原料，以及其他一切事宜。

（三）調整期：第五、六個月，就開工後之狀況參照實際情形將各部份工作加以調整，使工作步入正軌。

（四）推廣期：以調整後之工廠作為準繩，另在其他需用地點增設而推廣之。

三、代用品之研究與實驗

（一）產品之代用：如採用竹木紙漿，製成土報紙，以代白報紙。

（二）工業原料代用品：以柳桑提煉為製革栲膠之代用品。

（三）其他：

四、改良製造及管理上之研究。

（一）在製造與管理方面，應以降低成本及增加產量為原則並注意產品之質量，是否確合標準。

五、調查統計：

（一）研究如何利用廢物，製成物品，或半原料品。

調查各地需用各項工業產品之數量，農產品及工業原料等之產銷情形，以爲設廠之依據，並設法使各地產品平衡，而免物價有異地懸殊之現象。

六、重訂科學發明與改良之獎勵辦法及工廠各項之獎勵與保障辦法，以爲人民樂入工業途徑之鼓勵。

七、家庭工業之提倡。

八、工業再度增產實施計劃之擬定(全國工業動員計劃)。

(二)第二期：

一、木質機械之應用與推廣。

(一)示範期：以工廠產品陳列各地，以資提倡，如木質機紡織廠可以木質水力和牽引各織紡機工作等。

(二)推廣期：斟酌各地需要，分別按照以上步驟，普遍陳列以冀盡量指導人民協助，人民自設工廠。

二、代用品廠及簡易工廠之設立：

以研究所得，選擇最急需者，由中央先行設廠試辦之。

三、實驗廠之設立：

以友邦交還工廠或以現有工廠之設備較爲完善者，作爲實驗廠酌量由政府計劃開廠，並以研究所得，提供政府採納。

四、鐵工廠之設立：

設立相當規模之鐵工廠，以爲各項工業發展之需。

(三)第三期

一、人民設廠之協助辦法：

人民應將一切與設廠有關資料，如計劃等，先行呈請當局審核，如確係當地需要，而感資金及機械原料不足，或技術上與其他方面發生困難時，政府當設法負責協助之。

二、國家示範廠之設立：

分別選擇各工廠中之設備較爲完善者作爲示範廠，最好能收歸國有或定爲官商合辦，由國家按照增產各項之規定，統籌營運之。

三、工廠之管理與調整。

(一)技術與管理法之改良及推行。

以實驗與示範廠之各項管理方法爲根據，逐步調整各商家工廠。

(二)生產機構之管理。

審核各商家工廠之成本，及工作效能等，是否合理。

(三)產品之統制：

各工廠之產品，最好全數由國家直接收買，以爲統籌配給之需。

四、工業用品及半製品等各項工廠之設施。

(四)第四期

一、各項化學原料製造廠之創設，如硫酸廠鹽酸廠等。

二、重工業之設施：如煉鋼廠，各項軍需工廠及交通工具工廠等。

三、各省有與新設工廠之考核與再度調整

四、將全國工業總動員計劃作進一步之設施。

丙、組織

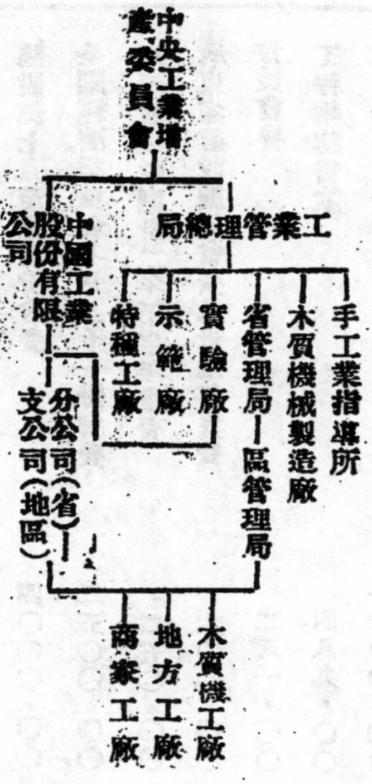

丁、資金之籌劃

(一)招募商股

一、現金股

三、強徵股　就農工商各界每年所入之多寡以爲認股之根據，由政府直接派員徵募之：徵得之款即作爲當設廠之資金，如倘感不足則由國家補充或墊付之：

(二)金融機構之調整

一、歸併非法金融機構：以其資金作爲增產股金。

二、限止不必要金融機構之設立，以免游資之吸收，而爲囤積之需。

(三)由國家發行增產公債及奬劵。

(四)囤積或其他非法之經濟活動，經國家沒收充公者將其一部份收爲增產股金之經費。

(五)爲避免市場上之游資過於充沛計先事調查銀行儲蓄存戶存款之多寡由政府規定強迫認股辦法，並定詳訂人民投資之奬勵與保障辦法，以昭公允。

(六)擬定存款利息認股辦法：以存款利息作爲增股金。

(七)設立中國增產銀行：負責活用增產資金，並提高利息，藉以吸收游資而爲國家有效之需，在該行未成立之前，由中儲銀行代辦。

(八)徵稅辦法：由國家按照農工商各界所得之多寡就地徵收增產稅以助復興工業之資力。

戊、結論

綜上所述，殊屬空泛，益以此時各項物資缺乏，進行當有窒難之處，惟如能抓住辜來，逐步排除困難，當亦有全部實現之一日也。

本會收支報告 三十二年七月份至十二月份

收入之部

上月結存	八九三一五・二六
江蘇省政府六月至八月份補助費	六〇〇〇・〇〇
廣東省政府六月至八月份補助費	六〇〇〇・〇〇
宣傳部六月至十一月份補助費	六〇〇〇・〇〇
教育部六月至十一月份補助費	一二〇〇・〇〇
建設部七月至十月份會費	四〇〇〇・〇〇
全國經濟委員會七月至十一份會費	二五〇〇・〇〇
江蘇省建設廳卅二年下半年會費	二五〇・〇〇
廣東省建設廳入會費及卅二年會費	六〇〇・〇〇
會員會費	二八一・〇〇
工程雜誌售款	四八九・〇〇
工程雜誌廣告費	一〇〇〇・〇〇
有獎儲蓄獎金	三〇〇〇・〇〇
江蘇地方銀行存款息金	二一九〇・一三〇
總計	一二二八二五・五六

支出之部

員工津貼	三五四〇・〇〇
郵票	二七〇・〇〇
書報	一五〇・〇〇
紙張	六〇〇〇・〇〇
印刷	九九七七・〇〇
稿費	一一二〇・〇〇
銅鋅版	六五三〇・〇〇
修繕	三四〇・〇〇
雜支	三二四七・九〇
第二屆年會用費	二一七六八・〇〇
總計	五二九四三・四〇

收支相抵結存國幣陸萬玖千捌百捌拾貳圓壹角陸分

工程雜誌 民國三十三年四月三十日出版

發行者 中國工程學會
南京浙興路般敎營一二四號

編輯者 金其武
南京成賢街總務部

印刷者 中華印刷公司
南京碑亭路一三八號

總經售處 中國工程學會

分經售處 國內各大書局

價目 每册國幣五元（外埠另加郵費）

徵稿簡則

一、本刊歡迎有關工程之論著，譯述，專載等稿件。
二、來稿須繕寫清楚，並加標點，譯稿請附原文。
三、來稿不論刊載與否，概不退還。
四、來稿一經刊載，版權卽歸本刊保有。
五、已刊載之稿件每千字酌酬國幣三十元至五十元。
六、本刊一律用眞姓名發表。

16835

中央儲備銀行

中華民國國家銀行

資本總額國幣壹萬萬圓

南京總行

行址　中山東路一號

電報掛號　中文五五四四　英文CENREBANK（各地一律）

電話　二三一五四一　二三一五四二　二三一五四三　二三一五四四　二三一五四五（轉接各部）

上海分行

行址　外灘十五號

電報掛號　中文八六二八

電話　一七四六三　一[illegible]六[illegible]四（轉接各部）

徐州支行

行址　徐州市公明街

電報掛號

電話

蘇州支行

行址　觀前街一八九號

電報掛號　中文五五四四

電話　一八五六　六九五

杭州支行

行址　太平坊大街

電報掛號　中文五五四四

電話　二七七〇

蚌埠支行

行址　二馬路二九四號

電報掛號　中文五五四四

電話　二五八

廣州支行

行址　長堤大馬路二六八號

電報掛號　中文六三三八

電話　一七一三一

漢口支行

行址　湖北街九號

電報掛號　中文一一三五

寧波支行

行址　江廈路十五號

電報掛號　中文五五四四

電話　七六〇　七六五

各地辦事處

蕪湖　行址　二街四首　電報掛號　五五四四　電話　一三五

常熟　行址　老縣場　電報掛號　五五四四　電話　二三一　二三三

無錫　行址　北門內打鐵橋　電報掛號　五五四四　電話　一六三四　一六六一

南通　行址　西大街十八號　電報掛號　五五四四

嘉興　行址　城基路望吳橋　電報掛號　五五四四　電話　一七七　一七九

揚州　行址　左衛街　電報掛號　五五四四

太倉　行址　稅務橋東首　電報掛號　五五四四　電話　四四

鎮江　行址　寶塔路三十一號　電報掛號　五五四四　電話　二九二

泰縣　行址　彩衣街　電報掛號　五五四四

常州　行址　西瀛里　電報掛號　五五四四

滬西　行址　上海靜安寺路地豐路二九號　電報掛號　〇七四八

上海　行址　上海法租界邁爾西愛路一二一號　電報掛號　一七一五

松江　行址　西門外馬路橋大街　電報掛號　五五四四

崑山　行址　北大街　電報掛號　〇〇〇一

安慶　行址　國貨街　電報掛號　五五四四

廈門　行址　海後路廿六號

東京　行址　麴町區大手町二丁目二番地